Ulrich Ehlers

Das Phylogenetische System der Plathelminthes

AKADEMIE DER WISSENSCHAFTEN UND DER LITERATUR · MAINZ

Das Phylogenetische System der Plathelminthes

Ulrich Ehlers

Mit 18 Abbildungen und 95 Tafeln

Gustav Fischer Verlag · Stuttgart · New York · 1985

Finanziell unterstützt durch das Bundesministerium für Forschung und Technologie, Bonn, und das Niedersächsische Ministerium für Wissenschaft und Kunst, Hannover.

Anschrift des Verfassers:

Priv.-Doz. Dr. Ulrich Ehlers
II. Zoologisches Institut und Zoologisches Museum der Georg-August-Universität Göttingen,
Berliner Straße 28, 3400 Göttingen.

Rasterelektronenmikroskopische Aufnahmen auf dem Buchdeckel:
Links: Spaltrüssel von *Schizochilus caecus* (Kalyptorhynchia), Vergrößerung 1:550. Mitte: Cercarie (Ventralansicht) von *Fasciola hepatica* (Digenea), Vergrößerung 1:300. Rechts: Scolex von *Taenia taeniaeformis* (Eucestoda), Vergrößerung 1:50.

CIP-Kurztitelaufnahme der Deutschen Bibliothek
Ehlers, Ulrich:
Das phylogenetische System der Plathelminthes
Ulrich Ehlers.
[Akad. d. Wiss. u. d. Literatur, Mainz].
– Stuttgart ; New York : Fischer, 1985.
ISBN 3-437-30499-2

Wollgrasweg 49 · 7000 Stuttgart 70 (Hohenheim)

Gesamtherstellung: Druckerei Georg Appl, Wemding
Printed in Germany

ISBN 3-437-30499-2

Vorwort

Der Gedanke, eine Schrift über das phylogenetische System der Plathelminthen zu verfassen, erwuchs aus dem Wunsch, auf der Basis der im Buch von P. Ax (1984) beispielhaft dargestellten Methoden und Prinzipien der phylogenetischen Systematik ihre rationale Argumentationsweise und die Umsetzung in ein phylogenetisches System exemplarisch an einem, dem Autor aus eigener praktischer Arbeit bekannten ranghohen supraspezifischen Taxon vorzuführen.

Ein solcher Versuch schien um so lohnenswerter, als in derzeitigen Diskussionen zur Stammesgeschichte der vielzelligen Tiere den Plathelminthen höchst unterschiedliche Stellungen zugewiesen werden. Entweder repräsentieren die Plathelminthen eine Gruppe von Tieren, die in einer ganzen Reihe von Organisationsmerkmalen gegenüber anderen Bilateria relativ ursprüngliche Verhältnisse aufweisen, oder aber die Plathelminthen werden als sekundär stark vereinfachte Coelomaten eingestuft.

Sodann fehlt eine Publikation, in der die in jüngerer Zeit sowohl bei den freilebenden wie auch bei den parasitischen Taxa elektronenmikroskopisch erkennbaren Organisationsmerkmale geschlossen unter vergleichenden Gesichtspunkten dargestellt werden und in der darüberhinaus die Möglichkeiten eines Einsatzes dieser feinstrukturellen Merkmale zur Begründung eines konsequent phylogenetischen Systems der Plathelminthen erörtert werden.

Die vorliegende Abhandlung möchte aber nicht nur den an phylogenetischen Fragen interessierten Zoologen und Parasitologen ansprechen, sondern auch denjenigen, der sich einen Überblick zum derzeitigen Untersuchungsstand an bestimmten, bei Plathelminthen vorhandenen Organisationsmerkmalen verschaffen will. Aufgrund der beständig ansteigenden Zahl der Publikationen vor allem zur Organisation der parasitischen Taxa ist es jedoch nicht möglich, die Ergebnisse jeder Einzeluntersuchung und die Darstellung jeder Struktur in dieses Buch aufzunehmen. Die Zielsetzung nötigte zu einer Beschränkung auf jene Merkmale, die sich zur Verdeutlichung der Verwandtschaftsbeziehungen zwischen den ranghohen Teiltaxa der Plathelminthen und der Stellung dieses Taxons im System der Metazoa heranziehen lassen.

Allen Personen, die mir bei der Erstellung des Buches ihre Hilfe zukommen ließen, danke ich herzlich. Mein besonderer Dank gilt meiner Frau, Dr. B. Ehlers, für zahlreiche Diskussionen, das Bereitstellen von Einzelergebnissen und für das Mitlesen der Korrekturfahnen. Meinem Lehrer, Herrn Prof. Dr. P. Ax, danke ich für viele eingehende Diskussionen und seine Bemühungen, diese Schrift in der vorliegenden Form publizieren zu können. Frau E. Hildenhagen-Brüggemann und Frau M. Frixe bin ich ob der engagierten Bemühungen bei der präparativen Bearbeitung und Auswertung des elektronenmikroskopischen Untersuchungsmaterials zu Dank verpflichtet. Darüberhinaus danke ich vielen am II. Zoologischen Institut der Universität Göttingen Tätigen, insbesondere den Herren Dr. J. Brüggemann, Prof. Dr. U. Heitkamp, Dipl.-Biol. V. Lammert, Dipl.-Biol. U. Noldt, Priv.-Doz. Dr. K. Reise und Dipl.-Biol. W. Xylander, sei es für die Überlassung lebender Plathelminthen oder unpublizierter elektronenmikroskopischer Befunde. Den Herren Dr. L. Cannon (Queensland Museum, Fortitude Valley, Australien) und Prof. Dr. S. Tyler (Orono, USA) danke ich für die Übergabe von EM-Präparaten, Herrn Prof. Dr. T. G. Karling vom Naturhistorischen Reichsmuseum Stockholm sowie dem Zoologischen Museum Hamburg und dem American Museum of Natural History Washington für die Ausleihe histologischer Präparate.

Herrn B. BAUMGART gilt mein Dank für die Anfertigung der Illustrationen.

Bei Herrn Dr. G. BRENNER, Generalsekretär der Akademie der Wissenschaften und der Literatur in Mainz, sowie dem Gustav Fischer Verlag bedanke ich mich für die angenehme Zusammenarbeit und für bereitwilliges Entgegenkommen in allen meinen Wünschen. Herrn L. HENN, Lektor der Akademie Mainz, danke ich für die sorgfältige Betreuung während der Drucklegung.

Göttingen, im Juni 1985 Ulrich Ehlers

Inhalt

1. Einleitung und Übersicht über das System

In dieser Studie wird erstmals der Versuch unternommen, ein phylogenetisches System für die gesamten Plathelminthen zu begründen, und zwar unter strikter Anwendung der auf Hennig (1950, 1957, ferner 1982, 1984) zurückgehenden Methoden und Prinzipien der phylogenetischen Systematik. Dieses System wurde bereits von Ax (1984) und Ehlers (1984, 1985 a, b) vorgestellt, es basiert auf den hier diskutierten Verwandtschaftsbeziehungen.

Wie bei jedem wissenschaftlichen Vorhaben muß auch bei stammesgeschichtlichen Untersuchungen eine eindeutige Klarheit über die theoretische Basis der eigenen wissenschaftlichen Arbeit gegeben sein; die Ergebnisse dieser Arbeit, d. h. die Darstellung der phylogenetischen Verwandtschaftsbeziehungen zwischen verschiedenen Taxa, müssen nicht nur mit unseren Einsichten in den Prozeß der Phylogenese vereinbar sein, sondern müssen jederzeit auch einer intersubjektiven Überprüfung zugänglich sein, so daß neue wissenschaftliche Erkenntnisse zu einer Revision einer zuvor favorisierten Verwandtschaftshypothese beitragen können. Nach meiner Auffassung erfüllen allein die Methoden und Prinzipien der phylogenetischen Systematik sensu Hennig diese unabdingbaren Voraussetzungen für eine stammesgeschichtliche Untersuchung.

Da über die theoretischen Grundlagen der phylogenetischen Systematik neue eingehende und umfassende Darstellungen vorliegen – hier seien u. a. Wiley (1981) und vor allem Ax (1984) genannt – kann auf eine entsprechende Erörterung an dieser Stelle verzichtet werden.

Ein Blick in die verschiedensten in- und ausländischen Lehrbücher und monographischen Darstellungen dürfte verdeutlichen, daß die Errichtung eines konsequent phylogenetischen Systems der Plathelminthen dringend geboten erscheint; denn wie bei kaum einer anderen Tiergruppe finden sich hier von Bearbeiter zu Bearbeiter unterschiedliche Darstellungen, die aber generell nicht befriedigen können.

Die vorliegende Analyse der stammesgeschichtlichen Beziehungen innerhalb der Plathelminthen und auch der Plathelminthen zu anderen Metazoa gründet sich nicht nur auf schon seit längerem bekannte lichtmikroskopische Merkmale, sondern insbesondere auf neuere elektronenmikroskopische Befunde. Bei diesen feinstrukturellen Ergebnissen handelt es sich sowohl um eigene wie auch von anderen Autoren vorgelegte Erkenntnisse; dabei wurde versucht, zumindest alle bis Mitte 1984 erschienenen und mir zugänglichen Arbeiten zu berücksichtigen.

Die Darstellung des hier vorgelegten phylogenetischen Systems beruht nahezu ausschließlich auf der Analyse von der Morphologie zuzurechnenden Merkmalen; eingehende Beiträge aus anderen biologischen Disziplinen liegen nicht vor – ausgenommen Darstellungen zur Koevolution zwischen den parasitischen Taxa und ihren Wirten – und können somit in die Diskussion um die verwandtschaftlichen Beziehungen nicht eingebracht werden. Die zahlreichen Untersuchungen über Polyploidie-Vorkommen werden nicht angesprochen, da diese wie auch andere karyologische Befunde derzeit nicht als weitere Argumentationshilfen zur Klärung der phylogenetischen Beziehungen zwischen den in dieser Arbeit genannten ranghöheren Teilgruppen der Plathelminthen beizutragen scheinen (so ist Polyploidie bei nahezu allen hier diskutierten freilebenden wie auch parasitischen supraspezifischen Taxa [Monophyla] nachgewiesen worden). Neu evoluierte Merkmale (Apomorphien), die sich auf Grund unseres derzeitigen Wissensstandes (noch) nicht als Autapomorphien für bestimmte Monophyla begründen lassen und den von SAETHER (1983) als „underlying synapomorphies (i. e. closen parallelism as a result of inherited genetic factors within a monophyletic group causing incomplete synapomorphy)" bezeichneten Apomorphien entsprechen könnten, werden zwar diskutiert, aber in keinem Fall ursächlich zur Begründung einer Verwandtschaftshypothese herangezogen.

Bei der Errichtung des phylogenetischen Systems der Plathelminthen habe ich mich bewußt auf die Analyse und Darstellung der stammesgeschichtlichen Beziehungen zwischen nicht zu rangniedrigen Teil-Taxa beschränkt, die hier diskutierten Taxa werden in der Literatur über freilebende Plathelminthen zumeist als Ordnungen und über parasitische Gruppen häufiger als Klassen oder Unterklassen bezeichnet. Eine Beschränkung auf diese Taxa war notwendig, um die Übersichtlichkeit der Darstellung zu wahren; die derzeit bekannten Merkmale würden es aber gestatten, einige Taxa wie z. B. die artenreichen Eucestoda weiter in monophyletische Teilgruppen zu untergliedern, und in artenarmen Gruppen wie den Aspidobothrii, Gyrocotylidea und Amphilinidea wäre sogar eine Analyse bis auf das Niveau von Arten möglich.

Dem Leser der nachfolgenden Kapitel dürfte auffallen, daß die einzelnen monophyletischen Teilgruppen der Plathelminthen nicht mit bestimmten Bezeichnungen wie Gattung, Familie, Ordnung, Klasse etc. versehen werden. Solche Kategorie-Zuweisungen erscheinen dem Verfasser nicht nur überflüssig, sondern sogar unangebracht; denn wenn neue Erkenntnisse zu einer modifizierten Verwandtschaftshypothese führen, so könnte durchaus der Fall eintreten, daß Taxa unterschiedlicher Kategorien in ein Schwestergruppen-Verhältnis einrücken (z. B. eine Familie als Schwestergruppe einer Ordnung) und dann vermutlich Änderungen der Kategorie-Bezeichnungen nach sich zögen (z. B. „Anhebung" einer Familie zu einer Ordnung oder „Zurückstufung" einer Ordnung auf das Niveau einer Familie). In artenreichen Taxa wie den Plathelminthen reichen zudem die verfügbaren Kategorie-Bezeichnungen, auch bei dem Einsatz von Zwischenbezeichnungen wie Unterordnung, Überordnung etc., bei weitem nicht aus, um die hierarchische Abstufung zwischen allen monophyletischen Teilgruppen zu verdeutlichen. Letztlich existieren auch keine objektiv begründbaren Regeln, wann ein beliebiges monophyletisches Taxon (Monophylum) den Rang einer bestimmten Kategorie erhalten sollte. In diesem Zusammenhang sei auf die eingehende Diskussion zu dieser Thematik bei AX (1984) verwiesen.

In verschiedenen Lehrbüchern und monographischen Darstellungen werden den Plathelminthes einige weitere, in der vorliegenden Arbeit nicht näher diskutierte Tiergruppen zugerechnet (Xenoturbellida, Mesozoa), diese Organismen gehören aber, wie auch die Gnathostomulida, sicher nicht dem monophyletischen Taxon Plathelminthes an; eine Begründung für diese Auffassung erfolgt im Kapitel 4.2.4.

Den weiteren Ausführungen sei bereits an dieser Stelle eine Niederschrift des phylogenetischen Systems der Plathelminthen vorangestellt; diese Darstellung möge dazu beitragen, sich jederzeit über die im laufenden Text benutzten Namen der einzelnen monophyletischen Teiltaxa und über ihre Stellung im System Klarheit zu verschaffen.

Die graphische Darstellung des phylogenetischen Systems der Plathelminthen in Form eines Verwandtschaftsdiagramms erfolgt in Abb. 18 auf Seite 168.

System der Plathelminthen

Plathelminthes A. Schneider, 1873
  Catenulida v. Graff, 1905
  Euplathelminthes Bresslau u. Reisinger, 1928
    Acoelomorpha Ehlers, 1984
      Nemertodermatida Steinböck, 1931
      Acoela Uljanin, 1870
    Rhabditophora Ehlers, 1984
      Macrostomida v. Graff, 1882 (einschl. Haplopharyngida)
      Trepaxonemata Ehlers, 1984
        Polycladida Lang, 1881
        Neoophora Westblad, 1948
          Lecithoepitheliata Reisinger, 1924 *incerta sedis*
          N. N. 1
            Prolecithophora Karling, 1940 *incerta sedis*
            N. N. 2
              Seriata Bresslau 1928–33
                Proseriata Meixner, 1938 (ohne Bothrioplanida)
                Tricladida Lang, 1881
              Rhabdocoela Ehrenberg, 1831
                „Typhloplanoida" v. Graff, 1905 (einschl. Kalyptorhynchia)
                Doliopharyngiophora Ehlers, 1984
                  „Dalyellioida" v. Graff, 1882 (einschl. Temnocephalida und Udonellida)
                  Neodermata Ehlers, 1984
                    Trematoda Rudolphi, 1808
                      Aspidobothrii Burmeister, 1856
                      Digenea v. Beneden, 1858
                    Cercomeromorphae Bychowsky, 1937
                      Monogenea v. Beneden, 1858
                      Cestoda Gegenbaur, 1859
                        Gyrocotylidea Poche, 1926
                        Nephroposticophora Ehlers, 1984
                          Amphilinidea Poche, 1922
                          Cestoidea Rudolphi, 1808
                            Caryophyllidea v. Beneden (in Olsson 1893)
                            Eucestoda Southwell, 1930

2. Material und Methodik

Die in dieser Arbeit vorgelegten Originalbefunde beziehen sich auf insgesamt 57 elektronenmikroskopisch untersuchte Species, die folgenden Taxa angehören (in Klammern Angaben zum Lebensraum und zur Herkunft):

Catenulida:
Catenula lemnae Dugès, 1832 (limnisch, Göttingen)
Retronectes cf. *sterreri* Faubel, 1976 (marin, Sylt)

Nemertodermatida:
Nemertoderma cf. *bathycola* Steinböck, 1930–31 (= Nordseeform sensu RIEDL 1960) (marin, Kristineberg, Schweden)
Nemertoderma sp. B in TYLER u. RIEGER 1977 (marin, North Carolina, USA)

Acoela:
Anaperus tvaerminnensis (Luther, 1912) (marin, Sylt)
Haplogonaria syltensis Dörjes, 1968 (marin, Sylt)
Mecynostomum auritum (Schultze, 1851) (marin, Sylt)
Oligofilomorpha interstitiophilum Faubel, 1974 (marin, Sylt)
Philachoerus johanni Dörjes, 1968 (marin, Sylt)
Philocelis cellata Dörjes, 1968 (marin, Sylt)

Macrostomida (einschl. Haplopharyngida):
Haplopharynx rostratus Meixner, 1938 (marin, Sylt)
Macrostomum rostratum Papi, 1951 (limnisch, Göttingen)
Microstomum spiculifer Faubel, 1974 (marin, Sylt)
Myozona purpurea Faubel, 1974 (marin, Sylt)
Paromalostomum fusculum Ax, 1952 (marin, Sylt)

Polycladida:
Notoplana cf. *atomata* (O. F. Müller, 1777) (marin, Ile de Ré, Frankreich)

Lecithoepitheliata:
Geocentrophora sphyrocephala de Man, 1876 (edaphisch, Göttingen)

Prolecithophora:
Pseudostomum quadrioculatum (Leuckart, 1847) (marin, Sylt)

Proseriata:
Archilopsis unipunctata (Fabricius, 1826) (marin, Sylt)
Archimonocelis oostendensis Martens u. Schockaert, 1981 (marin, Sylt)
Bothriomolus balticus Meixner, 1938 (marin, Sylt)
Bulbotoplana acephala Ax, 1956 (marin, Sylt)
Carenscoilia bidentata Sopott, 1972 (marin, Sylt)
Cirrifera aculeata (Ax, 1951) (marin, Sylt)
Coelogynopora axi Sopott, 1972 (marin, Sylt)
Dicoelandropora atriopapillata Ax, 1956 (marin, Sylt)

Invenusta aestus Sopott-Ehlers, 1976 (marin, Gran Canaria, Kanarische Inseln)
Invenusta paracnida (Karling, 1966) (marin, Seattle, USA)
Kataplana mesopharynx Ax, 1956 (marin, Sylt)
Mesoda septentrionalis Sopott, 1972 (marin, Sylt)
Monocelis fusca Oersted, 1843 (marin, Sylt)
Notocaryoplanella glandulosa (Ax, 1951) (marin, Sylt)
Nematoplana coelogynoporoides Meixner, 1938 (marin, Sylt)
Otoplanella baltica (Meixner, 1938) (marin, Sylt)
Otoplanella schulzi (Ax, 1951) (marin, Sylt)
Otoplanidia endocystis Meixner, 1938 (marin, Sylt)
Parotoplana capitata Meixner, 1938 (marin, Sylt)
Parotoplanina geminoducta Ax, 1956 (marin, Sylt)
Polystyliphora filum Ax, 1958 (marin, Sylt)
Praebursoplana steinboecki Ax, 1956 (marin, Sylt)

Tricladida:
Procerodes lobata (Schmidt, 1862) (marin, Villefranche, Frankreich)

„Typhloplanoida“ (einschl. Kalyptorhynchia):
Ciliopharyngiella intermedia Ax, 1952 (marin, Sylt)
Listea simplex Ax u. Heller, 1970 (marin, Sylt)
Litucivis serpens Ax u. Heller, 1970 (marin, Sylt)
Marirhynchus longasaeta Schilke, 1970 (marin, Sylt)
Mesostoma lingua (Abildgaard, 1789) (limnisch, Göttingen)
Petaliella spiracauda Ehlers, 1974 (marin, Sylt)
Proceropharynx litoralis Ehlers, 1972 (marin, Sylt)
Promesostoma meixneri Ax, 1951 (marin, Sylt)
Schizochilus caecus l'Hardy, 1963 (marin, Sylt)
Typhloplana viridata (Abildgaard, 1789) (limnisch, Göttingen)

„Dalyellioida“:
Anoplodium stichopi Bock, 1926 (marin, parasitär in *Stichopus tremulus,* Kristineberg, Schweden)
Bresslauilla relicta Reisinger, 1929 (marin, Sylt)
Paranotothrix queenslandensis Cannon, 1982 (marin, parasitär in Holothurien, Großes Barriere-Riff, Australien)
Pogaina suecica (Luther, 1948) (marin, Sylt)
Provortex tubiferus Luther, 1948 (marin, Sylt)
Pterastericola australis Cannon n. n. (marin, parasitär in Seesternen, Großes Barriere-Riff, Australien)

Zusätzlich liegen von etwa 20 weiteren Species der Plathelminthes, darunter auch Vertreter der parasitischen **Digenea, Monogenea, Gyrocotylidea, Amphilinidea** und **Eucestoda**, ferner auch von den **Gnathostomulida**, zahlreiche TEM- und auch REM-Beobachtungen zum Vergleich vor.

Die im Text genannten Hinweise auf die Catenulide *Xenostenostomum* beziehen sich auf bisher noch nicht publizierte EM-Aufnahmen aus dem Nachlaß von Prof. Dr. E. Reisinger.

Bei der Anfertigung dieser Arbeit wurden zudem die eigenen lichtmikroskopischen Beobachtungen an über 200 verschiedenen Species aus fast allen im System oder Verwandtschaftsschema genannten Taxa (ausgenommen die Aspidobothrii, Gyrocotylidea, Amphilinidea und Caryophyllidea) berücksichtigt; diese Beobachtungen erfolgten über Jahre hinweg sowohl an lebendem wie auch an histologischem Material.

Zur elektronenmikroskopischen Präparationsmethodik siehe EHLERS u. EHLERS (1977a, 1978); zur Fixierung von *Nemertoderma* sp. B siehe TYLER u. RIEGER (1977).

3. Darstellung und phylogenetische Bewertung charakteristischer Merkmale

3.1. Eidonomie

3.1.1. Habitus und äußere Organisation

In voller Übereinstimmung mit den von Ax (1984, 1985) vorgetragenen Argumenten ist davon auszugehen, daß der Stammart aller Plathelminthen eine **Körperlänge** von nur wenigen Millimetern zukommt, eine Körpergröße, die für fast alle Catenulida, Nemertodermatida, Acoela, Macrostomida und auch für die Mehrzahl der nichtparasitischen Neoophora charakteristisch ist. Umfangreiche Körpervolumina treten sekundär nur bei jenen Plathelminthen-Vertretern auf, die über spezielle Pharynxdifferenzierungen verfügen (vgl. Kap. 3.8.1.) und sich damit räuberisch (insbesondere Polycladida, Tricladida) oder parasitisch (vor allem Trematoda) ernähren; bei den Cestoda führt die parenterale Ernährung ebenfalls zu einer enormen Steigerung der Körpergröße, konvergent zu vergleichbaren Verhältnissen bei den ebenfalls darmlosen Fecampiidae aus dem vermutlich paraphyletischen Taxon „Dalyellioida".

Wie bereits Ax (l.c.) zu Recht betont, muß der Stammart der Plathelminthen auch ein annähernd runder **Körperquerschnitt** zuerkannt werden, ein Zustand, der wiederum bei den Catenulida, Nemertodermatida, fast allen Acoela, den Macrostomida, der Mehrzahl der freilebenden Neoophora und selbst innerhalb der parasitischen Taxa bei den Entwicklungs- bzw. Jugend-Stadien realisiert ist. Eine dorso-ventral abgeplattete Körpergestalt wird – da eine Kutikula, stützende innere Skelettbildungen und auch innere Hohlräume z.B. in Form eines Cöloms fehlen – nur in einigen Taxa mit voluminösem Körperbau erreicht, insbesondere bei den Polycladida, den Tricladida und den parasitischen Gruppen, und hat sich in diesen Taxa mit Sicherheit mehrfach konvergent evoluiert, jeweils im Zusammenhang mit einer Zunahme der Körpergröße.

Ein extrem flacher, nahezu blattartiger Habitus kennzeichnet alle adulten Vertreter der Amphilinidea; diese stark abgeleitete Körperform, die eine mögliche Autapomorphie für das Taxon darstellt, ist im Zusammenhang mit dem besonderen Lebensraum (Cölom bestimmter Wirbeltiere) der Adulti dieser Endoparasiten zu sehen.

Es gibt keine einzige Plathelminthen-Species, die in einer vagilen Lebensphase mit einer festen extracellulären Abscheidung der äußeren Körperbedeckung versehen wäre, mit anderen Worten: eine **Kutikula** ist generell nicht vorhanden. Dieser Mangel ist ein ursprüngliches Merkmal; denn wie die Stammart der Plathelminthen dürfte auch die Stammart der Bilateria keinerlei Kutikula besessen haben (Kutikula im Sinne einer verfestigten extraepithelialen oder intraepithelialen Schicht mit Kollagen-, Chitin- oder Calciumcarbonat-Einlagerungen und nicht – wie bei Rieger (1984) – einer nur ± distinkten Mukoprotein- oder Mukopolysaccharid-Auflagerung auf der Epidermis). Das Fehlen einer Kutikula bei den Plathelminthen dürfte zudem auch damit zusammenhängen, daß bisher bei diesem Taxon kein Chitin nachgewiesen wurde, ein Polysaccharid, das bei vielen Eubilateria (ausgenommen die Deuterostomia!) und auch bei einigen, aber nicht allen Cnidaria an der Ausbildung einer Kutikula oder Periderm-Abscheidung beteiligt ist (cf. Jeuniaux 1982). Der Mangel von Chitin (aber nicht der Mangel einer verfestigten Kutikula!) könnte demnach bei den Plathelminthen sekundär eingetreten sein (? Autapomorphie dieses Taxons).

Die Stammart der Plathelminthen dürfte ferner keinerlei spezialisierte Körperdifferenzierungen besessen haben, wie sie eine Reihe von rezenten Vertretern kennzeichnen. Von diesen Strukturen seien hier nur jene besprochen, die insbesondere für Großgruppen der Plathelminthen von Bedeutung sind (a–d):

(a) Für das Taxon Kalypthorhynchia (ein monophyletisches Teiltaxon der vermutlich paraphyletischen „Typhloplanoida") bildet die Existenz eines vorstülpbaren, durch ein Septum deutlich vom übrigen Körpergewebe abgegliederten **muskulösen Zapfens** bzw. eines **Spaltrüssels** (Taf. 1), die im Dienst des Beuteerwerbs stehen, eine klare Autapomorphie. Die Kalyptorhynchia unterscheiden sich in diesem Merkmal deutlich von den nächstverwandten „Typhloplanoida". Hier kommt es in verschiedenen anderen Teil-Taxa (cf. RIEGER 1974; EHLERS u. EHLERS 1981) zwar ebenfalls zu unterschiedlich strukturierten rüsselartigen Bildungen; diese unterscheiden sich jedoch histologisch deutlich vom Kalyptorhynchia-Rüssel und dürften sich mehrfach konvergent innerhalb dieser „Typhloplanoida" entwickelt haben. Apical gelegene rüsselartige Integumenteinstülpungen sind ferner in anderen Taxa der Plathelminthen mehrfach konvergent entstanden, z. B. bei den den Macrostomida zuzurechnenden Haplopharyngida (Taf. 33) und bei bestimmten Tricladida (cf. HYMAN 1951).

(b) Ein stärker muskulöses und apical gelegenes Organ charakterisiert ferner nahezu alle Vertreter der Cestoda. Allerdings weist diese Struktur innerhalb der einzelnen Cestoda-Taxa auffällige morphologische Unterschiede auf, die es erschweren, die einzelnen Differenzierungen miteinander zu homologisieren und ein solches Organ als eine nur einmal, nämlich bei der Stammart der Cestoda erstmals vorhandene und damit in der Stammlinie dieses Taxons evoluierte Neuheit anzusprechen.

Aufgrund der lichtmikroskopisch bekannten Gegebenheiten unterscheidet sich das spezifisch gestaltete **Apicalorgan der Amphilinidea** von der rüsselartigen Differenzierung bei den Gyrocotylidea, so daß sich beide Strukturen unabhängig voneinander evoluiert haben könnten, wenn u. U. auch aus einem rudimentären Stomodaeum heraus (vgl. Kap. 3.8.).

Diese Feststellung könnte auch für die am **Scolex adulter Cestoidea** ausdifferenzierten Hafteinrichtungen zutreffen; die bothrien- und acetabulaähnlichen Gebilde der Caryophyllidea sollen z. B. nach MACKIEWICZ (1972) unabhängig von entsprechenden Differenzierungen bei den Eucestoda entstanden sein.

Nach unserem derzeitigen Wissensstand lassen sich das Apicalorgan adulter Amphilinidea, vielleicht auch der Proboscis adulter Gyrocotylidea sowie die Bothrien bei den Eucestoda jeweils als eine Autapomorphie für die genannten 3 Taxa der Cestoda ansprechen.

Apicale Haftmechanismen treten auch bei vielen Aspidobothrii und Monogenea (u. a. EL-NAGGAR u. KEARN 1983) auf. Hierbei handelt es sich jedoch um Strukturen, die vermutlich mehrfach konvergent innerhalb der Taxa Aspidobothrii und Monogenea evoluiert wurden (cf. u. a. BYCHOWSKY 1957).

(c) Ventrale oder ventrokaudale muskulöse Hafteinrichtungen in Form von **Saugnäpfen, Acetabula oder Alveoli** kommen insbesondere bei den Aspidobothrii, Digenea und Monogenea, ferner bei vielen Temnocephalida, den Udonellida und daneben vereinzelt bei anderen Plathelminthen-Taxa (u.a. bestimmten Polycladida) vor. Diese Strukturen werden in der Literatur häufiger zur Beurteilung verwandtschaftlicher Beziehungen herangezogen, so z.B. bei HYMAN (1951) und vielen anderen Autoren zur Begründung eines aus Monogenea, Aspidobothrii und Digenea bestehenden Taxons Trematoda.

Nach meiner Auffassung handelt es sich bei diesen Hafteinrichtungen jedoch nicht um einander homologe Strukturen, zur näheren Begründung seien die Verhältnisse für die artenreichen parasitischen Taxa Digenea, Aspidobothrii und Monogenea einzeln besprochen.

Dem Miracidium, der Sporocyste und der Redie der Digenea fehlen muskulöse Hafteinrichtungen, dies ist mit wünschenswerter Sicherheit ein plesiomorpher Zustand und von einem noch freilebenden Vorfahren übernommen. Erst auf dem Niveau einer Cercarie kommt es zur Ausbildung eines **Mundsaugnapfes** und zur Differenzierung des **Bauchsaugnapfes**. Abweichende Gegebenheiten, u.a. bei den Bucephalidae (Gasterostomida), sind erst sekundär innerhalb des Taxons Digenea entstanden.

Diese Aussage dürfte auch für die Didymozoidea gelten. Die in der Eikapsel sich entwickelnden Larven dieses Taxons, das von BAER u. JOYEUX (1961) aus den Digenea ausgegliedert wurde, sollen nach SCHMIDT u. ROBERTS (1981) einen Mundsaugnapf und einen kurzen Darm aufweisen und sich somit deutlich von einem Miracidium unterscheiden; in der Beschreibung von u.a. SELF et al. (1963) findet sich jedoch kein Hinweis auf derartige Strukturen bei den Larven. Sehr wahrscheinlich stellen die hinsichtlich ihrer Biologie und auch Morphologie noch wenig bekannten Didymozoidae stark spezialisierte, sekundär extrem abgewandelte Digenea dar (cf. auch HYMAN 1951; DAWES 1968; ODENING 1974; SCHELL 1982).

Dagegen ist die Larve der Aspidobothrii, das Cotylocidium, offenbar bei allen Species mit einem ventrokaudal gelegenen Saugnapf ausgerüstet; dies ist gegenüber dem Miracidium (bzw. der Sporocyste und Redie) der Digenea mit Sicherheit ein abgeleiteter Zustand, ebenso aber auch gegenüber der Cercarie, bei der ja der Saugnapf ventral liegt. Aus dem larvalen **Saugnapf** entwickelt sich beim Zwitterwurm **der Aspidobothrii** der charakteristische, aus vielen Alveoli bestehende umfangreiche ventrale Haftapparat, der sich in der Lage und der Organisation ebenfalls erheblich vom Bauchsaugnapf der Digenea unterscheidet.

Bestimmte, bisher zu den Aspidobothrii gestellte Species wie *Rugogaster hydrolagi*, *Stichocotyle nephros*, *Taeniocotyle (Macraspis) elegans* und *Multicalyx cristata* weisen abweichende oder auch mehrere ventrale Haftapparate auf; möglicherweise gehören diese bisher nicht elektronenmikroskopisch untersuchten Arten nicht dem monophyletischen Taxon Aspidobothrii an (vgl. Kap. 3.2.3. und 3.10.), sondern repräsentieren eigene, den Aspidobothrii s. str. (bzw. den gesamten Trematoda) nicht näher verwandte Taxa (cf. auch ROHDE 1982b, p. 175; GIBSON 1983, GIBSON u. CHINABUT 1984).

Bei den **Monogenea** weist die Larve, das Oncomiracidium, bei vielen Species im ventrokaudalen Körperbereich eine **muskulöse Haftscheibe** auf (Abb. 5), die durch den Besitz prominenter Verankerungsstrukturen in Form von sogenannten Marginalhäkchen (siehe Kap. 3.1.2.) gekennzeichnet ist. Erst im Verlauf der Individualentwicklung kommt es dann bei den einzelnen subordinierten Taxa der Monogenea zu vielfältigen, zumeist artspezifischen Um- und Zusatzbildungen im Kaudalbereich (Abb. 13) und unabhängig davon auch am Vorderende der Tiere.

Der geschilderte Sachverhalt läßt den eindeutigen Schluß zu, daß die muskulösen **ventral bis ventrokaudal gelegenen Hafteinrichtungen bei den drei parasistischen Taxa**

unabhängig voneinander evoluiert wurden, d. h. sowohl die letzte gemeinsame Stammart des Taxons Trematoda wie auch die letzte gemeinsame Stammart des Taxons Neodermata (vgl. Darstellung der phylogenetischen Verwandtschaftsbeziehungen in Abb. 18) wiesen keinen muskulösen Saugnapf oder einen muskulösen „Cercomer"-Anhang auf.

Der Bauchsaugnapf und vermutlich auch der Mundsaugnapf der Digenea stellen Autapomorphien der Digenea dar, evoluiert in der Stammlinie dieses Taxons (nach ODENING [1974, p. 371] könnte den Bivesiculidae u. U. ein Bauchsaugnapf primär fehlen – dieses Merkmal wäre dann nur eine Autapomorphie eines Taxons „Digenea excl. Bivesiculidae"); der **Bauchsaugnapf der Digenea ist weder dem Saugnapf der Aspidobothrii noch der Haftscheibe der Monogenea homolog** (cf. auch ODENING 1974, p. 349).

Die Monophylie der Aspidobothrii läßt sich andererseits über den beim Adultus zu einem voluminösen alveolenreichen Haftapparat auswachsenden kaudalen Saugnapf begründen.

Auf die Frage, ob der letzten gemeinsamen Stammart aller Monogenea bereits ein wenn auch nur schwach muskulöses Haftorgan in Form einer Haftscheibe (Opisthaptor) zuzuschreiben ist (cf. LLEWELLYN 1970, p. 494) oder ob der Kaudalbereich vermutlich noch weitgehendst undifferenziert war (cf. BYCHOWSKY 1957, p. 96), läßt sich auf Grund der immer noch zu geringen Kenntnisse zur Morphologie der Oncomiracidien derzeit keine klare Antwort geben, doch dürfte die von LLEWELLYN vorgetragene Ansicht zu favorisieren sein (s. u.).

(d) Bei den **Gyrocotylidea** entsteht nach Abschluß der Larvalphase ein mitunter umfangreicher **rosettenartiger Haftapparat** am Hinterende der Tiere (cf. u. a. LYNCH 1945); diese aus der stark aufgefalteten Wandung einer tunnelartigen Invagination der Körperoberfläche hervorgehende Struktur bildet zweifellos eine sichere Autapomorphie dieses Taxons, entstanden in der Stammlinie der Gyrocotylidea. Die letzte gemeinsame Stammart aller Cestoda dürfte keine prominenten, sondern allenfalls schwach muskulöse Hafteinrichtungen am Kaudalende besessen haben; solch ein schwach muskulöser kaudaler Haftmechanismus mag von der Stammart der Cercomeromorphae übernommen worden sein. Der für die Cercomeromorphae autapomorphe Zustand ist dann bei den Stammarten der aus der Aufspaltung der Cercomeromorphae hervorgegangenen Taxa, d. h. den Monogenea und den Cestoda, als Synapomorphie beibehalten worden.

3.1.2. Kaudalhäkchen

Bei der Bewertung der mit Häkchen ausgerüsteten kaudalen Haft- und Verankerungsapparaturen der Monogenea und Cestoda folge ich den insbesondere von BYCHOWSKY (1937, 1957) und LLEWELLYN (1965, 1970), ferner von GUSSEV (1978), LYONS (1966), ODENING (1974), PRICE (1967 a) und vielen anderen Autoren, u. a. bereits von SPENGEL (1905) vorgetragenen Argumenten.

Nach der Auffassung dieser Autoren sind die (larvalen) **kaudalen Marginalhäkchen der Monogenea homolog den** (larvalen) **Kaudalhäkchen der Cestoda.**

Bei der Larve der Eucestoda, der Oncosphaera, sprechen manche Autoren nicht von Kaudalhäkchen, sondern von Frontalhäkchen. Diese Auffassung von der Lage der Häkchen ist sicher falsch, auch wenn die

Larven mit den Häkchen voran ein Darmepithel penetrieren: im den Häkchen gegenüber liegenden Körperbereich der Larve befinden sich jene Zellen, aus denen der Körper der Metacestoid-Stadien hervorgeht, beim Adultus liegt diese Wachstumszone unmittelbar hinter dem Scolex, d.h., die Häkchen befinden sich eindeutig am morphologischen Hinterende der Oncosphaera-Larve.

Marginalhäkchen treten bei allen Oncomiracidien auf und können nach Abschluß der Larvalentwicklung durch andere, zumeist größere Verankerungsstrukturen ergänzt oder ersetzt werden (cf. u.a. BYCHOWSKY 1957), nach GUSSEV (1978) bleiben die Häkchen bei den Polyopisthocotylea häufig komplett erhalten, seltener werden die Häkchen ersatzlos reduziert wie bei den Microbothriidae (u.a. KEARN 1965) oder den Anoplodiscidae (u.a. OGAWA u. EGUSA 1981).

Diese kaudal gelegenen Marginalhäkchen stimmen in ihrer Form, die etwa einer Handsichel entspricht, bei vielen Monogenea grundsätzlich mit den Kaudalhäkchen der Cestoda überein (Abb. 1).

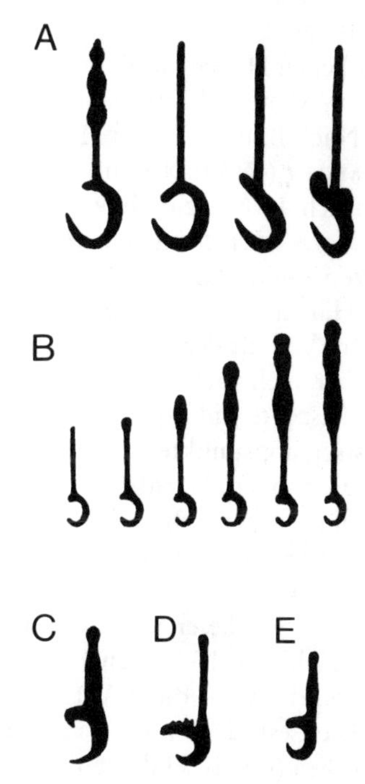

Abb. 1. Marginal- und Kaudalhäkchen bei den Cercomeromorphae. A. Marginalhäkchen (ohne filamentöse Bereiche) bei den Monogenea (von links nach rechts: *Dactylogyrus-*, *Gyrodactylus-*, *Octocotylus-* und *Polystoma*-Typus). B. Entwicklung der Marginalhäkchen bei *Dactylogyrus* (Monogenea). C. Kaudalhäkchen von *Gyrocotyle* (Gyrocotylidea). D. Kaudalhäkchen von *Amphilina* (Amphilinidea). E. Kaudalhäkchen von *Schistocephalus* (Eucestoda). A. und B. nach BYCHOWSKY 1957, figs. 31 und 139); C. nach LYNCH (1945) und MALMBERG (1974); D. nach DUBININA (1960, 1974); E. nach LLEWELLYN (1965). (Abbildungen nicht im gleichen Maßstab).

Bei den Gyrocotylidea werden die Häkchen nach Abschluß der Larvalphase in den kaudal entstehenden Rosettentunnel eingezogen (u.a. LYNCH 1945) und dürften dann weitgehendst funktionslos werden; entsprechendes gilt auch für die Häkchen der Amphilinidea (u.a. DUBININA 1974, 1982; DÖNGES u. HARDER 1966; MALMBERG 1974). Bei den Cestoidea sind die die Oncosphaera kennzeichnenden Häkchen mitunter bei geschlechtsreifen Individuen noch erhalten (bestimmte Caryophyllidea) oder die Häkchen werden im Metacestoid-Stadium eliminiert (alle Eucestoda).

Die Auffassung, daß es sich bei den Marginalhäkchen der Monogenea und den Kaudalhäkchen der Cestoda um einander homologe Strukturen handelt, wird ferner durch die Untersuchungen von LYONS (1966) gestützt; danach stimmen diese Häkchen bei den genannten Taxa in ihrem chemischen Aufbau (nach LYONS keratinartige Skleroproteine, nach KAYTON 1983 vermutlich jedoch ein Kollagen) in auffälliger Weise überein (cf. auch LLEWELLYN 1968; MALMBERG 1974; SWIDERSKI 1973), die Häkchen unterscheiden sich chemisch deutlich von anderen Hartstrukturen wie den epithelialen Stacheln der Digenea (Taf. 29), den Bohrstiletten bestimmter Cercarien, den erst sekundär (postembryonal oder postlarval) entstehenden größeren kaudalen Verankerungsstrukturen vieler Monogenea (Taf. 27 C) bzw. den epithelialen Hartstrukturen in diesem Taxon sowie – mit Einschränkungen – den Rostellum-Haken der Eucestoda (u. a. LYONS 1966; RAMALINGAM 1973; SHAW 1979 b, 1981).

Auch in der Anlage der kaudalen Häkchen bestehen keine Unterschiede zwischen den Monogenea und den Cestoda; stets entstehen diese Strukturen intracellulär in sogenannten Oncoblasten, die Bildung der Hartstruktur (siehe Abb. 1) erfolgt immer sukzessive vom späteren Distalende, der Spitze der Sichel, bis zum Proximalende, dem Abschluß des Handstieles (u. a. COLLIN 1968; GABRION 1981; KEARN 1963; LAMBERT 1977; MALMBERG 1974; MOCZON 1971; OGREN 1958; RYBICKA 1966; SIMMONS 1974; SWIDERSKI 1972, 1973, 1976 c), und damit gänzlich anders als die mitunter partiell ähnlichen Haken am Rostellum der Eucestoda (u. a. BARON 1968; BILQUEES u. FREEMAN 1969; MOUNT 1970; siehe auch Kap. 3.2.3.).

Nach BAER u. EUZET (1961, p. 304), BYCHOWSKY (1957, p. 449), LLEWELLYN (1970), LAMBERT (1980 a, b) und anderen Autoren repräsentiert die relativ hohe Zahl von vermutlich 16 Marginalhäkchen den ursprünglichen Zustand innerhalb der Monogenea.

Nach KRITZKY u. THATCHER (1974, 1976), KRITZKY et al. (1979), MIZELLE u. PRICE (1965) und PRICE (1967 b) verfügen einige Arten der Anacanthorinae sogar über 18 Häkchen.

Im Verlauf der Evolution der Monogenea hat sich die Zahl der Marginalhäkchen offenbar mehrfach konvergent innerhalb einzelner Monogenea-Taxa (als Beispiel seien die Discocotylidae genannt, cf. LAMBERT u. DENIS 1982) in Anpassung an die jeweiligen Festsetzungspunkte der Parasiten-Larven auf den Wirtsorganismen (z. B. Kiemen, Placoidschuppen, Harnblase etc.) auf 14, 12, 10 etc. Häkchen verringert; daneben werden zumindest bei einigen Monogenea bestimmte Marginalhäkchen während der Embryonal- oder der Postembryonalentwicklung auch sekundär verlagert (u. a. CONE 1979) bzw. zu abweichend gestalteten Hartstrukturen ausdifferenziert (cf. Lit. in LLEWELLYN 1981 b). An dieser Stelle soll nicht unerwähnt bleiben, daß MALMBERG (1982) offenbar eine Zahl von 10 Häkchen als für die Monogenea ursprünglich ansieht; eine eingehende Begründung für diese Auffassung steht jedoch noch aus.

Die Cestoden besitzen maximal 10 Häkchen; diese gegenüber der Stammart der Monogenea (mit 16 Häkchen) geringere Zahl, die bei den Gyrocotylidea und den Amphilinidea auftritt, ist – sofern die Überlegungen von BYCHOWSKY, LLEWELLYN und anderen Autoren (s. o.) zutreffen – das Ergebnis einer Reduktion und vermutlich im Zusammenhang mit der endoparasitischen Lebensweise dieser Parasiten zu sehen, da bei allen Cestoden (einschl. der Cestoidea) die Häkchen offenbar funktionslos werden, sobald die Larve in den jeweiligen Wirtsorganismus eingedrungen ist. Bei den Cestoidea (Caryophyllidea + Eucestoda) werden nur (noch) 6 Häkchen ausdifferenziert.

Auf Grund dieser Befunde ist davon auszugehen, daß die letzte gemeinsame Stammart der Monogenea und der Cestoda, d. h. der Cercomeromorphae, eine größere Zahl von vermutlich 16 (oder 18) Kaudalhäkchen besessen hat. Die Stammart der Cestoda hat nur 10 Häkchen besessen; dies ist ein abgeleiteter Zustand gegenüber der Stammart der Cercomeromorphae und damit eine Autapomorphie der Cestoda. Sehr wahrscheinlich waren die 10 Häkchen nicht ± gleichartig, sondern bereits unterschiedlich ausdifferenziert.

So läßt sich z.B. nach MALMBERG (1978, 1979) bei *Gyrocotyle* eine Anordnung der 10 Häkchen in 6 vordere und 4 hintere und damit ähnlich wie bei *Amphilina* erkennen; bei *Amphilina* unterscheiden sich diese vier Häkchen (bei *Austramphilina* von ROHDE u. GEORGI 1983 als Lateralhaken bezeichnet) chemisch (cf. LYONS 1966) und morphologisch (u.a. abweichende Form mit modifiziertem Sichelteil) von den übrigen 6 Häkchen (cf. BAZITOV u. LJAPKALO 1981; DUBININA 1960, 1974, 1982; MALMBERG 1974) und könnten hier, analog zu den Verhältnissen innerhalb des Taxons Monogenea, einen Trend anzeigen, der zur Reduktion der Zahl der funktionierenden larvalen Häkchen führt. Offenbar sind nur jene Häkchen, die den 6 vorderen bzw. mittleren Häkchen von *Amphilina* entsprechen, bei der Oncosphaera der Cestoidea erhalten geblieben (cf. DUBININA 1960, 1971; LLEWELLYN 1965, p.55; LYONS 1966, p.97); die Zahl von nur 6 Häkchen bildet eine sichere Autapomorphie der Cestoidea bzw. eine Synapomorphie der Caryophyllidea und der Eucestoda.

Sollte sich – nach MALMBERG (s.o.) – für die Stammart der Monogenea eine Zahl von 10 Marginalhäkchen wahrscheinlich machen lassen, so wäre – nach dem Prinzip der sparsamsten Erklärung – davon auszugehen, daß 10 Häkchen bereits in der Stammlinie der Cercomeromorphae evoluiert wurden; diese Autapomorphie des Taxons wäre dann unverändert sowohl in die Stammlinie der Monogenea wie auch in die Stammlinie der Cestoda weitergegeben worden und würde eine Synapomorphie der Monogenea und der Cestoda bilden. Die Zahl von 10 Häkchen würde für die beiden Cestoden-Teiltaxa der Gyrocoytlidea und der Amphilinidea danach jeweils nur eine Symplesiomorphie darstellen; erst die Zahl von nur 6 Häkchen wäre wieder apomorph, eine Autapomorphie der Cestoidea. Allerdings bleiben diese Überlegungen ohne jegliche Auswirkung auf die in dieser Arbeit begründeten Schwestergruppen-Verhältnisse: Monogenea und Cestoda würden weiterhin in einem Schwestergruppen-Verhältnis stehen, auch die weiteren Schwestergruppen-Bildungen innerhalb der Cestoda blieben unverändert.

3.2. Epitheliale Körperbedeckung

3.2.1. Epidermis und Neodermis

Eine dem Ektoderm anderer Metazoa vergleichbare Körperbedeckung tritt bei allen freilebenden und vermutlich auch bei allen parasitischen Plathelminthen auf; dieser als **Epidermis** zu bezeichnende stets einschichtige Epithelverband entsteht während der Ontogenese bei Arten mit entolecithaler Eibildung (vgl. Kap. 3.9.2.) als äußerste embryonale Zellschicht: bei den Acoela (cf. TYLER 1984a) und den Polycladida (u.a. ANDERSON 1977; KATO 1940; TESHIROGI et al. 1981) direkt unterhalb der Eischale, bei den Macrostomida zunächst von dotterreichen Blastomeren (TYLER 1981) bzw. einem „Dottermantel" (SEILERN-ASPANG 1957) überlagert.

Plathelminthen mit ektolecithaler Eibildung (vgl. Kap. 3.9.2.), die Neoophora, bei denen die aus der dotterarmen oder dotterfreien Zygote hervorgehenden Blastomeren von einer häufig beträchtlichen Anzahl von Dotterzellen oder Dottermaterial umgeben werden, bilden insbesondere in jenen Taxa, bei denen die Embryonalentwicklung außerhalb des Elterntieres in abgelegten Eikapseln stattfindet, Hüllmembranbildungen aus, entstanden aus speziellen Blastomeren (diese bilden das sogenannte „provisorische Ektoderm"), u.U. auch aus Vitellocyten.

In den durch den Wirtsorganismus wandernden Eikapseln von *Schistosoma haematobium*, einer Art aus dem in mehrfacher Hinsicht (u.a. Membrandifferenzierungen der Neodermis, Geschlechtlichkeit, Spermienfeinbau, Eindringen der Cercarien in den Endwirt) sehr aberranten Taxon Schistosomatidae innerhalb der Digenea, sollen sich nach SWIDERSKI et al. (1982) sogar 2 Hüllschichten („outer envelope“ und „inner envelope“) ausdifferenzieren.

Die embryonalen Hüllzellen der Neoophora stehen in einem wichtigen funktionellen Zusammenhang mit der Bewältigung des oft reichlichen Dottermaterials durch den sich entwickelnden Keim (vgl. Kap. 3.9.3. und 3.10.).

Die definitive Körperbedeckung, die der Epidermis der Plathelminthen mit entolecithaler Eibildung homolog ist, entsteht unterhalb dieser Hüllschichten, letztere werden in einer späteren Phase der Embryonalentwicklung entweder resorbiert bzw. in die oberflächliche Zellage des Keimes, d.h. die Epidermis, integriert oder aber beim Schlüpfen aus dem Ei in der Eischale zurückgelassen (Lit. u.a. in BRESSLAU 1928–33; DAWES 1968; FUHRMANN 1930–31; GIESA 1966; HYMAN 1951; JOYEUX u. BAER 1961; KORSCHELT u. HEIDER 1936; REISINGER et al. 1974a,b; v.d. WOUDE 1954), das ausschlüpfende Jungtier ist allein von einer einzigen Zellschicht, in der Regel also der Epidermis, umkleidet. (Möglicherweise existieren innerhalb der parasitischen Taxa einzelne Beispiele dafür, daß auch die Epidermis in der Eischale zurückbleiben kann, s.u.).

Diese Aussage gilt prinzipiell auch für die parasitischen Taxa, allerdings treten hier, bedingt durch abweichende Entwicklungswege, Differenzen zum oben geschilderten allgemeinen Prinzip auf (vgl. auch Kap. 3.10.), die u.a. dazu führen, daß bei den Eucestoda eine der Epidermis homologe Zellschicht, in der Literatur entweder als Embryophore oder „inner envelope“ bezeichnet, ebenfalls Hüllfunktion übernimmt und sich schon in einem frühen Furchungsstadium unabhängig vom eigentlichen Embryo, d.h. der sich entwickelnden Oncosphaera, ausdifferenzieren kann (u.a. COIL 1984a; EUZET u. MOKHTAR-MAAMOURI 1976; RYBICKA 1966; SWIDERSKI 1982; cf. auch DAVIS u. ROBERTS 1983).

Soweit bisher bekannt, bildet sich die **Epidermis** bei den Plathelminthen grundsätzlich folgendermaßen aus (a–g):

(a) Die durch Mitosen aus bestimmten Blastomeren hervorgehenden Ektodermzellen gelangen an die Oberfläche des sich bildenden Keimes und vereinigen sich dort zu ± epithelartigen Verbänden (definitive Epidermis, bei bestimmten Taxa auch zu äußeren Hüllzellen).

(b) **Epidermiszellen**, die in einen solchen epithelartigen Zellverband integriert werden („somatisierte“ Zellen), **teilen sich definitiv nicht mehr** (u.a. BRESSLAU 1904, p. 244; GIESA 1966, p. 198; FRANQUINET 1976; HORI 1978, p. 91 u. 100; 1979a, p. 527; 1983b, p. 483; PEDERSEN 1983, p. 178; REISINGER et al. 1974b, p. 247); nur REISINGER et al. (1974a, p. 190) haben in einem frühen Embryonalstadium vereinzelt Mitosen innerhalb des epidermalen Epithelverbandes festgestellt, möglicherweise handelt es sich hierbei jedoch um noch nicht vollständig differenzierte (somatisierte) Zellen. Zur Embryonalentwicklung der Tricladen schreibt MATTIESEN (1904, p. 342): „Nie habe ich Teilungen in den flachen Ectodermzellen beobachten können, ebensowenig aber auch eine Häutung des Embryo, einen einmaligen Ersatz der Epidermis durch die darunterliegende Zellschicht“.

Eine Ausnahme sollen allein bestimmte Catenulida bilden: es liegen einige ältere Meldungen über Mitosestadien in der Epidermis limnischer *Stenostomum*-Arten vor (KEL-

LER 1894; PULLEN 1957; STERN 1925). Nach eigenen, auch elektronenmikroskopischen Beobachtungen teilen sich ausdifferenzierte, d.h. mit einer epidermalen Textur (vgl. Kap. 3.2.4.) versehene Epidermiszellen von *Retronectes* und auch die Epidermiszellen von *Catenula* nicht (s.u.); dieser Befund wird auch durch neuere Publikationen gestützt: so fand BORKOTT (1970, p. 197) „indifferente" Zellen in Höhe der Epidermis von *Stenostomum,* nach MORACZEWSKI (1981, p. 387) und SOLTYNSKA et al. (1976) wandern ständig solche „epithelialen Stammzellen" aus dem Körperinneren in die Epidermis von *Catenula* ein und ermöglichen damit das Wachstum dieser Zellschicht. Auch PEDERSEN (1983) fand entsprechende Zellen bei *Stenostomum* sowohl in der Epidermis wie auch subepidermal. Da die Catenulida primär einen nur schwach entwickelten Hautmuskelschlauch ohne ausgeprägte subepidermale Basallamina (vgl. Kap. 3.2.4.) besitzen, eine Trennung zwischen Epidermis und tieferen Körperzellschichten somit nur unvollständig gegeben ist, dürfte sich mit Hilfe des Lichtmikroskops allein nicht sicher entscheiden lassen, ob Mitosestadien tatsächlich in ausdifferenzierten (somatisierten) Zellen der Epidermis oder in subepithelialen bzw. gerade in die Epidermis eingewanderten indifferenten Zellen auftreten.

Eine wirksame Vermehrung der Epidermiszellen beim heranwachsenden Plathelminthen-Embryo und vor allem beim Jungtier erfolgt allein durch ständig aus dem Körperinneren an die Oberfläche des Tieres nachrückende Zellen. Dieser Prozeß der **Epidermisverstärkung durch den Einbau neuer Zellen** findet wahrscheinlich während der gesamten Lebensdauer eines Individuums statt. (Über die besonderen Verhältnisse bei parasitischen Plathelminthen s.u.).

Damit stellt sich eine entscheidende Frage: aus welchem Zellmaterial wird die Plathelminthen-Epidermis gebildet? Stammen die einwandernden Zellen genealogisch von Blastomeren ab, die bei anderen Bilateria mit Spiralfurchung ektodermales Material liefern wie die die Mikromeren des ersten, zweiten und dritten Quartetts, insbesondere die Zelle 2 d („Ursomatoblast") z.B. bei den Polychaeta?

Nach unserem gegenwärtigen Wissensstand ist dies nicht der Fall. Bei Plathelminthen gehen die genannten Mikromeren, soweit es sich bei Arten mit relativ wenig abgewandeltem Furchungsverlauf beobachten läßt, während der Embryonalentwicklung wohl weitgehendst in typisch ektodermalen Bildungen (u.a. erste Anlage der Epidermis, bei Neoophora zudem Hüllmembranen und bei Arten mit voluminöserem Körper (vgl. Kap. 3.1.1. und 3.5.2.) vielleicht auch „parenchymatische" Zellen) auf (zusammenfassende Literaturdarstellungen in KOHLER 1979; REISINGER et al. 1974 b); d.h. die Deszendenten dieser Mikromeren werden offenbar frühzeitig somatisiert, die in die Epidermis später nachrückenden Zellen müssen demnach überwiegend anderen Blastomeren entstammen.

Bei den Catenulida, Macrostomida und auch den Lecithoepitheliata sollen die als Macromeren 4 A–D und als Micromeren 4 a–c bezeichneten Blastomeren rein entodermales Material liefern; diese Blastomeren degenerieren bei den Polycladida vollständig. Dadurch ergeben sich Hinweise, daß die in die Epidermis nachrückenden indifferenten Zellen – zumindest bei den Polycladida – überwiegend oder sogar ausschließlich der als Micromere 4 d bezeichneten Blastomere entstammen, also einer Zelle, deren Deszendenten bei anderen Bilateria mit Spiralfurchung zumeist nur mesodermales, vereinzelt aber auch entodermales Material bilden. Bei Plathelminthen liefern Deszendenten dieser Blastomere dagegen offenbar nicht nur Material für im klassischen Sinne mesodermale und entodermale Differenzierungen, sondern zudem auch für ektodermale Zellverbände, so die Epidermis. (Die Frage, ob die verschiedenen „klassisch mesodermalen" Gewebe und Organe bei den Bilateria, hier speziell zwischen den Plathelminthen und Taxa der Eubilateria, zueinander homolog und damit gemeinsamen Ursprungs sind, kann hier jedoch nicht näher diskutiert werden.)

Sollten die zuvor geäußerten Überlegungen zutreffen – und für alle Plathelminthen gültig sein – so ließen sich z. B. folgende Tatbestände leichter erklären:

(1) Indifferente Zellen (= **Stammzellen**, „Neoblasten") **verstärken** bei den Plathelminthen nicht nur die **Epidermis** (Lit. in Hori 1978; Moraczewski 1977 b; Reuter u. Palmberg 1983), sondern dringen, wie u. a. bereits Valkanov (1938, p. 391) beobachtete, auch ständig in die Darmwandung, also in einen primär rein entodermalen Zellverband, ein (vgl. auch Kap. 3.5.1.).

(2) Nicht nur „typisch mesodermale" Strukturen wie z. B. die Gonaden mit den häufig komplizierten Geschlechtsorganen werden von „embryonalen" oder „indifferenten" Stammzellen gebildet (u. a. Benazzi 1974; Borkott 1970; Loehr u. Mead 1979); wie Regenerationsexperimente belegen, können solche Zellen vermutlich alle Gewebe und Organe, u. a. auch weite Teile des Nervensystems, des Verdauungssystems etc. neu aufbauen (cf. Lit. in Baguna 1981; Baguna u. Romero 1981; Franquinet 1976; Palmberg u. Reuter 1983).

(3) Im Extremfall – bei den Digenea – differenzieren sich solche „embryonalen" Zellen zu vollständig neuen Individuen (Tochtersporocysten, Redien, Cercarien) aus (vgl. Kap. 3.5.1. und 3.10.).

Hinsichtlich der Epidermis-Verhältnisse ist somit festzustellen: bei einem aus dem Ei schlüpfenden Plathelminthen (ausgenommen bestimmte parasitische Taxa, s. u.) dürfte diese Zellschicht nicht nur – im Vergleich zu anderen Bilateria mit Spiralfurchung – rein ektodermales Zellmaterial enthalten, sondern bereits zu einem hohen Prozentsatz Zellen anderer Herkunft; der Anteil dieser primär nicht „klassischen" ektodermalen Zellen am Aufbau der Epidermis nimmt im Verlaufe der Individualentwicklung eines Tieres ständig zu.

(c) Die bei Plathelminthen während der Embryonalentwicklung gebildete Epidermis behält in der Regel ihren zelligen Aufbau bei, in bestimmten Fällen scheinen diese Zellen allerdings relativ rasch ein **Syncytium** zu bilden wie u. a. bei den als Lycophora bezeichneten Larven der Gyrocotylidea und Amphilinidea (u. a. Rohde u. Georgi 1983) sowie in der Embryophore (auch als „inner envelope" bezeichnet) der Eucestoda (u. a. Coil 1979; Euzet u. Mokhtar-Maamouri 1975, 1976; Fairweather u. Threadgold 1981 a; Furukawa et al. 1977; Grammeltvedt 1973; Lethbridge 1980; Lumsden et al. 1974; Pence 1970; Rybicka 1966, 1972; Sakamoto 1981; Swiderski 1982; Swiderski u. Subilia 1978; Ubelaker 1980).

Auch innerhalb der freilebenden Plathelminthen kann die Epidermis syncytialen Charakter annehmen; so lassen sich z. B. bei *Pseudostomum* (Prolecithophora) nur im proximalen Bereich der Epidermis deutlich Zellgrenzen erkennen (Taf. 6), auch *Urastoma* (Prolecithophora) hat nach Burt u. Flemming (1978) eine syncytiale Epidermis. Ferner sind bei bestimmten Arten der „Typhloplanoida" und der Kalyptorhynchia klare Zellgrenzen nur nahe der Körperperipherie ausgebildet (Taf. 10; cf. auch Rieger 1981 a, p. 215 mit weiteren Literaturangaben; Schockaert u. Bedini 1977, p. 176), die Zellgrenzen im proximalen Epidermisbereich sind dagegen mehr indistinkt oder können u. U. auch ganz fehlen (vgl. hierzu Tyler 1984 b, p. 117), und bei freilebenden „Dalyellioida" sowie den Temnocephalida kann die Epidermis ebenfalls ein partielles oder vollständiges Syncytium bilden (Taf. 11; Williams 1975).

(d) Die Kerne der Plathelminthen-Epidermis liegen primär ± central in den Zellen bzw. im Syncytium in Höhe des Epithelverbandes; diese Aussage gilt für alle freilebenden Taxa (z.B. für die Catenulida: Taf. 2, 17 C, 76; Nemertodermatida: Taf. 3, 72; Acoela: Ehlers 1984 b, fig. 92; Macrostomida: Taf. 4, 5; Prolecithophora: Taf. 6 A; Proseriata: Taf. 7, 8, 9, 36, 44 A, 46; Rhabdocoela „Typhloplanoida" und Kalyptorhynchia: Taf. 10; Rhabdocoela „Dalyellioida": Taf. 11) und für die mit einer Epidermis versehenen Larven der Parasiten; allein beim Miracidium der Schistosomatidae nehmen die Kerne – soweit bisher bekannt – als „versenkte" Pericarya eine subepidermale Lage ein (cf. Hockley 1973; Køie u. Frandsen 1976; Pan 1980; Swiderski u. Eklu-Natey 1980).

Treten in einem späteren Stadium der Embryonalentwicklung oder bei einem aus dem Ei geschlüpften Plathelminthen zusätzlich Zellen (Stammzellen, vgl. Kap. 3.5.1.) aus dem Körperinneren in die Epidermis ein, so wandern die Kerne dieser Zellen nicht immer, wie z.B. von Westblad (1930, figs. 3 a–d) dargestellt, relativ rasch in die periphere Körperbedeckung ein; die Kerne dieser nachrückenden Zellen können offenbar für einen längeren Zeitraum ganz oder partiell subepidermal, d.h. unterhalb der Basallamina oder des Hautmuskelschlauchs, zurück bleiben wie z.B. bei Acoela der Taxa Convolutidae und Paratomellidae (u.a. Dorey 1965, fig. 1; Pedersen 1964, fig. 11; Provasoli et al. 1968, fig. 3; Tyler 1984 b, fig. 7).

Einzigartig scheinen die Verhältnisse bei einer Reihe von Plathelminthen (Proseriata und Lecithoepitheliata) zu sein, bei denen auf einem bestimmten Embryonalstadium die Kerne zahlreicher oder sogar aller Epidermiszellen aus dem Epithel heraus sekundär in die Tiefe des Embryos verlagert werden sollen (cf. Giesa 1966, p. 201 sowie Reisinger et al. 1974 a, p. 175 und 190, 1974 b, p. 247); es würde damit in der Tat eine „eingesenkte" Epidermis (Taf. 12, 13 A) entstehen.

Dieser Vorgang müßte aber mit Hilfe der Elektronenmikroskopie überprüft werden; ich halte es nicht für ausgeschlossen, daß es sich hier nicht um „sekundär" subepidermal verlagerte, sondern um nicht vollständig ausgewanderte Zellen handelt, vergleichbar den Verhältnissen bei bestimmten Acoela, Macrostomida, Prolecithophora und Tricladida (cf. Curtis et al. 1983; Tyler 1984 b) sowie auch bei den Miracidien der Schistosomatidae. Bei dem in Taf. 13 B dargestellten Zustand von *Monocelis fusca* (Proseriata) ist nämlich deutlich zu sehen, wie eine subepidermal liegende Zelle einen „pseudopodien"-artigen Fortsatz (mit zahlreichen Centriolen) in Richtung Epidermis aussendet. Ein Vorgang, bei dem aus der Epidermis ein Kern in die Tiefe des Tieres verlegt wird, wurde bei EM-Untersuchungen an postembryonalen Stadien bisher nie gefunden; die von Giesa sowie Reisinger et al. beschriebenen Prozesse könnten also allenfalls bei den (vergleichsweise wenigen) Epidermiszellen eines Embryos stattfinden.

(e) In der Literatur (u.a. in Dorey 1965; Lyons 1973 a, b; Skaer 1965) finden sich Hinweise, daß Epidermiszellen aus dem Epithelverband nach außen abgestoßen werden. Skaer (l.c.) entwickelte daraus die Hypothese, daß die Epidermis kontinuierlich durch aus dem Körperinneren nachrückende Zellen („Ersatz"-Zellen) erneuert wird. Ein überzeugender Beweis für die Richtigkeit dieser These steht jedoch aus. So schreibt Skaer (l.c., p. 133) selbst, daß er „freie", d.h. nach außen abgestoßene Zellen nie gefunden hat; die von diesem Autor (l.c., p. 134) vermutete „Verdauung" von Epidermiszellen durch Rhabdoide führende Zellen tritt mit Sicherheit nicht ein: EM-Befunde zeigen, daß Rhabditen bildende Zellen („rhabditogene Zellen" sensu Smith et al. 1982) bei den Neoophora stets subepidermal liegen (vgl. Kap. 3.4.1.), dort auch verbleiben und nur

Ausführgänge zwischen oder durch Epidermiszellen bzw. ein epidermales Syncytium hindurch an die Oberfläche eines Tieres entsenden. Liegen mehrere solcher Ausführgänge dicht beieinander und enthalten sie reichlich geformtes Sekret, sind die angrenzenden Epidermiszellen lichtmikroskopisch kaum noch zu erkennen.

Bei der von Lyons (1973 a, p. 325–326) bei einem Oncomiracidium außerhalb der Epidermis gefundenen (unbewimperten!) Zelle ist durchaus nicht sicher, daß es sich hier um eine abgestoßene Epidermiszelle handelt; die fragliche Zelle könnte z. B. auch einer Hüllmembran (Lyons: „primary epidermis") angehört haben.

Auf Grund unserer heutigen Kenntnisse über die Plathelminthen-Epidermis ist die Bezeichnung „Ersatz"-Zellen (Skaer 1965; Dorey 1965) für die aus dem Körperinneren in die Epidermis nachrückenden Zellen nicht glücklich; diese Zellen sollten vielmehr „Ergänzungs"-Zellen genannt werden; mit ihrem Eintritt in die Epidermis freilebender Arten wird die Zahl der Epidermiszellen vermehrt und damit sichergestellt, daß der heranwachsende Embryo, das Jungtier und auch der Adultus stets allseitig von einer Epidermis umhüllt bleiben. Als „Ersatz" dienen diese Zellen nur für jene Epidermisbereiche, die durch experimentelle Einwirkungen geschädigt wurden, und auch für auf natürliche Weise abgestorbene Epidermiszellen, wenn diese phagocytiert werden (cf. u. a. Mamkaev 1967 sowie Tyler 1984 b).

Zur Erhaltung einer lückenlosen epidermalen Umhüllung trägt beim Embryo auch der Umstand bei, daß sich die einzelnen Epidermiszellen mit zunehmendem Alter abflachen und auf der vergrößernden Keimoberfläche ausbreiten können (cf. Lyons 1973 a; Tyler 1981).

Alle in die Epidermis nachrückenden Zellen nehmen ihren Ursprung aus einem bzw. aus mehreren Bereichen **undifferenzierter Zellen** (vgl. auch Kap. 3.5.1.); auf Grund ihres Reichtums an Ribosomen lassen sich die prospektiven Epidermiszellen, sobald sie im Begriff des Einwanderns sind, im licht- und elektronenmikroskopischen Präparat von benachbarten ausdifferenzierten, d. h. vollständig somatisierten, Zellen gut unterscheiden (z. B. Taf. 13 b, 14; vgl. auch Ehlers 1985 b; Køie u. Bresciani 1973, p. 184; MacKinnon et al. 1981, fig. 9 und p. 248). Sind die Zellen weitgehendst in den peripheren Epithelverband eingetreten (auf Taf. 15 ist ein Stadium bei der Macrostomide *Microstomum* dargestellt, bei dem der Kern gerade die Basallamina penetriert, während der größte Teil des Cytoplasmas bereits in Höhe der Epidermis liegt), so nehmen die Zellen rasch das für das jeweilige Taxon typische Aussehen einer Epidermiszelle an.

Weitere Besonderheiten dieser Zellen sind durch einen auffallend großen Nucleolus und insbesondere durch Ansammlungen von Centriolen gegeben (Taf. 2, 13 B, 14; cf. auch Ehlers 1985 b; Reuter u. Palmberg 1983; fig. 4 E; Pedersen 1983, fig. 1); ob diese Ansammlungen im Zusammenhang mit der Genesis epidermaler Cilien zu sehen sind und somit als zukünftige Basalkörper anzusprechen wären (cf. Tyler 1981, 1984 a), ist nicht sicher, aber wahrscheinlich.

(f) Während die freilebenden Plathelminthen ihre durch nachrückende Zellen verstärkte Epidermis zeitlebens beibehalten, **werfen die parasitischen Trematoda, Monogenea und Cestoda** zu einem bestimmten Zeitpunkt während der postembryonalen Entwicklung **die Epidermiszellen bzw. das epidermale Syncytium ab**; heranwachsende Jungtiere und Adulte dieser Taxa verfügen damit über keine ektodermale Epidermis mehr. Dieser Sachverhalt, der schon seit langem bekannt ist (cf. Leuckart 1879–86; Schauinsland 1886), wurde in neuerer Zeit von Lyons (1973 a) am Beispiel von *Entobdella solea,* einem Vertreter der **Monogenea**, mit Hilfe der Elektronenmikroskopie sorgfältig untersucht; die entscheidenden Stadien des Verlustes der Epidermis und der Bildung der definitiven Körperbedeckung sind in Abb. 2 (cf. auch EHLERS 1985 a) dargestellt:

Bei einem nur wenige Tage alten Embryo besteht die Körperbedeckung in der für Oncomiracidien charakteristischen Weise aus einem aciliären Syncytium und in bestimmten Körperregionen aus bewimperten Epidermiszellen (cf. Abb. 5); die Kerne liegen sowohl in den Epidermiszellen wie im Syncytium stets intraepithelial (Abb. 2 A). Im weiteren Verlauf der Embryonalentwicklung werden die Kerne des Syncytiums nach außen abgestoßen, später degenerieren auch die Kerne in den bewimperten Epidermiszellen (Abb. 2 B). Bei der aus der Eischale schlüpfenden Larve ist die gesamte Körperbedeckung anucleär (Abb. 2 C), ferner haben cytoplasmatische Ausläufer von aus dem Körperinneren nachrückenden Zellen die Basallamina durchbrochen und zwischen Basallamina und bewimperten Zellen einen dünnen cytoplasmatischen Saum ausgebildet, im unbewimperten Epithelbereich vereinigen sich diese Ausläufer offenbar mit dem anucleären Syncytium. Nach dem Festsetzen der Larve auf dem Wirt werden alle bewimperten Epidermiszellen vollständig abgestoßen, die definitive Körperbedeckung des Parasiten besteht allein aus einem sich rasch verbreiternden cytoplasmatischen, syncytialen Saum (Abb. 2 D), gebildet von den aus dem Körperinneren nachrückenden Zellen, deren Kerne stets subepithelial liegen bleiben.

Genau dieser Bildungsmodus der definitiven Körperbedeckung wurde von FOURNIER (1976, 1979) auch für weitere ovipare Arten der Monogenea-Taxa *Euzetrema* und *Polystoma* voll bestätigt.

Bestimmte Monogenea-Species, von TINSLEY (1983) als ovovivipar bezeichnet, können neben bewimperten Larven auch unbewimperte, bereits im Uterus schlüpfende Larven hervorbringen; von letzteren ist unbekannt, ob diese in einem bestimmten Stadium der Larvalentwicklung bewimperte oder auch unbewimperte Epidermiszellen aufweisen. Diese Feststellung gilt auch für die unbewimperten Larven des oviparen Taxons *Oögyrodactylus* (cf. HARRIS 1983).

Bei *Gyrodactylus,* einem viviparen Vertreter der Monogenea, besitzt der innerhalb des Uterus gelegene Embryo zunächst eine syncytiale Körperbedeckung mit intraepithelialen Kernen (KRITSKY u. KRUIDENIER 1976; LYONS 1970), die später degenerieren; der zurückbleibende cytoplasmatische Epithelbereich ist schließlich über schmale Brücken mit unterhalb der Basallamina liegenden Perikarien („cytons" bei KRITSKY u. KRUIDENIER) nachrückender Zellen verbunden, d. h., bei *Gyrodactylus* findet wie bei oviparen Monogenea ein Verlust der Kerne des syncytialen Primärepithels statt, eine Homologie dieses Primärepithels mit einer ektodermalen Epidermis ist damit jedoch nicht gesichert (s. u.).

Bei den Trematoda, d. h. den Aspidobothrii und den Digenea, ist der Abwurf der Epidermiszellen nur bei den **Digenea** genauer untersucht worden. Das in einen Zwischenwirt eintretende Miracidium z. B. der Fasciolidae verliert ebenfalls sämtliche Epidermiszellen, die durch schmale cytoplasmatische Ausläufer („ridges") der definitiven Körperbedeckung voneinander getrennt sind (COIL 1977 a, b, 1981; KØIE et al. 1976; SOUTHGATE 1970; WILSON 1969 b; WILSON et al. 1971 – siehe hierzu und zu den folgenden Ausführungen auch die eingehende Darstellung bei THREADGOLD 1984).

Die Kerne der Epidermiszellen liegen wie bei den Monogenea intraepithelial. Innerhalb der Digenea bilden allein die Schistosomatidae eine Ausnahme: hier sind die Kerne subepithelial angeordnet (BASCH u. DICONZA 1974; BOGITSH u. CARTER 1982; HOCKLEY 1973; PAN 1980; KØIE u. FRANDSEN 1976; SWIDERSKI u. EKLU-NATEY 1980; SWIDERSKI

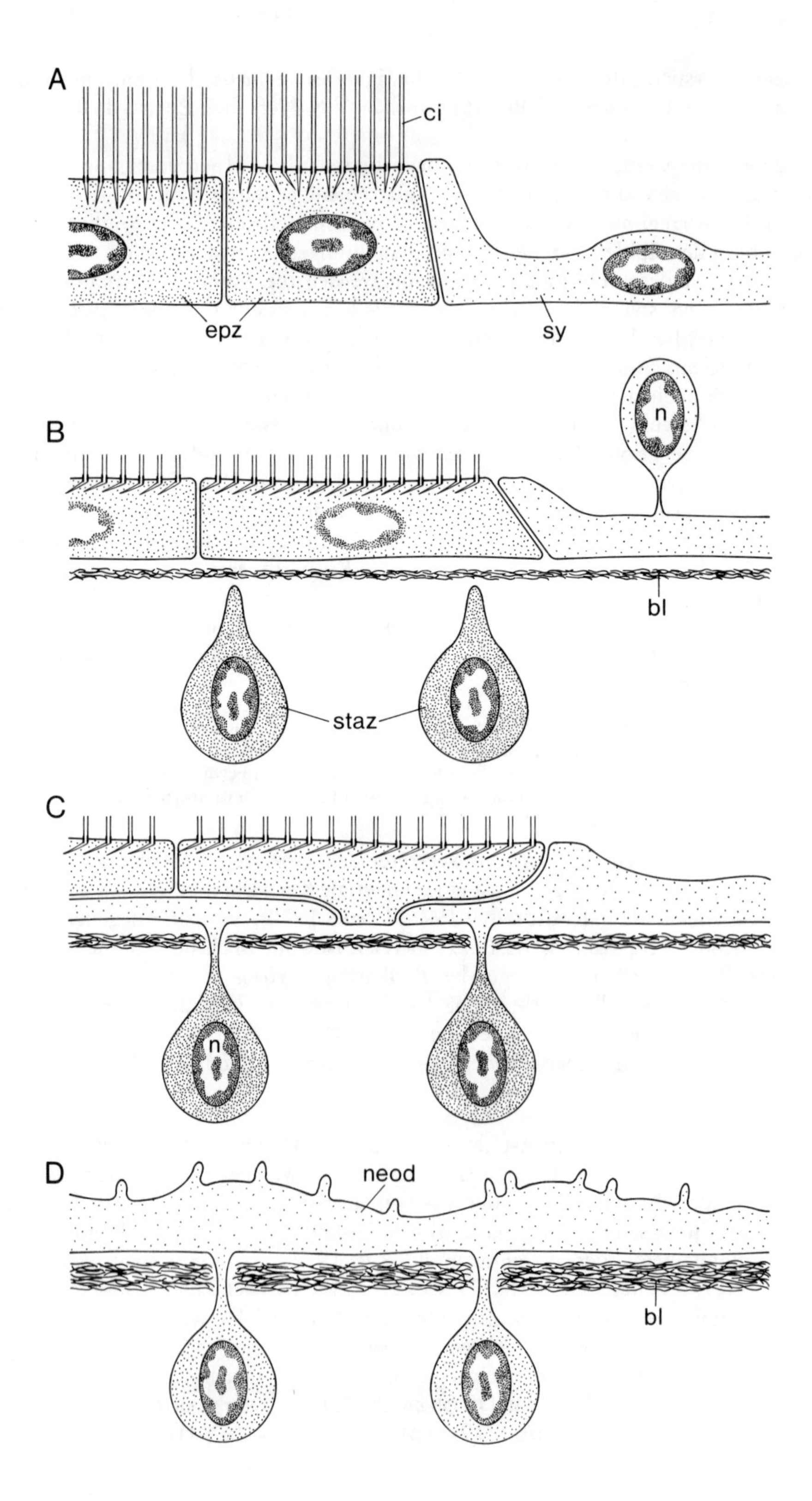
A
ci
epz
sy
B
n
bl
staz
C
n
D
neod
bl

et al. 1980; WIKEL u. BOGITSH 1974); dies könnte damit zusammenhängen, daß das Miracidium der Schistosomatidae mitsamt den bewimperten Epidermiszellen in den Zwischenwirt eindringt und diese Zellen erst im Inneren des Wirtsorganismus verliert; das weitere Schicksal der Epidermiszellkerne ist unbekannt (cf. MEULEMAN et al. 1978).

Die definitive Körperbedeckung der aus dem Miracidium hervorgehenden Sporocyste bzw. Redie wird bei allen Digenea stets in gleicher Weise ausgebildet: die beim Miracidium als schmale intercelluläre Brücken („ridges") vorhandenen cytoplasmatischen Bereiche vergrößern sich nach oder schon vor dem **Abwurf der Epidermiszellen** und bilden letztlich eine zusammenhängende syncytiale Schicht, die Kerne dieses Syncytiums bleiben wie bei den Monogenea unterhalb des Hautmuskelschlauches liegen (Abb. 3) und weisen bei einem geschlechtsreifen Tier, ebenfalls wie bei den Monogenea und den noch zu besprechenden Cestoda, mehrere bis zahlreiche cytoplasmatische Verbindungen mit dem peripheren Syncytium auf – anders als bei freilebenden Plathelminthen mit tiefer liegenden Epidermiszellkernen, die stets nur einen einzigen Fortsatz zur Körperperipherie aussenden.

Dieser Vorgang, d. h. Eliminierung eines Primärepithels – beim Miracidium der ektodermalen bewimperten Epidermiszellen – und Ausbildung der definitiven aciliären syncytialen Körperbedeckung durch Zellen, deren Kerne subepithelial liegen bleiben, ist offenbar nicht allein auf den Übergang Miracidium – Sporocyste bzw. Redie beschränkt, sondern findet – soweit bisher vorliegende Einzeluntersuchungen z. B. von HALTON u. MACRAE 1983; KECHEMIR 1978; MATRICON-GONDRAN 1969, 1971 b; MEULEMAN u. HOLZMANN 1975; MEULEMAN et al. 1980; REES u. DAY 1976 sich zu einer allgemein gültigen Aussage heranziehen lassen – jeweils auch bei der Bildung von u. a. Tochtersporocysten in Muttersporocysten, Redien in Sporocysten sowie Cercarien in Redien statt: stets wird unterhalb einer einzelligen, nur kurze Zeit existierenden Hüllschicht, die z. B. bei der Differenzierung von Tochtersporocysten immer von der Muttersporocyste gebildet wird, das Primärepithel mit – auch bei den Schistosomatidae – intraepithelialen Kernen angelegt; diese Kerne degenerieren rasch und aus dem Körperinneren der neu entstehenden Individuen treten, wie bereits zuvor für die Monogenea näher beschrieben, zunächst undifferenzierte Zellen mit ihren cytoplasmatischen Ausläufern in das kernlose syncytiale Primärepithel ein; die Kerne dieser nachrückenden Zellen bleiben stets subepithelial liegen.

Bei den kernhaltigen Primärepithelien dieser im Inneren von Organismen entstehenden Entwicklungsstadien (Tochtersporocysten, Redien, Cercarien) dürfte es sich jedoch – im Gegensatz zur Epidermis der Miracidien – nicht um ektodermales Material handeln.

Diese Auffassung wird z. B. durch die Verhältnisse bei jenen Tochtersporocysten gestützt, denen Geburtsöffnungen fehlen (u. a. JAMES et al. 1966; POPIEL 1978; POPIEL u. JAMES 1978 a, b): hier weist die äußere syncytiale Körperbedeckung Kerne auf, dürfte also das vollständig erhalten gebliebene Primärepithel darstellen; dieses kernhaltige Syncytium gliedert sich dann z. B. bei den Microphallidae in eine periphere celluläre kernhaltige und eine proximale syncytiale kernlose Schicht; später degenerieren die Kerne der peripher entstandenen Zellen, die letztlich auch eliminiert werden. In die proximale syncytiale Schicht treten dann cytoplasmatische Ausläufer von tiefer liegenden

◀ Abb. 2. *Entobdella solea* (Monogenea). A.–C. Abwurf der bewimperten Epidermiszellen und Ausdifferenzierung einer Neodermis aus Stammzellen bei der Oncomiracidium-Larve. D. Vollständig syncytiale Neodermis im frühen Juvenilstadium. (Nach LYONS 1973, vereinfacht). Weitere Erklärungen im Text.

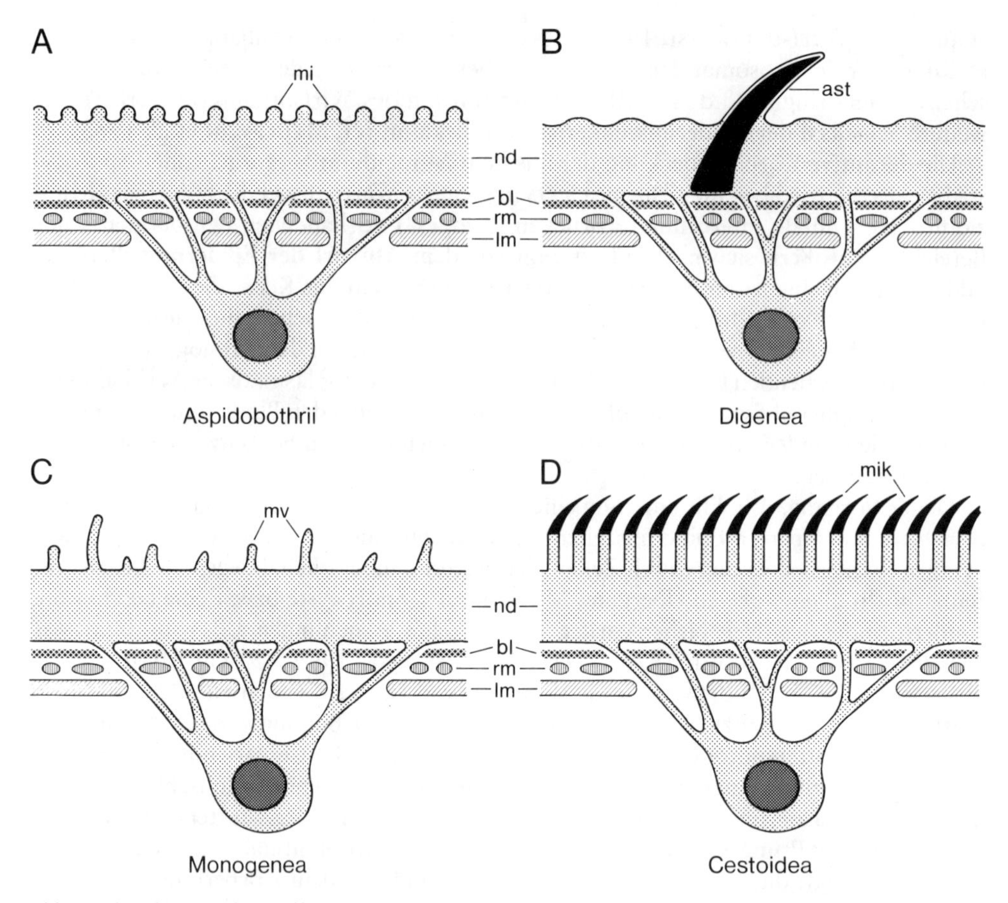

Abb. 3. Charakteristische Differenzierungen der Neodermis bei verschiedenen Taxa der Neodermata. A. Aspidobothrii mit Mikrotuberkeln (mi). B. Digenea mit Actinstacheln (ast). C. Monogenea mit ± - unmodifizierten Mikrovilli (mv). D. Cestoidea mit Mikrotrichen (mik).

Zellen, deren Kerne subepithelial liegen bleiben. Bei diesen Tochtersporocysten bleiben also die – allerdings kernlosen – proximalen cytoplasmatischen Bereiche des Primärepithels erhalten und gehen mit in die Bildung der definitiven Körperbedeckung ein, d. h., das Primärepithel erfährt hier eine andere Bestimmung als die ektodermale Epidermis bei einem Miracidium. Popiel u. James (1978 a, b) halten es übrigens für wahrscheinlich, daß die oben geschilderte Differenzierung eines zunächst einschichtigen Primärepithels in zwei horizontal getrennte Epithelverbände bei einer größeren Anzahl von Digenea-Arten auftritt, auch bei Tochtersporocysten und Redien mit Geburtsöffnungen.

Mohandas u. Nadakal (1970) und andere Autoren (Lit. in Whitfield u. Evans 1983) berichten über Miracidien, die sich innerhalb (!) einer Muttersporocyste aus „Keimballen" entwickeln sollen. Diese Mitteilung ist auf den ersten Blick unvereinbar mit der hier vorgetragenen Auffassung, die bewimperten Zellen des Miracidiums stellen ektodermales Material dar, das während der Umwandlung zur Muttersporocyste eliminiert wird, und die sich innerhalb der Muttersporocyste ausdifferenzierenden Individuen (d. h. in der Regel Tochtersporocysten oder Redien, vereinzelt auch Cercarien) besitzen keine ektodermale Körperbedeckung mehr. Zu einer Klärung des höchst ungewöhnlichen Sachverhalts könnte MOHANDAS (1975) beitragen mit seinen Feststellungen, daß (1) die Körperbedeckung der Muttersporocyste intraepithelial gelegene Kerne aufweist und (2) sich Miracidien nur aus solchen Zellaggregationen entwickeln können, die länger im Kontakt mit der peripheren Körperwandung der Muttersporocyste standen, nicht jedoch aus von der Wandung frühzeitig losgelösten „Keimballen". Es wäre demnach zu prüfen, (1) ob die Wandung der Muttersporocyste aus ektodermalen kernhaltigen Zellen besteht, direkt übernommen von einem in den Molluskenwirt eindringenden Miracidium, und (2) ob bei den sich aus undifferenzierten Zellen im unmittelbaren Bereich einer solchen ektodermalen Zellschicht entwickelnden Individuen (Miracidien) dann auch ektodermale Zellen ausgebildet werden können, ganz vergleichbar den Verhältnissen bei freilebenden Plathelminthen, bei denen ja aus Stammzellen Epidermiszellen entstehen, wenn die undifferenzierten Zellen z.B. bei den Proseriata Kontakt mit der Epidermis erhalten. Solange die hier angesprochenen Fragen nicht geklärt sind, können aus den Mitteilungen von u.a. MOHANDAS u. NADAKAL (l.c.) keine gegenteiligen Schlüsse gezogen werden.

Bei der Schwestergruppe der Digenea, den **Aspidobothrii**, besteht die definitive Körperbedeckung des Adultus wie bei den Monogenea und Digenea aus einem äußeren Syncytium mit stets unterhalb des Hautmuskelschlauches gelegenen Zellkernen (u.a. BAILEY u. TOMKINS 1971; HALTON u. LYNESS 1971; LYONS 1973a, 1977; MARTIN et al. 1971; ROHDE 1971b, 1972a).

Die Entstehung dieser Körperbedeckung ist zwar noch nicht im Detail studiert worden (persönl. Mittlg. von D.W. FREDERICKSEN), doch deuten alle vorliegenden Befunde darauf hin, daß die Bildung hier genauso abläuft wie bei den Monogenea und Digenea. So besitzen eine Reihe von Aspidobothrii-Larven, Cotylocidia genannt, mit Cilien versehene Zellen, diese Zellen weisen intraepithelial gelegene Kerne auf (cf. FREDERICKSEN 1978; ROHDE 1971b, 1972a) und repräsentieren wie die ciliären Zellen bei dem Oncomiracidium der Monogenea und dem Miracidium der Digenea die ektodermale Epidermis. Die ciliären Epidermiszellen des Cotylocidiums liegen isoliert, voneinander getrennt durch ein syncytiales cytoplasmatisches Epithel, dessen Kerne eine subepitheliale Lage einnehmen, ganz entsprechend den Verhältnissen bei den Digenea (mit den „ridges"), nur ist dieses Syncytium beim Cotylocidium wesentlich umfangreicher als beim Miracidium. Den jüngsten, im vorderen Verdauungstrakt (Mundregion) des Molluskenwirtes aufgefundenen postlarvalen Stadien der Aspidobothrii fehlen stets ciliäre Epidermiszellen (u.a. FREDERICKSEN 1980), der syncytiale Epithelbereich mit den tiefer liegenden Perikarien umhüllt wie z.B. bei der Sporocyste oder Redie der Digenea das gesamte Tier vollständig. Die Identität des bereits beim Cotylocidium vorhandenen Syncytiums mit der definitiven Körperbedeckung der Postlarve und des Adultus wird insbesondere durch die übereinstimmende spezifische Oberflächenstruktur (Existenz von Mikrotuberkeln, vgl. Kap. 3.2.3.) belegt.

Bei allen Cestoda besteht die Körperbedeckung des Adultus wie bei den zuvor besprochenen parasitischen Taxa der Monogenea, Digenea und Aspidobothrii ebenfalls aus einem Syncytium mit subepithelial gelegenen Perikarien.

Ein solches Epithel ist sowohl für die **Gyrocotylidea** und die **Amphilinidea** (u.a. DUBININA 1982; LYONS 1969a, 1977; ROHDE u. GEORGI 1983; SIMMONS 1974; XYLANDER in Vorbereitung) wie auch für die zahlreichen bisher untersuchten Cestoidea (Abb. 3) bekannt.

Die Larven der Gyrocotylidea und zumindest einiger, wenn nicht aller Amphilinidea, in beiden Taxa Decacanth-Larve oder Lycophora genannt, besitzen ein bewimpertes Syncytium mit intraepithelialen Kernen (cf. LYNCH 1945; ROHDE u. GEORGI 1983), die definitive Körperbedeckung des Adultus entsteht unterhalb dieses Syncytiums (u.a. MALMBERG 1978, 1979; XYLANDER in Vorbereitung), das von der Lycophora beim Eintritt in den Wirtsorganismus abgeworfen wird (cf. MALMBERG 1974; ROHDE u. GEORGI 1983); d.h. das **bewimperte Syncytium repräsentiert die ektodermale Epidermis, die wie bei den Monogenea, Digenea und Aspidobothrii nach Abschluß der Larvalphase eliminiert wird.**

Diese Aussage gilt auch für die **Eucestoda**. Bei diesen hochspezialisierten Parasiten bildet die Epidermis ebenfalls eine primär bewimperte kernführende und syncytiale Hüllschicht, **Embryophore** (auch „inner envelope", „coracidial sheath" etc.) genannt, um die sich entwickelnde Oncosphaera-Larve (u.a. GRAMMELTVEDT 1973; LUMSDEN et al. 1974; TIMOFEEV u. KUPERMAN 1967); ein solches Stadium wird allgemein als Coracidium bezeichnet.

Im syncytialen Cytoplasmabereich dieser bewimperten Epidermis läßt sich beim Coracidium eine schmale filamentöse Schicht erkennen, homolog den überwiegend mächtigen und stärker strukturierten skleroproteinhaltigen Schichten in der Embryophore (manche Autoren bezeichnen nur die strukturierten Schichten als Embryophore und die angrenzenden cytoplasmatischen Bereiche des Syncytiums dann als inner envelope) von Eucestoden mit einem terrestrischen Lebenszyklus, die keine freischwimmenden Larven ausbilden und demzufolge auch eine Embryophore ohne Cilien aufweisen (u.a. Übersicht für die Cyclophyllidea in DAVIS u. ROBERTS 1983; FAIRWEATHER u. THREADGOLD 1981a; LETHBRIDGE 1980). Die aciliäre Embryophore, bei MEHLHORN u. PIEKARSKI (1981, fig. 45C) auch „Eiwand" genannt, die offenbar aus nur wenigen Blastomeren hervorgeht (vgl. die Bildung dieser „inner envelope" bei RYBICKA 1973b), weist ebenfalls intraepitheliale Kerne auf (u.a. COIL 1979, 1984a; CONN et al. 1984; CHEW 1983; EUZET u. MOKHTAR-MAAMOURI 1975, 1976; FAIRWEATHER u. THREADGOLD 1981a; GABRION 1981; MEHLHORN u. PIEKARSKI 1981, fig. 45b; MORSETH 1965; NIELAND 1968; PENCE 1967; RYBICKA 1972; SAKAMOTO 1981; SWIDERSKI 1972, 1982).

Unterhalb der bewimperten oder unbewimperten Embryophore differenziert sich bei allen Eucestoda eine Oncosphaera aus, deren Oberflächenbedeckung wie beim späteren Metacestoid- und Adultus-Stadium bereits aus einem zunächst sehr flachen syncytialen cytoplasmatischen Epithel mit tiefer im Körper liegenden Perikarien besteht, allerdings noch ohne die für einen Adultus typischen Mikrotrichen (vgl. Kap. 3.2.3.) (cf. u.a. ENGELKIRK u. WILLIAMS 1982; FAIRWEATHER u. THREADGOLD 1981b; FURUKAWA et al. 1977; HOLMES u. FAIRWEATHER 1982; RYBICKA 1973a; SAKAMOTO 1981; SWIDERSKI 1983; siehe auch UBELAKER 1980, p. 86–88). Bekanntlich **wird die Embryophore, also die ektodermale Epidermis, bei allen Eucestoda nach Erreichen des Darmes im (ersten) Wirt abgeworfen**, die Kerne der Embryophore können schon vor Abwurf dieser Hüllschicht degeneriert sein.

Über die **Caryophyllidea** sind keine neueren Untersuchungen zur Bildung der Oncosphaera publiziert; nach den Befunden von u.a. MOTOMURA (1929) und SEKUTOWICZ (1934), vgl. auch MACKIEWICZ (1972, p. 443), liegen der sich ausdifferenzierenden Oncosphaera wenige, anscheinend unbewimperte Zellen auf, die der Embryophore der Eucestoda homolog sein sollen und die dann als Epidermiszellen anzusprechen wären. Diese Zellen fehlen später den jüngsten frei im Wirtsorganismus aufgefundenen Parasiten.

Die Körperbedeckung von Adulten der Caryophyllidea entspricht derjenigen adulter Eucestoda (Beguin 1966; Hayunga u. Mackiewicz 1975; Kuperman u. Davydov 1982 b; Richards u. Arme 1981 a, b), somit dürfte die Differenzierung dieses Epithels bei den Caryophyllidea genauso ablaufen wie bei allen anderen Cestoden und den Monogenea und Trematoda. Zukünftige EM-Untersuchungen müssen klären, ob die Oncosphaera der Caryophyllidea nicht auch – wie bei allen anderen Cestoden – in einem bestimmten Entwicklungsstadium von einer syncytialen kernführenden Embryophore, also einer Epidermis, überdeckt wird.

Die bisher unter Punkt (f) angeführten Gegebenheiten lassen sich zu folgender allgemein gültigen Aussage zusammenfassen:

Bei den Trematoda, Monogenea und Cestoda weisen die nach einer bisexuellen Fortpflanzung, d. h. aus einer Zygote in der Regel innerhalb einer Eihülle entstehenden **Larven eine vollständige ektodermale Körperbedeckung oder einzeln gelegene Epidermiszellen** auf; diese **ektodermale Epidermis wird spätestens nach Abschluß des Larvenstadiums vollständig durch Abwurf eliminiert**.

Das sich morphologisch von dieser Epidermis unterscheidende Körperepithel der postlarvalen Entwicklungsstadien (Jungtier, Sporocyste/Redie/Cercarie, Metacestoid) sowie der Adulti wird ausschließlich von undifferenzierten Zellen (**Stammzellen**) ausgebildet, stellt also eine gänzlich **neue Dermis** dar. Dieser Prozeß mit der obligatorischen Ausdifferenzierung einer morphologisch abweichenden Dermis ist im Vergleich zu den freilebenden Plathelminthen mit Sicherheit ein abgeleiteter Zustand. Da die Bildung dieser neuen Dermis, einer **Neodermis**, in allen bisher elektronenmikroskopisch näher studierten Taxa (s. o.) nach dem gleichen Grundschema erfolgt, ist es sehr wahrscheinlich, daß dieser Prozeß nur einmal im Verlaufe der Evolution der Plathelminthen entstanden ist und zwar in der Stammlinie zu der letzten gemeinsamen Stammart der Trematoda, Monogenea und Cestoda, d. h. diese Taxa bilden ein Monophylum, das ich **Neodermata** nenne.

Die die Neodermis aufbauenden Stammzellen sind offenbar erst dann ausdifferenziert, wenn sie Kontakt mit der Körperoberfläche erhalten; tiefer im Körper liegende Zellen können sich weiter mitotisch teilen (cf. Hess 1980 beim Tetrathyridium von *Mesocestoides*) bzw. dann auch als vielkernige „cytons" (= Perikarien) der Neodermis auftreten (u. a. El-Naggar u. Kearn 1983 b).

Die stark apomorphen Gegebenheiten bei *Schistosoma*, den in Blutgefäßen von Wirbeltieren lebenden Digenea, mit der Ausbildung multipler Membranen an der Oberfläche der syncytialen Neodermis stellen Spezifika dar (cf. Disk. u. a. bei Halton 1982 a), die für die hier diskutierte Frage – allgemeine Aspekte der Evolution einer Neodermis – ohne Bedeutung sind.

Das Merkmal „Verlust der ektodermalen Epidermis durch Abwurf" ist im übrigen keine zwangsläufige Folge einer parasitischen Lebensweise bei den Plathelminthen, wie die beiden nachfolgenden Beispiele zeigen mögen:

(1) Unter den marinen „Dalyellioida" gibt es zahlreiche Parasiten, von denen z. B. die mit einer ciliären Epidermis (cf. MacKinnon et al. 1981) versehene Art *Paravortex cardii* in der Mitteldarmdrüse von *Cerastoderma edule* lebt (Pike u. Burt 1981); die in diesem Wirtsorganismus auftretenden Digenea-Entwicklungsstadien zeigen dagegen ausnahmslos die für die Neodermata charakteristische sekundäre Körperbedeckung, die Neodermis.

(2) Die Larven von *Kronborgia* („Dalyellioida" Fecampiidae) und von *Austramphilina* (Neodermata Amphilinidea) dringen jeweils aktiv in einen Crustacea-Wirt ein; während *Austramphilina* dabei das ciliäre Epidermissyncytium vollständig abstreift (cf.

ROHDE u. GEORGI 1983), behält *Kronborgia* die gesamte ciliäre Epidermis bei (cf. KØIE u. BRESCIANI 1973), die geschlechtsreifen Adulti von *Kronborgia* weisen wie die Larve eine ciliäre Epidermis auf.

Andererseits ist der Besitz einer ektodermalen Körperbedeckung, einer Epidermis, wie z.B. bei einem Miracidium nicht unbedingt vonnöten, um in einen Wirtsorganismus eindringen zu können; Cercarien dringen ja bekanntlich in den Endwirt ein, ohne ihr Tegument, die Neodermis, abzustreifen.

Möglicherweise gehören den Neodermata neben den Trematoda, Monogenea und Cestoda noch weitere Taxa an.

Hier wären die *Udonella*-Arten zu nennen, die aufgrund der jetzt bekannten Organisationsmerkmale zu keiner der o.g. parasitischen Neodermata-Gruppen engere Beziehungen erkennen lassen (u.a. IVANOV 1952a; VAN DER LAND 1967; LAMBERT 1980b). *Udonella* weist eine unbewimperte Körperbedeckung auf, deren Kerne wie bei den Neodermata subepithelial liegen (u.a. LYONS 1973b, fig. 9; NICHOLS 1975b). In den Abbildungen z.B. von IVANOV (l.c., fig. 10) ist jedoch nur eine einzige cytoplasmatische Verbindung zwischen jedem Perikaryon und der Körperoberfläche zu sehen, ein Zustand, der bei freilebenden Plathelminthen wie z.B. bei bestimmten Seriata auftritt, während bei den Neodermata die tiefer liegenden Kerne zumindest beim geschlechtsreifen Adultus über mehrere bis zahlreiche cytoplasmatische Kanäle mit dem peripheren Syncytium verbunden sind. Zukünftige elektronenmikroskopische Untersuchungen müssen zeigen, ob (1) das Körperepithel von *Udonella* syncytial ist, (2) die subepithelial angeordneten Kerne, d.h. die Perikarien, über mehrere cytoplasmatische Kanäle mit der Körperperipherie in Verbindung stehen und (3) während der Juvenil- (Larval-) oder Embryonalentwicklung eine Zellschicht, die als Epidermis anzusprechen ist, abgestoßen wird; allein im letzteren Fall bestünden deutliche Beziehungen zu den Neodermata.

Diese Feststellung trifft auch für nur partiell bewimperte Arten zu, die derzeit dem (paraphyletischen) Taxon „Dalyellioida" zugerechnet werden, z.B. für die in Seesternen parasitierende Species *Triloborhynchus psilastericola*, die nach JESPERSEN u. LÜTZEN (1972) im juvenilen Zustand eine vollständig bewimperte Epidermis besitzt, als geschlechtsreifer Adultus dagegen ein, mit Ausnahme des Vorderendes, aciliäres, allerdings celluläres Epithel aufweist.

Die zu den **Temnocephalida** gestellten Arten, die ganz überwiegend über eine cilienfreie Körperbedeckung verfügen, stehen mit Sicherheit **in keinem engeren Verwandtschaftsverhältnis mit den Neodermata** (vgl. auch Kap. 4.1.); histologische Untersuchungen, auch feinstruktureller Art, zeigen deutlich, daß bei den Temnocephalen die Zellkerne intraepithelial liegen (u.a. LYONS 1973b, fig. 3; MANE-GARZON 1960; NICHOLS 1975a; WILLIAMS 1980b, 1981a), d.h., das äußere Epithel repräsentiert eine typische primäre Epidermis, durch die z.B. die für bestimmte freilebende Taxa charakteristischen Drüsen mit Lamellen-Rhabditen (vgl. Kap. 3.4.1.) ausmünden und der die den Neodermata zukommenden spezifischen epithelialen Receptoren (vgl. Kap. 3.6.2.) fehlen.

(g) Bei den einzelnen Taxa der Neodermata sind die ektodermalen Epithelzellen unterschiedlich angeordnet bzw. statt einzelnen Zellen existiert ein Syncytium (Abb. 4.).

Die ektodermale Epidermis wird bei den Aspidobothrii- und Digenea-Larven durch eine bestimmte Anzahl von bewimperten Zellen repräsentiert; diese Ektoderm-Zellen sind voneinander durch schon frühzeitig ausdifferenzierte syncytiale Cytoplasmaberei-

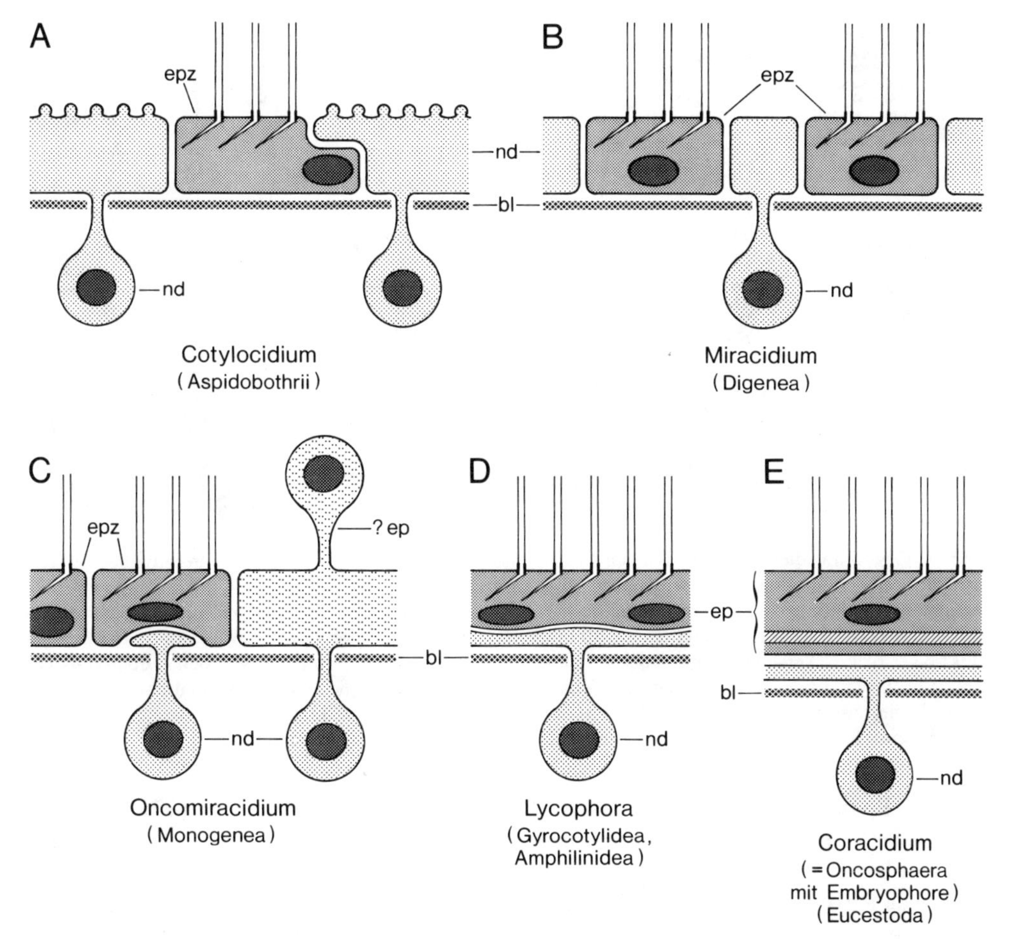

Abb. 4. Körperbedeckung von Larven der Neodermata. Bei den Trematoda (Cotylocidium und Miracidium) einzelne Epidermiszellen, voneinander getrennt durch Bereiche der Neodermis. Bei den Cestoda (Lycophora und Coracidium bzw. Oncosphaera) epidermales Syncytium, bei den Eucestoda mit einer Schicht strukturierter Proteine (in E schraffiert) im proximalen Bereich der Embryophore. Weitere Erläuterungen im Text.

che mit unterhalb der Basallamina liegenden Kernen getrennt. Diese Bereiche entsprechen sowohl bei den Aspidobothrii wie auch bei den Digenea eindeutig dem definitiven Körperepithel postlarvaler Individuen, also der Neodermis. Eine solche spezifische Oberflächendifferenzierung der Larve, d.h. obligatorische **Trennung aller einzelnen Epidermiszellen voneinander durch Bereiche der späteren Körperbedeckung**, ist nur von den Aspidobothrii und Digenea bekannt und dürfte eine Synapomorphie dieser beiden Taxa, eine **Autapomorphie des Taxons Trematoda**, darstellen.

Beim Miracidium bilden die einzelnen Epidermis-Zellen eine bestimmte Anzahl regelmäßig angeordneter Querreihen („tiers"), sicher eine klare Autapomorphie der Digenea.

Beim Cotylocidium der Aspidobothrii treten höchstens einige wenige, zudem noch weit entfernt voneinander liegende Epidermiszellen auf, bei bestimmten Larven fehlen diese bewimperten Zellen offenbar sogar vollständig. Diese Ausprägung einer stark re-

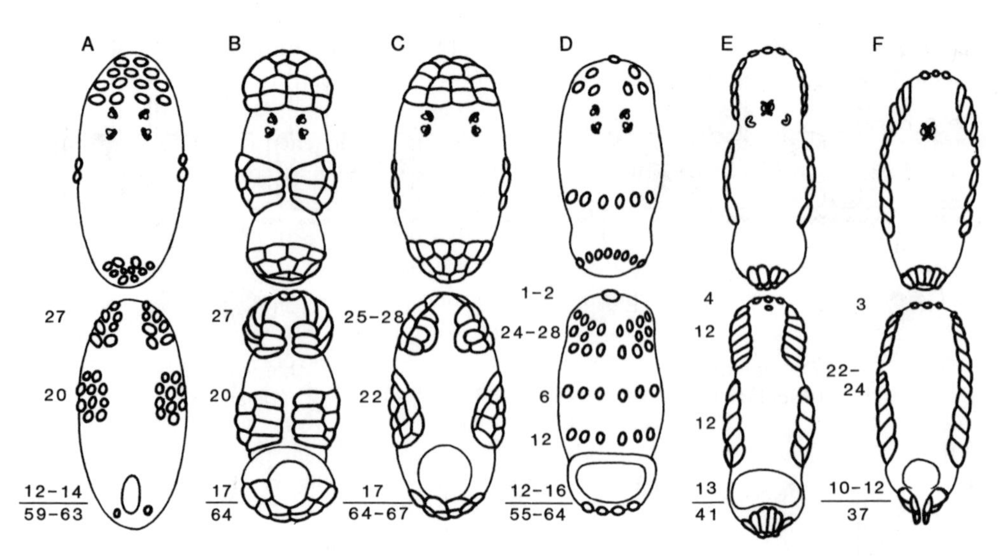

Abb. 5. Oncomiracidien – Larven bei den Monogenea (obere Reihe: Dorsalansicht; untere Reihe: Ventralansicht) mit Zahl und Lage der bewimperten Epidermiszellen und der rhabdomerischen Photoreceptoren; kaudale Hartstrukturen nicht eingezeichnet. A.–C. Monopisthocotylea mit 4 pigmentierten Photoreceptoren und den auf 3 Areale aufgeteilten ca. 60 Epidermiszellen. D.–F. Polyopisthocotylea mit partieller Reduktion bzw. Verschmelzung der Photoreceptoren sowie Auflösung der Epidermiszellareale bei gleichzeitiger Verringerung der Zellanzahl. A. Ancyrocephalidae, Calceostomatidae, Dactylogyridae, Diplectanidae, Tetraonchidae; B. Capsalidae; C. Monocotylidae; D. Polystomatidae; E. *Diplozoon paradoxum;* F. *Microcotyle mormyri.* (Aus Lambert 1980 b; geringfügig verändert.)

liktären Epidermis ist sicher sekundärer Natur (cf. auch Friedericksen 1978), entstanden in der Stammlinie der Aspidobothrii, und damit als eine Autapomorphie dieses Taxons zu bewerten.

Bei den Monogenea stellen die zu mehreren Komplexen zusammengelagerten bewimperten Zellen die Bereiche der ektodermalen Epidermis dar. Auffallend ist, daß diese Zellen bei vielen Oncomiracidien in übereinstimmender Weise angeordnet sind (Abb. 5; vgl. auch u. a. Lambert 1980 b, Tab. I u. II): bei den zumeist als Monopisthocotylea bezeichneten Taxa sind es stets ca. 60 Zellen (cf. auch Tinsley 1983 b), die in einen apicalen Bereich, einen zu zwei Komplexen geteilten mittleren Bereich und einen kaudalen Bereich mit jeweils weitgehendst identischen Zellzahlen getrennt sind (Abb. 5 A–C); diese **Aufgliederung der Epidermiszellen in 3 räumlich voneinander getrennte Aggregationen** dürfte eine deutliche **Autapomorphie der Monogenea** darstellen (u. a. Kingston et al. 1969; Lambert 1980 b, p. 295). Innerhalb hinsichtlich der kaudalen Haftstrukturen stärker evoluierten Taxa, zumeist Polyopisthocotylea genannt (Abb. 5 D–F), ist diese 3-Teilung durch Untergliederung in weitere Komplexe verwischt, gleichzeitig hat sich in diesen Taxa die Zahl der bewimperten Epidermiszellen verringert (cf. auch Lambert 1981). Vollständig unbewimperte Entwicklungsstadien treten nur bei viviparen und in einigen wenigen Ausnahmefällen bei oviparen Species auf (u. a. Erasmus 1972, p. 38; Kearn 1967, 1981; Lambert 1980 b, p. 283; Llewellyn 1963, p. 290; 1968, p. 375; 1981 a, p. 65), vermutlich stets ein sekundär entstandener Zustand, so insbesondere bei den Parasiten von im terrestrischen Milieu lebenden Amphibien (cf. Combes 1981). Bei diesen oviparen Arten ist zu prüfen, ob u. U. bewimperte oder unbewimperte Zellen (Epidermis-Zellen) bereits während der Embryonalentwicklung eliminiert werden; auch ist noch unbekannt, ob die schlüpfenden Entwicklungsstadien mit einem kernhaltigen Syncytium oder bereits mit einer Neodermis versehen sind.

Zwischen den einzelnen epidermalen Zellaggregationen der Oncomiracidien erstreckt sich ein aciliäres Syncytium mit intraepithelial gelegenen Kernen. Aufgrund unseres derzeitigen Wissensstandes läßt sich nicht entscheiden, ob dieses sehr flache Syncytium ektodermales Material darstellt oder beinhaltet; anders als bei den ciliären Zellen werden von diesem Syncytium beim Übergang Larve-Jungtier offenbar nur die Kerne eliminiert, Bereiche des Cytoplasmas scheinen dagegen in die definitive Körperbedeckung, die Neodermis, übernommen zu werden (Abb. 4).

Im Gegensatz zu den Trematoda und den Monogenea wird die Larve der Cestoda (Lycophora und Oncosphaera) primär vollständig von der ektodermalen Epidermis umhüllt, sicher ein relativ ursprünglicher Zustand, übernommen von der letzten gemeinsamen Stammart aller Neodermata und noch weiter zurück von einem freilebenden Vorfahren. Die Umformung dieser Epidermis zu einem einheitlichen **Syncytium** ist dagegen eine klare **Autapomorphie der Cestoda**, evoluiert in der Stammlinie dieses Taxons.

Innerhalb der Cestoidea wird diese primär bewimperte Epidermisschicht stärker modifiziert (u. a. Ausbildung einer Protein-Schicht in der **Embryophore** (**= Autapomorphie der Eucestoda**) oder bei bestimmten subordinierten Taxa der Eucestoda auch vollständige Reduktion der Cilien in der Embryophore) und bei den Caryophyllidea u. U. sogar in einer Frühphase der Embryonalentwicklung eliminiert.

3.2.2. Epidermale lokomotorische Cilien

Die Plathelminthes besitzen ausnahmslos eine multiciliäre Epidermis, d. h., sofern die Epidermis total oder auch nur partiell bewimpert ist, treten pro Epidermiszelle stets mehrere Cilien auf.

Bei der Schwestergruppe der Plathelminthen, den Gnathostomulida (cf. Ax 1984, 1985), finden wir dagegen nur ein einziges Cilium pro Epidermiszelle (u. a. Ax 1956 b, 1964, 1965; Rieger u. Mainitz 1977; Sterrer 1972), stets mit einem accessorischen Centriol neben dem Basalkörper. Diese monociliäre Ausprägung ist sicher ein relativ ursprünglicher Zustand, den die gemeinsame Stammart der Plathelminthen und der Gnathostomulida und darüber hinaus die Stammart aller Bilateria bereits von der Stammart aller Metazoa übernommen hat (cf. Lit. u. Disk. in Rieger 1976; Ax 1984).

Diese Feststellung impliziert, daß der **multiciliäre Zustand der Plathelminthen-Epidermis** in der Stammlinie von der gemeinsamen Stammart der Gnathostomulida mit den Plathelminthes, d. h. der letzten gemeinsamen Stammart der Plathelminthomorpha (cf. Ax 1984, 1985), zu der Stammart der Plathelminthes evoluiert wurde und somit eine **Autapomorphie des Taxons Plathelminthes** darstellt.

Den ausdifferenzierten lokomotorischen Cilien der Plathelminthen fehlt zudem stets ein accessorisches Centriol (cf. auch Tyler 1981, 1984 a); vielleicht ist dieser Mangel in Zusammenhang zu bringen mit der Unfähigkeit somatisierter Epidermiszellen, sich mitotisch teilen zu können (vgl. Kap. 3.2.1 und Kap.3.5.1.).

Es gibt keinerlei überzeugende Argumente, die Existenz eines „Wimperkleides" bei den Plathelminthes (wie auch bei den Gnathostomulida und verschiedenen Eubilateria wie u. a. den Gastrotricha) als eine „neotene Konservierung von Jugend- oder Larvalmerkmalen" (cit. Siewing 1976, p. 78) zu bewerten. Eine Cilien-tragende Epidermis ist ein Adultmerkmal, übernommen von der Stammart der Bilateria bzw. der Metazoa (s. o.) und für verschiedene Taxa der Plathelminthes für eine Lokomotion von erheblicher Bedeutung (vgl. Kap. 3.3.).

Bei den Plathelminthen variiert die Dichte der lokomotorischen Cilien signifikant zwischen zwei bestimmten Taxa, den Catenulida und den übrigen Plathelminthen, den Euplathelminthes (cf. auch EHLERS 1985 b).

Die **Catenulida** besitzen eine nur **schwach bewimperte Epidermis**. Mit Ausnahme spezieller Körperbereiche wie dem vorderen Abschnitt (Pharynx) des Verdauungssystems treten stets weniger als 2 Cilien/μm^2 der Körperoberfläche auf; sehr niedrige Zahlen wurden von mir bei der europäischen *Retronectes* cf. *sterreri* mit 0,2–0,6 Cilien/μm^2 ermittelt, RIEGER (1981 b, p. 157) nennt einen Wert von 1,8 Cilien/μm^2 für die amerikanische *Retronectes atypica*. Wie die noch unpublizierten EM-Aufnahmen von REISINGER zeigen, weist die Epidermis der semiterrestrisch lebenden Species *Xenostenostomum microstomoides* ebenfalls eine sehr geringe Ciliendichte auf.

Bei den **Euplathelminthes** ist die **Bewimperung** dagegen stets **stärker**, RIEGER (l. c.) berichtet von 3–6 Cilien/μm^2 Körperoberfläche, HENDELBERG u. HEDLUND (1974, p. 17) fanden 3,5–5 Cilien/μm^2 bei verschiedenen Acoela, eigene Messungen an mehreren freilebenden Euplathelminthes mit zelliger oder auch partiell syncytialer Epidermis erbrachten vergleichbare Ergebnisse. Hervorzuheben ist, daß die Nemertodermatida und Acoela (Taf. 16) ein mindestens ebenso dichtes Cilienkleid aufweisen wie z. B. Arten der Neoophora. Diese Aussage gilt jedoch nicht für die sekundär evoluierten Larven der Plathelminthes: so fand LACALLI (1982, p. 43) bei einer Polycladen-Larve nur 0,9–1,0 Cilien/μm^2 in unmodifizierten Epidermiszellen und etwa die doppelte Anzahl von Cilien im Bereich der larvalen Lappen, bei den freischwimmenden Larven der Neodermata, insbesondere der Cestoda, können ebenfalls weniger als 3 Cilien/μm^2 Epidermis auftreten.

Vergleicht man die bei Plathelminthen ermittelten Werte mit solchen anderer adulter Metazoa, so fällt auf, daß Gruppen mit monociliärer Epidermis generell eine nur schwach bewimperte Körperoberfläche aufweisen. RIEGER (l. c.) nennt hier Zahlen von 0,15–0,2 Cilien/μm^2 für Gnathostomulida und interstitielle Gastrotricha, eigene Messungen an rasterelektronenmikroskopischen Präparaten (nach Kritischer-Punkt-Trocknung) von *Gnathostomula paradoxa* ergaben 0,16–0,19 Cilien/μm^2 (Taf. 16). (In diesem Zusammenhang ist vielleicht die Meldung von MAMKAEV [cit. in AX 1964, p. 459] interessant, bei einer *Catenula* -Art trete eine monociliäre Epidermis auf; sehr wahrscheinlich besaß die von MAMKAEV gefundene Catenulide wie alle übrigen Arten dieses Taxons eine multiciliäre Epidermis, aber eben mit einer nur sehr geringen, den Gnathostomulida vergleichbaren Dichte der Cilien).

Die Catenulida, insbesondere *Retronectes* cf. *sterreri*, stimmen mit den Gnathostomulida jedoch nicht nur in der geringen Anzahl von Cilien pro Epidermisoberfläche überein; in diesen beiden Taxa liegen zudem die ciliären Basalkörper nicht wie z. B. bei den Euplathelminthen (und deren Larven) in Höhe des distalen Zellniveaus, sondern jeweils in eine auffällige Vertiefung der Epidermis eingesenkt (für die Catenulida vgl. Taf. 17, 18 A, 23), von den Triplets des Basalkörpers ziehen wie bei anderen Metazoa mit monociliärer Epidermis, z. B. den Cnidaria, klar ausgeprägte radiäre Speichen (auch „Satelliten" genannt) lateralwärts (entsprechende Differenzierungen existieren auch in den relativ ursprünglichen Metazoa-Spermien); solche Strukturen sind an den Basalkörpern der Euplathelminthes wenn überhaupt, dann nur schwach ausdifferenziert (z. B. Nemertodermatida Taf. 21 A, B, 50; Acoela Taf. 21 C; Macrostomida Taf. 19; Seriata

Taf. 20 A; Rhabdocoela Taf. 20 B). Die vorletzte Aussage gilt prinzipiell für alle epidermalen Cilien der Catenulida; nur bei den Cilien im vorderen Verdauungstrakt, dem Pharynx (u.a. Taf. 75, 78), stimmen Lage und Struktur der Basalkörper der Catenulida weitgehendst mit denjenigen der Euplathelminthes überein, im Bereich des Intestinum der Catenulida liegen die Basalkörper jedoch wie in der Epidermis in einer Vertiefung der Gastrodermis (u.a. Taf. 80).

An den Basalkörpern der lokomotorischen Cilien der Epidermis setzen bei allen Plathelminthen **Cilienwurzeln** an.

Bei den **Catenulida** treten stets 2 Wurzeln auf, von denen eine rostrad, die andere kaudad gerichtet ist (Taf. 17 B, C, 18 B–D). Die Zugrichtung beider Wurzeln verläuft in der Regel exakt parallel zur Körperoberfläche, nur nahe den Seitenrändern einer Epidermiszelle knicken diese Wurzeln ab und ziehen leicht schräg in das Zellinnere ein. Die kraniale Wurzel inseriert stets lateral am Basalkörper, die kaudale Wurzel greift immer unter den Basalkörper. Diese Anordnung gilt im Prinzip auch für die Cilienwurzeln im Bereich des Catenulidenpharynx (Taf. 25, 75, 78, 81), nur tritt hier in den kaudalwärts orientierten Pharynxzellen eine Umkehr ein, so daß die ursprünglich kaudal weisenden Wurzeln kranialwärts ziehen bzw. in die Tiefe des Körpers Richtung Intestinum weisen (vgl. Kap. 3.8.1; cf. auch Doe 1981).

Bei den **Euplathelminthes**, ausgenommen die Acoelomorpha, stimmen die Ansatzpunkte der kranialen Wurzel und der kaudalen Wurzel an den Basalkörpern der Epidermiscilien mit den Verhältnissen bei den Catenulida überein, allerdings findet sich eine ± exakt kaudad gerichtete Wurzel nur noch bei einzelnen Taxa der Macrostomida (u.a. Doe 1981, fig. 4 C; Tyler 1984 b, fig. 15), bei den meisten Macrostomida-Arten zieht diese Wurzel schräg (Taf. 19 A) oder sogar senkrecht (Taf. 19 B) in die Tiefe der Epidermiszelle, letzteres ein Zustand, der typisch ist für alle freilebenden Neoophora (z.B. Taf. 20 B). Auch die mit einer „Kriechsohle“ (Taf. 8, 42), d.h., mit einem ventralen Längsband bewimperter Zellen versehenen Otoplanidae (Proseriata) haben entgegen anderslautenden Meldungen neben der zumeist langen Rostralwurzel an den epidermalen Basalkörpern eine zweite Wurzel, die senkrecht in die Zellen einzieht (Taf. 20 A) und einer Kaudalwurzel homolog ist.

Die einzigen Plathelminthen, deren epidermale Cilien mit Sicherheit nur eine einzige Wurzel aufweisen, sind die **Neodermata** (Abb. 4). Diese Wurzel inseriert lateral am Basalkörper und zieht dann horizontal bzw. bis zu einem Winkel von ca. 45° zur Körperoberfläche abgebogen kranialwärts, so beim Cotylocidium (Rohde 1971 b, 1972 a), beim Miracidium (Basch u. Diconza 1974; Brooker 1972; Ebrahimzadeh 1977; Pan 1980; Southgate 1970; Wikel u. Bogitsh 1974; Wilson 1969 b, c), beim Oncomiracidium (Fournier 1976, 1979; Lyons 1973 a, b), bei der Lycophora (Rohde u. Georgi 1983; Simmons 1974; Xylander 1984) und beim Coracidium (Grammeltvedt 1973; Lumsden et al. 1974; Timofeev u. Kuperman 1967). Diese einzige Wurzel der Neodermata-Larven ist der kranialen Wurzel der freilebenden Plathelminthen, ausgenommen die Acoelomorpha, homolog.

Für diese Feststellung sprechen nicht nur die zuvor genannten Lagebeziehungen dieser Wurzeln. Vielmehr bietet bei den Catenulida, den freilebenden Euplathelminthes (ausgenommen die Acoelomorpha) und den Larven der Neodermata die Kranialwurzel stets das Bild einer tubulären Struktur, d.h., ein EM-heller homogener Kern wird von einer EM-dunklen Wandung mit Querstreifung umgeben (cf. für die Catenulida Taf. 17 B, C, 18; Macrostomida Taf. 19 A, B; Seriata Taf. 7, 20 A, 55; Rhabdocoela

Taf. 20 B; ferner auch fig. 4 bei ROHDE u. GEORGI 1983 für eine Larve der Neodermata), offenbar ein relativ plesiomorpher Zustand, der u. a. auch bei den Gnathostomulida und Gastrotricha auftritt (cf. RIEGER 1981 b, p. 159) und den die Stammart der Plathelminthes bereits von der Stammart der Bilateria übernommen haben dürfte.

Die kaudal verlaufende bzw. senkrecht in die Epidermis einziehende zweite Wurzel, die – wie bereits betont – nur bei freilebenden Plathelminthen, nicht aber bei den Neodermata auftritt, weist dagegen stets einen elektronendichten kompakten Bau auf (cf. für die Catenulida Taf. 17 B, C, 18; Macrostomida Taf. 19 A; Prolecithophora Taf. 6 A; Seriata Taf. 20 A; Rhabdocoela Taf. 20 B).

Die **Acoelomorpha, d. h. die Nemertodermatida und die Acoela**, besitzen an den Basalkörpern der lokomotorischen Cilien ein Wurzelsystem, das sich stark von demjenigen aller übrigen Plathelminthen unterscheidet (cf. HENDELBERG 1981; TYLER 1979, 1984 a, b).

Bei den **Nemertodermatida** inseriert an der Unterseite der Basalkörper eine Hauptwurzel, die zunächst unter einem Winkel von ca. 45–55° zur Körperoberfläche kranialwärts in das Zellinnere hinabzieht, im weiteren Verlauf dann abknickt und senkrecht zur Körperoberfläche verläuft. Von der Rückseite der Basalkörper nimmt eine zweite kurze und kaudalwärts ziehende Wurzel ihren Ursprung, diese Wurzel spaltet sich in zwei schmale fibröse Fortsätze auf, je ein Fortsatz zieht zur Hauptwurzel der beiden kaudal angrenzenden Cilien und vereint sich mit diesen beiden Hauptwurzeln jeweils in Höhe des knieartigen Knickpunktes (Taf. 21 A, B; cf. auch TYLER u. RIEGER 1977), d. h., über solche fibrösen Fortsätze sind alle Wurzeln in einer Epidermiszelle miteinander verknüpft.

Die **Acoela** besitzen ein Wurzelsystem, das demjenigen der Nemertodermatida prinzipiell gleicht (Taf. 21 C, 22, 57), zusätzlich entspringen jedoch von der Rückseite der im Vergleich zu *Nemertoderma* mitunter längeren Hauptwurzel in Höhe der knieartigen Abknickung zwei schräg kaudalwärts ziehende Lateralwurzeln; diese beiden Lateralwurzeln ziehen zu den Spitzen der Hauptwurzeln der beiden kaudal angrenzenden Cilien, d. h., bei den Acoela stehen die einzelnen Hauptwurzeln in einer Epidermiszelle sowohl über die fibrösen Fortsätze der Kaudalwurzeln wie auch über die Lateralwurzeln miteinander in Kontakt (cf. insbesondere fig. 6 bei HENDELBERG u. HEDLUND 1974; ferner BEDINI u. PAPI 1974; CREZÉE 1975; CREZÉE u. TYLER 1976; DOE 1981; DOREY 1965; KLIMA 1967; LYONS 1973 b, p. 196; MARTIN 1978 c; OLSON u. RATTNER 1975; PROVASOLI et al. 1968; TAYLOR 1971; TYLER 1973, 1984 a, b).

Eine Homologie der kranialwärts ziehenden Hauptwurzel der Nemertodermatida und Acoela mit der Kranialwurzel der übrigen Plathelminthen ist nicht gesichert; denn es bestehen Unterschiede hinsichtlich des Insertionspunktes am Basalkörper (Acoelomorpha: Unterseite; ff. Plathelminthen: vorderer Lateralbereich) wie auch der spezifischen Struktur (Acoelomorpha: relativ massiv mit EM-dichter Matrix; ff. Plathelminthen: tubulär mit EM-hellem Kern). Auch eine Homologie der verschiedenen Kaudalwurzeln ist nicht gesichert: Insertionspunkt dieser Wurzel bei den Acoelomorpha ist der hintere seitliche Rand der Basalkörper, bei den übrigen Plathelminthen die Unterseite, z. T. sogar nur der vordere Rand der Unterseite der Basalkörper. Möglicherweise repräsentiert die Hauptwurzel der Acoelomorpha eine leicht kranialwärts verlagerte Kaudal- bzw. Vertikalwurzel, d. h. ist dieser Wurzel (s. u.) der Catenulida und Rhabditophora homolog.

Im Gegensatz zu allen anderen Plathelminthen weisen sowohl die Basalkörper wie auch die Hauptwurzeln bei den Acoelomorpha sehr deutliche Glykogengranula auf (für die Nemertodermatida Taf. 21 A, B, 50; für die Acoela Taf. 21 C, 53 C; cf. u. a. auch Hendelberg 1976, 1981; Hendelberg u. Hellmén 1978; Silveira 1972; Tyler u. Rieger 1977); möglicherweise auch eine Besonderheit (Autapomorphie) der Acoelomorpha.

Zusammenfassend können über die Dichte der epidermalen Bewimperung und über das Wurzelsystem der Cilien folgende Aussagen getroffen werden:

(a) **Die Existenz einer multiciliären Epidermis ohne diplosomale Basalkörper bildet eine Autapomorphie des Taxons Plathelminthes.**

(b) **Eine geringe Dichte lokomotorischer Cilien** (vgl. auch Kap. 3.7. mit entsprechender Diskussion), **die horizontal in der Epidermis verlaufenden beiden Wurzeln und die in Einsenkungen der Epidermis lokalisierten Basalkörper bei den Catenulida sind als relativ ursprünglich zu bewerten**; das zuletzt genannte Merkmal findet sich bei vielen Metazoa, sogar beim frühen monociliären Stadium von Wirbeltierepithelien entspringt das einzige Cilium einer Vertiefung der Zelloberfläche und lagert sich ein accessorisches Centriol am Basalkörper an (cf. auch Tyler 1981, p. 232).

(c) Bei allen übrigen Plathelminthen, den **Euplathelminthes**, tritt eine im Vergleich zu den Catenulida **stärker multiciliäre Epidermis** auf, zudem liegen die Basalkörper nicht in Vertiefungen der Epidermis (auch nicht in einem frühen Stadium der Ciliogenesis, cf. Tyler 1981, 1984 a); beide Organisationsmerkmale erscheinen gegenüber den Catenulida als abgeleitet. Innerhalb der Euplathelminthes hat zudem eine Verlagerung der hinteren Wurzel stattgefunden: aus der Kaudalwurzel wurde eine Vertikalwurzel (und bei den Acoelomorpha u. U. die Hauptwurzel).

Möglicherweise existieren zwischen den Catenulida und den Euplathelminthes weitere Unterschiede auf dem Niveau der Cilienwurzeln: bei den Catenulida konvergieren die Kaudalwurzeln sämtlicher Cilien einer Epidermiszelle (Taf. 23), enden gemeinsam in einer kaudalen Ausbuchtung der Zelle und erhalten somit fast unmittelbaren Kontakt mit der kaudal anschließenden Epidermiszelle bzw. im Pharynxbereich mit tiefer im Körper liegenden Nervenzellen (Taf. 78, 79). (Hier sei angemerkt, daß bei den Gnathostomulida die (einzige) Kaudalwurzel ebenfalls in eine kaudale Ausbuchtung der Epidermiszelle ziehen kann, persönl. Mttlg. von V. Lammert). Innerhalb der Euplathelminthes, nämlich bei den Proseriata, sind es dagegen die Kranialwurzeln (Taf. 39 B; ferner Bedini u. Papi 1974, figs. 24 u. 25), die konvergieren und sich am rostralen Rand einer Epidermiszelle treffen; Schockaert (1985) bewertet dieses Merkmal als eine Autapomorphie des Taxons Proseriata.

In diesem Zusammenhang ist anzumerken, daß nur die Catenulida (und bestimmte Gnathostomulida), nicht aber die Euplathelminthes, befähigt sind, den Schlag der epidermalen Cilien um 180° umzukehren, so daß die Tiere vorwärts wie auch rückwärts schwimmen können. Es erscheint denkbar, daß die Möglichkeit zur Schlagumkehr der Cilien auch mit den spezifischen Verhältnissen der Cilienwurzeln bei den Catenulida (und Gnathostomulida) zusammenhängt, wie dies z. B. bei Bryozoen-Larven der Fall ist: Reed u. Cloney (1982, p. 49) fanden eine direkte Korrelation zwischen der Orientierung des Wurzelsystems und der Richtung des Cilienschlages.

(d) **Eine kaudale bzw. vertikale Wurzel fehlt den epidermalen Cilien der Neodermata, zweifellos ein abgeleiteter Zustand.** Bei anderen, synök oder parasitär lebenden Arten bestimmter „Dalyellioida“-Taxa, so den Graffillidae, Umagillidae und Pterastericolidae, ist wie bei freilebenden Species neben einer Kranialwurzel stets auch eine Vertikalwurzel vorhanden (cf. MacKinnon et al. 1981 für *Paravortex cardii* und *P. karlingi;* Lyons 1973 b für *Syndesmis echinorum;* Holt u. Mettrick 1975 für *Syndesmis franciscana* (= *Syndisyrinx franciscana* nach Cannon 1982); eigene noch unpubl. EM-Beobachtungen an den Arten *Anoplodium stichopi, Paranotothrix queenslandensis* und *Pterastericola australis*). Allein *Kronborgia amphipodicola,* eine parasitäre „Dalyellioide" aus dem Taxon Fecampiidae, soll nach Bresciani u. Køie (1970) und Køie u. Bresciani (1973) wie die Neodermata nur eine Wurzel, nämlich die Kranialwurzel, besitzen.

Aus diesen Beobachtungen ergibt sich, daß eine parasitäre Lebensweise bei Plathelminthen, speziell bei Doliopharyngiophora, nicht notwendigerweise zum Verlust der kaudalen bzw. vertikalen Wurzel an den Basalkörpern der Epidermiscilien führt; das Merkmal „Mangel der Kaudalwurzel" also nicht in jedem Fall mit dem Merkmal „Parasitismus" korreliert ist und somit als eine deutliche Autapomorphie der Neodermata (bzw. eines übergeordneten, noch unbenannten Taxons unter Einschluß bestimmter „Dalyellioida" wie die Fecampiidae) zu bewerten ist.

(e) **Die Nemertodermatida und die Acoela haben ein komplexes Wurzelmuster,** durch das die Cilien einer Zelle untereinander in Verbindung stehen. Diese stark apomorphe Ausprägung stellt eine sichere Synapomorphie dieser beiden Taxa, eine **Autapomorphie der Acoelomorpha,** dar. Für die Acoela bildet die Existenz der beiden Lateralwurzeln zusätzlich eine klare Autapomorphie (solche Lateralwurzeln fehlen – vermutlich sekundär – allein den spezialisierten Haptocilien von *Hesiolicium inops* [Crezée u. Tyler 1976, fig. 3 D], sind aber nach Tyler [1973] an den Haptocilien von *Paratomella rubra* vorhanden). Ferner dürfte die auffällige Ansammlung von Glykogengranula in den Basalkörpern sowie in den Hauptwurzeln eine Autapomorphie der Acoelomorpha repräsentieren. Ob die von Tyler (1984 a) beschriebenen Besonderheiten der Ciliogenesis bei den Acoela (u. a. Differenzierung neuer Centriole an den Wurzeln der bereits vorhandenen Cilien) eine Autapomorphie dieses Taxons oder aber eine Synapomorphie der Acoela und der Nemertodermatida darstellt, läßt sich derzeit noch nicht entscheiden.

Für den **terminalen Endbereich der epidermalen Cilien** lassen sich ebenfalls auffällige **Differenzen zwischen den einzelnen Teiltaxa** der Plathelminthen konstatieren.

Innerhalb der Rhabditophora, einem Teiltaxon der Euplathelminthes, bieten die Cilien das auch von vielen anderen Metazoa her bekannte Bild (Taf. 26 A): zum distalen Ende hin verjüngt sich das Cilium, d. h., das Axonem verschmälert sich ± kontinuierlich, indem die peripheren Doppeltubuli dichter an die beiden zentralen Mikrotubuli herantreten, zudem laufen die Doppeltubuli nicht bis zum Cilienende durch, sondern können zuvor nacheinander enden, so daß nicht alle der peripheren Tubuli die äußerste Spitze des Ciliums erreichen (cf. auch Tyler 1979; Martin 1978 c, fig. 16), eine Erscheinung, die auch bei anderen lokomotorischen Cilien auftritt, z. B. bei Spermiencilien der Cnidaria (persönl. Mittlg. von W. Schäfer, Erlangen), und unabhängig von der jeweiligen Phase eines Cilienschlages erfolgt.

Stark abweichend davon sind die Verhältnisse bei den **Nemertodermatida** und den **Acoela** (Abb. 6, Taf. 26 B, C). Tyler (1979) liefert eine eingehende Darstellung für die Acoela: kurz unterhalb der Spitze ausdifferenzierter Cilien existiert ein prominenter **Absatz im Axonem,** hervorgerufen durch das abrupte Ende der Doppeltubuli Nr. 4–7 (Numerierung der Tubuli nach Afzelius 1959). Dieser Zustand ist in jeder Phase des Cilienschlages zu finden und tritt bei allen Acoela-Species auf (cf. auch Tyler 1973; Cre-

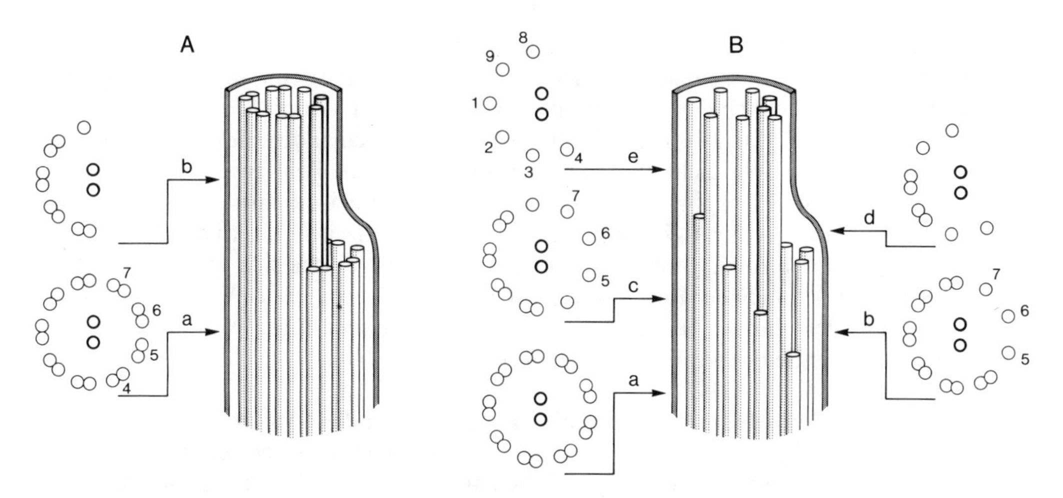

Abb. 6. Schemazeichnungen der Tubuli-Anordnungen im distalen Axonem von epidermalen lokomotorischen Cilien bei verschiedenen Plathelminthen-Taxa: A. Acoela (Acoelomorpha); B. *Retronectes* und *Catenula* (Catenulida). Die Ziffern beziehen sich auf jene Doppeltubuli im Axonem, die nicht bis zur Cilienspitze durchlaufen oder diese nur als Einzeltubuli erreichen. Nähere Erläuterungen im Text.

zée 1975, p. 840; Crezée u. Tyler 1976; Martin 1978 c), auch schon bei ausdifferenzierten Cilien von noch nicht aus dem Ei geschlüpften Individuen (Tyler 1984 a). Von den über den Absatz hinaus sich fortsetzenden peripheren Mikrotubuli Nr. 1–3 und 8 + 9 erreichen nicht alle die Cilienspitze; einzelne Tubuli können wie bei den Rhabditophora zuvor an einer beliebigen Stelle distal des Absatzes enden (cf. auch Tyler 1979).

Bei den Nemertodermatida liegen Verhältnisse vor, die denjenigen der Acoela weitgehendst entsprechen (cf. Tyler u. Rieger 1977; eigene unpubl. Beobachtungen): kurz unterhalb der Cilienspitze befindet sich ein Absatz, auf dessen Niveau konstant die peripheren Tubuli Nr. 4–7 enden; bei einzelnen Individuen (*Nemertoderma* sp. B bei Tyler u. Rieger l. c.) enden hier zusätzlich auch die Doppeltubuli Nr. 1.

Mit Tyler (l. c.) halte ich diese auffällige und konstant bei allen bisher untersuchten *Nemertoderma*- und Acoela-Species auftretende Differenzierung für eine Synapomorphie dieser beiden Taxa, eine Autapomorphie der Acoelomorpha.

In diesem Zusammenhang stellt sich die Frage nach den funktionellen Vorteilen einer solchen, im Vergleich mit den Cilien der Rhabditophora und anderer Metazoa apomorphen Struktur. Lassen sich zudem Hinweise zur Evolution eines solchen Absatzes im Axonem finden?

Eine Antwort auf diese Fragen könnte bei den **Catenulida** gefunden werden. Dieses Taxon besitzt Cilien, die sich zum distalen Ende hin ebenfalls verjüngen (Abb. 6; für *Catenula:* Taf. 24 B, C, 25, 26 E; für *Retronectes:* Taf. 24 A, 26 D). Diese **Verringerung des Cilienquerschnittes**, die unabhängig von der jeweiligen Phase des Cilienschlages zu beobachten ist, wird auf verschiedene Weise erreicht: (1) durch eine Verringerung der Anzahl der peripheren Tubuli, (2) über eine Verringerung des Abstandes der (restlichen) peripheren Tubuli zu den zentralen Tubuli. In der Abb. 6 und auf Taf. 24 sind einzelne Querschnittsbilder dargestellt: zunächst erfolgt bei den Tubuli Nr. 5–7 ein Übergang von Doppeltubuli zu Einzeltubuli, die dichter an die zentralen Tubuli herantreten (Taf. 24 D); weiter distalwärts sind zusätzlich auch die Tubuli Nr. 4 und 8 nur noch als Einzeltubuli vorhanden (Taf. 24 E). Noch mehr distal fehlen die Tubuli Nr. 5–7 dann vollständig, die Tubuli Nr. 3 + 4 und 8 + 9 sind nur als Einzeltubuli existent (Taf. 24 F). Nahe der Cilienspitze bilden auch die Tubuli 1 + 2 nur Einzeltubuli, d. h., das Axonem besteht hier ausschließlich aus Einzeltubuli der Tubuli Nr. 1–4 und 8 + 9 und den beiden zentralen Tubuli (Taf. 24 G), alle Tubuli liegen nahe beieinander, die das Cilium umkleidende Membran zieht dicht an den beiden zentralen Tubuli entlang.

Wie bei den Acoelomorpha enden also bei den Catenulida die mittleren peripheren Tubuli (Acoelomorpha Nr. 4–7, Catenulida Nr. 5–7) frühzeitig unterhalb der Cilienspitze. Aufgrund der zuvor genannten feinen Differenzen dürfte sich aber der prominente Absatz im Axonem der Acoelomorpha-Cilien konvergent zu der Verringerung des distalen Cilienquerschnittes bei den Catenulida herausgebildet haben (von den Gnathostomulida sind vergleichbare Verhältnisse unbekannt).

Innerhalb der Plathelminthen bilden die Catenulida und die Acoelomorpha die einzigen Taxa, deren Repräsentaten primär einen nur schwach differenzierten Hautmuskelschlauch aufweisen (vgl. Kap. 3.3.) und die ganz überwiegend, viele Species vermutlich sogar ausschließlich, nur mit Hilfe der epidermalen Cilien Lokomotion betreiben. Vielleicht ermöglichen im Durchmesser reduzierte Cilienspitzen eine geringere Adhäsion zwischen den Cilien bzw. den Organismen und klebrigen Substanzen im angrenzenden Lebensraum (cf. MARTIN 1978 c, p. 259). Lokomotorische Cilien mit sich distal verjüngendem Axonem treten auch bei anderen Tiergruppen ohne stärkere Muskulatur auf, z. B. in der Epidermis von Bryozoen-Larven (cf. REED u. CLONEY 1982, fig. 18), bei Organismen mit deutlich ausgebildeter subepidermaler Muskulatur dagegen nur in spezifischen Körperbereichen wie z. B. dem Pharynx der Lobatocerebridae (cf. RIEGER 1981 b, fig. 10 C und p. 162).

LECLUYSE u. DENTLER (1984) beschreiben aus dem Gaumenbereich von Fröschen Cilien mit einem deutlichen Absatz im terminalen Axonem, hier aber bedingt durch ein vorzeitiges Ende der Mikrotubuli Nr. 1–3 und 8 + 9 sowie der beiden centralen Einzeltubuli.

3.2.3. Mikrovilli

Mikrovilli treten in unterschiedlicher Form und Dichte in allen Zellen der Epidermis und bei den Neodermata auch in der sekundären Körperbedeckung, der Neodermis, auf.

Bei den freilebenden Plathelminthen sind diese Mikrovilli häufig durch Mikrofibrillen verstärkt, die insbesondere bei spezialisierten Zellen wie den epidermalen Ankerzellen der Kleborgane (cf. Kap. 3.4.4.) sehr mächtig differenziert sind.

In der Art der Verteilung dieser Mikrofibrillen in den Mikrovilli scheinen signifikante Unterschiede zwischen den Catenulida und den restlichen Plathelminthen, den Euplathelminthes, zu bestehen (cf. auch RIEGER 1981 a, p. 218): Bei den Catenulida bilden die Mikrofibrillen in der Regel eine zentrale Achse in den Mikrovilli (Taf. 47 B ferner Taf. 25, 49 B–F, 56, cf. auch RIEGER l. c., fig. 9; DOE 1981, fig. 2 F) der Epidermiszellen wie auch der epidermalen Sinneszellen; bei den Euplathelminthes sind die Fibrillen dagegen zumeist ± gleichförmig über die gesamte Breite der epidermalen Mikrovilli verteilt (u. a. Taf. 47 C, ferner Taf. 37; cf. auch RIEGER l. c., fig. 10). Diese unterschiedliche Anordnung der Mikrofibrillen tritt bei verschiedenen Präparationsbedingungen auf, könnte also ein genuines Merkmal der genannten Plathelminthen-Taxa darstellen.

Es erscheint derzeit aber nicht sicher, ob diesen Unterschieden eine Bedeutung bei der Rekonstruktion phylogenetischer Zusammenhänge zwischen ranghohen Monophyla zukommt. So lassen sich auch bei Euplathelminthen in jenen Mikrovilli, die stärkerer mechanischer Belastung ausgesetzt sind wie in den Ankerzellen der Kleborgane (eigene Beobachtungen, cf. auch TYLER 1976) oder den epidermalen Collar-Receptoren (vgl. Kap. 3.6.2.), den Catenulida vergleichbare Mikrofibrillen-Anordnungen beobachten, auch in den Mikrovilli der Neodermis einer adulten *Amphilina* (cf. LYONS 1977, fig. 15) und außerhalb der Plathelminthen z. B. in den Mikrovilli („Stereocilien") von bestimmten Nervenzellen bei Cnidariern (u. a. KINNAMON u. WESTFALL 1982) oder den Epidermiszellen bei Gnathostomuliden (u. a. RIEGER u. MAINITZ 1977) sind entsprechende Mikrofibrillen-Verstärkungen anzutreffen.

Phylogenetisch bedeutsam für ein ranghohes Monophylum sind dagegen die spezifischen Verstärkungen in den Mikrovilli der Neodermis bei den Caryophyllidea und den Eucestoda. Bei allen Species dieser beiden Taxa differenzieren sich in der sekundären syncytialen Körperbedeckung, der Neodermis, obligatorisch als „Mikrotrichen" bezeichnete Mikrovilli aus (Abb. 3; Taf. 27). Diese Mikrotrichen weisen im distalen Bereich charakteristische Verfestigungen aus Proteinen auf, die in identischer Lage und übereinstimmender Substruktur in den Mikrovilli aller bisher elektronenmikroskopisch genauer untersuchten Arten gefunden wurden, zusätzlich können im Basalabschnitt der Mikrotrichen, dem „Schaft", weitere filamentöse Differenzierungen auftreten (Lit. für die Caryophyllidea u. a. in HAYUNGA u. MACKIEWICZ 1975; KUPERMAN u. DAVYDOV 1982 b; RICHARDS u. ARME 1981 a, b, 1982 b; für die Eucestoda u. a. in IHA u. SMYTH 1969; LUMSDEN 1975; MACKINNON u. BURT 1984; MORSETH 1966; LYONS 1977; THOMPSON et al. 1980; THREADGOLD 1984). Nach LUMSDEN u. SPECIAN (1980) bestehen die distalen Verfestigungen der Mikrotrichen aus hexagonal angeordneten Actin-Filamenten.

Ich halte die Existenz dieser **Mikrotrichen**, die bei den Gyrocotylidea und den Amphilinidea nicht auftreten, für eine klare **Synapomorphie der Caryophyllidea und der Eucestoda**; diese beiden Taxa bilden u. a. aufgrund dieses Merkmals das Monophylum Cestoidea.

Soweit bekannt, lassen sich in der Art der Ausdifferenzierung der Mikrotrichen bestimmte Differenzen zwischen den Caryophyllidea und den Eucestoda beobachten (cf. Disk. bei HALTON 1982).

Zwischen den einzelnen Cestoidea-Species existieren ferner Unterschiede in der Zahl, Verteilung und der spezifischen Form (Breite, Höhe) dieser Mikrotrichen, auch zwischen den verschiedenen Entwicklungsstadien einer Species und in den einzelnen Körperregionen eines Individuums treten diese Unterschiede auf (cf. u. a. BURT et al. 1984; ENGELKIRK u. WILLIAMS 1983; GABRION 1982; GRANATH et al. 1983; MACKINNON u. BURT 1983, 1984; NOVAK u. DOWSETT 1983; RICHARDS u. ARME 1981 a, 1984; THOMPSON et al. 1980; THREADGOLD 1984; VERHEYEN et al. 1978; YAMANE 1968). In ihrer substrukturellen Organisation (cf. figs. 3 F, G bei MACKINNON u. BURT 1984) stimmen die Mikrotrichen, die z. B. bei *Diphyllobothrium, Eubothrium, Ligula* oder *Haplobothrium* bereits beim Procercoid ausdifferenziert werden (u. a. KUPERMAN u. DAVYDOV 1982 a; BURT et al. 1983), dagegen stets überein, bei den Eucestoda vermutlich ebenso in der Art ihrer Ausdifferenzierung, und zwar in den verschiedensten Wirtsorganismen. Offenbar stellen auch die Haken am Rostellum (Taf. 27) vergrößerte modifizierte Mikrotrichen dar (u. a. MOUNT 1970; THOMAS 1983). Diese Aussage dürfte auch für die Stacheln im Scolex-Bereich und auf den Proglottiden bestimmter Tetraphyllidea (u. a. BISEROVA u.

Kuperman 1983; McCullough u. Fairweather 1983) gelten. Bezeichnenderweise weist der oft noch mit den 6 (larvalen) Häkchen versehene Kaudalanhang („Cercomer") von Metacestoid-Stadien (so beim Procercoid und Cysticercoid) keine Mikrotrichen, sondern ± unmodifizierte Mikrovilli auf (cf. Lit. in Jarecka et al. 1981; ferner Burt et al. 1983; Euzet u. Gabrion 1976; MacKinnon u. Burt 1983, 1984).

Die Existenz zahlreicher Mikrovilli bzw. Mikrotrichen wird von vielen Autoren mit einer Vergrößerung der resorbierenden Oberfläche in Verbindung gebracht, d. h., insbesondere bei darmlosen Plathelminthen (Cestoda, auch Sporocyste der Digenea) sollen solche Oberflächenvergrößerungen auftreten (cf. u. a. Graeber u. Storch 1979). Gestützt werden solche Überlegungen durch Beobachtungen an anderen darmlosen Plathelminthen, so von Bresciani u. Køie (1970) an *Kronborgia:* auch diese Art weist zahlreiche Mikrovilli, hier auf den Epidermiszellen, auf. Allerdings ist ein dichter Besatz mit Mikrovilli nicht ausschließlich bei darmlosen Plathelminthen anzutreffen, auch Taxa mit einem gut ausdifferenzierten Verdauungstrakt wie der räuberisch lebende Kalyptorhynchier *Marirhynchus longasaeta* (Taf. 10) können über zahlreiche, dichtstehende epidermale Mikrovilli verfügen.

Bei allen Aspidobothrii s. str. weist die definitive syncytiale Körperbedeckung, die Neodermis, obligatorisch sehr kurze mikrovilliartige Differenzierungen auf, in der Literatur zumeist als „Mikrotuberkel" bezeichnet. Diese charakteristischen Strukturen sind nicht nur bei allen postlarvalen Stadien zu beobachten (Abb. 3, cf. u. a. Bakker u. Diegenbach 1974; Halton u. Lyness 1971; Ip u. Desser 1984; Lyons 1977; Martin et al. 1971; Rohde 1971 a, b, 1972 a), sondern bereits auf den unbewimperten syncytialen Körperbereichen der Larve (Abb. 4, cf. Fredericksen 1978; Rohde 1971 a, b, 1972 a), hier können den „Tuberkeln" noch feine Mikrofilamente aufsitzen (cf. auch Lyons 1977, p. 121). Solche „Mikrotuberkel" sind von keinem anderen Plathelminthen-Taxon bekannt (in etwa vergleichbare Proliferationen, allerdings von Epidermiszellen [cf. B. Ehlers 1977], treten nur bei dem mit den Aspidobothrii sicher nicht näher verwandten Proseriat *Dicoelandropora atriopapillata* auf; ferner können bestimmte Mikrotrichen-Bildungen bei Cysticercoid-Stadien [cf. MacKinnon u. Burt 1983, fig. 2; Richards u. Arme 1984] den „Mikrotuberkeln" ähneln); die **„Mikrotuberkel"** in ihrer spezifischen Struktur dürften eine eindeutige **Autapomorphie für die Aspidobothrii** s. str. (vgl. Kap. 3.1.1.) darstellen.

3.2.4. Spezifische regionale Differenzierungen der Körperbedeckung

Die Epidermis bzw. die sekundäre Körperbedeckung, die Neodermis, der Plathelminthen weist die verschiedensten intracellulären bzw. intraepithelialen Differenzierungen auf, von denen hier nur jene genannt und diskutiert werden, denen bei Erörterungen zur Phylogenie der Plathelminthen eine größere Bedeutung zukommt oder zukommen soll. Einbezogen in diese Darstellung werden auch inter- oder extracelluläre Strukturen wie Basallamina und intercelluläre Matrix.

Detaillierte Darstellungen der spezifischen Verhältnisse bei freilebenden Taxa geben Bedini u. Papi (1974) und vor allem Rieger (1981 a) und Tyler (1984 b), für die Parasiten sei auf die zusammenfassenden Übersichten von Lyons (1977) und Threadgold (1984) verwiesen.

3.2.4.1. Epidermale Textur, Basallamina und intercelluläre Matrix

Im peripheren Bereich der Epidermis bestimmter freilebender Plathelminthen treten charakteristische Differenzierungen in Form feinster Mikrofilamente auf.

Bei der marinen Catenulide *Retronectes* cf. *sterreri* bilden diese Fibrillen ein breites Band, das in Höhe der ciliären Basalkörper und der Wurzeln parallel zur Körperoberfläche durch alle Epidermiszellen zieht (Taf. 2, 17, 18, 23, 24 A, 31, 48, 56); diese **intracelluläre Textur** fehlt nur in spezialisierten Bereichen der Körperoberfläche wie den Ausführgängen von Drüsenzellen und den epidermalen Sinneszellen, ferner in den Pharynxzellen (Taf. 75, 76). Dagegen mangelt es anderen *Retronectes*-Arten wie *R. thalia* (cf. Sterrer u. Rieger 1974, figs. 6 + 7) oder *R. atypica* (cf. Doe u. Rieger 1977, fig. 1 C) offenbar vollständig an einer solchen Textur. Bei limnischen Species wie z. B. *Catenula lemnae* kann ebenfalls eine, im Vergleich zu *Retronectes* cf. *sterreri* jedoch feinere epidermale Textur vorhanden sein („cell web“ u. a. bei Soltynska et al. 1976, p. 294; Moraczewski 1981, p. 369); der limnischen Art *Stenostomum* spec. fehlt dagegen eine Textur (Pedersen 1983, p. 178; Soltynska et al. 1976, p. 298).

Von den bisher feinstrukturell untersuchten *Nemertoderma*-Species besitzen alle eine epidermale Textur (Taf. 3, 21 A, 50; cf. auch Tyler 1976, fig. 30 A; 1984 b, fig. 13; Tyler u. Rieger 1977), entweder kräftig ausdifferenziert wie bei *Retronectes* cf. *sterreri* oder feiner (*Nemertoderma* sp. B bei Tyler u. Rieger l. c.) oder sogar aus zwei morphologisch unterschiedlich strukturierten Schichten (*Nemertoderma* sp. C bei Tyler u. Rieger l. c.); aus dieser fibrillären Textur können Bündel von Tonofilamenten zentripetal bis zur subepidermal gelegenen Muskulatur ziehen (Taf. 3, cf. auch Tyler u. Rieger 1977, fig. 2).

Mehrere Acoela weisen nach Rieger (1981 a, p. 216) und eigenen Befunden ebenfalls eine, wenn auch nur sehr feine epidermale Textur auf (cf. auch Bedini et al. 1973, fig. 8 a; Bedini u. Papi 1974, figs. 1 a + 14 a; Dorey 1965, fig. 9; Hendelberg u. Hedlund 1974, figs. 1, 4 + 5; Tyler 1973, fig. 10), in diese Textur strahlen die von den kaudalen Cilienwurzeln entspringenden Mikrofibrillen ein. In spezialisierten Epidermiszellen kann sogar eine deutliche Textur auftreten (cf. Tyler 1984 b, fig. 7).

Bei den Macrostomida scheint nach den bisher vorliegenden Untersuchungsergebnissen die Ausbildung einer deutlich konturierten epidermalen Textur obligatorisch zu sein (u. a. für *Myozona* Taf. 5, 19 A; für *Microstomum* Taf. 4, 15, 19 B; ff. Lit. in Rieger 1981 a, p. 216 und Tyler 1984 b, p. 119).

Innerhalb der Epidermiszellen der Polycladida und der Neoophora ist eine solche regionale Differenzierung in Form einer schichtförmigen Textur seltener zu beobachten (z. B. *Dalyellia viridis:* Bedini u. Papi 1974, fig. 10; vielleicht auch *Bothrioplana semperi:* Reisinger 1968, fig. 20); mitunter füllen Mikrofibrillen jedoch den gesamten peripheren Epidermisbereich bis zur distalen Zellmembran in Form eines ± diffusen, aber kompakten Lagers aus (u. a. Taf. 7, 8, 10, 12, 44 A; ferner Ehlers u. Ehlers 1977 a, figs. 5, 6 F, 7 + 8; Bedini u. Papi 1974, fig. 6; Tyler 1984 b), häufiger fehlt aber eine epidermale Textur vollständig (u. a. für *Nematoplana coelogynoporoides:* Taf. 9; *Pseudostomum quadrioculatum:* Taf. 6; *Provortex tubiferus:* Taf. 11; *Schizochilus caecus:* Ehlers u. Ehlers 1977 a, fig. 10 + 11; ferner z. B. Bedini u. Papi 1974 und Tyler 1984 b für viele andere Species). Andererseits kann bei bestimmten parasitischen Neoophora ebenfalls eine Textur auftreten, und zwar in der definitiven Körperbedeckung, der Neodermis (cf. Shaw 1980, p. 17).

Die hier angeführten Beispiele dürften verdeutlichen, daß den Merkmalen „epidermale Textur vorhanden oder fehlend" „Textur kräftig oder schwach differenziert" etc. keine entscheidende Bedeutung für die Klärung stammesgeschichtlicher Zusammenhänge zwischen den in dieser Arbeit genannten übergeordneten Plathelminthen-Taxa zukommt; denn bereits bei näher miteinander verwandten Repräsentanten eines rangniedrigen Monophylums wie *Retronectes* treten erhebliche Differenzen auf. Ein anderes Beispiel: bei Larven der Polycladida kann eine epidermale Textur vorhanden sein (u. a. RUPPERT 1978, figs. 5 A, B, E), den adulten Polycladen (mit kräftiger Basallamina, s. u.) fehlt – soweit bekannt – eine Textur (u. a. BEDINI u. PAPI 1974; TYLER 1984 b; eigene Befunde). Hier stellt die Ausbildung einer Textur, der sicher eine wichtige Funktion als mechanische Verfestigung der Epidermis – als eine Art „Cytoskelett" – zukommt, also nur ein während der Ontogenese kurzfristig auftretendes Merkmal dar.

Die der Basis der Epidermiszellen aufliegende intracelluläre Textur, die bisher nur bei bestimmten Proseriata aus dem Taxon Otoplanidae gefunden wurde (z. B. *Parotoplanina geminoducta:* Taf. 36; *Parotoplana capitata:* EHLERS u. EHLERS 1977 a, figs. 2 A–C; *Otoplana truncaspina:* BEDINI u. PAPI 1974, fig. 15) stellt ein Merkmal dar, dem vermutlich nur bei Diskussionen zur Stammesgeschichte einzelner Proseriata-Teiltaxa eine Bedeutung zukommt.

Ähnlich wie mit dem Merkmal „epidermale Textur" verhält es sich auch mit der subepidermal bzw. subneodermal gelegenen **Basallamina** (von verschiedenen Autoren auch als „Basalmembran", „basement membrane" oder „basement lamina" bezeichnet). Da eingehende cytologische Untersuchungen über den molekularen Aufbau und die Bildung dieser Basallamina bei den Plathelminthen noch nicht vorliegen, können hier nur die strukturellen Unterschiede bei einzelnen Taxa diskutiert werden.

Allen Catenulida fehlt eine kräftigere Basallamina; das von PULLEN (1957) beschriebene Vorkommen einer dickeren Basallamina bei *Stenostomum virginianum* erscheint mir nicht sicher (cf. auch RUPPERT u. SCHREINER 1980, fig. 5) und bedarf einer Nachuntersuchung. In Einzelfällen konnte eine feine fibrilläre Matrix zwischen Epidermis und tiefer liegenden Zellen gefunden werden, so bei *Retronectes* cf. *thalia* (cf. RIEGER 1981 a, fig. 7), bei *Catenula lemnae* (cf. MORACZEWSKI u. CZUBAJ 1974, figs. 2, 4, 5, 7–9; MORACZEWSKI 1980, fig. 7) und *Stenostomum* spec. (cf. PEDERSEN 1983, figs. 1 + 2); allein bei *Xenostenostomum* ist eine deutlichere Basallamina existent (unpubl. EM-Aufnahmen von E. REISINGER). Häufiger fehlt eine solche Matrix aber vollständig (für *Retronectes* cf. *sterreri:* Taf. 2, 23; *Retronectes atypica:* RIEGER 1981 a, p. 216; *Catenula* und *Stenostomum:* SOLTYNSKA et al. 1976).

Den Nemertodermatida (Taf. 3) und den Acoela (Taf. 30) mangelt es generell an einer Basallamina (Lit. in RIEGER 1981 a); allerdings meldet SMITH (1981, p. 264) die Existenz einer feinen Matrix zwischen Epidermis- und Muskelzellen bei einer *Nemertoderma*-Species.

Auch den Macrostomida (einschl. der Haplopharyngida) soll nach RIEGER (1981 a) und BEDINI u. PAPI (1974) eine Basallamina fehlen. Diese Auffassung beruht offenbar auf einem Mißverständnis; bei sämtlichen bisher untersuchten Species (cf. auch TYLER 1976, 1984 b; DOE 1981) konnte eine deutliche Basallamina aus granulärem bis fibrillärem Material nachgewiesen werden (u. a. Taf. 4, 15), diese Lamina setzt sich als intercelluläre Matrix um die tiefer im Körper liegenden Zellen wie Muskel- oder Drüsen-Zellen fort (cf. auch PEDERSEN 1983). Bei bestimmten Macrostomida wie *Myozona purpurea* (Taf. 5) oder *Macrostomum rostratum* (eigene unpubl. EM-Befunde) besteht die Basallamina sogar aus einer breiten Schicht gröberer Mikrofibrillen, durchaus vergleichbar den Verhältnissen bei den Polycladida und Neoophora.

Hier, bei den Polycladida und Neoophora, besteht die Basallamina entweder aus einer ± homogenen Schicht von Fibrillen wie z. B. bei *Monocelis fusca* (Taf. 12, 55), *Carenscoilia bidentata* (Taf. 46 B), *Coelogynopora axi* (Taf. 7, 44 A), *Otoplanidia endocystis* (cf. EHLERS 1985 b), *Parotoplanina geminoducta* (Taf. 36), *Notocaryoplanella glandulosa* (Taf. 8, 40) oder *Xenoprorhynchus* (cf. REISINGER 1968) bzw. aus zwei morphologisch unterschiedlich strukturierten Bereichen, von denen der distale gegenüber dem proximalen in der Regel feinfibrillärer bis granulär erscheint, so bei *Notoplana* cf. *atomata* (Taf. 28 A, B), *Pseudostomum quadrioculatum* (Taf. 6), *Dicoelandropora atriopapillata* (Taf. 28 C), *Nematoplana coelogynoporoides* (Taf. 9, 46 A), *Ciliopharyngiella intermedia* (cf. EHLERS 1984 b), *Schizochilus caecus* (cf. EHLERS u. EHLERS 1977 a), *Marirhynchus longasaeta* (Abb. 10) oder *Provortex tubiferus* (Taf. 11). Die Basallamina bzw. deren einzelne Schichten setzen sich proximalwärts zumeist in Form einer intercellulären Matrix (s. u.) fort, aber auch distalwärts kann es zu weiteren Differenzierungen kommen wie u. a. zum Einzug von Fibrillen in die basalen Einfaltungen der Epidermiszellmembran bei *Pseudostomum* (Taf. 6) oder zur Ausbildung knopfartiger Verfestigungen in bestimmten Körperbereichen bei *Schizochilus* (cf. EHLERS u. EHLERS 1977 a) und anderen Kalyptorhynchiern (cf. RIEGER u. DOE 1975; TYLER 1984 b).

Wie bei der epidermalen Textur lassen sich auch über die spezifische Struktur der Basallamina derzeit keine entscheidenden Argumente für die Stammesgeschichte der einzelnen übergeordneten Plathelminthen-Taxa zueinander gewinnen; eine verstärkte Ausprägung der Basallamina, sei es durch Erhöhung der Schichtdicke allein, durch verstärkte Einlagerung größerer Mikrofibrillen oder durch Ausdifferenzierung mehrerer Schichten, scheint allenfalls für sehr rangniedrige Monophyla oder gar nur für einzelne Species ein jeweiliges Charakteristikum darzustellen. Hinzu kommt, daß die Basallamina bei einer Zunahme des Körpervolumens offenbar im verstärkten Maße die Aufgabe einer stützenden äußeren Hülle (bzw. einer „Stützlamelle") übernimmt; so haben z. B. unter den freilebenden Plathelminthen die mitunter sehr großen Polycladida eine besonders mächtig entwickelte Basallamina (Taf. 28 A, B). Eine gut ausdifferenzierte Basallamina ist zudem bei allen Species vorhanden, deren Lokomotion nicht allein mit Hilfe der epidermalen Cilien, sondern auch vermittels des Hautmuskelschlauches erfolgt (vgl. Kap. 3.3.). So kann es nicht überraschen, daß allein die Catenulida, Nemertodermatida und Acoela, die über eine nur schwach ausdifferenzierte Muskulatur verfügen und die sich überwiegend allein mit Hilfe des Cilienschlages bewegen, keine bzw. eine nur feine Basallamina besitzen. Nach HORI (1979 b) ist die Differenzierung einer Basallamina bei regenerierenden Tricladen zudem als eine Interaktion von Epidermis- und Muskelzellen zu verstehen.

Sehr anschaulich vermitteln uns die Polycladida den direkten Zusammenhang zwischen der Art der Lokomotion und der Struktur: kleine pelagische (!) Larven der Polycladida haben eine ganz schmale Basallamina (cf. LACALLI 1982, fig. 5; 1983, figs. 4, 5 + 14; LANFRANCHI et al. 1981, figs. 1 + 2), ähnlich wie z. B. *Catenula lemnae*; andere (? ältere) Larven (cf. RUPPERT 1978, fig. 5 c) oder der benthonisch (!) lebende Jungwurm (cf. LANFRANCHI et al. 1981, fig. 7) besitzen eine feinfibrilläre bis granuläre Basallamina, vergleichbar den Verhältnissen bei vielen Macrostomida und den Gnathostomulida; der Adultus schließlich verfügt über die schon genannte mächtige mehrschichtige Basallamina, in der die Fibrillen ein spezifisches regelmäßiges Muster bilden können (cf. auch BEDINI u. PAPI 1974, fig. 29 b; FRITZ u. THOMAS 1976; KOOPOWITZ u. CHIEN 1974, fig. 2; PEDERSEN 1966, fig. 3).

Auch aus dem Bereich der parasitischen Neodermata ließen sich viele entsprechenden Beispiele anführen: feine Basallamina bei den (schwimmenden) Larven, kräftige Basallamina bei den parasitären großen zwittrigen Adulti.

Hinsichtlich der Ausbildung einer **intercellulären Matrix** im Körperbereich zwischen Epidermis und Intestinum bestehen der Basallamina vergleichbare Verhältnisse.

Eine solche Matrix ist bei den Catenulida relativ schwach ausgebildet und tritt hier im Umfeld des Protonephridialsystems (cf. Taf. 60) oder von Statocysten (vgl. Kap. 3.6.4.) auf, ferner könnten die von verschiedenen limnischen Catenulida gemeldeten umfangreichen Körperhohlräume (vgl. Kap. 3.5.2.) auch eine feinere Matrix enthalten, wie es die noch unpublizierten EM-Aufnahmen von E. Reisinger für *Xenostenostomum* andeuten.

Auch bei den Nemertodermatida und den Acoela tritt regelmäßig eine intercelluläre Matrix als Umhüllung der Statocysten auf, bei den Acoela schwächer ausdifferenziert als bei den Nemertodermatida (vgl. Kap. 3.6.4.).

So wie bei den Macrostomida (Taf. 4, 5, 15) weisen auch die Polycladida und alle Neoophora eine deutliche intercelluläre (interstitielle) Matrix auf; die Mitteilung von Rieger (1981 a, p. 222): „a matrix is only weakly developed and often lacking in the Proseriata, Rhabdocoela, and Prolecithophora" ist nicht richtig; z. B. existiert bei den Proseriata eine ausgedehnte Matrix im Bereich der Protonephridien (Taf. 68, 70), ferner um Nerven- (besonders „Gehirn" und Statocyste), Drüsen- und Muskelzellen (u. a. Taf. 9, 12). Auch hier gilt: bei steigendem Körpervolumen erfolgt eine verstärkte Ausdifferenzierung der intercellulären Matrix parallel zu den Verhältnissen bei der Basallamina.

Zusammenfassend lassen sich über den Merkmalskomplex „epidermale Textur – Basallamina – intercelluläre Matrix" folgende Aussagen treffen:

(a) Die genannten Unterschiede treten zwischen einzelnen Species oder rangniedrigen Monophyla auf und sind nicht immer repräsentativ für alle Arten der in dieser Arbeit genannten ranghöheren supraspezifischen Taxa. Bei einer geringen Körpergröße und einer Lokomotion ausschließlich oder überwiegend mit Hilfe epidermaler Cilien sind die verfestigenden intercellulären Cytoskelett-Elemente schwach ausdifferenziert oder sie fehlen; parallel zur Steigerung des Körpervolumens bzw. einer mehr muskulösen Lokomotion erfolgt eine Verstärkung von Basallamina und Matrix, der Besitz einer deutlichen intraepithelialen Textur ist dann offenbar nicht erforderlich (cf. auch Tyler 1983), ausgenommen Individuen (u. a. bestimmte Proseriata) in stark exponierten Lebensräumen wie z. B. dem instabilen, durch Wasserströmungen beeinflußten Milieu des marinen Interstitials.

(b) Die letzte gemeinsame Stammart der Plathelminthen, der ein nur schwach ausgeprägter Hautmuskelschlauch zukommen dürfte (vgl. Kap. 3.3.) und die sich sehr wahrscheinlich überwiegend nur mit Hilfe der epidermalen Cilien fortbewegte, hat daher vermutlich keine oder eine nur feine Basallamina bzw. intercelluläre (interstitielle) Matrix besessen; die Epidermiszellen mögen eine fibrilläre Textur aufgewiesen haben.

3.2.4.2. Intraepidermale Cilien

Im Cytoplasma nahezu aller Epidermiszellen von *Retronectes* cf. *sterreri* treten distal der epidermalen Textur neben Centriolen regelmäßig Mikrotubuli von unterschiedlicher Länge auf, zumeist in einem $9 \times 2 + 2$ Muster wie in den lokomotorischen Cilien angeordnet (Taf. 23, 56).

Zahlreiche Centriolen wurden von SOLTYNSKA et al. (1976), siehe auch MORACZEWSKI (1977, 1981) u.a. in sich ausdifferenzierenden Epidermiszellen limnischer Catenulida gefunden und mit der Entstehung der Bewimperung dieser Zellen in Zusammenhang gebracht. Diese Interpretation könnte vielleicht auch für die ciliären Strukturen bei *Retronectes* cf. *sterreri* zutreffen; gestützt würde eine solche Annahme durch die Beobachtungen von FRANQUINET (1976, fig. 4) und TYLER (1984 a) über intracellulär gelegene Strukturen in sich ausdifferenzierenden Epidermiszellen einer Triclade bzw. eines Embryos der Acoela.

Intracellulär gelegene ciliäre Strukturen wurden ferner von KLIMA (1967, fig. 14 und p. 116) in Epidermiszellen eines adulten Acoels gefunden; diese Strukturen interpretiert KLIMA als degenerative Prozesse und nicht als Bildungsstadien lokomotorischer Cilien. Bei *Retronectes* cf. *sterreri* dürften die intracellulären Differenzierungen kein Abbaustadium darstellen (wie z.B. in den von CHIA u. BURKE (1978, figs. 6–8) abgebildeten Epidermiszellen von Larven der Echinodermata während der Metamorphose), eher könnte es sich hier um zusätzliche Verfestigungselemente handeln, in der Funktion also der epidermalen Textur vergleichbar sein.

Die Existenz solcher intraepidermal gelegener Cilien, die diskontinuierlich in verschiedenen Plathelminthen-Taxa auftreten (und darüber hinaus auch bei anderen Bilateria wie z.B. nach CANTELL et al. (1982, fig. 3) bei der Pilidium-Larve einer Nemertine), stellt zumindest derzeit kein Merkmal dar, das zur Diskussion der phylogenetischen Beziehungen zwischen den ranghohen Teiltaxa der Plathelminthen herangezogen werden kann.

3.2.4.3. Stachelartige Differenzierungen in der Körperbedeckung

Bei parasitischen Plathelminthen können Einlagerungen in der definitiven Körperbedeckung, der Neodermis, auftreten, in bestimmten Taxa in Form von Stacheln.

Innerhalb der **Digenea** lassen sich solche **Stacheln** häufig bereits lichtmikroskopisch bei vielen Taxa nachweisen (cf. DAWES 1968); diese Strukturen (Abb. 3 und Taf. 29) sind in über einhundert elektronenmikroskopischen Arbeiten an den verschiedensten Species eingehend dargestellt worden, und zwar nicht nur für den zwittrigen Adultus, sondern auch für einige Sporocysten (z.B. Tochtersporocysten von *Schistosoma*, cf. BOGITSH u. CARTER 1982), auch bei Redien können Stacheln vorkommen (u.a. NASIR u. DIAZ 1968) und besonders bei vielen Cercarien (u.a. BLANKESPOOR et al. 1982; CAULFIELD et al. 1980 a, b; DAVIES 1979; ERASMUS 1967; HOCKLEY et al. 1975; KØIE 1971, 1977; REES 1974; SO u. WITTROCK 1982; THULIN 1980). Bei diesen Stacheln handelt es sich um intraepitheliale (intraneodermale) Differenzierungen aus hexagonal angeordneten Actin-Filamenten (cf. COHEN et al. 1982), die Proteinstrukturen werden im proximalen Bereich des syncytialen Epithels der Neodermis, also nahe der Basallamina, ausgebildet (u.a. BILS u. MARTIN 1966; REES u. DAY 1976), wachsen distalwärts aus und ragen letztlich über das Oberflächenniveau der Körperbedeckung, der Neodermis, hinaus. Die Größe und Form dieser Stacheln variieren zwischen einzelnen Digenea-Taxa, auch zwischen den Entwicklungsstadien einer Species bzw. den verschiedenen Körperbereichen eines Individuums (Taf. 29, ferner u.a. BAKKE 1982; BENNETT 1975 b; FUJINO et al. 1979; OGBE 1982); sofern das männliche Begattungsorgan der Digenea Cirrusstacheln aufweist, sind diese den epithelialen Stacheln offenbar ebenfalls homolog (THREADGOLD 1975 a).

Diese in übereinstimmender Weise gebildeten epithelialen Stacheln dürften eine deutliche Apomorphie für die mit diesen Differenzierungen ausgestatteten Digenea darstellen.

Die Frage, ob dieses Merkmal eine Autapomorphie des Taxons Digenea, d.h. eine bereits in der Stammlinie der Digenea evoluierte Neuheit darstellt, läßt sich derzeit noch nicht widerspruchsfrei beantworten; denn es existieren Taxa, denen diese Stacheln zumindest auf dem Niveau des zwittrigen Adultus fehlen, z.B. den Gorgoderidae (cf. BAKKE u. LIEN 1978; BURTON 1966c; HOOLE u. MITCHELL 1981, 1983; NADAKAVUKAREN u. NOLLEN 1975).

Anderen supraspecifischen Taxa wie z.B. den Dicrocoeliidae gehören Arten mit oder ohne Stacheln an (cf. ROBINSON u. HALTON 1983), aus dem Taxon *Haematoloechus* besitzt *H. similis* Stacheln, während *H. variegatus* offenbar eine stachellose Neodermis aufweist (OLIVER et al. 1984).

Für diese beiden Taxa (Dicrocoeliidae und *Haematoloechus*) und viele andere supraspecifische Taxa der Digenea ist zu fordern, daß die Stammarten der jeweiligen Monophyla Actin-Stacheln besaßen und einzelne Species sekundär stachellos wurden. Anderenfalls müßte man eine vielfach konvergente Evolution der Stacheln innerhalb des Taxons Digenea postulieren, eine wenig wahrscheinliche Hypothese.

Bei den stachellosen Digenea wie den Gorgoderidae wäre zudem zu prüfen, insbesondere durch EM-Untersuchungen an Entwicklungsstadien, ob dieser Mangel primärer oder auch erst sekundärer Natur ist; z.B. beobachteten RUSSELL-SMITH u. WELLS (1982) eine „Resorption" (d.h. vermutlich eine Depolymerisation der Actin-Filamente) von Stacheln bei Cercarien einer *Diplostomum*-Art; ferner lassen sich bei Arten, von denen man aufgrund von lichtmikroskopischen Untersuchungen annahm, daß Stacheln fehlen, mit Hilfe der Elektronenmikroskopie durchaus stachelartige Differenzierungen nachweisen (u.a. HARRIS et al. 1974).

Die bei anderen parasitischen Plathelminthen auftretenden epithelialen Stacheln sind jenen der Digenea sicher nicht homolog, es bestehen weitgehende Differenzen in der Struktur, der Lage und auch der Bildung.

So handelt es sich bei den **Stacheln** bestimmter **Monogenea** um Verdichtungen unterhalb der distalen (!) Membran des epithelialen Syncytiums der Neodermis (und auch des Cirrus!) mit einem höchstens partiellen Kontakt zur proximalen Membran bzw. Basallamina (OLIVER 1976; SHAW 1980, 1981); die Spitzen dieser Stacheln zeigen kranialwärts, während sie bei den Digenea kaudad gerichtet sind. Auch die bei *Dactylogyros amphibothrium* auftretenden Stacheln sind ganz abweichend strukturiert (cf. ELNAGGAR u. KEARN 1983b). Stachelartige Differenzierungen wurden innerhalb des Taxons Monogenea offenbar mehrfach konvergent in unterschiedlicher Weise evoluiert.

Ferner weisen alle bisher genauer studierten Species des Taxons **Gyrocotylidea** – u.U. ausgenommen *Gyrocotyloides nybelini* (cf. DIENSKE 1968) – charakteristische **Stacheln** in der definitiven syncytialen Körperbedeckung auf; diese Differenzierungen können bei einzelnen Arten und in verschiedenen Körperbereichen eines Individuums offenbar unterschiedlich ausgebildet sein (z.B. LYNCH 1945, figs. 9–29; v.D. LAND u. DIENSKE 1968, figs. 2–4; v.D. LAND u. TEMPELMAN 1968, figs. 20–25), stimmen jedoch in ihrem Grundmuster (Umriß langgestreckt bis leicht oval, aufgebaut aus konzentrischen Ablagerungen) stets überein. Ich halte die Existenz dieser, von anderen Plathelminthen nicht bekannten spezifisch geformten Stacheln für eine Autapomorphie des Taxons Gyrocotylidea – ob mit oder ohne *Gyrocotyloides* (s.o.), müssen künftige Untersuchungen zeigen.

3.3. Muskulatur

Auch in diesem Kapitel sollen nur jene Aspekte angesprochen werden, die für die Stammesgeschichte der Plathelminthen von größerer Bedeutung sind.

(a) Alle Plathelminthen besitzen „echte", d.h. individualisierte Muskelzellen, auch Myocyten genannt; die Auffassung von MORACZEWSKI u. CZUBAJ (1974), *Catenula lemnae* weise Epithelmuskelzellen auf, ist falsch (eigene Befunde, cf. auch RIEGER 1981a, p.220); die Aussage von v.SALVINI-PLAWEN (1978, p.66), über dieses Merkmal „Epithelmuskelzellen" ergebe sich eine engere Beziehung zwischen den Cnidaria und den Acoela, entbehrt somit jeglicher Grundlage, zudem wäre eine solche Übereinstimmung allenfalls eine Symplesiomorphie, ohne Wert für die phylogenetische Systematik.

(b) Die einzelnen Muskelzellen bilden einen Hautmuskelschlauch, bestehend aus äußeren Ring- und inneren Längsmuskeln mit dazwischen liegenden Diagonalmuskeln.

Diese Muskulatur ist bei jenen Plathelminthen, die sich ganz überwiegend nur mit Hilfe des Cilienschlages fortbewegen, d.h. bei den meisten Catenulida (Taf.2), den Nemertodermatida (Taf.3) und den Acoela (Taf.30), vergleichsweise schwach ausgebildet, Diagonalmuskulatur fehlt häufiger.

Bei allen anderen Taxa (und innerhalb der Catenulida bei der relativ großen, semiterrestrisch lebenden Art *Xenostenostomum microstomoides,* lt. EM-Aufnahmen von E.REISINGER) bildet diese Muskulatur proximal der Basallamina eine weitgehendst geschlossene Zellschicht, die bei größeren Individuen an Mächtigkeit zunimmt (Taf.4, 7, 8, 45A, 46B, 69).

Die Ausbildung dieser Muskellagen steht in direktem Zusammenhang mit der Art der Lokomotion, die bei diesen Taxa – vielleicht ausgenommen reine Phytalformen – nicht nur durch die auf der Ventralseite vorhandenen Cilien, sondern auch mit durch die Körpermuskulatur bewirkt wird (cf. u.a. JONES 1978; LITTLE 1983; MINELLI 1981; TRUEMAN 1975).

Daneben kann in mehr spezialisierten Körperbereichen wie z.B. der rüsselartigen Integumenteinstülpung von *Haplopharynx* (Taf.33) die Diagonalmuskulatur besonders verstärkt sein.

Weitergehende Abweichungen hinsichtlich der genannten Anordnung der subepithelialen Hautmuskelschichten sind selten (cf. u.a. AX 1961, p.15; MEIXNER 1938, p.24; RIEGER u. STERRER 1975, p.235); bemerkenswert sind daher die Verhältnisse bei bestimmten Acoela wie z.B. *Anaperus tvärminnensis* (Taf.30): hier treten distal der Ringmuskulatur noch äußere Längsmuskeln auf, ein Umstand, der bereits von LUTHER (1912, p.18) richtig erkannt wurde; allerdings handelt es sich hier nicht um Epithelmuskelzellen, wie LUTHER (l.c.) annahm. Diese singuläre Ausdifferenzierung einer distalen Längsmuskulatur und damit einer zweiten Längsmuskelschicht im Hautmuskelschlauch stellt sicher eine spezifische Apomorphie ohne größere stammesgeschichtliche Bedeutung dar. Die Bildung einer solchen relativ „ungeordneten" Muskellage könnte mit dem Mangel einer Basallamina zusammenhängen; möglicherweise fungiert nämlich die Basallamina (bzw. die intercelluläre Matrix) in anderen Taxa als entscheidendes Substrat bei der Orientierung von Muskelfortsätzen (cf. HORI 1983a). Allerdings tritt eine intraepidermal gelegene Muskulatur vereinzelt auch bei bestimmten, mit einer deutlichen Basallamina ausgestatteten Nemertinen auf (cf. TURBEVILLE u. RUPPERT 1983).

Bei Plathelminthen tritt ferner Dorsoventralmuskulatur auf, die bei Taxa mit voluminöseren Körpern wie zahlreichen Polycladen und insbesondere Tricladen ± serial angeordnet sein kann. Die Existenz solcher Muskelfasern hat v. SALVINI-PLAWEN (in verschiedenen Arbeiten, zuletzt 1981, p. 249 und p. 274) veranlaßt, die durch vergleichbare Muskelfasern gekennzeichneten Solenogastres und damit die gesamten Mollusca in unmittelbare stammesgeschichtliche Verwandtschaft mit den Plathelminthen zu bringen (cf. auch HENNIG 1980, p. 298 und p. 302). Diese Begründung ist aber sicher falsch; denn die Mehrheit aller freilebenden Plathelminthen besitzt nur in geringem Umfange Dorsoventralmuskulatur und diese zumeist auch nur in speziellen Körperbereichen wie z. B. in der Nähe von Haftorganen (Taf. 45 A). Bei den von mir studierten Catenulida findet sich solche Muskulatur fast gar nicht (cf. auch MORACZEWSKI 1981) und auch bei den Acoela nur vereinzelt (cf. DÖRJES 1968) und dies auch nur bei Arten mit umfangreicherem Körper wie z. B. *Convoluta roscoffensis* (cf. OSCHMAN 1966, fig. 1).

Die Stammart der Plathelminthen – und wahrscheinlich auch die der Bilateria (versus HENNIG 1980) – wies keine seriale Dorsoventralmuskulatur auf (cf. auch AX 1984); eine solche Muskulatur-Anordnung ist erst sekundär bei einzelnen Plathelminthen-Taxa mit einer Vergrößerung des Körpervolumens – und damit konvergent z. B. zu den Solenogastres – evoluiert worden.

Bei der semiterrestrisch lebenden Catenulide *Xenostenostomum* ist zwischen Hautmuskelschlauch und Intestinum radiär verlaufende Muskulatur ausgespannt, die die umfangreichen Körperhohlräume durchquert (unpubl. EM-Aufnahme von E. REISINGER).

(c) Die Plathelminthen besitzen ganz überwiegend „glatte" Muskulatur (= ungestreifte Muskulatur sensu SARNAT 1984), d. h., die Muskelzellen enthalten sich überlappende dicke und dünne sowie auch intermediäre Myosinfilamente (z. B. Taf. 67 B, 70), die beiden letzteren sind mit unregelmäßig verteilten EM-dichten Bereichen verbunden, die zumindest funktionell den Z-Komplexen anderer Muskulatur-Typen entsprechen.

Da diese Komplexe häufiger nahe der Zellperipherie und dann voneinander isoliert zu finden sind, interpretiert LANZAVECCHIA (1977, 1981) die Plathelminthen-Muskulatur auch als mögliche helicale Muskulatur.

Nach SARNAT (1984) stellt die ungestreifte Muskulatur der Plathelminthen ein für dieses Taxon spezifisches Merkmal dar, das strukturell bereits Ähnlichkeiten mit einer gestreiften Muskulatur, physiologisch dagegen noch mit einer glatten Muskulatur aufweist.

Ein sarkoplasmatisches Retikulum ist im allgemeinen schwach entwickelt, d. h., es bildet in der Regel Zisternen nur nahe der Peripherie einer Zelle im kontraktilen Bereich (cf. auch CHIEN u. KOOPOWITZ 1972; de EGUILEOR u. VALVASSORI 1975; LUMSDEN u. BYRAM 1967; MACRAE 1963; MORACZEWSKI 1981; MORACZEWSKI u. CZUBAJ 1974; MORITA 1965; SHAW 1979 a, 1980; SILK u. SPENCE 1969; WEBB 1977; WILSON 1969 c), mitunter kann bei größeren Arten mit stärkerer muskulärer Lokomotion ein longitudinales System ausgebildet sein (cf. MACRAE 1965; SUN 1979); ein transversales Röhrensystem, d. h., das T-System im quergestreiften Muskel, ist offenbar nicht ausdifferenziert.

Abweichungen von diesem einfachen Grundmuster finden sich bei einer ganzen Reihe von Plathelminthen in jenen Körperbereichen, deren Muskulatur für spezielle Lokomotionsbewegungen oder andere spezielle Funktionen verantwortlich ist.

So treten im schnell schlagenden Schwanz von Cercarien Verhältnisse auf, die jenen in der quergestreiften Muskulatur sehr ähnlich sind (u. a. ERASMUS 1972; LUMSDEN u. FOOR 1968; NUTTMAN 1974; REGER 1976; TONGU et al. 1970; insbesondere REES

1975 b, fig. 9); hier lassen sich neben Z-Streifen (mit Röhren des sarkoplasmatischen Retikulums!) A-Zone, I-Zone und H-Zone im Sarkomer unterscheiden. Ganz entsprechende Muskulatur findet sich bei den durch eine schnelle laufende Bewegung gekennzeichneten Otoplaniden, einem Teiltaxon der Proseriata, in den ventralen Bereichen des Hautmuskelschlauches proximal der ciliären „Kriechsohle“ (eigene noch unpubl. EM-Befunde), gestreifte Muskulatur existiert ferner in der Radiärmuskulatur des Mundsaugnapfes eines Vertreters der Digenea (REES 1974), vielleicht auch im Scolex eines Eucestoden (MCKERR u. ALLEN 1983).

Solche spezifischen Differenzierungen, die eine besondere Lokomotion, u. a. auch eine hydraulische Kontraktion des Körpers bzw. Körperteils (s. u.) ermöglichen, sind offenbar mehrfach konvergent evoluiert worden und für die Klärung der stammesgeschichtlichen Beziehungen der einzelnen in dieser Arbeit genannten übergeordneten Plathelminthen-Taxa zueinander ohne größere Bedeutung; quergestreifte Muskulatur dürfte im vermutlich schwach ausgebildeten Hautmuskelschlauch der Stammart der Plathelminthen nicht vorhanden gewesen sein.

(d) In diesem Zusammenhang sei kurz auf die Schwestergruppe der Plathelminthen, die Gnathostomulida, eingegangen, deren Species eine quergestreifte Muskulatur aufweisen. RIEGER u. MAINITZ (1977, p. 31) sehen hier mögliche Beziehungen von phylogenetischer Bedeutung zu bestimmten Taxa der Nemathelminthen, speziell zu Gastrotrichen, Rotifera und Kinorhynchen, insbesondere aufgrund der spezifischen Ausformung des Z-Systems. Ein solches aus Einzelelementen aufgebautes Z-System tritt aber außerhalb der Gnathostomulida nicht nur bei den genannten Nemathelminthen auf, sondern auch in der quergestreiften Muskulatur von Plathelminthen (s. o.), ferner auch bei bestimmten Arthropoden (Lit. in CAMATINI et al. 1979) und wird hier wie bei den Gnathostomulida von LANZAVECCHIA (1981, p. 18) als mögliches hydraulisches System angesehen. Auch bei einzelnen Nemertinen mit einer im Sediment grabenden Lebensweise tritt gestreifte Muskulatur ohne zusammenhängende Z-Streifen auf (TURBEVILLE u. RUPPERT 1983).

Da die Gnathostomulida obligatorische Sandlückenbewohner sind und in diesem Taxon Verfestigungselemente nicht nur in Gestalt einer äußeren Kutikula, sondern auch in Form einer kräftigen Basallamina, einer intercellulären Matrix oder einer epidermalen intracellulären Textur fehlen, könnte die Querstreifung der Gnathostomuliden-Muskulatur mit dem besonderen Z-System durchaus für die an lebenden Tieren zu beobachtenden Kontraktionsbewegungen (cf. EHLERS u. EHLERS 1973, p. 19), die eine sicher effektive Bohrtätigkeit ermöglichen, verantwortlich sein.

Zum anderen ist zu bedenken, daß umfangreichere Bereiche der Gnathostomuliden-Muskulatur nur im Vorderende der Tiere zu finden sind und hier mit dem spezialisierten Pharynxapparat in Verbindung stehen; die Existenz einer quergestreiften Muskulatur kann somit auf Grund verschiedener spezifischer funktioneller Anforderungen als eine distinkte Autapomorphie des Taxons Gnathostomulida interpretiert werden.

Daß eine solche Muskulatur nicht erst auf dem „Umwege“ über eine quergestreifte Muskelfaser mit ununterbrochener Z-Linie entstehen muß wie LANZAVECCHIA (l. c.) annimmt, sondern direkt aus ungestreifter Muskulatur hervorgehen kann, zeigen die o. g. Beispiele aus dem Bereich der Plathelminthen und auch der Nemertinen.

Für die Begründung oder Ablehnung einer engen stammesgeschichtlichen Beziehung zwischen den Plathelminthen und den Gnathostomuliden liefern die bei den einzelnen Vertretern herrschenden speziellen Muskulaturverhältnisse daher keine entscheidenden Argumente; die Frage, ob eine gemeinsame Stammart dieser beiden Taxa ausschließlich oder überwiegend glatte bzw. ungestreifte Muskulatur oder aber in stärkerem Umfange quergestreifte Muskulatur besessen haben mag, läßt sich aufgrund unserer derzeitigen Kenntnisse wie folgt beantworten: die Stammart der Plathelminthomorpha (vgl. Ax 1984, 1985) dürfte – wie auch die Stammart aller Bilateria – über nahezu ausschließlich glatte oder ungestreifte Muskulatur verfügt haben und dieses Merkmal in die Stammlinie der Plathelminthen weitergegeben haben; in der Stammlinie der Gnathostomulida trat dann als evolutive Neuheit der Übergang zu ausschließlich quergestreifter Muskulatur auf.

3.4. Drüsige Differenzierungen

Von den in großer Vielfalt vorhandenden drüsigen Einrichtungen haben verschiedene Zelltypen und die in ihnen auftretenden Sekrete größere Beachtung bei Diskussionen zur Phylogenie der Plathelminthen gefunden. An dieser Stelle sollen folgende Strukturen besprochen werden: (1) Rhabdoide, Rhamniten, Rhabditen; (2) „Ultrarhabditen" (Epitheliosome); (3) Frontaldrüsen (Frontalorgane); (4) 2-Drüsen-Kleborgane.

3.4.1. Rhabdoide – Rhamniten – Rhabditen

Hyman (1951, p. 68 ff.) bezeichnet die bei freilebenden Plathelminthen auftretenden stäbchenförmigen geformten Sekrete als Rhabdoide und unterscheidet diese weiter u. a. in Rhamniten und Rhabditen.

Dieser Bezeichnung folgen Smith et al. (1982) in einer morphologischen und histochemischen Bearbeitung, verbunden mit einem kritischen Literaturvergleich, der Rhabdoide, speziell der Rhabditen; die Autoren (l. c., p. 219) definieren Rhabditen als „rod-shaped secretions, of varying lengths and approximately 1 µm in diameter, which are acidophilic, refractile, and membrane-bounded, with one to several concentric striated lamellae constituting its cortex, and with a concentrically lamellated, granulated, or homogeneous medulla; formation within a gland cell with the cortical organization emerging first and with a microtubular sheath occurring external to the unit membrane; release to the exterior through neck(s) of the gland cells that protrude(s) either between epidermal cells or through epidermal cells". Diese Definition wird hier ohne Einschränkungen übernommen.

Nach Smith et al. (l. c.) existieren Rhabditen sensu stricto, im folgenden **Lamellen-Rhabditen** genannt, nur bei einigen Taxa der Plathelminthen, und zwar bei den Macrostomida, Polycladida, Bothrioplanida (Seriata), Tricladida, „Typhloplanoida" und den Temnocephalida, einem subordinierten Taxon der „Dalyellioida". Auch diese Aussage wird durch die eigenen Untersuchungen voll bestätigt (cf. auch Ehlers 1985 a).

Den Catenulida fehlen Lamellen-Rhabditen. Die bei *Retronectes* cf. *sterreri* zu beobachtenden Sekrete (Taf. 2, 31) weisen eine spezifische Felderung ohne fibrilläre Rindenschicht („cortex") auf. Diese Sekrete, die nach ihrem Austreten aus der Epidermis amorph werden (Taf. 31), können höchstens mit dem unspezifischen Namen Rhamniten belegt werden. Auch die bei limnischen Catenuliden gefundenen stäbchenförmigen Sekrete (cf. CZUBAJ 1979, figs. 4 + 5; DUMA u. MORACZEWSKI 1980, fig. 10; MORACZEWSKI 1981, figs. 50–54) entsprechen nicht Lamellen-Rhabditen nach der zuvor wiedergegebenen Definition und lassen sich ebenfalls nur allgemein als Rhabdoide oder Rhamniten bezeichnen.

Ganz entsprechendes gilt auch für die Acoela (cf. SMITH et al. 1982; eigene Befunde) und die Nemertodermatida (eigene Befunde): beiden Taxa fehlen mit Sicherheit ebenfalls Lamellen-Rhabditen.

Dagegen besitzen alle bisher elektronenmikroskopisch untersuchten Macrostomida Lamellen-Rhabditen, entweder vom „lamellated type, consisting of a variable number of concentric lamellae" oder vom speziellen *„Macrostomum* type, having (nur) three electron-dense fibrillar cortical layers" (cit. nach SMITH et al. 1982, p. 220), cf. auch REISINGER u. KELBETZ (1964) sowie TYLER (1976, 1984 b); z. B. existieren bei *Paromalostomum fusculum* (Taf. 32 B) 4–5 Fibrillärschichten, bei *Haplopharynx rostratus* (Taf. 32 A, 33) weisen die Lamellen-Rhabditen, die durch das Rüsselepithel ausmünden, 2–3 konzentrische Schichten auf, ein Zustand ähnlich dem von *Macrostomum.*

Auch allen Polycladida (Taf. 34) sind Lamellen-Rhabditen mit einer in der Regel größeren Anzahl konzentrischer Schichten zu eigen (cf. auch CHIEN u. KOOPOWITZ 1977; EAKIN u. BRANDENBURGER 1981; FRITZ u. THOMAS 1976; LACALLI 1982, 1983; MARTIN 1978 b; RUPPERT 1978; SMITH et al. 1982; TYLER 1984 b); wie bei den Macrostomida liegen die die Rhabditen bildenden Drüsenzellen in der Epidermis oder auch subepidermal tiefer im Körper.

Innerhalb der Neoophora wurden Rhabditenbildungszellen dagegen ausschließlich proximal der Basallamina bzw. des Hautmuskelschlauches gefunden, also nicht in der Epidermis.

Während den Lecithoepitheliata diese Zellen mit den spezifischen Granula generell fehlen könnten (u. a. KARLING 1968; REISINGER 1968; eigene EM-Beobachtungen an *Geocentrophora)*), ist die Situation bei den Prolecithophora weniger klar. So besitzt *Pseudostomum quadrioculatum* zwar stäbchenförmige Sekrete (Taf. 35 A, B); eine fibrilläre Rindenschicht ließ sich bisher jedoch nicht nachweisen, die Sekrete werden daher in dieser Arbeit als Rhamniten und nicht als Rhabditen bezeichnet.

Auch innerhalb der Seriata bietet sich ein heterogenes Bild (cf. SOPOTT-EHLERS 1985 a). Typische Lamellen-Rhabditen sind bei *Bothrioplana* (Bothrioplanida) vorhanden (KELBETZ 1962; REISINGER 1969; REISINGER u. KELBETZ 1964), diese Rhabditen weisen zahlreiche fibrilläre Schichten wie bei den Polycladida auf. Die stäbchenförmigen Sekrete der marinen Proseriata lassen dagegen keine eindeutige fibrilläre Schicht erkennen (z. B. Taf. 9, 36), siehe ferner LANFRANCHI (1978); MARTIN (1978 b). Bei den Tricladida wurden Lamellen-Rhabditen bisher nur bei zwei Arten der Planarioidea gefunden: bei *Procotyle fluviatilis* (cf. LENTZ 1967; REISINGER 1969), einem Vertreter der Dendrocoelididae, und vermutlich auch bei *Phagocata paravitta* (cf. REISINGER u. KELBETZ 1964), einem Vertreter der Planariidae. Allen anderen bisher elektronenmikroskopisch untersuchten Tricladen, so insbesondere den Dugesiidae (cf. HORI 1983 b) und den Terricola (cf. CURTIS et al. 1983), fehlen stäbchenförmige Sekrete mit einer fibrillären Rindenschicht (cf. Diskussion und Literatur bei SMITH et al. 1982). Es ist derzeit unklar, ob es sich zumindest bei einigen dieser stäbchenförmigen Sekrete der Tricladida (und den zunächst als Rhamniten bezeichneten Strukturen bei den marinen Proseriata und dem Prolecithophor *Pseudostomum*) um modifizierte Lamellen-Rhabditen oder um ganz andere, analog entstandene Sekrettypen handelt.

Ähnlich wie bei den Seriata liegen die Verhältnisse bei den Rhabocoela. Mit Sicherheit treten Lamellen-Rhabditen bei bestimmten marinen „Typhloplanoida" auf, so bei *Listea simplex* (Taf. 37) oder *Messoplana falcata* (cf. SMITH et al. 1982; TYLER 1976, 1984 b), möglicherweise stellen die elektronendichten (Taf. 38 A) oder mit helleren Kompartimenten versehenen (Taf. 37) Stäbchen bei *Listea simplex, Litucivis serpens* und anderen Species ebenfalls Rhabditen dar: in der Peripherie der Stäbchen von *Promesostoma meixneri* (Taf. 38 B) ist eine feine fibrilläre Streifung vorhanden. Von limnischen „Typhloplanoida" sind inzwischen auch typische Lamellen-Rhabditen bekannt, so von *Typhloplana viridata* (eigene unpubl. EM-Befunde).

Für die „Dalyellioida" ist durch lichtmikroskopische Untersuchungen seit langem bekannt, daß bestimmten Teilgruppen „adenale", d. h. subepidermal ausdifferenzierte Rhabditen fehlen, so den Provorticidae und verschiedenen durch eine kommensalistische oder parasitäre Lebensweise ausgezeichneten Taxa wie den Umagillidae, Fecampiidae etc. Eigene feinstrukturelle Untersuchungen an *Provortex tubiferus* und *Pogaina suecica* (beides Provorticidae) sowie *Anoplodium stichopi* (Umagillidae) und anderen parasitischen Species, ferner die Mitteilungen von BRESCIANI u. KØIE (1970, die hier als „Rhabditen" bezeichneten Strukturen stellen Epitheliosome dar, vgl. Kap. 3.4.2.), HOLT u. METTRICK (1975), KØIE u. BRESCIANI (1973), LYONS (1973 b) und MACKINNON et al. (1981) an anderen parasitischen „Dalyellioida" bestätigen diese Aussage.

Dagegen sollen die artenreichen Dalyelliidae, das sind einige marine Species und fast alle im limnischen Milieu lebenden „Dalyellioida", „adenale" Rhabditen aufweisen (u. a. EHLERS 1979; KARLING 1956; LUTHER 1955); möglicherweise handelt es sich hier um Lamellen-Rhabditen; denn die mit diesen limnischen Dalyelliidae eng verwandten Temnocephalida besitzen solche Lamellen-Rhabditen (cf. NICHOLS 1975 a; WILLIAMS 1975, 1980 a).

Allen parasitischen Species, die dem monophyletischen Taxon Neodermata angehören, d. h. den Trematoda, Monogenea und Cestoda, fehlen Lamellen-Rhabditen mit Sicherheit.

Damit ergibt sich hinsichtlich des Auftretens von Lamellen-Rhabditen folgende generelle Aussage (cf. auch EHLERS 1985 a):

Den Catenulida, Nemertodermatida und Acoela fehlen diese spezifischen Drüsengranula, offenbar ein primärer, symplesiomorpher Zustand.

Für andere Taxa, d. h. die Macrostomida, Polycladida, Seriata und Rhabdocoela, vielleicht auch die Prolecithophora, stellt **dieser spezifische Sekrettypus** eine – nach dem Prinzip der sparsamsten Erklärung – nur einmal erworbene Apomorphie dar, **erworben in der Stammlinie des Monophylums Rhabditophora**. Diese Aussage erfährt auch dadurch Gewicht, daß identische Sekrete bei anderen Metazoa und Protozoa nicht auftreten (cf. auch Diskussion bei SMITH et al. 1982; STRICKER u. CLONEY 1983); d. h., weder die „Rhabdit" genannten Differenzierungen bei bestimmten Gnathostomuliden, Gastrotrichen, Nemertinen oder Anneliden noch die Cnidocysten – wie v. SALVINI-PLAWEN (1978, p. 67) annimmt – sind den Lamellen-Rhabditen der Rhabditophora homolog.

Innerhalb einzelner Teilgruppen der Neoophora wie den Seriata und den Rhabdocoela „Typhloplanoida" scheinen Lamellen-Rhabditen in ihrer ursprünglichen, d. h. von bestimmten Macrostomida und den Polycladida her bekannten Ausformung (größere Anzahl fibrillärer Schichten) nur noch bei einigen, in vielen Merkmalen relativ ursprünglichen Species existent zu sein; bei anderen, hinsichtlich auch anderer Merkmale stärker evoluierten Teiltaxa treten modifizierte Stäbchensekrete (geringere Anzahl von fibrillären Schichten, u. U. bei reifen Rhabditen gar keine fibrillären Strukturen) auf.

Von den Rhabdocoela Doliopharyngiophora haben die ursprünglichen Lamellen-

Rhabditen nur die Temnocephalida (und vielleicht auch die im Taxon Dalyelliidae vereinigten Species) beibehalten, viele andere Teiltaxa der „Dalyellioida", insbesondere alle parasitisch lebenden Taxa und die gesamten Neodermata, bilden keine Lamellen-Rhabditen aus, dies wird als ein sekundärer, apomorpher Zustand, vielleicht als eine gemeinsame, nur einmal evoluierte Apomorphie dieser Taxa interpretiert; sehr wahrscheinlich ist die Schwestergruppe der Neodermata unter diesen rhabditenlosen „Dalyellioida" zu suchen.

3.4.2. „Ultrarhabditen" (Epitheliosome)

Bedini u. Papi (1974) führten den Namen „Ultrarhabditen" für bestimmte, zumeist nur elektronenmikroskopisch nachzuweisende und in der Epidermis gebildete Sekretvesikel ein, Tyler (1984 b) schlägt hierfür und andere epidermale Granula den besser geeigneten Ausdruck „Epitheliosome" vor.

„Ultrarhabditen" sind bei vielen Plathelminthen ausdifferenziert wie z. B. bei *Catenula lemnae* (Taf. 25, 49 A + F, 81), bei der Macrostomide *Myozona purpurea* (Taf. 5, 19), der „Typhloplanoide" *Petaliella spiracauda* (Taf. 45 A) oder verschiedenen Proseriata (Taf. 7, 8, 12, 20 A, 40, 44 A, 46); andererseits fehlen solche Vesikel der Catenulide *Retronectes* cf. *sterreri* (Taf. 2, 31, 56, 76, in Taf. 23 sind allerdings einzelne dunkle Grana in der Nähe von Dyctyosomen zu sehen), aber nicht *Retronectes* cf. *atypica* (cf. Doe 1981; Doe u. Rieger 1977) und *Paracatenula* sp. (cf. Ott et al. 1982, fig. 8 a).

„Ultrarhabditen" fehlen ferner bestimmten Nemertodermatida (Taf. 3, 21 A, 50, 72) und Acoela (Taf. 21 C, 30), daneben auch einigen Neoophora, deren distaler Epidermisbereich eine ausgeprägte Textur aufweist wie *Marirhynchus* (Taf. 10) oder einen stark drüsigen peripheren Saum besitzt wie z. B. bei *Ciliopharyngiella intermedia* (cf. Ehlers 1984 b), *Provortex tubiferus* (Taf. 11), *Castrada cristatispina* (cf. Bedini u. Papi 1974, fig. 17) oder den Temnocephalida.

Das disjunkte Auftreten dieser Sekretvesikel läßt zwei Erklärungsmöglichkeiten zu: (1) „Ultrarhabditen" bilden ein Grundmustermerkmal der Plathelminthen und sind mehrfach konvergent in einzelnen Teiltaxa reduziert worden; (2) diese Strukturen sind einander nicht homolog und innerhalb der Plathelminthes vielfach konvergent evoluiert worden. Aufgrund unserer derzeitigen Kenntnisse läßt sich nicht entscheiden, welche der beiden Alternativen den tatsächlichen Gegebenheiten eher entsprechen dürfte, doch halte ich die 2. Alternative für wahrscheinlicher.

3.4.3. Frontaldrüsen (Frontalorgan)

Ein bereits lichtmikroskopisch deutlich zu erkennendes, aus einer Ansammlung spezifischer mucöser Drüsenzellen, in bestimmten Taxa unter Einschluß weiterer Drüsentypen, darunter auch Rhabdoid-Zellen, sowie Sinneszellen aufgebautes und apical gelegenes Frontalorgan ist von vielen freilebenden Plathelminthen bekannt (cf. Ax 1961, p. 29), so von den Nemertodermatida, Acoela, Macrostomida, Lecithoepitheliata, Prolecithophora, Proseriata, vielleicht auch von den Rhabdocoela, und bei den Polycladida zumindest von den Jugendstadien.

Detaillierte feinstrukturelle Untersuchungen über diese rostralen Differenzierungen liegen derzeit kaum vor, ausgenommen die Untersuchungen von SMITH u. TYLER (1983) an einer Species der Acoela sowie von RUPPERT (1978) und LACALLI (1983) an verschiedenen Larven der Polycladida. RUPPERT und LACALLI konnten zeigen, daß das Frontalorgan (Apikalorgan) bei den als Müllersche- und Göttsche-Larve bezeichneten Individuen aus einer Ansammlung spezifischer Drüsenzellen besteht, die mit ihren Ausführgängen einen Bereich mono- oder multiciliärer Sinneszellen umstehen.

Bei dem Proseriat *Notocaryoplanella glandulosa* (Taf. 40, cf. auch EHLERS 1985 b) besteht das Frontalorgan aus einem Komplex mucöser Frontaldrüsen, die wie bei den Polycladida bis zum Gehirn zurückreichen (cf. AX 1956 a, p. 536), die Ausführgänge der Drüsen liegen dicht nebeneinander und weisen spezifisch strukturierte Sekrete auf, die jenen einer Müllerschen Larve (cf. RUPPERT l. c., fig. 3; LACALLI l. c., figs. 4–7) ähneln. Im Ausmündungsbereich aller Drüsen bildet die Körperoberfläche eine leichte, mitunter sogar halbkugelige Vertiefung, in der wie bei den Polycladida monociliäre Sinneszellen auftreten (Taf. 40), ferner befinden sich hier Ausführgänge von Rhamniten – (? Rhabditen-) Bildungszellen.

Die spezifische Organisation der Frontalorgane bei den jetzt untersuchten Polycladida und Proseriata stimmt somit weitgehendst überein und stützt eine mögliche Homologie dieser Organe in den beiden Taxa; damit verdichtet sich die Vermutung, daß eine solche als Frontalorgan bezeichnete Struktur zumindest bereits bei einer gemeinsamen Stammart der Polycladida und Proseriata, also bei der Stammart des Taxons Trepaxonemata, vorhanden gewesen sein muß.

Aber auch die von den Nemertodermatida, Acoela (Taf. 39) und Macrostomida bisher bekannten Frontaldrüsenkomplexe (cf. auch SMITH u. TYLER 1983 sowie noch unpubl. Befunde von KLAUSER, SMITH und TYLER) zeigen keine so weitreichende Differenzen, daß – entgegen der Auffassung von SMITH et al. (1985) – eine Homologie zwischen den Frontaldrüsenkomplexen der Acoelomorpha, der Macrostomida und der Trepaxonemata zu verneinen wäre. So steht insbesondere die Merkmalsalternative „keine sensorischen Differenzierungen bei den Acoelomorpha" bzw. „Frontalorgan mit Fortsätzen sensorischer Zellen bei bestimmten Rhabditophora" einer Homologie der Strukturen nicht entgegen; wir haben hier eine Situation, wie sie z. B. auch bei den 2-Drüsen-Kleborganen (vgl. Kap. 3.4.4.) gegeben ist: primär (bei den Macrostomida) ohne sensorische Fortsätze, bei den Trepaxonemata dagegen mit Fortsätzen von Sinneszellen (cf. TYLER 1976, fig. 32). Entsprechendes gilt für die Alternative „Ausführgänge der Drüsenzellen ± voneinander getrennt" – so u. a. bei bestimmten Acoela (Taf. 39) und vielleicht auch Macrostomida – oder „Ausführgänge der Drüsenzellen liegen ± nebeneinander" – so u. a. bei den Polycladida und Proseriata.

Sowohl AX (1961, 1963) wie auch KARLING (1974) postulieren die Existenz eines Frontalorganes für die Stammart der Plathelminthen. Hierbei ist jedoch zu beachten, daß dieses Organ bei allen bisher näher untersuchten marinen und limnischen Catenulida nicht nachzuweisen war (eigene Untersuchungen an *Retronectes* und *Catenula,* cf. auch u. a. BORKOTT 1970; MORACZEWSKI 1981; REISINGER 1924; STERRER u. RIEGER 1974). Es gibt keine praktischen Anhaltspunkte für die Auffassung, bei den Catenulida sei das Frontalorgan restlos reduziert worden; ich betrachte daher diesen Mangel als eine Plesiomorphie und somit die Existenz dieser Struktur als eine – allerdings durch weitere EM-Untersuchungen an Arten der Nemertodermatida, Acoela und verschiedener Rhabditophora eindeutiger als bisher abzusichernde – **Autapomorphie** der übrigen Plathelminthen, **der Euplathelminthes**. Innerhalb der Euplathelminthes läßt sich offensichtlich eine Evolution von einer zunächst einfachen Ansammlung von Drüsenausführgängen (u.a. bei verschiedenen Acoela) zu einem mehr komplexen Organ (u.a. Polycladida, Proseriata) beobachten.

Wenn diese Annahme richtig ist und der Stammart der Plathelminthen ein Frontalorgan primär fehlt (auch bei den Gnathostomulida existiert kein Frontalorgan!), dann wird auch allen Hypothesen, nach denen die Larven der Polycladida in diesem Merkmal Beziehungen zu Larven vom Trochophora-Typus aufweisen sollen (cf. Diskussion bei v. Salvini-Plawen 1980b, p. 407), eine wichtige Grundlage entzogen. Ausdrücklich sei betont, daß auch mit dem Apikalorgan der Planula (cf. u.a. Chia u. Bickell 1978, fig. 3) keinerlei spezifische Übereinstimmungen bestehen. Sofern apikal gelegene, aus Drüsen- und Sinneszellen aufgebaute Organe bei Taxa der Eubilateria – so bei einer Larve der Nemertini (cf. Stricker u. Reed 1981) oder der Sipunculida (cf. Ruppert und Rice 1983) – auftreten, müssen sich diese Strukturen konvergent zum Frontaldrüsenkomplex der Euplathelminthes evoluiert haben.

Wichtig erscheint mir ferner die Feststellung, daß das Frontalorgan für die Euplathelminthes insgesamt weder ein ausgesprochen larvales oder ein persistierendes larvales Merkmal darstellt. Ein solches Organ findet sich offenbar überall dort, wo die Lokomotion in relativ ursprünglicher Weise wie bei den Polycladen-Larven (und z.B. auch den Acoela, aber nicht den adulten Polycladen) ausschließlich oder doch überwiegend mit Hilfe epidermaler Cilien erfolgt; diese Feststellung gilt ferner für all jene nicht zu großen Taxa mit kräftigerer Muskulatur, die ihre ventrale Bewimperung mit in den Dienst der Bewegung stellen wie insbesondere die mit einer „Kriechsohle“ ausgestatteten Otoplaniden (Proseriata).

Vielleicht entsteht aus dem von den Frontaldrüsen abgesonderten Sekret eine Art ventrales Schleimband, auf dem die Tiere dann vorangleiten können, d.h., dem Sekret der Frontaldrüsen könnte jene Funktion zukommen, die Martin (1978b) bestimmten rhabdoiden Sekreten zuschreibt. Bei *Notocaryoplanella glandulosa* münden übrigens auf der Ventralseite des Körpers Drüsen aus (Taf. 8), deren Sekret zumindest morphologisch dem der Frontaldrüsen gleicht. Auch die Grana ventrokaudal gelegener Drüsenzellen eines von Pedersen (1965) studierten Acoels haben diese gleiche Struktur – und genau diese Drüsenzellen ähneln nach Pedersen den Frontaldrüsen dieses Acoels.

Bei großen Individuen wie adulten Polycladida könnten Frontaldrüsen sicher nicht ausreichend Sekret zur Bedeckung der umfangreichen Ventralfläche bereitstellen bzw. solches Sekret wäre ohne größere Bedeutung; die – bisher jedoch nur vermutete, durch EM-Untersuchungen allerdings noch nachzuweisende – Rückbildung dieses Organs bei voluminöseren Plathelminthen ließe sich somit erklären.

Ebenso verständlich wäre der – primäre (!) – Mangel von Frontaldrüsen bei den Catenulida; denn die Angehörigen dieses Taxons können, wie auch bestimmte Gnathostomulida, sowohl vorwärts wie auch rückwärts schwimmen (eigene Beobachtungen; cf. auch Ruppert u. Schreiner 1980, p. 23), für die an ungestörten Tieren regelmäßig zu beobachtenden rückwärtigen Bewegungen wäre ein am Kopfende produziertes Schleimband ohne funktionelle Bedeutung.

Die genauen Funktionen des Frontalorgans der Euplathelminthen müssen jedoch noch ermittelt werden. Denkbar wäre auch eine Mitwirkung, bei den Acoelomorpha unter Einschluß benachbarter Receptoren, als ein „glandular sensory organ“ bei der Nahrungssuche bzw. -aufnahme (cf. Antonius 1970), vergleichbar den Aurikeln bestimmter Tricladen (u.a. Farnesi u. Tei 1980).

3.4.4. 2-Drüsen-Kleborgan

In einer grundlegenden Arbeit hat TYLER (1976) die morphologischen Besonderheiten dieser Organe und ihre Bedeutung für die Phylogenie der freilebenden Plathelminthen dargestellt.

Die Ergebnisse lassen sich in etwa so zusammenfassen: bei bestimmten Taxa, nämlich den Macrostomida (+Haplopharyngida), Polycladida, Proseriata, Tricladida und „Typhloplanoida" (+Kalyptorhynchia), nicht aber bei den Nemertodermatida, Acoela und Lecithoepitheliata, existieren modifizierte Epidermiszellen, von TYLER „Ankerzellen" genannt, mit fibrillären Verfestigungselementen, insbesondere in den Mikrovilli dieser Zellen. Durch die Zellen münden Drüsen aus, die aufgrund der Struktur ihrer Grana stets 2 verschiedenen Zelltypen angehören, der eine Drüsentypus (hier Haftorgandrüse 1 genannt) bildet große, stärker elektronendichte Sekrete, die zum Ankleben der verstärkten Mikrovilli bzw. der ganzen Ankerzelle und damit des gesamten Organismus an einem festen Gegenstand wie z.B. den Sandkörnern im Interstitial dienen; der 2. Drüsentypus (hier Haftorgandrüse 2 genannt) produziert stets kleinere, schwächer elektronendichte Granula, die vielleicht die Verklebung auf chemischen Wege wieder aufheben und von TYLER als „Lösungssekrete" bezeichnet werden.

Diese aus 3 verschiedenen Zelltypen (epidermale Ankerzelle, Haftorgandrüse 1, Haftorgandrüse 2) aufgebauten Kleborgane bewertet TYLER als einander homolog bei den mit diesem Merkmal versehenen Taxa.

Zwischen den einzelnen Taxa bestehen in der spezifischen Ausdifferenzierung dieses Klebsystems kleinere Differenzen, die TYLER u.a. veranlassen, eine engere Verwandtschaft zwischen den Polycladida, Proseriata, Tricladida und „Typhloplanoida" (+Kalyptorhynchia) zu postulieren.

Die von TYLER (1976) vorgelegten Befunde wurden zwischenzeitlich durch weitere Publikationen (MARTIN 1978a; RIEGER u. TYLER 1979; REUTER 1978; SOPOTT-EHLERS 1979; TYLER 1977; TYLER u. MELANSON 1979) ergänzt und im wesentlichen bestätigt.

Für die gesamten Plathelminthen stellt sich die Situation folgendermaßen dar (cf. auch EHLERS 1985a):

(a) Allen Catenulida, Nemertodermatida und Acoela fehlen definitiv 2-Drüsen-Kleborgane; dies ist ein vermutlich primärer symplesiomorpher Zustand, übernommen von der Stammart der Plathelminthes.

(b) Für die Macrostomida, Polycladida und Neoophora bildet die Existenz dieses Organs eine klare Apomorphie, die – nach dem Prinzip der sparsamsten Erklärung – nur einmal evoluiert wurde, und zwar als Autapomorphie in der Stammlinie der Rhabditophora, und so zur Begründung der Monophylie dieses Taxons mit eingesetzt werden kann; **die Rhabditophora haben somit eine nur ihnen gemeinsame Stammart, diese verfügte über ein 2-Drüsen-Kleborgan.**

(c) Nur bei den Macrostomida (+Haplopharyngida), und zwar bei allen Species dieses Taxons, werden die durch eine Ankerzelle ausmündenden Ausführgänge aller Haftorgandrüsen, d.h. einzelner oder mehrerer Haftorgandrüsen 1 und 2, obligatorisch von einem gemeinsamen Mikrovillikranz auf der Ankerzelle umgeben (Taf. 41 A). Ich halte diesen speziellen Zustand für eine Autapomorphie der Macrostomida: alle sonstigen Drüsen münden in diesem Taxon einzeln zwischen (!) den Epidermiszellen aus, penetrieren also die Zellen nicht. Innerhalb der gesamten Plathelminthen ist mir zudem kein zweiter Fall bekannt, bei dem mehrere bis zahlreiche Drüsenausführgänge von einem gemeinsamen Mikrovillikranz umgeben werden. Tyler (1976) führt als weitere Besonderheit für die Macrostomida u.a. an, daß auch keine epidermalen Receptoren die Ankerzellen durchdringen; dieser Zustand ist aber eine Plesiomorphie; denn bei den Macrostomida (wie auch bei den Catenulida, Nemertodermatida und Acoela) penetrieren epidermale Receptoren (wie auch die Ausführgänge von Drüsenzellen mit alleiniger Ausnahme der Haftorgandrüsen, s.o.) niemals Epidermiszellen, sondern liegen mit ihren distalen Fortsätzen stets zwischen Epidermiszellen, also nicht „intra-", sondern „inter-"cellulär (vgl. auch Kap. 3.6.2.).

(d) Bei den Polycladida und den mit Kleborganen ausgerüsteten Neoophora umstehen verstärkte Mikrovilli der Ankerzelle nur die einzelnen Ausführgänge der Haftorgandrüsen 1, nicht aber der Haftorgandrüsen 2 („Lösungsdrüsen") (z.B. Taf. 41 B); ich bewerte diesen Zustand (hier: Mikrovilli nur um einen einzelnen Drüsenausführgang) im Vergleich zu den Macrostomida (dort: Existenz eines einzigen, für alle Drüsenausführgänge gemeinsamen Mikrovillikranzes) als relativ ursprünglich (s.o.), nur bei den Polycladida unterbricht ganz vereinzelt ein zweiter Drüsenausführgang den Mikrovillikranz um den Ausführgang der Haftorgandrüse 1 (cf. Tyler 1976, fig. 18 D, E). Im übrigen bestehen zahlreiche spezifische Merkmalsvariationen bei den einzelnen Teiltaxa (cf. Tyler 1976, fig. 32; Sopott-Ehlers 1979), z.B. können die Ankerzellen deutlich über das Niveau der Epidermis hinausreichen wie bei *Parotoplana capitata* (Taf. 42 A), *Notocaryoplanella glandulosa* (Taf. 43 C), *Praebursoplana steinboecki* (Taf. 44 B), *Coelogynopora axi* (Taf. 42 B, 44 A), *Invenusta paracnida* und *I. aestus* (Taf. 43 A + B), *Ciliopharyngiella intermedia* (cf. Ehlers 1984 b) und *Petaliella spiracauda* (Taf. 45) oder grubenartig eingesenkt sein wie bei *Nematoplana coelogynoporoides* (Taf. 46 A) und *Carenscoilia bidentata* (Taf. 46 B); ein Kleborgan mag aus einer einzigen Ankerzelle (Taf. 46 B) oder aus mehreren Ankerzellen (Taf. 46 A) bestehen; die Mikrovilli mögen lang sein (z.B. Taf. 43 A) oder nur kurze Knöpfchen (Taf. 43 B) darstellen; ja an Stelle von einzelnen Ankerzellen kann auch ein syncytialer Epidermisbereich auftreten wie im Schwänzchen von *Schizochilus caecus* (cf. Ehlers 1984 b); stets jedoch stellen die spezifischen Gegebenheiten nur Variationen des o.g. Grundmusters und keine analog entstandenen Strukturen dar.

(e) Den Lecithoepitheliata dürften 2-Drüsen-Kleborgane vermutlich definitiv fehlen; dieser Umstand läßt zwei verschiedene Antworten zu: entweder hat dieses Taxon diese Organe sekundär verloren oder aber primär niemals besessen. Da die Lecithoepitheliata auf Grund eines spezifischen Cilienmusters in den Spermien (vgl. Kap. 3.9.3.) ein Teiltaxon der Trepaxonemata (= Polycladida + Neoophora) darstellen und ein 2-Drüsen-Kleborgan ein Grundmustermerkmal der Stammart der Trepaxonemata bildet, muß der Mangel des Kleborganes bei den Lecithoepitheliata sekundär eingetreten sein, vermutlich als eine Autapomorphie in der Stammlinie dieses Taxons.

(f) Auch bei den Prolecithophora wurden bisher keine 2-Drüsen-Kleborgane nachgewiesen. Da dieses Taxon aber aufgrund anderer Merkmale wie z.B. der spezifischen Struktur der weiblichen Gonade (vgl. Kap. 3.9.2.) oder der pigmentierten Photoreceptoren (vgl. Kap. 3.6.3.) eindeutig dem Taxon Neoophora und damit auch den Rhabditophora angehört, kann ein Mangel von Kleborganen bei den Prolecithophora nur sekundär eingetreten sein, vermutlich bereits in der Stammlinie dieses Taxons.

(g) Allen bisher näher untersuchten Doliopharyngiophora fehlen ebenfalls 2-Drüsen-Kleborgane (cf. auch EHLERS 1984 b).

Dieser Mangel, der – da die Doliopharyngiophora mit Sicherheit ein Teiltaxon der Rhabditophora darstellen (vgl. die Kap. 3.6.2.; 3.6.3.; 3.8.1.3.; 3.9.2. und 3.9.3.) – ebenfalls sekundär erfolgt sein muß, ist für die Neodermata leichter verständlich zu machen; denn die Angehörigen dieses Taxons verlieren nach Abschluß einer larvalen Phase die Epidermis und damit natürlich auch die Möglichkeit, epidermale Ankerzellen auszubilden. Sofern drüsige und mitunter mit verstärkten Mikrovilli versehene Anheftungsapparate bei einzelnen Neodermata existieren wie z. B. bei bestimmten Monogenea (u. a. EL-NAGGAR u. KEARN 1980, 1983; KRITSKY 1978), bestehen grundsätzliche morphologische Unterschiede (u. a. kein den Ankerzellen homologisierbarer Epithelbereich, zumindest strukturell abweichende Sekrete, mehr als 2 Drüsentypen) zum 2-Drüsen-Kleborgan freilebender Plathelminthen. Solche drüsigen Anheftungsapparate (auch bei *Entobdella solea* mit 2 Drüsentypen) haben sich erst sekundär innerhalb einzelner Taxa der Neodermata und damit konvergent zum 2-Drüsen-Kleborgan freilebender Rhabditophora evoluiert (vgl. auch die unter Punkt (h) niedergelegten Ausführungen).

Auch bei parasitischen „Dalyellioida" (z. B. eigene EM-Untersuchungen u. a. an *Anoplodium stichopi;* für *Paravortex cardii* und *P. karlingi* cf. MACKINNON et al. (1981, p. 248) „glandular cells ... associated with an adhesive function ... were not seen") kann die Reduktion der Kleborgane durch die spezielle – parasitische – Lebensweise erklärt werden. Sind in Einzelfällen Klebdrüsen ausdifferenziert wie z. B. bei *Syndesmis glandulosa* und *S. mammilata* (cf. HYMAN 1960; KOMSCHLIES u. VANDE VUSSE 1980 a, b), so handelt es sich hier um abweichende, den 2-Drüsen-Kleborganen sicher nicht homologe Strukturen.

Schwieriger liegt der Sachverhalt bei Species, die z. B. im marinen Sandlückensystem siedeln (eigene EM-Untersuchungen an *Provortex tubiferus* und *Pogaina suecica*), einem Lebensraum, in dem alle übrigen Rhabdocoela, d. h. alle „Typhloplanoida" einschließlich der Kalyptorhynchia, Kleborgane aufweisen. Eine Erklärungsmöglichkeit wäre, daß die Stammart der Doliopharyngiophora keine Benthosform sandiger Habitate repräsentierte, sondern auf Schlammböden oder im Phytal lebte wie viele recente freilebende „Dalyellioida" der Stillwassergebiete des Brack- und Süßwassers; im Phytal bzw. im Schlamm wäre der Besitz von Kleborganen vermutlich wenig sinnvoll und daher entbehrlich (Vergleichbares gilt auch für die Prolecithophora: auch hier stellen die weitaus meisten Species marine Phytalarten dar); bei den in das Sandlückensystem eingedrungenen „Dalyellioida" ist offenbar das Genom so abgeändert, daß eine Ausdifferenzierung von Kleborganen nicht (mehr) möglich ist; dies mag auch eine Erklärung für die Tatsache sein, daß nur vergleichsweise wenige „Dalyellioida" (cf. EHLERS 1973, p. 9) und fast gar keine Prolecithophora im marinen Sandlückensystem siedeln, vor allem nicht in den stärkerer Brandung ausgesetzten Lebensräumen.

Ob diese Erklärungsmöglichkeiten nun zutreffen oder nicht, nach den bisher vorliegenden Informationen gilt: der **Mangel von 2-Drüsen-Kleborganen bei den „Dalyellioida" und den Neodermata ist sekundär eingetreten** und kann als eine Synapomorphie dieser Taxa bzw. als eine Autapomorphie der Doliopharyngiophora aufgefaßt werden.

(h) 2-Drüsen-Kleborgane treten außer bei bestimmten Plathelminthen auch bei einigen Gastrotricha, Nematoda und Polychaeta auf (u. a. ADAMS u. TYLER 1980), darüber hinaus vielleicht auch bei weiteren Metazoa (HERMANS 1983). Zwischen diesen spezialisierten Anheftungssystemen in den genannten Bilateria-Taxa lassen sich jedoch keine überzeugende Homologien nachweisen (cf. fig. 4 bei RIEGER u. TYLER 1979; ferner TYLER u. MELANSON 1979; TYLER u. RIEGER 1980). 2-Drüsen-Kleborgane haben sich mehrfach konvergent innerhalb bestimmter Metazoengruppen und bei den Plathelminthen erst in der Stammlinie zu den Rhabditophora evoluiert.

3.5. Innerer Körperbereich (Primäre Leibeshöhle)

Bekanntlich ist der Körperbereich zwischen Epidermis bzw. Neodermis und dem Intestinum bei den Plathelminthen mit Zellen ausgefüllt, die in der Literatur häufig mit dem unspezifischen Namen Parenchym oder Mesenchym versehen werden.

Eingehende, vor allem elektronenmikroskopische Untersuchungen neuerer Zeit erbrachten jedoch den Nachweis, daß bei allen Plathelminthen mehrere morphologisch unterschiedliche Zellen existieren (für die Tricladida cf. BAGUNA u. ROMERO 1981), die von RIEGER (1980, 1981 a) zu 3 Typen von Zellen zusammengefaßt werden; zwei dieser Typen, die in den folgenden beiden Kapiteln 3.5.1. und 3.5.2. näher besprochen werden, repräsentieren indigene Zellen des inneren Körperbereichs und sind an anderen Stellen dieser Arbeit nicht eingehender diskutiert worden.

3.5.1. Stammzellen

Von besonderem Interesse sind hier zunächst jene Zellen, die in der Literatur als Stammzellen (einige Synonyme: indifferente Zellen, Neoblasten, Ersatzzellen, Reservezellen, Plastinzellen, beta-cells, free-cells, germinative cells, cellules souches) bezeichnet werden.

Diese Stammzellen sind regelmäßig und häufig in relativ großer Zahl vorhanden, auch bei ausgewachsenen Tieren, zumindest bis zum Erreichen der vollen Geschlechtsreife, und machen z. B. bei bestimmten Tricladen 18–34% aller Zellen (cf. BAGUNA u. ROMERO 1981) und bei bestimmten Eucestoden 17–32% aller Zellen (cf. BONDSDORFF et al. 1971; GUSTAFSSON 1973, 1976 a, b, 1977) aus.

Es handelt sich bei diesen Stammzellen um undifferenzierte, ihren Blastomerencharakter bewahrende Zellen, morphologisch kenntlich u. a. an dem vergleichsweise geringen und in der Regel stark basophilen Cytoplasmaanteil (cf. u. a. MORITA et al. 1969; SAKAMOTO u. SUGIMURA 1970).

Die Stammzellen sind omnipotent, d. h., sie können sich zu den verschiedensten somatischen Zelltypen und auch zu den Geschlechtszellen differenzieren, in Abb. 7 sind einige dieser bei dem Eucestoden *Diphyllobothrium dendriticum* von GUSTAFSSON (1977) nachgewiesenen Differenzierungsmöglichkeiten dargestellt.

Nur diese Stammzellen und die aus ihnen hervorgehenden Geschlechtszellen teilen sich mitotisch (die undifferenzierten Stammzellen scheinen nach den bisher gewonnenen Erkenntnissen unbegrenzt teilungsfähig zu bleiben), **für somatisierte Zellen konnte in keinem einzigen Fall der Nachweis einer Zellteilung erbracht werden**, auch nicht im Embryonalstadium (u. a. BRESSLAU 1904, p. 244; FRANQUINET 1976, p. 45; GIESA 1966, p. 198; GREMIGNI u. DOMENICI 1977, p. 262; HAY u. COWARD 1975, p. 15 und 18; HESS

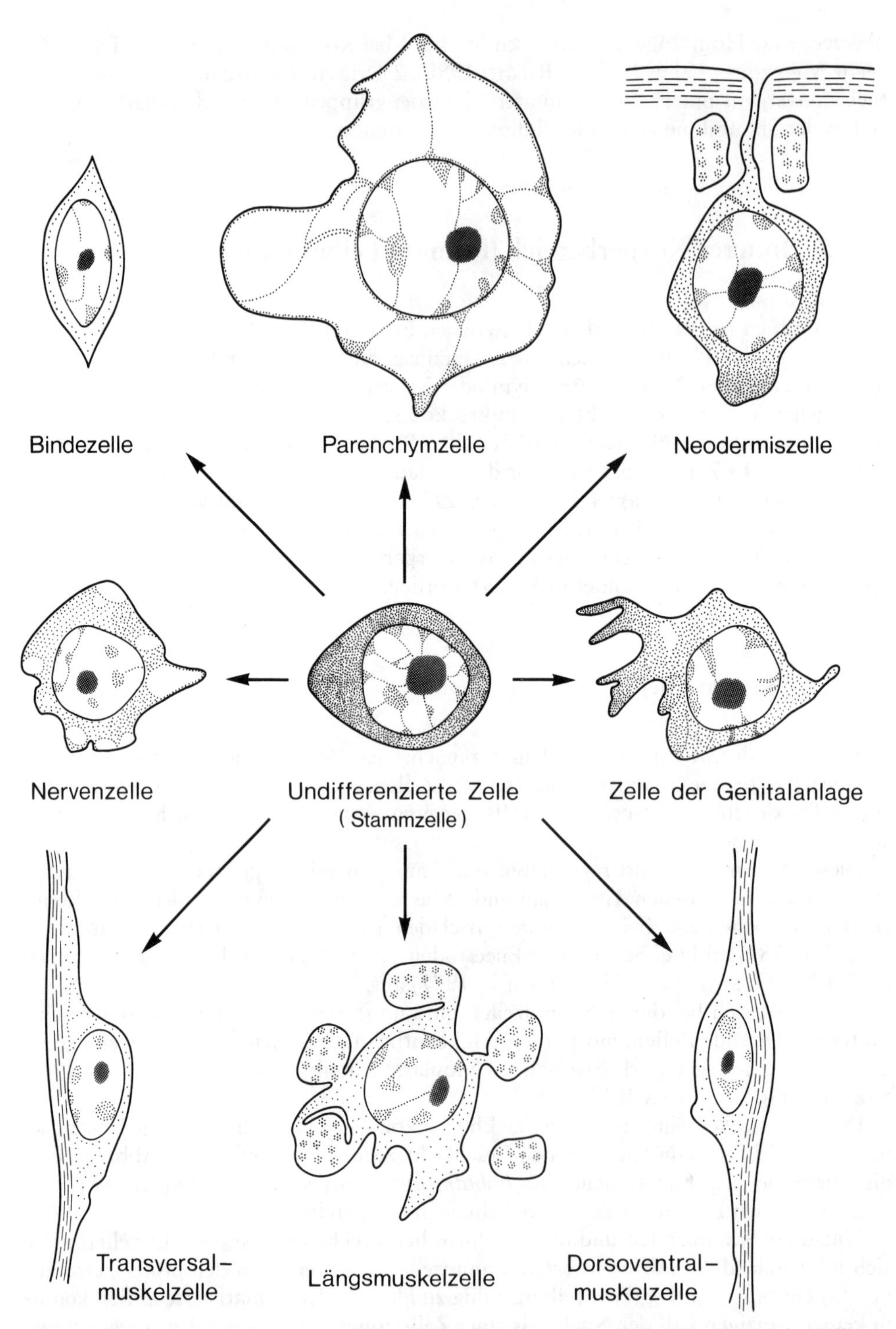

Abb. 7. Undifferenzierte Zelle (Stammzelle) und einige der sich aus dieser Zelle differenzierenden Zelltypen (somatische Zellen und Geschlechtszellen) bei *Diphyllobothrium* (Eucestoda). (Aus GUSTAFSSON 1977, mit freundlicher Genehmigung der Autorin, Beschriftung geringfügig geändert).

1980, p.151; HORI 1978, p.91 + 100; 1979a, p.527; 1983b, p.483; LOEHR u. MEAD 1979, p.888; MATTIESEN 1904; MORITA u. BEST 1974; REISINGER et al. 1974b, p.247; SPIEGELMAN u. DUDLEY 1973); die bei COWARD (1974) als „relatively undifferentiated somatic cells" bezeichneten mitotisch aktiven „beta (progenitor) cells" repräsentieren ganz offensichtlich undifferenzierte Stammzellen.

Dieser Umstand, daß eine Mitosis bei somatisierten Zellen nicht mehr stattfindet, bedeutet, daß zumindest alle postembryonal neu entstehenden Zellen sämtlicher Epithelien, Gewebe und Organe wie auch die Gonaden von Stammzellen ausgebildet werden – und zwar nicht nur bei einem ungestörten, d.h. experimentell nicht beeinflußten Entwicklungsablauf, sondern vermutlich auch bei vielen, wenn nicht sogar bei allen experimentell induzierten Regenerationsvorgängen (cf. u.a. BAGUNA 1981; BAGUNA u. ROMERO 1981; MARTELLY et al. 1981).

Die bei Tricladen als Dedifferenzierung bzw. Re- und Transdifferenzierung bezeichneten Vorgänge (Lit. u.a. bei BENAZZI u. GREMIGNI 1982; CHANDERBOIS 1976; COWARD 1979; GREMIGNI 1981; GREMIGNI u. MICELLI 1980; GREMIGNI et al. 1980a, b, 1982; MORAWSKA et al. 1981; NIEUWKOOP u. SUTASURYA 1981) sind zumindest für somatisierte Zellen nicht eindeutig belegt (hier dürfte es sich bei „Dedifferenzierungen" oftmals (oder immer?) um Stadien einer Histolyse oder Autolyse bzw. einer Phagocytose, cf. Lit. bei MORITA u. BEST 1984a, b, handeln) und könnten, falls die Vorgänge bei generativen Zellen auftreten, allenfalls eine untergeordnete Bedeutung (und dies ja auch nur bei Gameten ausbildenden adulten Indivduen) bei der Differenzierung neuer somatischer Zellen erlangen.

Die bei allen Plathelminthen vorhandenen Stammzellen scheinen sich ± kontinuierlich zu teilen und zu differenzieren und ersetzen die durch natürlichen Zelltod (mit Histolyse) aus einem Zellverband ausscheidenden Zellen (u.a. BOWEN 1981, p.389); Phasen verstärkter Mitose- und Differenzierungsaktivität treten beim Wachstum und natürlich bei Regenerationsprozessen auf, ferner beim Erreichen der Geschlechtsreife mit der Ausbildung von Gonaden und Geschlechtsorganen und mitunter auch lokal wie im Darmepithel nach einer Nahrungsaufnahme (vgl. auch Kap. 3.8.2.).

Neben eigenen Befunden mögen einige der Literatur entnommene Beispiele zur Bildung, Verstärkung bzw. Erneuerung von Zellverbänden aus Stammzellen diese Aussage verdeutlichen:

– **Bildung von Epidermiszellen aus Stammzellen** (u.a. HORI 1978; MORACZEWSKI 1977; MORITA u. BEST 1974; REUTER u. PALMBERG 1983; SUGINO et al. 1969.

– **Bildung der Neodermis aus Stammzellen** (cf. Lit. im Kap. 3.2.1.).

– **Bildung von Darmzellen aus Stammzellen** (u.a. BENNET 1975c; BORKOTT 1970; BOWEN 1980; DAVIES 1978; HALTON 1982b; HALTON u. STRANOCK 1976a; HOOLE u. MITCHELL 1983b), auch das zentrale verdauende Gewebe bei den Acoela (vgl. Kap. 3.8.2.) entsteht aus peripher im Körper liegenden Stammzellen (u.a. DROBYSHEVA 1983; MAMKAEV 1979; MAMKAEV u. MARKOSA (1979); es wäre zu prüfen, inwieweit die von SMITH (1981) als „wrapping cells" bezeichneten Zellen, die ein zentrales verdauendes Syncytium der Acoela umgeben und die zumindest partiell nur wenig Cytoplasma enthalten, Stammzellen bzw. sich zu verdauenden Zellen des Syncytiums differenzierende Zellen darstellen.

– **Bildung von Geschlechtszellen und von Organen des Geschlechtsapparates aus Stammzellen** (u.a. BENAZZI 1974; BENAZZI u. BENAZZI LENTATI 1976; BENAZZI u. GRE-

MIGNI 1982; BENAZZI LENTATI u. BENAZZI 1981; BEVERIDGE 1982; BORKOTT 1970; DROBYSHEVA 1979; FRANQUINET u. LENDER 1973; GRASSO 1974; GREMIGNI 1983; LOEHR u. MEAD 1979; LUMSDEN u. SPECIAN 1980; STEPHEN-DUBOIS u. GUSSE 1974; THREADGOLD 1982; WIKGREN u. GUSTAFSSON 1971); die große Mannigfaltigkeit hinsichtlich der Ausbildung von Geschlechtsorganen sowie der Lage, Form und Anordnung der männlichen und weiblichen Gonaden (einschließlich der Bildung von Zwittergonaden u.a. bei bestimmten Fecampiidae) dürfte sich aus diesem Umstand mit heraus erklären, zumal offensichtlich auch keine „Keimbahnen" existieren (vgl. Kap. 3.10. sowie u.a. GREMIGNI 1983, p. 72 ff.).

– **Bildung einiger der zuvor genannten und anderer Zelltypen (Drüsenzellen, Nervenzellen, Muskelzellen, „parenchymatische" Zellen etc.) aus Stammzellen** (u.a. BAGUNA 1981; BAGUNA u. ROMERO 1981; BENAZZI u. GREMIGNI 1982; BORKOTT 1970; BOWEN et al. 1982; FRANQUINET 1976; HORI 1983 a, c; LE MOIGNE 1969; MORACZEWSKI 1981; MORITA u. BEST 1984 a; PALMBERG u. REUTER 1983; PEDERSEN 1972; SAKAMOTO u. SUGIMURA 1970; SAUZIN 1967; SAUZIN-MONNOT 1973).

Die Bildung der verschiedensten somatischen Zelltypen und letztlich auch der Gonaden aus Stammzellen tritt insbesondere bei den Eucestoda sehr deutlich hervor. In diesem Taxon weist die Larve, die Oncosphaera, wenige somatisierte Zellen (u.a. einige Zellkerne des noch geringen Neodermissyncytiums, ferner Drüsenzellen, Protonephridialzellen, Muskelzellen und die die Marginalhäkchen ausbildenden Oncoblasten) und daneben eine Reihe von Stammzellen auf (cf. u.a. SWIDERSKI 1983); nur aus letzteren wird der gesamte zellreiche Organismus der Metacestoide und des Adultus aufgebaut (cf. u.a. SWIDERSKI 1981).

Die ungeheure Potenz der Stammzellen verdeutlichen vor allem die potentiell unbeschränkten **Wachstumsprozesse der Hydatid-Bildungen** bei *Echinococcus* (und die Differenzierung von Cysticerci oder Cercoscolices anderer polycephaler Entwicklungsstadien, cf. Lit. in MACKINNON u. BURT 1984) sowie die meterlangen Körper bestimmter Adulti (u.a. *Diphyllobothrium latum, Moniezia expansa, Taenia solium, Taeniarhynchus saginatus*) mit der **kaudal des Scolex gelegenen Proliferationszone** zur Ausbildung mehrerer tausend Proglottiden, jeweils mit Genitalorganen und umfangreichen Gonaden.

Eine Differenzierung neuer „Tochter"-Individuen infolge einer vegetativen Vermehrung wäre ohne die Existenz von totipotenten Stammzellen nicht möglich, und zwar nicht nur bei der schon genannten Bildung von Scolexanlagen in den Hydatid-Blasen (zum Differenzierungsablauf cf. MEHLHORN et al. 1983; MACKINNON u. BURT 1984), einer Art endogener Knospung, sondern auch bei **exogenen Knospungen** wie am Tetrathyridium des Eucestoden *Mesocestoides* (cf. HESS 1980, 1981) oder den Sporocysten bestimmter Digenea wie z.B. *Leucochloridium*.

Den Stammzellen kommt auch bei den **Paratomie-Prozessen** bestimmter Catenulida, Acoela und Macrostomida (Lit. bei BORKOTT 1970; MORACZEWSKI 1977; PALMBERG u. REUTER 1983) oder den **Architomie-Vorgängen** bestimmter Tricladen (Lit. u.a. bei BEVERIDGE 1982; LENDER 1980; LEPORI u. PALA 1982; MORITA u. BEST 1984 b) eine entscheidende Rolle zu.

Auch bei den im Lebenszyklus eines Digeneen auftretenden, häufig phänotypisch unterschiedlichen Entwicklungsstadien dürfte es sich um Produkte einer endogenen vegetativen Vermehrung handeln, die zumindest in einigen Taxa unter bestimmten Bedingungen faktisch unbegrenzt (mit einer hohen und variablen Zahl von „Generationen") ablaufen können, d.h. bei der Anlage bzw. Ausdifferenzierung von Tochtersporocysten in Muttersporocysten, von Redien in Sporocysten, von Tochterredien in Mutterredien, von Cercarien in Redien und allen den hiervon abweichenden Entwicklungsmöglichkeiten dürften die in Lehrbüchern oftmals **als „Keimballen" bezeichneten Zellverbände omnipotente, mitosefähige Stammzellen repräsentieren** und keine „Keimzellen", d.h. keine Geschlechtszellen (siehe auch Kap. 3.10.).

In der Literatur finden sich Hinweise, daß für die Anlage bestimmter Organe und Gewebe nur die Stammzellen verantwortlich sind, die sich a priori am Ort der Differenzierung befinden („local proliferation", u.a. BAGUNA 1976, 1981). Andererseits gibt es auch Hinweise, daß Stammzellen zum Ort der Differenzierung hinwandern können, u.a. bei PALMBERG u. REUTER (1983), MORITA u. BEST (1974, 1984a, b), HESS (1980, 1981), LENDER (1980) und bei SUGINO et al. (1969).

HESS (1981) fand heraus, daß die im elektronenmikroskopischen Bild „helleren", also mit einem strukturärmeren Cytoplasma versehenen Stammzellen sich mitotisch teilende Zellen darstellen, die „dunkleren", d.h. reichlich mit Ribosomen und oftmals mit „Pseudopodien"-ähnlichen Fortsätzen versehenen Zellen dagegen wandernde Zellen darstellen. Diese Feststellungen stimmen mit den eigenen Befunden an freilebenden Plathelminthen überein, wie z.B. mit den in eine Epidermis einwandernden Zellen (vgl. Kap. 3.2.1.). Ganz offenbar können die Stammzellen in verschiedenen physiologischen Zuständen, ferner vermutlich auch als teil-differenzierte Zellen auftreten; diese Erkenntnis bietet eine Erklärung für die Mitteilungen einiger Autoren, sie hätten verschiedene „Typen" von Stammzellen gefunden.

Wie sind diese bei den Plathelminthen realisierten Gegebenheiten phylogenetisch zu bewerten?

Die omnipotenten Stammzellen, die sowohl Somazellen wie auch Geschlechtszellen hervorbringen, repräsentieren möglicherweise ein altes, vielleicht bereits bei der letzten gemeinsamen Stammart der Eumetazoa existierendes und von dort ererbtes Merkmal, also eine Plesiomorphie. Mit anderen Worten: nach dem derzeitigen Stand unserer Kenntnisse könnten die Stammzellen der Plathelminthen durchaus homolog den multipotenten I-Zellen (interstitiellen Zellen) der Hydrozoa sein, Zellen, denen die zumeist als Amoebocyten bezeichneten Zellen anderer Cnidaria-Taxa entsprechen könnten (siehe aber auch LARKMANN (1981, p. 164; 1983, p. 169) zur möglichen Existenz interstitieller Zellen bei Anthozoen). Allerdings sind bei den Cnidaria – anders als bei den Plathelminthes – Dedifferenzierungs- und Redifferenzierungs-Vorgänge somatisierter Zellen weit verbreitet, die Epithel- und Drüsenzellen der Cnidaria teilen sich mitotisch.

Im Gegensatz zu den Cnidaria und auch anderen Metazoa können sich bei den Plathelminthes Zellen nicht mehr teilen, sobald sie vollständig somatisiert sind. Ich halte dies für ein sekundär entstandenes Phänomen, evoluiert in der Stammlinie der Plathelminthen, und damit für eine Autapomorphie dieses Taxons.

Allerdings fehlen bisher gezielte Untersuchungen bei den Gnathostomulida zur Frage, ob hier bei somatisierten Zellen Mitosen auftreten. Sofern sich ergeben sollte, daß sich auch bei den Gnathostomulida somatisierte Zellen nicht teilen, müßte diese Erscheinung dann – nach dem Prinzip der sparsamsten Erklärung – als einmalig evoluierte Neuheit, d.h. als Synapomorphie der Gnathostomulida und der Plathelminthes bzw. als Autapomorphie der Plathelminthomorpha angesehen werden.

3.5.2. „Parenchymatische" Zellen

Neben den Stammzellen bilden die von RIEGER (1980, p. 69; 1981 a) als „so-called parenchymal cells" bezeichneten Zellen Bestandteile des inneren Körperbereichs nahezu aller Plathelminthen (die von RIEGER in seiner Gruppe 1 genannten Zelltypen, denen auch die Perikarien von Epidermis- und Gastrodermiszellen, Drüsenzellen etc. zuzuordnen sind, werden in anderen Kapiteln dieser Arbeit besprochen).

Allerdings unterscheiden sich diese „parenchymatischen" Zellen hinsichtlich ihrer Zahl, Struktur und Funktion beträchtlich in den einzelnen Taxa.

„Parenchymatische" Zellen, die eine Füllung der primären Leibeshöhle in den Raumlücken zwischen Organen und Epithelien bewirken und in einigen Taxa auch zur Speicherung von Reservestoffen befähigt sind, treten in höherer Zahl nur bei Taxa mit einem voluminöseren Körperbau auf, so bei größeren Arten der Acoela, Macrostomida, ferner bei den Polycladida und vielen Neoophora, insbesondere auch bei den Tricladida und den Parasiten, also bei hinsichtlich ihres Körpervolumens stärker evoluierten Taxa (cf. auch AX 1984). Zustände mit einem „massenhaften Mesenchym" (cit. SIEWING 1976) oder „massigen Bindegewebe" (cit. STARCK u. SIEWING 1980) sind in jedem Fall erst innerhalb bestimmter Plathelminthen-Gruppen neu und konvergent zueinander evoluierte Gegebenheiten.

Wie bereits bei AX (1984) eingehend dargelegt, ist für die Stammart der Plathelminthen eine nur geringe Körperdimension und damit verbunden eine nur schwach ausdifferenzierte innere Leibes„höhle" mit nur wenigen Zellen zu postulieren, ein Zustand, wie er u. a. bei den Gnathostomulida (cf. KRISTENSEN u. NØRREVANG 1977, p. 39; MAINITZ 1979, p. 247) realisiert ist und von der Stammart der Bilateria übernommen wurde. Die Darlegung von HENNIG (1980, p. 298), ein „parenchymatöses Gewebe ist ein abgeleitetes Grundplanmerkmal der Bilateria", ist so nicht haltbar; zu den Grundmustermerkmalen der Bilateria gehörte ein „parenchymatisches Gewebe" sicher nicht.

Bei der Stammart der Plathelminthes repräsentierten diese zwischen Epidermis und Gastrodermis gelegenen Zellen sehr wahrscheinlich ausschließlich Stammzellen, einige dieser Zellen haben sich dann in den einzelnen Plathelminthen-Taxa zu den unterschiedlichsten „parenchymatischen" Zelltypen differenziert bzw. evoluiert. Einige dieser Zelltypen seien hier näher besprochen.

Bei den Catenulida wird die innere „Leibeshöhle" – sofern „parenchymatische" oder „mesenchymatische" Zellen nicht ganz fehlen (cf. u. a. BORKOTT 1970, p. 194; MORACZEWSKI 1981, p. 376 + 386 und PEDERSEN 1983, p. 180 für *Stenostomum* sowie REISINGER 1924, p. 8 für *Rhynchoscolex*) – von sehr spezifischen Füllzellen eingenommen. Diese bisher nur bei den Catenulida, und zwar sowohl bei marinen (cf. Taf. 2, 75) wie auch limnischen Arten (cf. Taf. 47 A, 81, ferner fig. 46 bei MORACZEWSKI 1981) gefundenen Zellen zeichnen sich durch ihre Größe und die schaumige Beschaffenheit des Cytoplasmas aus. Diese bei *Retronectes* und *Catenula* den gesamten Körperbereich zwischen Epidermis und Gastrodermis ausfüllenden Zellen mit den zahlreich vorhandenen kleinen Vakuolen dienen wahrscheinlich der Versteifung der Organismen, sind, wie MORACZEWSKI (1981, p. 385) schreibt, „static elements" und dürften eine Art „parenchymatisches Chordoid-Gewebe" bilden.

Sollten sich diese spezifisch differenzierten Zellen bei weiteren Catenulida nachweisen lassen, so ist zu prüfen, ob dieses Merkmal als eine Autapomorphie einer Teilgruppe der Catenulida interpretiert werden kann. In diesem Zusammenhang interessiert, daß KRISTENSEN u. NØRREVANG (1978, p. 181) auch bei einer Gnathostomulide ein zwischen

Darm und Epidermis gelegenes Gewebe mit großen hellen Zellen gefunden haben, allerdings sind hierüber noch keine EM-Aufnahmen publiziert.

Bei anderen Catenulida *(Stenostomum, Rhynchoscolex)* „füllt Flüssigkeit den parenchymatischen Raum zwischen Hautmuskelschlauch und Verdauungskanal sowie zwischen den übrigen Organen" (cit. BORKOTT 1970, p. 194), diesen Räumen sollte ebenfalls eine stabilisierende Aufgabe zukommen, „abhängig vom Turgor der parenchymatischen Flüssigkeit und von der Füllung des Darmes" (cit. BORKOTT l. c.). Auch für die von REISINGER (1976, p. 245) bei *Xenostenostomum* beobachteten und von SIEWING (1980 a, p. 209; 1980 b, p. 459) als „Coelom" (vgl. Kap. 3.5.3.) ausgegebenen Räume dürfte diese Aussage zutreffen.

Wie bestimmten Catenulida *(Stenostomum, Xenostenostomum, Rhynchoscolex)* fehlen „parenchymatische" Zellen auch den bisher elektronenmikroskopisch untersuchten Nemertodermatida und vielen Acoela gänzlich oder es sind nur einige wenige Füllzellen zwischen Epidermis und dem centralen verdauenden Darmgewebe vorhanden (u. a. PEDERSEN 1964; SMITH in RIEGER 1980; eigene Befunde); bei den u. a. von AX (1966), DÖRJES (1966, 1968) und EHLERS u. DÖRJES (1979) beschriebenen, peripher im Körper liegenden Zellen dürfte es sich ebenfalls um spezialisierte „parenchymatische" Zellen handeln. Auch hier gilt wie bei den Catenulida: der Mangel „parenchymatischer" oder „mesenchymatischer" Zellen zwischen äußerer Körperbedeckung (einschließlich Drüsenzellen, Muskelzellen und Nervenzellen) und dem inneren verdauenden Körpergewebe (bei den Nemertodermatida mit Drüsenzellen) ist eine Symplesiomorphie, übernommen von der Stammart der Plathelminthen bzw. noch weiter zurück von der Stammart der Bilateria; die Differenzierung weniger und dazu noch unterschiedlich strukturierter „Parenchym"-Zellen bei einigen Arten sind sekundäre, apomorphe Zustände.

Auch bei den derzeit elektronenmikroskopisch näher studierten Macrostomida (einschließlich Haplopharyngida) fehlen „parenchymatische" Zellen gänzlich oder sind nur in spärlicher Zahl in wenigen Taxa vorhanden (eigene Beobachtungen, cf. auch RIEGER 1980, 1981 a), d. h., auch dieses Taxon weist hinsichtlich der Gestaltung der primären Leibes-„höhle" recht ursprüngliche Gegebenheiten auf.

Dagegen sind bei den Polycladida und den Neoophora „parenchymatische" Zellen weiter verbreitet, bei Taxa mit geringer Körpergröße allerdings nur in relativ kleiner Zahl. Diese „parenchymatischen" Zellen zeichnen sich mitunter durch längere verzweigte cytoplasmatische Fortsätze aus (u. a. BAGUNA u. ROMERO 1981), die bis an die verschiedenen Epithelien und Organe heranreichen, und, da in diesen Zellen Speicherstoffe zu finden sind, offenbar eine wichtige Rolle bei der Verteilung von Metaboliten übernehmen (cf. u. a. BAGUNA u. BALLESTER 1978); die von Tricladen (u. a. PALLADINI et al. 1979) und anderen Seriata sowie verschiedenen Rhabdocoela (eigene Beobachtungen) her bekannten Pigmentzellen repräsentieren einen anderen Typus spezialisierter „parenchymatischer" Zellen, ebenfalls mit zahlreichen Verzweigungen, von denen viele Richtung Basallamina weisen.

„Parenchymatische" Zellen haben sich nach den gegenwärtig bekannten feinstrukturellen Ergebnissen **innerhalb der Plathelminthen in einer Reihe subordinierter Taxa mehrfach unabhängig voneinander evoluiert**, offenbar im Zusammenhang mit Steigerungen der Körpergröße. Vielleicht ist es mit zunehmenden Kenntnissen zur Struktur dieser Zellen möglich, über einzelne Typen „parenchymatischer" Zellen für bestimmte supraspecifische Taxa wie die zuvor genannten Catenulida neue Autapomorphien zu finden.

Als Fazit sei festgehalten: ich erachte die bei Plathelminthen ganz allgemein als „Parenchym“ oder „Mesenchym“ bezeichneten Gewebe oder Zellverbände als einander nicht homolog; die unspezifischen Termini „Parenchym“ oder „Mesenchym“ oder gar Begriffe wie „Parenchymia“ sind somit für die phylogenetische Systematik wenig hilfreich.

3.5.3. Lymphsystem, Mangel eines Cöloms und Mangel eines Blutgefäß- oder Zirkulationssystems

Bei allen Plathelminthen, insbesondere jenen mit einem größeren Körpervolumen, existieren unterschiedlich große Intercellularspalten, so insbesondere in Höhe der Protonephridien-Cyrtocyten, aber auch in anderen Körperstellen. Diese Spalten erweitern sich häufiger zu Lakunen (z.B. bei *Myozona,* Taf. 5), die mit einer intercellulären elektronendichteren „Grundsubstanz“ ausgefüllt sein können.

Besonders ausgeprägt sind solche Intercellularräume bei verschiedenen Digenea; hier können umfangreichere Hohlräume auftreten, in der Literatur als „Lymphsystem“ bezeichnet, die als unverzweigte oder mit vielen Verästelungen versehene Längskanäle den Körper durchziehen (cf. Lit. in Strong u. Bogitsh 1973). Diese Lymphsysteme können in unmittelbarer Nachbarschaft des verzweigten Darmsystems und auch des Protonephridialsystems lokalisiert sein, kommunizieren aber offenbar nicht mit ihnen (cf. auch Odening 1984). Vermutlich kommt diesem Lymphsystem eine Aufgabe bei der Verteilung von Nährstoffen zu, in Ergänzung zum Gastrovaskularsystem und den bei Digenea vorhandenen „parenchymatischen“ Zellen. Bemerkenswert ist, daß das Lymphsystem endothelial ausgekleidet ist, nach den Untersuchungen von Strong u. Bogitsh (l.c.) sowie Dunn et al. (1984) von einem kernhaltigen Syncytium.

Dieser Umstand hat Ruppert u. Carle (1983, p. 203/204) veranlaßt, das Lymphsystem im Zusammenhang mit den endothelial ausgekleideten Cölom-Differenzierungen anderer Bilateria zu diskutieren.

Den Versuch, das Lymphsystem bestimmter Digenea als Vorläufer oder als Restprodukt eines Cöloms in Anspruch zu nehmen, muß ich aber mit Entschiedenheit zurückweisen. Ein solches Ansinnen hätte nämlich zur Folge, daß für die Stammart der Plathelminthen ein Cölom zu postulieren wäre und daß dieses Cölom dann in den Stammlinien von der Stammart der Plathelminthen bis hin zu den Stammarten einzelner Digenea-Taxa (nämlich jenen mit einem Lymphsystem) zumindest genotypisch erhalten geblieben wäre – oder mit anderen Worten: ein Cölomsystem müßte vielfach konvergent in den Stammlinien zu nahezu allen (z.B. allen freilebenden) Plathelminthen-Teiltaxa, auch solchen mit großen Körpervolumina wie den Polycladen und den Tricladen, reduziert worden sein. Für eine solche Ansicht gibt es aber keine plausiblen Argumente, sie ist zudem unvereinbar mit den Prinzipien der phylogenetischen Systematik, hier mit dem Prinzip der sparsamsten Erklärung. Lymphatische Systeme haben sich erst innerhalb des Taxons Digenea und hier sehr wahrscheinlich sogar mehrmals konvergent evoluiert.

An dieser Stelle soll nicht erneut das von Verfechtern der Enterocoel-Theorie erhobene Postulat diskutiert werden, die Stammart der Bilateria habe Cölomräume besessen und bei den Plathelminthen handele es sich um „reduzierte Cölomaten“; die Unhaltbarkeit eines solchen Postulats wurde von Ax (1984) bereits grundsätzlich begründet.

So ist auch der Name „Cölom“ (cf. Siewing 1980b, p. 459ff.) für die von Reisinger

(1976, p. 245) bei der Catenulide *Xenostenostomum* gefundenen Körperhohlräume unangebracht; bei diesen Hohlräumen handelt es sich „einfach" um ausgedehntere intercelluläre Lumina zwischen Hautmuskelschlauch und Intestinum, wie bisher unpublizierte EM-Aufnahmen von Reisinger zeigen.

Die letzte gemeinsame Stammart der Plathelminthen, die nur über eine geringe Körpergröße verfügte, hat keine größeren Hohlräume, sondern Stammzellen, zwischen Epidermis und Gastrodermis besessen; die umfangreichen intercellulären Lumina bei *Xenostenostomum* sind erst innerhalb des Taxons Catenulida evoluiert worden und wahrscheinlich im Zusammenhang mit der semiterrestrischen Lebensweise und der gesteigerten Körpergröße als spezifische Versteifungselemente zu sehen. Die Differenzierung dieser Lumina aus kleineren intercellulären Spalträumen mag auch der Umstand verdeutlichen, daß das mit zahlreichen Cyrtocyten versehene Protonephridialsystem in diesen umfangreichen intercellulären Hohlräumen lokalisiert ist – die Cyrtocyten liegen auch bei anderen Catenulida wie bei allen Plathelminthen häufig in ausgedehnteren intercellulären Lakunen (vgl. Kap. 3.7.).

Es bleibt festzuhalten: weder die Lymphsysteme bestimmter Digenea noch die Körperhohlräume der Catenulide *Xenostenostomum* lassen sich mit dem myoepithelial ausgekleideten Cölom bestimmter Eubilateria homologisieren. **Die Plathelminthen besitzen** – wie auch verschiedene andere Bilateria (cf. Ax 1984) – **primär kein Cölom.** Mit Nachdruck sei betont, daß – entgegen anders lautenden Feststellungen (cf. Siewing 1980 b, p. 446) – auch im Bereich der Gonaden bei den Plathelminthen keinerlei als „Cölom" oder „Cölomepithelien" anzusprechende Differenzierungen existieren.

Auch bei dem **Mangel eines Blutgefäß- oder Zirkulationssystems** handelt es sich um ein von der Stammart der Bilateria übernommenes Merkmal, also um **eine Symplesiomorphie der Plathelminthen.** Es gibt keinerlei Argumente, diesen Mangel als sekundär entstanden zu begründen (cf. auch Ax 1984), bei der Stammart der Plathelminthen wie auch bei allen jenen Taxa, die eine geringe Körpergröße beibehielten, erfolgte die Verteilung von Nährstoffen allein vom Darmepithel, bei Taxa mit erhöhtem Körpervolumen fiel diese Aufgabe nicht nur dem sich stärker verästelnden Darmsystem, sondern auch speziellen „parenchymatischen" Zellen zu, bei bestimmten Digenea vermutlich auch dem zuvor besprochenen Lymphsystem.

3.6. Nervensystem und sensorische Einrichtungen

3.6.1. Nervensystem

Die Organisation des Nervensystems hat bei Diskussionen zur Stammesgeschichte der Plathelminthen und darüber hinaus der gesamten Bilateria bzw. Eumetazoa stets eine größere Beachtung gefunden (so bei Ax 1961; Hyman 1951; Ivanov u. Mamkaev 1973; Karling 1974; Reisinger 1970, 1972, 1976; v. Salvini-Plawen 1978, 1980 a, 1982 a; Siewing 1980 b).

Um so bedauerlicher ist es, daß unsere Kenntnisse über dieses System, von einigen Taxa abgesehen, noch immer recht lückenhaft sind. Unter Berücksichtigung der in den letzten Jahren, d. h. nicht von Reisinger (1972) diskutierten, von verschiedenen Autoren vorgelegten Befunde und eigener Beobachtungen stellt sich die Situation in den freilebenden Taxa derzeit so dar:

(a) Die **Catenulida** besitzen eine als „Gehirn" bezeichnete Ansammlung von Nervenzellen; dieser offenbar stets bilateralsymmetrisch aus mehreren Lappen aufgebaute Komplex (u.a. BORKOTT 1970; REISINGER 1976, p.245; STERRER u. RIEGER 1974) entsendet mehrere, offenbar recht kurze Nervenstränge kranialwärts, kaudalwärts und zum Pharynx. Das Gehirn soll ein Neuropilem aufweisen, bei den Nervenzellen handelt es sich offenbar zumeist um unipolare, seltener um multipolare Neurone (cf. MORACZEWSKI et al. 1977a, b; MORACZEWSKI 1981).

Zusätzlich zu diesem tiefer im Körper liegenden System existiert ein peripherer Nervenplexus im basalen Bereich der Epidermis und in Höhe der locker angeordneten Muskulatur. Dieser Plexus, von dem Kerne in der Epidermis gefunden wurden, ist in den vorderen lateralen Körperpartien mit dem zentralen Nervensystem verbunden.

Während MORACZEWSKI et al. (1977a, p.94) auf den Mangel von Querverbindungen zwischen den Längssträngen des zentralen Nervensystems bei zwei limnischen Catenuliden hinweisen, spricht REISINGER (1976, p.245) von der Existenz eines typischen „Orthogons" bei einer semiterrestrisch lebenden Species. Offenbar variiert auch die Zahl der Längsnervenstränge zwischen einzelnen Catenulida-Taxa recht beträchtlich, vermutlich ein Ausdruck der verschiedenen Lebensweisen und unterschiedlicher Körpergröße. REISINGER (1976) berichtet auch über ein gastrodermales Nervennetz bei einer tropischen Catenulide mit voluminöserem Körper.

(b) Spezielle EM-Untersuchungen zum Nervensystem der **Nemertodermatida** und der **Acoela** fehlen bisher. Auf Grund eigener EM-Beobachtungen ist davon auszugehen, daß bei beiden Taxa dem „Gehirn" anderer Plathelminthen homologe Ansammlungen von Nervenzellen im Bereich der Statocyste auftreten (für die Nemertodermatida cf. Taf.60, für die Acoela cf. FERRERO 1973 sowie IVANOV et al. 1972).

Aus diesem Komplex, der nicht in unmittelbarer Nähe der Epidermis, sondern wie z.B. bei den Catenulida tiefer im Körper gelagert ist, strahlen einzelne feine Nervenfasern (seltener Nervenstränge) kranial- und kaudalwärts aus (cf. auch CREZEE u. TYLER 1976). Die Fasern dieses Systems gehen in ein basi- bis subepithelial gelagertes Nervensystem über; eigene EM-Befunde und die in der Literatur niedergelegten EM-Aufnahmen zeigen, daß Teile dieses peripheren plexusartigen Nervensystems, bei REISINGER (1972) auch als „Orthogon" bezeichnet, zwischen den mitunter weit in das Körperinnere reichenden Epidermiszellen zu finden sind, häufiger im direkten Kontakt mit epidermalen Receptoren (siehe Kap.3.6.2.) oder als proximale Fortsätze dieser Receptoren. Dieses periphere Nervensystem tritt auch proximal sowie distal der locker angeordneten sub- bis infraepidermalen Muskulatur auf (für *Nemertoderma* siehe auch WESTBLAD 1937), ferner im Bereich des Pharynx und kann hier Nervenringe ausdifferenzieren (DOE 1981, p.145).

(c) Auch die **Macrostomida** besitzen ein komplexes Nervensystem. Das Gehirn, nach REUTER (1981) und REUTER et al. (1980) mit einem Neuropilem und mit verschiedenen Neuronen-Typen, ist 2-geteilt, kranialwärts strahlen mehrere feine Nervenfasern aus, die beiden kaudalwärts ziehenden Hauptstränge können bis zum Hinterende eines Tieres durchlaufen und dort miteinander verbunden sein. Eine einzige stark ausgeprägte und offenbar obligatorisch bei allen Macrostomida vorhandene Querverbindung zwischen diesen Strängen befindet sich stets unmittelbar hinter der Mundöffnung; diese kommissurartige Differenzierung steht nicht, wie nach REISINGER (1972, fig.12C) angenommen werden könnte, in direktem Kontakt mit dem Nervenring des Pharynx (cf.

u.a. DOE 1981; aber auch LUTHER 1905, figs. 2 + 3). Der Nervenring des Pharynx ist Teil des stomatogastrischen plexusartigen Systems (cf. REUTER 1981; REUTER et al. 1980) und steht in direktem Kontakt mit dem Zentralnervensystem (cf. auch DOE 1981, fig. 21 B).

Neben dem zentralen und dem stomatogastrischen Nervensystem existiert auch ein peripherer Nervenplexus, so nach REUTER et al. (1980) bei *Microstomum* zwischen den subepidermal gelegenen Zellen, nach TYLER (1976, fig. 7 A) bei *Bradynectes* distal der Muskulatur. Bei *Myozona* (Taf. 5) sind Teile dieses peripheren Nervenplexus beiderseits (!) der hier deutlich ausdifferenzierten Basallamina zu finden: distal im Bereich der Epidermis und mehr proximal zwischen Basallamina und Hautmuskelschlauch sowie auch einwärts dieser Muskulatur. Zumindest Teile des peripheren Plexus stehen bei den Macrostomida mit epidermalen Receptor-Zellen und auch Drüsenzellen in direktem Kontakt.

Während einer vegetativen Vermehrung (Paratomie) treten im Bereich der Teilungszonen spezifische nervöse Differenzierungen auf; Einzelheiten sind der Arbeit von REUTER u. PALMBERG (1983) zu entnehmen.

(d) Für die **Polycladida**, deren Nervensystem eingehender untersucht wurde, gilt Folgendes. Das Nervensystem besteht aus einem 2-geteilten Gehirn, das nach KOOPOWITZ u. KEENAN (1982) keine Trennung in ein Neuropilem und einen peripheren Bereich mit den Somata erkennen läßt, in den Abbildungen anderer Autoren (LACALLI 1982, fig. 4; 1983, fig. 4; RUPPERT 1978, fig. 2) ist diese Trennung jedoch distinkt. Es treten eine Vielzahl unterschiedlicher, zumeist vielverzweigter Neurone auf (KEENAN et al. 1981; KOOPOWITZ 1982), auch Interneurone wurden gefunden (SOLON u. KOOPOWITZ 1982). Das Gehirn ist Teil eines umfangreichen ventralen und auch dorsalen submuskulären Plexus mit einzelnen Längsnervenbahnen (Lit. in KOOPOWITZ 1982); im lateralen, aber auch im zentralen Körperbereich sind beide Plexus miteinander verbunden (u.a. MINICHEV u. PUGOVKIN 1979; KOTIKOVA 1983).

Neben diesem submuskulären Plexus existiert ein zweiter, subepithelial, d.h. proximal der Basallamina gelegener Plexus (u.a. KOOPOWITZ u. CHIEN 1974), ferner ein infraepitheliales Nervennetz distal der Basallamina zwischen den basalen Bereichen der Epidermiszellen (u.a. CHIEN u. KOOPOWITZ 1977), das synaptische Kontakte u.a. zu den epidermalen Rhabditenzellen aufweist. Nach den Untersuchungen von KOTIKOVA (1981) und LACALLI (1982, 1983) scheinen nicht nur die submuskulären Nervenbahnen, wenn auch noch ohne die starke plexusartige Ausbildung des Adultus, sondern auch die peripheren Bereiche des komplexen Nervensystems bereits bei den Müllerschen Larven vorhanden zu sein; die spezifischen nervösen Differenzierungen im Bereich der larvalen Lappen degenerieren während der Rückbildung dieser adaptiven Körperdifferenzierungen. Zumindest bei den Larven steht das infraepidermale Nervennetz mit epidermalen Receptoren in Verbindung (cf. RUPPERT 1978), nach LACALLI (1982) bildet sich dieses Nervennetz sogar in starkem Maße aus den proximalen Fortsätzen solcher sensorischen Zellen auf.

An dieser Stelle bleibt festzuhalten, daß das Nervensystem einer Polycladen-Larve, ausgenommen spezifische infraepidermale Differenzierungen im Bereich des ciliären Bandes der Schwimmlappen, in der Grundorganisation bereits dem System einer adulten Polyclade entspricht. Bei heranwachsenden Polycladen differenziert sich ferner parallel mit der Zunahme der Körpergröße ein innerer (parenchymatischer) Nervenplexus aus (cf. MINICHEV u. PUGOVKIN 1979).

(e) Das zentrale Nervensystem der freilebenden **Neoophora** besteht stets aus einem zweigeteilten „Gehirn", wohl immer mit deutlichem Neuropilem (eigene Beobachtungen an zahlreichen Species, cf. auch MORITA u. BEST 1965; REUTER u. LINDROOS 1979a), diese Aussage gilt prinzipiell auch für die parasitischen Taxa (Lit. in u.a. BULLOCK 1965; ROHDE 1975; SHAW 1982; SMYTH u. HALTON 1983; FAIRWEATHER u. THREADGOLD 1983).

Nach BAGUNA u. BALLASTER (1978) stellt das Zentralnervensystem der Tricladen kein solides Gebilde, sondern eine schwammartige Differenzierung mit zahlreichen Lakunen dar. Bei vielen (z.B. Taf. 62 A), aber nicht allen Proseriata ist das recht kompakte Gehirn durch eine „Gehirnkapsel", d.h. eine Schicht fibrillärer Intercellularsubstanz oder Basallamina, deutlich vom anliegenden Körpergewebe abgegrenzt; vergleichbare, aber konvergent entstandene Kapseln dürften auch bei Arten der Polycladida und der Prolecithophora vorhanden sein (u.a. KARLING 1940, p. 149; MINICHEV u. PUGOVKIN 1979). Die in verschiedenen Typen auftretenden Nervenzellen können, soweit bekannt ist, multi-, bi- oder vereinzelt auch monopolar sein.

Aus dem Gehirn strahlen u.a. Längsnervenstränge aus (cf. Taf. 9), die untereinander über Querverbindungen („Kommissuren") in Kontakt stehen („Orthogon"-Bildung), diese Differenzierungen liegen in Höhe eines submuskulären, ± netzartig, bei parasitischen Taxa auch regelmäßig verzweigten Nervenplexus (u.a. BAGUNA 1974; BAGUNA u. BALLASTER 1978; REUTER u. LINDROOS 1979b), der mit einem weiteren Plexus, subepithelial zwischen Basallamina und Muskulatur gelegen, in Verbindung steht (eigene Beobachtungen an vielen Species, z.B. Taf. 7; cf. auch BAGUNA u. BALLASTER l.c.; REUTER u. LINDROOS l.c.).

Ein typisch infraepithelialer Plexus wie bei den Macrostomida und Polycladida scheint den Neoophora zu fehlen – vielleicht mit Ausnahme der Taxa *Polystyliphora* und *Nematoplana* (Proseriata) – doch ziehen aus dem subepithelialen Plexus Nervenfortsätze in den peripheren Körperbereich ein (eigene Beobachtungen, cf. auch BAGUNA u. BALLASTER l.c.). Die dieses distale Epithel penetrierenden Receptorzellen (vgl. Kap. 3.6.2.) gehören dem subepithelialen oder submuskulären Plexus an und können synaptische Kontakte mit Neuronen anderer Nervenzellen dieser beiden Plexus aufweisen (eigene unpubl. Beobachtungen).

Das Zentralnervensystem steht ferner direkt oder über den submuskulären Plexus mit einem stomatogastrischen Plexus in Verbindung (u.a. BAGUNA u. BALLASTER 1978; REISINGER 1976), dem auch nervöse Differenzierungen im Bereich des Pharynx angeschlossen sind. Diese Differenzierungen bilden innerhalb der verschiedenen Pharynxtypen der Neoophora ebenfalls einen oder, wie BAGUNA u. BALLASTER (1978) für den Pharynx plicatus von Tricladen nachweisen konnten, zwei Plexus aus, die dann über Radiärnerven untereinander in Verbindung stehen. In bestimmten Pharynxabschnitten kommt es wohl obligatorisch bei allen Neoophora zu stärkeren Ansammlungen von ringförmig angeordneten Neuronen und damit zur Ausbildung eines oder mehrerer Pharynxringnerven (u.a. BULLOCK 1965, fig. 9. 14; LUTHER 1955, fig. 9i; REISINGER 1976, fig. 1; REISINGER u. GRAACK 1962; REUTER u. LINDROOS 1979b), ein Zustand, der durchaus dem Nervenring im Pharynx simplex („Pharynx simplex coronatus" sensu DOE 1981) der Macrostomida entspricht.

Zusätzlich zu den genannten Nervenplexus existiert zumindest bei den Tricladen (cf. BAGUNA u. BALLASTER 1978) ein weiteres umfangreiches Nervensystem in den von „parenchymatischen" Zellen erfüllten Körperbereichen zwischen Intestinum und Hautmuskelschlauch.

(f) Damit lassen sich über das Nervensystem der Plathelminthen folgende Aussagen treffen:

(1) Vermutlich besitzen alle Plathelminthen, auch die Nemertodermatida und Acoela, ein ± deutlich ausgebildetes **Zentralnervensystem** mit einer Anhäufung von Neuronen im kranialen Körperbereich; Längsnervenstämme entstehen während der Embryonalentwicklung oder postembryonal vermutlich immer erst nach (!) der Anlage eines solchen kranialen Systems („Gehirns"). Mir ist nur ein einziges Beispiel bekannt, daß ein solches Nervensystem primär fehlt: die Oncosphaera der Cestoidea. Bei dieser Larve, die nach den Befunden von FAIRWEATHER u. THREADGOLD (1981 b) allenfalls indistinkte Nervenzellen aufweist, handelt es sich aber offenbar um ein Entwicklungsstadium, das auf einem sehr frühen Stand der Embryogenese freigesetzt wird (vgl. u.a. Kap. 3.10.), noch vor der Ausbildung des Nervensystems der Cestoidea.

(2) Das zentrale System steht stets mit einem offenbar sehr frühzeitig, bei allen freilebenden Plathelminthen stets während der Embryonalentwicklung ausdifferenzierten (u.a. BOGUTA 1978 a; MAMKAEV u. KOTIKOVA 1972) **peripheren Nervensystem** in Verbindung.

Bei Arten ohne Basallamina und ohne deutlichen Hautmuskelschlauch besteht dieses periphere System aus einem ± einheitlichen sub- bis infraepithelial gelegenen Plexus. Stärker evoluierte Taxa mit breiterer Basallamina und kräftigerem Hautmuskelschlauch (Macrostomida, Polycladida) weisen bis zu 3 Plexus auf: submuskulärer, subepithelialer (d.h. subepidermaler oder subneodermaler) und epidermaler; letzterer ist dann bei den Neoophora (und damit auch bei den Neodermata) indistinkt.

(3) Sofern ein Intestinum ausdifferenziert ist, ist auch stets ein **stomatogastrischer Nervenplexus** vorhanden.

(4) Bei Species mit einem umfangreichen Körpervolumen (besonders Polycladida, Tricladida, viele Neodermata) treten zahlreiche weitere Neurone in den zentralen, „parenchymatische" Zellen enthaltenden Körperbereichen auf.

(5) Die Ausdifferenzierung voneinander abweichender Nervensysteme bei den Vertretern einzelner Taxa scheint insbesondere durch Unterschiede in der Körpergröße, der Lokomotion, der Ernährungsweise usw. bedingt zu sein; nach BAGUNA u. BALLASTER (1978, p. 251) ist z.B. das Nervensystem adulter Polycladida gegenüber dem adulter Tricladida in mehrfacher Hinsicht stärker evoluiert, ferner lassen sich innerhalb der Acoela alle Übergänge von rein plexusartigen nervösen Differenzierungen bis zu „Orthogon"-artigen Nervensystemen beobachten (u.a. MAMKAEV u. KOTIKOVA 1972). Allerdings dürfte die Existenz eines peripheren Nervensystems und die eines stomatogastrischen Plexus relativ ursprüngliche Merkmale darstellen, die bereits bei der letzten gemeinsamen Stammart der Plathelminthen auftraten.

(6) Entgegen der Auffassung von BEKLEMISCHEW (1960, 1963) läßt sich über das Nervensystem keine engere Verwandtschaft der Plathelminthen mit den Cnidaria begründen (cf. auch KOOPOWITZ u. CHIEN 1974; REISINGER 1976); die plexusartigen Differenzierungen des peripheren Nervensystems der Plathelminthen repräsentieren allenfalls symplesiomorphe Verhältnisse mit den Cnidaria. Diese Aussage gilt vor allem auch für die nervösen Differenzierungen der Polycladen-Larven.

Es sei ausdrücklich festgestellt, daß diese Larven der Polycladida in der Organisation ihres zentralen Nervensystems zudem auch keine gemeinsamen Apomorphien (z.B. in Form einer ganz spezifisch differenzierten „Scheitelplatte") mit anderen Larven, z.B. vom Trochophora-Typus, erkennen lassen.

LACALLI (1983) glaubt, solche spezifischen Übereinstimmungen in Form eines „apikalen Plexus“ sowie einer „basalen Kommissur“ zwischen einer Müllerschen Larve und verschiedenen Trochophora-Larven von Polychaeten gefunden zu haben.

Bei dem „apikalen Plexus“ der Müllerschen Larve handelt es sich, wie die von diesem Autor (l. c., figs. 4, 8, 9) publizierten EM-Aufnahmen zeigen, um den apikal gelegenen Bereich des cerebralen Neuropilems; die Fortsätze der hier lokalisierten, vermutlich multipolaren Neurone sind „ungeordnet“, d. h. stärker unter- und miteinander verwoben, ein Zustand, der auch für den cerebralen Neuropilem-Bereich anderer Taxa der Plathelminthen ohne Larvenformen, u. a. für die Nemertodermatida (Taf. 60), zutrifft und für den der Begriff „Plexus“ nicht eingesetzt werden sollte (als Nervenplexus wird allgemein ein lockeres ± netzartig aufgebautes Nervensystem bezeichnet; der „apikale Plexus“ sensu LACALLI mag jedoch durchaus einem solchen peripher, d. h. subepidermal oder submuskulär gelegenen plexusartigen Nervensystem entstammen). Ein ± „kommissurartig“ ausdifferenzierter basaler Teil des Cerebrums existiert ebenfalls bei vielen Plathelminthen, die peripher ausstrahlenden Nervenstränge oder -fasern nehmen hier allgemein ihren Ursprung (u. a. REISINGER 1972).

Ein „ungeordneter“ („plexusartiger“) und ein „kommissurartiger“ Gehirnabschnitt treten also nicht nur bei Polycladen-Larven auf; beide Strukturen sind bei den Plathelminthen weit verbreitet und bilden vermutlich nicht nur für dieses Metazoa-Taxon, sondern auch für weitere Bilateria wie z. B. die Gastrotricha (cf. TEUCHERT 1977) ein typisches Differenzierungsmerkmal und damit keine postulierte Synapomorphie zwischen Polycladen- und Anneliden-Larven.

(7) Auf Grund der relativ starken Variabilität und auch individuellen Plastizität (cf. BOGUTA 1978 b) in der Ausbildung großer Teile des Nervensystems bei selbst nahe verwandten Taxa lassen sich derzeit für einzelne Taxa kaum sichere Autapomorphien im Bereich des Nervensystems herausstellen.

Vielleicht könnte die spezifische Ausbildung eines „Gehirns“ aus offenbar obligatorisch mehreren Lappen (siehe Abb. 14 A) eine Autapomorphie des Taxons Catenulida darstellen.

Ferner könnte die kräftige postorale „Kommissur“ eine Autapomorphie der Macrostomida (einschließlich der Haplopharyngida) bedeuten. Der prominente Nervenring im „Pharynx simplex coronatus“ aller Macrostomida (+ Haplopharyngida) könnte eine weitere Autapomorphie der Macrostomiden oder, sofern sich eine Homologie dieses Ringes mit den Pharynxringnerven anderer, stärker evoluierter Pharynxtypen (vgl. Kap. 3.8.1.) belegen läßt, auch der gesamten Rhabditophora bilden.

3.6.2. Ciliäre Receptoren des Körperepithels

Bei allen Plathelminthen existieren dem Nervensystem angeschlossene Receptoren in der Epidermis bzw. bei den Neodermata auch in der definitiven Körperbedeckung, der Neodermis; die meisten dieser Receptoren weisen ciliäre Differenzierungen auf.

Wenn auch über die spezifischen Funktionen dieser Receptoren derzeit noch keine sicheren Aussagen zu treffen sind (cf. Diskussion bei u. a. BEDINI et al. 1975; EHLERS u. EHLERS 1977 a; LAMBERT 1980 b; LYONS 1973 b; RIEGER 1981 a), so können doch über die Anordnung der Receptoren im Epithel bei bestimmten Taxa wie den Monogenea (cf. LAMBERT 1980 a, b) sowie bei einigen komplexen Receptor-Typen über bestimmte feinstrukturelle Differenzierungen wichtige stammesgeschichtliche Hinweise gewonnen werden.

a) **Collar-Receptoren.** Seit den Arbeiten von NØRREVANG u. WINGSTRAND (1970) sowie LYONS (1973 c, d) haben „collar-cells" oder „choanocyte-like cells" eine starke Beachtung bei Diskussionen zur Evolution der Metazoa gefunden (u.a. RIEGER 1976; v. SALVINI-PLAWEN 1978).

Zu solchen „collar-cells" werden von manchen Autoren auch bestimmte, mit einem einzigen Cilium und einem Kranz von spezialisierten Mikrovilli versehene epitheliale Receptoren gezählt. Wenn uns auch eine Homologie aller „collar-cells", speziell von sensorischen Collar-Receptoren mit Collar-Zellen des Protonephridialsystems, mangels spezifischer weiterer Übereinstimmungen – diesen Zellen ist jedoch die Herkunft vom Ektoderm gemeinsam – nicht gesichert erscheint (cf. Diskussion bei EHLERS u. EHLERS 1977 a), so lassen sich doch innerhalb der jeweiligen Zelltypen, also auch der sensorischen Collar-Receptoren (für die Protonephridialzellen vgl. Kap. 3.7.), eindeutige Homologien in bestimmten Taxa herausstellen.

Collar-Receptoren, d.h. im körperbedeckenden Epithel lokalisierte sensorische Zellen mit terminal stehenden Cilien und diese Cilien umgebenden spezialisierten Mikrovilli bzw. mikrovilliähnlichen cytoplasmatischen Vorsprüngen, treten allein bei freilebenden, nicht jedoch bei parasitischen Plathelminthen-Taxa auf.

(1) Innerhalb der **Catenulida** sind Collar-Receptoren bisher nur von *Retronectes*- und *Catenula*-Arten näher bekannt.

Bei *Retronectes* cf. *sterreri* (Taf. 48 A, B, D) liegt der kernhaltige Zellbereich subepidermal, im distad ragenden Zellfortsatz, dem stets eine epidermale Textur fehlt und der immer zwischen (!) angrenzenden Epidermiszellen lokalisiert ist, inseriert ein einziges Cilium, versehen mit einer einzigen Vertikalwurzel. Das immer leicht unter die Körperoberfläche eingesenkte Cilium wird von 7–9 (vielleicht mitunter auch von 10) Mikrovilli umstanden. Diese Mikrovilli der Collar-Receptoren sind durch Filamente verstärkt, die sich proximad als EM-dichte Längsbündel bis weit in die Zelle fortsetzen und hier Kontakt mit Mikrotubuli und ± kugeligen EM-dichten filamentösen Differenzierungen erhalten. Ein ganz entsprechender Collar-Receptor wurde von DOE (1981, fig. 2 D rechts unten und fig. 2 F) im Pharynx von *Retronectes atypica* gefunden (der von diesem Autor in fig. 2 D links oben und in fig. 2 E dargestellte Receptor ist dem zuvor genannten Collar-Receptor sicher nicht homolog).

Bei *Catenula* (Taf. 49 A–F) treten ebenfalls ausschließlich monociliäre Collar-Receptoren mit einem subepidermal gelegenen Perikaryon auf. Das Cilium, das eine Vertikalwurzel besitzt, inseriert in einer leichten Vertiefung des ebenfalls zwischen (!) Epidermiszellen gelegenen Zellfortsatzes und wird von einem Mikrovillikranz aus 7 (Taf. 49 E), 8 (Taf. 49 A–D) oder 9 (Taf. 49 F) Mikrovilli umgeben. Wie bei *Retronectes* setzen sich die filamentösen Verstärkungen dieser Mikrovilli in die Tiefe der Zelle fort. Der periphere Bereich des Zellfortsatzes kann durch ringförmig angeordnete fibrilläre Strukturen, vergleichbar der Textur in den umgebenden Epidermiszellen, verfestigt sein (cf. auch MORACZEWSKI 1981, figs. 22–25).

(2) Bei den **Nemertodermatida** fehlen bisher Beobachtungen über Collar-Receptoren. Möglicherweise repräsentiert der in Taf. 50 A + B dargestellte Receptor (ohne epidermale Textur, zwischen (!) verschiedenen Epidermiszellen austretend) diesen Receptor-Typus. Das einzige, kaum eingesenkte Cilium besitzt eine schwach gegabelte Cilienwurzel und wird distal von über 20 geringfügig spezialisierten Mikrovilli umstanden.

(3) Für die **Acoela** ist bisher nur ein einziger, stark apomorpher Collar-Receptortypus bekannt; er wurde von BEDINI et al. (1973, Receptortyp II) bei 2 Species in identischer Ausbildung vorgefunden.

Wie bei den zuvor besprochenen Taxa Catenulida und Nemertodermatida handelt es sich auch hier um einen monociliären, zwischen (!) Epidermiszellen austretenden Receptor. Das einzige leicht eingesenkte Cilium wird bei *Convoluta psammophila* von 16–18, bei *Mecynostomum* spec. von 24 modifizierten, durch Filamente versteifte Mikrovilli umgeben, diese Filamente setzen sich wie bei den Catenulida in das Zellinnere des Receptors fort. Zwei (bei *Convoluta*) bzw. drei (bei *Mecynostomum*) in unmittelbarer Nähe des Ciliums lokalisierte „zentrale" Mikrovilli stehen in Höhe ihrer intracellulären Fortsätze mit dem Cilium in direktem Kontakt über komplexe laminare Strukturen, die an der stark apomorphen, von BEDINI et al. (1973) mit einem „Schwalbennest" verglichenen Cilienwurzel ansetzen.

Collar-Receptoren von diesem Typus treten offenbar bei allen Acoela auf, in Taf. 51 und in Taf. 53 A sind die Verhältnisse bei *Mecynostomum auritum* bzw. in Taf. 53 B bei *Haplogonaria syltensis* (cf. auch fig. 12 C bei EHLERS u. EHLERS 1977 a) dargestellt. In die filamentösen Fortsätze der stets über 20 modifizierten Mikrovilli (Taf. 53 C zeigt zum Vergleich nicht modifizierte epidermale Mikrovilli) ziehen im Zellinneren Mikrotubuli ein, begleitet von auffallend langen Mitochondrien. Die Fortsätze aus Filamenten und Mikrotubuli reichen weit in die Receptorzelle hinein (Taf. 53 A, 57 A), konvergieren und vereinigen sich proximalwärts der stark modifizierten „Schwalbennest-ähnlichen" Cilienwurzel, die direkten Kontakt mit den Fortsätzen der zentralen Mikrovilli besitzt (Taf. 51).

DOE (1981, p. 143) fand im Pharynxepithel von *Diopisthoporus* verschiedene monociliäre sensorische Zellen mit einem Mikrovilli-Ring; diese Zellen sind aber aufgrund der abweichenden Cilienwurzelverhältnisse dem oben beschriebenen Collar-Receptor vermutlich nicht homolog.

(4) Über die Collar-Receptoren bei den **Macrostomida** berichtet EHLERS (1977); weiterführende Beobachtungen aus neuerer Zeit liegen nicht vor. Hier ist festzuhalten: die Receptoren von 3 Taxa *(Microstomum spiculifer, Paromalostomum fusculum, Myozona purpurea)* sind monociliär, bei *Haplopharynx rostratus* dagegen mit 3 Cilien besetzt; stets liegen die distalen Fortsätze der Receptoren zwischen (!) angrenzenden Epidermis-Zellen; den Cilien der Receptorzelle fehlen mit Ausnahme von *Microstomum* typische vertikale Wurzeln; es können apomorphe Strukturen proximal der Basalkörper auftreten (*Microstomum:* Tubularkörper; *Paromalostomum:* Paratubularkörper; *Myozona:* ringförmige Wurzelstruktur); jedes Cilium wird von einem Kranz spezialisierter Mikrovilli umstanden, die nahe der Cilienbasis zunächst als Längsrippen aus der Zelle heraustreten; in allen Taxa besteht der Mikrovilli-Kranz aus 8, 9 oder 10 Mikrovilli.

(5) Collar-Receptoren im Taxon **Polycladida** wurden von RUPPERT (1978) und LACALLI (1982) in der Epidermis von verschiedenen Larven gefunden. Die intraepidermal gelegenen Zellen sind monociliär; die Wurzel des Ciliums ist jeweils zu einer Korb- (LACALLI) oder Kegel- (RUPPERT) ähnlichen Struktur abgewandelt. Nach LACALLI (l.c., fig. 10 a) umstehen 7 spezialisierte Mikrovilli das Cilium.

(6) Für die **Lecithoepitheliata** stehen Beobachtungen über Collar-Receptoren noch aus.

(7) Bei dem **Prolecithophor** *Pseudostomum* weisen die Collar-Receptoren zwei nicht eingesenkte Cilien ohne Wurzeln auf (cf. fig. 4 A bei EHLERS 1977), jedes Cilium wird aus einem Kranz von konstant 8 spezialisierten Mikrovilli umgeben. Die distalen Fortsätze der Receptorzellen penetrieren die weitgehend syncytiale Epidermis (cf. EHLERS 1984 b).

(8) Innerhalb der **Seriata** sind Collar-Receptoren bisher nur für alle näher unter-

suchten Taxa der Proseriata bekannt (cf. BEDINI et al. 1975, Receptortyp I; U. EHLERS 1977; EHLERS u. EHLERS 1977 a; SOPOTT-EHLERS 1984 b, c). Stets handelt es sich um monociliäre Receptoren, deren distale Fortsätze bei Taxa mit Statocyste, den Proseriata Lithophora (d.h. bei den Monocelididae, Coelogynoporidae, Otoplanidae), durch (!) Epidermiszellen austreten (cf. Taf. 54 C), bei den statocystenlosen Taxa Nematoplanidae und Polystyliphoridae, den Proseriata Unguiphora, und bei einigen (aber nicht allen!) Collar-Receptoren von *Archimonocelis* (Lithophora) aber zwischen (!) verschiedenen Epidermiszellen hindurchziehen (cf. SOPOTT-EHLERS 1984 b). Das Cilium, dem stets eine Wurzel fehlt, ist tief in die Epidermis eingesenkt, es wird von einem Kranz aus konstant 8 modifizierten Mikrovilli bzw. proximal cytoplasmatischen Rippen umgeben (Taf. 54 C); in Höhe des ciliären Basalkörpers ist eine feine Ringwurzel ausdifferenziert (cf. EHLERS u. EHLERS 1977 a; SOPOTT-EHLERS 1984 b). Nur bei *Nematoplana* und *Polystyliphora*, also den Proseriata Unguiphora, nicht aber bei den mit einer Statocyste versehenen Taxa, den Proseriata Lithophora (ausgenommen *Archimonocelis* und *Ectocotyla*, noch unpubl. EM-Befunde), ist im distalen Bereich des Receptorfortsatzes eine intracelluläre Manschette aus elektronendichtem fibrillären Material ausdifferenziert (für die Unguiphora cf. SOPOTT-EHLERS 1984 b, 1985 a).

(9) Von zahlreichen freilebenden **Rhabdocoela** sind Collar-Receptoren bekannt (cf. U. EHLERS 1977; EHLERS u. EHLERS 1977 a; REUTER 1975; SCHOCKAERT u. BEDINI 1977; TYLER 1984 b, fig. 21), in ihrem Aufbau stimmen sie in allen Einzelheiten mit den Collar-Receptoren der statocystentragenden Proseriata überein, u.a. treten auch hier konstant 8 Mikrovilli auf (cf. Taf. 54 A, B; ferner U. EHLERS 1977).

Den parasitischen Taxa der „Dalyellioida“ und allen Neodermata fehlen vergleichbare Collar-Receptoren.

(10) Aufgrund der vorliegenden Informationen lassen sich bestimmte Aussagen über die Collar-Receptoren treffen; so verdeutlichen weitgehende apomorphe Übereinstimmungen in mehreren Taxa, daß zumindest in einigen Teilgruppen der Plathelminthen die Collar-Receptoren einschließlich bestimmter komplexer Strukturen einander homolog sind. Darüber hinaus lassen sich spezifische Differenzierungen innerhalb der gesamten Plathelminthen beobachten. Im einzelnen gilt:

(a) Bei den Catenulida, Acoelomorpha, Macrostomida und vielleicht auch Polycladida schwankt die Zahl der modifizierten Mikrovilli pro Receptor, bei den Catenulida zwischen 7–9 *(Catenula)*, 7–9 (?10) *(Retronectes* cf. *sterreri)* und – nach DOE (1981) – u.U. auch 6–12 *(Retronectes atypica)*, bei den Acoela zwischen 16–25, bei den Macrostomida zwischen 8–10, bei den Polycladida sind bisher nur 7 Mikrovilli bekannt. Dagegen weisen die **Prolecithophora, Proseriata und Rhabdocoela** – soweit bisher bekannt – **konstant 8 Mikrovilli pro Receptorcilium** auf.

Wie lassen sich diese Zahlenverhältnisse phylogenetisch bewerten? Führen wir einen Außengruppen-Vergleich durch (WARTROUS u. WHEELER 1981: „for a given character with 2 or more states within a group, the state occuring in related groups is assumed to be the plesiomorphic state“): Collar-Receptoren mit einer wechselnden Zahl von Mikrovilli um ein Cilium herum finden sich u.a. bei den Cnidaria (Lit. bei CHIA u. CRAWFORD 1977; CHIA u. ROSS 1979; KINNAMON u. WESTFALL 1984) und bei vielen Bilateria (cf. EHLERS u. EHLERS 1977 a), so fanden z.B. CANTELL et al. (1982, p. 10) zwischen 7 und 10 Mikrovilli in den monociliären Collar-Receptoren einer Nemertinen-Larve. (Für die Gnathostomulida liegen leider noch keine genaueren Beobachtungen über Collar-Receptoren vor – die Cilien der Epidermiszellen werden jedoch von 8 Mikrovilli, nach fig. 8 bei Rieger u. Mainitz 1977 u. U. vereinzelt auch von 9 Mikrovilli umgeben). Ich halte daher eine nicht fixierte Zahl von Mikrovilli für relativ plesiomorph, die absolut konstante Zahl von 8 Mikrovilli dagegen für apomorph und u. U. für eine gemeinsam erworbene Apomorphie der 3 genannten Neoophora-Taxa.

(b) Bei allen Catenulida, Acoelomorpha, Macrostomida, larvalen Polycladida und innerhalb der Neoophora bei den Unguiphora (den Nematoplanidae und den Polystyliphoridae) und z. T. bei *Archimonocelis* (Lithophora) **liegen die distalen Fortsätze der Receptorzellen** immer **zwischen (!) angrenzenden Epidermiszellen**, nehmen also eine intercelluläre Lage ein. Ich halte diesen Zustand, wiederum unter Berücksichtigung des Außengruppen-Vergleiches z. B. mit den Cnidaria und den Gnathostomulida, für relativ ursprünglich, genauso wie die in eben diesen Taxa (ausgenommen die Unguiphora) existierenden intraepidermalen Bereiche des Nervensystems.

Bei den Neoophora, nur von den Unguiphora abgesehen, und nach Tyler (1984 b) auch bei (? adulten) Polycladen **penetrieren (!) die distalen Fortsätze der Receptorzellen einzelne Epidermiszellen**, zweifellos ein apomorpher Zustand und u. a. darauf zurückzuführen, daß die monociliären Fortsätze der Receptorzellen bei den Proseriata-Lithophora und den Rhabdocoela tiefer in das Körperinnere eingesenkt liegen, die Receptorzellen gehören dem submuskulären Nervensystem an (den Neoophora fehlt ja ein deutlich ausgebildetes intraepidermales Nervensystem, vgl. Kap. 3.6.1.). Bei Taxa mit einem partiell oder ± vollständig syncytialen Körperepithel (so bestimmten Prolecithophora, „Typhloplanoida"-Kalyptorhynchia, „Dalyellioida" einschl. Temnocephalida) läßt sich natürlich nicht entscheiden, ob die Receptorfortsätze eine „inter"- oder eine „intra"-celluläre Lage einnehmen.

(c) Die Ausdifferenzierung spezifischer Cilienwurzelkomplexe oder auch der Mangel jeglicher Cilienwurzeln bilden für verschiedene Taxa Aut- bzw. Synapomorphien (cf. U. Ehlers 1977).

Hier sei nur auf die stark apomorphen „Schwalbennest"-ähnlichen Differenzierungen bei den Acoela hingewiesen, eine Autapomorphie dieses Taxons (bzw. eines Teiltaxons). Vielleicht gilt Entsprechendes auch für die korb- oder kegelartigen Wurzelstrukturen bei den Polycladida.

b) Sonstige epitheliale Receptoren. Neben den Collar-Receptoren treten bei allen Plathelminthen weitere epitheliale Receptoren auf, häufig mit ciliären Differenzierungen versehen. In vielen Fällen handelt es sich um relativ unspezialisierte Receptoren (cf. Ehlers 1984 b), die aufgrund ihrer geringen Komplexität derzeit keine Aussagen über mögliche Homologien erlauben. Allerdings lassen sich auch bei diesen Receptoren bestimmte allgemeine Entwicklungslinien verfolgen und einige spezialisierte Receptor-Typen lassen auch stammesgeschichtliche Aussagen zu.

Hinsichtlich des Durchtritts durch die Epidermis gelten die schon für die Collar-Receptoren genannten Tatbestände: intercelluläre (!) Lage bei den Catenulida, Acoela und Macrostomida (u. a. Taf. 57 C; cf. auch Doe 1981, figs. 1 E, 5 E, 7 E etc.; Ehlers 1984 b, 1985 b); dagegen Durchtritt (!) durch einzelne Epidermiszellen bei den Neoophora (z. B. Taf. 54 C), wiederum ausgenommen das Taxon Unguiphora.

Ferner treten bei den **Catenulida und Acoela ausschließlich monociliäre Receptoren** auf (ein plesiomorphes Merkmal, übernommen von der Stammart der Plathelminthomorpha, der wie der Stammart der Gnathostomulida nur monociliäre Zellen zukommt), bei den übrigen Taxa, den **Rhabditophora** (Macrostomida, Polycladida, Neoophora), sind **mono- und multiciliäre Receptoren** vorhanden (u. a. Taf. 55; ferner

BEDINI et al. 1975; BROOKER 1972; DOE unpubl. Thesis; EHLERS u. EHLERS 1977 a; LYONS 1973 b; PALMBERG et al. 1980), letztere haben sich vermutlich mehrfach konvergent innerhalb einzelner Plathelminthen-Taxa evoluiert, zusätzlich zu den vielfach beibehaltenen relativ plesiomorphen monociliären Receptoren.

Offenbar verfügen viele Plathelminthen über eine Vielzahl morphologisch (und funktionell) unterschiedlicher Receptoren; so existiert z. B. bei *Retronectes* cf. *sterreri* ein Typus mit einem längeren Cilium und mit vertikaler Cilienwurzel (cf. EHLERS 1984 b, 1985 b), ein zweiter Typus mit kurzem Cilium und ohne Vertikalwurzel (Taf. 56 B, C) und ein dritter Typus mit einem Cilium, ohne Vertikalwurzel, aber mit einem komplexen Fibrillarkörper, umlagert von EM-dichten filamentösen Komplexen, vergleichbar jenen im Collar-Receptor, dieser dritte Typus besitzt zudem durch Filamente verstärkte Mikrovilli (Taf. 48 C, 56 A).

In bestimmten Taxa existieren Receptoren mit charakteristischen Merkmalen, die für die Receptoren anderer Taxa nicht zutreffen und die somit stammesgeschichtliche Aussagen stützen:

(1) Bei allen bisher näher studierten Acoela treten monociliäre Receptoren auf, an deren Basalkörpern eine lange, sich proximad spezifisch erweiternde Vertikalwurzel ansetzt, der periphere quergestreifte Mantel dieser Wurzel ist nicht geschlossen, sondern weist die Form eines „U" (im Querschnitt) bzw. die einer Längsrinne (im Längsschnitt) auf (Taf. 57 A, B, C; cf. auch EHLERS 1984 b, 1985 b und BEDINI et al. 1973, Receptor-Typ I). Vom Basalkörper strahlen feinste quergestreifte Fasern peripher aus; sie erreichen die Membran des Receptors in Höhe der Zellhaften zu den angrenzenden Epidermiszellen (cf. EHLERS 1984 b; BEDINI et al. 1973, fig. 3 e). Ich halte diesen spezifischen, von anderen Plathelminthen nicht bekannten Receptor-Typ für eine deutliche Autapomorphie der Acoela (bzw. eines Teiltaxons der Acoela).

(2) Die Feinstruktur der in der Körperbedeckung der **Neodermata** lokalisierten Receptoren ist aus einer Vielzahl von Arbeiten bekannt, und zwar nicht nur für die artenreichen Taxa der Digenea, Monogenea und Eucestoda, sondern auch für die Aspidobothrii (ALLISON et al. 1972; FREDERICKSEN 1978; HALTON u. LYNESS 1971; ROHDE 1971 a, 1972), die Gyrocotylidea (ALLISON 1979, 1980; XYLANDER unpubl.) und die Caryophyllidea (RICHARDS u. ARME 1982 a).

Die Receptoren der Neodermata lassen sich zwar in viele Typen untergliedern, gemeinsam ist jedoch für alle Typen das Auftreten von ring- bis spiralförmigen EM-dunklen Bändern („collars") unterhalb der Zellmembran im distalen Receptorfortsatz (u. a. BENNETT 1975 a; BIBBY u. REES 1971; BRESCIANI 1973; EDWARDS et al. 1977; FAIRWEATHER u. THREADGOLD 1983; GABRION u. EUZET-SICARD 1979; HALTON u. MORRIS 1969; HOOLE u. MITCHELL 1981; LYONS 1969 b, 1972; MATRICON-GONDRAN 1971 a; NUTTMAN 1971; REES 1981; ROHDE 1972 b; TORII 1983; WEBB u. DAVEY 1974, 1975; WHITFIELD et al. 1975). Diese spezifischen „collar"-Strukturen treten obligatorisch bei allen elektronenmikroskopisch untersuchten Receptoren der Neodermata in der Körperbedeckung von freischwimmenden Larven und den Adulti auf, völlig unabhängig vom jeweiligen Lebensraum oder der Lebensweise der Ekto- und Endoparasiten. In den Receptoren anderer parasitischer oder kommensalistischer Plathelminthen, z. B. den „Dalyellioida" *Kronborgia* (cf. KØIE u. BRESCIANI 1973, figs. 7 + 8) oder *Temnocephala* (cf. WILLIAMS 1977), fehlen solche „collars". Nach meiner Auffassung bilden diese Strukturen, die in entsprechender Ausbildung von anderen Plathelminthen-Taxa (d. h. auch den Proseriata-Unguiphora) unbekannt sind, eine Autapomorphie für das Taxon Neodermata.

An dieser Stelle sei angemerkt, daß auch in anderen Gruppen der Metazoa epitheliale Receptoren mit apomorphen Differenzierungen auftreten, die vermutlich zur Begründung der Monophylie eines Taxons herangezogen werden können, so z.B. die zwiebelartigen basalen Strukturen (cf. Lit. bei HERNANDEZ-NICAISE 1984; TAMM 1982) sensorischer Cilien bei den Ctenophoren.

3.6.3. Photoreceptoren

Spezialisierte Zellen mit einer eindeutig oder einer vermutlich photorezeptorischen Funktion wurden bisher bei vielen übergeordneten Plathelminthen-Taxa gefunden. Diese morphologisch unterschiedlich gestalteten Receptoren haben bei Diskussionen zur Stammesgeschichte der Metazoa größere Beachtung erfahren (cf. Diskussionen und Lit. bei COOMANS 1981; EAKIN 1982; v. SALVINI-PLAWEN 1982b; VANFLETEREN 1982). Auf die unterschiedlichen Ansichten der o.g. Autoren soll hier nicht näher eingegangen werden; die bei den Plathelminthen bisher bekannt gewordenen Tatsachen (cf. Lit. bei EHLERS u. EHLERS 1977b, c; FOURNIER 1984; SOPOTT-EHLERS 1982, 1984a) ermöglichen jedoch bestimmte phylogenetische Aussagen.

Bei künftigen Diskussionen über die Evolution von Photoreceptoren sollten insbesondere folgende Tatsachen beachtet werden:

(a) Zellen mit spezialisierten Oberflächenvergrößerungen in Form von „typischen Mikrovilli" (**Rhabdomeren**) oder aber ciliären Differenzierungen sind bisher **nur von verschiedenen Taxa der Rhabditophora**, nicht aber von den Catenulida, Nemertodermatida und Acoela bekannt. Zwar treten bei diesen, in vielen anderen Merkmalen relativ ursprünglichen Gruppen vereinzelt spezialisierte Zellen oder Zellkomplexe mit einer vermutlich photoreceptiven Funktion auf, genauer untersucht bei zwei Acoela, einer *Convoluta*- und einer *Amphiscolops*-Art (persönl. Mitteilungen und unveröffentl. EM-Aufnahmen von T. YAMASU; cf. auch fig. 26 bei YOSHIDA 1979), doch sind hier weder Rhabdomeren (also keine „Pigmentbecherocellen", versus HYMAN 1951) noch Cilien ausdifferenziert. Diese Aussage trifft auch für die hinsichtlich ihrer Funktion noch unbekannten cerebralen „light-refracting bodies" bestimmter Catenulida zu (cf. RUPPERT u. SCHREINER 1980).
Wichtig erscheint mir auch die Feststellung, daß spezialisierte Zellen mit ciliären Differenzierungen – wobei es sich immer um multiciliäre (!) Zellen handelt – nur bei jenen Plathelminthen auftreten, die neben monociliären auch multiciliäre (!) epitheliale Receptoren (vgl. Kap. 3.6.2.) aufweisen, d.h., bei den Rhabditophora.

v. SALVINI-PLAWEN (1980b) gründet seine Auffassung zur „Abstammung" seiner „Pericalymma"-Larve (das ist ein gemeinsamer Larventypus der Mollusca, Annelida und Sipunculida) von den als „Lobophora" bezeichneten Polycladen-Larven (d.h. es wird für die Mollusca, Annelida, Sipunculida und Plathelminthes die Existenz einer gemeinsamen Stammart mit einer „Lobophora"-Larve postuliert) u.a. auf die spezifische Struktur der Photoreceptoren. Solche postulierten homologen Übereinstimmungen zwischen den larvalen pigmentierten Photoreceptoren der genannten Taxa existieren aber nicht, auch nicht bei Berücksichtigung der v. SALVINI-PLAWEN (1982b, p. 145) neuerdings vorgelegten einschränkenden Bemerkungen. Die Stammart der Plathelminthes hat, da spezialisierte ciliäre und rhabdomerische photoreceptive Strukturen nur innerhalb der Rhabditophora nachgewiesen wurden, vermutlich keine ciliären oder rhabdomerischen Photoreceptoren besessen.

(b) Die Feinstruktur „rhabdomerischer" Photoreceptoren ist bisher von einer ganzen Reihe von Arten der Polycladida, Prolecithophora, Proseriata, Tricladida, „Typhloplanoida" und Kalyptorhynchia, „Dalyellioida" und verschiedenen Neodermata bekannt (cf. Lit. in SOPOTT-EHLERS 1984 a, ferner FOURNIER 1984; V. D. ROEMER u. HAAS 1984). Unabhängig davon, ob diese Photoreceptoren pigmentiert sind oder nicht, stimmen sie zumindest bei allen Neoophora, vielleicht auch unter Einschluß der Polycladida (und der bisher noch nicht feinstrukturell untersuchten Macrostomida mit „Pigmentbecherocellen" wie Vertreter des Taxons *Macrostomum*) in der Grundorganisation stets überein: Aufbau aus einer (oder mehreren) Receptorzelle(n) und einer (seltener mehreren) Mantelzelle(n), letztere enthalten häufig Pigmentgranula.

Aufgrund dieser weitgehenden Übereinstimmungen dürfte es sich bei diesen **rhabdomerischen** (pigmentierten oder unpigmentierten) **Photoreceptoren** um einander homologe Organe handeln (SOPOTT-EHLERS l. c.); d. h., um eine **Autapomorphie der Neoophora bzw. der Trepaxonemata oder sogar der Rhabditophora**.

Die pigmentierten „Ocellen" bestimmter Lecithoepitheliata sind noch ganz unbekannt; möglicherweise handelt es sich hier nicht um rhabdomerische „Pigmentbecherocellen", sondern um abweichend strukturierte, epidermal gelegene Receptoren (cf. KARLING 1968).

(c) Innerhalb der Rhabditophora wurden neben rhabdomerischen, häufig im oder nahe dem Cerebrum lokalisierten Photoreceptoren (cf. Taf. 63) auch spezifische **Zellen mit ciliären Differenzierungen** in einem intracellulären Lumen gefunden (cf. Übersicht bei SOPOTT-EHLERS 1982; ferner FOURNIER 1984; KEARN 1984); möglicherweise sind zumindest einige dieser mehr pericerebral angeordneten Strukturen ebenfalls einander homolog, so bei den parasitischen Taxa (cf. XYLANDER 1984).

Eine Homologie besteht mit Sicherheit im Taxon **Polycladida** zwischen den hier bisher bekannten **epidermalen (!) Photoreceptoren** (cf. EAKIN 1982; EAKIN u. BRANDENBURGER 1981; LANFRANCHI et al. 1981; RUPPERT 1978; bei LACALLI 1983 „epidermal eye" in fig. 1, nicht jedoch „intraepithelial multiciliated cells" in figs. 14 + 15). Diese distal der Basallamina lokalisierten stark spezialisierten Zellen mit Pigmentgranula und lamellenartig abgeflachten ciliären Differenzierungen dürften eine einmalig erworbene Apomorphie für die bisher feinstrukturell untersuchten Polycladen, vielleicht eine Autapomorphie des gesamten Taxons Polycladida, darstellen, zumal vergleichbare epidermale Photoreceptoren von anderen Plathelminthen nicht bekannt sind; die bei bestimmten Tricladen nahe der Körperperipherie auftretenden Photoreceptoren bestehen z. B. aus rein rhabdomerischen Differenzierungen (SHIRASAWA u. MAKINO 1981, 1982).

(d) Sofern bei den Rhabditophora Photoreceptoren, insbesondere in Form der bekannten „Pigmentbecherocellen", ausdifferenziert sind, handelt es sich hierbei zumeist um paarige, bilateralsymmetrisch angeordnete Strukturen. Mehr als zwei rhabdomerische Receptoren treten in einigen Taxa auf, so bei bestimmten Polycladida, Prolecithophora, Tricladida und auch „Dalyellioida", innerhalb der Neodermata auch bei einigen Cercarien der Digenea (cf. POND u. CABLE 1966; REES 1975 a; ferner FOURNIER 1984). Stets handelt es sich hierbei aber nur um einzelne Arten oder subordinierte Taxa (vielleicht ausgenommen die Prolecithophora). Dagegen stellt die Existenz von 2 Paar rhabdomerischer Photoreceptoren für das Taxon Monogenea ein charakteristisches Merkmal dar (cf. Abb. 5), nach meiner Auffassung ein einmalig erworbenes Merkmal für die Arten dieses Taxons, eine Autapomorphie der Monogenea.

Während die Monopisthocotylea mit 2 Paar pigmentierter Receptoren den von der letzten gemeinsamen Stammart der Monogenea übernommenen und damit relativ plesiomorphen Zustand aufweisen, sind innerhalb der Polyopisthocotylea mehrfach Abwandlungen eingetreten (cf. u. a. FOURNIER 1981, 1984), so Verschmelzungen von 2 Pigmentbecherocellen, u. U. auch Reduktion ganzer Receptoren oder nur bestimmter Receptorbereiche wie die Pigmentzellen bzw. die Pigmentgranula in diesen Zellen (u. a. KEARN 1978; LAMBERT u. DENIS 1982), ferner Ausbildung von reflektierenden Plättchen anstelle von Pigmentgranula in den 4 Receptoren der Polystomatidae (cf. FOURNIER 1984; FOURNIER u. COMBES 1978).

3.6.4. Statocysten

Schweressinnesorgane in Form von Statocysten treten diskontinuierlich in mehreren Taxa der freilebenden Plathelminthen auf, so bei einigen, aber nicht allen Catenulida, ferner bei allen Nemertodermatida, bei (fast) allen Acoela, bei bestimmten Proseriata und bei *Lurus* aus dem Taxon „Dalyellioida".

Struktur und Organisation dieser Statocysten sind aus zahlreichen lichtmikroskopischen Arbeiten bekannt; eine genauere Analyse und damit eine Antwort auf die Frage, ob diese Sinnesorgane insgesamt oder zumindest in einigen der zuvor genannten Gruppen einander homolog sind, ist jedoch mit Hilfe der Lichtmikroskopie allein nicht zu erzielen.

Die bis heute durchgeführten EM-Untersuchungen an Plathelminthen-Statocysten zeigen in der Tat so weitreichende Differenzen zwischen den einzelnen Gruppen auf, daß Befunde, soweit sie für die Diskussion der phylogenetischen Beziehungen von grundlegender Bedeutung sind, für jedes der zuvor genannten Taxa separat vorgestellt werden sollen.

a) **Catenulida.** Innerhalb dieses Taxons treten supraspezifische Gruppen mit Statocysten und solche ohne Statocysten auf.

Die marinen Vertreter, die Retronectidae, besitzen – von wenigen Ausnahmen abgesehen (cf. STERRER u. RIEGER 1974, p. 70) – regelmäßig solche Sinnesorgane.

Auch bei bestimmten limnischen Catenuliden ist eine Statocyste existent, so bei fast allen Species der Taxa *Catenula, Africatenula* und *Suomina;* von *Rhynchoscolex, Dasyhormus* und *Chordarium* sind jeweils mehrere Arten mit bzw. ohne Statocyste bekannt; den Arten des Taxons *Stenostomum* fehlt diese Differenzierung offenbar obligatorisch, ebenso wie dem semiterrestrisch lebenden Taxon *Xenostenostomum* (cf. REISINGER 1976, p. 245).

Stets stellt die unpaare Statocyste ein sehr zartes, leicht formveränderliches Organ dar (Taf. 58), dessen genaue Organisation sich aus lichtmikroskopischen Präparaten nicht erschließen läßt, das – soweit bekannt – jedoch immer zwischen den beiden kaudalen Lappen des Cerebrums (vgl. Kap. 3.6.1.) lokalisiert ist.

In dem am lebenden Tier stark lichtbrechenden ± kugeligen Bläschen mit einem Durchmesser von 10–20 µm tritt bei vielen Arten zumeist ein einziger Statolith auf, mitunter sind aber auch zwei gleich oder unterschiedlich große und bei marinen Arten sogar bis zu sechs Statolithen zu erkennen. Kerne von Statolithenbildungszellen lassen sich lichtmikroskopisch nicht nachweisen (u.a. MARCUS 1945 a, b; REISINGER 1924; STERRER u. RIEGER 1974); anderslautende Mitteilungen von KEPNER u. CARTER (1930) dürften falsch sein (cf. NUTTYCOMBE 1956); wahrscheinlich sind die Statolithenbildungszellen in einer ausdifferenzierten Statocyste degeneriert. Die Statocyste selbst wird von wenigen Zellen gebildet, deren Kerne bei den Retronectidae nahe der Ventralseite der Blase, bei den limnischen Arten, soweit überhaupt lichtmikroskopisch zu erkennen, auch in anderen Statocystenbereichen liegen.

Bisher konnten die Statocysten von *Retronectes* cf. *sterreri* und *Catenula lemnae* elektronenmikroskopisch untersucht werden (cf. EHLERS 1984 b); die Befunde für *Retronectes* werden in einer separaten Arbeit publiziert.

Bei *Catenula* ist das gesamte Organ (bei der von MORACZEWSKI (1981) und MORACZEWSKI et al. (1977 a) beschriebenen Struktur handelt es sich nicht um eine Statocyste) von einer feinen „Statocystenkapsel", d.h. einer dünnen Schicht intercellulärer Matrix bzw. einer Basallamina, umhüllt (Taf. 58 C, D). Diese Schicht besteht überwiegend aus granulärem Material, doch treten im Ansatzbereich von Muskelzellen auch fibrilläre Differenzierungen bzw. Verdickungen des granulären Materials auf (cf. EHLERS 1984 b).

Die Kerne von 2 Statocysten-(bildungs-)Zellen liegen im Inneren der Kapsel der Wandung dicht auf (Taf. 58 C), ein Kern liegt dorsal, der zweite Kern ventral (Abb. 8). Das die Kerne umgebende Cytoplasma grenzt nach außen direkt an die Kapselwandung und bekommt einwärts Kontakt mit dem Statolithen. Die cytoplasmatischen Bereiche der beiden Statocystenzellen setzen sich entlang der lateralen Kapselpartien als flache Zellausläufer fort und liegen hier als schmaler innerer Saum der Kapselwandung auf. Das Innere der Statocyste wird von einem umfangreichen Inter- bzw. Extra-Cellularraum eingenommen, erfüllt von einem homogenen leicht flockigen Material. Dieser Intercellularraum steht an mehreren Stellen mit der (ebenfalls intercellulären) Kapselwandung in direktem Kontakt (cf. auch EHLERS 1984 b).

Der unpaare Statolith liegt freibeweglich im großen Intercellularraum. Im EM-Präparat erscheint der sehr formveränderliche Statolith als optisch leerer Bereich, ausgenommen ein peripherer EM-dunkler Saum. Höchstwahrscheinlich wurde der Inhalt des Statolithen bei der Fixierung herausgelöst.

Die Statocyste von *Retronectes* ähnelt der von *Catenula* in vielfacher Hinsicht: die Kapselwandung wird von einer dünnen Schicht intercellulärer Matrix, d.h. einer Basallamina, aus granulärem bis fein fibrillärem Material gebildet, die Statocystenzellen liegen dieser Wandung relativ eng an und schließen einen umfangreichen Intercellularraum mit flockigem Inhalt ein, in dem der oder die Statolithen frei flottieren können (Abb. 8; cf. auch EHLERS 1984 b). Auch *Retronectes* fehlt eine Statolithenbildungszelle in der ausdifferenzierten Statocyste.

Unterschiede zu *Catenula* bestehen hinsichtlich der Zahl der Statocystenzellen und der Anordnung ihrer Kerne: bei *Retronectes* cf. *sterreri* sind 4 Zellen vorhanden, die Kerne dieser 4 Zellen liegen alle im ventralen Bereich der Statocyste (Abb. 8).

Ein Vergleich zwischen den Statocysten bei *Retronectes* und *Catenula* sowie die phylogenetische Bewertung dieser Strukturen erfolgen in Absatz (e).

b) Nemertodermatida. Eigene Untersuchungen und die aus der Literatur bekannten Daten verdeutlichen, daß alle Nemertodermatida eine ± elliptische Statocyste besitzen, fast immer mit 2 Statolithen (Taf. 59 A; ferner DÖRJES 1968; FAUBEL 1976; FAUBEL

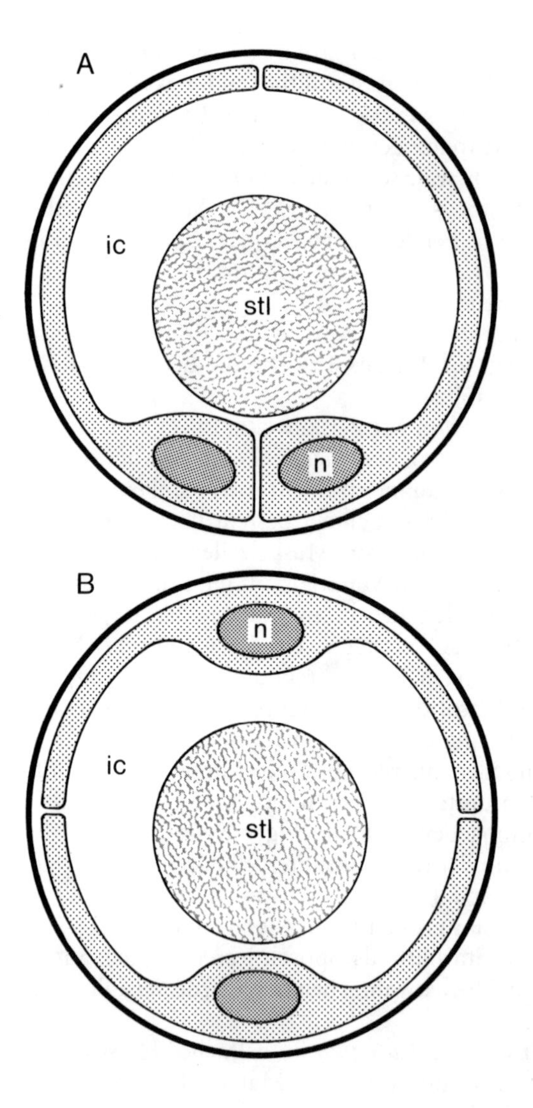

Abb. 8. Schema der Statocysten bei den Catenulida: *Retronectes* (in A) und *Catenula* (in B). Querschnitte.

u. Dörjes 1978; Sreinböck 1931, 1938; Westblad 1937, 1950), seltener auch mit 3 Statolithen (Riedl 1960).

Die Statocyste wird allseitig von Nervenzellen umgeben, die zumindest partiell (Abb. 60) dem Cerebrum anderer Plathelminthen vergleichbare Zellansammlungen darstellen. Als Ergänzung und Korrektur zu den von den o. g. Autoren vorgelegten lichtmikroskopischen Befunden seien hier einige Ergebnisse eigener EM-Untersuchungen an europäischen *(Nemertoderma* cf. *bathycola)* sowie nordamerikanischen (*N.* sp. B in Tyler u. Rieger 1977) Vertretern dieses Taxons dargestellt; eine eingehende Darstellung der Statocyste der Nemertodermatida erfolgt an anderer Stelle (cf. auch Ehlers 1984 b).

Eine breite Schicht granulärer bis feinfibrillärer Substanz umhüllt die Statocyste vollständig von allen Seiten (Taf. 59 B), hierbei handelt es sich um eine intercelluläre Matrix oder Basallamina, die durchaus als „Kapsel" anzusprechen ist.

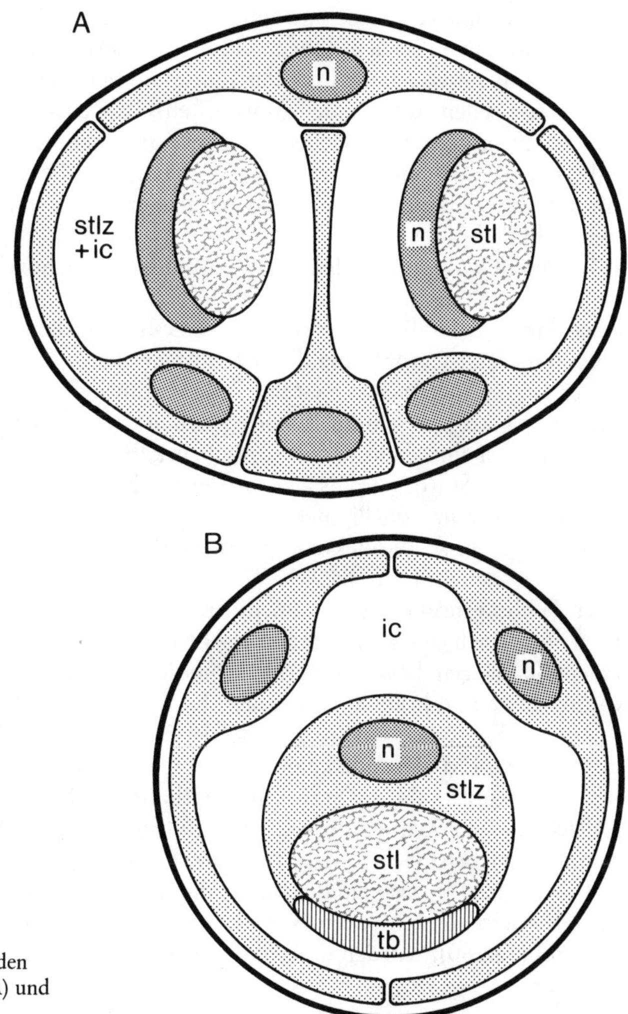

Abb. 9. Schema der Statocysten bei den Acoelomorpha: *Nemertoderma* (in A) und Acoela (in B). Querschnitte.

Bei allen elektronenmikroskopisch untersuchten Tieren sind stets mehrere Zellen im Inneren der Kapsel vorhanden, die Anordnung der Kerne dieser Zellen stimmt bei allen Tieren überein (Abb. 9 A).

Bei den europäischen Individuen liegen die Kerne von 3–5 Zellen nahe der ventralen Kapselwandung (Taf. 59 B), die cytoplasmatischen Bereiche dieser Zellen setzen sich lateral entlang der Wandung fort, im dorsalen Bereich der Kapsel tritt stets eine einzige Zelle mit ihrem Nucleus auf. Die gleiche Anordnung findet sich bei *N.* sp. B (cf. EHLERS 1984 b), doch scheinen hier ventral weniger Zellen aufzutreten. Eine der ventral gelegenen Zellen dehnt sich bei allen Tieren durch die Mitte der Statocyste nach dorsal aus, dadurch entsteht im Inneren der Kapsel eine linke und eine rechte Kammer. Diese beiden Kammern sind jedoch nicht vollständig voneinander getrennt.

In jeder Kammer liegt ein Statolith, jeweils frei beweglich im Lumen einer Vakuole. Die Vakuolenmembranen sind partiell aufgelöst, genauso wie die Zellmembranen der die beiden Vakuolen einschließenden zwei Zellen, den beiden Statolithen- (bildungs-) Zellen. Von diesen beiden Zellen sind die Zellkerne jedoch noch zu erkennen (Taf. 59 A, B). Eine eindeutige Zuordnung der innerhalb der Statocyste gelegenen Bereiche zu den Statocystenzellen, den beiden Statolithenzellen einschließlich Vakuolen mit Statolith und den zwischen diesen Zellen gelegenen Intercellularräumen ist nur partiell möglich, insbesondere die cytoplasmatischen Bereiche der beiden Statolithenzellen haben sich mit den Intercellularräumen weitgehend zu einem ± einheitlichen Komplex mit Resten von Zellmembranen vereint (Taf. 59 B).

In diesem Komplex finden sich regelmäßig Mitochondrien, vor allem nahe den degenerierenden Kernen der beiden Statolithenzellen (cf. EHLERS 1984 b), bei den europäischen Tieren zusätzlich auch elektronendichte Kügelchen unterschiedlicher Größe, diese sowohl im Rest-Cytoplasma der Statolithenzellen wie auch in Ausläufern der mehr peripher angeordneten Statocystenzellen. Vermutlich stellen diese Kügelchen Stoffwechselendprodukte der sich auflösenden Zellen dar. WESTBLAD (1937, p. 67) diskutiert bestimmte, von ihm lichtmikroskopisch erkannte Strukturen, die auf eine zusätzliche Funktion der Statocyste als Photoreceptor hinweisen könnten; der Autor vermißt jedoch die Existenz von Pigmenten. Nach den vorliegenden EM-Befunden ergeben sich keinerlei Hinweise, die elektronendichten Kügelchen könnten als Pigmentgrana und damit das gesamte Organ als, wie WESTBLAD es nennt, „Statolithenauge" fungieren. Um jeder Fehlinterpretation vorzubeugen, möchte ich ausdrücklich betonen, daß selbst dann, wenn sich eine photoreceptorische Funktion der *Nemertoderma*-Statocyste experimentell belegen ließe, keinerlei Homologien zwischen diesen Statocysten und den komplexen Sinneskolben (Rhopalien) bestimmter Cnidaria existieren.

Auf die Frage zur Wirkungsweise der Statocyste als Schweressinnesorgan geben die vorliegenden EM-Befunde keine erschöpfende Antwort. Auffällig ist, daß die Membranen der Vakuolen, die die Statolithen enthalten, stärker gefaltet sind und mit den erhalten gebliebenen Zellmembranen der Statolithenzelle (und vermutlich auch einzelner Statocystenzellen) viele kanalartige Verzahnungen um die Statolithen herum ausbilden (Taf. 59 B), letztere können direkt auf diese Membranverzahnungen einwirken. Synaptische Kontakte, die zwischen Nervenzellen außerhalb der Statocyste regelmäßig zu finden sind (Taf. 60), wurden innerhalb der Kapsel nicht beobachtet.

c) **Acoela.** Wie bei den Nemertodermatida liegt die Statocyste der Acoela mitten in einer Nervenmasse (Taf. 61 A), mitunter auch leicht nach dorsal oder ventral verschoben. Wesentliche Organisationsmerkmale dieser Struktur, die für alle Acoela mit Ausnahme einiger *Amphiscolops*-Arten (cf. EHLERS u. DÖRJES 1979) charakteristisch ist, wurde in vielen lichtmikroskopischen Arbeiten (u. a. BOCK 1923; CREZÉE 1975; CREZÉE u. TYLER 1976; DÖRJES 1968; IVANOV 1952 b; LUTHER 1912; WESTBLAD 1940) eingehend und richtig dargestellt; die elektronenmikroskopischen Untersuchungsergebnisse von FERRERO (1973) sowie – mit Einschränkungen – von IVANOV et al. (1972) an verschiedenen Species treffen in wichtigen Punkten auch für die selbst untersuchten Acoela zu.

Die Statocyste wird von einer vollständig geschlossenen „Kapsel" umhüllt, bestehend aus einer unterschiedlich dicken Schicht granulärer Intercellularsubstanz (Taf. 61 E; ferner FERRERO l. c., figs. 4–6 und 14–17); IVANOV et al. (l. c.) sprechen fälschlicherweise von einer intracellulär gelagerten Schicht.

Der Innenseite dieser Kapsel liegen die Cytoplasma-Bereiche von Statocysten- (bildungs-) Zellen auf; bei allen Acoela sind obligatorisch zwei solcher Zellen vorhanden

(Taf. 61 B), deren Kerne stets dorsolateral links und rechts in der Statocyste lokalisiert sind (Abb. 9 B; ferner FERRERO l. c., fig. 3); die Darstellung bei IVANOV et al. (l. c., fig. 8) mit nur einem Zellkern ist sicher falsch.

In dem von den beiden Statocystenzellen eingeschlossenen umfangreichen Intercellularraum liegt eine dritte, völlig freibewegliche Zelle, die Statolithen- (bildungs-) Zelle, stets von einem ± kugeligen Umriß. Bei einer „Normallage", d. h. Ventrallage, des Acoels sind die charakteristischen Komponenten dieser Statolithenzelle stets folgendermaßen angeordnet: der weitaus größte Anteil des Cytoplasmas (Taf. 61 D) liegt dorsal um den Zellkern herum (Abb. 9 B); im mehr ventralen Bereich der Zelle existiert eine große Vakuole, erfüllt von dem einzigen linsenförmigen, dorsoventral leicht abgeplatteten Statolithen; ventral dieses Statolithen befindet sich eine „Tubularstruktur" (FERRERO: lenslike tubular structure) im schmalen Saum der Statolithenzelle (Taf. 61 E). Diese Tubularstruktur besteht aus einer Ansammlung von Tubuli-ähnlichen Differenzierungen, in die stets ein einziges relativ großes Mitochondrium eingebettet ist (cf. FERRERO l. c., fig. 10 a), bei den „Tubuli" dürfte es sich um kanalartige Fortsetzungen der Vakuolenmembran handeln (cf. auch FERRERO l. c., fig. 10 b).

Über die Funktionsweise der Acoela-Statocyste lassen sich allenfalls Vermutungen anstellen, basierend auf den erkannten morphologischen Strukturen. Synaptische Kontakte zwischen den innerhalb der Statocyste gelegenen Zellen sind offenbar nicht gegeben. In der „Normallage" eines Acoels dürfte der Statolith direkt auf die Tubularstruktur und diese wiederum auf den ventralen Statocystenbereich einwirken. In auffallender Weise ist die Dicke der Statocystenkapsel an dieser ventralen Stelle äußerst gering (Taf. 61 E; ferner FERRERO l. c., figs. 10 a, 16, 17 c), d. h., es ist möglich, daß sich der vom Statolithenkörper ausgeübte Reiz letztlich ± unmittelbar auf die der Statocyste ventral anliegenden Bereiche von Nervenzellen auswirkt. Verändert ein Acoel seine Lage aus dieser „Normalposition" heraus, so kann sich die Statolithenzelle mit dem Statolithen drehen (Taf. 61 C), d. h., die Tubularstruktur weist dann nach lateral oder sogar dorsal auf die hier stets dickere Wandung der Kapsel; die Einwirkung des Statolithen auf die Tubularstruktur dürfte geringer sein und damit überhaupt kein oder jedenfalls ein geringerer Reiz auf die die Statocyste lateral und dorsal umgebenden Nervenzellen ausgeübt werden.

d) Proseriata. Eine Statocyste tritt bei den Species folgender Taxa obligatorisch auf: Monocelididae, Coelogynoporidae, Otoplanidae, Otomesostomidae, Monotoplanidae und Archimonocelididae.

Die Struktur der Statocyste dieser Proseriata-Lithophora wurde in zahlreichen lichtmikroskopischen Arbeiten eingehend beschrieben, zusammenfassende Darstellungen geben AX (1956 a, pp. 99–100) und KARLING (1974, p. 11).

Eigene licht- und elektronenmikroskopische Untersuchungen an zahlreichen Vertretern der Monocelididae, Coelogynoporidae und Otoplanidae konnten die früheren Befunde weitgehendst bestätigen und im Detail präzisieren. Allgemein ist festzustellen, daß die Statocysten der einzelnen Proseriaten zwar artspezifische Details aufweisen, in der Grundorganisation jedoch so weit übereinstimmen, daß an der Homologie dieser Organe innerhalb der Proseriata-Lithophora nicht zu zweifeln ist (cf. auch SOPOTT-EHLERS 1985 a).

Hier werden nur einige EM-Befunde exemplarisch am Beispiel von *Invenusta paracnida* (Coelogynoporidae) dargestellt; über die Statocyste bei anderen Proseriata Lithophora wird in einer separaten Arbeit ausführlicher berichtet (cf. auch EHLERS 1984 b).

Stets liegt die unpaare Statocyste ventrofrontal des „Gehirns“ (Taf. 62 A), umhüllt von einer kräftig ausdifferenzierten Schicht fibrillärer intercellulärer Matrix, einer Basallamina, aus der ein bestimmter, besonders elektronendichter granulärer Bereich als eigentliche „Kapselwandung“ anzusprechen ist (Taf. 64 B, 65 B, C). Einwärts dieser Kapsel tritt eine bestimmte Anzahl von Statocysten- (bildungs-) Zellen auf, die stets stärker abgeplatteten Kerne dieser Zellen sind in charakteristischer Weise angeordnet: 2 Kerne liegen dorsal bis dorsokaudal (Taf. 62 B, C, 65 A), zwei weitere Kerne nehmen eine ventrale bis ventrokraniale Lage ein (Taf. 63). Die cytoplasmatischen Ausläufer dieser Zellen überlappen sich. Den von diesen Zellen eingeschlossenen centralen Statocystenbereich nehmen weitere Zellen ein: eine große Statolithen- (bildungs-) Zelle sowie 4–8 Zellen, deren Kerne die sogenannten „Nebensteinchen“ bilden. Zwischen diesen und den zuvor genannten, mehr peripher angeordneten Zellen dehnen sich art- und offenbar auch individuenspezifisch unterschiedlich große Intercellularräume aus (Taf. 62 C, 64 B; cf. EHLERS 1984 b), angefüllt mit einem leicht flockigen Inhalt, durchaus vergleichbar den von BEDINI u. PAPI (1974, figs. 10 und 28 b), HORI (1979 b, figs. 1 ff.) oder PEDERSEN (1961 a, fig. 17) abgebildeten epidermalen Intercellularräumen.

Die große Statolithen- (bildungs-) Zelle ist sehr organellarm, der dorsoventral stark abgeplattete Nucleus liegt immer sehr weit dorsal und ist so stark gelappt, daß in Quer- wie auch Längsschnittbildern stets mehrere bis zahlreiche voneinander isolierte Kernanschnitte auftreten (Taf. 63; cf. auch EHLERS 1984 b). Den zentralen Bereich dieser Zelle nimmt der unpaare, bei *Invenusta* linsenförmig geformte Statolith ein, aufgebaut aus konzentrisch angeordneten Schichten abgelagerter Materialien, die am lebenden Tier bei stärkerem Deckglasdruck zersplittern und somit auf eine feste Konsistenz des Statolithen hindeuten (cf. EHLERS 1984 b); bei fixierten Individuen löst sich der Statolith, bedingt durch unterschiedlich lange Einwirkungsdauer von Fixierungs- und Einbettungsreagenzien, partiell (Taf. 63) oder sogar vollständig auf (Taf. 62 C; cf. auch EHLERS 1984 b). Die den Statolithen umgebende Vakuolenmembran ist zumeist vollständig erhalten (Taf. 62 C), kann aber auch, insbesondere im ventralen Bereich, über weite Strekken aufgerissen sein (Taf. 63, 64 A).

An die Statolithenzelle grenzen rechts und links, zumeist deutlich im ventrofrontalen Bereich gelegen, zwei Komplexe aus je 2–4 Zellen mit ± kugeligen Zellkernen, den

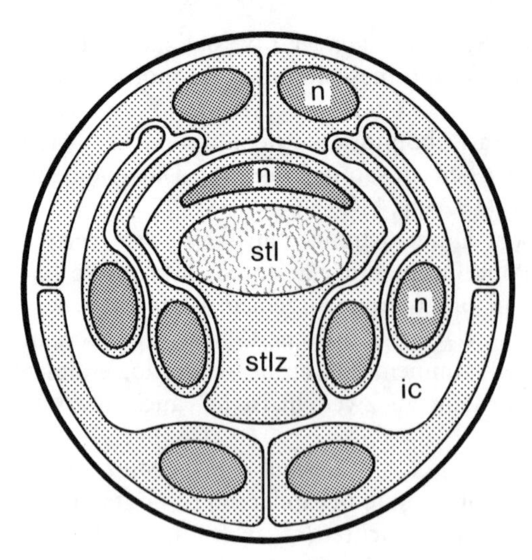

Abb. 10. Schema der Statocyste bei den Proseriata Lithophora. Querschnitt.

lichtmikroskopischen „Nebensteinchen" (Taf. 62 C, 64 B), bei REISINGER et al. (1974 a, p. 191) fälschlich „Statolithenbildungszellen" genannt. Das Cytoplasma dieser Zellen ist auf einen relativ kleinen Raum um die Kerne herum beschränkt (Taf. 64 B, cf. auch EHLERS 1984 b), die einzelnen Zellen werden durch Bereiche des Intercellularraumes voneinander getrennt, ferner führt von jeder Zelle ein feiner cytoplasmatischer Fortsatz dorsokaudad (Abb. 10) bis in die dorsal der Statocystenwandung einwärts anliegenden Zellen.

Spezifische morphologische Differenzierungen geben Hinweise auf die möglichen Funktionsabläufe in der Proseriaten-Statocyste.

Offenbar wirkt der Statolith primär auf die zuvor beschriebenen beiden Zellkomplexe mit den „Nebensteinchen" ein, die vermutlich als Neuronen fungieren. Die feinen cytoplasmatischen Fortsätze dieser Zellen enden im dorsalen Bereich der Statocyste in unmittelbarer Nähe von anderen Zellfortsätzen, die von außerhalb der Statocyste, nahe dem Cerebrum gelegenen Nervenzellen stammen und die hier ausbuchtende Wandung der Statocyste penetrieren (Taf. 65, cf. auch EHLERS 1984 b); diese von außen her eindringenden Fortsätze weisen Centriolen (Taf. 65 C) und auch Neurotubuli auf, die Fortsätze reichen bis in die dorsal bis kaudal gelegenen peripheren Statocystenzellen, die an diesen Eintrittsstellen u. a. zahlreiche Mitochondrien enthalten (Taf. 65 A, B), hier liegen auch feine Zellausläufer mit (? synaptischen) Vesikeln (Taf. 65 B), wobei z. Zt. die Frage offenbleiben muß, ob diese vesikelhaltigen Stellen sowohl den Fortsätzen der äußeren Nervenzellen wie auch der inneren „Nebensteinchen"-Zellen angehören; jedoch kann gesagt werden, daß zumindest einige der in die Statocyste eindringende Zellausläufer eindeutig Vesikel enthalten.

Die Proseriaten-Statocyste weist also eine direkte Verschaltung mit außerhalb des Organs gelegenen Nervenzellen auf.

e) **Zusammenfassende Betrachtung.** Die bisher bekannt gewordenen feinstrukturellen Gegebenheiten verdeutlichen, daß die bei den besprochenen subordinierten Plathelminthen-Taxa auftretenden Statocysten nur einige Gemeinsamkeiten wie den Mangel von Cilien in den vermutlichen Receptorzellen aufweisen, sich ansonsten aber doch deutlich voneinander unterscheiden. Bei den Gemeinsamkeiten handelt es sich aber nicht um auf die Plathelminthen beschränkte Organisationsmerkmale (cf. Disk. bei BRÜGGEMANN u. EHLERS 1981), sie reichen für die Begründung einer Homologie zwischen allen Plathelminthenstatocysten nicht aus.

Diese Aussage beinhaltet, daß ich die Hypothese favorisiere, daß sich **Statocysten mehrfach konvergent innerhalb des Taxons Plathelminthes evoluiert** haben.

Auf Grund des Prinzips der sparsamsten Erklärung ist davon auszugehen, daß die letzte gemeinsame Stammart aller Plathelminthen keine Statocyste besessen hat; denn es gibt keine schlüssige Begründung für die Auffassung, in bestimmten Taxa wie z. B. den Rhabditophora sei ein solches Organ „zunächst" (nämlich in der Stammlinie zur letzten gemeinsamen Stammart der Rhabditophora) verloren gegangen (die Macrostomida und die Polycladida besitzen ja keine Statocyste) und dann „später" erneut bei bestimmten Proseriata, den Lithophora, evoluiert worden. Die sparsamere und damit wahrscheinlichere Annahme, eine Statocyste gehöre nicht zu den Grundmustermerkmalen der Plathelminthes, befreit auch von dem Postulat, dieses Organ sei vielfach konvergent bei der Mehrzahl aller Plathelminthes reduziert worden (cf. AX 1961; KARLING 1974).

Damit stellt sich die Frage nach möglichen Homologien zwischen einzelnen Statocystentypen.

Die bisher bei Catenuliden näher studierten Organe zeigen, daß in der ausdifferenzierten Statocyste keine Anzeichen einer Bildungszelle des bzw. der Statolithen zu finden sind. Vermutlich sind diese Zellen nach Abschluß der Bildung der Statolithen degeneriert, wie es die Verhältnisse z. B. bei *Nemertoderma* vermuten lassen, d. h., die Bildungszellen könnten Bereiche der umfangreichen Intercellularräume in der Catenulidenstatocyste eingenommen haben. Über dieses gemeinsame Merkmal hinaus, Mangel der Persistenz der Statolithenbildungszellen, ergeben sich keine eindeutigen, als Synapomorphien zu interpretierenden Übereinstimmungen zwischen der Statocyste von *Retronectes* und *Catenula.* Somit kann auch die Frage noch nicht beantwortet werden: hat die gemeinsame Stammart aller Catenulida eine Statocyste besessen oder sind solche Organe vielmehr innerhalb der Catenulida mehrfach konvergent evoluiert worden? Erschwert wird eine Antwort auch durch die Tatsache, daß offenbar infraspezifische Variationen möglich sind, so treten nach YOUNG (1976) in Populationen von *Africatenula* Tiere mit oder ohne Statocyste auf. Eine Klärung der zuvor gestellten Frage ist durch weitere EM-Untersuchungen an den Statocysten z. B. von *Rhynchoscolex-* oder *Suomina-* Arten zu erhoffen.

Für die *Nemertoderma* -Arten bedeutet das – abgesehen von einer Ausnahme – konstante Auftreten von 2 Statolithenbildungszellen und damit die **Existenz von 2 Statolithen pro Statocyste** eine charakteristische Differenzierung, **eine Autapomorphie des Taxons Nemertodermatida.**

Bei den Acoela sind stets 3 Zellen (2 Statocystenzellen, 1 Statolithenzelle) in der Statocyste vorhanden, die konstante Anordnung der Kerne dieser **drei Zellen bei allen Acoela bildet eine sichere Autapomorphie dieses Taxons.**

Geringe Übereinstimmungen zwischen den Statocysten von *Nemertoderma* und den Acoela sind zwar gegeben (u. a. offensichtlicher Mangel eines Durchtritts von Nervenzellausläufern durch die Kapselwandung), vielleicht entsprechen auch die Zellverzahnungen von *Nemertoderma* (Taf. 59 B) der Tubularstruktur der Acoela (Taf. 61 E). Die Übereinstimmungen der *Nemertoderma* -Statocyste mit der Acoela-Statocyste scheinen jedenfalls größer zu sein als die mit den Catenuliden- oder Proseriaten-Statocysten. Allerdings reichen die vorliegenden Befunde nicht aus, die beiden bei den Acoelomorpha bisher bekannten Statocystentypen sicher miteinander zu homologisieren; somit läßt sich auch nicht entscheiden, ob der gemeinsamen Stammart der Nemertodermatida und Acoela ein solches Organ zukommt oder ob Statocysten „erst" in den jeweiligen Stammlinien zu den Nemertodermatida bzw. Acoela evoluiert wurden. Von weiteren EM-Untersuchungen an anderen Nemertodermatida (u. a. *Meara*) und Acoela ist auch hier eine Klärung der noch offenen Fragen zu erhoffen.

Für die **Proseriata-Taxa Monocelididae, Coelogynoporidae und Otoplanidae** (sowie höchstwahrscheinlich auch Archimonocelididae, Otomesostomidae und Monotoplanidae) liefert die speziell gestaltete Statocyste (u. a. mit paarigen „Nebensteinchen"-Komplexen, mit einer ganz bestimmten Anordnung der peripheren Statocystenzellen etc.) das entscheidende **Merkmal zur Begründung einer Monophylie,** d. h., diese Taxa besitzen eine nur ihnen gemeinsame Stammart mit der „typischen" Proseriaten-Statocyste. Diesem Taxon, den **Lithophora,** gehören jene Proseriata, denen eine Statocyste fehlt, d. h., die Nematoplanidae und die Polystyliphoridae, nicht an; für diese beiden Taxa ohne Statocyste, die Unguiphora, wie auch für die Bothrioplanida und die Tricladida, bildet der Mangel dieses Organs eine Symplesiomorphie (cf. SOPOTT-EHLERS 1984 b). Die von SCHOCKAERT (1985) vorgetragene Hypothese, der Mangel einer Statocyste bei den Unguiphora sei sekundär erfolgt, wird von mir nicht favorisiert.

Die Statocyste bei der „Dalyellioide“ *Lurus* konnte zwar noch nicht feinstrukturell untersucht werden, doch dürfte es sich hierbei, wie eigene lichtmikroskopische Nachuntersuchungen am Typmaterial ergaben, um eine weitere Sonderbildung einer Statocyste innerhalb der Plathelminthes und damit um eine Autapomorphie des Taxons *Lurus* handeln.

3.7. Protonephridialsystem

Innerhalb der Plathelminthen treten Nephridialorgane ausschließlich in Form von Protonephridien auf, die von der Stammart der Bilateria übernommen wurden (cf. Ax 1984, 1985; ferner Ehlers 1984 b, 1985 a, b).

Diese Protonephridien sind bei terrestrisch oder limnisch sowie bei parasitisch lebenden Species in der Regel lichtmikroskopisch klar zu erkennen, bei marinen Arten dagegen schwieriger zu beobachten und häufig nur durch elektronenmikroskopische Untersuchungen nachzuweisen.

Aufgrund solcher Untersuchungen ist heute einwandfrei erwiesen, daß **allein sämtlichen Nemertodermatida und Acoela ein Protonephridialsystem fehlt;** dieser Mangel muß, wenn die Stammart aller Plathelminthen wie die Stammart aller Bilateria Protonephridien besessen hat, sekundär durch Reduktion entstanden sein (cf. auch Reisinger 1968, p. 20) und ist damit als eine Autapomorphie der Acoelomorpha zu bewerten. Ax (1961, 1963) weist auf die Funktion des Darmes bei der Exkretion hin und sieht Zusammenhänge zwischen dem Verlust eines umgrenzten Darmes (vgl. Kap. 3.8.2.) und dem Verlust von Protonephridien bei den Acoela; zudem ist zu beachten, daß zumindest bei bestimmten Acoela weite Bereiche des zentralen verdauenden Gewebes, das peripher bis dicht an epidermale Zellen heranreicht, nach einer Verdauung über die Mundöffnung nach außen abgegeben werden, also einen Körperabschnitt mit ständigen Umlagerungen des Zellmaterials darstellen, in dem permanente Differenzierungen wie Protonephridien nicht existieren können. Da auch den Nemertodermatida ein wohlabgegrenzter Darm fehlt, also prinzipiell gleiche Verhältnisse wie bei den Acoela vorliegen, ist der Mangel eines Protonephridialsystems bei allen Acoelomorpha durchaus verständlich.

Die **Catenulida besitzen ein unpaares, median gelegenes System** (Taf. 58; Borkott 1970; Reisinger 1976, p. 245; Sterrer u. Rieger 1974), sie unterscheiden sich damit deutlich von allen übrigen mit Protonephridien ausgestatteten Plathelminthen, die bilateral symmetrisch angeordnete Systeme besitzen, die während der Embryonalentwicklung beiderseits der Gehirnanlage entstehen (u. a. Giesa 1966; Reisinger et al. 1974 a, b).

Diese Taxa, die **Rhabditophora, verfügen primär über paarige Exkretionspori** (Diskussion der abweichenden Verhältnisse bei bestimmten Prolecithophora, Tricladida und parasitischen Taxa s. u.), von jedem der beiden Pori nimmt ein Exkretionskanal seinen Ursprung, der sich, insbesondere bei größeren Individuen, auf vielfältige Weise verzweigen kann. Die einzelnen feinen Seitenästchen enden in den bekannten Terminalzellen oder Terminalzellkomplexen.

Da bilateral symmetrisch angeordnete Protonephridien auch bei vielen anderen Bilateria, so den Gnathostomulida, Gastrotricha, Rotifera etc., auftreten, ist die nicht bilateral symmetrische Anordnung des Catenuliden-Protonephridiums der apomorphe Zustand (Außengruppen-Vergleich) und als eine Autapomorphie dieses Taxons zu bewerten.

Die sekundäre Ausbildung des unpaaren Systems der Catenulida ist möglicherweise durch die spezifische Fortpflanzungsbiologie dieses Taxons bedingt (Abb. 14 A): ungeschlechtliche Vermehrung in Form von Paratomie überwiegt gegenüber einer bisexuellen Gamogonie (vgl. Kap. 3.9.1.; cf. auch BORKOTT 1970; REISINGER 1976, p. 245); das regelmäßige Abschnüren von voll funktionsfähigen Tochterzooiden wird sicher erleichtert, wenn statt paariger bilateralsymmetrisch angeordneter Strukturen unpaare, in der Längsachse der neu entstehenden Organismen lokalisierte Organe auftreten. Ob auch bei bestimmten Macrostomida, die sich durch Paratomie fortpflanzen (Abb. 14 B), sekundär veränderte Exkretionssysteme auftreten, ist noch unbekannt.

Ergänzend zu den lichtmikroskopischen Befunden zeigen elektronenmikroskopische Untersuchungen weitere Differenzen zwischen den Protonephridien der Catenulida und der Rhabditophora im Bereich der **Terminalzellen** auf. Diese nach KÜMMEL (1961) als Cyrtocyten zu bezeichnenden Abschnitte des Systems seien im Folgenden näher dargestellt (cf. auch EHLERS 1984 b, 1985 b).

3.7.1. Catenulida

Unsere Kenntnisse über die Feinstruktur der Protonephridien beruhen bisher auf den Untersuchungen von KÜMMEL (1962) an *Stenostomum* (vgl. auch BRANDENBURG 1966) und von MORACZEWSKI (1981) an *Catenula,* beides limnische Taxa. Nach KÜMMEL (l. c.) soll nur eine Zelle, nämlich die Terminalzelle, eine Reuse ausbilden, doch hält derselbe Autor neuerdings (KÜMMEL 1977) auch die Beteiligung einer zweiten Zelle am Aufbau der Reuse von *Stenostomum* für möglich. Eigene Untersuchungen an der limnischen *Catenula lemnae* und insbesondere an Vertretern der marinen Gattung *Retronectes* liefern keine Hinweise auf die Mitwirkung einer zweiten Zelle am Aufbau der Cyrtocyte (cf. auch AX 1984, 1985; EHLERS 1984 b).

Bei *Retronectes* (Abb. 11) liegt der Kern der Terminalzelle wie bei *Stenostomum* und *Catenula* seitlich des Reusenkanals in einer Ausbuchtung des Zellkörpers (ebenso bei *Xenostenostomum,* unveröffentlichte EM-Aufnahmen von E. REISINGER). Der lang ausgezogene Intercellularraum, in dem 2 Cilien schwingen, nimmt eine stark excentrische Lage in der Terminalzelle ein. In ihrem Cytoplasma weist diese Zelle nahe dem Reusenlumen mehrere große Vesikel auf, sternförmig umgeben von zahlreichen kleinen Vesikeln (cf. EHLERS 1984 b). Die Basalkörper der beiden Cilien liegen proximal des Reusenkanals; in diesen hier blind geschlossenen Bereich des Reusenlumens ragen einige kurze mikrovilliartige Fortsätze vor (Taf. 66 A). Etwas distal des Insertionspunktes der beiden Cilien bildet die dem Kern der Terminalzelle abgewandte Zellwandung 4 kurze Schlitze aus, die voneinander durch 3 kurze Stäbe getrennt sind. Von diesen 4 Schlitzen schließen sich 3 bereits nach kurzem Verlauf weiter distalwärts, allein der vierte Schlitz bleibt bis zum distalen Ende der Terminalzelle durchgehend erhalten (Abb. 11; cf. auch EHLERS 1984 b). Im Bereich aller vier Schlitze, über die das Reusenlumen mit dem außen angrenzenden Intercellularraum in Verbindung steht, tritt ein fibrilläres Diaphragma auf.

Auf der anderen, der dem Kern der Terminalzelle zugewandten Breitseite gliedert sich in mittlerer Höhe der Reuse zunächst ein einzelner kurzer Längsstab in das Reusen-

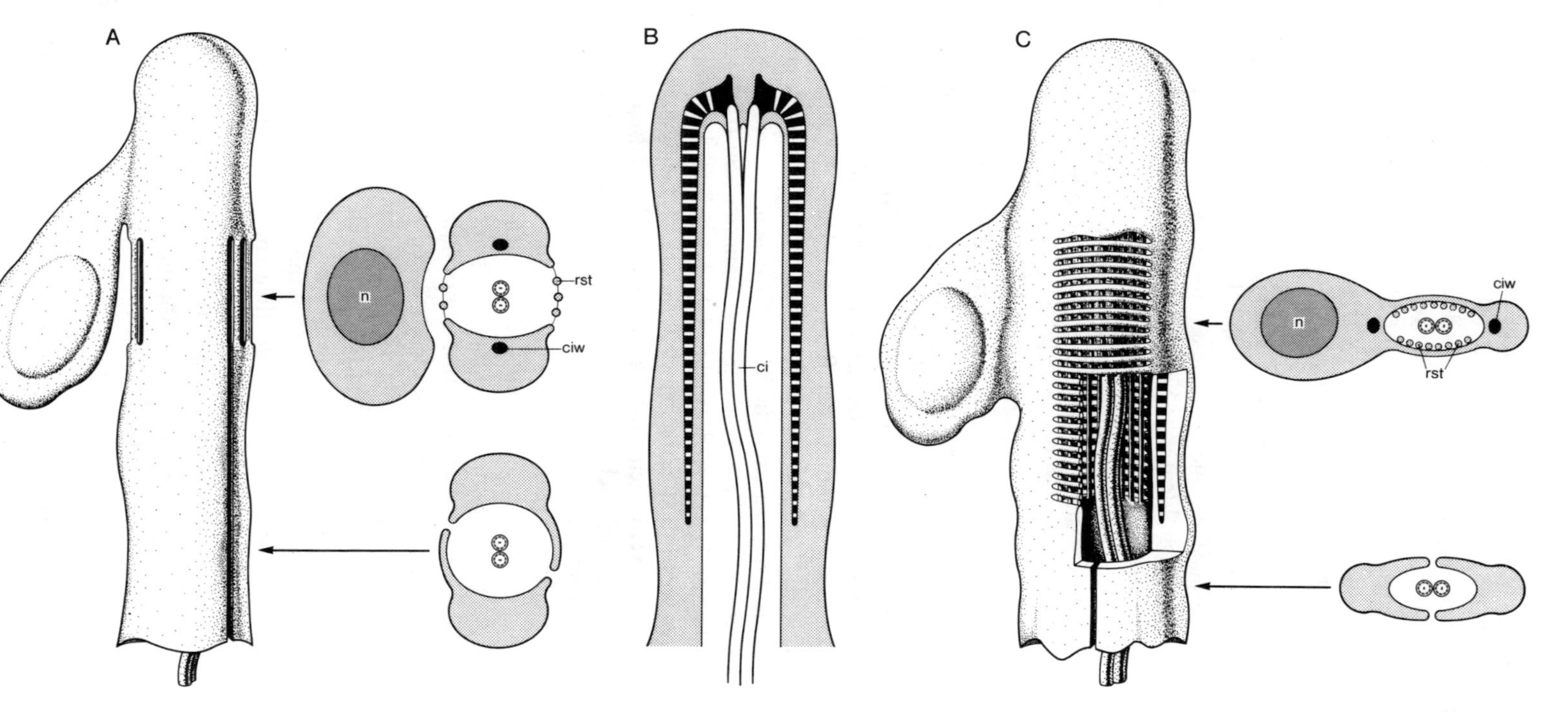

Abb. 11. Protonephridium: Cyrtocyten – Typen bei den Catenulida. In A bei *Retronectes*, in C bei *Catenula*, *Stenostomum* und *Xenostenostomum*, jeweils mit einem Querschnitt durch den Bereich der Reuse sowie den distalen Abschnitt der Terminalzelle. Der Längsschnitt in B zeigt den Verlauf der Cilienwurzeln in den bei A und C dargestellten Terminalzellen. (C nach KÜMMEL 1962, leicht verändert).

lumen ab, der Bereich zwischen diesem Längsstab und der Wandung der Reuse wird ebenfalls durch eine diaphragma-artige Membran vom Reusenlumen abgegrenzt (cf. Ehlers 1984 b). Weiter distalwärts, nachdem sich der Einzelstab wieder mit der Reusenwandung vereint hat, reißt diese dem Kern der Terminalzelle zugewandte Wandung der Reuse wie auf der gegenüberliegenden Seite auch auf und bildet 3 Schlitze aus, zwischen denen zwei Stäbe stehen (cf. auch Ax 1984, fig. 79 D; Ehlers 1984 b, 1985 b). Im dann folgenden distalen Bereich der Reuse schließt sich zunächst 1 Schlitz, damit bleibt ein einzelner Längsstab zwischen zwei Schlitzen erhalten und noch weiter distalwärts ist dann wie auf der gegenüberliegenden Seite der Reusenwandung nur noch ein Längsspalt zu finden; dieser Spalt läuft ebenfalls bis zum distalen Ende der Terminalzelle durch, die sich hier in mehrere cytoplasmatische Bereiche auflöst, von denen sich zwei hufeisenförmig um das Kanallumen legen. Identische Verhältnisse liegen auch bei *Catenula* vor (Taf. 66 D) sowie bei *Xenostenostomum* (EM-Aufnahmen von E. Reisinger). Da im Zellspalt zwischen diesen beiden distalen Ausläufern Desmosomen anstelle des fibrillären Diaphragmas auftreten, dürfte dieser distale Bereich der Terminalzelle nicht mehr als Reuse fungieren.

Eine besondere Beachtung verdienen zwei elektronendichte Längspfeiler an den beiden Schmalseiten der Reuse (Abb. 11). Bei diesen Strukturen handelt es sich um Cilienwurzeln, die ihren Ausgang von den Basalkörpern der beiden Cilien der Terminalzelle nehmen. Nahe diesen Wurzeln verlaufen zusätzlich zahlreiche Mikrotubuli in Längsrichtung durch das Cytoplasma der Terminalzelle (Taf. 66). Von den Wurzeln, die sich distalwärts zunehmend verjüngen, strahlen zudem elektronendichte Fibrillen oberhalb und unterhalb der Längsschlitze in die Wandung der Reuse aus. Diese Fibrillen der leicht modifizierten Cilienwurzeln dürften wie die zuvor genannten Mikrotubuli eine stützende Funktion haben und eine Art Gerüst um die Reuse aufbauen.

Ein Vergleich der Cyrtocyte von *Retronectes* mit der von *Stenostomum* (Kümmel 1962) und *Catenula* (Moraczewski 1981) verdeutlicht, daß dieser Teil des Protonephridialsystems bei *Retronectes* wesentlich einfacher strukturiert ist. Gemeinsam ist allen 3 Cyrtocyten die **Existenz von zwei Cilien, entlang den beiden Schmalseiten der Reuse laufen je eine Cilienwurzel und zahlreiche Mikrotubuli.** Diese Aussage gilt auch für *Xenostenostomum,* wie unpublizierte EM-Aufnahmen von Reisinger zeigen.

Bei *Retronectes* treten unregelmäßig verteilt einige wenige Schlitze bzw. Längsstäbe auf, bei *Stenostomum, Catenula* und *Xenostenostomum* sind dagegen viele regelmäßig angeordnete und zudem stets in das Reusenlumen nach innen vorspringende Längsstäbe zu finden (Abb. 11). Die Querstäbe der Cyrtocyten von *Stenostomum, Catenula* und *Xenostenostomum* dürften aus den cytoplasmatischen Querbrücken zwischen den wenigen Längsstäben bei *Retronectes* hervorgegangen sein. Die von Kümmel als „dunkle Stränge" in den Stäben bezeichneten Differenzierungen repräsentieren vermutlich von den Cilienwurzeln ausstahlende Fibrillen. Auch im distalen Bereich der Terminalzelle dürften Übereinstimmungen bei *Retronectes, Catenula, Stenostomum* und *Xenostenostomum* gegeben sein, in fig. 3 bei Kümmel (1962) ist deutlich ein Spalt, vermutlich mit Desmosomen, in Längsrichtung der Terminalzelle zu sehen. Zusammenfassend läßt sich damit feststellen, daß die strukturellen Merkmale der Terminalzelle der 4 bisher untersuchten Catenuliden-Taxa weitgehend identisch sind; aufgrund der speziellen Ausformung der Reuse aus Längs- und Querstäben sind *Catenula, Stenostomum* und *Xenostenostomum* untereinander enger verwandt.

Wie die Terminalzelle von *Stenostomum* (Kümmel 1962), die Terminalzellen von *Xenostenostomum* (Reisinger), die Terminalzellen von *Catenula* (Moraczewski 1981) und eine von Rieger (1981 a) abgebildete Kanalzelle weist also auch die Terminalzelle von *Retronectes* konstant zwei Undulipodien auf. Diese beiden Cilien sind an ihren einander zugewandten Membranen stets über Zellhaften miteinander fest verbunden. Wie EM-Aufnahmen (u.a. Taf. 66 D) zeigen, sind die Mikrotubuli in beiden Cilien gleich ausgerichtet, d.h., beide Cilien haben also die gleiche Schlagrichtung und bilden zusammen eine funktionelle Einheit.

3.7.2. Rhabditophora

Feinstrukturelle Untersuchungen an bestimmten Taxa (s.u.) zeigen einen bis in Einzelheiten übereinstimmenden Aufbau des Terminalsystems (vgl. u.a. Brandenburg 1975), dessen Grundmuster erstmals von Kümmel (1958) dargestellt wurde.

Der Kern der Terminalzelle liegt in der Regel im proximalen Zellbereich (Abb. 12 und Taf. 67 A), der distale Bereich dieser Zelle ist schüsselförmig gestaltet, sein Rand in einen Kranz von mikrovilliartigen Stäben ausgezogen (Taf. 67, 68). Zwischen diese Mikrovilli greift von distal ein zweiter Kranz von Stäben, diese Stäbe entspringen dem proximalen Bereich der ersten, sich an die Terminalzelle anschließenden Kanal- oder Tubuluszelle, die mit einem cytoplasmatischen Saum das intercellulär gelegene Kanallumen manschettenartig umgreift (vgl. u.a. Wilson u. Webster 1974). Der äußere Saum der Manschette ist auf ganzer Zellänge mittels Desmosomen mit dem Ansatz der Manschette fest verankert (Abb. 12; Taf. 68 B).

Eine solche **Cyrtocyte, an deren Aufbau 2 Kränze von Stäben beteiligt** sind, ist bisher bei folgenden Taxa gefunden worden:

Macrostomida: nur Taxon *Macrostomum:* Reisinger 1968, 1969, 1970.

Seriata: eigene Beobachtungen (u.a. diese Arbeit) an verschiedenen Proseriata; Reisinger 1970 für die Bothrioplanida.

Aspidobothrii: Rohde 1970 a, b, 1971 e, 1972 a, 1982 a.

Digenea: u.a. Bennett 1977; Bennett u. Threadgold 1973; Cardell 1962; Ebrahimzadeh u. Kraft 1971; Erasmus 1972; Gallagher u. Threadgold 1967; Jeong et al. 1980 a; Kümmel 1958, 1959; Pan 1980; Reader 1975; Rees 1967; Reisinger 1964; Senft et al. 1961; Tongu et al. 1970; Wilson 1969 a.

Monogenea: Clement u. Fournier 1981; Rohde 1973 a, 1975, 1980.

Amphilinidea: Rohde u. Georgi 1983.

Eucestoda: u.a. Bonsdorff 1977; Bonsdorff u. Telkkä 1966; Coil 1984 b; Cooper et al. 1975; Howells 1969; Lumsden 1965 a; Lumsden u. Specian 1980; Morseth 1967; Race et al. 1965; Sakamoto u. Sugimura 1969; Slais 1973; Slais et al. 1971; Swiderski et al. 1975; Ubelaker 1980; Yamane 1968.

Weitere Übereinstimmungen zwischen den Cyrtocyten dieser Teiltaxa der Rhabditophora bestehen darin, daß die mikrovilliartigen Stäbe beider Zellen nicht auf gleicher Höhe ineinandergreifen, sondern 2 zumeist deutlich voneinander zu trennende Ringe bilden; eine solche Anordnung der Stäbe verdeutlichen vor allem Querschnittsbilder durch die Cyrtocyte (Abb. 12; Taf. 67 B, 68). Der innere Kranz von Stäben wird dabei stets von der Terminalzelle gebildet, der äußere Kranz von der proximalen Kanalzelle (cf. auch Wilson u. Webster 1974; Brandenburg 1975; Kümmel 1977). Ist ein Querschnitt durch den mehr distal gelegenen Bereich der Reuse geführt, so zeigen solche Bil-

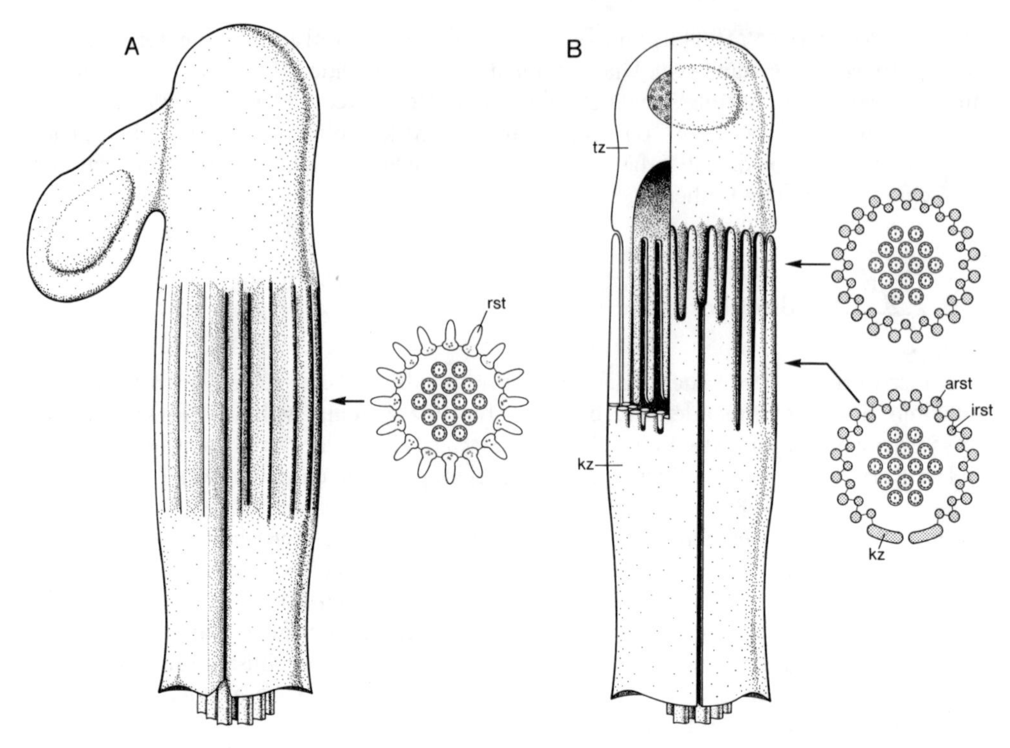

Abb. 12. Protonephridium: Cyrtocyten – Typen bei den Rhabditophora. In A Terminalzelle mit Reuse (Lecithoepitheliata, „Typhloplanoida", „Dalyellioida"), in B aus Terminal- und Kanalzelle zusammengesetzte Reuse (Proseriata, Neodermata). Der untere Querschnitt in B führt durch den distalen Reusenbereich mit den beiden der Kanalzelle angehörenden Cytoplasmapfeilern.

der in der Regel auch Anschnitte der manschettenartigen Wandung der Kanalzelle, häufig mit der Desmosomen-Verbindung (Taf. 67 B, 68 B; cf. auch KÜMMEL 1977, fig. 8 B; RIEGER 1981 a, fig. 14).

Bei den Proseriata, Aspidobothrii, Digenea, Monogenea und Eucestoda, und zwar sowohl bei larvalen wie adulten Individuen, aber offenbar nicht bei *Macrostomum*, ragen von der schüsselartigen Unterseite der Terminalzelle und auch von den Stäben des inneren Kranzes feine Mikrovilli in das innere Lumen der Reuse (Taf. 68 A), diese Mikrovilli werden nach KÜMMEL (1964) als innere Leptotrichien bezeichnet. Bei den Aspidobothrii, Digenea, Monogenea und Amphilinidea, aber nicht bei den Eucestoda, treten daneben noch weitere mikrovilliartige Fortsätze, sogenannte äußere Leptotrichien, auf, die ihren Ursprung stets von den Stäben des äußeren Kranzes der Reuse nehmen und sich in den die Cyrtocyte umgebenden Intercellularraum erstrecken.

ROHDE (1971 e, 1972 a, insbesondere jedoch 1982 a) und auch CLEMENT u. FOURNIER (1981) bestreiten die Mitwirkung einer zweiten Zelle, d. h. einer Kanalzelle, am Aufbau der Cyrtocyte bei bestimmten Aspidobothrii und Monogenea (ROHDE) bzw. bei den Plathelminthes insgesamt (CLEMENT u. FOURNIER). Die von ROHDE (1982 a) genannten Argumente, auf die sich die abweichende Auffassung stützt, vermögen jedoch nicht zu überzeugen: eine Verdoppelung bestimmter Stäbe, eine nicht konstant alternierende Anordnung beider Stabreihen und ein mögliches Eindringen(?) von Cilienfortsätzen in das distale Cytoplasma sagen nichts darüber aus, ob die Reuse nur von einer oder aber von zwei Zellen gebildet wird. Allein zwei der von ROHDE (1982 a, figs. 2 und 3) vorgelegten Aufnahmen könnten die abweichende Auffassung stützen, doch handelt es sich in beiden Fällen um unklar dargestellte Strukturen, die leider keine weiterreichende Auswertung erlauben. Sollten sich bei künftigen Untersuchungen jedoch eindeutige Hinweise ergeben, daß nicht nur die inneren, sondern auch die äußeren Stäbe cytoplasmatische Verbindungen mit der Terminalzelle aufweisen, so wäre genau zu prüfen, ob hier nicht Terminal- und angrenzende Kanalzelle zumindest partiell miteinander verschmolzen sind, also ein Syncytium bilden – ein durchaus denkbarer Zustand, da ja gerade innerhalb der Neodermata bestimmte Epithelien wie z. B. die Körperbedeckung (vgl. Kap. 3.2.1.) Syncytien bilden und die ausleitenden Kanalzellen der Protonephridien zumindest bei bestimmten Taxa auch ein Syncytium darstellen sollen. CLEMENT u. FOURNIER (1981) übertragen die bei den Rotifera realisierten Gegebenheiten (s. u.) auf die Plathelminthes und stellen aus diesem Grunde die Existenz einer 2-Zellen-Cyrtocyte in Frage.

Im Folgenden werden die spezifischen Cyrtocyten-Formen einzelner Taxa der Rhabditophora, soweit feinstrukturelle Untersuchungen hierzu vorliegen, näher dargestellt; dabei soll insbesondere auf die bisher bekannten spezifischen Unterschiede zum oben geschilderten 2-Zellen-Muster bei verschiedenen Taxa näher eingegangen werden, ferner auf die Zahl der in der Reuse schwingenden Cilien.

a) **Macrostomida und Polycladida.** Die Feinstruktur der Protonephridialsysteme beider Taxa ist bisher wenig untersucht worden. Die Reuse von *Macrostomum tuba* entspricht nach den Darstellungen von REISINGER (1968, 1969, 1970) dem weiter oben geschilderten Bauplan. Neuere, noch unpublizierte EM-Befunde an verschiedenen marinen Macrostomida aus dem Taxon Dolichomacrostomidae zeigen jedoch anders strukturierte Cyrtocyten: hier wird die Reuse vermutlich allein von der Terminalzelle ausgebildet, ohne Beteiligung einer Kanalzelle.

Die Zahl der Cilien im Protonephridialsystem der Macrostomida ist recht unterschiedlich. Während REISINGER (l.c.) 23 Cilien in der Terminalzelle fand, weist RIEGER (1981 a, Fußnote 4) daraufhin, daß die Kanalzellen von *Haplopharynx* nur 4 Cilien besitzen.

RUPPERT (1978, fig. 5 D) fand ebenfalls 4 Cilien im Protonephridialsystem einer Polycladenlarve; nach LACALLI (1983, fig. 13) treten auch 15 oder mehr Cilien auf (An dieser Stelle sei angemerkt, daß es sich entgegen der Aussage von SIEWING (1981, p. 150) bei den Protonephridien von Polycladenlarven nicht um „larval nephridia" handelt – die Protonephridien repräsentieren in diesem Taxon wie bei allen anderen Plathelminthen mit Ausnahme der Acoelomorpha den für einen Adultus-Organismus primären und zugleich definitiven Typus eines Nephridialorganes, übernommen von dem Adultus der letzten gemeinsamen Stammart aller Bilateria; die Plathelminthes – wie auch verschiedene andere Monophyla der Bilateria – haben niemals andere Nephridien, z. B. in Form von Metanephridien, besessen!).

Bei eigenen Untersuchungen an den Macrostomida wurden **wenigstens 4 Cilien** (Taf. 67) **und damit stets mehr Cilien als bei den Catenulida** gefunden. Auch innerhalb der übrigen Rhabditophora treten stets höhere Zahlen von Cilien insbesondere in den Terminalorganen auf. WILLIAMS (1981), die selbst 7–24 Cilien bei einer *Temnocephala*-Art fand, nennt Zahlen von 27–135 Cilien bei verschiedenen parasitischen Taxa, nach ROHDE u. GEORGI (1983) besitzt die Larve von *Austramphilina* zwischen 104 und etwa 200 Cilien. Relativ niedrige Zahlen melden ROHDE (1971 e) mit 9 Cilien, EBRAHIMZA-

DEH u. KRAFT (1971) mit 11 Cilien und KØIE u. BRESCIANI (1973) mit 12 Cilien bei anderen Larven der Doliopharyngiophora. Offenbar besteht – zumindest innerhalb der parasitischen Taxa – eine Korrelation zwischen der Körpergröße und der Zahl der Cilien pro Zelle, bei verschiedenen Taxa zudem zwischen dem Lebensraum und der Zahl der Cilien (relativ wenig Cilien bei marinen, dagegen eine höhere Anzahl von Cilien bei limnischen Vertretern).

b) **Lecithoepitheliata und Prolecithophora.** Nach REISINGER (1968, 1969), der die Cyrtocyte von *Xenoprorhynchus steinboecki* elektronenmikroskopisch untersucht hat, tritt im Bereich der Reuse nur 1 Kranz von Stäben auf; auch bei *Prorhynchus* (cf. RIEGER 1981 a) und *Geocentrophora* (cf. EHLERS 1985 b) liegen vergleichbare Verhältnisse vor.

Die Cyrtocyten von *Xenoprorhynchus* und *Geocentrophora* weisen über 30 Cilien *(Xenoprorhynchus)* bzw. 13 und mehr Cilien *(Geocentrophora)* auf und sind zumindest in dieser Beziehung nicht als ursprünglich anzusehen.

Bei *Geocentrophora* ist nur eine einzige Zelle, die Terminalzelle, am Aufbau der Reuse beteiligt; vermutlich gilt diese Feststellung auch für die anderen genannten Taxa der Lecithoepitheliata (Abb. 12 A).

Über das Protonephridialsystem der Prolecithophora sind bisher noch keinerlei elektronenmikroskopische Aufnahmen publiziert; nach eigenen, noch unvollständigen EM-Befunden treten Cyrtocyten mit über 40 Cilien auf. Aufgrund lichtmikroskopischer Beobachtungen ist bekannt, daß vereinzelt mehrere Hauptkanäle und auch mehr als zwei Exkretionspori vorkommen (u. a. MEIXNER 1938; HYMAN 1951). Hierbei handelt es sich mit Sicherheit um sekundäre Neubildungen innerhalb des Taxons Prolecithophora.

c) **Seriata.** Während über das Protonephridialsystem der marinen Proseriata mit Hilfe des Lichtmikroskops nur unzureichende Ergebnisse zu erzielen sind (vgl. AX 1956), liegen über die Tricladida eingehende Befunde vor. Danach verfügen die **Tricladen** gewöhnlich über einen oder mehrere Hauptkanäle auf jeder Körperlängsseite, die Kanäle sind untereinander über zahlreiche Anastomosen verbunden und können ein regelrechtes Netzwerk bilden. Auch treten Pori in großer Zahl, nach HYMAN (1951) bis zu mehreren Hundert, auf. Das Nephridialsystem weicht damit stärker von den Verhältnissen bei anderen Plathelminthen ab. AX (1961, 1963) nennt als mögliche Ursache hierfür die Steigerung der Körpergröße.

Auch elektronenmikroskopische Untersuchungen (PEDERSEN 1961 b; WETZEL 1962; MCKANNA 1968 a, b; SILVEIRA u. CORINNA 1976; HORI 1980 a, b) erbrachten Hinweise auf stärkere Differenzen zum zuvor dargestellten 2-Zellen-Muster der Cyrtocyte bei verschiedenen Rhabditophora. So scheint insbesondere nur eine Zelle am Aufbau der komplizierten Cyrtocyte beteiligt zu sein (u. a. ISHII 1980 a). Eine Klärung der Frage, ob sich die bisher bekannten Verhältnisse der Tricladen – Cyrtocyte auch für die letzte gemeinsame Stammart dieses Monophylums wahrscheinlich machen läßt, ist u. U. von einem genaueren Studium der Maricola, den marinen Tricladen, zu erwarten; derzeit laufende eigene Untersuchungen an Vertretern des Taxons *Procerodes* belegen zwar die Existenz eines multiciliären Protonephridialsystems, gestatten aber noch keine sicheren Aussagen zum Aufbau der Cyrtocyte.

In den 3 artenreichen Teiltaxa der **Proseriata-Lithophora,** den Monocelididae (Taf. 67), den Otoplanidae (Taf. 68) und den Coelogynoporidae (cf. EHLERS 1984 b), treten Cyrtocyten mit dem seit längerem bekannten 2-Zellen-Muster auf. Die proximal gelegene Terminalzelle mit einem apikalen bis leicht seitlich verschobenen Nucleus entsendet distalwärts einen inneren Ring von Stäben, die die Cilien und inneren Leptotrichien umschließen. Von der nachfolgenden Kanalzelle ziehen Stäbe proximalwärts und greifen von außen zwischen die Stäbe des inneren Ringes; die Spalten zwischen den Stäben werden von einem feinen fibrillären Material überdeckt. Auf Bildern aus dem distalen Bereich der Reuse sind wiederum Anschnitte der manschettenartigen Wandung der Kanalzelle mit der durch Desmosomen gekennzeichneten Verbindungsnaht zu sehen (cf. EHLERS 1984 b, 1985 b; ferner Abb. 12 B).

Die Cyrtocyte des Taxons *Nematoplana coelogynoporoides,* eines Vertreters der **Proseriata-Unguiphora,** das sich auch in anderen Organisationsmerkmalen wie z. B. dem Mangel einer Statocyste (vgl. Kap. 3.6.4.) von den übrigen Proseriata, den Lithophora, unterscheidet, besitzt eine Terminalzelle, deren Kern wie bei den Tricladen deutlich lateral der Reuse liegt (Taf. 70).

Aus dem apicalen Bereich der Terminalzelle (Taf. 69, 70) ziehen mikrovilliartige Stäbe und dickere Cytoplasmapfeiler distalwärts und umgeben die Cilien und die inneren Leptotrichien. Feine fibrilläre Strukturen überdecken die Spalträume zwischen den peripher stehenden Stäben und Pfeilern und grenzen das nur spärlich ausgebildete Reusenlumen gegenüber dem außen gelegenen Intercellularraum ab, der bei *Nematoplana* eine besonders dichte Matrix aufweist. Die Beteiligung einer zweiten Zelle, nämlich einer Kanalzelle, am Aufbau der Cyrtocyte kann an Hand von Querschnittsbildern (Taf. 70) allein nicht sichergestellt werden; Längsschnittbilder (Taf. 69) verdeutlichen aber den Sachverhalt: Im Cytoplasma der Terminalzelle treten regelmäßig EM-dunkle Einschlüsse (s. u.) auf, diese fehlen in den die Cilien distal umgebenden Cytoplasmabereichen, d. h., dieses Cytoplasma gehört nicht zur Terminalzelle, sondern zu einer anderen Zelle, nämlich der angrenzenden Kanalzelle, die proximalwärts stabförmige Fortsätze entsendet.

Den zahlreichen EM-dunklen Vesikeln und Granula im Cytoplasma der Terminalzelle von *Nematoplana* (und auch anderer Proseriata wie z. B. *Dicoelandropora atriopapillata*) vergleichbare Strukturen sind auch bei den Tricladida (ISHII 1980 a, figs. 2–6) zu finden; nach ISHII (l. c.) deuten diese Vesikel und Granula auf eine mögliche Rückresorptionstätigkeit der Zelle hin.

Über die Cyrtocyte der Proseriata ist damit Folgendes festzustellen: es treten Abweichungen gegenüber der Cyrtocyte bei bestimmten Tricladen auf, diese Modifikationen sind insbesondere durch die Beteiligung einer zweiten Zelle, nämlich einer Kanalzelle, am Aufbau der Cyrtocyte bedingt. Bei den Proseriata – Lithophora liegt der Kern der Terminalzelle zudem proximal der Reuse, bei den Tricladen und bei *Nematoplana* (Unguiphora) dagegen mehr lateral, letzteres eine Situation, wie sie auch von den Catenulida bekannt ist. Ich bewerte die Verhältnisse bei den Proseriata (und auch den Bothrioplanida), d. h. die Beteiligung von zwei Zellen (Terminal- und Kanalzelle) am Aufbau der Cyrtocyte, entgegen früheren Darstellungen (EHLERS 1985 a) heute als eine Autapomorphie des Taxons Proseriata (und u. U. auch des Taxons Bothrioplanida) (cf. auch EHLERS 1985 b); den Zustand bei den Tricladen mit der Beteiligung nur einer Zelle, nämlich der Terminalzelle, am Aufbau der Reuse dagegen für ursprünglich (s. u.).

d) Rhabdocoela. Für freilebende Taxa, d. h. die „Typhloplanoida" einschließlich der Kalyptorhynchia sowie die Mehrzahl der „Dalyellioida", liegen erst seit kurzem EM-Befunde zum Protonephridialsystem vor (cf. EHLERS 1985 b). Danach wird die Reuse stets allein von der Terminalzelle ausgebildet, d. h., in Querschnittsbildern ist nur ein einziger Kranz von Stäben zu sehen, die Stäbe weisen häufiger die Form ± unregelmäßig geformter Cytoplasmapfeiler auf, die durch Mikrotubuli verstärkt werden. WILLIAMS (1981 b) findet in der Cyrtocyte von *Temnocephala novaezealandiae,* einem parasitischen Vertreter der paraphyletischen „Dalyellioida", ebenfalls nur eine einzige Schicht von Stäben, die in ihrer Form und Struktur jenen der freilebenden Rhabdocoela entsprechen.

In einzelnen Taxa der „Dalyellioida" kann das Protonephridialsystem möglicherweise vollständig zurückgebildet werden; so besitzt die Larve von *Kronborgia* (Fecampiidae) ein typisches System (cf. KØIE u. BRESCIANI 1973), während es dem Adultus vollständig fehlen soll (CHRISTENSEN u. KANNEWORFF 1964).

Bei den klassischen Parasiten, den **Neodermata,** besteht die Reuse dagegen stets, wie weiter oben zu Beginn des Kap. 3.7.2. geschildert, aus einer Doppelreihe von Stäben, gebildet von der Terminalzelle und der angrenzenden Kanalzelle, wie auch eigene EM-Untersuchungen an der Cyrtocyte von *Fasciola hepatica* ergaben. Dieser Zustand mit der 2-Zellen-Reuse ist gegenüber den Verhältnissen bei den freilebenden Rhabdocoela und *Temnocephala* mit der 1-Zellen-Reuse abgeleitet, er läßt sich konfliktfrei als einmalig, d.h. in der Stammlinie des Taxons Neodermata, evoluierte Neuheit bewerten (cf. auch Kap. 3.7.3.; ferner EHLERS 1985 b).

Nach ROHDE (1973 a, 1980) existieren signifikante Unterschiede zwischen den Großgruppen der parasitischen Neodermata im Bereich der Nephridialkanäle: eine Oberflächenvergrößerung der dem Kanallumen zugewandten Zelloberfläche sei bei den Aspidobothrii und Digenea, also den Trematoda, durch Lamellen, bei den Monogenea durch ein Retikulum und bei bestimmten Cestoden, d.h. den Eucestoda und den Amphilinidea (cf. ROHDE u. GEORGI 1983, p. 283–285), durch Mikrovilli gegeben. Weitere Untersuchungen müssen zeigen, ob hier in der Tat spezifische, phylogenetisch bedeutsame Differenzen zwischen den genannten Taxa der Neodermata bestehen.

HENNIG (1980, p. 304–305) sieht spezielle Übereinstimmungen in der Mündungsweise der Exkretionsorgane bei vielen Digenea und den Cestoda ohne die Gyrocotylidea. Diese Übereinstimmungen stellen aber mit Sicherheit keine Homologien bzw. Synapomorphien zwischen den Digenea und bestimmten Cestoda dar.

Das Miracidium der Digenea und die Lycophora der Amphilinidea bzw. die Oncosphaera der Cestoidea verfügen jeweils über ein Paar von Exkretionspori, die wie bei der Mehrzahl aller übrigen Rhabdocoela unabhängig voneinander kurz vor, hinter oder genau in der mittleren Körperregion lokalisiert sind. Bei den Digenea wird diese Mündungsweise in etwa bei der Sporocyste, der Redie und der jüngeren Cercarie, bei einigen Species darüber hinaus auch während der weiteren Entwicklung bis zum Adultus beibehalten. Erst im späteren Cercarienstadium, so beim Verlust des Schwanzes, kommt es bei vielen Digenea zur Ausbildung eines unpaaren, kaudal gelegenen Exkretionsporus, wie es z.B. in jüngerer Zeit REES (1977) exakt beschreibt. Bei bestimmten Digenea entsteht ein unpaarer Porus auch im Zusammenhang mit der Ausbildung einer Exkretionsblase. Die letzte gemeinsame Stammart des Taxons Digenea dürfte also als Adultus noch getrennte Exkretionspori und damit ein ursprüngliches, plesiomorphes Merkmal besessen haben; eine Vereinigung der ausleitenden Kanäle hat sich vermutlich erst innerhalb des Taxons Digenea evoluiert.

Bei den Cestoidea (vgl. u.a. MALMBERG 1971) kommt es ebenfalls im Verlaufe der Individualentwicklung eines Tieres, nämlich im Procercoidstadium, zu tiefgreifenden Veränderungen am Protonephridialsystem mit der Differenzierung eines neuen, sekundären Systems, das auch mehrere neue Pori aufweist und letztlich zur Ausbildung eines oder mehrerer kaudaler Pori führen kann. Die scheinbaren Übereinstimmungen auf dem Stadium des adulten Zwitterwurmes zwischen den Digenea und den Cestoidea erweisen sich somit klar als Konvergenzen.

Dagegen bestehen weitgehende Übereinstimmungen im Bau des Nephridialsystems zwischen den Amphilinidea und den Cestoidea, die als Synapomorphie aufzufassen sind. So entspricht das von HEIN (1904) untersuchte Protonephridialsystem der adulten *Amphilina foliacea* weitgehendst dem sekundären Exkretionssystem eines Procercoids von *Diphyllobothrium* (cf. MALMBERG 1971) und auch dem System eines Procercoids bzw. Adultus der Caryophyllidea (cf. MALMBERG 1974). Neben einem hinteren Porus mit einer als Exkretionsblase bezeichneten Einsenkung wird im übrigen Körper in übereinstimmender Weise ein retikuläres System ausgebildet, das auch noch beim Adultus von *Diphyllobothrium* erhalten bleibt und zwar in dem sich an den Scolex anschließenden Körperbereich. Auf Grund dieser **synapomorphen Übereinstimmungen u. a. in der Ausmündungsweise des Exkretionssystems bilden die Amphilinidea und die Cestoidea das monophyletische Taxon Nephroposticophora.**

Ein **retikuläres System,** allerdings nicht in Verbindung mit einer kaudalen Ausmündung, sondern unter Beibehaltung des plesiomorphen Zustandes mit paarigen Pori, entsteht u. a. auch bei den Gyrocotylidea; die Existenz eines solchen Systems dürfte daher **eine Synapomorphie der Gyrocotylidea und der Nephroposticophora, eine Autapomorphie des Taxons Cestoda,** darstellen.

Bei den Monogenea (und vermutlich auch den Gyrocotylidea) rücken die bei der Larve etwa in der Körpermitte gelegenen Pori während des post-larvalen Wachstums relativ gesehen immer weiter kranialwärts; bei den Aspidobothrii nehmen die Pori dagegen eine mehr kaudale Position ein. Bei all diesen Taxa liegen die Pori stets auf der dorsalen Körperseite. Diese dorsale Lage (-verschiebung) ist bei den Monogenea, Gyrocotylidea und Aspidobothrii aber sicherlich konvergent entstanden, bedingt durch die, unabhängig voneinander bereits bei den Larven oder den nachfolgenden Entwicklungsstadien evoluierten, ventralen bis ventrokaudalen ± muskulösen Anheftungsorgane (vgl. Kap. 3.1.1.)

3.7.3. Zusammenfassende Betrachtung

Bei einer phylogenetischen Bewertung der Terminalzellen der Catenulida und auch der verschiedenen Cyrtocyten bei den Rhabditophora können für einen Außengruppen-Vergleich vor allem die genauer bekannten Terminalorgane der Gnathostomulida und der Gastrotricha herangezogen werden (cf. auch AX 1984, 1985).

Wie die Untersuchungen von BRANDENBURG (1962, 1966) und TEUCHERT (1973) zeigen, ist das Cytoplasma der Terminalzelle bei Gastrotrichen von Poren und Spalträumen durchsetzt, die von desmosomenartigen Filtermembranen überspannt werden. Damit liegen vergleichbare Verhältnisse vor wie bei der Catenulide *Retronectes.* Vermutlich stellt das Reusenröhrchen bei *Turbanella* keine geschlossene Röhre dar, sondern auch einen intercellulären Hohlraum; in fig. 1 B und fig. 3 A bei TEUCHERT (1973) ist ein mit „p" bezeichneter und vermutlich mit Desmosomen besetzter Zellspalt zu sehen, der daraufhin weisen könnte, daß die Terminalzelle hier mit einer Manschette den intercellulären Raum umgibt; es dürften damit dem distalen Bereich der Terminalzelle bei den Catenuliden bzw. den Kanalzellen aller Plathelminthen vergleichbare Gegebenheiten bestehen. Im Gegensatz zu der Terminalzelle von *Retronectes* (und anderer Catenulida) weisen die Reusen der Gastrotricha zusätzlich einen „inneren" Kranz von 8 Mikrovilli um das einzige Cilium von *Turbanella* bzw. von 2 × 8 Mikrovilli um die beiden Cilien von *Chaetonotus* auf, zwischen diesen Mikrovilli ist eine zweite, innere Reusenmembran ausdifferenziert.

Die von GRAEBNER (1968) vorgestellten EM-Befunde zum Aufbau des Protonephridiums bei Gnathostomulida konnten jetzt von LAMMERT (1985) ergänzt und in wichtigen Punkten modifiziert werden. So bildet der distale Saum der Gnathostomuliden-Terminalzelle ebenfalls Poren oder Spalträume mit einer Filtermembran aus (cf. AX 1984, 1985), durchaus vergleichbar den Gegebenheiten bei *Retronectes* und den Gastrotricha. Im Inneren der Gnathostomuliden-Reuse existiert ein einziges Cilium, umgeben von 8 „inneren" Mikrovilli, zwischen denen aber – im Gegensatz zu den Gastrotricha – keine feine Reusenmembran ausgespannt ist; das Reusenlumen setzt sich distal in Form eines mitunter sehr englumigen und verzweigten intracellulären Lakunensystems in der angrenzenden Kanalzelle fort.

Unterschiede zwischen den Organen bei den Gastrotricha, Gnathostomulida und Catenulida bestehen somit im wesentlichen in 2 Punkten:

(1) Die Gastrotricha und Gnathostomulida besitzen ausschließlich oder zumindest primär stets 1 Cilium pro Terminal- und Kanalzelle, die Catenulida dagegen stets 2 Cilien pro Terminalzelle und zumindest bei *Retronectes* auch pro Kanalzelle.

(2) Gastrotricha und Gnathostomulida weisen um das Cilium der Terminalzelle einen Kranz von 8 Mikrovilli oder Längsstäben (bei Gastrotricha mit einer zusätzlichen Reuse) auf; diese Mikrovilli oder Stäbe fehlen den Catenulida.

Zu (1): Die **Existenz eines einzigen Ciliums** (mit accessorischem Centriol am Basalkörper) **pro Zelle stellt eine Symplesiomorphie dar, übernommen von der Stammart der Bilateria** (vgl. AX 1984, 1985) bzw. noch weiter zurück von der Stammart aller Metazoa; der **Besitz einer biciliären Terminalzelle** (Cilien ohne accessorisches Centriol am Basalkörper) **bei den Catenulida bzw. einer stärker multiciliären Terminalzelle bei den Rhabditophora** ist somit als abgeleitet und – da die Gnathostomulida die Schwestergruppe der Plathelminthes bilden (cf. AX 1984, 1985) – als **Autapomorphie des Taxons Plathelminthes,** evoluiert in der Stammlinie dieses Taxons, zu bewerten.

Zu (2): Auch das Auftreten eines Kranzes von 8 mikrovilliartigen Stäben um das Cilium der Terminalzelle bei den Gastrotricha und den Gnathostomulida, ein Bild, das typisch ist für monociliäre Epidermiszellen (cf. RIEGER 1976), ist als relativ ursprünglich zu bewerten; der Mangel solcher „inneren" Stäbe bei den Catenulida und allen anderen Plathelminthen ist daher abgeleitet und stellt ebenfalls eine Autapomorphie des Taxons Plathelminthes dar.

Die durch die langen Cilienwurzeln und die Mikrotubuli bewirkten lateralen Versteifungen entlang des Reusenlumens bei den Catenulida, die m. W. in dieser Form von keiner anderen Bilateria-Cyrtocyte bekannt sind, dürften eine sichere **Autapomorphie des Taxons Catenulida** darstellen. Bedingt durch die Ausbildung dieser Längsversteifungen existieren Reusenlumina nur auf den beiden Breitseiten der Reuse.

Symplesiomorph für alle 3 Taxa (Gastrotricha, Gnathostomulida, Catenulida) ist die Beteiligung nur einer Zelle, nämlich der Terminalzelle, am Aufbau der Reuse.

Damit ergibt sich folgendes Bild für die **Cyrtocyte der letzten gemeinsamen Stammart aller Plathelminthen:** eine schwach multiciliäre, d. h. biciliäre, Terminalzelle (Cilien ohne accessorisches Centriol am Basalkörper) mit einer aus Schlitzen oder Poren im distalen Cytoplasma aufgebauten, im Querschnitt vermutlich ± kreisförmigen Reuse ohne die „inneren" 8 Mikrovilli oder Stäbe der Gnathostomulida bzw. Gastrotricha.

Wie die von KÜMMEL (1962), MORACZEWSKI (1981), RIEGER (1981) und die in dieser Arbeit vorgelegten Ergebnisse zum Protonephridialsystem der Catenulida zeigen, weisen die Terminal- und auch die Kanalzellen bei diesem Taxon konstant 2 Cilien pro Zelle auf, und zwar unabhängig davon, ob es sich um marine oder limnische Arten handelt. Diese Übereinstimmungen belegen klar, daß beide Zelltypen auf eine ihnen gemeinsame Zelle mit 2 Cilien zurückzuführen sind.

Aufgrund der von LAMMERT gewonnenen Ergebnisse konnte AX (1984, 1985) zeigen, daß die monociliären Terminalzellen der Gnathostomulida nur leicht modifizierte monociliäre Epidermiszellen darstellen. Die Frage, ob es sich bei den Terminal- und Kanalzellen der Catenulida (und anderer Plathelminthen) um in das Körperinnere verlagerte Epidermiszellen handelt, kann daher positiv beantwortet werden; die Zahl von nur 2 Cilien pro Terminalzelle bei den Catenulida ist zudem ein Indiz, daß der Stammart dieses Taxons bzw. der letzten gemeinsamen Stammart des Taxons Plathelminthes nur schwach multiciliäre Epidermiszellen zuzuschreiben sind (vgl. Kap. 3.2.2.).

Während nun bei den Catenulida die Reuse nur von der Terminalzelle ausgebildet wird, beteiligen sich bei verschiedenen Rhabditophora 2 Zellen am Aufbau der Reuse. Ich habe diesen Zustand und die dadurch entstehende Form der Cyrtocyte mit 2 Stabreihen früher (cf. EHLERS 1985 a; AX 1984, 1985) – nach dem Prinzip der sparsamsten Erklärung – für eine Autapomorphie der Rhabditophora gehalten. Nur bei einzelnen Teiltaxa der Rhabditophora (nämlich bei bestimmten Tricladen, Lecithoepitheliaten und einer *Temnocephala*-Art) waren damals abweichende Gegebenheiten bekannt, die darauf hinwiesen, daß hier die Reuse nur von der Terminalzelle gebildet wird. Die derzeit noch laufenden EM-Untersuchungen an Protonephridien freilebender Rhabdocoela („Typhloplanoida“ und „Dalyellioida“) wie auch weiterer Lecithoepitheliata belegen allerdings für diese Gruppen die ausschließliche Existenz nur einer einzigen Stabreihe in der Reuse und damit die Beteiligung nur einer Zelle am Aufbau der Reuse (cf. EHLERS 1984 b, 1985 b), diese Feststellung gilt vermutlich auch für marine Vertreter der Macrostomida.

Nach den jetzt bekannten Tatsachen ist daher diese Hypothese zu favorisieren: Die **Reuse der letzten gemeinsamen Stammart der Rhabditophora wurde (wie bei den Catenulida) nur von der Terminalzelle gebildet** und wies nur eine einzige Stabreihe auf; dieser (mit den Catenulida symplesiomorphe) Zustand ist dann ± unverändert an die Macrostomida, Lecithoepitheliata, die „Typhloplanoida“ und die „Dalyellioida“ einschl. der Temnocephalida weitergegeben worden (? Prolecithophora, ? Polycladida). In den Stammlinien der Taxa *Macrostomum,* bestimmter Seriata (? konvergent bei den Teiltaxa Proseriata (Lithophora + Unguiphora) und Bothrioplanida) sowie der Neodermata hat sich dann – jeweils konvergent – eine zweite Stabreihe evoluiert, die ihren Ursprung, soweit von Individuen mit einem cellulären und nicht syncytialen Protonephridialsystem bekannt, offenbar stets von der an die Terminalzelle angrenzenden Kanalzelle nimmt, d. h., eine solche komplexe Reuse ist „nur noch“ als eine Autapomorphie der genannten Teiltaxa der Rhabditophora zu bewerten. Diese eindeutige Aussage ist möglich, da das Taxon *Macrostomum* weder mit den Proseriata bzw. Bothrioplanida noch mit den Neodermata in einem Schwestergruppen-Verhältnis steht, Entsprechendes gilt auch für die Proseriata/Bothrioplanida und die Neodermata.

CLEMENT (1980) diskutiert mögliche synapomorphe Übereinstimmungen zwischen den Cyrtocyten bei den Rotifera und den Plathelminthes. Diese zugegebenermaßen suggestiven Übereinstimmungen in der Ausbildung einer Reuse aus 2 Stabreihen stellen aber sicher Konvergenzen dar. Wie z. B. figs. 29 und 30 bei CLEMENT (l.c.) zeigen, sind die beiden Stabreihen bei den Rotifera mitunter regelmäßig vereint, dürften also nur einer einzigen Zelle (Terminalzelle) und nicht, wie bei bestimmten Rhabditophora, 2 Zellen

(Terminal- und Kanalzelle) angehören – cf. auch Diskussion bei CLEMENT u. FOURNIER (1981); zudem existieren weitere Differenzen zwischen beiden Taxa u.a. hinsichtlich der Lage der Filtermembran. Aufgrund der in der Literatur niedergelegten Erkenntnisse ist allerdings auch nicht auszuschließen, daß bei den Rotifera Terminal- und Kanalzelle ein Syncytium bilden und die Reusenstäbe ursprünglich doch zwei Zellen entstammen.

PEMERL (1965) und WESSING u. POLENZ (1974) fanden bei Trochophora-Larven von *Serpula vermicularis* bzw. *Pomatoceros triqueter* Cyrtocyten, die jener bestimmter Rhabditophora weitgehend gleichen: Terminal- und angrenzende Kanalzellen bilden mikrovilliartige Stäbe aus, die kranzförmig angeordnet sind und abwechselnd ineinandergreifen. Über die Cyrtocyte von *Serpula* liegen leider keine Abbildungen vor; die Cyrtocyte von *Pomatoceros* besitzt gegenüber dem Reusenapparat bestimmter Rhabditophora eine Reihe von abweichenden Merkmalen: so sind die inneren Reusenstäbe sehr lang und ragen weit in das Lumen der Kanalzelle hinein; der gesamte Reusenapparat wird von einer Basallamina überdeckt, die vermutlich als primäre Filtrationsbarriere dient; der Terminalzelle lagern sogenannte accessorische Zellen an. Bereits diese Unterschiede lassen es als wahrscheinlich erscheinen, daß sich die oben genannten Übereinstimmungen im Bau der Cyrtocyte bei bestimmten Rhabditophora und der Trochophora von *Pomatoceros* unabhängig voneinander entwickelt haben.

Zudem können die Cyrtocyten mit inneren und äußeren Reusenstäben bei den Rotifera und den genannten Trochophora-Larven aus grundsätzlichen Erwägerungen heraus nicht den Cyrtocyten mit 2 Kränzen von Stäben bestimmter Rhabditophora homolog sein: eine Reuse mit inneren und äußeren Reusenstäben hat sich ja erst innerhalb des Taxons Plathelminthes in den Stammlinien einzelner Teiltaxa der Rhabditophora evoluiert, der Stammart der Plathelminthes ist eine Reuse mit nur einer einzigen Stabreihe zuzuschreiben (s.o.). Bestünde eine Homologie zwischen den komplexen Reusen bei den Rotifera oder Polychaeten und den Cyrtocyten bei bestimmten Rhabditophora, so müßten die Rotifera oder Polychaeten nur ein Teiltaxon bestimmter Rhabditophora bzw. die entsprechenden Rhabditophora mit doppelter Stabreihe in der Reuse ein Teiltaxon der Rotifera oder der Polychaeta sein – solche Überlegungen stehen aber im Widerspruch zu zahlreichen anderen, in dieser Arbeit diskutierten Organisationsmerkmalen und sind demzufolge zu verwerfen.

Bemerkenswert an der Trochophora-Cyrtocyte von *Pomatoceros* ist zudem, daß der basale Bereich der Terminalzelle kanalartige Zerklüftungen aufweist, zwischen denen die Cilien isoliert stehen (cf. auch BRANDENBURG 1975). Die typischen Polychaeten-Protonephridien, die als Solenocyten bezeichnet werden, enthalten viele einzeln stehende Cilien, jeweils umgeben von einem einzigen Kranz von Stäben (u.a. BRANDENBURG u. KÜMMEL 1961; BRANDENBURG 1966; HAUSMANN 1981; LEBSKY 1974). Es ist zu prüfen, ob der monociliäre Zustand dieser Polychaeten-Solenocyten einen plesiomorphen Zustand repräsentiert, übernommen von der Stammart der Bilateria, oder eine sekundäre Erscheinung darstellt, entstanden durch die Aufgliederung einer zunächst multiciliären Terminalzelle (Cyrtocyte), allerdings mit nur einer einzigen Reihe von Stäben, in viele einzelne monociliäre Terminalzellen (Solenocyten). Eine solche multiciliäre Terminalzelle mit einer einzigen Reihe von Stäben (und einer den Reusenapparat überdeckenden Basallamina sowie basal voneinander getrennt in der Terminalzelle inserierenden Cilien) ist bei *Dinophilus* gefunden worden (BRANDENBURG 1970) und könnte die für Polychaeten ursprüngliche Cyrtocyten-Form bilden. Doch sei nochmals festgestellt: unabhängig davon, ob nun der Stammart der Polychaeten eine monociliäre Solenocyte oder – was ich für wahrscheinlicher halte – eine multiciliäre Cyrtocyte wie bei *Dinophilus* zuzuschreiben ist, in beiden Fällen ergibt sich als Konsequenz: die von *Pomatoceros* und *Serpula* gemeldete Doppelreihe von Stäben (ob mit oder ohne Beteiligung einer zweiten Zelle am Aufbau der Cyrotocyte) ist erst innerhalb des Taxons Polychaeta und damit konvergent zu vergleichbaren Verhältnissen bei bestimmten Rhabditophora evoluiert worden.

Zum Abschluß dieses Kapitels möchte ich noch einmal auf die **Zahl der Exkretionspori** und das sich anschließende Protonephridialsystem eingehen.

Aufgrund unserer derzeitigen Kenntnisse läßt sich für die **letzte gemeinsame Stammart des Taxons Plathelminthes** folgende Ausprägung am ehesten wahrscheinlich machen: 1 Paar Exkretionspori mit sich jeweils anschließendem Exkretionskanal; beide Kanäle zweigen sich mit zunehmender Körpergröße in immer weitere Äste auf, jeder Ast endet mit einer Terminalzelle.

Wie sehen die Verhältnisse bei der Schwestergruppe der Plathelminthes, den Gnathostomulida, aus? Hier liegen einzelne Protonephridien, jeweils bestehend aus einer Terminal- und angrenzenden Kanalzelle sowie einer epidermalen Ausleitungszelle, links und rechts im Körper hintereinander (cf. Ax 1984; LAMMERT 1985), d.h., es existieren mehrere voneinander isolierte Protonephridialsysteme.

Somit stellt sich die Frage: was für ein System läßt sich der letzten gemeinsamen Stammart des Taxons Plathelminthomorpha (Gnathostomulida + Plathelminthes) zuschreiben? Eine Antwort auf diese Frage scheint über einen Außengruppen-Vergleich (cf. Ax 1984) möglich, so z.B. mit den zuvor schon besprochenen und genauer untersuchten Gastrotrichen-Protonephridien. Innerhalb der Gastrotricha stellt sich die Situation folgendermaßen dar (cf. Lit. in TEUCHERT 1967, 1968, 1973): (1) Die Chaetonotoidea besitzen 1 Paar Protonephridien. (2) Die Macrodasyoidea weisen dagegen mehrere Systeme in serialer Anordnung links und rechts im Körper auf, allerdings verfügt ein Embryo (Jungtier) von *Turbanella* (Macrodasyoidea) zunächst nur über ein einziges Paar Protonephridien, die weiteren Systeme entstehen erst während des Längenwachstums eines Tieres.

Der geschilderte Sachverhalt favorisiert folgende Hypothese: Bei der Stammart der Plathelminthomorpha existierte 1 Paar Exkretionspori, jedem Porus ist ein kurzes unverzweigtes Protonephridium angeschlossen. Identische Verhältnisse sind auch für die letzte gemeinsame Stammart der Gastrotricha zu postulieren, d.h., ein solches relativ einfach organisiertes paariges System ist auch der letzten gemeinsamen Stammart der Bilateria zuzuschreiben (und von dort nicht nur in die Stammlinie der Gastrotricha weitergegeben worden, sondern auch in die Stammlinien anderer Eubilateria wie z.B. der Kinorhyncha oder der Acanthocephala).

Mit zunehmender Körpergröße der Organismen erfolgte nun in den einzelnen Taxa der Bilateria die **Vergrößerung des Protonephridialsystems** auf unterschiedlichem Wege: (1) Zum einen durch Ausbildung weiterer Protonephridialpaare, so bei den Gnathostomulida (und konvergent dazu bei den Macrodasyoidea innerhalb der Gastrotricha sowie anderen Eubilateria wie vielleicht den Lobatocerebridae (cf. RIEGER 1980, p.57–58), wo die einzelnen Systeme wie bei bestimmten Gnathostomulida bzw. der letzten gemeinsamen Stammart der Bilateria nur aus Terminal- und einer einzigen Kanalzelle (? und epidermaler Ausleitungszelle) bestehen sollen). (2) Zum anderen durch zunehmende Verästelung des einen Paares, so bei den Plathelminthes (und konvergent dazu vermutlich in verschiedenen Taxa der Eubilateria wie z.B. den Rotifera).

Diese Aussage impliziert: Die **Verästelung der beiden Protonephridialsysteme** der

Plathelminthes ist eine Apomorphie, sehr wahrscheinlich bereits in der Stammlinie dieses Taxons evoluiert und damit **eine Autapomorphie der Plathelminthes.** Die bei vielen, wenn nicht sogar bei allen Catenulida realisierten Gegebenheiten mit den vielen, dem durchlaufenden Hauptkanal ± direkt aufsitzenden Terminalzellen sind wie die unpaare Ausbildung des gesamten Systems spezifische Besonderheiten (Autapomorphien) des Taxons Catenulida. Ebenso ist die Existenz von mehr als einem Paar Pori, z. B. bei bestimmten Prolecithophora und Tricladida (vgl. Kap. 3.7.2.), ein apomorpher Zustand, der erst sekundär innerhalb der genannten Teiltaxa evoluiert wurde.

Ein unverzweigtes System, d. h. ein linkes und ein rechtes System mit nur je einer Terminalzelle, und damit die von der Stammart der Plathelminthomorpha bzw. der gesamten Bilateria übernommene Ausgangssituation dürfte sich innerhalb der Plathelminthes nur bei sehr frühen Entwicklungsstadien finden lassen, d. h. während der Embryonalentwicklung (z. B. entsprechend den Verhältnissen bei den Macrodasyoidea, wo der Embryo von *Turbanella* mit der Ausbildung von zunächst nur einem einzigen Paar Pori den der Stammart der Eubilateria bzw. der gesamten Bilateria zuzuschreibenden Zustand aufweist) bzw. bei bestimmten sehr frühen Stadien der sekundär evoluierten Larven wie der Oncosphaera der Cestoidea (cf. u. a. MALMBERG 1974, p. 72) und dem Miracidium der Digenea, beides sehr frühe Entwicklungsstadien, die in verschiedener Hinsicht deutlich embryonale Züge (vgl. Kap. 3.5.1., 3.6.1., 3.8.2. und 3.10) aufweisen: so mangelt es der Oncosphaera noch an einem Nervensystem und dem Miracidium an einem Verdauungssystem, Organisationsmerkmale, die erst bei späteren Entwicklungsstadien der Cestoidea bzw. der Digenea ausdifferenziert werden.

Die Gnathostomulida behalten mit dem unverzweigten System den von der letzten gemeinsamen Stammart der Bilateria übernommenen, also einen relativ plesiomorphen Zustand bei; die Vervielfachung des Protonephridialsystems in ± serialer Anordnung dürfte jedoch, sofern dieser Zustand primär bei allen Gnathostomulida gegeben ist, als Autapomorphie dieses Taxons zu bewerten sein. Weitere, ebenfalls als Autapomorphie zu bewertende Besonderheiten des Gnathostomuliden-Protonephridiums sind der Arbeit von LAMMERT (1985) zu entnehmen.

3.8. Verdauungssystem

Die Existenz eines Verdauungssystems in Form eines Darmes dürfte ein sicheres Grundmustermerkmal des Taxons Plathelminthes bilden (cf. auch AX 1984).

Das Lumen dieses Intestinums wird primär von Zellen des Entoderms ausgekleidet, jedoch wird die Gastrodermis, da wie bei anderen somatisierten Zellen keine Mitosen eintreten, mit zunehmendem Alter eines Individuums verstärkt von aus der Leibeshöhle nachrückenden Stammzellen (undifferenzierten Zellen, Neoblasten, von IVANOV u. MAMKAEV (1973) auch als „undifferenzierte Parenchymzellen“ bezeichnet) ergänzt (vgl. Kap. 3.5.1.) bzw. bei bestimmten parasitischen Taxa, die die mit Nahrungsresten gefüllten Darmzellen abstoßen können (s. u.), permanent erneuert; d. h., bei einem geschlechtsreifen Plathelminthen dürfte das Darmepithel zu einem beträchtlichen Prozentsatz aus primär nicht entodermalen Zellen bestehen (vgl. auch Kap. 3.8.2.). Mit bestimmten Neodermata vergleichbare, aber konvergent dazu evoluierte Gegebenheiten finden sich bei den Acoela, die das zentrale verdauende Syncytium (cf. Kap. 3.8.2.) teilweise oder vollständig über die Mundöffnung abgeben (cf. Mamkaev u. Markosova 1979; Mankaev u. Seravin 1963) und dann aus Stammzellen neu differenzieren können.

Das Intestinum öffnet sich über eine aus dem Blastoporus hervorgehende Mundöffnung nach außen.

Die begründbare Aussage, ein Intestinum mit Mundöffnung repräsentiere ein Grundmustermerkmal der Plathelminthen, impliziert, daß bei jenen Plathelminthen, die überhaupt kein Verdauungssystem besitzen oder denen eine Mundöffnung bzw. ein Darm fehlen, apomorphe Zustände herrschen, so z. B. bei allen Cestoden und bestimmten parasitischen „Dalyellioida“ wie den Fecampiidae, aber auch bei gewissen Nemertodermatida und Acoela sowie bestimmten Catenulida (s. u.).

Die für die letzte gemeinsame Stammart der Plathelminthes spezifische Ausprägung des Verdauungssystems, die als Grundmustermerkmal dieses Taxons bestimmbar ist, wird bei Ax (1984) im Vergleich mit weiteren, mit diesem System korrelierbaren Merkmalen einer eingehenden Diskussion unterzogen. An dieser Stelle sollen daher nur einige weniger bekannte Charakteristika dieses Grundmustermerkmales vorgestellt und die hiervon bei bestimmten subordinierten Taxa realisierten spezifischen Abweichungen besprochen werden.

3.8.1. Stomodaeum

3.8.1.1. Mundporus

Eine einfache Mundöffnung in Form eines Porus in der ektodermalen Epidermis dürfte nach Abwägung aller bisher bekannten Tatsachen den ursprünglichsten Zustand des Darmeinganges repräsentieren (u. a. Karling 1974; Ax 1984; ferner auch Doe 1981, p. 188; Rieger 1981 a, p. 222).

Ein solcher Zustand findet sich bei der großen Mehrzahl aller Arten der Acoela und den Nemertodermatida (allerdings beschreibt Faubel (1976) eine als Pharynx simplex bezeichnete Differenzierung bei *Nemertoderma rubra*). Bei Smith (1981, fig. 1 + 2) finden sich EM-Aufnahmen einer solchen Mundöffnung für ein Acoel (*Convoluta* spec.), bei dieser Mundöffnung stößt das dem Intestinum anderer Plathelminthen entsprechende centrale Syncytium nach außen vor.

Für die Nemertodermatida sind EM-Aufnahmen eines Mundporus bisher noch nicht publiziert. Bei *Nemertoderma* cf. *bathycola* ragen wenige der untereinander stark verzahnten Darmzellen durch die Unterbrechung in der Epidermis, also den Porus, nach außen vor (Taf. 71, 72), weder die an den Porus angrenzenden Epidermiszellen noch die Darmzellen zeigen auffällige regionale Spezialisierungen – mit einer Ausnahme: im Unterschied zum Intestinum des übrigen Körpers sind die Darmzellen in der Nähe des Porus über Zellkontakte fest untereinander verknüpft (Taf. 73 A). Ein solcher einfacher Porus ist an lichtmikroskopischen Präparaten natürlich kaum zu erkennen; daher sind Mitteilungen, bestimmte Nemertodermatida wie *Flagellophora apelti* besäßen keine Mundöffnung (cf. Faubel u. Dörjes 1978), nicht sicher.

Die Darmzellen von *Nemertoderma* – und auch das verdauende Syncytium der Acoela – schließen die Nahrung offenbar vor der Mundöffnung in sich bildende Vakuolen des vorgeschobenen Darmgewebes ein.

3.8.1.2. Pharynges simplices

Hierzu zählen einfache Pharynx-Bildungen, entstanden durch eine Invagination der Epidermis. Solche Differenzierungen sind offenbar mehrfach konvergent innerhalb der Plathelminthes evoluiert worden, und zwar einmal in der Stammlinie der Catenulida, vereinzelt bei bestimmten Acoela, ferner in der Stammlinie der Macrostomida (bzw. der Rhabditophora, s. u.); auch bei planktonischen Larvenstadien der Polycladida wird zumeist ein einfacher Pharynx ausgebildet, der dann später durch einen muskulösen Pharynx-Typus ersetzt wird (s. u.).

Für die Annahme, ein solcher Pharynx simplex – Typus sei mehr als einmal evoluiert worden, sprechen insbesondere auch die bisher bekannten EM-Befunde, sie zeigen erhebliche Differenzen zwischen den Pharynges der eben genannten Plathelminthen-Taxa auf, wie insbesondere aus den vergleichenden Untersuchungen von Doe (1981) hervorgeht.

Als Ergänzung zu den von Doe (l.c.) diskutierten Merkmalen seien hier einige weitere Differenzierungen der Pharynx simplex – Bildungen genannt.

a) **Catenulia.** Der Pharynx simplex der Catenulida ist bisher nur für *Retronectes atypica* genauer bekannt (Doe 1981). Moraczewski (1981) teilt ferner einige Beobachtungen zum Pharynx von *Catenula* mit.

Eigene Untersuchungen erbrachten folgende Befunde. Bei *Retronectes* cf. *sterreri* umgibt eine einschichtige Lage von Epidermiszellen die Mundöffnung; diese Epidermiszellen weisen hinsichtlich der (spärlichen) Bewimperung, der Lage der Zellkerne und der epidermalen Textur keine Modifikationen gegenüber angrenzenden Epidermiszellen in der Körperbedeckung auf (Taf. 75, 76).

Proximal dieser einschichtigen Epidermiszellschicht münden zahlreiche Pharynxdrüsen aus, deren Ausführgänge ringartig nebeneinander liegen. Die Perikarien dieser Zellen befinden sich mitunter in größerer Entfernung zur Mundöffnung (Taf. 76). Es tritt nur ein einziger Drüsentypus auf, das Sekret besteht stets aus langgestreckten Granula mit einer spezifischen Substruktur (hellerer Kern und elektronendichterer Mantel, cf. Taf. 77).

Den Drüsenausführgängen folgen proximal die Zellen des eigentlichen Pharynx, denen stets eine intracelluläre Textur fehlt und die eine wesentlich dichtere Bewimperung als die Epidermiszellen aufweisen (Taf. 75). Die Cilien, deren Basalkörper nicht wie in der Epidermis eingesenkt sind, verfügen alle über sehr lange Kaudalwurzeln (Taf. 76, 78), die in allen Bereichen des Pharynx jeweils vom Basalkörper in Richtung Intestinum, also nach proximal, ziehen; d. h., die in der kaudalen Pharynxhälfte gelegenen Wurzeln sind gegenüber dem kranialen Bereich um 180 °C gedreht. Die Cilienwurzeln einer Pharynxzelle konvergieren und enden zusammen in einer Ausbuchtung der Zelle, in der stets größere Mitochondrien liegen (Taf. 78, 79 A); diese Ausbuchtungen der Pharynxzellen stehen in unmittelbarem Kontakt mit Ausläufern von Nervenzellen (Taf. 79 B), d. h., die Innervierung der Pharynxzellen bzw. die ihrer Cilien dürfte hier erfolgen.

Dem gesamten Pharynx fehlt eine stärker ausgeprägte Muskulatur, es treten nur feine Ring- und Längsmuskelfasern auf, wie sie auch unterhalb der Epidermis zu finden sind. Eine Ausnahme bilden zwei Bereiche, hier liegen kräftige, aus Ringmuskulatur gebildete Sphinkter: der distale Sphinkter nimmt seinen Ursprung aus dem Niveau der subepidermalen Muskulatur und liegt in Höhe der Mundöffnung (Taf. 75, 76); der zweite Sphinkter befindet sich weiter proximal inmitten der bewimperten Pharynxzellen (Taf. 75, 76).

Der Pharynx simplex von *Catenula lemnae* entspricht dem von *Retronectes* cf. *sterreri* in mehrfacher Hinsicht, weist jedoch auch Unterschiede auf. So setzen sich die Epidermiszellen hier kontinuierlich in Richtung Intestinum fort und bilden die Pharynxzellen aus, die wie bei *Retronectes* sehr dicht (dichter als die Epidermiszellen der Körperbedeckung) bewimpert sind, zahlreiche Mitochondrien aufweisen und hier auch die für die Epidermiszellen von *Catenula lemnae* charakteristischen Ultrarhabditen tragen (Taf. 81). *Catenula lemnae* besitzt keine Pharynxdrüsen; die Pharynxzellen mit den wie bei *Retronectes* sehr langen Kaudalwurzeln der Cilien grenzen also unmittelbar an die „typischen" Epidermiszellen, d. h., eine Abänderung der Zugrichtung dieser Wurzeln erfolgt gegenüber den kaudal und kaudolateral der Mundöffnung gelegenen Epidermiszellen unmittelbar von einer Zelle (distalst gelegene Pharynxzellen) zur nächsten Zelle (Epidermiszelle).

Wie *Retronectes* cf. *sterreri* besitzt auch *Catenula lemnae* 2 Muskelsphinkter (Taf. 81) in entsprechender Lage.

Die von Moraczewski (1981, p. 381) über *Catenula* mitgeteilten Daten stimmen mit den eigenen Befunden über die Catenulida weitgehend überein. Ebenso fügen sich die von Doe (1981) vorgestellten Befunde über *Retronectes atypica* in diesen Rahmen ein; die von Doe als „transition zone" bezeichneten Zellen stellen Epidermiszellen dar, so daß die Ausmündungen der Pharynxdrüsen bei *Retronectes atypica* wie bei *R.* cf. *sterreri* den Übergang zwischen Epidermiszellen und Pharynxzellen (Doe: „pharynx proper cells") markieren; nach Doe soll bei *R. atypica* allerdings nur ein einziger (oraler) Muskelsphinkter ausdifferenziert sein.

Aufgrund der gegenwärtig bekannten Tatsachen läßt sich somit für die letzte gemeinsame Stammart der Catenulida ein relativ einfach strukturierter Pharynx simplex wahrscheinlich machen; die Frage, ob die von *Retronectes* bekannte Existenz von Pharynxdrüsen im Übergangsbereich Epidermis-Pharynx ein Grundmustermerkmal der gesamten Catenulida darstellt, erscheint mir angesichts der Befunde an *Catenula lemnae* noch offen.

b) Acoela. In diesem Taxon treten Pharynges unterschiedlichster Struktur und Lage auf (cf. u. a. Dörjes 1968; Doe 1981, p. 188); zwei dieser Pharynges, beide als Pharynges simplices bezeichnet, wurden von Doe (l.c., p. 143) elektronenmikroskopisch untersucht. Während bei der einen Art, *Solenofilomorpha funilis,* das Pharynxepithel weitgehendst den Epidermiszellen der Körperbedeckung entspricht, unterscheiden sich die Pharynxzellen von *Diopisthoporus* durch den Mangel einer Bewimperung und die Existenz eines dichten Mikrovilli-Besatzes stark von den Epidermiszellen. Sehr wahrscheinlich sind diese beiden Pharynges unabhängig voneinander evoluiert worden. Übrigens fehlen beiden Pharynges Pharynxdrüsen im Übergangsbereich Epidermiszellen-Pharynxzellen.

c) Macrostomida. Für dieses Taxon liegen eingehende Untersuchungen von Doe (1981) an verschiedenen Arten, auch *Haplopharynx,* vor. Im Übergangsbereich Epidermiszellen – Pharynxzellen können spezifisch modifizierte Epithelzellen auftreten, zugleich finden sich hier bei allen Arten die Ausmündungen verschiedener Drüsenzellen.

Bemerkenswert ist auch die Existenz eines Nervenringes um den Pharynx, die Doe (l.c.) veranlaßte, den Pharynx simplex der Macrostomida als „Pharynx simplex coronatus" zu bezeichnen. Aufgrund der Befunde von DOE ist davon auszugehen, daß ein solcher Pharynx-Typ ein Grundmustermerkmal der Macrostomida darstellt.

Damit stellt sich die Frage: ist ein solcher Pharynx erst in der Stammlinie der Macrostomida oder bereits in der Stammlinie der Rhabditophora evoluiert worden? Sofern künftige Untersuchungen, insbesondere an anderen Pharynges, die unter dem Namen Pharynx compositus zusammengefaßt werden (s. u.), Argumente für die Annahme einer Homologie des Nervenringes im „Pharynx simplex coronatus" mit nervösen Differenzierungen stärker evoluierter Pharynges beibringen (siehe auch Kap. 3.6.1.), könnte der Nervenring des „Pharynx simplex coronatus" eine Autapomorphie für das Taxon Rhabditophora darstellen, eine Autapomorphie, die bei den Macrostomida im Vergleich zu den Polycladida und den Neoophora in einem relativ ursprünglichen Organ, nämlich einem Pharynx simplex, auftritt.

An dieser Stelle soll nicht unerwähnt bleiben, daß bei jenen Macrostomida, die sich vegetativ durch Paratomie vermehren, offenbar alle Zellen des Pharynx simplex, d. h. bewimperte Epithelzellen, Muskelzellen und Drüsenzellen, in einem sich entwickelnden Zooid aus Stammzellen differenzieren (cf. PALMBERG u. REUTER 1983).

d) Polycladida. Ein dem sich ausdifferenzierenden Pharynx simplex eines Macrostomiden-Zooids sehr ähnliches Stomodaeum tritt – als relativ ursprüngliches, von der Stammart der Rhabditophora übernommenes Merkmal ? – bei Larven der Polycladida auf (cf. RUPPERT 1978, fig. 8). Dieser sich an die Mundöffnung anschließende vordere Bereich des Verdauungssystems kann ebenfalls als ein Pharynx simplex bezeichnet werden, die Pharynxzellen sind dicht mit einwärts, d. h. zum Darm hin schlagenden Cilien besetzt (RUPPERT l.c., p. 68). Dem Pharynx fehlen offenbar Pharynxdrüsen; den Übergangsbereich zum Darmepithel markieren Cilien – die den publizierten EM-Aufnahmen nach zu urteilen Sinneszellen angehören – mit einem spezifisch erweiterten Schaft.

3.8.1.3. Pharynges compositi

Unter dem Terminus Pharynx compositus lassen sich in der Plathelminthen-Literatur all jene Pharynx-Typen zusammenfassen, die gegenüber den Pharynges simplices stärker abgewandelt erscheinen, insbesondere hinsichtlich der Pharynxmuskulatur.

Stärker muskulöse Pharynges finden sich bei mehreren Acoela (cf. Lit. bei u. a. AX 1961; DÖRJES 1968) sowie bei den Polycladen und den dem Taxon Neoophora angehörenden Plathelminthen.

Die innerhalb der Acoela realisierten muskulösen Verstärkungen sind mit größter Sicherheit erst innerhalb dieses Taxons evoluiert worden, auf Grund der unterschiedlichen Ausprägungen nach zu urteilen vermutlich – wie die Pharynges simplices – sogar mehrfach konvergent bei einzelnen subordinierten Teiltaxa der Acoela.

Auch bei den innerhalb der Polycladida und Neoophora existierenden muskulösen Pharynges ist nicht sicher, ob diese Differenzierungen einen gemeinsamen Ursprung aufweisen: „However, the homology of all kinds of complex pharynges is not warranted" (KARLING 1974, p. 9).

Die ältere Literatur zur Evolution dieses Pharynx ist, soweit sie sich auf die freilebenden Plathelminthen bezieht, eingehend von AX (1961) diskutiert worden. Neuere detaillierte, auch elektronenmikroskopische Befunde einbeziehende Untersuchungen über die Pharynges compositi liegen in relativ geringer Zahl vor und gestatten noch keine Antwort auf die Frage: hat die Stammart der Trepaxonemata bereits einen Pharynx compositus besessen und wenn ja, in welcher spezifischen Ausprägung?

Ein in mehrfacher Hinsicht offenbar relativ ursprüngliches Evolutionsniveau des Pharynx compositus stellen die als Pharynx plicatus bezeichneten Typen dar; ein Pharynx plicatus ist bei den Polycladida, Seriata und vielen Prolecithophora realisiert. Zwischen den einzelnen Typen des Pharynx plicatus bestehen jedoch größere Unterschiede, möglicherweise repräsentiert der Krausenpharynx der Polycladida eine Autapomorphie für dieses Taxon, Entsprechendes mag auch der als Pharynx tubiformis bezeichnete Typus für die Seriata darstellen (cf. KARLING 1974, p. 11; SOPOTT-EHLERS 1985 a).

Die in der Literatur als Pharynx bulbosus bezeichneten Typen erscheinen im Vergleich zum Pharynx plicatus stärker differenziert, solche Pharynges sind bei den Rhabdocoela, vielen Prolecithophora und den Lecithoepitheliata vorhanden. Auch hier ist die Unsicherheit über eine mögliche Verwendbarkeit dieser Organe zur Analyse phylogenetischer Zusammenhänge noch sehr groß.

So haben sich die bei den Lecithoepitheliata existierenden Pharynges vielleicht mehrmals konvergent zueinander aus einem weniger muskulösen Niveau heraus evoluiert (cf. KARLING 1974, p. 9); Entsprechendes dürfte auch für die als Pharynx variabilis bezeichneten Organe bestimmter Prolecithophora gelten (cf. AX 1961, p. 24); die Frage, ob der von RIEGER u. STERRER (1975) als „Pharynx simplex" bezeichnete Pharynx von *Acanthiella* einen für die Prolecithophora primär ursprünglichen oder aber sekundär vereinfachten Pharynx darstellt, läßt sich derzeit nicht beantworten.

Demgegenüber erscheint der Pharynx der Rhabdocoela in seiner gesamten Organisation einheitlicher (u. a. übereinstimmende Ausbildung des Pharynxseptums, Umkehrung der Muskelschichten am Pharynxrand, verkürzte oder gar – bei parasitischen Taxa – fehlende Pharynxtasche; cf. auch KARLING 1940, p. 172); in Konsequenz dieses Sachverhaltes wird ein solcher **Pharynx bulbosus** als **Autapomorphie für das Taxon Rhabdocoela** ausgegeben (cf. auch EHLERS 1972, p. 73).

Leider liegen bisher nur wenige elektronenmikroskopische Untersuchungen über den Pharynx freilebender Rhabdocoela vor (cf. Lit. in RIEGER 1981 a), so daß Aussagen zur Evolution dieses Pharynx ebenfalls mit großen Unsicherheiten behaftet sind. Der Pharynx bulbosus der letzten gemeinsamen Stammart der Rhabdocoela dürfte aber wenig spezialisiert gewesen sein und vermutlich eine Reihe relativ ursprünglicher Merkmale aufweisen wie eine über den distalen Saum der Pharynxöffnung nach proximal weiterführende Bewimperung des inneren Pharynxephithels, extrapharyngeale Pharynxdrüsen, eine insgesamt schwach ausgeprägte Pharynxmuskulatur und einen höchstens gering ausgebildeten Greifwulst an der distalen Pharynxöffnung.

Ein solcher, weitgehend unspezialisierter Pharynx findet sich bei verschiedenen Taxa der „Typhloplanoida", deren Pharynx (wie auch der der Kalyptorhynchia) als Pharynx rosulatus bezeichnet wird – d. h., für die Stammart der Rhabdocoela läßt sich die Existenz eines Pharynx rosulatus wahrscheinlich machen; dieses Merkmal ist somit nicht zur Begründung eines Taxons „Typhloplanoida" (unter Einschluß der Kalyptorhynchia) zu verwenden.

Innerhalb der „Typhloplanoida" und der Kalyptorhynchia haben dann offenbar vielfältige Abwandlungen zu den unterschiedlichsten Pharynxdifferenzierungen geführt, z. B. zum röhrenförmigen Pharynx der Solenopharyngidae und – konvergent – der Opistominae oder zum tonnenförmigen Pharynx der Phaenocorinae und – mehrfach konvergent – verschiedener Kalyptorhynchia.

Ein tonnenförmiger Pharynx bulbosus kennzeichnet zudem alle Arten der „Dalyellioida“ (einschließlich der Temnocephalida und der Udonellida), ferner auch die Trematoda und die Monogenea.

Dieser als **Pharynx doliiformis** bezeichnete Typus stellt eine spezifische Weiterentwicklung des Pharynx rosulatus dar (cf. auch KARLING 1940, p. 171/72; AX 1961, p. 24) und dürfte **eine Autapomorphie eines aus den „Dalyellioida“ und den Neodermata gebildeten monophyletischen Taxons Doliopharyngiophora** bilden; als evolutionäre Neuerwerbungen des Pharynx doliiformis gegenüber dem Pharynx rosulatus sind vor allem folgende Merkmale zu nennen: konstant terminale bis subterminale Ausmündung; Kerne des inneren Pharynxepithels proximal verschoben (Ausbildung eines „Kropfes“, nach eigenen Beobachtungen auch bei parasitischen Taxa); ausschließlich intrapharyngeale Lage der Pharynxdrüsen (ausgenommen einige wenige Arten); vollständige Reduktion der Pharynxbewimperung. Natürlich kann bei einzelnen subordiniertenTaxa der Doliopharyngiophora dieser „typische“ Pharynx doliiformis in weiter modifizierter Form auftreten, z. B. fehlen Pharynxdrüsen den Pharynges insbesondere vieler parasitischer „Dalyellioida“ und Neodermata, weitere Unterschiede sind durch den Umstand bedingt, daß in einzelnen Taxa der Pharynx vorstülpbar ist (Existenz von Papillen am vorderen Pharynxrand), in anderen Taxa dagegen nicht.

Innerhalb der parasitischen Doliopharyngiophora existieren mehrere Taxa, bei denen ein Pharynx doliiformis obligatorisch auf dem Niveau eines bestimmten Entwicklungsstadiums fehlt (Miracidium und Sporocyste der Digenea) oder bei denen ein Pharynx generell nicht ausdifferenziert wird (u. a. Fecampiidae, alle Cestoda); diese Verhältnisse werden im Zusammenhang mit dem Mangel eines Intestinums im folgenden Kapitel diskutiert.

3.8.2. Intestinum

Im Hinblick darauf, daß der Stammart des Taxons Plathelminthes eine nur geringe Körpergröße bei annähernd drehrundem Körperquerschnitt zukommt, ist davon auszugehen, daß sich bei dieser Stammart an die einfache Mundöffnung ein ± sackartig gestalteter entodermaler Darmtrakt anschließt (cf. auch Diskussion bei AX 1984).

Diese einfache Darmkonfiguration, die bereits von der Stammart der Bilateria übernommen worden ist (und bei den Gnathostomulida und verschiedenen Eubilateria persistiert), wurde auch innerhalb der Plathelminthen an eine ganze Reihe subordinierter Taxa weitergegeben, so an die Catenulida und die Macrostomida, auch innerhalb der Taxa mit einem Pharynx compositus bildet ein einfacher blindsackartiger Darmkanal den jeweiligen ursprünglichen Zustand, nicht nur innerhalb der Lecithoepitheliata, der Prolecithophora, der Seriata, der „Typhloplanoida“ (einschl. der Kalyptorhynchia) und der „Dalyellioida“, sondern auch bei den Aspidobothrii s. str. (Cotylocidium-Larve sowie alle Adulte), den Digenea (Entwicklungsstadium der Redie, Bewertung der Existenz eines einfachen Darmes bei späteren Entwicklungsstadien s. u.) sowie den Monogenea (Oncomiracidium-Larve sowie Adulti bestimmter Taxa wie z. B. *Tetraonchus* (Abb. 13, ferner u. a. OGAWA u. EGUSA 1978).

Bei allen anderen, von diesem einfachen sackförmigen Intestinum abweichenden Darmkonfigurationen in Form von Verästelungen, Verzweigungen etc. oder in Form eines centralen verdauenden Gewebes, insbesondere eines Syncytiums, handelt es sich um sekundäre Erscheinungen, die im Nachfolgenden zu besprechen sind.

Zuvor soll jedoch noch kurz auf einige Charakteristika des ursprünglichen sackartigen Darmes eingegangen werden. Aufgrund lichtmikroskopischer Beobachtungen scheint es häufig, als ob ein solches Intestinum in Form eines „Darmkanals" oder eines „Darmrohres", jeweils ausgestattet mit einem deutlichen Darmlumen, vorliegt. Elektronenmikroskopische Untersuchungen an verschiedenen Catenulida und Macrostomida, aber z. B. auch an Tricladen (cf. Bowen 1980), zeigen aber, daß ein Darmlumen mitunter nur spärlich ausgebildet ist, vielmehr können die einzelnen Darmzellen direkt aufeinanderstoßen, insbesondere nach einer Nahrungsaufnahme, und so nur schmale Spalträume freilassen. Die Taf. 80, die einen Ausschnitt aus dem Intestinum von *Retronectes* cf. *sterreri* zeigt, möge diesen Sachverhalt verdeutlichen. Die über die Mundöffnung bzw. den Pharynx aufgenommene Nahrung gelangt in Spalträume (in Taf. 76 ist ein solcher Spaltraum dargestellt) zwischen die Darmzellen, kann dort in Kontakt mit hydrolytischen Enzymen (für die extracelluläre Phase der Verdauung) kommen, die den zwischen den Darmzellen gelegenen Drüsenzellen entstammen (cf. auch Doe 1981; Moraczewski 1981) und wird letztlich von den Epithelzellen in Nahrungsvakuolen eingeschlossen; neben diesen Vakuolen existieren in den Zellen Speicherstoffe z. B. in Form von Lipiden (cf. Taf. 80 A; ferner Doe 1981), daneben aber vermutlich auch Glykogen.

Die Darmzellen der Catenulida und auch der Macrostomida tragen Cilien, die in beiden Taxa relativ lang sind, die Axonemata dieser Cilien liegen bei *Retronectes* in den Lückenräumen zwischen den Darmzellen. Bemerkenswert ist, daß die in den Entodermzellen inserierenden Cilien andere Cilienwurzeln (Taf. 80 B) aufweisen als die ektodermalen lokomotorischen Organelle, auch Doe (1981) fand nur Vertikalwurzeln in den Darmzellen der Catenulida (l.c., p. 141) sowie der Macrostomida (l.c., p. 170). Ein bewimpertes Intestinum ist auch von den Polycladida bekannt (u. a. Jennings 1974).

Aufgrund dieser übereinstimmenden Befunde läßt sich der bei den Plathelminthes primär vorhandene Darm genauer darstellen (cf. auch fig. 8.6 bei Smith u. Tyler 1985): **zum Grundmuster gehört ein sackförmiges Intestinum, aufgebaut aus einer Schicht bewimperter Darmzellen, die sowohl Nahrungsvakuolen wie auch Speicherstoffe aufweisen, und aus zwischengelagerten Drüsenzellen,** in der Literatur auch Minotsche Zellen genannt. Diese Drüsenzellen fehlen offenbar bestimmten parasitischen Taxa der Doliopharyngiophora (für die parasitischen „Dalyellioida" siehe Jennings 1980), sicher ein sekundärer Zustand; in diesem Fall können die Darmzellen offenbar sowohl sekretorisch wie auch absorptiv tätig sein. Die Darmzellen verbleiben während und auch nach einer Nahrungsaufnahme im Epithelverband (cf. u. a. Bowen et al. 1974; Holt u. Mettrick 1975), das Austreten von Zellen in das Darmlumen ist ein abgeleitetes Phänomen weniger Parasiten, insbesondere der sich von Blut ernährenden Arten wie vor allem die Polyopisthocotylea innerhalb der Monogenea.

Das skizzierte Grundmuster hat eine erste **Abwandlung innerhalb der Acoelomorpha** erfahren. Bekanntlich weisen die Acoela keinen Darm auf, sondern ein verdauendes centrales Gewebe. Dieses Gewebe, daß von Smith (1981 und in Vorbereitung) eingehend elektronenmikroskopisch untersucht wurde, repräsentiert mit wünschenswerter Sicherheit einen apomorphen Zustand, und zwar hervorgegangen aus dem weiter oben geschilderten Intestinum-Grundmuster (cf. auch Smith u. Tyler 1985).

In diesem Zusammenhang interessiert auch die spezifische Ausbildung des Intestinums der Nemertodermatida, der Schwestergruppe der Acoela. Die Nemertodermatida haben zwar ein celliges Intestinum, doch sind die einzelnen Zellen miteinander so verzahnt, daß der centrale Körperbereich lichtmikroskopisch wie bei den Acoela als Syncytium erscheint, ein Darm„lumen" ist nicht mehr gegeben (cf. Taf. 71, 72, 74; ferner auch

SMITH u. TYLER 1985; TYLER u. RIEGER 1977, fig. 8). Die Darmzellen können zahlreiche Nahrungsvakuolen mit den unterschiedlichsten Nahrungsobjekten bzw. -resten enthalten, daneben auch Strukturen, die an Lithosomen erinnern (u. a. Taf. 74). Hier sei hervorgehoben, daß die hier bearbeiteten *Nemertoderma*-Individuen sauerstoffärmeren Meeressedimenten entstammen; vergleichbare lithosomale Strukturen treten z. B. nach OTT et al. (1982, p. 319) auch im Darm eines Nematoden sowie anderer Plathelminthen aus ebenfalls sauerstoffärmeren Biotopen auf.

Von besonderer Bedeutung bei *Nemertoderma* ist die Existenz von Drüsenzellen mit spezifisch strukturierten Granula (Taf. 73 B), die insbesondere in den Darmbereichen nahe der Mundöffnung zu finden sind (Taf. 71) und hier häufig reihig angeordnet sind (Taf. 72), so, als lägen sie in einem typischen einschichtigen Darmepithel. Ohne Zweifel entsprechen diese Drüsenzellen von *Nemertoderma* den zuvor genannten Drüsen- oder Minotschen Zellen der Catenulida und Macrostomida.

Es bleibt festzuhalten: den Nemertodermatida fehlt wie den Acoela ein Darm mit epithelial ausgekleidetem Darmlumen, der apomorphe Zustand mit den stark untereinander verzahnten, lumenlos aneinander grenzenden Darmzellen könnte daher eine Synapomorphie der beiden Taxa, eine Autapomorphie der Acoelomorpha darstellen. Bei vielen Acoela haben sich dann aus diesem Niveau heraus Syncytienbildungen evoluiert (cf. SMITH 1981 und in Vorbereitung), bei Arten mit einem Syncytium sind die Darmdrüsen vollständig reduziert, offenbar ebenso bei den wenigen Acoela mit einem kleinen entodermalen Spaltraum; d. h., der Mangel von Darmdrüsen ist konfliktfrei als Autapomorphie des Taxons Acoela interpretierbar.

Bei den mit einem Pharynx compositus ausgestatteten Plathelminthen-Taxa hat der Darm dagegen Abwandlungen anderer Art erfahren, die insbesondere bei voluminöseren Individuen zu einer Vergrößerung des Darmtraktes führen.

Hier sind zunächst die Polycladida zu nennen; das Intestinum der Arten dieses Taxons besteht aus einem centralen Darm, der auf ganzer Länge zahlreiche, sich peripher immer weiter aufgabelnde Seitenzweige aussendet. Ein solches System findet sich nicht nur bei großen Arten, sondern auch bei den vergleichsweise kleinen interstitiellen Species (cf. SOPOTT-EHLERS u. SCHMIDT 1975), ganz offenbar gehört ein **verästeltes Darmsystem** bereits zu den **Grundmustermerkmalen der Polycladida** und dürfte somit eine Autapomorphie dieses Taxons darstellen. Verästelungen treten zwar auch in anderen Taxa der Neoophora vereinzelt auf (z. B. Abb. 13 C), sind hier jedoch mit Sicherheit konvergent entstanden.

Bemerkenswert erscheint, daß innerhalb der als Neoophora bezeichneten Plathelminthen eine weitestgehende Reduktion der ursprünglichen Darmbewimperung zu beobachten ist. **Die Mehrzahl der Neoophora besitzt eine vollkommen cilienfreie Gastrodermis,** nur bei bestimmten Prolecithophora findet sich noch in stärkerem Ausmaß ein ciliäres Darmepithel (u. a. KARLING 1962, p. 136–137; JENNINGS 1974); den Lecithoepitheliata, den Seriata (vielleicht *Bothrioplana* ausgenommen, cf. v. HOFSTEN 1907, p. 617) und den Rhabdocoela scheinen Cilien generell zu fehlen, wie die bisher durchgeführten EM-Untersuchungen an den freilebenden Taxa und vor allem an den parasitischen Doliopharyngiophora zeigen.

Von den innerhalb der Neoophora realisierten apomorphen Darmkonfigurationen seien hier nur kurz diejenigen der Tricladida und der Doliopharyngiophora erwähnt. **Für die Tricladida,** einem Teiltaxon der Seriata, **bildet die Existenz eines 3-schenkligen Intestinums eine klare Autapomorphie** (vgl. Disk. bei SOPOTT-EHLERS 1985 a). Eine vergleichbare Darmkonfiguration hat sich konvergent bei der Macrostomide *Paramacro-*

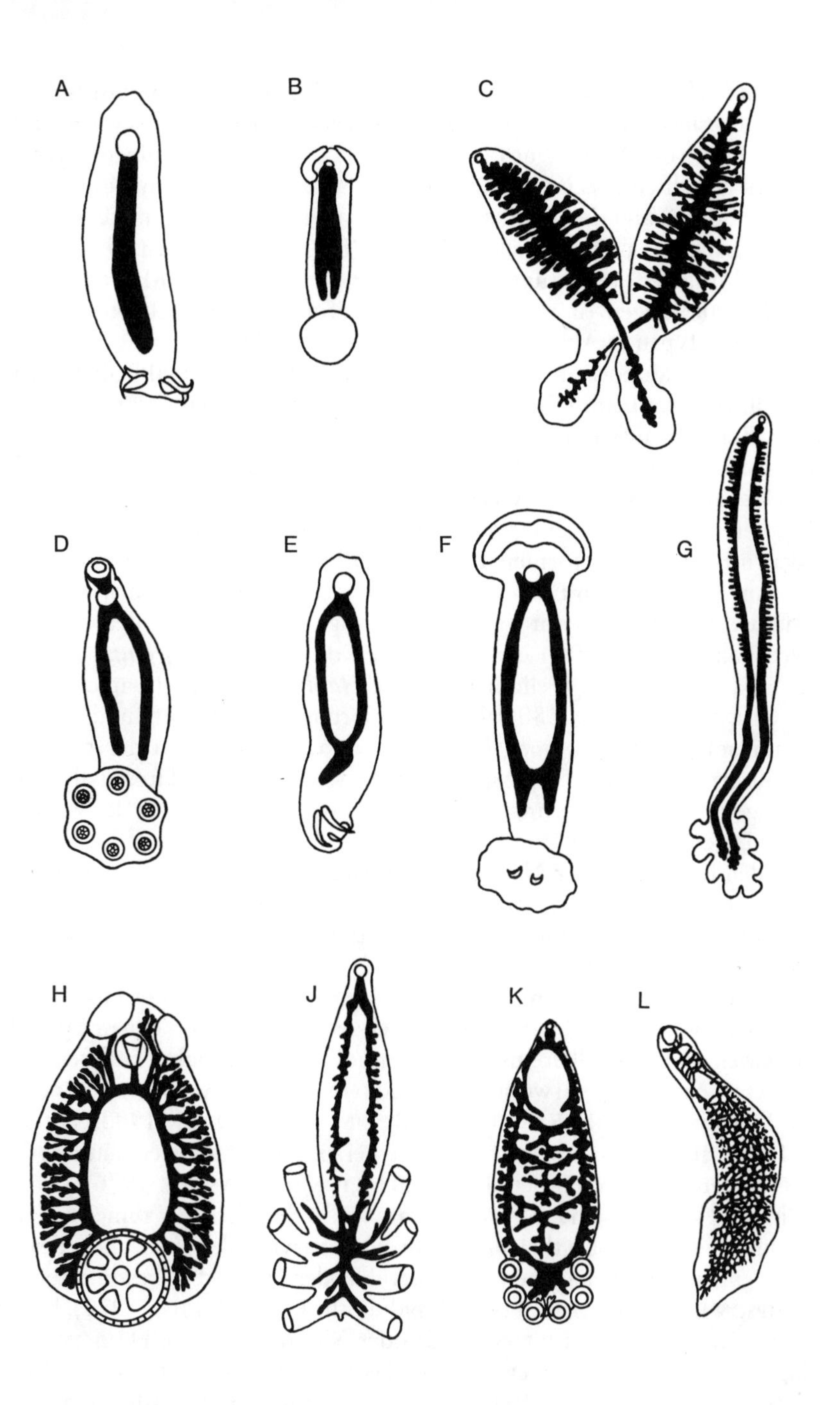

Abb. 13. Darmkonfigurationen bei den Monogenea: verschiedene Beispiele von einfach blindsackartigen zu unterschiedlich verzweigten und verästelten, z. T. partiell wieder verschmolzenen Systemen (nach BYCHOWSKY 1957 aus CHAPPELL 1980 und nach BAER u. EUZET 1961). A. *Tetraonchus momenteron;* B. *Anonchohaptor anomalum;* C. *Diplozoon paradoxum;* D. *Neopolystoma palpebrae;* E. *Ancylodiscoides siluri;* F. *Calceostomella inerme;* G. *Chimaericola leptogaster;* H. *Tristomum* spec.; I. *Cyclocotyla chrysophrii;* K. *Polystoma integerrimum;* L. *Microcotyle reticulata.*

stomum tricladoides (cf. Bresslau 1928–33, fig. 247), bei einigen parasitischen „Dalyellioida" (u.a. *Desmote, Bicladus*), bei fast allen Species der Digenea (s.u.), aber auch bei einer ganzen Reihe der Monogenea (z.B. Abb. 13 D, G) sowie einzelnen derzeit zu den Aspidobothrii gestellten Species herausevoluiert. Bei den Macrostomida und den Teiltaxa der „Dalyellioida" und der Neodermata bildet aber jeweils ein einfacher unverzweigter Darmblindsack den ursprünglichen Zustand (für die Digenea s.u.), insbesondere innerhalb der Monogenea (mitunter bereits bei Oncomiracidien-Larven) sind dann vielfältige Abwandlungen (u.a. Gabelungen, netzförmige Verästelungen) eingetreten, von denen einige Typen in Abb. 13 exemplarisch dargestellt sind.

Während die Aspidobothrii s. str. den unverzweigten Darmkanal beibehalten haben, scheint das Intestinum **beim Übergang von der Redie,** die ja den ursprünglichen blindsackartigen Zustand aufweist, **zur Cercarie** obligatorisch eine **Aufspaltung zu einem 3-schenkligen Darmtrakt** zu erfahren, vermutlich (s.u. *Haplosplanchnus*) stellt dieser Umstand eine **Autapomorphie der Digenea** dar, evoluiert in der Stammlinie dieses Taxons, d.h., bereits die letzte gemeinsame Stammart der Digenea wies einen Zyklus mit verschiedenen Entwicklungsformen auf, in denen der Übergang vom einfachen Darmblindsack zum 3-schenkligen Darmtrakt genetisch fixiert war. Nur in wenigen Teiltaxa der Digenea existieren Adulti mit einem unverzweigten Darm, so bei den Gasterostomata (= Bucephalidae), ferner bei einzelnen Arten der Taxa *Parvipyrum* (Zoogonidae), *Monascus* und *Haplocladus* (Fellodistomidae), *Haplosplanchnus* (Haplosplanchnidae) (hier von Odening (1974, p. 380) aber als ursprünglich bewertet) und *Monocaecum* (Microphallidae) oder bei *Gorgocephalus* (Lepocreadiidae); hierbei dürfte es sich stets (vielleicht ausgenommen die Haplosplanchnidae, s.o.) um sekundäre, unabhängig voneinander eingetretene Veränderungen (bzw. um Atavismen) innerhalb der verschiedenen Teiltaxa der Digenea handeln.

Da über den Darmtrakt der Neodermata zahlreiche neuere Arbeiten, darunter auch EM-Untersuchungen, vorliegen, möchte ich kurz auf die mit verschiedenen Namen versehenen Abschnitte des **Verdauungssystems der parasitischen Plathelminthen** eingehen; einen ausführlicheren Überblick gibt Erasmus (1972, 1977).

Grundsätzlich gilt: die vor dem Pharynx gelegenen Bereiche, in der Literatur als Vorderdarm, Bukkalhöhle oder **Präpharynx** bezeichnet, sind stets von einem Epithel ausgekleidet, das weitreichende Übereinstimmungen mit der syncytialen äußeren Körperbedeckung, der Neodermis, aufweist (u.a. Halton 1972; Halton u. Morris 1975; Hoole u. Mitchell 1983 b; Rees 1983 a; Robinson u. Halton 1983; Thompson u. Halton 1982), auch wenn hier, insbesondere bei vielen Monogenea, häufiger Drüsenzellen ausmünden (u.a. Halton et al. 1974; Halton u. Stranock 1976 b).

Dem Pharynx schließt sich ein Abschnitt an, der in der Literatur zumeist als **Ösophagus** bezeichnet wird. Das Epithel in diesem postpharyngealen Abschnitt des Verdauungstraktes entspricht in manchen Taxa der Neodermis, so bei bestimmten Digenea (u.a. Thompson u. Halton 1982) oder Aspidobothrii (u.a. Halton 1972), bei anderen Digenea (u.a. Robinson u. Halton 1983) oder Monogenea (u.a. Halton u. Morris 1975) dagegen eher der Gastrodermis bzw. das Epithel entspricht z.T. der Neodermis und z.T. der Gastrodermis (u.a. Rees 1983 a), d.h., **im Ösophagealbereich erfolgt der Übergang von der äußeren Körperbedeckung zum Intestinum,** entweder durch einen Zellspalt mit Desmosomen deutlich markiert oder aber als syncytiales Kontinuum.

Das Intestinum unterscheidet sich in mehrfacher Hinsicht von den Epithelien des vorderen Verdauungstraktes: **die Zellkerne der cellulären oder auch syncytialen Gastrodermis liegen** – im Gegensatz zur Neodermis – sowohl bei den Trematoda wie auch den

Monogenea **intraepithelial** (u.a. Bennett 1975 c; Bogitsh 1975; Davies 1978; Dike 1967; Fournier 1978; Halton 1975, 1982 b; Halton et al. 1968; Halton u. Stranock 1976 a; Hathaway 1972; Hoole u. Mitchell 1983 b; Rees 1983 b; Robinson u. Halton 1983; Robinson u. Threadgold 1975; Rohde 1973 c; Tinsley 1973), zudem weist das Darmepithel spezifische Oberflächenvergrößerungen in Form von Mikrovilli, Lamellen oder auch breiteren cytoplasmatischen Fortsätzen auf. Nach Halton u. McCrae (1983) soll sich das den vorderen Verdauungstrakt auskleidende Epithel auch in das Intestinum hineinschieben und hier einzelne Darmzellen überdecken. Die spezifischen Besonderheiten des Intestinums (u.a. Existenz oder Mangel von Drüsenzellen, Ausbildung unterschiedlicher Typen von Darmzellen, Veränderung von einem Entwicklungsstadium zum anderen bzw. von einem Wirtsorganismus zum nächsten) bei einzelnen subordinierten Teiltaxa der Neodermata können hier nicht näher diskutiert werden (eine ausführlichere Darstellung gibt Erasmus 1977), obschon auffällige genuine Differenzen zu bestehen scheinen, ebenso wie in der Art der Verdauung: „Digestion in the Monogenea is intracellular in its final stages, this is in marked contrast to the Digenea and Aspidogastrea (also den Trematoda!) where it is extracellular and takes place in the caecal lumen“ (cit. Hughes 1977, p. IX; cf. auch Smyth u. Halton 1983, p. 294).

Wie bereits erwähnt, fehlt einigen Taxa generell oder zumindest auf dem Niveau bestimmter Entwicklungsstadien ein Verdauungstrakt. Die phylogenetische Bewertung dieser Erscheinung wird in der Literatur unterschiedlich vorgenommen und soll daher Gegenstand einer kurzen Diskussion sein.

Sofern es sich nur um einen partiellen Mangel handelt wie z. B. bei der Catenulide *Paracatenula,* die offenbar keine Mundöffnung und nach Sterrer u. Rieger (1974) sowie Ott et al. (1982) einen nur rudimentären Darm besitzt, läßt sich hier eindeutig auf einen apomorphen Zustand schließen, eine Reduktion, zumal die übrigen Catenulida einen wohl ausgeformten Verdauungstrakt aufweisen.

Plathelminthen vollkommen ohne Darm begegnen uns innerhalb bestimmter Teiltaxa der Doliopharyngiophora, und zwar ausschließlich bei endoparasitischen Arten, so innerhalb der „Dalyellioida“ bei den im Taxon **Fecampiidae** vereinigten Genera *Fecampia, Glanduloderma* und *Kronborgia* (cf. Bellon-Humbert 1983). Die über 80 Jahre alten (cf. Caullery u. Mesnil 1903) und immer wieder zitierten Meldungen, die Larven von *Fecampia erythrocephala/xanthocephala* besäßen ein vollständiges Verdauungssystem, das nach Erreichen des Wirtes weitgehendst eliminiert wird (cf. Lit. bei Jennings 1980, p. 51), erscheinen mir durchaus nicht sicher und stehen im Gegensatz zu den Befunden an der Larve von *Kronborgia,* der wie dem Adultus ein Darmtrakt vollständig fehlt. Auch der von Jägersten (1941, p. 8/9) vorgetragenen Auffassung, der centrale Körperbereich von *Glanduloderma* repräsentiere ein reliktäres Intestinum, vermag ich nicht vorbehaltlos zu folgen, scheint doch die „Darmhöhle“ von Zellen der weiblichen Gonade, des Vitellariums, begrenzt zu sein. Eine Nach- bzw. Neuuntersuchung der genannten Fecampiidae, insbesondere der Larve von *Fecampia,* mit Hilfe der Elektronenmikroskopie ist sehr wünschenswert.

Neben den im Taxon Fecampiidae vereinigten Species existieren einige weitere „Dalyellioida“ ohne Verdauungssystem, so *Fallacohospes inchoatus* (Umagillidae), *Acholades asterias* (Acholadidae) und *Graffilla curiosa* (Graffillidae) (cf. Kozloff 1965; Hickman u. Olsen 1955; Westblad 1954). Bei all diesen endoparasitischen „Dalyellioida“ ohne Darm stellt der Mangel mit Sicherheit eine jeweils konvergent erworbene evolutionäre Neuheit dar, zumal nah verwandte Taxa dieser „Dalyellioida“ ein Verdauungssystem besitzen.

Schwieriger erscheint die Bewertung des Sachverhaltes bei den Digenea: hier fehlt obligatorisch den ersten Entwicklungsstadien, den **Miracidien** und den **Sporocysten,** ein Darm, der „erst", d.h. retardiert, bei der Redie realisiert ist. Sporocyste und Redie sind Endoparasiten von Mollusken; dieser Endoparasitismus stellt ebenso wie die Abfolge mehrerer und dazu morphologisch unterschiedlicher Entwicklungsstadien (z.B. Sporocyste–Tochtersporocyste oder Sporocyste–Redie), einschließlich der Ausbildung von Cercarien, ein Merkmal dar, über das bereits die letzte gemeinsame Stammart der Digenea verfügt haben dürfte (vgl. Kap. 3.10.).

Ganz offenbar sind die praecercarialen bzw. praeredialen Entwicklungsstadien in mehrfacher Hinsicht „embryonal" geblieben, und zwar insofern, als daß bestimmte, für die Digenea oder die Plathelminthen insgesamt charakterisitische Merkmale (noch) nicht ausdifferenziert werden, so beim Miracidium bzw. der daraus hervorgehenden Sporocyste die entodermalen Bildungen, erst **die Redie rekapituliert** mit dem einfachen, in Verbindung mit einem Pharynx doliiformis stehenden Darmblindsack **das für die Stammart der Doliopharyngiophora typische System;** auf dem Niveau der Cercarie kommt es dann zu spezifischen, für die Digenea wahrscheinlich (s.o.) autapomorphen Abwandlungen des Darmes gegenüber dem Grundmuster der Doliopharyngiophora bzw. der Neodermata bzw. der Trematoda. Wenn bei einzelnen Metacercarien oder zwittrigen Individuen ebenfalls ein Darmsystem fehlt (so bei der Metacercarie von *Levinseniella capitanea,* cf. OVERSTREET u. PERRY 1972), so handelt es sich hier um singuläre, sekundär innerhalb des Taxons Digenea entstandene Phänomene, die völlig unabhängig von der Darmlosigkeit eines Miracidiums und einer Sporocyste zu bewerten sind.

Selbstverständlich stellt die Evolution der darmlosen Entwicklungsstadien (Miracidien, Sporocysten) eine augenfällige Apomorphie für die Digenea, d.h., eine **Autapomorphie des Taxons Digenea,** dar.

Das Miracidium verfügt über Nahrungsreserven u.a. in Form von Glykogen (cf. WHITFIELD 1981) und die endoparasitische Sporocyste ist befähigt, u.a. Monosaccharide über die Körperoberfläche zu absorbieren, ein Darm scheint im nährstoffreichen Milieu der Molluskenmitteldarmdrüse entbehrlich; auch die endoparasitischen Redien ernähren sich trotz Besitzes eines Intestinums in erheblichem Maße transtegumental oder parenteral.

Diese Art der Ernährung ist für eine andere artenreiche Gruppe der Neodermata ebenfalls die einzig mögliche: bekanntlich **fehlt ein Verdauungssystem allen Cestoidea (Caryophyllidea + Eucestoda), den Gyrocotylidea und den Amphilinidea,** und zwar sowohl im Adultzustand wie auch in allen Entwicklungsstadien (es besteht allerdings die Möglichkeit, daß die ± muskulösen Differenzierungen am Vorderende adulter Gyrocotylidea und Amphilinidea sowie heranwachsender Cestoidea Rudimente eines Verdauungstraktes, d.h. einen Praepharynx, repräsentieren, vgl. Kap. 3.1.1.).

In Übereinstimmung mit nahezu allen Parasitologen und in logischer Konsequenz der vorhergehenden Ausführungen bewerte ich diesen Mangel als sekundär eingetreten und zudem als nur ein einziges Mal entstanden – in der Stammlinie eines monophyletischen Taxons Cestoda; **aufgrund des Mangels eines Darmes muß die letzte gemeinsame Stammart der Cestoda endoparasitisch gelebt** und sich parenteral ernährt haben.

Die wenigen Versuche, die Nichtexistenz eines Darmes bei den Cestoda (und dem Miracidium der Digenea) als stammesgeschichtlich (und nicht wie hier nur ontogenetisch) ursprünglich zu interpretieren, sind mit den Prinzipien der phylogenetischen Systematik unvereinbar.

Wenn MALMBERG (1974) von einer darmlosen Stammart der parasitischen Plathelminthen ausgeht (die nach den Vorstellungen dieses Autors sogar direkt auf das Organisationsniveau von *Trichoplax* zurückzuführen ist), so müssen sich Verdauungssysteme allein innerhalb der parasitischen Neodermata dreimal konvergent ausgebildet haben (und hier jedesmal in weitgehend identischer Ausprägung mit Pharynx doliiformis etc.), nämlich in den Stammlinien der Monogenea, der Digenea und der Aspidobothrii, darüberhinaus aber auch, von MALMBERG nicht diskutiert, zusätzlich konvergent in den Stammlinien der freilebenden Plathelminthen und der übrigen Bilateria. Die Argumentation von MALMBERG ist somit mit dem Prinzip, stets mit einer möglichst sparsamen Erklärung – hier: einmalige Ausbildung eines entodermalen Verdauungssystems, vermutlich bereits in der Stammlinie der Eumetazoa – zu operieren, unvereinbar. Zudem lassen sich viele andere, von mir in dieser Arbeit diskutierte Organisationsmerkmale nicht mit der Auffassung von MALMBERG in Einklang bringen, die als widerlegbare Hypothese zurückgewiesen wird. Diese Feststellung gilt ebenso für Versuche wie z.B. von LOGACHEV (cf. u.a. MACKIEWICZ 1982 b, p. 184), zwischen den Cestoden und den Acoela engste Verwandtschaftsbeziehungen aufgrund eines „gemeinsamen Mangels des Entoderms" zu postulieren.

3.8.3. Analstrukturen

Mit an Sicherheit grenzender Wahrscheinlichkeit ist davon auszugehen, daß die Stammart der Plathelminthen weder einen Analporus noch einen Enddarm besaß; dieser **Mangel ist eine Symplesiomorphie der Plathelminthen,** übernommen von der Stammart aller Bilateria (zur ausführlichen Begründung dieser Argumentation sei auf AX (1984) verwiesen).

Zwar sind bis heute bei verschiedenen Plathelminthenarten (s. u.) Differenzierungen beobachtet worden, die einen zumindest temporären Austritt des Darminhaltes nicht nur über die Mundöffnung als möglich erscheinen lassen, doch handelt es sich hier in jedem Einzelfall um sekundäre Neubildungen bei einer einzelnen Art bzw. einer kleineren Artengruppe. Jede Stammart der in dieser Arbeit diskutierten monophyletischen Teiltaxa besaß wie die Stammart aller Plathelminthen ein kaudal blind geschlossenes Intestinum.

Innerhalb der Macrostomida ist eine Analöffnung (ohne Proctodaeum) nur von *Haplopharynx rostratus* bekannt (KARLING 1965) und dort offenbar nur von geschlechtsreifen Individuen, „an einem jungen Tier war der Porus noch nicht durchbrochen" (cit. KARLING l.c., p. 6).

Der sekundäre Charakter der von mehreren Arten der Polycladida, so von *Leptoteredra maculata* und *L. tentaculata*, *Yungia aurantiaca* und Arten des Taxons *Cycloporus* gemeldeten Darmdurchbrüche erhellt sich hier auch aus der Tatsache, daß bei *Leptoteredra* die „Analporen" auf der Dorsalseite weit vor dem Hinterende der Tiere liegen (cf. KATO 1943 a), bei *Yungia* zahlreiche dorsale „Darmkanäle" existieren und bei *Cycloporus* das verästelte Darmsystem über eine Vielzahl von blasenartigen Verbindungen, die über den gesamten Körper verstreut sind, nach außen führt (KATO 1943 b; HYMAN 1951, p. 107).

Auch innerhalb der Seriata sind einzelne Darmdruchbrüche beobachtet worden, so von MARCUS (1950) bei *Tabaota curiosa* und von KARLING (1966) bei verschiedenen *Ar-*

chimonocelis-Arten, nach Ax u. Ax (1974, p. 14) könnte bei *Polystyliphora darwini* ebenfalls eine transitorische Analöffnung existieren.

Schließlich soll nicht unerwähnt bleiben, daß auch innerhalb der Digenea einzelne Fälle von „Analporen" bekannt sind (Lit. u. a. bei HYMAN 1951, p. 228; DAWES 1968, p. 54; ODENING 1984); den sekundären Charakter solcher Öffnungen – die auch hier mehrfach konvergent entstanden sind – verdeutlicht die Tatsache, daß sich das Intestinum z. B. bei bestimmten Echinostomatida nicht nach außen, sondern in das Exkretionssystem öffnet, und bei anderen Digenea jeder kaudale Darmast einen separaten „Anus" aufweist.

Die genannten Beispiele lassen den Schluß zu, daß es offenbar nur bei Arten, die eine größere Körperlänge (z. B. *Haplopharynx, Tabaota, Polystyliphora, Archimonocelis*) und/oder ein umfangreicheres Körpervolumen (z. B. Polycladida, Digenea) erreichen, zur Ausbildung von „Analstrukturen" gekommen ist, allerdings stets ohne Proctodaeum; kleinere Individuen haben in keinem Fall einen „After", hier erfolgt eine Defäkation ausschließlich über die Mundöffnung.

Es bleibt festzuhalten: die einzelnen innerhalb der Plathelminthen beobachteten Darmdurchbrüche sind stets singulärer sekundärer Natur, ohne Wert für weiterreichende phylogenetische Diskussionen wie etwa zur Evolution eines Afters (ob nun aus dem Kaudalbereich einer sich schließenden Blastoporusspalte oder als völlige Neubildung) und eines Enddarms bei den im Taxon Eubilateria vereinigten Metazoa (cf. Ax 1984).

3.9. Reproduktion

3.9.1. Allgemeine Geschlechtsverhältnisse

Unbestritten ist, daß die Stammart aller Plathelminthen ein **Hermaphrodit** war und männliche wie weibliche Gameten erzeugte (u. a. Ax 1961; KARLING 1974); Zwittertum ist jedoch keine Autapomorphie dieses Taxons, sondern ein von der letzten gemeinsamen Stammart der Plathelminthomorpha (Gnathostomulida + Plathelminthes) ererbtes Merkmal (cf. Ax 1984, 1985).

Die relativ seltenen Fälle von **Gonochorismus** bei einzelnen Acoelen und Tricladen (cf. Ax 1961; BENAZZI u. BENAZZI LENTATI 1976), Lecithoepitheliata (cf. REISINGER et al. 1974 a) sowie bei parasitischen Rhabdocoela, z. B. bei *Kronborgia* (CHRISTENSEN u. KANNEWORFF 1965; KANNEWORF u. CHRISTENSEN 1966), den Schistosomatidae und anderen Digenea oder dem Eucestoden-Taxon *Dioicocestus* (cf. IYGIS 1978), stellen sekundäre, für die einzelnen Taxa jeweils als Autapomorphie zu bewertende Geschlechtsverhältnisse dar, hervorgegangen aus einem zwittrigen Organismus.

So kann es nicht überraschen, wenn z. B. häufiger weibliche *Schistosoma*-Individuen mit männlichen Geschlechtszellen und männliche Individuen mit weiblichen Gonaden und sogar Teilen des weiblichen Genitalapparates gefunden werden (Lit. in SHAW u. ERASMUS 1982). Ganz Entsprechendes gilt auch für die getrenntgeschlechtlichen Arten des Digenea-Taxons Didymozoidae (Lit. in SCHMIDT u. ROBERTS 1981). Nach den Untersuchungen von z. B. SULGOSTOWSKA (1978) an hermaphroditischen und gonochoristischen Eucestoden besitzen alle Individuen sowohl männliche wie weibliche

Gonaden-Anlagen; diese differenzieren sich beim Hermaphroditen beide aus, allerdings die männliche eher als die weibliche (Protandrie). Dagegen unterbleibt bei einer gonochoristischen Art die weitere Entwicklung entweder des männlichen oder des weiblichen Geschlechtssystems, es entstehen somit biologisch und morphologisch getrenntgeschlechtliche weibliche oder männliche Individuen.

Ebenso sind Fälle von **parthenogenetischer Fortpflanzung,** z.B. bei bestimmten Catenulida (Lit. in Borkott 1970) oder Seriata (Dahm 1951), ferner auch bei den parasitischen Taxa der Digenea und Cestoidea (Lit. in Whitfield u. Evans 1983), sekundäre Erscheinungen, die unabhängig voneinander in den verschiedenen Teiltaxa der Plathelminthen entstanden sind.

Ob diese Feststellung auch für alle Fälle der rein **vegetativen Vermehrung** zutrifft, die bisher bei den Catenulida, Acoela, Macrostomida, Seriata, Digenea und Eucestoda bekannt geworden sind (Lit. u.a. in Ax 1961; Ax u. Schulz 1959; Benazzi 1974; Beveridge 1982; Borkott 1970; Dörjes 1966; Henley 1974; MacKinnon u. Burt 1984; Moore 1981; Moraczewski 1977; Palmberg u. Reuter 1983; Rieger u. Tyler 1974; Whitfield u. Evans 1983), bedarf weiterer Klärungen. Auffallend ist, daß bestimmte Modalitäten vegetativer Vermehrung, die als **Paratomie** bezeichnet (Abb.14) werden, bei jenen Plathelminthen verbreitet sind, die aus relativ frühzeitig erfolgten Spaltungsprozessen hervorgegangen sind (Catenulida, Acoela, Macrostomida); bei der Paratomie handelt es sich möglicherweise um relativ plesiomorphe Prozesse, über die bereits die letzte gemeinsame Stammart der Plathelminthes verfügte und die in den genannten Taxa von einzelnen Species beibehalten wurden.

Die Frage, ob der Stammart aller Plathelminthen eine **Zwittergonade** zuzuordnen ist oder ob in Ovarien und Testes getrennte Gonaden den ursprünglichen Zustand repräsentieren, wird in der Literatur (Karling 1940; Ax 1961) unterschiedlich diskutiert. Bemerkenswert ist, daß in jenen Taxa (Catenulida, Acoela), die aufgrund anderer Organisationsmerkmale als relativ früh evoluierte Plathelminthengruppen anzusprechen sind, die Ausbildung einer Zwittergonade häufiger anzutreffen ist als bei anderen monophyletischen Teiltaxa. Borkott (1970) und Sterrer u. Rieger (1974) fanden in jüngerer Zeit bei Vertretern der Catenulida erneut Gonaden, in denen sowohl Ei- wie Samenzellen gebildet werden. Auch die wiederholten Beobachtungen bei den gut untersuchten Digenea über Eizellbildungen innerhalb der männlichen Gonade (Detes u. Nollen 1976) lassen sich so deuten, daß hier temporäre Rekapitulationen eines phylogenetisch ursprünglichen Zustandes mit einer Zwittergonade, also ein Atavismus, auftreten. Entsprechendes gilt vielleicht auch für die parasitische Art *Fecampia balanicola,* bei der Germarien und Hoden zu gemeinsamen Gonaden vereint sind (cf. Christensen u. Hurley 1977), diese Beobachtung trifft auch für *Fecampia erythrocephala* zu (Bellon-Humbert 1983). Eine eindeutig favorisierbare Aussage zur Frage, hat die Stammart aller Plathelminthen eine Zwittergonade besessen oder lagen primär getrennte männliche und weibliche Gonaden vor, läßt sich derzeit wohl nicht geben, zumal bei einer Entscheidung auch die allgemeinen Befunde über Zelldifferenzierungsmöglichkeiten bei den Plathelminthes zu berücksichtigen sind (vgl. Kap. 3.5.1.).

Unsicher ist bisher auch, ob der Stammart der Plathelminthen ein kompaktes, follikuläres oder diffuses Keimlager zuzuschreiben ist. Karling (1940) erörtert ausgiebig diesen Themenkomplex. In diesem Zusammenhang will ich nur 3 Punkte ansprechen:

(1) Den Cnidaria und den Ctenophora mangelt es an echten Gonaden in Form von Organen; die Gameten liegen mehr oder minder frei im Entoderm (oder wandern aus diesem in die Mesogloea aus, cf. Larkman 1983) bzw. im Ektoderm, letzteres eine phy-

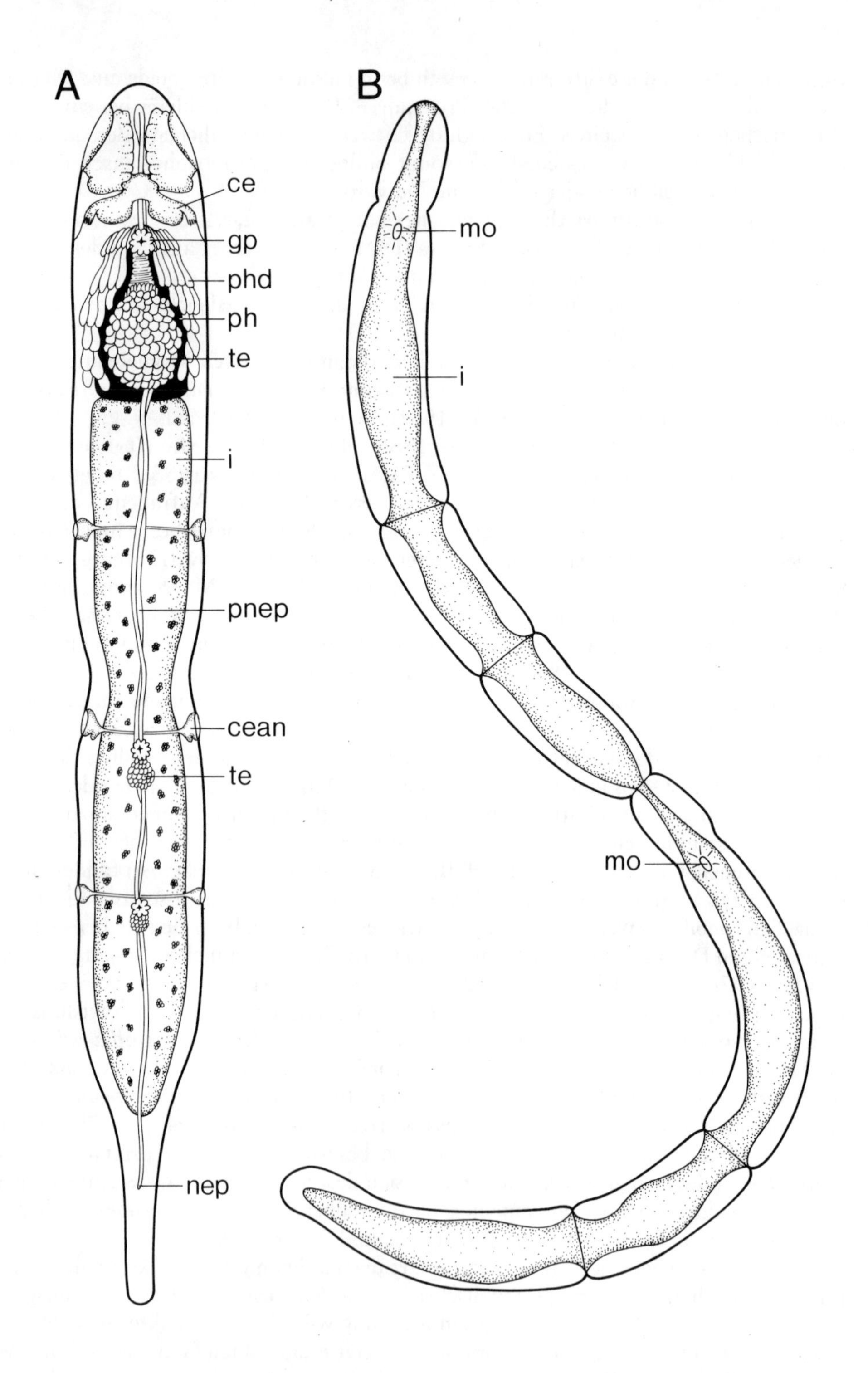

Abb. 14. Paratomie bei Catenulida und Macrostomida. A. Organisationsschema von *Stenostomum sthenum* (aus BORKOTT 1970). B. Zooid – Bildung bei *Microstomum jenseni* (aus FAUBEL 1974).

logenetisch sekundäre Erscheinung der Hydrozoa. Es wäre zu prüfen, ob die Stammart der Bilateria und damit vielleicht auch die Stammart der Plathelminthomorpha bzw. der Plathelminthes eine solche entodermale Gonade in Form eines diffusen Keimlagers aus dem Grundmuster der Eumetazoa übernommen hat (vgl. auch Kap. 3.9.3.). In diesem Zusammenhang erscheint bemerkenswert, daß **bei den Catenulida und Acoela keine speziellen Wandzellen die Keimlager umhüllen,** die Geschlechtszellen grenzen hier vielmehr direkt an benachbarte Darmzellen oder „parenchymatische" Zellen (eigene Beobachtungen, vgl. Kap. 3.9.3.; cf. auch HENDELBERG 1983 b).

(2) Die **follikulären Ovarien bei den Polycladen** und die ebenfalls follikulären männlichen (Hoden) und weiblichen **Gonaden** (Vitellarien, z.T. auch Germarien, cf. SOPOTT-EHLERS 1984 b, 1985 a) **bei den Seriata.** In beiden Fällen ist unumstritten, daß hier stammesgeschichtlich sekundäre Phänomene vorliegen, unabhängig voneinander entstanden im Zusammenhang mit der Ausbildung eines größeren langgestreckten Körpers und der Vervielfältigung bestimmter Strukturen wie der lateralen Darmdivertikel, Dorsoventralmuskulatur und Nephridialpori (cf. „Pseudometamerie", CLARK 1980, p. 185–187).

(3) Ebenso unumstritten ist, daß die **Stammart der Rhabdocoela kompakte Gonaden** besessen hat; innerhalb einzelner Teiltaxa, so z.B. vieler Kalyptorhynchia und vor allem parasitischer Gruppen der Doliopharyngiophora, haben sich dann follikelhafte Gonaden vielfach konvergent, häufig in deutlicher Korrelation zur Verästelung des Darmes (cf. Kap. 3.8.2.), evoluiert. Zur ausführlichen Begründung dieses Punktes und auch von Punkt (2) sei auf die Arbeiten von KARLING (1940, 1974) verwiesen.

Die Lagebeziehungen einzelner Gonadenbereiche (Hoden, Germarien, Vitellarien) variieren vor allem innerhalb der Teilgruppen der Neoophora (s.u.) ganz beträchtlich, sehr wahrscheinlich bedingt durch den Umstand, daß undifferenzierte Zellen, aus denen Geschlechtszellen hervorgehen, über weite Bereiche des Plathelminthenkörpers verstreut sein können (vgl. Kap. 3.5.1.). Dennoch lassen sich für bestimmte Taxa über solche Lagebeziehungen Autapomorphien herausstellen: während bei den Proseriata (und Bothrioplanida) die Germarien primär eine Lage nahe des Pharynx, variabel gegenüber den Vitellarfollikeln, einnehmen (cf. u.a. AX 1956 a), liegen die Keimstöcke bei den Tricladida ohne Ausnahme stets am rostralen Endabschnitt der Germovitellodukte, diese Situation bildet eine Autapomorphie für das Taxon Tricladida (cf. SOPOTT-EHLERS 1984 b, 1985 a).

3.9.2. Weibliche Gonade

Mit Sicherheit ist zu fordern, daß die weibliche Gonade der Stammart der Plathelminthen ein Oocyten produzierendes Ovar oder einen ovarialen Bereich einer Zwittergonade bzw. eines Keimlagers repräsentierte.

Ein solcher symplesiomorpher, von der Stammart der Bilateria übernommener Zustand mit **entolecithaler Eibildung** ist charakteristisch für die Catenulida, Nemertodermatida, Acoela, Macrostomida und auch die Polycladida. Allerdings wird die weibliche Gonade der Polycladida auch als sekundär vereinfacht angesehen (KARLING 1940, 1967, 1974), hervorgegangen aus einer heterocellulären Gonade.

Eine solche Gonade, in der neben generativen Zellen obligatorisch rein nutritive Zellen gebildet werden, findet sich bei den Lecithoepitheliata. Im weiteren Verlauf der Evolution könnte es dann zu einer räumlichen Trennung jener Gonadenbereiche, in denen die unterschiedlichen Zelltypen gebildet werden, gekommen sein, d.h., bei den Prolecithophora, Seriata und Rhabdocoela tritt **eine Sonderung in einen Germarbereich,** der dotterarme oder alecithale Oocyten (vielleicht besser: Germocyten) produziert, **und in einen Vitellarbereich,** der Dotter- oder Nährzellen (Vitellocyten) hervorbringt, ein.

Für eine phylogenetische Bewertung dieser Verhältnisse ist es nun wichtig zu wissen, ob diese Sonderung des einheitlichen Ovars in Germar- und Vitellarbereiche nur einmal innerhalb der Plathelminthes erfolgte oder ob heterocelluläre Gonaden mehrfach unabhängig voneinander entstanden (cf. REISINGER et al. 1974 b), mit anderen Worten: **bilden sämtliche Plathelminthen mit ausnahmslos ektolecithaler Eibildung** (Darstellung dieser Eibildung in Abb. 15), **nämlich die Neoophora, ein monophyletisches Taxon?**

Eine Antwort auf diese Frage wird nicht nur durch die Diskussion über die weibliche Gonade der Polycladida erschwert, sondern auch durch den Umstand, daß in Keim- und Dotterteile bzw. Oocyten und abortive Oogonien differenzierte Ovarien auch vereinzelt bei den Nemertodermatida, Acoela und Macrostomida, also bei Plathelminthen mit typisch entolecithaler Eibildung, auftreten (u.a. AX u. DÖRJES 1966; BRESSLAU 1928–33; REISINGER et al. 1974 b, p. 268; STEINBÖCK 1966; WESTBLAD 1950). Allerdings bilden die Nemertodermatida, Acoela und Macrostomida in keinem einzigen Fall zusammengesetzte Eier aus; das Dottermaterial der Oogonien wird vielmehr vor der Eibildung von der Oocyte inkorporiert, diese allein umgibt sich dann mit der Eischale bzw. der Eihülle. Entsprechendes gilt auch für *Stenostomum* (Catenulida): hier können nach BORKOTT

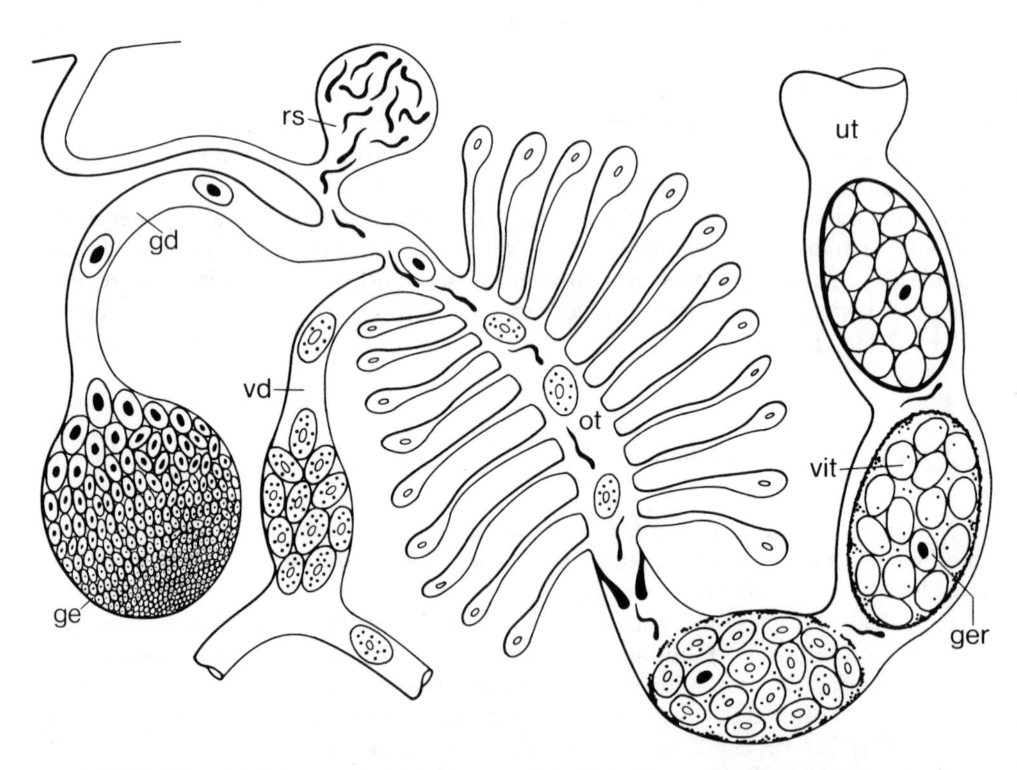

Abb. 15. Weibliches Genitalsystem der Neoophora am Beispiel des Ootyp-Bereichs der Digenea (nach verschiedenen Autoren in Anlehnung an SMYTH u. CLEGG 1959) mit Bildung der ektolecithalen Eier im Uterus.

(1970) aus einer Oogonie vier gleichgroße Zellen entstehen, die zu einer einzigen Eizelle verschmelzen, diese eine Zelle umgibt sich mit einer Eischale.

Von elektronenmikroskopischen Untersuchungen an den einzelnen Gonaden-Zelltypen (Oocyten, Germocyten, Vitellocyten) sind entscheidende Hinweise zur Klärung der oben genannten Frage zu erwarten.

Die **Feinstruktur der weiblichen Gonade** von Plathelminthen mit entolecithaler Eibildung war bisher nur bei den **Polycladida** genauer bekannt (Boyer 1972; Domenici et al. 1975; Ishida et al. 1981; cf. auch Gremigni 1983). Danach erfolgt in der Oocyte zunächst die Bildung der Eischalenvesikel und dann die von Dotter- und anderen Reservesubstanzen. Besondere Beachtung verdienen die näher untersuchten Schalenvesikel: sie bestehen aus einem elektronendichten Bereich, der die eigentliche polyphenolhaltige Eischalensubstanz darstellt, umgeben von einer helleren, asymmetrisch gelagerten Matrix.

Bei *Paromalostomum fusculum,* einem Vertreter der **Macrostomida,** dürften vergleichbare Verhältnisse vorliegen: die Schalenvesikel, die zeitlich vor der Dottersubstanz gebildet werden (cf. Meixner 1924; Rieger 1981 a), liegen nahe der Peripherie der Oocyten (Taf. 82). Diese wie bei den Polycladida unterschiedlich großen Vesikel besitzen zunächst eine mäßig dunkle Struktur. Im Stadium der Dottersynthese weisen die Vesikel einen sich verstärkenden und vergrößernden EM-dunklen Bereich neben einem kleineren helleren Komplex auf (Taf. 83). Im dunklen Bereich lassen sich wie bei den Polycladen besonders elektronendichte kugelige Kompartimente feststellen.

Bei den Neoophora ist die Feinstruktur der weiblichen Gonade vor allem bei parasitischen Taxa eingehender untersucht. Die Arbeiten erstrecken sich auch hier insbesondere auf die Vitellocyten, von denen, wie bei den Polycladida und Macrostomida, hier die **Eischalenvesikel** näher besprochen werden.

Schalenvesikel sollen bei den **Lecithoepitheliata** überhaupt nicht vorkommen; so mangelt es nach Karling (1968) der gesamten weiblichen Gonade der Gnosonesimida, einer Teilgruppe der Lecithoepitheliata, an Schalenmaterial, Bresslau (1928–33) und Reisinger (1968) melden solches auch für die zweite Teilgruppe der Lecithoepitheliata, die Prorhynchida. Allerdings fehlen bisher EM-Untersuchungen über die Vitellocyten und Germocyten der Lecithoepitheliata; derzeit laufende EM-Arbeiten an *Geocentrophora* (Prorhynchida) erlauben noch keine Aussage.

Dagegen sollen, wie lichtmikroskopisch seit langem bekannt ist, **bei den Prolecithophora Schalenvesikel sowohl in den Vitellocyten wie auch in den Germocyten** vorkommen. Bei den Seriata und den Rhabdocoela wird Schalensubstanz nur in den Vitellocyten, nicht aber in den Germocyten (cf. Oakley 1982, fig. 4) gebildet; letztere weisen dagegen teilweise sogenannte „corticale" Granula auf (Erasmus 1973; Grant et al. 1977; Gremigni 1974, 1976, 1979; Gremigni u. Domenici 1975; Gremigni u. Nigro 1983, 1984; Guraya 1982; Halton et a. 1976; Irie et al. 1983; Justine u. Mattei 1984 c; Roberts 1983); u. U. handelt es sich hier aber um reliktäre Schalenvesikel: „corticale" Granula sind auch in besamten, noch im Germar liegenden Germocyten vorhanden (Sopott-Ehlers 1985 b), fehlen aber einer Germocyte, die sich in einem beschalten (!) Ei befindet (Gremigni u. Domenici 1975).

Bei *Pseudostomum quadrioculatum,* einem Vertreter der Prolecithophora, konnten die Schalenvesikel, die offenbar vor und zeitgleich mit den Reservestoffen differenziert werden, näher studiert werden.

Schalensubstanz bildende Vitellocyten (Taf. 84) zeichnen sich durch einen auffallend großen Nucleolus, zahlreiche Mitochondrien, Dictyosomen, ein auffallend stark entwickeltes ER und einen reichlichen Besatz mit Ribosomen aus; die Schalensubstanz wird in Vesikeln, die sich von den Dictyosomen abschnüren, in Form kleiner dunkler Kügelchen synthetisiert; es können einzelne Kügelchen oder mehrere Kügelchen in einem Vesikel auftreten (Taf. 84). Durch Zusammenlagerung mehrerer Vesikel vergrößern sich die von einer feinen Membran umgebenen Schalensubstanzkomplexe. Ständige weitere Fusionen von kleineren und größeren Vesikeln (Taf. 84) führen dann zur Bildung der reifen Schalenvesikel. In diesen reifenden Schalenvesikeln kommt es neben der Zunahme von Schalensubstanzkügelchen auch zu einer Vergrößerung der einzelnen Kügelchen, indem sich mehrere kleinere Kügelchen miteinander vereinen. Solche größeren Kügelchen finden sich insbesondere im Zentrum eines reifen Schalenvesikels. Neben dunklen Kügelchen, die zunehmend einen polyedrischen Umriß annehmen, enthalten die Schalenvesikel in der hellen Matrix in großer Zahl weitere kleinere Einschlüsse (? Phenoloxidasen). Diese kleineren Einschlüsse, die zunächst körnig erscheinen, bilden dann in zunehmendem Maße ein Gerüst von feinen Bälkchen aus. Vermutlich enthält der von RIEGER (1981 a) dargestellte Schalenvesikel von *Acanthiella chaetonotoides* (Prolecithophora) auch zahlreiche dieser Bälkchen.

Im Cytoplasma einer Vitellocyte mit reifen Schalenvesikeln sind zudem stets reichlich Reservesubstanzen in Form von Glycogen und vermutlich auch Lipiden zu finden (Taf. 85).

Bei *Pseudostomum quadrioculatum* treten Schalenvesikel auch in den glykogenfreien Germocyten auf (Taf. 85). Sie liegen hier wie die entsprechenden Vesikel in den Vitellocyten nahe der Peripherie der Zelle und zeigen in übereinstimmender Weise ebenfalls dunkle kugelige bis polyedrische Schalensubstanzbereiche in einer helleren Matrix. Jedoch sind die Schalenvesikel der Germocyte insgesamt stets kleiner (Taf. 85), ferner fehlen ihnen die kleineren Einschlüsse. Ein weiterer Unterschied ist dadurch gegeben, daß unterhalb der Vesikelmembran eine schalenartige Umhüllung auftritt, die bei unreifen Vesikeln ein netzartiges Muster, bei reifen Vesikeln eine fast homogen erscheinende Struktur aufweist (Taf. 85).

Die **Schalenvesikel bei den Seriata** wurden bisher nur an der Triclade *Dugesia* näher studiert (DOMENICI u. GREMIGNI 1974; GREMIGNI u. DOMENICI 1974; cf. auch GREMIGNI 1983). Danach weisen die unreifen Schalenvesikel dunklere polyphenolhaltige Grana und einen helleren amorphen Bereich auf. Im ausgereiften Zustand bestehen die Schalenvesikel aus mehreren abwechselnd heller und dunkler erscheinenden konzentrischen Hüllen.

Von *Notocaryoplanella glandulosa,* einem Vertreter der Proseriata–Lithophora, liegen vorläufige Befunde über die Genese des Schalenmaterials vor (cf. auch SOPOTT-EHLERS 1985 b). Die Vitellocyten, deren Kern sich durch einen auffallend großen Nucleolus auszeichnet, zeigen wie bei *Pseudostomum* ein stark ausgebildetes ER und zahlreiche Ribosomen im Cytoplasma (Taf. 86). Neben Lipiden und Dottersubstanz treten Schalenvesikel unterschiedlicher Größe auf (Taf. 87 A). Diese Vesikel, die sich von Dictyosomen abschnüren und EM-dichte Substanzen beinhalten, fusionieren rasch zu größeren Vakuolen. In diesen sind die EM-dichten Substanzen ring- bzw. schalenförmig (Taf. 87 B) um ein verdichtetes Zentrum angeordnet, es ergeben sich damit Verhältnisse wie bei der Triclade *Dugesia* (cf. GREMIGNI u. DOMENICI 1974, figs. 5 + 6). Daneben treten bei *Notocaryoplanella* in der Peripherie der Vitellocyten Vesikel mit einem leicht abweichend strukturiertem Sekret auf (Taf. 87 C, D). Die Frage, ob diese Vesikel das Endstadium bei der Bildung der o. g. Schalenvesikel darstellen oder ob es sich hierbei um einen zweiten Typ Schalenmaterials handelt, analog den von ISHIDA et al. (1981) gemeldeten Gegebenheiten bei bestimmten Polycladen, kann ohne weitere Untersuchungen nicht beantwortet werden.

Bei den freilebenden **Rhabdocoela** sind wir durch die Arbeiten von BUNKE (1972, 1981, 1982) an *Microdalyellia* („Dalyellioida") über den Bau der Schalenvesikel einschließlich ihrer Genese sehr gut unterrichtet. Die Schalenvesikel bieten im wesentlichen das gleiche Bild wie jene in den Vitellocyten von *Pseudostomum;* auch bei *Microdalyellia* liegen viele elektronendichte Kompartimente mit Phenolproteinen in einer helleren Schalenvesikelmatrix, d. h. den vermutlichen Phenolasen.

In Übereinstimmung mit diesen Befunden erfolgt der Bau der Schalenvesikel während der Dauereibildung bei der „Typhloplanoide" *Mesostoma* (DOMENICI u. GREMIGNI 1977); auch die Schalenvesikel der „Dalyellioida" *Anoplodium* (eigene, noch unpubl. Beobachtungen) und *Paravortex* (MACKINNON et al. 1981) zeigen keine Abweichungen von dem zuvor geschilderten allgemeinen Organisationsmuster.

Über die Schalenvesikel der Digenea liegen zahlreiche Arbeiten vor, stets enthalten die Vesikel dunklere Granula in einer helleren Matrix (u.a. BJÖRKMAN u. THORSELL 1963; BURTON 1967 a; DAVIES 1980; EKLU-NATEY et al. 1982; ERASMUS 1973, 1975; ERASMUS u. POPIEL 1980; ERASMUS et al. 1982; FUKUDA et al. 1983; GRANT et al. 1977; HANNA 1976; IRIE et al. 1983; IRWIN 1978; IRWIN u. MAGUIRE 1979; IRWIN u. THREADGOLD 1970, 1972; POPIEL u. ERASMUS 1981; REES 1979 a; THULIN 1982; WITTROCK 1982).

Diese Feststellung gilt auch für die Monogenea (HALTON et al. 1974) und innerhalb der Cestoidea für die Caryophyllidea (SWIDERSKI u. MACKIEWICZ 1976 a) sowie für die Pseudophyllidea innerhalb der Eucestoda (cf. SWIDERSKI u. MOKHTAR 1974). Nur bei bestimmten Eucestoda-Taxa (Tetraphyllidea, Proteocephalida, Cyclophyllidea) kommt es sekundär zu anderen Ausbildungen der Schalenvesikel bzw. deren Substanzen (u. a. LUMSDEN u. SPECIAN 1980; MOKHTAR-MAAMOURI u. SWIDERSKI 1976 a; SWIDERSKI et al. 1978; SWIDERSKI et al. 1970 a, b; cf. auch DAVIS u. ROBERTS 1983 a), offenbar im Zusammenhang mit abweichenden Prozessen bei der Eischalenbildung bzw. der Embryonalentwicklung in diesen Taxa.

Während die Schalenvesikel bei den einzelnen Neoophora-Taxa mit Ausnahme der Seriata und bestimmter Eucestoda untereinander also kaum differieren, existieren beträchtliche Unterschiede im Gehalt an Dottermaterial, Lipiden und Glykogen in den Vitellocyten der Neoophora, insbesondere bei den parasitischen Taxa. Dies dürfte u. a. damit zusammenhängen, daß die ektolecithalen Eier von Taxon zu Taxon unterschiedlich lange in Teilen des weiblichen Genitalsystems bzw. im Wirt verbleiben und, da die Eischale durchlässig ist, vom Tier selbst oder vom Wirt mit Nährstoffen versorgt werden können; z. B. haben die Schistosomatidae weniger Glykogen als die Fasciolidae, bei denen die Eireifung überwiegend außerhalb des Wirtes im aquatischen Milieu erfolgt; bei bestimmten Eucestoda scheint die Entwicklung zur Oncosphaera-Larve zudem unter anaeroben Bedingungen abzulaufen.

Bei den Caryophyllidea kommt es in den Vitellocyten sogar zu intranuclearen Glykogenablagerungen (cf. MACKIEWICZ 1968, 1981, 1982 a; SWIDERSKI u. MACKIEWICZ 1976 a); dieser Sonderfall ist als eine Autapomorphie dieses Taxons zu bewerten.

Zusammenfassend lassen sich über die **Schalenvesikel bei den Plathelminthes** derzeit folgende Feststellungen treffen:

(a) In diesem Merkmal stimmen die Polycladida bei weitem mehr mit den Macrostomida als mit den Neoophora überein. Unabhängig davon, ob diese Übereinstimmungen zwischen den Macrostomida und Polycladida als Symplesiomorphie oder als Synapomorphie (was mir aber auf Grund anderer Merkmale wie z.B. Pharynxbau (vgl. Kap. 3.8.1.) wenig wahrscheinlich erscheint) zu bewerten sind, stützen die Übereinstimmungen die Auffassung, die **weibliche Gonade der Polycladida sei primär und nicht sekundär homocellulär.**

(b) Die prinzipiellen Übereinstimmungen in der Genese und im Bau der Schalenvesikel bei den Prolecithophora und verschiedenen Rhabdocoela sprechen eindeutig für einen monophyletischen Ursprung dieser Taxa und damit auch für die **Monophylie der Neoophora** – ob mit oder ohne die Lecithoepitheliata, müssen künftige Untersuchungen zeigen.

(c) Die **Tricladida besitzen abweichend strukturierte Schalenvesikel,** dieses Taxon nimmt damit eine Sonderstellung innerhalb der Neoophora ein. Weiterführende phylogenetische Aussagen zu diesem Merkmal sind erst nach einer sorgfältigen Analyse der Feinstruktur der Vitellocyten bei weiteren Tricladen- und vor allem auch Proseriaten-Species sowie von *Bothrioplana* angebracht.

(d) Allgemein gilt: Die Schalenvesikel, obschon relativ einfach strukturiert, stellen ein brauchbares Organisationsmerkmal für die Beurteilung phylogenetischer Zusammenhänge dar. Die das Schalenmaterial bildenden Substanzen (Polyphenole) sind bei Plathelminthen, die nicht in einem Schwestergruppen-Verhältnis zueinander stehen (u.a. die hier behandelten Macrostomida, Proseriata und Prolecithophora), die aber im gleichen marinen Lebensraum auftreten, zu morphologisch unterschiedlichen Granula angeordnet. Dagegen zeigen die Schalensubstanzen z.B. bei den verschiedenen Rhabdocoela-Taxa, zwischen denen aufgrund ganz anderer Organisationsmerkmale eine engere Verwandtschaft besteht, die aber stark differierende Lebensweisen (freilebend im marinen oder limnischen Milieu oder ekto- bzw. endoparasitisch mit den verschiedensten Wirten) aufweisen, keine Abweichungen voneinander; d.h., diese weitreichenden Übereinstimmungen müssen stammesgeschichtlich bedingt sein.

3.9.3. Männliche Gonade

Die geschlechtliche bisexuelle Fortpflanzung der Plathelminthen erfolgt durch direkte Spermaübertragung auf den Partner, primär vermutlich mittels hypodermaler Injektion, in später evoluierten Teil-Taxa vielfach durch Aufnahme über einen präformierten Porus (weiblicher Geschlechtsporus, Vaginalporus), aber stets verbunden mit einer **inneren Besamung und inneren Befruchtung.**

Möglicherweise läßt sich die Existenz dieser inneren Besamung bzw. Befruchtung, die von der letzten gemeinsamen Stammart der Plathelminthomorpha übernommen wurde (cf. Ax 1984, 1985), mit einer benthonischen Lebensweise der Stammart aller Plathelminthen (bzw. der Plathelminthomorpha) erklären (vgl. Kap. 3.10.). Bei Arten insbesondere der marinen Interstitialfauna bestimmter Metazoa-Taxa wird die äußere Befruchtung häufiger zugunsten einer inneren Befruchtung, oft verbunden mit der Entwicklung von Sperma speichernden Organen, aufgegeben (u.a. Ax 1966; Rieger 1980; Swedmark 1964; Westheide 1978, 1984).

Im Zusammenhang mit der inneren Besamung und Befruchtung besitzen alle Plathelminthen männliche Gameten, die gegenüber dem von Franzen (u.a. 1977) dargestellten ursprünglichen Spermientypus der Metazoa modifiziert sind. Da in einzelnen Plathelminthen-Taxa ganz spezifische abgeleitete Spermienstrukturen auftreten, können diese auch zur Beurteilung der Verwandtschaftsverhältnisse herangezogen werden.

HENDELBERG (1975, 1977 a, b, 1983 a, b) gibt zusammenfassende Übersichten über die insbesondere bei freilebenden Plathelminthen auftretenden feinstrukturellen Verhältnisse in Spermatiden und Spermien, für die Trematoda und Monogenea siehe MOHANDAS (1983) und für die Cestoidea DAVIS u. ROBERTS (1983 b). Im Folgenden werden diese Zusammenstellungen durch neuere Befunde ergänzt und die wahrscheinlichen Evolutionsabläufe einiger Spermienstrukturen näher diskutiert.

a) **Catenulida.** Zum Bau der Gonade und der in ihr entstehenden Zellen liegen vergleichsweise wenig Informationen vor. In neuerer Zeit beschreibt BORKOTT (1970) nach lichtmikroskopischen Beobachtungen Differenzierung und Struktur der Gonade der limnischen Art *Stenostomum;* STERRER u. RIEGER (1974), DOE u. RIEGER (1977) und RIEGER (1978) teilen licht- und elektronenmikroskopische Beobachtungen über Gonade und Spermien bei marinen Retronectidae mit. Nach diesen Befunden entbehren die ausdifferenzierten männlichen Gameten stets ciliärer Strukturen.

Nach eigenen Beobachtungen an *Retronectes* liegen die frühesten Zellstadien, die sich eindeutig als Geschlechtszellen ansprechen lassen, in einem zusammenhängenden Komplex noch wenig differenzierter Zellen dorsal des Verdauungstraktes in der vorderen Körperhälfte. Dieser Komplex repräsentiert offenbar den Hoden, er weist keine Umhüllung in Form einer cellulären Tunica oder einer intercellulären Matrix („Basallamina“) gegenüber lückenlos angrenzenden Parenchym- oder Darmzellen auf. Die dem Darm zugewandten Geschlechtszellen grenzen vielmehr unmittelbar an benachbarte Darmzellen an (Taf. 88) und könnten aufgrund ihrer Lage, wie BORKOTT (1970) für *Stenostomum* annimmt, dem Darmepithel entstammen, also entodermalen Ursprungs sein (vgl. aber Kap. 3.5.1. über Differenzierung sowohl von Geschlechtszellen wie auch postembryonal entstehender Darmzellen aus Stammzellen).

Die Geschlechtszellen zeichnen sich durch den Besitz eines großen Kernes mit wenig kondensiertem Chromatin aus, das Cytoplasma der Zellen enthält zahlreiche Ribosomen, viele Mitochondrien und einzelne Dictyosomen (Taf. 88). Diese Zellen stellen ein relativ frühes Stadium der Spermiogenese dar; denn die Bildung der von RIEGER (1978, fig. 2 E) beschriebenen Lamellarkörper, die typisch sind für die im männlichen Ausleitungssystem gelegenen Spermien (Taf. 90), hat noch nicht begonnen.

In diesem frühen Stadium besitzt jede Geschlechtszelle einen einzigen bis zu 1,9 µm langen und 0,2–0,25 µm breiten elektronendichten Fortsatz (Taf. 88, 89). Er besteht aus Mikrotubuli, die nahe dem Insertionspunkt im Cytoplasma deutlich ringförmig angeordnet sind, distalwärts ziehen die Tubuli in Richtung einer Nachbarzelle, deren in Höhe dieses Fortsatzes eingefaltete Zellmembran sich den Tubuli eng anlegt (Taf. 89). Obgleich in den in Taf. 88 dargestellten Geschlechtszellen keine Anzeichen für das Stadium einer Mitose (oder Meiose) gefunden werden, könnte es sich bei diesen Fortsätzen aus Mikrotubuli um bei einer Zellteilung gebildete, dann allerdings sehr aberrante Strukturen handeln. Die von Porifera (u. a. GAINO et al. 1984), Cnidaria (u. a. SCHMIDT u. ZISSLER 1979; LARKMAN 1980) und vielen Bilateria, darunter auch anderen Plathelminthes (eigene, noch unpubl. Beobachtungen; ferner BOYER u. SMITH 1982; fig. 1; KUBO-IRIE u. ISHIKAWA 1983; fig. 1; WILLIAMS 1984) her bekannten Spermatiden-Zellbrücken mit marginalen Verdichtungen unterscheiden sich allerdings stark von diesen Fortsätzen.

Ich halte es daher für wahrscheinlicher, daß es sich hier um transitorisch angelegte ciliäre Strukturen handelt (die Breite von 0,2 µm entspricht der eines lokomotorischen Ciliums!), nämlich um das Relikt des einzigen, für die Stammart der Cnidaria wie auch die der Bilateria typischen Spermienciliums.

Geschlechtszellen, die sich dem Hodenkomplex kranial anschließen, nehmen an Größe geringfügig zu; im Cytoplasma dieser Zellen fehlen typische Dictyosomen, stattdessen treten zahlreiche Lamellarkörper auf (Taf. 90), wie sie von RIEGER (1978) für Spermatiden und Spermien einer anderen *Retronectes*-Art beschrieben wurden. Vermutlich handelt es sich hier um abgewandelte Dictyosomen; von den äußeren Schichten der kugeligen Membranstapel gliedern sich zahlreiche Vesikel und kurze Membranröhrchen ab, die, wie auch die Membranstapel selbst, bevorzugt in den peripheren Bereichen jeder Zelle zu finden sind. Im Gegensatz zu den Beobachtungen von RIEGER (l.c.) wurden im Bereich dieser Lamellarkörper keinerlei ciliäre Strukturen aufgefunden (Taf. 90 B); für diesen Umstand gibt es zwei Erklärungsmöglichkeiten: entweder treten diese intracellulär gelegenen ciliären Strukturen nicht bei allen *Retronectes*-Arten auf oder unter den jetzt untersuchten Spermatiden fehlte gerade jenes Spermiogenesestadium, in dem diese multiplen ciliären Strukturen transitorisch auftreten.

Die männlichen Geschlechtszellen, die in den kaudalen Bereich des männlichen Geschlechtsapparates eintreten und die als „reife Spermien" anzusprechen sind, besitzen einen pygnotischen Zellkern und im Cytoplasma zahlreiche Lamellarkörper sowie davon abgeschnürte Vesikel und kurze Membranröhrchen.

Bei den männlichen Geschlechtszellen der Catenulida, zumindest der Retronectidae, handelt es sich also um stark abgewandelte Zellen, die als „Spermatocyten" keine Übereinstimmungen zu den Spermien anderer Plathelminthen oder zum ursprünglichen Spermientypus der Metazoa erkennen lassen.

Besonders interessant ist die Beobachtung über das Auftreten eines einzigen (rudimentären) Ciliums bei Spermatiden, vermutlich ein Hinweis darauf, daß **bei den Catenulida ursprünglich monociliäre Spermien** vorlagen.

b) **Macrostomida.** Entgegen früheren lichtmikroskopischen Befunden scheinen den ausdifferenzierten Spermien aller Macrostomida Bewegungsorganelle in Form von **Cilien zu fehlen** (cf. HENDELBERG 1969, 1970, 1974). Diese Feststellung konnte durch elektronenmikroskopische Untersuchungen an Vertretern verschiedener Genera bestätigt werden (BEDINI u. PAPI 1970; DOE 1982, fig. 5 C; HENLEY 1974; NEWTON 1980; RIEGER 1981 a; THOMAS u. HENLEY 1971); die bei bestimmten Macrostomida auftretenden borstenartigen Strukturen sind danach ebenfalls nicht ciliärer Natur (cf. BEDINI u. PAPI l.c.).

Auch bei eigenen Untersuchungen wurden keine Cilien beobachtet; am Beispiel einer Species aus dem in bestimmten Organisationsmerkmalen recht ursprünglichen (cf. TYLER 1976), in anderen Merkmalen aber stark spezialisierten (cf. SOPOTT-EHLERS u. SCHMIDT 1974) Macrostomiden-Taxon *Myozona, M. purpurea* (Taf. 91), sollen die Differenzierungen in den lang gestreckten Spermien kurz vorgestellt werden.

Die Bewegungen der Spermien werden vermutlich durch die unterhalb der Zellmembran ausgebildeten Längsschicht von corticalen Mikrotubuli bewirkt. Den auffallend langen und excentrisch in der Zelle gelagerten Nucleus begleitet ein einziges Mitochondrium, das entlang der zentralen Achse des Spermiums verläuft und den Kern noch an Länge übertrifft. Auf der dem Kern abgewandten Längsseite des Spermiums treten in regelmäßiger Anordnung elektronendichte Granula unbekannter Funktion auf; solche

Granula bilden ein charakteristisches Merkmal vieler, aber nicht aller Plathelminthenspermien (u.a. HENLEY 1968, 1974; HENDELBERG 1977 b; EHLERS 1981).

c) **Proseriata.** Elektronenmikroskopische Aufnahmen über Spermien dieses Taxons finden sich bisher nur bei Ax (1984). Nach den Untersuchungen von HENDELBERG (1969, 1977 a) sollen die männlichen Gameten, insbesondere hinsichtlich der Zahl und der Struktur der Cilien, den Verhältnissen bei den meisten anderen Neoophora-Taxa und den Polycladida entsprechen. Diese Auffassung wird durch die Mitteilungen von HENDELBERG (1983 a) über *Monocelis* cf. *lineata* (Monocelididae) und *Coelogynopora biarmata* (Coelogynoporidae), sowie die bei EHLERS (1985 a), SOPOTT-EHLERS (1985 b) und hier niedergelegten Befunde an mehreren Arten, u.a. zwei Vertretern der Otoplanidae, *Notocaryoplanella glandulosa* (Taf. 92) und *Kataplana mesopharynx* (Taf. 93, 94), bestätigt.

Der langgestreckte Nucleus der Spermien nimmt eine apikale Lage ein, in seinem mittleren und distalen Bereich begleitet von einzelnen Mitochondrien, die bei *Kataplana* zu 2 Längsreihen angeordnet sind (Taf. 93 B). Zwischen den Mitochondrien liegen elektronendichte Granula, die bei den beiden Otoplaniden unterschiedlich strukturiert sind (Taf. 92 A, C; Taf. 93 B; Taf. 94 A). Mitochondrien und Granula setzen sich auch in den distalen, kernfreien Spermienabschnitt fort.

Am morphologischen Distalende, das dem funktionellen Vorderende entspricht, inserieren 2 Cilien (Taf. 92 B, C), eingelagert in den cytoplasmatischen Bereich der Zelle. Bei *Notocaryoplanella* treten beide Cilien bereits nach kurzem Verlauf aus dem Cytoplasma aus; dagegen verbleiben diese Lokomotionsorganelle bei *Kataplana* über einen etwas längeren Bereich in der Zelle, bevor auch sie den cytoplasmatischen Bereich verlassen (Taf. 93 A). Die bei beiden Arten auftretende corticale Einzel-Mikrotubuli-Längsschicht ist in Höhe der eingeschlossenen Cilien jeweils unterbrochen (Taf. 92 B, C, 93 C).

Die **Cilien weisen eine 9 + „1" Struktur auf,** d.h., anstelle der beiden centralen Mikrotubuli ist ein unpaarer, 450–600 Å breiter Achsenstab mit einer komplizierten Substruktur ausdifferenziert. Im Querschnitt (Taf. 92, 93) zeigt dieser Achsenstab folgende ringförmig umeinander angeordneten Komponenten (Benennung nach THOMAS 1975): (1) Im Zentrum ein elektonendichtes centrales Element, (2) eine intermediäre hellere Zone und (3) eine periphere elektronendichte Hülle. Von dieser Hülle strahlen sternförmig 9 elektronendichte Speichen zu den A-Subtubuli der 9 peripheren Doppeltubuli aus. Längsschnitte (Taf. 94) durch die Cilien lassen weitere Einzelheiten hervortreten: in der peripheren Hülle des Achsenstabes sind deutlich 2 dunkle Längsbänder zu erkennen, die parallel zueinander spiralig um die inneren Komponenten des Stabes herumlaufen; beide Bänder sind in eine mäßig elektronendichte Matrix eingebettet. Der Winkel, den die beiden Bänder mit der Längsachse des Stabes bilden, beträgt bei gestreckten Cilien ca. 45° (Taf. 94 A), bei gebogenen Cilien verändert sich dieser Winkel jedoch stärker (Taf. 94 B).

d) **Zusammenfassende Betrachtung über die männlichen Gameten.**

(1) **Spermiencilien.** Signifikante Unterschiede zwischen einzelnen Plathelminthen-Taxa bestehen insbesondere im Hinblick auf die Zahl und die Feinstruktur dieser Zellorganellen sowie im Hinblick auf ihre Lage („freie" Cilien versus „inkorporierte" Axonemata).

(1 a) **Monociliäre Spermien.** Nur bei den **Nemertodermatida** sind die Spermien mit einem einzigen Cilium vom 9 + 2 Tubulimuster versehen, das Cilium inseriert unmittelbar hinter dem Kern in der Zelle und zieht dann nach kaudal (HENDELBERG 1977 a,

1983 b; TYLER u. RIEGER 1975, 1977), zweifellos ein relativ plesiomorpher Zustand, wie er auch beim ursprünglichen Metazoen-Spermium auftritt; allerdings fehlt dem Nemertodermatiden-Spermatozoon wie auch allen anderen Plathelminthen-Spermien (cf. auch REES 1979 b) ein typisches accessorisches Centriol. Vermutlich besitzen auch die Catenulida „Spermien" mit einem einzigen, jedoch nur transitorisch angelegten Cilium (s. o.).

Monociliäre Spermien treten ferner in einigen subordinierten Taxa der Rhabdocoela auf, so u. U. bei dem Kalyptorhynchier *Baltoplana magna* (cf. HENDELBERG 1975, figs. 9 + 10; nach HENDELBERG 1983 b, p. 93 könnte *B. magna* jedoch auch biciliäre Spermien besitzen) und innerhalb der Digenea vermutlich bei bestimmten Schistosomatidae (KITAJIMA et al. 1976; JUSTINE u. MATTEI 1981); bei der Monogenea-Species *Plectanocotyle gurnardi* fanden TUZET u. KTARI (1971 a) Spermien mit 1 oder 2 Cilien und nach JUSTINE u. MATTEI (1982 b, 1983 c, d) existieren Spermien mit nur einem Cilium bei drei weiteren Monogenea-Arten. Monociliäre Spermien sind ferner kennzeichnend für die Caryophyllidea (SWIDERSKI u. MACKIEWICZ 1976 b) und innerhalb der Eucestoda für die Diphyllidea, Cyclophyllidea und bestimmte Tetraphyllidea (u. a. EUZET et al. 1981; FEATHERSTON 1971; KELSOE et al. 1977; LUMSDEN 1965 a, b; LUMSDEN u. SPECIAN 1980; MACKINNON u. BURT 1984 b; MOKHTAR- MAAMOURI 1979; MOKHTAR-MAAMOURI u. SWIDERSKI 1976 b; MORSETH 1969; ROBINSON u. BOGITSH 1978; ROSARIO 1964; RYBICKA 1966; SUN 1972; SWIDERSKI 1968, 1970, 1976 b, 1981).

Diese singulären Spermiencilien bei einzelnen Rhabdocoela-Taxa besitzen jedoch eine komplizierte Feinstruktur (s. u.), die kennzeichnend ist für alle Rhabdocoela, die primär Spermien mit 2 Cilien pro Zelle besitzen (s. u.).

Der monociliäre Zustand von Spermien bestimmter Rhabdocoela ist somit eindeutig als sekundär entstanden zu interpretieren, zumal BARRETT u. SMYTH (1983) sogar feststellen, daß bei *Echinococcus* während der Spermiogenese eines der beiden Cilien zurückgebildet wird, die gleiche Beobachtung machten auch JUSTINE u. MATTEI (1983 c) bei einer Species der Monogenea bzw. MOKHTAR-MAAMOURI (1979) bei einer Art der Tetraphyllidea (Eucestoda).

Innerhalb der Cestoda erfolgte der Übergang zum monociliären Spermium zum einen in der Stammlinie der Caryophyllidea und dürfte eine Autapomorphie für dieses Taxon liefern. Ob der Verlust eines Ciliums bei den Diphyllidea, Cyclophyllidea und den Phyllobothriidae (Teiltaxon der Tetraphyllidea) eine nur einmal evoluierte Neuheit für diese Eucestoda-Taxa darstellt (cf. EUZET et al. 1981) und damit eine mögliche Monophylie dieser Taxa, d. h. ein neues monophyletisches Teiltaxon der Eucestoda, begründet, soll hier nicht weiter diskutiert werden.

Nach HENDELBERG (1975, p. 306) ist innerhalb der Plathelminthen ganz allgemein eine Evolution in Richtung auf die Schaffung eines ausgesprochen schlanken, fadenförmigen Spermienkörpers festzustellen; die Elimination eines der beiden Spermiencilien bei bestimmten Taxa der Rhabdocoela ist wohl unter diesem Aspekt zu bewerten.

(1 b) **Biciliäre Spermien.** Spermien mit 2 Cilien sind für mehrere Taxa, nämlich für die Acoela, Polycladida, Lecithoepitheliata, Seriata und Rhabdocoela, kennzeichnend. Hierbei handelt es sich mit Sicherheit um ein apomorphes Merkmal gegenüber dem ursprünglichen Metazoenspermium (und dem monociliären Spermium bei der Stammart der Gnathostomulida bzw. der Plathelminthomorpha); umstritten ist jedoch, ob biciliäre Spermien nur einmal oder aber zweimal innerhalb der Plathelminthen evoluiert wurden (cf. HENDELBERG 1977 a, 1983 a, b). Da die Nemertodermatida und die Acoela nach unserem gegenwärtigen Wissensstand aufgrund mehrerer anderer abgeleiteter Or-

ganisationsmerkmale wie die der epidermalen Cilienstrukturen (vgl. Kap. 3.2.2.) und des Verdauungssystems (vgl. Kap. 3.8.2.) und durch den sekundären Mangel eines Protonephridialsystems (vgl. Kap. 3.7.) als eng verwandte Taxa mit einer nur ihnen gemeinsamen Stammart, d. h. als Schwestergruppen, ausgewiesen sind, müssen – nach dem Prinzip der sparsamsten Erklärung (cf. u. a. Ax 1984; Kluge 1984; Wiley 1981) – biciliäre Spermien zweimal unabhängig voneinander innerhalb der Plathelminthen gebildet worden sein, und zwar einmal in der Stammlinie der Acoela. In diesem Zusammenhang soll nicht unerwähnt bleiben, daß Tyler u. Rieger (1977) auch bei einer *Nemertoderma*-Art neben den typischen monociliären Spermien einzelne biciliäre Spermien fanden; hierbei handelt es sich vermutlich um eine Sonderentwicklung innerhalb der Nemertodermatida, d. h. um eine Konvergenz zu den Acoela.

Die beiden Spermiencilien der Polycladida, Lecithoepitheliata, Seriata und Rhabdocoela zeichnen sich in übereinstimmender Weise durch eine komplizierte Feinstruktur aus (s. u.) und legen damit den Schluß nahe, daß es sich hier um ein gemeinsames abgeleitetes Merkmal handelt, d. h., diese Taxa sind näher miteinander verwandt und haben eine gemeinsame Stammart, die nicht zugleich die Stammart der Acoela ist.

Die **Existenz von 2 Cilien pro Spermium** bildet daher sowohl eine **Autapomorphie der Acoela** wie auch eine einmal evoluierte Neuheit der Polycladida, Lecithoepitheliata, Seriata und Rhabdocoela, d. h. eine **Autapomorphie des Monophylums Trepaxonemata** (s. u.).

Sollten sich an Spermatiden der Macrostomida (s. u.) auch zwei, allerdings nur transitorisch angelegte Cilien nachweisen lassen, so wäre dieser biciliäre Zustand dann natürlich als eine Synapomorphie der Macrostomida und der Trepaxonemata, d. h. als eine Autapomorphie der Rhabditophora, zu bewerten.

Im übrigen ist die Ausbildung biciliärer Spermien nicht allein auf die Plathelminthen beschränkt, biciliäre Spermien treten u. a. bei bestimmten Polychaeten (cf. Franzen 1982) oder Mollusken (cf. Kraemer 1983) auf.

Hier soll nicht unerwähnt bleiben, daß MacKinnon u. Burt (1984 b) in bestimmten Bereichen eines ansonsten biciliären Eucestoden-Spermiums bis zu 8 Axonemata fanden; nach Meinung der Autoren handelt es sich hier um artspezifische „aberrante" (apomorphe) Gegebenheiten.

(1 c) **Aciliäre Spermien.** Ausdifferenzierte männliche Gameten ohne Cilien sind für die **Catenulida,** die **Macrostomida** und die **Prolecithophora** kennzeichnend, nach Reisinger et al. (1974 a) auch für die Lecithoepitheliata, doch konnten bei eigenen, allerdings noch nicht abgeschlossenen EM-Untersuchungen an *Geocentrophora* auch hier biciliäre Spermien nachgewiesen werden.

Daneben fehlen Cilien auch einzelnen Arten der freilebenden Rhabdocoela (cf. Hendelberg 1977 a, 1983 b; Rieger 1978; Newton 1980; Ehlers 1981).

Dieser Mangel von Cilien ist mit Sicherheit eine Reduktionserscheinung und stellt einen abgeleiteten Zustand dar. Da sich die aciliären Spermien der genannten Plathelminthen-Taxa aufgrund anderer Organisationsmerkmale wie z. B. der äußeren Spermienform, der Existenz von Lamellarkörpern bei den Catenulida und modifizierter Mitochondrien und Nuclei bei den Prolecithophora (s. u.) stärker voneinander unterscheiden, liegt die Vermutung nahe, daß die Cilien mehrfach unabhängig voneinander und zwar jeweils in den Stammlinien der genannten Taxa reduziert wurden und sich über dieses Negativmerkmal jeweils eine Autapomorphie für die Catenulida, Macrostomida und Prolecithophora ergibt. Leider fehlen sowohl für die Macrostomida wie auch für die Prolecithophora noch EM-Untersuchungen zur Spermiogenese; es wäre sehr interessant zu erfahren, ob hier u. U. zwei Cilien pro Zelle transitorisch auftreten.

(1 d) **Spermiencilien vom 9 + 2 Muster.** Cilien mit 9 peripheren Doppeltubuli und 2 centralen Einzeltubuli kommen innerhalb der Plathelminthen allein bei den **Nemertodermatida** und **Acoela** vor (eigene Beobachtungen, ferner BEDINI u. PAPI 1970; CREZEE 1975; fig. 21 E; CREZEE u. TYLER 1976; HENDELBERG 1969, 1970, 1974, 1975, 1977 a, 1983 b; TYLER u. RIEGER 1975, 1977). Stets repräsentiert dieses Tubulimuster einen relativ plesiomorphen Zustand, übernommen von der Stammart der Metazoa. Es liegen keinerlei diskutable Anhaltspunkte für die Annahme vor, dieses Merkmal sei auch nur in einem einzigen Fall sekundär aus einem anderen Muster (z. B. 9 + 0 oder 9 + „1", s. u.) heraus entstanden.

(1 e) **Spermiencilien vom 9 + 0 Muster.** Spermiencilien, denen die beiden centralen Einzeltubuli ersatzlos fehlen, sind bisher aus 2 mit Sicherheit nicht enger verwandten Taxa bekannt, nämlich den Acoela und den Digenea, und könnten auch bei bestimmten „Typhloplanoida" sowie „Dalyellioida" auftreten (cf. HENDELBERG 1983 a, fig. 2, 1983 b).

Innerhalb der Acoela ist dieses Muster bei mehreren Arten gefunden worden (BEDINI u. PAPI 1970; BOYER u. SMITH 1982; COSTELLO et al. 1969; HENDELBERG 1977 a, 1983 b; HENLEY 1974; HENLEY u. COSTELLO 1969; KLIMA 1967; SILVEIRA 1972); nach BEDINI u. PAPI (1970) und HENDELBERG (1977 a, fig. 18) wird dieses Muster durch die Eliminierung der beiden centralen Einzeltubuli hervorgerufen. Ob dieses apomorphe Muster bei den Acoela ein genuines Merkmal darstellt oder ob es sich hier um einen durch die Präparation bedingten artifiziellen Zustand handelt, läßt sich derzeit nicht entscheiden. BOYER u. SMITH (1982, fig. 15) beobachteten mitunter „faint central components" in Spermiencilien vom 9 + 0 Muster.

Ein 9 + 0 Tubulimuster ist auch in den monociliären Spermien bestimmter Schistosomatidae beobachtet worden (KITAJIMA et al. 1976; IRIE et al. 1983); JUSTINE u. MATTEI (1981) konnten nachweisen, daß es sich hierbei um ein modifiziertes 9 + „1" Muster (s. u.) handelt, bei dem sich die unpaare centrale Struktur schlecht mit konventionellen elekronenmikroskopischen Methoden darstellen läßt.

Ferner tritt ein 9 + 0 Muster in den beiden Cilien der kurzen und offenbar unbeweglichen Spermien von *Didymozoon* aus dem in mancher Hinsicht stark spezialisierten (vgl. Kap. 3.1.1.) Digenea-Taxon Didymozoidae auf (JUSTINE u. MATTEI 1983 b, 1984 b), entstanden durch Reduktion des centralen Elementes im 9 + „1" Muster (s. u.).

(1 f) **Spermiencilien vom 9 + „1" Muster.** Cilien mit einem unpaaren centralen Element anstelle der beiden centralen Mikrotubuli kommen in den Spermien einzelner Acoela-Arten (AFZELIUS 1966, 1969; BACCETTI u. AFZELIUS 1976, Taf. 16 h; HENDELBERG 1977 a, 1983 b), und in den Spermien bei allen bisher untersuchten Species der folgenden Taxa vor:

Polycladida: HENDELBERG 1965, 1969, 1970, 1975, 1977 b, 1983 b; HENLEY 1974; KUBO-IRIE u. ISHIKAWA 1983; LUPO et al. 1975; SILVEIRA 1969, 1972, 1975; THOMAS 1975.

Lecithoepitheliata: eigene Beobachtungen.

Proseriata: eigene Beobachtungen (u. a. diese Arbeit) und AX 1984; HENDELBERG 1983 a, SOPOTT-EHLERS 1985 b.

Tricladida: eigene unpubl. Beobachtungen und u. a. COSTELLO 1973; FARNESI et al. 1977; Franquinet u. LENDER 1972; HENDELBERG 1983 b; HENLEY u. COSTELLO 1969; HENLEY et al. 1969 a; KLIMA 1961; SCHILT 1976, 1978; SILVEIRA 1968, 1970, 1972, 1973, 1975; SILVEIRA u. PORTER 1964.

„Typhloplanoida" und Kalyptorhynchia: eigene unpubl. Beobachtungen, ferner HENDELBERG 1975, 1983 a; HENLEY 1974; HENLEY et al. 1969 a, b.

„Dalyellioida" und Temnocephalida: eigene unpubl. Beobachtungen sowie HENLEY 1974; SILVEIRA 1972, 1975; WILLIAMS 1983, 1984.

Aspidobothrii: BAKKER u. DIEGENBACH 1973; MOHANDAS 1983; ROHDE 1971 c, 1972; SCHMIDT u. ROBERTS 1981.

Digenea: u.a. AFZELIUS 1966; BURTON 1966 a, b, 1967 b, c, 1968, 1970, 1972, 1973; BURTON u. SILVEIRA 1971; DADDOW u. JAMIESON 1983; ERASMUS 1972; ERWIN u. HALTON 1983; FUJINO u. ISHII 1982; FUJINO et al. 1977; GRANT et al. 1976; GRESSON u. PERRY 1961 (hier im Text als 9 + 2 Muster beschrieben, fig. 6 zeigt aber deutlich das 9 + „1" Muster); HERSHENOV et al. 1966; IRWIN u. THREADGOLD 1972; JAMIESON u. DADDOW 1982; JEONG et al. 1976; JUSTINE 1983; JUSTINE u. MATTEI 1982 a, c, 1984 c; MOHANDAS 1983; REES 1978, 1979 a, b; ROBINSON u. HALTON 1982; SATO et al. 1967; SHAPIRO et al. 1961; THREADGOLD 1975 a; TULLOCH u. HERSHENOV 1967.

Monogenea: u.a. HALTON u. HARDCASTLE 1976, 1977; JUSTINE u. MATTEI 1982 b, 1983 a, c, d, 1984 a; KRITSKY 1976; MACDONALD u. CALEY 1975; MOHANDAS 1983; ROHDE 1975, 1980; TUZET u. KTARI 1971 a, b.

Cestoidea: u.a. BONSDORFF 1977; BONSDORFF u. TELKKÄ 1965; DAVIS u. ROBERTS 1983 b; EUZET et al. 1981; FEATHERSTON 1971; GRESSON 1962; KELSOE et al. 1977; LUMSDEN 1965 a, b; LUMSDEN u. SPECIAN 1980; MACKINNON u. BURT 1984 b; MACKINNON et al. 1983; MOKHTAR-MAAMOURI 1979, 1980, 1982; MOKHTAR-MAAMOURI u. SWIDERSKI 1975, 1976 b; MORSETH 1969; ROBINSON u. BOGITSH 1978; ROSARIO 1964; RYBICKA 1966; SUN 1972; SWIDERSKI 1968, 1976 a, b; SWIDERSKI u. EKLU-NATEY 1978; SWIDERSKI u. MACKIEWICZ 1976 b; SWIDERSKI u. MOKHTAR-MAAMOURI 1980.

Bei diesen im einzelnen aufgelisteten Taxa, d. h. bei den Polycladida, den Lecithoepitheliata, den Seriata und den Rhabdocoela, ist der unpaare Achsenstab in den Cilien stets in völlig übereinstimmender Weise aus Elementen aufgebaut, wie sie zuvor für die Spermiencilien der Proseriata dargestellt wurden: (1) centrales elektronendichtes Element, (2) intermediäre hellere Zone und (3) periphere elektronendichte Hülle, von der 9 Speichen zu den A-Subtubuli der äußeren Doppeltubuli ziehen, an längs geschnittenen Cilien oder an negativ-kontrastierten Präparaten sind deutlich spiralig verlaufende Längsbänder in der peripheren elektronendichten Hülle zu erkennen, diese Längsbänder bilden eine Art Doppel-Helix um die centralen Stabelemente.

Dieser stark abgeleitete Merkmalskomplex im Bereich der Spermiencilien stellt eine eindeutige, gemeinsam erworbene Neuheit der Polycladida, Lecithoepitheliata, Seriata und Rhabdocoela dar (cf. auch EHLERS 1984 b, 1985 a) und begründet einen klaren monophyletischen Ursprung dieser Plathelminthen; sie gehören dem Taxon **Trepaxonemata** an (der Name nimmt auf die spiralige Struktur im centralen Achsenstab der Cilien Bezug).

Sollten künftige EM-Untersuchungen (insbesondere zur Spermiogenese) bei den Macrostomida die Existenz von – wenn auch nur transitorisch angelegten – Cilien belegen, so wäre genau zu prüfen, ob die Cilien ein 9 + 2 Muster oder das spezifische 9 + „1" Muster besitzen; im letzteren Fall würden die Macrostomida, sofern dieses Taxon primär auch 2 Cilien pro Zelle besässe, zu einem Teiltaxon der Trepaxonemata, d. h., die Trepaxonemata würden zu einem Synonym der Rhabditophora.

Dagegen hat sich ein 9 + 1 Muster in den Spermiencilien bestimmter **Acoela** mit größter Wahrscheinlichkeit konvergent evoluiert. Für diese Annahme sprechen u. a. die Befunde von HENDELBERG (1977 a, 1983 b). So fand dieser Autor bei den Acoela verschiedene 9 + 1 Muster, solche mit elektronendichtem centralen Bereich bei *Childia groenlandica* und solche mit einer helleren tubulären Struktur im Zentrum bei *Paramecynostomum diversicolor.* In diesem Zusammenhang sei auf die von AFZELIUS (1966), 1969) und BACCETTI u. AFZELIUS (1976) dargestellten Spermiencilien der Acoelenspecies *Mecynostomum auritum* verwiesen: Diese Art soll – wie die Trepaxonemata – ein centrales elektronendichtes Element besitzen; in den Fig. 10 und 11 bei AFZELIUS (1969) ist jedoch deutlich ein hellerer (? tubulärer) centraler Bereich zu erkennen. Vermutlich repräsentiert der helle tubuläre Bereich ein einziges Mikrotubulum, d. h., bei den genannten Acoela mit 9 + 1 Muster ist eines der beiden centralen Microtubuli in den Cilien der Spermatozoa reduziert worden. Dagegen läßt sich der komplexe unpaare centrale Achsenstab bei den Trepaxonemata mit größter Wahrscheinlichkeit nicht mit einem Microtubulum homologisieren (cf. u. a. THOMAS 1975).

Damit bestehen signifikante Unterschiede in der Substruktur der centralen Cilienachse zwischen bestimmten Acoela einerseits und allen Polycladida, Lecithoepitheliata, Seriata und Rhabdocoela andererseits. Zudem fehlen für die genannten Acoela auch Beobachtungen über spiralig verlaufende Längsbänder im peripheren Bereich der centralen Achse, ferner ebenso über den sogenannten „intercentriolar body", der während der Spermiogenese zwischen den basalen Bereichen beider Cilien bei den Trepaxonemata auftritt (cf. Lit. bei SOPOTT-EHLERS 1985 b).

Im übrigen ist die Ausdifferenzierung einer centralen Achse in Spermiencilien nicht auf die Plathelminthen beschränkt, sondern tritt auch bei anderen Metazoa auf, z. B. bei vielen Clitellata (cf. u. a. BONDI u. FARNESI 1976; FERRAGUTI u. LANZAVECCHIA 1977; JAMIESON 1981 a, b, 1983; JAMIESON u. DADDOW 1979; PASTISSON 1977; WISSOCQ u. MALECHA 1975).

(1 g) **„Freie" Cilien versus „inkorporierte" Axonemata.** Die ciliären Differenzierungen der vollständig ausgebildeten Spermien liegen bei den Polycladida, Lecithoepitheliata, Seriata, „Typhloplanoida" und „Dalyellioida" (einschließlich der Temnocephalida) – soweit bekannt – als „freie", d. h. außerhalb des Zellkörpers der Spermien gelegene Cilien vor: die Cilien entspringen dem funktionellen Vorderende (= morphologischen Hinterende) der Zelle und ziehen dann frei längsseits der Zelle Richtung funktionelles Hinterende (mit dem Zellkern), dabei kann der dem Basalkörper nahe Bereich des ciliären Axonems in die Zelle inkorporiert werden wie bei den in dieser Arbeit dargestellten Proseriaten-Spermien.

Dagegen werden die Cilien der Spermien aller Acoela, Kalyptorhynchia (u. U. bei *Baltoplana* nur eines der beiden Cilien, s. o.) und auch der Neodermata vollständig während der Spermiogenese (cf. u. a. ERWIN u. HALTON 1983) in den cytoplasmatischen Bereich der Spermienzellen inkorporiert (dabei kann der in den Enden der sehr langen fadenförmigen Spermienzellen liegende Distal- oder Proximalbereich der Axonemata ein „freies" Cilium vortäuschen), d. h., diese drei Taxa der Plathelminthes besitzen intracelluläre Axonemata, die mitunter – als eine Art undulierende Membran – bis zum kernhaltigen Ende einer Spermienzelle ziehen können, hier in der Regel jeweils seitlich des langgestreckten Zellkerns. HENDELBERG (1977 a, 1983 a, b) gibt diese unterschiedliche Anordnung ciliärer Differenzierungen („freie Cilien" oder „inkorporierte Axonemata") in den Übersichtszeichnungen seiner zusammenfassenden Darstellungen anschaulich wieder.

Eine vollständige Inkorporation der bei den Trepaxonemata ja primär paarigen Cilien in den Zellkörper ist sowohl für die Kalyptorphynchia wie auch für die Neodermata mit Sicherheit ein sekundärer Zustand im Vergleich zu den Verhältnissen bei den Polycladida, Lecithoepitheliata, Seriata, „Typhloplanoida" und „Dalyellioida" (einschließlich Temnocephalida), die hier mit den „freien" Cilien einen symplesiomorphen Zustand aufweisen. Entsprechendes gilt auch für die biciliären Spermien der Acoela im Vergleich mit den bisher bekannten monociliären Spermien der Nemertodermatida.

„Inkorporierte Axonemata" sind danach bei den Acoela, den Kalyptorhynchia und den Neodermata jeweils unabhängig voneinander evoluiert worden, d.h., in den entsprechenden Stammlinien der 3 Taxa, und stellen somit jeweils **eine Autapomorphie für das Taxon Acoela, das Taxon Kalyptorhynchia und das Taxon Neodermata** dar.

Interessant ist, daß innerhalb der artenreichen Neodermata das Axonem – soweit EM-Befunde bis heute vorliegen – offenbar nur in einem einzigen subordinierten Taxon, den Caryophyllidea, ± deutlich vom Zellkörper getrennt vorkommt, in diesem einen Fall entstanden durch Evolution einer sekundären Separation (d.h., durch eine nicht vollständige Inkorporation während der Spermiogenese). Wenn diese Aussage durch EM-Untersuchungen an weiteren Caryophylliden-Spermien bestätigt wird, dürfte das „freie" Axonem der Caryophyllidea eine Autapomorphie dieses Taxons darstellen, während bei den übrigen Cestoidea, d.h. den Eucestoda, sowie den anderen Cestoda mit den während der Spermiogenese vollständig inkorporierten Axonemata dann im Vergleich zu den Caryophyllidea symplesiomorphe Verhältnisse gegeben sind.

(2) **Mitochondrien.** Wie in vielen stärker modifizierten Spermien bei anderen Metazoa weisen die Mitochondrien auch bei den Plathelminthen zahlreiche Besonderheiten auf. Hendelberg (1975, 1977 b, 1983 a, b) gibt einen Überblick über Zahl und Struktur dieser Organellen bei verschiedenen freilebenden Plathelminthen. In diesem Zusammenhang will ich nur zwei Punkte ansprechen:

(a) Bei den bisher elektronenmikroskopisch untersuchten Spermien der Prolecithophora wurde in übereinstimmender Weise ein auffälliges Faltenband beobachtet, das sich offenbar aus der äußeren Membran eines umfangreichen langgestreckten mitochondrialen Komplexes herausdifferenziert (cf. Ehlers 1981). Ein solches Faltenband, das zweifellos ein abgeleitetes Merkmal darstellt, fehlt den übrigen Plathelminthen; vermutlich repräsentiert dieses **Faltenband eine Autapomorphie der Prolecithophora** und kann somit zur Begründung der Monophylie dieses Taxons eingesetzt werden.

(b) Den ausdifferenzierten **Spermien** aller bisher untersuchten Arten **der Cestoidea (Caryophyllidea + Eucestoda) fehlen Mitochondrien** oder mitochondriale Derivate (cf. Davis u. Roberts 1983 b; Euzet et al. 1981; MacKinnon u. Burt 1984 b; Swiderski 1981). Diese Organellen sind jedoch in einer frühen Spermiogenese-Phase vorhanden (cf. u.a. Mokhtar-Maamouri 1979; Mokhtar-Maamouri u. Swiderski 1975; Robinson u. Bogitsh 1978; Swiderski u. Mokhtar-Maamouri 1980), werden aber nicht in die sich ausdifferenzierenden Spermien übernommen.

Wenn auch der selektive Vorteil dieses Prozesses derzeit nicht voll einsichtig erscheint, so ist doch unumstritten, daß der Mangel der Mitochondrien einen sekundären, abgeleiteten Zustand darstellt und, da dieser für alle Cestoidea gilt, aber nicht für die Gyrocotylidea und die Amphilinidea, eine klare **Synapomorphie für die Caryophyllidea und die Eucestoda** bildet und somit die Monophylie der Cestoidea stützt. Die Gyrocotylidea und die Amphilinidea, bei denen die ausdifferenzierten Spermien nach den Untersuchungen von W. Xylander (Göttingen) Mitochondrien aufweisen, zeigen den für die freilebenden Plathelminthen sowie die Trematoda und Monogenea charakteristischen Zustand, also eine Symplesiomorphie.

(3) **Besamung.** Allen bisher näher untersuchten Spermien der Plathelminthen, vielleicht ausgenommen die von Tyler u. Rieger (1975) untersuchte *Nemertoderma*-Art, fehlt ein typischer acrosomaler Komplex (u.a. Kubo u. Ishikawa 1981; Kubo-Irie u. Ishikawa 1983; siehe aber Jamieson u. Daddow 1982).

In diesem Zusammenhang verdienen die Befunde von Burton (1967 b) an einem Vertreter der Digenea sowie von Swiderski (1976 b, 1981) und Mokhtar-Maamouri (1980) an zwei Eucestodenspecies besondere Beachtung: die Autoren beobachteten, daß das Spermium bei der Besamung nicht mit dem morphologisch apical, funktionell aber caudal gelegenen kernhaltigen Ende in die Eizelle eindringt, sondern sich um die Eizelle herumlegt; daraufhin kommt es zunächst zu partiellen Vereinigungen der cytoplasmatischen Bereiche beider Zellen und schließlich verschmilzt das Spermium längsseits mit der Eizelle, dabei werden nicht nur der Kern des Spermiums, sondern auch andere Zellbestandteile wie z.B. die Cilien in die Eizelle aufgenommen (siehe auch Sopott-Ehlers 1985 b). Sollte diese Art der Besamung auch bei anderen Plathelminthen auftreten, so wäre der Mangel eines Acrosoms leicht verständlich, eine solche apical gelegene Struktur hätte dann keinerlei Funktion.

Die elektronendichten Granula, die in verschiedener Größe und unterschiedlicher Elektronendichte in den cytoplasmatischen Bereichen der Spermien vieler, aber nicht aller Plathelminthen auftreten, dürften eine Bedeutung bei der Besamung haben. Hendelberg (1975, 1977 b, 1983 b) weist daraufhin, daß die Granula sehr wahrscheinlich von Dictyosomen gebildet werden und somit den gleichen Entstehungsmodus aufweisen wie das acrosomale Material in den Spermien anderer Bilateria. Die Untersuchungen von Sopott-Ehlers (1985 b) ergaben, daß diese Granula dem in eine Eizelle (Germocyte) eingetretenen Spermium fehlen. Künftige Untersuchungen müssen zeigen, ob der (? sekundäre) Mangel eines typischen Acrosoms und die Existenz der Granula Merkmale darstellen, die für die Diskussion der phylogenetischen Beziehungen zwischen den einzelnen Plathelminthen-Taxa oder die Stellung der Plathelminthen im System der Bilateria von Bedeutung sind.

3.9.4. Männliche und weibliche Genitalstrukturen

In diesem Zusammenhang sollen nur einige Aspekte des bei vielen Plathelminthen höchst komplexen Geschlechtsapparates angesprochen werden.

a) **Zahl der Genitalgarnituren.** Mit Sicherheit ist davon auszugehen, daß die Stammart der Plathelminthen einen einzigen zwittrigen Geschlechtsapparat besessen hat. Die überwiegende Mehrheit aller Plathelminthen hat diesen symplesiomorphen Zustand beibehalten. Nur vereinzelt erfolgt in verschiedenen Taxa, insbesondere bei den Acoela, Polycladida und Seriata, seltener bei den Prolecithophora und Rhabdocoela, sekundär eine mehrfache Ausbildung bestimmter Genitalstrukturen wie z.B. die Verdoppelung oder Vervielfachung des männlichen Begattungsorganes oder der weiblichen Bursaldifferenzierungen (u.a. Ax 1958; Ax u. Ax 1967; Ax u. Heller 1970; Ehlers 1974; Hyman 1951; Nasonov 1927).

Ohne Beispiel sind die Verhältnisse bei den Eucestoda: hier kommt es – vielleicht ausgenommen einige Vertreter der aberranten Aporidea (cf. Mackiewicz 1981; Wardle

u. McLeod 1952; Wardle et al. 1974) – regelmäßig zur Ausbildung einiger bis zahlreicher kompletter und funktionstüchtiger zwittriger Genitalgarnituren mit den dazugehörenden Gonaden, die zu einer regelmäßigen Abfolge im Körper angeordnet sind (Abb. 17 A). Parallel hierzu hat sich bei der überwiegenden Mehrzahl aller Eucestoda – ausgenommen einige Taxa wie z. B. *Bothrimonus, Cyathocephalus, Ligula* oder *Spathebothrium* – eine äußere Gliederung evoluiert; diese äußere Gliederung in zahlreiche, zumeist deutlich voneinander abgesetzte Körperbereiche (Proglottiden) entspricht jedoch nicht immer der inneren Körpergliederung (cf. Mehlhorn et al. 1981); die Verwendung der Begriffe „Strobila" oder „polyzoisch" im Zusammengang mit dem Eucestodenkörper ist unzutreffend und sollte vermieden werden. Allein die innere Gliederung, hervorgerufen durch die **regelmäßige Abfolge mehrerer kompletter Gonaden- und Genitalgarnituren, bildet eine sichere Autapomorphie der Eucestoda.**

b) Männliches Begattungsorgan. Alle Plathelminthen besitzen einen männlichen Genitalporus und ein männliches Organ zur Spermaübertragung. Der Porus befindet sich bei freilebenden Taxa in der Regel in der hinteren Körperhälfte auf der Ventralseite, kann aber in bestimmten Taxa auch eine fast terminale oder laterale Lage einnehmen. Verschiedene Autoren, u. a. Karling (1974), halten einen kaudal gelegenen Porus, wie er bei den Nemertodermatida und einzelnen Acoela (cf. Dörjes 1968) auftritt, für relativ ursprünglich. Stark abweichend sind jedenfalls die Verhältnisse bei den Catenulida: diese weisen ein dorso-rostral gelegenes männliches Organ mit einem ebenfalls dorso-rostralen Porus auf (Abb. 14 A), zweifellos ein abgeleitetes Merkmal (Außengruppen-Vergleich: sowohl die Gnathostomulida wie auch die Euplathelminthen besitzen ja primär einen ventralen männlichen Porus), das als Autapomorphie dieses Taxons eingesetzt werden kann.

Bei bestimmten Acoela-Arten sowie bei den meisten Vertretern der Rhabditophora, insbesondere den Macrostomida, Proseriata und vielen freilebenden Rhabdocoela, aber auch bei den Polycladida, den Lecithoepitheliata und den Monogenea, ist das männliche Begattungsorgan mit zumeist artspezifisch gestalteten Hartstrukturen versehen. Hierbei handelt es sich generell nicht um Kutikularstrukturen, sondern um intracellulär gelegene Differenzierungen (Brüggemann 1983, 1985; Doe 1977, 1982; Ehlers u. Ehlers 1980; Lanfranchi 1978; Mainitz 1977) bzw. um Bildungen der Basallamina (Martens 1984); über diese Feinstrukturen lassen sich vermutlich Hinweise auf Verwandtschaftsbeziehungen zwischen Teilgruppen der Plathelminthen gewinnen (Brüggemann 1985; Martens 1984).

Cirrusartige Begattungsorgane, die insbesondere für zwei Gruppen der parasitischen Plathelminthen, nämlich die Trematoda und die Cestoda, kennzeichnend sind und für diese beiden Taxa jeweils eine Autapomorphie bilden, aber auch bei freilebenden Taxa (Polycladida, Seriata, Rhabdocoela) sowie bei bestimmten Monogenea auftreten, haben sich mehrfach konvergent aus einer papillenartigen Differenzierung heraus evoluiert.

Der männliche Genitalkomplex der Plathelminthen enthält neben den auszuleitenden männlichen Gameten auch eine oder mehrere Sorten von Sekret, das sogenannte Kornsekret. Dieser Sachverhalt konnte jetzt auch für die marinen Catenulida, die Retronectidae, verifiziert werden (cf. Ehlers 1984 b). Möglicherweise tragen vergleichende Untersuchungen an Kornsekretdrüsen auch zur Verdeutlichung der phylogenetischen Beziehungen zwischen bestimmten Teilgruppen der Plathelminthen bei. Die ausdifferenzierten Granula der Kornsekretdrüsen bei den Otoplaniden *Notocaryoplanella glandulosa* (Taf. 95 A) und *Parotoplanina geminoducta* (Taf. 95 B) zeigen übereinstimmend eine Trennung ihres Inhaltes in einem elektronendichten und einen elektronenhellen Bereich. Identische Verhältnisse sind auch bei der Monocelidide *Archilopsis unipunctata* gegeben (Martens u. Schockaert 1981). Offenbar tritt innerhalb der Proseriata und – da dieser Sekrettyp auch bei den Tricladen gefunden wurde (Marinelli u. Vagnetti 1977) – vielleicht bei den gesamten Seriata ein einziges, einheitlich strukturiertes Sekret auf. Für freilebende Rhabdocoela sind m.W. noch keine Befunde publiziert, bei den Digenea (cf. Threadgold 1975 b; Jeong et al. 1980 b), offenbar jedoch nicht bei den Monogenea (cf. Halton u. Hardcastle 1977), enthalten die Granula der Kornsekretdrüsen, die hier als Prostata bezeichnet werden, ebenfalls elektronendichte und elektronenhelle Bereiche.

c) **Weibliche Genitalstrukturen.** Mit Karling (1974) halte ich den Mangel einer weiblichen Geschlechtsöffnung bei allen Catenulida, Nemertodermatida und auch bei den meisten Acoela und damit die ± kontinuierliche Abgabe von Eiern durch Ruptur der Körperwandung für ein ursprüngliches Merkmal; zu diesem Ergebnis führt auch ein Außengruppen-Vergleich; denn auch den Gnathostomulida fehlt primär ein ausleitender weiblicher Porus.

Dagegen stellt die Existenz eines weiblichen Porus bei den Macrostomida, Polycladida und Neoophora ein abgeleitetes Merkmal, vielleicht sogar eine nur einmal evoluierte Apomorphie, eine Autapomorphie der Rhabditophora, dar.

Allerdings kann dieser weibliche Genitalporus auch sekundär funktionslos werden wie z.B. bei *Archigetes* (Caryophyllidea), hier kommt es dann – konvergent zu den Verhältnissen bei den Catenulida, Nemertodermatida und Acoela – zur Abgabe der Eier durch ein Aufreißen der Körperwandung, in diesem Fall jedoch verbunden mit dem Tod des Tieres. Vergleichbare Verhältnisse herrschen bei bestimmten freilebenden Rhabdocoela des Süßwassers, hier werden die hartschaligen Eier mitunter auch erst nach dem Tode der Tiere freigesetzt (u.a. Heitkamp 1972; Luther 1955), auch bei den schon mehrfach erwähnten parasitischen Fecampiidae („Dalyellioida") ist die Eiabgabe mit dem Tod der Tiere verbunden (u.a. Bellon-Humbert 1983).

Die weiblichen Genitalgänge zeichnen sich insbesondere bei den Neoophora durch eine große Variabilität selbst bei nah verwandten Taxa aus (cf. z.B. fig. 4 bei Ax 1956). Dennoch lassen sich hier in einzelnen Gruppen Autapomorphien herausstellen. So dienen bei den Polycladida stets verbreiterte Abschnitte der Oviducte zur Aufnahme reifender Eier, diese als Uteri bezeichneten Abschnitte der Oviducte können letztlich mehrere bis zahlreiche beschalte Eier enthalten.

Konvergent hierzu haben sich entsprechende, in den weiblichen Genitalgang eingeschaltete Uterus-Bildungen bei parasitischen Taxa evoluiert; blind geschlossene Uterus-Schläuche bei bestimmten Eucestoda sind erst innerhalb dieser Gruppe entstanden durch den Verlust des Porus im ausleitenden weiblichen Genitalsystem („Oviduct").

Auch bei den Aspidobothrii weisen die „Oviducte" (hier besser Germoducte genannt) ein gemeinsames abgeleitetes Merkmal auf: jeder Gang ist durch eine Reihe spezifischer Septen in viele kleine Abschnitte gegliedert (u.a. Hendrix u. Short 1972; Narasimhulu u. Madhavi 1980; Rohde 1971 a, 1972, 1973 b); vermutlich eine Autapomorphie dieses Taxons.

3.10. Entwicklung, Wirt-Parasit-Beziehungen, Lebenszyklen

Die in diesem Kapitel abzuhandelnden Themen mögen auf den ersten Blick recht verschieden anmuten, doch lassen sich bei den parasitischen Taxa, den Neodermata, Darstellungen zur Entwicklung bzw. zu den Entwicklungsstadien nicht losgelöst von den übrigen in der Kapitel-Überschrift genannten Themenkomplexen vornehmen.

Allerdings werden auch hier wie in den vorhergehenden Kapiteln nur jene Punkte diskutiert, die für das Verständnis der stammesgeschichtlichen Beziehungen der übergeordneten Plathelminthen-Taxa zueinander von größerer Bedeutung erscheinen.

3.10.1. Embryonalentwicklung (der aus einer Zygote hervorgehenden Entwicklungsstadien)

Technische Schwierigkeiten wie undurchsichtige Kapselumhüllungen der Eier oder Komplikationen bei der Furchung wie ein frühzeitiges Auseinanderweichen oder stark asyncrone Teilungsschritte der Blastomeren, auch der Dotterreichtum vieler ectolecithaler Eier haben dazu geführt, daß bis heute nur von relativ wenigen Arten eingehendere Untersuchungen zur Embryonalentwicklung vorliegen.

Dennoch lassen sich bestimmte grundsätzliche Aussagen treffen.

Bei Plathelminthen, die hinsichtlich ihrer weiblichen Gonade (Ovar) und der Eibildung (entolecithal) plesiomorphe Züge aufweisen, tritt eine **Spiral-Furchung** auf, die mit Ausnahme eines Taxons, den Acoela (s. u.), relativ deutlich Quartettbildungen erkennen läßt, zusammen mit alternierenden dexiotropen und laeotropen Teilungsschritten, zumindest für die frühen Furchungsstadien (siehe für die Catenulida: Bogomolov 1949; ferner Reisinger et al. 1974 b, p. 262; für die Macrostomida: Ax u. Borkott 1969, 1970; Bogomolov 1949, 1960 a; Papi 1953; Reisinger et al. 1974 b; für die Polycladida: u. a. Anderson 1977; Kato 1940, 1957; Surface 1908; Teshirogi et al. 1981).

Die Abschnürung des 1. Mikromerenquartetts während des 3. Teilungsschrittes erfolgt dabei – soweit bekannt – immer dexiotrop.

Auch bei Plathelminthen mit ectolecithaler Eibildung, den Neoophora, lassen sich Anklänge an eine Spiral-Quartett-Furchung beobachten (cf. u. a. Ball 1916; Bogomolov 1949; Giesa 1966; Giesa u. Ax 1965; Hallez 1909; Reisinger et al. 1974 a, b).

Allerdings bleibt anzumerken, daß in einer ganzen Reihe von Fällen Abweichungen gegenüber einer „typischen" Quartettbildung bestehen, insbesondere dergestalt, daß die bei den ersten beiden Furchungsschritten entstehenden Blastomeren unterschiedlich groß, die Teilungen also inäqual sein können (für die Macrostomida cf. Ax u. Borkott 1970; Bogomolov 1949; für die Polycladida u. a. Anderson 1977; Kato 1940, 1957) und im 4-Zell-Stadium jeweils nur die sich gegenüberliegenden Stammblastomeren (Makromeren) sich auf gleicher Ebene befinden, so bei verschiedenen Polycladen (cf. u. a. Kato 1957; Lang 1884, p. 330; Teshirogi et al. 1981, taf. 4, fig. 5 b; Van Name 1899–1900, fig. 45), wobei 2 größere Blastomeren am vegetativen Pol liegen und 2 kleinere Zellen zum animalen Pol hin orientiert sein können (cf. Kato 1957), bei den folgenden Teilungsschritten unterscheiden sich bei einigen Polycladen Mikro- und Makromeren überhaupt nicht hinsichtlich der Zellgröße bzw. die Makromeren können sogar kleiner sein als die Mikromeren (cf. Kato l.c.).

Einige dieser Vorgänge, die in einem frühen Furchungsstadium fast an eine Duett-Furchung erinnern, haben Ivanova-Kasas (1959, 1981) wie auch Schmidt (1966) veranlaßt, eine solche Spiral-Duett-Furchung als ein Grundmustermerkmal der Bilateria einzusetzen, entstanden aus einer bei bestimmten Cnidaria zu beobachtenden „Pseudospiral-Furchung“ (cf. Ivanova-Kasas 1981). Ein solches Unterfangen ist aber aus den bereits von Ax (1984, p. 281) näher diskutierten methodischen Gründen undurchführbar.

Hier bleibt festzuhalten: **für die Stammart der Plathelminthen ist** aufgrund der zuvor für die Catenulida, Macrostomida und Polycladida geschilderten Gegebenheiten **eine Spiral-Furchung mit ± deutlicher Quartett-Bildung kennzeichnend.** Da für die Gnathostomulida ebenfalls eine Quartett-Furchung gemeldet worden ist, läßt sich dieses Merkmal als ein Grundmustermerkmal der gesamten Plathelminthomorpha (Gnathostomulida + Plathelminthes) bestimmen.

Unbeantwortet möchte ich jedoch im Augenblick die Frage lassen, inwieweit für die letzte gemeinsame Stammart der Plathelminthen das Merkmal einer „typischen“ („homoquadrantischen“) Quartettbildung der 4 Stammblastomeren (in der Plathelminthen-Literatur zumeist Makromeren genannt), d. h., die Existenz von 4 vergleichsweise großen und in einer Ebene gelegenen Blastomeren, gegeben ist.

Alle bisher daraufhin untersuchten **Acoela weisen eine klare Spiral-Duett-Furchung** (mit konstant nur 2 großen Stammblastomeren) auf (u. a. Apelt 1969; Ax u. Apelt 1969, 1970; Ax u. Dörjes 1966; Bogomolov 1960 b; Boguta 1972; Boyer 1971; Bresslau 1909, 1928–1933; Costello u. Henley 1976; Kato 1957); dieses spezifische Furchungsmuster ist gegenüber der letzten gemeinsamen Stammart der Plathelminthen bzw. der Euplathelminthen eine evolutionäre Neuheit, eine **Autapomorphie des Taxons Acoela.**

Bemerkenswert erscheint in diesem Zusammenhang, daß bei den Acoela die im 2. Furchungsschritt erfolgende Abschnürung der ersten beiden Mikromeren immer laeotrop erfolgt (wie bei den übrigen Plathelminthen mit entolecithaler Eibildung die Abschnürung der beiden restlichen Stammblastomeren zum 4-Zell-Stadium), auch im 3. Furchungsschritt werden bei den Acoela die neu entstehenden Mikromeren laeotrop abgegeben, bei den anderen zuvor genannten Plathelminthen erfolgt die Abgabe des ersten Mikromerenquartetts im 3. Furchungsschritt dagegen dexiotrop.

Leider ist ein Furchungsablauf bei den Nemertodermatida noch unbekannt, so daß hier die Frage offen bleiben muß, ob die von den Acoela her bekannte spezialisierte Duett-Furchung nicht eine Synapomorphie dieser beiden Taxa, eine Autapomorphie der Acoelomorpha, darstellen könnte.

Als eine „Duett-Furchung“ wird in der entsprechenden Literatur auch die Furchung bei bestimmten Cestoden und vereinzelt auch bei einigen Digenea, also bei Taxa mit ectolecithaler Eibildung, bezeichnet, und zwar deshalb, weil die nach der 1. Teilung vorhandenen beiden Blastomeren größer sind als die in den folgenden Furchungsschritten entstehenden Blastomeren, die je nach ihrer Größe Mikromeren oder Mesomeren genannt werden.

Diese folgenden Furchungsschritte der Cestoda und Digenea verlaufen aber gänzlich anders als bei den Acoela (stark inäquale, nicht spiralige Furchung, cf. u. a. Euzet u. Mokhtar-Maamouri 1975, 1976; Guilford 1958, 1961; Pieper 1953; Rybicka 1966; v. d. Woude 1954), ein direkter Vergleich der Acoelen-Furchung mit der bestimmter parasitischer Taxa ist nicht möglich. Vor allem aber nicht eine „Evolution der Cestoden-Furchung aus derjenigen der Acoela", wie z.B. von DOUGLAS (1963, p.541) und anderen Autoren propagiert: die Acoela und Cestoda repräsentieren, wie in verschiedenen Kapiteln dieser Arbeit anhand anderer Merkmale gezeigt wurde, keine Schwestergruppen, sondern nicht enger verwandte Plathelminthen-Taxa; die bei bestimmten Cestoda (und Digenea) als „Duett-Furchungen" bezeichneten Stadien sind aus einer ± deutlichen Quartett-Bildung hervorgegangen, wie sie für alle Neoophora und damit auch für die Neodermata primär charakteristisch ist.

Die Furchung der Neoophora soll hier nicht im Detail besprochen werden, zumal die derzeit von den verschiedenen Teiltaxa bekannten Tatsachen noch keine hilfreichen Argumente für stammesgeschichtliche Aussagen zu liefern scheinen.

Dies gilt insbesondere für die verschiedenen embryonalen Hüllzellbildungen, die nach der vorliegenden Literatur in einigen Taxa von Blastomeren, in anderen Taxa dagegen von Dotterzellen ausgebildet werden sollen – die zur letzteren Möglichkeit genannten Befunde bedürfen jedoch einer kritischen Nachprüfung. All diese Hüllzellbildungen stehen in einem funktionellen Zusammenhang mit der Aufnahme des im ectolecithalen Eies vorhandenen Dottermaterials durch den sich entwickelnden Embryo. Da die Menge des Dottermaterials in den Eiern der einzelnen Neoophora-Taxa sehr stark schwankt, kann es auch nicht überraschen, daß auch die Hüllzellbildungen verschiedene Modifikationen aufweisen. Wird – bei intrauteriner Embryonalentwicklung – einer Eizelle nur wenig Dottermaterial beigegeben (so haben z.B. bestimmte Eucestoda nur 2–3 Dotterzellen pro Germocyte (cf. EUZET u. MOKHTAR-MAAMOURI 1975, 1976), andere Eucestoda, z.B. *Taenia,* sogar nur 1 Dotterzelle), können die spezifischen, nur in einem bestimmten Embryonalstadium vorhandenen Hüllzellbildungen offenbar auch fehlen.

Einzig sind die Verhältnisse bei allen bisher näher untersuchten Tricladen: hier tritt beim Embryo stets ein aus mehreren Blastomeren aufgebauter muskulöser Apparat zum „Schlucken" des extraembryonal gelegenen Dottermaterials auf; dieses nur transitorisch angelegte Embryonalorgan, in der Literatur (Übersicht bei SOPOTT-EHLERS 1985 a) als **Embryonalpharynx** bezeichnet, **repräsentiert eine Autapomorphie des Taxons Tricladida.**

Zum Abschluß dieses Unterkapitels komme ich noch einmal auf die Furchung bzw. Embryonalentwicklung der Plathelminthen mit der ursprünglichen entolecithalen Eibildung zurück.

IVANOVA-KASAS (1981) diskutiert einige weitere Differenzen zu der „typischen" Spiral-Quartett-Furchung bei Polychaeten (u.a. Mangel eines „Kreuzes der Spiralia" oder eines 1. Somatoblastes, d.h., der als „2 d" bezeichneten Zelle kommt bei Plathelminthen – wie übrigens auch bei Nemertinen – keine spezifische Bedeutung als ektodermaler Somatoblast zu), die genannten Unterschiede verdeutlichen, daß es sich bei den Plathelminthen im Vergleich zur Spiralfurchung bei Polychaeten oder auch Mollusken vermutlich um eine relativ wenig spezialisierte Spiral-Furchung handelt.

Bisher kaum diskutiert wurde die Frage, inwieweit die Spiral-Furchung der Plathelminthen eine determinierte Furchung darstellt. In der einschlägigen Literatur wird allgemein davon ausgegangen, daß es ein **cell-lineage** bei Plathelminthen gibt.

Für die Taxa mit entolecithaler Eibildung gibt aber nur die frühe Arbeit von SURFACE (1908) über eine Polyclade einige Hinweise auf ein cell-lineage bis hin zur Entwicklung von bestimmten Epithelien und Organen, in allen späteren Arbeiten, auch in der häufig zitierten Publikation von KATO (1940), fehlen eingehendere Darstellungen, eine determinierte Furchung wird postuliert, aber nicht belegt, z.B. an Hand eindeutig geklärter Keimblattentwicklungen.

Vergegenwärtigen wir uns hier noch einmal einige der im Kap. 3.5.1. dargelegten Befunde: eine ganze Reihe Plathelminthen-Taxa besitzt keine „parenchymatischen" Gewebe, also kein ausgedehntes Mesoderm-Gewebe, ein solcher Zustand ließ sich auch für die Stammart der Plathelminthen wahrscheinlich machen. In der „primären Leibeshöhle" dieser Stammart wie auch aller nachgeordneten Taxa finden sich stattdessen undifferenzierte Stammzellen, die sich sowohl zu Epidermis-, zu Gastrodermis- wie auch zu Geschlechts-Zellen differenzieren können, also zu Zellen, die gemeinhin als Zellen ektodermalen, entodermalen und mesodermalen Ursprungs bezeichnet werden.

Danach scheint es mir durchaus nicht sicher zu sein, daß Plathelminthen primär eine determinierte Furchung besitzen, vielmehr scheint es, daß eine prospektive Bedeutung all jener Blastomeren, deren Entstehung während der ersten Furchungsschritte klar zu beobachten ist, in der Literatur weitgehendst in Analogie zu einer „typischen" Spiral-Quartett-Furchung wie bei bestimmten Polychaeten oder Mollusken eingeschätzt wurde.

Die Arbeit von BOYER (1971) gibt sogar deutliche Hinweise darauf, daß die hier studierte **Furchung der Acoela undeterminiert** abläuft! Es erscheint daher sehr fraglich, die Spiralfurchung allgemein als primär determinative Furchung (u.a. SIEWING 1969, p. 58; 1981, p. 147) anzusprechen.

Und so kann es nicht überraschen, wenn GREMIGNI (1983) oder MACKINNON u. BURT (1984 a) in anderen Zusammenhängen die Frage aufwerfen, ob es bei Plathelminthen überhaupt eine „germ – line" gibt. Die Erscheinung, daß Blastomeren in ihrer Entwicklungspotenz eingeschränkt bzw. frühzeitig determiniert sind, ist innerhalb der Plathelminthen m.W. noch nicht eindeutig nachgewiesen worden. Bei den Plathelminthen mit der ursprünglichen entolecithalen Eibildung gibt es jedoch für Polycladen einen Hinweis, daß die Schädigung bestimmter Blastomeren zu nicht vollständig entwickelten Müllerschen Larven führen kann (cf. BOYER 1981). Sollten künftige Untersuchungen belegen, daß bei den Polycladida eine determinierte Furchung auftritt, so dürfte diese konvergent zu vergleichbaren Furchungsabläufen bei anderen Bilateria evoluiert worden sein.

Ferner ist mir kein einziger Fall bekannt, in dem das Schicksal der in der entsprechenden Plathelminthen-Literatur „Urgeschlechtszellen" genannten Blastomeren auch wirklich verfolgt wurde, und zwar hin bis zur Differenzierung zu Gameten, den Beschreibungen verschiedener Autoren nach zu urteilen handelt es sich bei diesen „Urgeschlechtszellen" um nicht differenzierte Stammzellen. Ich komme auf diese Frage nochmals im Zusammenhang mit der Analyse des Lebenszyklus der Digenea zurück. Vermutlich mangelt es den Plathelminthen (wie den Porifera und den Cnidaria) an einer „Keimbahn", dieser Mangel wäre bei den Plathelminthen daher als eine Plesiomorphie zu bewerten.

Von welchen Blastomeren stammen die omnipotenten undifferenzierten Stammzellen ab? Eine eindeutige Antwort läßt sich auf diese Frage derzeit nicht geben. Bei den Polycladida, den einzigen hinsichtlich der späteren Furchungsstadien näher untersuchten Plathelminthen mit entolecithaler Eibildung, könnten die Stammzellen in einem geringen Maße dem 2. und 3. Mikromerenquartett und zu einem erheblichen Umfang der Zelle 4 d entstammen (vgl. Kap. 3.2.1.), zumal in diesem Taxon die Mikromeren 4 a–c und die Makromeren 4 A–D vollständig degenerieren (cf. auch vergleichende Übersicht bei KOHLER 1979), dies ist vermutlich eine Autapomorphie der Polycladida.

Auch die eigenen Beobachtungen z. B. zur Differenzierung des Keimlagers bei der Catenulide *Retronectes* in unmittelbarer Nachbarschaft des Intestinums (vgl. Kap. 3.9.3.) ließen einen solchen Schluß zu, daß nämlich Entodermzellen und Stammzellen, die sich zu Geschlechtszellen differenzieren, auf gemeinsame Blastomeren zurückgehen.

Da jedoch gezielte Untersuchungen zu dieser Thematik fehlen, müssen klare Aussagen hier unterbleiben.

3.10.2. Larven freilebender Plathelminthen

Dieser Punkt sei etwas ausführlicher diskutiert, da hier Gegebenheiten aufzuzeigen sind, die nicht nur für die Stammesgeschichte der Plathelminthen, sondern auch anderer Metazoa von Bedeutung sind.

Bekanntlich treten innerhalb der freilebenden Plathelminthen nur bei einem Vertreter der Catenulida, nämlich *Rhynchoscolex simplex,* sowie bei verschiedenen Teiltaxa der Polycladida Larven mit spezifischen Larvalmerkmalen auf (cf. Ruppert 1978), von Jägersten (1972) „Primärlarven" genannt. Der Ausdruck resultiert aus der Auffassung, diese Larven repräsentieren die pelagischen Stadien eines primär bei allen Metazoa realisierten „pelago-benthalen Lebenszyklus". Demnach wäre die Existenz dieser Larven für die genannten Taxa oder die Plathelminthen insgesamt ein plesiomorphes Merkmal, übernommen von der Stammart der Metazoa.

Der Rahmen dieser Arbeit würde gesprengt, wollte ich versuchen, eine kritische, auf der Grundlage der Prinzipien und Methoden der Phylogenetischen Systematik geführte Diskussion der Theorie eines „pelago-benthalen Lebenszyklus" vorzunehmen (einige grundsätzliche Argumente gibt bereits Ax 1984); ich will die Diskussion hier allein auf einige wesentliche das Taxon Plathelminthes betreffende Punkte beschränken.

(a) Wenn planktotrophe Larven ein ursprüngliches Merkmal aller Metazoa darstellen und die Larven der einen Catenulide oder auch nur bestimmter Polycladida direkt auf das Niveau einer solchen „Primärlarve" zurückzuführen sind, dann muß für die letzte gemeinsame Stammart der Plathelminthen die Existenz eines „pelago-benthalen Lebenszyklus" mit planktotropher Larve postuliert werden. Bei konsequenter Fortführung dieses Gedankens ist dann zu fordern, daß innerhalb der Plathelminthen überall dort, wo Larven fehlen, dieser Mangel einer indirekten Entwicklung sekundär erfolgt sein muß.

Ein primär „pelago-benthaler Lebenszyklus" müßte dann bei den Plathelminthen vielfach konvergent aufgegeben worden sein: (1) Innerhalb des Taxons Catenulida, nur *Rhynchoscolex simplex* besäße in diesem Merkmal noch eine Plesiomorphie; (2) in der Stammlinie der Acoelomorpha; (3) in der Stammlinie der Macrostomida; (4) innerhalb des Taxons Polycladida, da nur einige Teiltaxa (cf. Ballarin u. Galleni 1984) planktotrophe Larven besitzen, und (5) in der Stammlinie der Neoophora. Unabhängig davon, daß für eine Reduktion von Larven, d. h., die Aufgabe einer indirekten Entwicklung, bei den genannten Plathelminthen-Taxa keine objektivierbaren Anhaltspunkte bestehen, ist das Postulat wiederholter konvergenter Reduktionen extrem aufwendig – dagegen die Hypothese, ein Larven-Stadium sei nur in der Stammlinie von *Rhynchoscolex simplex* innerhalb der Catenulida und daneben bei bestimmten Polycladida evoluiert worden, hinsichtlich der Argumentation wesentlich sparsamer und daher zu favorisieren. Diese Einschätzung wird auch durch den Außengruppen-Vergleich gestützt: bei der

Schwestergruppe der Plathelminthen, den Gnathostomulida, existiert bekanntlich kein planktotrophes Larvenstadium (cf. auch Ax 1984).

Ich weise hier mit Nachdruck auch die empirisch nicht verifizierbare Hypothese von v. SALVINI-PLAWEN (1980 b, p. 420) zurück, bei allen Plathelminthen mit direkter Entwicklung und bei den Gnathostomulida handele es sich um „bodenpelagische, geschlechtsreife (neotene) Planuloide".

(b) Die Larven der beiden freilebenden Plathelminthen-Taxa, den Catenulida und Polycladida, sind hinsichtlich ihrer Organisation extrem divergent. Die Luthersche Larve von *Rhynchoscolex simplex* weist nach REISINGER (1924) u. a. die folgenden markanten Merkmale auf: fadenförmiger Habitus mit langen Cilien am schlanken Vorderende, Existenz einer vor dem Cerebrum gelegenen, durch Einstülpung der Epidermis entstandenen Statocyste, anstelle eines Darmes mit Lumen ein lumenloser Gewebestrang. Die Statocyste und die auffallende Bewimperung am Vorderende sollen Larvalmerkmale sein, die nach Abschluß einer vermutlich nur kurzen Larvalphase völlig reduziert werden. Ein vergleichbares Larvenstadium existiert bei keiner anderen Catenulide, auch nicht bei anderen *Rhynchoscolex*-Species (cf. MARCUS 1945 a, p. 72), und darüberhinaus auch bei keiner anderen Art der Plathelminthen; mit wünschenswerter Sicherheit kann die Luthersche Larve als ein erst in der Stammlinie der Species *Rhynchoscolex simplex* evoluiertes Spezifikum ausgegeben werden.

Bei Teiltaxa der Polycladida finden sich planktotrophe Entwicklungsstadien, die in der Literatur Müllersche oder Goettesche Larven genannt werden; v. SALVINI-PLAWEN (1980 b) faßt diese beiden Stadien, die mit zumeist 4 oder 8, u. U. auch 10, von längeren Cilienbändern gesäumten Epidermislappen versehen sind (cf. u. a. ANDERSSON 1977; KATO 1940, 1957; KOTIKOVA 1981; LACALLI 1982, 1983; RUPPERT 1978), unter dem von DAWYDOFF geprägten Namen „Lobophora" zusammen; nach TESHIROGI et al. (1981) existiert zusätzlich ein von der Müllerschen Larve abweichendes Stadium, für das die Autoren den Namen Katosche Larve vorschlagen.

Bestimmte morphologische Merkmale dieser Stadien werden in der Literatur als typische „larvale" Strukturen gedeutet, die „engere stammesgeschichtliche Beziehungen" zu den als Trochophora bezeichneten Larven der Anneliden und Mollusken verdeutlichen. In anderen Kapiteln dieser Arbeit (so Kap. 3.4.3., 3.6.1., 3.6.2., 3.6.3) konnte gezeigt werden, daß u. a. das Apikalorgan (Scheitelplatte) von Polycladen-Larven nichts anderes darstellt als das für die gesamten Euplathelminthen charakteristische Frontalorgan, das mit dem bei Plathelminthen primär vorhandenen und bei Polycladen stärker ausgebildeten Nervensystem in Form eines ausgedehnten peripheren Nervenplexus sowie des sich tiefer im Körper differenzierenden Cerebrums in Verbindung steht; d. h., der gesamte Bereich des „Apikalorgans" oder der „Scheitelplatte" einer Larve der Polycladida stellt nichts anderes dar als den für alle Euplathelminthen mit direkter Entwicklung charakteristischen apikalen Körperbereich.

Neben dem „Apikalorgan" erwähnt v. SALVINI-PLAWEN (1980 b, p. 407) die „Pigmentbecher-Ocellen" als weiteres, der Lobophora und der Trochophora gemeinsames Merkmal, aber gerade in diesem Merkmal bestehen auffällige Unterschiede zwischen den genannten Entwicklungsstadien (vgl. Kap. 3.6.3., cf. zugleich auch die Anmerkungen von v. SALVINI-PLAWEN 1980 b, p. 412). Zwischen der Lobophora und der Trochophora bestehen zudem weitere Differenzen, so in der Struktur und Funktion des Stomodaeums (cf. LACALLI 1984, p. 127). Es gibt kein einziges Merkmal zwischen der Lobophora und irgendeiner anderen Metazoa-Larve, das sich als Synapomorphie aufweisen ließe; Übereinstimmungen zwischen der Lobophora und der Trochophora existieren nur in symplesiomorphen Merkmalen (u.a. Existenz eines Protonephridialsystems, Organisation spezifischer Bereiche des Nervensystems etc.), die bereits beim Adultus der letzten gemeinsamen Stammart der Bilateria vorhanden waren und von dort übernommen wurden.

Als Konsequenz dieses Sachverhaltes ergibt sich: **die bei Polycladen auftretenden Larven sind keine „Primärlarven", sondern haben sich erst innerhalb dieses Taxons evoluiert.** Zu einem vergleichbaren Resultat kommt u.a. auch KOTIKOVA (1981, p. 35) auf der Basis ontogenetischer Untersuchungen zur Differenzierung des Nervensystems. Die Evolution dieser planktotrophen Entwicklungsstadien ist im engen Zusammenhang mit der Zunahme des Körpervolumens bei den Adultstadien zu sehen: dem Taxon Polycladida gehören die mit Abstand größten marinen freilebenden Plathelminthen an; die großen Polycladen können nicht mehr eine Verbreitung durch Wasserströmungen erfahren wie die übrigen marinen Plathelminthen, die – soweit freilebend – in der Mehrzahl das primär kleine Körpervolumen beibehalten haben. Von diesen marinen Plathelminthen mit der primären direkten Entwicklung lassen sich im Plankton insbesondere Jugendstadien auffinden (u.a. MEIXNER 1938, p. 126/127; JÄGERSTEN 1972, p. 87; GERLACH 1977, appendix 8–10).

Da „Lobophora"-Larven nur bestimmten Taxa der Polycladida zukommen (so nur einigen Acotylea und vermutlich allen Cotylea) und hier in morphologisch unterschiedlichen Typen (Müllersche Larve, Goettesche Larve, Katosche Larve) auftreten, liegt der Verdacht nahe, daß sich die genannten Larven unabhängig voneinander bei bestimmten Teiltaxa evoluiert haben.

Elektronenmikroskopische Untersuchungen aus den letzten Jahren haben aber gezeigt, daß bei verschiedenen Larven bestimmte Merkmale auftreten (ciliärer Receptor mit spezifischer Wurzelstruktur, vgl. Kap. 3.6.2. und unpaarer epidermaler Photoreceptor mit lamellenartig abgeflachten Cilien, vgl. Kap. 3.6.3.), von denen – nach dem Prinzip der sparsamsten Erklärung – angenommen werden kann, daß sie nur einmal evoluiert wurden, d.h., die Taxa mit diesen Larven haben eine gemeinsame Stammart. Sofern künftige EM-Untersuchungen zeigen, daß (1) die genannten Merkmale bei allen Larven der Polycladida auftreten und (2) bei den Polycladida mit direkter Entwicklung diese Merkmale zu keiner Zeit, also auch nicht in einer frühen Entwicklungsphase, differenziert sind, ist davon auszugehen, daß es nur einmal zur Evolution einer Larve (mit den genannten spezifischen Merkmalen und dem zusätzlichen Merkmal „Schwimmlappen") innerhalb der Polycladida kam und die Taxa mit indirekter Entwicklung eine monophyletische Teilgruppe innerhalb der Polycladida bilden. Sollten jedoch die nur feinstrukturell aufzuklärenden sensorischen Merkmale auch bei Polycladen mit direkter Entwicklung auftreten, so dürften diese Merkmale Autapomorphien der gesamten Polycladida oder einer Teilgruppe von Species mit direkter und indirekter Entwicklung darstellen; die Merkmale verlören ihre Bedeutung als Argumentationsbasis für eine Abwägung zwischen den Alternativen „Polycladen-Larve nur einmal evoluiert" oder „Larven innerhalb der Polycladida mehrfach konvergent entstanden". Es wäre dann zusätzlich zu prüfen, ob der Mangel einer „Schwimmlarve" innerhalb des Taxons Polycladida (und nur innerhalb dieses Taxons!) nicht auch sekundär eingetreten sein könnte.

3.10.3. Entwicklungsstadien, Wirtsbeziehungen und Lebenszyklen der Neodermata

Im Gegensatz zu den zuvor diskutierten Polycladenlarven werden die bei den Neodermata auftretenden Larvenformen von der Mehrheit aller Zoologen, auch von Jägersten (1972), als sekundär innerhalb der Plathelminthen evoluierte Verbreitungs- und Infektions-Stadien angesehen.

Im Kap. 3.2.1. wurde gezeigt, daß sich ein solches, mit einer bewimperten Epidermis versehenes **Larven- oder Jugendstadium als ein Grundmustermerkmal der letzten gemeinsamen Stammart der Neodermata** wahrscheinlich machen läßt. Ein solches Larven- oder Jugendstadium mag erst in der Stammlinie der Neodermata entstanden sein und somit eine Autapomorphie dieses Taxons repräsentieren. Solange aber nicht die Schwestergruppe der Neodermata benannt ist (diese Schwestergruppe dürfte ein Teiltaxon der marinen „Dalyellioida" sein), ist es denkbar, daß ein schwimmendes Larven- oder Jugendstadium bereits früher evoluiert wurde, so z. B. in der Stammlinie zu einem monophyletischen Taxon, bestehend aus den Fecampiidae + Neodermata.

Bei der letzten gemeinsamen Stammart der Neodermata wird mit Abschluß der Larvalzeit die Epidermis eliminiert und es entsteht der heranwachsende Jungwurm mit der Neodermis.

Eine solche Entwicklung ist für die Aspidobothrii, die Monogenea und auch die Cestoda charakteristisch, und zwar unabhängig davon, ob ein Wirtswechsel erfolgt oder nicht; allerdings haben sich sekundär bei einzelnen Monogenea (so *Gyrodactylus*) und vielen Eucestoda abweichende, i. d. R. komplexere Entwicklungswege evoluiert.

Bei den **Digenea** läßt sich obligatorisch ein **komplizierter Entwicklungs- oder Lebenszyklus,** verbunden mit einem oder mehreren Wirtswechseln, beobachten; die Entstehung von Tochtersporocysten, Redien (Mutter- oder Tochterredien) und Cercarien wird in der Literatur, vor allem in Lehrbüchern, häufig als „Generationswechsel" bezeichnet und als parthenogenetische Fortpflanzung oder aber als Polyembryonie dargestellt (ich apostrophiere den Begriff „Generationswechsel", weil ich den Übergang von z. B. einer Sporocyste zu einer Redie nicht als einen Wechsel zwischen zwei Generationen verstehe, sondern als einen Wechsel von einem Entwicklungsstadium (s. u.) zu einem anderen Entwicklungsstadium innerhalb (!) einer einzigen Generation; eine Generation umfaßt – wie bei anderen Plathelminthen – auch bei den Digenea alle Individuen von der Zygote bzw. dem Embryo (Miracidium) bis hin zum zwittrigen Adultus).

Hierzu ist Folgendes anzumerken: typische Reifeteilungen sind bisher in keinem Fall bei diesen Digenea-Entwicklungsstadien, den Sporocysten und Redien, nachgewiesen worden, nur vereinzelt finden sich Hinweise, daß meioseartige Prozesse wie ein Prophase-Stadium (Diakenese) (u. a. Khalil u. Cable 1968) oder die Abgabe von Richtungskörpern aufgetreten sein sollen (die bei uniparenteralen Miracidien der Schistosomatidae existierenden haploiden Zellen (cf. Lit. bei Short 1983) stellen einen Sonderfall dar, beschränkt auf dieses sekundär getrenntgeschlechtliche Taxon). Es befriedigt durchaus nicht, wenn dennoch eine Parthenogenese postuliert und die entsprechenden Stadien gar als „Parthenitae" angesprochen sowie das Ausbleiben von Reifeteilungen bzw. die mangelnde Existenz von Eizellen mit dem „vereinfachten Bau der Parthenitae" erklärt werden (cf. Lit. bei Odening 1974, p. 383 ff.).

Eingedenk dieser Tatsache interpretieren daher manche Parasitologen die Fortpflanzung der „Parthenitae" als „diploide (apomiktische) Parthenogenese", bei der keine Richtungskörper abgegeben werden sollen (Lit. bei Odening l.c.).

Aber auch hier bestehen Einwände: (1) Im Miracidium und in den „Parthenitae" wurden m. W. elektronenmikroskopisch bisher nur somatische Zellen und undifferenzierte Zellen (Stammzellen), jedoch in keinem Fall Eizellen nachgewiesen. Da die Digenea ein Teiltaxon der Neoophora bilden, wären hier – bei Vorliegen einer Parthenogenese – wie in den „Maritae", d.h. den zwittrigen Adulti, dotterarme oder dotterfreie Germocyten zu erwarten (vgl. Kap. 3.9.2.); den „Parthenitae" mangelt es zudem an Vitellarien, diese müßten hier sekundär fehlen, also reduziert sein; denn Vitellarien bilden ein konstitutives Merkmal der Neoophora, weitervererbt an alle nachgeordneten Taxa einschließlich der Neodermata, Trematoda und Digenea. Ich kenne keine Literaturstelle, an der solche Überlegungen von den Proponenten einer parthenogenetischen Fortpflanzung bei den „Parthenitae" überzeugend begründet werden. Der von GINECINSKAJA (1971, p. 14) vorgenommene Vergleich mit viviparen Arten wie *Mesostoma ehrenbergii* ist unzutreffend: bei *Mesostoma* gehen die „Lebendgeborenen" stets aus einer Germocyte (bzw. Zygote) unter Beteiligung von, wenn auch nur wenigen, Vitellocyten hervor. (2) Die „Keimballen" einer Sporocyste oder Redie werden in verschiedenen Körperbereichen gebildet, allerdings bevorzugt in der Kaudalhälfte der „Parthenitae", die einzelnen neu entstehenden „Keimballen" können in weitere mehrzellige (!) „Tochter-Keimballen" „zerfallen", aus denen jeweils ein komplettes, sich i. d. R. verselbständigendes Individuum hervorgeht. Ein solcher a priori mehrzelliger „Keimballen" einer „Parthenitae" hat aber nichts mit einer Germocyte oder Oocyte gemein.

Neben der „haploiden Parthenogenese" und der „diploiden Parthenogenese" existiert in der Literatur noch eine weitere Variante hinsichtlich der Ausbildung von Tochtersporocysten, Redien und Cercarien: vor allem im angelsächsischen Sprachraum wird die Differenzierung von neuen Entwicklungsstadien in Sporocysten und Redien häufiger als „Polyembryonie" ausgegeben (cf. u. a. CORT et al. 1954; GUILFORD 1958; PIEPER 1953; VAN DER WOUDE 1954; ferner SMYTH 1976, p. 167; SMYTH u. HALTON 1983, p. 4).

Diese Auffassung gründet sich im wesentlichen auf folgenden Umstand: während der Furchung in den von den zwittrigen Adulti abgegebenen Eiern lassen sich bestimmte Zellen über einen langen Zeitraum hinweg verfolgen, u. U. noch über die Bildung des Miracidiums bzw. der Sporocyste hinaus; diese Zellen werden in der o. g. Literatur zumeist als „propagatory cells" bezeichnet, ein Ausdruck, der sich allein auf die Annahme stützt, bei den Digenea gebe es von der Zygote an eine „Keimbahn". Die „propagatory cell" stellt jedoch nichts weiter dar als eine undifferenzierte Zelle (cf. WHITFIELD u. EVANS 1983, p. 131) – und die aus diesen Zellen hervorgehenden „germinal cells" oder „germinal balls" bilden stets einzelne oder einen Komplex von undifferenzierten Zellen: „It is nothing more than a group of cells which develop into embryos directly" (cit. VAN DER WOUDE 1954, p. 188).

Wie wir heute wissen, verfügen alle elektronenmikroskopisch näher studierten Plathelminthen, ob freilebend oder parasitisch, zeitlebens oder zumindest bis zum Erreichen der vollen Geschlechtsreife über undifferenzierte Zellen (Stammzellen) (vgl. Kap. 3.5.1.), die sich mitotisch teilen und zu den verschiedensten somatischen und zu generativen Zellen differenzieren können. Solche Stammzellen sind auch bei den Digenea präsent (und bilden hier u. a. die definitive Körperbedeckung, die Neodermis, aus, vgl. Kap. 3.2.1.); die Annahme, die „propagatory cells" bzw. die „germinal balls" repräsentieren einzelne Stammzellen oder Aggregationen von Stammzellen, ist naheliegend und mit allen bisher vorgelegten Ergebnissen voll in Einklang zu bringen; d. h., **die Differenzierung von z. B. Redien in Sporocysten oder Cercarien in Redien ist eine rein vegetati-**

ve Vermehrung. Im Lebenszyklus der Digenea tritt also keine Heterogonie (oder Polyembryonie), sondern Metagenese auf (cf. Abb. 16).

In diesem Zusammenhang möchte ich auch auf die Untersuchungen von SCHÄLLER (1960) an Sporocysten verweisen; dieser Autor kommt zu dem Ergebnis: „muß ungeschlechtliche Fortpflanzung auf Grund des immer wieder gefundenen diploiden Chromosomensatzes der Keimzellen angenommen werden. Die geschlechtliche Fortpflanzung der adulten Trematoden würde demnach mit ungeschlechtlicher Fortpflanzung der Sporocysten und Rediengenerationen abwechseln (Metagenesis)".

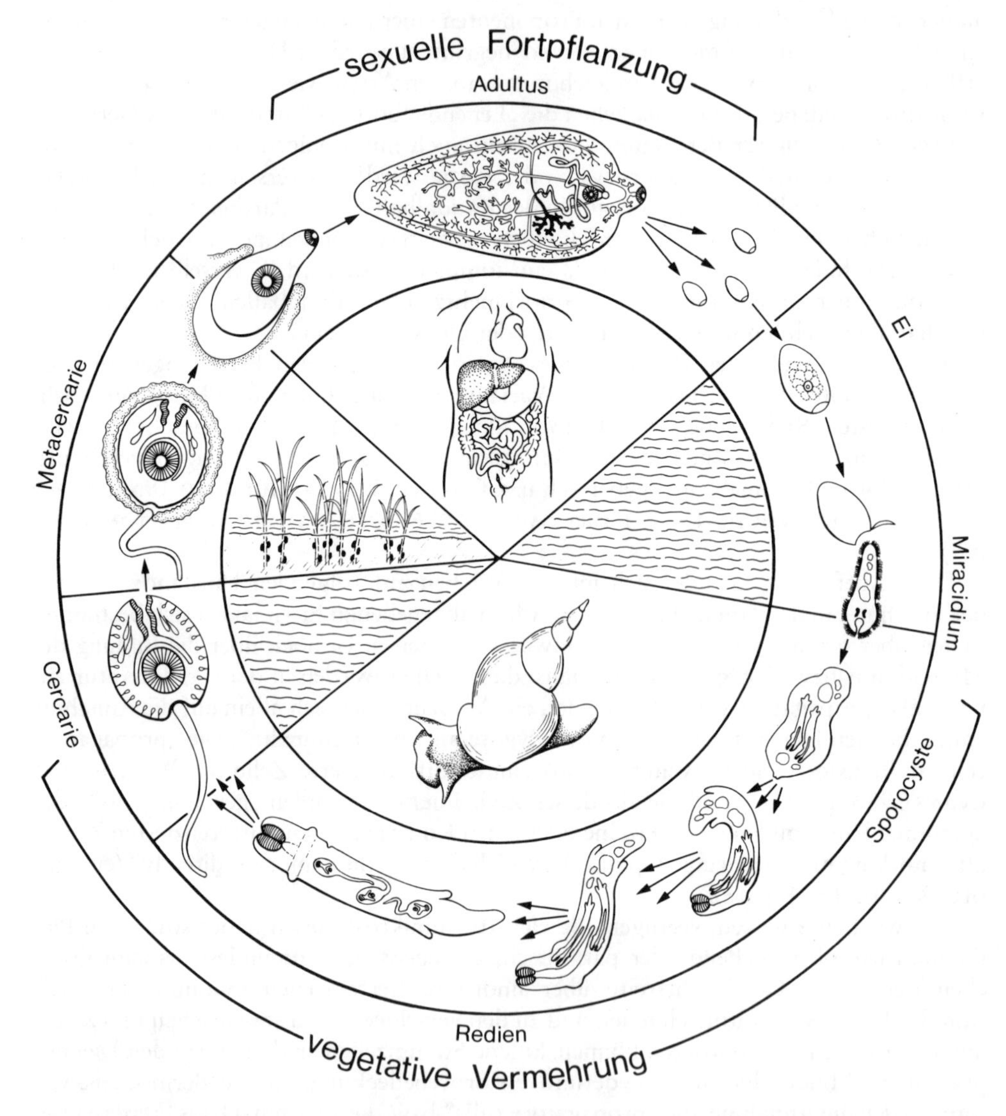

Abb. 16. Metagenese bei Digenea: *Fasciola hepatica.* Lebenszyklus mit einem Wechsel zwischen sexueller Fortpflanzung des zwittrigen Adultus und vegetativer Vermehrung bestimmter Entwicklungsstadien (Sporocyste und Redien); Differenzierung der Redien und der Cercarien aus Stammzellen. (Wiedergabe des Lebenszyklus in Anlehnung an vergleichbare Darstellungen bei DÖNGES 1980).

Zu vergleichbaren Überlegungen kommt CLARK (1974): „it seems most probable that the secondary multiplication is budding than parthenogenesis. The notion of polyembryony in the trematodes is abondoned“, einer Auffassung, der sich auch WHITFIELD u. EVANS (1983, p. 134) anschließen: „the case for parthenogenetic development in digenean intra-molluscan stages lacks sufficient support and ... the multiplication within germinal sacs is better regarded as an asexual process ... we support Clark's (1974) interpretation of the digenean life-history as a sequence of polymorphic larval forms linked by metamorphosis to the sexually reproducing ovigerous adult“.

Im übrigen können auch Cercarien und Metacercarien als „germinal sacs“ fungieren und sich wie Sporocysten oder Redien vegetativ vermehren (cf. u. a. CHING 1982).

Den von mir prinzipiell als richtig erachteten Aussagen der hier zitierten Autoren (SCHÄLLER; CLARK; WHITFIELD u. EVANS) seien diese Anmerkungen beigegeben:

(1) Bei den innerhalb der Sporocysten, Redien und in Einzelfällen von Cercarien ablaufenden Prozessen handelt es sich nicht um eine „ungeschlechtliche“ („asexual“) Fort-

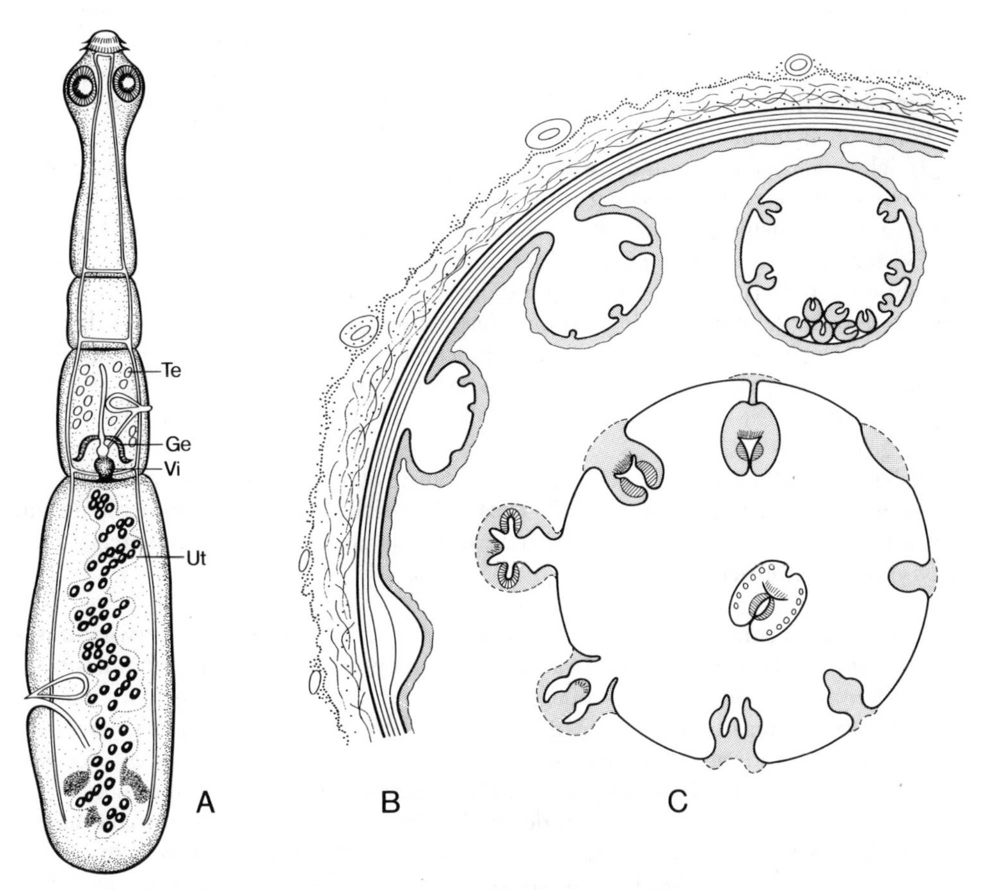

Abb. 17. Metagenese bei Eucestoda: *Echinococcus*. A. Sexuelle Fortpflanzung des Adultus (Gonaden im vorletzten Proglottid, Uterus mit Eiern im letzten Proglottid). B. und C. Vegetative Vermehrung der Finne (in B Ausbildung von Sekundärblasen in der Hydatide, in C Entstehung der Protoscolices in einer Sekundärblase), Differenzierung der Sekundärblasen bzw. der Protoscolices aus Stammzellen. (A nach verschiedenen Autoren, B und C nach DÖNGES 1980).

pflanzung, sondern um eine vegetative Vermehrung (Abb. 16), analog z. B. den Paratomie-Prozessen bestimmter freilebender Species (Abb. 14), nur erfolgt bei den Digenea die Differenzierung neuer „Tochter"-Individuen im Inneren von „Mutter"-Organismen und offenbar vollständig aus undifferenzierten Zellen, vergleichbar den Bildungen von Scolices in einer Hydatid-Blase bestimmter Eucestoda (Abb. 17 B, C) und auch den besonderen Vermehrungsmodi bestimmter Monogenea wie *Gyrodactylus.* Trotz des Ausbleibens eindeutiger Meiose-Prozesse spricht Braun (1966) bei *Gyrodactylus* von einer „extremen Pädogenese"; nach Untersuchungen von Harris (1984) sind die Zellen der ineinandergeschachtelten Embryonen diploid ($2n = 12$) und teilen sich mitotisch, repräsentieren also diploide Stammzellen, d. h., bei *Gyrodactylus* existiert ein Wechsel zwischen vegetativer Vermehrung (Bildung der ineinandergeschachtelten „Tochter"- und „Enkel"-Entwicklungsstadien) und geschlechtlicher Fortpflanzung (Entstehung eines neuen Embryos aus einer Germocyte im zuvor leeren Uterus des Adultus).

(2) Die vereinzelten Fälle, in denen meiotische Vorgänge in den Entwicklungsstadien der Digenea beobachtet worden sein sollen, möchte ich nicht pauschal in Abrede gestellt sehen. Wenn sich bei den Adulti Stammzellen zu Geschlechtszellen differenzieren können und dabei Reduktionsteilungen erfahren, so ist es durchaus denkbar, daß Stammzellen auch in vorhergehenden Entwicklungsstadien, z. B. in einer Redie, unter bestimmten Bedingungen befähigt sind, in eine Frühphase der Meiose einzutreten. Hierbei könnte es sich um atavistische Prozesse handeln; denn

(3) ich bewerte die dem in der Regel zwittrigen Adultus bzw. der Cercarie/Metacercarie vorgeschalteten Entwicklungsstadien nicht, wie z. B. Clark (1974), pauschal als „larval forms". Vielmehr halte ich ein **Stadium wie die Redie** in mehrfacher Hinsicht (so Existenz eines einfachen Pharynx doliiformis mit angeschlossenem unverzweigten Darmblindsack, Existenz paariger Nephridialpori oder Mangel von Bauch- und Mundsaugnäpfen) für **relativ ursprünglich** und der letzten gemeinsamen Stammart der Trematoda (= Digenea + Aspidobothrii) für ähnlich; diese Stammart der Trematoda dürfte nach unseren derzeitigen Kenntnissen (cf. auch Cable 1974; Ginecinskaja 1971; Stunkard 1963, 1967, 1970, 1975) bereits als Parasit oder Kommensale in einem Mollusken gelebt haben.

In der Stammlinie von der letzten gemeinsamen Stammart der Trematoda zu der letzten gemeinsamen Stammart **der Digenea haben sich** dann im Zusammenhang mit dem Entstehen der vegetativen Vermehrung folgende **evolutionären Neuheiten im Lebenszyklus manifestiert:**

(a) Differenzierung vorgeschalteter und phänotypisch abweichender **Entwicklungsstadien ohne Verdauungssystem** (Miracidium, Sporocyste), der Übergang vom Besitz einer Epidermis zur Bildung der Neodermis wurde auf das früheste (vielleicht zunächst einzige) Entwicklungsstadium, das Miracidium, vorverlegt (eine Sporocyste gehört u. U. nicht zu den Grundmustermerkmalen der Digenea, sondern ist erst später evoluiert worden, sozusagen als „darmlose Redie"). Das Miracidium mag das ursprüngliche Jugendstadium der Digenea (d. h. einem der Redie ähnlichen, in einem Mollusken lebenden Adultstadium), vergleichbar den Jugend- oder Larval-Stadien anderer Teiltaxa der Neodermata, darstellen oder aber ein vollständig neu evoluiertes („embryonales") Stadium repräsentieren, das nur einige „klassisch" ektodermale Merkmale wie Epidermiszellen, Nerven- und Sinneszellen, Drüsenzellen sowie Protonephridialzellen, aber (noch) nicht die entodermalen Differenzierungen des Jugend- (Larval-) Stadiums der Trematoda bzw. des ursprünglichen Jugend- (Larval-) Stadiums der Digenea aufweist.

(b) Differenzierung nachgeschalteter Entwicklungsstadien, die den Molluskenwirt verlassen – vermutlich im Zusammenhang mit dem Einbeziehen eines Wirbeltieres in den Lebenszyklus (s. u.) – wie der **Cercarien** (= leicht modifizierte jetzige Praeadulti) bzw. der **jetzigen Adulti** (eine Metacercarie gehört u. U. nicht zu den Grundmustermerkmalen der Digenea); dabei Evolution neuer Merkmale wie Mund- und Bauchsaugnapf (zum Bauchsaugnapf vgl. die einschränkenden Bemerkungen im Kap. 3.1.1.), einer 3-schenkligen Verzweigung des Intestinums sowie der Differenzierung eines Cercarienschwanzes einschl. des späteren Abwurfes dieses Schwanzes (all diese morphologischen Merkmale sind für die letzte gemeinsame Stammart der Trematoda noch nicht zu fordern, sind aber bei der letzten gemeinsamen Stammart der Digenea präsent, haben sich also in der Stammlinie der Digenea evoluiert) und Verlegung (Verschiebung) der Differenzierung von Gonaden und Genitalstrukturen vom im Mollusken lebenden ursprünglichen Adultstadium, der jetzigen Redie, auf das Endstadium im Wirbeltierwirt, den jetzigen zwittrigen Adultus.

Selbstverständlich hat sich der hier skizzierte Evolutionsablauf in einzelnen Teiltaxa der Digenea sekundär in mannigfaltiger Hinsicht abgeändert; diese sekundären Abänderungen im Lebenszyklus der verschiedenen Taxa haben sogar dazu geführt, daß oftmals eine Redie überhaupt nicht mehr ausdifferenziert wird (cf. z. B. fig. 16–24 in Schmidt u. Roberts 1981; fig. 1 in Whitfield u. Evans 1983 oder pp. 427 ff. bei Odening 1984) oder der primäre Wirt, ein Mollusk, zu Gunsten eines anderen Wirtes aufgegeben wurde (cf. u. a. Køie 1981). Ebensowenig, wie wir erwarten können, daß eine bestimmte Species des Monophylums Digenea z. B. als Adultus alle (!) ihre morphologischen Merkmale unverändert von der letzten gemeinsamen Stammart des Monophylums Digenea übernommen hat, können wir auch erwarten, daß eine bestimmte rezente Digenea-Species im Lebenszyklus alle (!) bei der letzten gemeinsamen Stammart der Digenea realisierten Gegebenheiten aufweist, vermutlich zeigen alle heute existierenden Digenea-Arten in ihren Lebenszyklen jeweils eine Kombination von relativ ursprünglichen (symplesiomorphen) und von in der Stammlinie der jeweiligen Art evoluierten (autapomorphen) Gegebenheiten.

Zur Evolution des möglichen Infektionsweges des jetzigen Wirbeltier-(End-)Wirtes werden derzeit mehrere Hypothesen diskutiert.

So werden von verschiedenen Seiten (cf. Lit. bei Gibson 1978; Ginecinskaja 1971; Moore 1981; Odening 1984) Hypothesen vorgelegt, nach denen die letzte gemeinsame Stammart der Digenea sich im Molluskenwirt vegetativ vermehrte und als Adultus noch freilebend gewesen sein soll bzw. eine „erste Generation" (entsprechend den heutigen Sporocysten oder Redien) im Molluskenwirt und eine „zweite Generation" (in etwa vergleichbar den heutigen Redien oder Cercarien) außerhalb des Wirtes lebte, die Infektion des Wirbeltieres sei durch eine orale Aufnahme eines freilebenden Digenea-Stadiums erfolgt. Für solche Hypothesen sprächen folgende Umstände: alle Digenea besitzen ± freilebende Cercarien und diese stellen in der Tat „Praeadulti" dar, bei einzelnen Digenea wie bei den Bivesiculidae erfolgt eine Aufnahme der Cercarien vom Wirbeltierendwirt direkt per os (cf. Odening 1984).

Eine andere Hypothese vertreten Rohde (1971 d) und Gibson (1981); nach Auffassung dieser Autoren könnte die Infektion des Wirbeltieres vielmehr durch Aufnahme eines infizierten Mollusken mit der bzw. als Nahrung erfolgt sein – ein freischwimmendes Cercarien- oder Infektionsstadium, d. h. ein Auswachsen des Kaudalendes und damit die Ausrüstung des heranwachsenden (jetzigen) Adultus mit spezifischen Lokomotions-(Schwimm-)Strukturen hätte sich dann erst nach dem Einbeziehen eines Wirbeltieres als

Endwirt evoluiert. Für diese Hypothese spricht u.a. folgender Umstand: nur räuberisch lebende Gnathostomata bilden die Endwirte der Digenea, andere Organismen (wie auch die „agnathen" Cyclostomata), die keine Mollusken verzehren, aber theoretisch freischwimmende Cercarien aufnehmen könnten, dagegen nicht (s.u.).

Eine Entscheidung darüber, welcher dieser unterschiedlichen Hypothesen eindeutig der Vorzug zu geben ist, kann m.E. erst dann gefällt werden, wenn eingehende Untersuchungen über die stammesgeschichtlichen Beziehungen zwischen den im Monophylum Digenea vereinigten Teiltaxa vorliegen.

Aufgrund unserer derzeitigen Kenntnisse läßt sich diese Hypothese jedoch eindeutig favorisieren: primär, d.h. **von der Stammart des Taxons Digenea, wurde ein Molluskenorganismus parasitiert** (dieses Merkmal ist von der letzten gemeinsamen Stammart des Taxons Trematoda unverändert in die Stammlinie des Taxons Digenea übernommen worden), für diese Hypothese spricht die starke Bindung der einzelnen Digenea-Arten an jeweils ganz bestimmte Molluskenwirte. Dieser primäre Wirt wurde dann – nach Einbeziehen eines zweiten Wirtes, eines gnathostomen Wirbeltieres – zum Zwischenwirt; **die Besiedlung des Wirbeltieres und damit die Evolution eines 2-Wirte-Zyklus fand mit Sicherheit in der Stammlinie des Taxons Digenea statt,** für die letzte gemeinsame Stammart dieses Taxons war ein solcher Wirtswechsel bereits obligatorisch. Später, d.h. bei einzelnen subordinierten Teiltaxa der Digenea, wurde der zunächst einzige Zwischenwirt, d.h. der primäre Wirt, zum 1. Zwischenwirt, nämlich dann, wenn weitere Zwischenwirte in einzelne Lebenszyklen einbezogen wurden.

Die Evolution des 2-Wirte-Zyklus der Digenea, d.h. die Erweiterung des Wirtsspektrums über den primären Molluskenwirt hinaus, dürfte erst nach bzw. mit der Evolution der Gnathostomata erfolgt sein (cf. auch Gibson 1982); denn den recenten Cyclostomata fehlen m.W. primär generell Neodermata als Parasiten, nur vereinzelt sind Petromyzonoidea sekundär als zusätzliche Zwischenwirte in den Lebenszyklus eines Digeneen einbezogen worden (cf. u.a. Sweeting 1976).

Die Schwestergruppe der Digenea, die **Aspidobothrii** s. str. („they are closer phylogenetically to the digeneans than to any other group", cit. Cable 1982, p. 195; siehe auch Rohde 1971 d, Timofeeva 1975), hat im Vergleich zu den Digenea in mehrfacher Hinsicht den von der Stammart der Trematoda übernommenen Zustand beibehalten:

(a) Häufiger Erlangung der Geschlechtsreife (d.h. Ausbildung eines zwittrigen Adultus) im Molluskenwirt, der zugleich noch einziger Wirt sein kann (so für das Taxon *Cotylaspis*), ein Vertebrat als zusätzlicher (End-)Wirt ist – konvergent zu den Digenea – von mehreren Aspidobothrii in den Lebenszyklus mit einbezogen worden, doch – im Gegensatz zu der letzten gemeinsamen Stammart der Digenea – bei verschiedenen Aspidobothrii (so bei dem Taxon *Cotylogaster*) noch nicht obligatorisch, bei anderen Aspidobothrii (so dem Taxon *Lobatostoma*) jedoch offenbar essentiell zur Erlangung der vollen Geschlechtsreife.

(b) Keine Evolution phänotypisch stark abweichender (z.B. darmloser) Entwicklungsstadien: die Larve bzw. der im Mollusk lebende Jungwurm der Aspidobothrii besitzen bereits die Merkmale des Adultus wie ein Intestinum mit Pharynx doliiformis oder einen (allerdings noch kleinen) ventrokaudalen Saugnapf; Arten, die auch Wirbeltiere besiedeln, haben keine spezifischen Entwicklungsstadien – analog den Cercarien der Digenea – und auch keinen 3-schenkligen Darmtrakt evoluiert (das Taxon *Rugogaster* mit einem 3-schenkligen Darm gehört vermutlich nicht zu den Aspidobothrii s. str.).

(c) Keinerlei vegetative Vermehrung, sondern nur sexuelle Fortpflanzung auf dem Stand des zwittrigen Adultus.

Einige der den Aspidobothrii s. lat. bisher provisorisch beigefügten Arten (vgl. Kap. 3.1.1.) scheinen übrigens auch keine Molluskenwirte zu besitzen, sondern kommen, sofern überhaupt Kenntnisse über wirbellose Wirte vorliegen, in Krebsen vor (cf. Lit. in Gibson u. Chinabut 1984).

Während sich für die letzte gemeinsame Stammart der Trematoda ein Mollusk als einziger (und bei bestimmten Aspidobothrii, d. h. also auch bei der letzten gemeinsamen Stammart der Aspidobothrii, ebenfalls als noch einziger) und damit für die letzte gemeinsame Stammart der Digenea als primärer Wirtsorganismus gut begründen läßt, scheint die entsprechende Situation bei den **Cercomeromorphae** weniger klar.

Da alle Monogenea Wirbeltierparasiten sind, dürfte auch die letzte gemeinsame Stammart der Monogenea ein Wirbeltierparasit gewesen sein – und zwar vermutlich bei einem Vertreter der Gnathostomata, da die Cyclostomata generell keine Monogenea-Parasiten aufweisen (cf. Appy u. Anderson 1981; Gibson 1978); **die letzte gemeinsame Stammart der Monogenea lebte zudem mit großer Wahrscheinlichkeit als Ektoparasit auf dem Wirbeltier.**

Die letzte gemeinsame Stammart der Cestoidea (= Caryophyllidea + Eucestoda) dürfte dagegen primär einen aquatischen Wirbellosen parasitiert haben, ich folge hier teilweise entsprechenden Überlegungen von u. a. Freeman (1973, p. 533) und Jarecka (1975), aber auch einen Wirbeltierwirt in den Lebenszyklus integriert haben. Der Aufenthalt in beiden Wirten (Wirbelloser und Wirbeltier) erfolgte sicher als Endoparasit.

Da sich auch der Stammart der Amphilinidea ein Wirbelloser als erster Wirt zuschreiben läßt, **dürfte bereits die letzte gemeinsame Stammart der Nephroposticophora** (= Amphilinidea + Cestoidea) zunächst einen Wirbellosen und dann ein Wirbeltier parasitiert, also **einen endoparasitischen 2-Wirte-Zyklus besessen haben.**

Von den Gyrocotylidea ist noch nicht bekannt, ob ein wirbelloser Zwischenwirt im Lebenszyklus auftritt oder ob die Entwicklung wie bei den Monogenea ohne Wirtswechsel erfolgt; im Gegensatz zu den Monogenea besiedeln die Gyrocotylidea den Wirbeltierwirt als Endoparasit.

Obschon für das Taxon Gyrocotylidea also (noch) keine gesicherten Erkenntnisse zum Lebenszyklus vorliegen, lassen sich doch Hypothesen hinsichtlich der Wirtsverhältnisse bei der letzten gemeinsamen Stammart der gesamten Cestoda bzw. der Cercomeromorphae formulieren.

Es sind theoretisch mehrere Hypothesen zum **Lebenszyklus der Stammart der Cercomeromorphae** möglich:

(a) Einziger Wirt der letzten gemeinsamen Stammart der Cercomeromorphae war ein Wirbeltier, es wurde ektoparasitisch besiedelt. Dieser Zustand wäre dann unverändert von der Stammart der Monogenea übernommen worden. In der Stammlinie der Cestoda müßte dann ein Übergang zum Endoparasitismus erfolgt sein. Zusätzlich müßte dann die Stammart der Cestoda (oder nur die Stammart der Nephroposticophora, sofern die Gyrocotylidea keinen wirbellosen Wirt besitzen) einen Wirbellosen sekundär als Zwischenwirt dem Endwirt Wirbeltier vorgeschaltet haben; denn spätestens für die letzte gemeinsame Stammart der Nephroposticophora ist ein 2-Wirte-Zyklus zu postulieren. Wird für die letzte gemeinsame Stammart der Cercomeromorphae von einer endoparasitischen Lebensweise im Wirbeltier ausgegangen, dann muß in der Stammlinie der Monogenea ein Übergang vom Endoparasitismus zum Ektoparasitismus erfolgt sein.

(b) Einziger Wirt der letzten gemeinsamen Stammart der Cercomeromorphae war ein Wirbelloser. Dieser Zustand wäre dann innerhalb der rezenten Cercomeromorphae noch bei *Archigetes* (Caryophyllidea) beibehalten worden. In den Stammlinien aller anderen Taxa wären dann jeweils Wirbeltiere sekundär und konvergent hinzugekommen, so bei den Monogenea (hier mit Aufgabe des Wirbellosenwirtes), bei den Gyrocotylidea (mit oder ohne Verlust des Wirbellosenwirtes), bei den Amphilinidea (ohne Verlust des Wirbellosenwirtes), bei vielen anderen Caryophyllidea (ohne Verlust des Wirbellosenwirtes) und bei den Eucestoda (ohne Verlust des Wirbellosenwirtes).

(c) Die letzte gemeinsame Stammart der Cercomeromorphae wies einen 2-Wirte-Zyklus (Endoparasit im Wirbellosen – Ektoparasit auf dem Wirbeltier) auf. In der Stammlinie zu der letzten gemeinsamen Stammart der Monogenea müßte dann der wirbellose Wirt sekundär aufgegeben worden sein. Die Cestoda hätten den wirbellosen Wirt beibehalten, allerdings das Wirbeltier nicht mehr ektoparasitisch, sondern endoparasitisch besiedelt. Sofern die Gyrocotylidea einen 1-Wirt-Zyklus besitzen, wäre es in der Stammlinie dieses Taxons – konvergent zu den Monogenea – zu einem Verlust des ersten wirbellosen Wirtes gekommen. Wenn sich aber für die Gyrocotylidea die Existenz eines 2-Wirte-Zyklus wahrscheinlich machen läßt, sind bei dieser Hypothese (c) nur Veränderungen in zwei Stammlinien zu postulieren, nämlich bei den Monogenea (Aufgabe des Wirbellosen) und bei den Cestoden (endoparasitische statt ektoparasitische Lebensweise im Wirbeltier).

(d) Die letzte gemeinsame Stammart der Cercomeromorphae wies einen 1-Wirt-Zyklus (Wirt: Wirbelloser) auf, erst innerhalb der Stammlinie der Cestoda entstand ein 2-Wirte-Zyklus durch eine endoparasitische Besiedlung eines Wirbeltieres. Bei dieser Hypothese (d) sind wie bei Hypothese (c) ebenfalls nur Veränderungen in zwei Stammlinien zu postulieren, so bei den Monogenea (Aufgabe des Wirbellosen zu Gunsten einer ektoparasitischen Besiedlung eines Wirbeltieres) und bei den Cestoda durch die Einschaltung eines 2. Wirtes, des endoparasitisch besiedelten Wirbeltieres.

Welche der Hypothesen (a)–(d) besitzt die größte Wahrscheinlichkeit?

Vor der Beantwortung dieser Frage sei zunächst noch einmal an die Trematoda erinnert. Für die Stammart der Trematoda ließ sich ein 1-Wirt-Zyklus in einem Wirbellosen, und zwar in einem Mollusken, wahrscheinlich machen. In Konsequenz dieses Sachverhaltes favorisiere ich daher die Hypothese, daß ein 1-Wirt-Zyklus auch bei der Stammart der Neodermata auftrat (vielleicht übernommen von einem noch früheren Vorfahren, z.B. der Stammart eines Taxons Neodermata + Fecampiidae).

Sollte Hypothese (a) zutreffen (einziger Wirt der Cercomeromorphae ein Wirbeltier), dann müßte in der Stammlinie der Cercomeromorphae zunächst der wirbellose Wirt der Neodermata vollständig aufgegeben und stattdessen ein Wirbeltier als neuer Wirt besiedelt worden sein. Bei den Cestoda (oder nur den Nephroposticophora) wäre es aber wieder zu einer Integration eines, dem Wirbeltierwirt vorgeschalteten Wirbellosen als (Zwischen-)Wirt gekommen. Ich halte diese Argumentation, die offenbar von Brooks (in Vorbereitung) und von O'Grady (in Vorbereitung) vertreten wird, für sehr aufwendig und damit für wenig wahrscheinlich; bei dieser Argumentation wäre zusätzlich noch zu diskutieren, ob die Besiedlung des Wirbeltieres bei den Cercomeromorphae primär ekto- oder endoparasitisch erfolgte.

Die gleiche Schlußfolgerung ziehe ich für Hypothese (b). Zwar hätte die Stammart der Cercomeromorphae den Zustand der Neodermata mit dem 1-Wirt-Zyklus (Wirt: Wirbelloser) unverändert beibehalten, aber innerhalb der Cercomeromorphae müßten dann mehrfach konvergent Wirbeltiere in einzelne Lebenszyklen neu einbezogen worden sein, nämlich bei den Gyrocotylidea, den Amphilinidea, den Eucestoda und auch den meisten Caryophyllidea.

Es bleiben die Hypothesen (c) und (d), die jeweils von Veränderungen in nur 2 Stammlinien ausgehen und damit in der Argumentation sparsamer sind als die Hypothesen (a) und (b).

Sowohl Hypothese (c) wie auch (d) gehen davon aus, daß die Stammart der Cercomeromorphae in einem Wirbellosen lebte, ob nun wie bei (c) primär oder wie bei (d) ausschließlich. Ich favorisiere die Hypothese, daß ein Vertreter der Crustacea diesen wirbellosen Wirt repräsentierte und zwar aus folgenden Gründen: Ein Crustaceen-Wirt läßt sich für die Stammart der Amphilinidea wie auch für die Stammart der Eucestoda wahrscheinlich machen, repräsentierte also mit großer Wahrscheinlichkeit den wirbellosen Wirt im 2-Wirte-Zyklus der Stammart der Nephroposticophora. An verschiedenen Stellen dieser Arbeit habe ich eine mögliche Adelphotaxon-Beziehung zwischen den Fecampiidae und den Neodermata diskutiert; da bei den Fecampiidae als Wirte Krebse auftreten, könnte die Stammart der Neodermata ebenfalls einen Krebs als Wirt besessen haben und diesen Wirt dann in die Stammlinie der Cercomeromorphae (und weiter in die Stammlinie der Cestoda) weitergegeben haben. Auch einige der den Aspidobothrii s. lat. derzeit provisorisch zugerechneten Arten (vgl. Kap. 3.1.1.), aber nicht zum Taxon Aspidobothrii s. str. gehörenden Arten sind mit Krebsen vergesellschaftet (s. o.).

Im übrigen scheint mir die Evolution der Neodermis bei den Neodermata insgesamt eng mit dem Phänomen eines Endoparasitismus verknüpft zu sein, d. h., die Substituierung der Epidermis durch eine neue Körperbedeckung läßt sich leichter für einen in einem Wirtsorganismus lebenden oder in diesen eindringenden Parasiten oder Kommensalen verständlich machen als für einen Ektoparasiten. Die Stammart der Neodermata hätte demnach nicht auf, sondern in einem Krebs gelebt.

Innerhalb der Neodermata wäre dann der ursprüngliche Wirt Krebs in bestimmten Stammlinien aufgegeben worden: so bei den Trematoden zu Gunsten eines Mollusken (Autapomorphie der Trematoda) oder bei den Caryophyllidea zu Gunsten eines Anneliden (? Autapomorphie der Caryophyllidea), die Eucestoda mit einem terrestrischen Lebenszyklus haben natürlich auch sekundär andere Wirte als Primärwirte in ihren Zyklus einbezogen (dies mag ein Grund sein für die vergleichsweise geringe Bindung vieler Eucestoda an bestimmte Wirbellosenwirte); die Monogenea haben den wirbellosen Wirt, also vermutlich einen Krebs, in jedem Fall ersatzlos aufgegeben.

Zum Einbezug eines Wirbeltieres in den Lebenszyklus bei den Cercomeromorphae sei festgestellt: da die Cyclostomata nicht nur den Trematoda, sondern auch den Monogenea und Cestoda als indigene Endwirte fehlen, dürften die Monogenea und Cestoda erst nach der Evolution der Gnathostomata ein Wirbeltier in ihre Lebenszyklen einbezogen haben oder sich u. U. sogar erst zusammen mit den Gnathostomata evoluiert haben.

In diesem Zusammenhang ist interessant, daß bei den Holocephali, einem aus einem relativ frühen Spaltungsprozeß hervorgegangenen Teiltaxon der Gnathostomata, nicht nur Gyrocotylidea, sondern neuerdings auch Eucestoda gefunden wurden (cf. Williams u. Bray 1984). Von einer eingehenden, unter phylogenetischen Gesichtspunkten geführten Diskussion möglicher Wirt – Parasit – Koevolutionen zwischen verschiedenen Wirbeltieren und den Neodermata wird in dieser Arbeit jedoch abgesehen.

In der Literatur ist heftig umstritten, ob bei den Caryophyllidea Neotenie oder Progenesis vorliegt, d. h., ob es u. U. sich um vorzeitig geschlechtsreif gewordene Procercoide bzw. Plerocercoide eines ursprünglich „polyzoischen" Eucestoden handelt (cf. u. a. MACKIEWICZ 1981, 1982 a, b; VIK 1981), oder ob die Existenz von nur einem Genital- und Gonadensatz pro Individuum nicht einen, im Vergleich zu den Eucestoda, primären plesiomorphen Zustand darstellt (cf. u. a. MALMBERG 1974, 1981).

Ich folge hier teilweise den Überlegungen von MALMBERG (ferner u. a. BAZITOV 1976, 1981) und halte die Caryophyllidea (und natürlich auch die Amphilinidea und die Gyrocotylidea) hinsichtlich ihrer Körpergliederung bzw. Gonadenausstattung für ursprünglicher als alle Eucestoda, die ausnahmslos mehr als einen Satz Gonaden pro Individuum evoluiert haben (vgl. Kap. 3.9.4.).

Unter Berücksichtigung der klar favorisierbaren Hypothese, daß ein Wirbelloser (d. h. vermutlich ein Krebs) den Primärwirt zumindest der Nephroposticophora darstellt (s. o.), halte ich einen Organismus, der hinsichtlich der Körpergröße und der Körpergestalt (mit kranialer Einstülpung (? Praepharynx) und kaudalen Häkchen) dem postlarvalen Stadium der Amphilinidea, dem Adultus der Caryophyllidea bzw. dem Procercoid bestimmter Eucestoda nahe kommt, dem im Krebs siedelnden Entwicklungsstadium der letzten gemeinsamen Stammart der Nephroposticophora für relativ ähnlich.

Mit anderen Worten: (a) Die Caryophyllidea haben hier den von der letzten gemeinsamen Stammart der Cestoidea ererbten Entwicklungszustand ± unverändert beibehalten. (b) Erst in der Stammlinie der Eucestoda wurde das Merkmal „mehrere Gonaden- und Genitalsätze pro Individuum" evoluiert.

Da bei den Gyrocotylidea, Amphilinidea, den meisten Caryophyllidea und ebenfalls nahezu allen Eucestoda der Prozeß „Erlangung der Geschlechtsreife" im Wirbeltierwirt (= Endwirt) stattfindet, besteht der Verdacht, daß die Verlegung dieses Prozesses vom Wirbellosenwirt auf den Wirbeltierwirt bereits in der Stammlinie des Taxons Cestoda erfolgte. Mithin müßten jene Fälle, in denen bereits im Wirbellosen die Geschlechtsreife einsetzt, wie bei verschiedenen Eucestoda (u. a. *Bothrimonus sturionis,* cf. SANDEMAN u. BURT 1972; *B. olrikii,* cf. GIBSON u. VALTONEN 1983, *Cyathocephalus truncatus,* cf. AMIN 1978) und bei mehreren Caryophylliden-Arten, insbesondere aber der 1-Wirt-Zyklus bei dem Caryophylliden *Archigetes* nicht als primäre, sondern als sekundäre Phänomene (Neotenie, Progenesis) bewertet werden, bei *Archigetes* verbunden mit dem sekundären Mangel, d. h. dem Verlust, des zweiten (Wirbeltier-) Wirtes.

4. Phylogenetisches System der Plathelminthen

4.1. Systeme anderer Autoren

Ausführungen zu diesem Punkt können kurz gehalten werden, da m. W. bis heute nur von drei Autoren der Versuch unternommen wurde, auf der Grundlage der Methoden und Prinzipien der phylogenetischen Systematik die phylogenetischen Beziehungen zwischen verschiedenen Teilgruppen der Plathelminthen zu diskutieren und auch eindeutig darzustellen: Karling (1974) für die freilebenden Taxa, die paraphyletischen „Turbellaria", und neuerdings Brooks (1982) für die parasitischen Taxa, von mir Neodermata genannt. Ax (1984) legt ein phylogenetisches System für die gesamten Plathelminthen vor, basierend auf der hier vorliegenden Arbeit.

Alle übrigen Systeme, z. B. die von De Beauchamp (1961), Bresslau (1928–33), Bychowsky (1937, 1957), Fuhrmann (1928–30, 1930–31), Hyman (1951), Ivanov u. Mamkaev (1973), Llewellyn (1965, 1970), Malmberg (1971, 1974), Price (1967 a), Stunkard (1975) oder Wardle et al. (1974), können nicht befriedigen, wenn die Darstellungen den wenig sagenden Hinweis enthalten, daß z. B. „nur die Rhabdocoela als Vorfahren der Trematoden in Betracht kommen", oder sind gar aus methodischen Gründen von vornherein zum Scheitern verurteilt, weil der Versuch unternommen wird, ein supraspezifisches Taxon aus einem anderen supraspezifischen Taxon „abzuleiten", d. h. direkt auf das Niveau eines anderen supraspezifischen Taxons zurückzuführen, so die „Digenea aus den Monogenea" und auch die „Cestoda aus den Monogenea" oder die Mehrzahl der freilebenden Plathelminthen" aus den Acoela", um nur einige Beispiele zu nennen.

Zudem enthalten diese Systeme (häufiger nur in Form von „Klassifikationen" dargestellt) mehr oder minder viele paraphyletische Taxa, ohne diese als solche eindeutig zu kennzeichnen.

Einige Autoren plädieren sogar für die Beibehaltung solcher paraphyletischen Taxa (so z. B. Dubois (1970) für ein Taxon Trematoda bestehend aus den Digenea und den Monogenea) und begründen dann eine solche „Verwandtschaft" ausschließlich über Symplesiomorphien.

Manche Autoren führen paraphyletische Gruppen überdies neu ein, z. B. Price (1967 a, p. 259) die „Acercomeromorphae" für alle Plathelminthen mit Ausnahme der Cercomeromorphae, d. h. für alle primär hakenlosen Plathelminthen, oder Wardle et al. (1974) die „Cotyloda" für alle „monozoischen" Cestoda (d. h. die Gyrocotylidea, Amphilinidea, Caryophyllidea) und einige, in verschiedenen Merkmalen relativ ursprüngliche „polyzoische" Eucestoda.

Es sei jedoch nicht verschwiegen, daß die Systeme oder Klassifikationen nahezu aller hier genannten Autoren in Teilbereichen auf Überlegungen beruhen, die mit den Prinzipien und Methoden der phylogenetischen Systematik voll in Einklang zu bringen sind; diese Feststellung gilt vor allem für die Vorstellungen von Bychowsky (l.c.) und Llewellyn (l.c.), aber auch schon für wesentlich früher publizierte Arbeiten wie z. B. die von Lönnberg (1897), insbesondere jedoch für die Überlegungen von Ax (1961, 1963) über die Verwandtschaftsbeziehungen zwischen den freilebenden Plathelminthen-Taxa.

Die Ausführungen von Karling (1974) über die phylogenetischen Beziehungen zwischen verschiedenen Teiltaxa der freilebenden Plathelminthen basieren ausnahmslos auf – zu jener Zeit noch allein in nennenswertem Umfang verfügbaren – lichtmikroskopisch zu erkennenden Merkmalen. Wie im Kapitel 3 dieser Arbeit gezeigt wurde, sind uns heute vor allem aufgrund zahlreicher elektronenmikroskopischer Untersuchungen wesentlich mehr Merkmale bekannt, die zur Analyse der Stammesgeschichte der Plathelminthen herangezogen werden können. Dennoch haben viele der von KARLING getroffenen Aussagen ihre Gültigkeit uneingeschränkt bewahrt, andere sind nur geringfügig modifiziert worden.

Die in der vorliegenden Arbeit begründeten Verwandtschaftshypothesen favorisieren die von KARLING (1974, fig. 3) als „second alternative" bezeichnete Darstellung, nämlich, daß die Catenulida und alle übrigen Plathelminthes, d.h. die Euplathelminthes, in einem Schwestergruppen-Verhältnis stehen.

BROOKS (1982) legt in einer kurzen Arbeit ein Verwandtschaftsdiagramm der parasitischen Taxa vor, das mit dem hier begründeten System voll übereinzustimmen scheint. Als Schwestergruppe des von mir mit dem Namen Neodermata belegten monophyletischen Taxons nennt BROOKS die Temnocephalida; der Autor gibt diesem aus den Temnocephalida + Neodermata bestehenden Taxon den Namen „Cercomeria". Ein solches Schwestergruppen-Verhältnis (und damit die Existenz eines Taxons „Cercomeria") halte ich jedoch nicht für gegeben; die (ausnahmslos limnischen!) Temnocephalida gehören aufgrund bestimmter Merkmale (so spezifischer Bau des männlichen Begattungsorgans mit stachelartigen Hartstrukturen) dem „Dalyellioida"-Teiltaxon Dalyelliidae an (zu diesen Dalyelliidae gehören die Mehrzahl aller limnischer „Dalyellioida" sowie einige marine Species); die Schwestergruppe der Neodermata ist ein anderes Teiltaxon der – paraphyletischen – „Dalyellioida", sehr wahrscheinlich ein marines Taxon wie vielleicht die Fecampiidae (vgl. auch Kap. 3.2.2. und 3.10.3.). Zudem handelt es sich bei den „Cercomer"-Strukturen, die bei bestimmten Temnocephalida und bei bestimmten Neodermata-Teiltaxa auftreten, nicht um Homologa (vgl. auch Kap. 3.1.1.), die Begründung eines Taxons „Cercomeria" über solche „Cercomer"-Differenzierungen beruht daher auf einer unzutreffenden Prämisse: die „Cercomeria" bilden eine polyphyletische Gruppe (Vereinigung anhand von Konvergenzen).

4.2. Erläuterungen zum vorliegenden System

4.2.1. Fossile Plathelminthen

Funde von Fossilien können für die Klärung oder Verdeutlichung stammesgeschichtlicher Beziehungen innerhalb bestimmter Tiergruppen, so z.B. der Vertebrata, der Arthropoda oder der Echinodermata, von größerer Bedeutung sein.

Für die Plathelminthen gilt diese Feststellung jedoch nicht. Zwar liegen mehrere Funde vor, die als fossile Plathelminthen ausgegeben werden, doch handelt es sich hierbei generell um sehr unsichere Feststellungen (cf. Literatur und Diskussion bei CONWAY MORRIS 1985), zudem sind die von den Fossilien überlieferten Merkmale so spärlich, daß sie allenfalls eine grobe Zuordnung zu einem bekannten ranghohen supraspezifischen Taxon ermöglichen könnten.

Für die Klärung der phylogenetischen Verwandtschaftsbeziehungen zwischen den in dieser Arbeit genannten Plathelminthen-Teiltaxa lassen sich keine derzeit bekannten Fossilien heranziehen.

4.2.2. Charakterisierung der letzten gemeinsamen Stammart des Taxons Plathelminthes A. Schneider, 1873

(Synonyme: Platyelmia Vogt, 1851; Platyelminthes Gegenbaur, 1859; Platyhelminthes Hyman, 1951)

Im Kapitel 3 wurde der Versuch unternommen, die Mehrzahl der derzeit licht- und elektronenmikroskopisch bekannten Organisationsmerkmale unter phylogenetischen Gesichtspunkten zu diskutieren und mögliche Evolutionsrichtungen von einzelnen Merkmalen oder von Merkmalskomplexen aufzuzeigen.

Auf der Grundlage dieser Analysen lassen sich der letzten gemeinsamen Stammart des Taxons Plathelminthes eine Reihe ganz bestimmter Merkmale zuschreiben; diese Merkmale bilden die Grundmustermerkmale des Taxons Plathelminthes.

Allerdings läßt sich nicht in jedem Einzelfall eindeutig begründen, ob bzw. in welcher Ausprägung ein Merkmal der letzten gemeinsamen Stammart der Plathelminthes zukommen dürfte. Als Beispiel sei der Körperumriß genannt: die nur mikroskopisch kleine Stammart mag einen mehr fadenförmig gestreckten oder einen mehr gedrungenen Körper besessen haben. Ein weiteres Beispiel: die einfache Mundöffnung mag in der Mitte der Ventralseite oder aber mehr kaudal gelegen haben.

Schon aus diesen Gründen ist davon abzusehen, die letzte gemeinsame Stammart in Form eines „Archetypus“ zu rekonstruieren und zeichnerisch wiederzugeben; in eine solche Gesamtdarstellung lassen sich zudem viele wichtige, aber nur feinstrukturell zu erkennende Merkmale nicht einfügen. Die zeichnerische Darstellung eines solchen „Archetypus“, d.h. der letzten gemeinsamen Stammart, ist auch nicht vonnöten, weder um die phylogenetischen Beziehungen der Plathelminthen zu anderen Metazoa noch um die stammesgeschichtlichen Aussagen innerhalb des Taxons Plathelminthes zu diskutieren.

Bei den Merkmalen der letzten gemeinsamen Stammart der Plathelminthes handelt es sich wie bei den Merkmalen aller Arten, auch der derzeit existierenden, um ein Mosaik aus relativ ursprünglichen, d.h. ererbten Merkmalen und aus Autapomorphien, d.h. den in der Stammlinie der betreffenden Art evoluierten Neuheiten.

In den Arbeiten von Ax (1984, 1985) wird ein Schwestergruppen-Verhältnis zwischen den Plathelminthes und den Gnathostomulida begründet, beide Taxa werden in dem monophyletischen Taxon Plathelminthomorpha vereinigt, dieses Taxon bildet die Schwestergruppe aller übrigen Bilateria, der Eubilateria.

Auf der Grundlage dieser Aussagen lassen sich die **Grundmustermerkmale der Plathelminthes** auftrennen in Merkmale, die (a) unverändert von der letzten gemeinsamen Stammart der Bilateria bzw. (b) unverändert von der letzten gemeinsamen Stammart der Plathelminthomorpha übernommen wurden und (c) erst in der Stammlinie des Taxons Plathelminthes evoluiert wurden; nur die unter (c) genannten Merkmale begründen als Autapomorphien die Monophylie des Taxons Plathelminthes.

(a) **Von der letzten gemeinsamen Stammart der Bilatera wurden u.a. folgende Merkmale übernommen:**

- Bilateralsymmetrie;
- mikroskopisch kleine, nur millimetergroße Körpergestalt;

- runder (kein dorsoventral abgeflachter) Körperquerschnitt;
- keine verfestigte externe Körperbedeckung in Form einer Kutikula;
- einschichtige zelluläre Epidermis mit intraepithelial gelegenen Zellkernen;
- Epidermis total bewimpert;
- Basallamina fehlend oder allenfalls schwach ausdifferenziert;
- Nervensystem intraepidermal bis subepidermal gelegen;
- Konzentration von Neuronen am vorderen Körperende in Form eines Cerebrums;
- ausschließlich monociliäre epidermale sensorische Zellen, keine multiciliären epidermalen sensorischen Zellen;
- keine Statocyste;
- keine rhabdomerischen Photoreceptoren („Pigmentbecherocellen") und vermutlich auch keine spezialisierten ciliären Photoreceptoren;
- überwiegend oder gar ausschließlich glatte bzw. ungestreifte Muskulatur;
- Hautmuskelschlauch (äußere Ring- und innere Längsmuskulatur) noch schwach entwickelt;
- kein Zirkulations-(Blutgefäß-)System;
- keine coelomatischen (d.h. endothelial ausgekleideten) Körperhohlräume;
- in der „Primären Körperhöhle", d.h. zwischen der Epidermis mit angeschlossenen Drüsenzellen und der Gastrodermis mit angeschlossenen Drüsenzellen, neben Muskel-, Nerven- und Protonephridialzellen nur wenige weitere Zellen, aber kein „Parenchymgewebe";
- nur ein Paar Protonephridien mit einem Paar Exkretionspori;
- Bildung der Protonephridien-Reuse allein von der Terminalzelle, also ohne Beteiligung der angrenzenden Kanalzelle;
- einfacher Mundporus, vermutlich hervorgegangen aus dem Blastoporus;
- einfaches sackförmiges, unverzweigtes und divertikelloses Intestinum (mit Darmdrüsen) ohne Proctodaeum und ohne Analporus;
- weibliche Gonade (Keimlager) homocellulär, d.h. in Form eines Ovars;
- männliche Gameten monociliär;
- kein separater weiblicher Porus in Form einer rein weiblichen Geschlechtsöffnung oder eines Vaginalporus;
- Eier entolecithal;
- Spiral-(Quartett-)Furchung;
- direkte Entwicklung ohne spezifisches Larvenstadium (d.h. kein pelago-benthaler Lebenszyklus);
- Substratbewohner;
- Lokomotion überwiegend mit Hilfe der epidermalen Cilien;
- keine ausgesprochen räuberische Ernährung.

(b) **Von der letzten gemeinsamen Stammart der Plathelminthomorpha wurden folgende Merkmale** (= Autapomorphien der Plathelminthomorpha bzw. Synapomorphien der Taxa Gnathostomulida und Plathelminthes) **übernommen:**
- Hermaphroditismus;
- direkte Spermaübertragung;
- innere Besamung und Befruchtung;
- und damit verbunden Ausbildung eines modifizierten fadenförmigen Spermiums.

(c) **In der Stammlinie des Taxons Plathelminthes wurden folgende Merkmale neu evoluiert (= Autapomorphien der Plathelminthen):**

- Epidermiszellen schwach multiciliär, d. h., mehr als ein Cilium pro Zelle (0,2–1,8 Cilien pro μm^2 Epidermisoberfläche);
- epidermale Cilien stets ohne accessorisches Centriol am Basalkörper;
- die beiden bilateralsymmetrisch angeordneten Protonephridien jeweils mit mehr als einer einzigen Terminalzelle (zunehmende Verästelung des Protonephridialsystems mit steigender Körpergröße);
- Terminalzellen (und Kanalzellen) der Protonephridien nicht monociliär, sondern biciliär, beide Cilien ohne accessorisches Centriol und ohne einen inneren Kranz aus 8 stützenden Mikrovillistäben;
- keine Mitosis der Epidermiszellen und anderer somatisierter Zellen (Differenzierung neuer Somazellen ausschließlich aus Stammzellen);
- Ausbildung eines einfachen Kopulationsorganes und einer männlichen Geschlechtsöffnung (beide Merkmale könnten u. U. bereits in der Stammlinie der Plathelminthomorpha evoluiert worden sein).

Diese evolutiven Neuheiten (Autapomorphien) des Taxons Plathelminthes wurden dann auf die beiden, aus der nächstfolgenden Aufspaltung hervorgehenden Teiltaxa (das sind die Catenulida und die Euplathelminthes) weitergegeben; die Merkmale begründen hier auf der nächst niedrigeren Hierarchie-Ebene als Synapomorphien ein Adelphotaxa-Verhältnis zwischen den Catenulida und den Euplathelminthes.

4.2.3. Autapomorphien subordinierter monophyletischer Taxa

So wie für die letzte gemeinsame Stammart des Taxons Plathelminthes ließen sich auch für alle subordinierten Monophyla zahlreiche Grundmustermerkmale festlegen. Von besonderem Interesse sind hier jedoch nur jene Merkmale, die als Neuheiten in den Stammlinien der jeweiligen Teiltaxa evoluiert wurden, also die Autapomorphien der einzelnen Monophyla.

Während die meisten der im Folgenden genannten Merkmale sich als Autapomorphien relativ gut begründen lassen, sind einige Merkmale nur unter Vorbehalt angeführt; dieser Vorbehalt beruht zumeist auf der Tatsache, daß das jeweils in Frage kommende, häufiger nur elektronenmikroskopisch zu erkennende Merkmal erst für wenige Arten des betreffenden Monophylums nachgewiesen wurde.

In Abbildung 18 (vergleiche auch die Niederschrift des Systems der Plathelminthen auf Seite 11) habe ich die phylogenetischen Beziehungen zwischen den im Kap. 3 häufiger genannten Teiltaxa graphisch dargestellt. In diesem Kap. 3 gelang es, für viele Teiltaxa die aus einem nachfolgenden Aufspaltungsprozeß hervorgehenden neuen monophyletischen, d. h. nächst rangniedrigeren supraspezifischen Taxa namhaft zu machen. Diese nächst rangniedrigeren Taxa stehen in einem Schwestergruppen-Verhältnis zueinander, zur Begründung dieses Verhältnisses ist die Kenntnis wenigstens einer, besser aber mehrerer Synapomorphien erforderlich.

Im Folgenden seien die im Kap. 3 ausführlicher diskutierten Autapomorphien der einzelnen Teiltaxa (bzw. die Synapomorphien der nachgeordneten Schwestergruppen) noch einmal in gestraffter Form wiedergegeben; entsprechende Darstellungen finden sich auch bei Ax (1984) und bei Ehlers (1984 a, b, 1985 a, b).

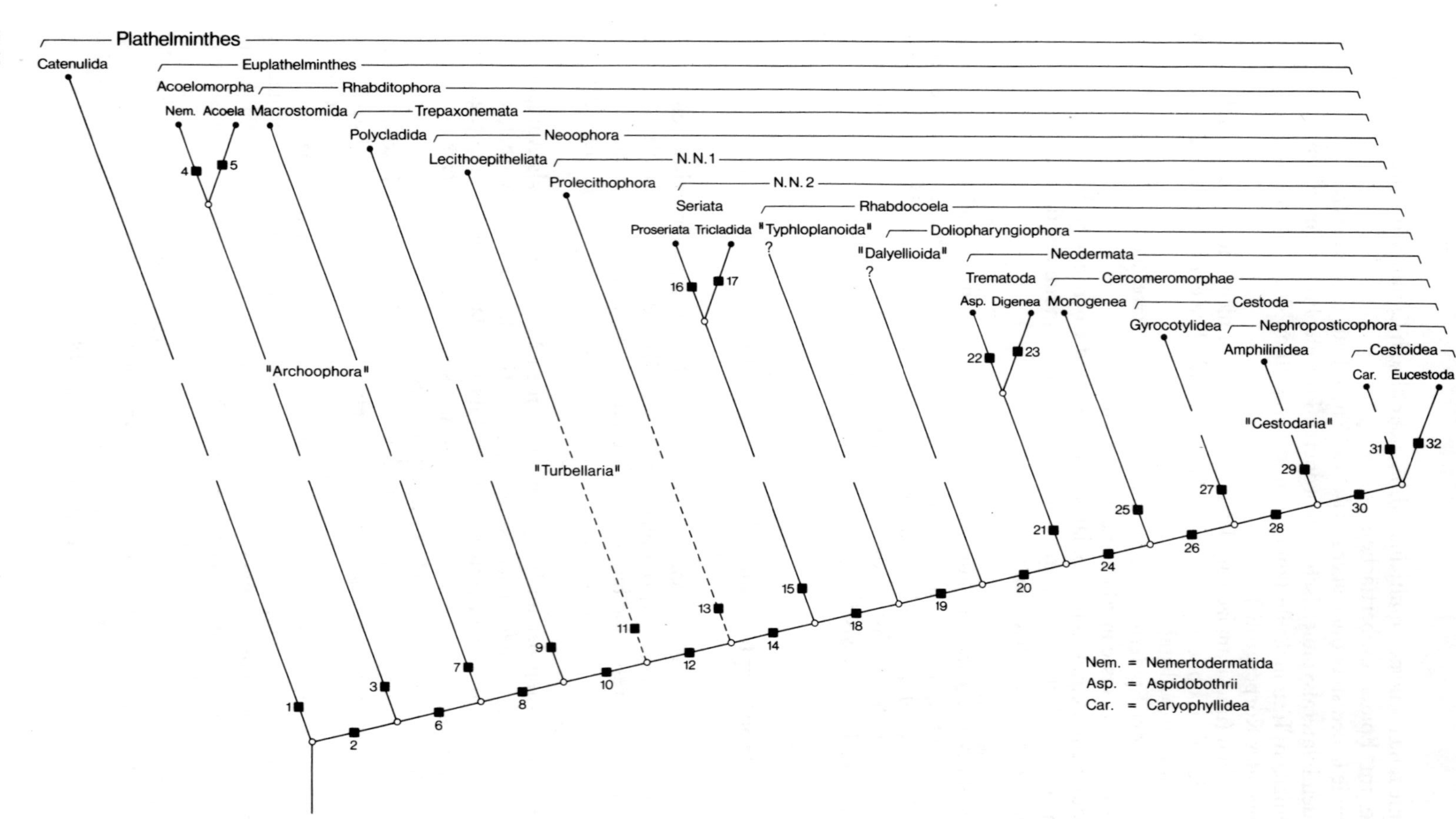

Abb. 18. Verwandtschaftsdiagramm der Plathelminthes. Die schwarzen Quadrate 1–32 beziehen sich auf die im Text genannten Autapomorphien, die die Monophylie der einzelnen Teiltaxa begründen. Die beiden Monophyla Lecithoepitheliata und Prolecithophora sind Taxa incertae sedis. Die „Typhloplanoida" und die „Dalyellioida" repräsentieren vermutlich keine Monophyla; die „Archoophora", die „Turbellaria" und die „Cestodaria" stellen paraphyletische Gruppierungen dar.

Catenulida von Graff, 1905 (Synonym: Notandropora Reisinger, 1924)
(Autapomorphie-Block 1):
- lokomotorische Cilien im distalen Bereich mit spezifischer Verringerung des Axonem-Durchmessers;
- Cerebrum (Gehirn) aus mehreren „Lappen" bestehend;
- Protonephridium unpaar;
- beide Cilien der Terminalzellen mit spezifischen, distad verlängerten Cilienwurzeln, dadurch bedingt existieren Reusenlumina nur auf den beiden Breitseiten der im Querschnitt ovalen Reuse, auf den Schmalseiten je eine Cilienwurzel als stützendes Element;
- spezifischer Pharynx vom Simplex-Typus, mit Muskelsphinktern;
- aberrante männliche „Gameten" mit spezifischen Lamellarkörpern, aber ohne Cilien und ohne Zellkern;
- männliches Organ und männlicher Porus dorsorostral gelegen.

Euplathelminthes Bresslau u. Reisinger, 1928
(Autapomorphie-Block 2):
- Epidermiszellen stärker multiciliär (3–6 Cilien pro μm^2 Epidermisoberfläche);
- Basalkörper der lokomotorischen epidermalen Cilien nicht mehr in eine Vertiefung der distalen Epidermiszellmembran eingesenkt;
- Ausbildung eines Frontaldrüsenkomplexes (Frontalorganes).

Acoelomorpha Ehlers, 1984
(Autapomorphie-Block 3):
- epidermale lokomotorische Cilien mit komplexem Wurzelmuster: Hauptwurzel mit Knick; Kaudalwurzel mit 2 fibrösen Fortsätzen, die zu den Knicken der Hauptwurzeln zweier benachbarter Cilien ziehen; daher alle Cilien einer Epidermiszelle über das Wurzelsystem untereinander verbunden;
- epidermale lokomotorische Cilien: auffällige Ansammlungen von Glykogengranula im Bereich der Basalkörper und der Hauptwurzeln;
- epidermale lokomotorische Cilien: Distalbereich der Cilien mit prominentem Absatz im Axonem, bedingt durch ein abruptes Ende der peripheren Doppeltubuli Nr. 4–7;
- vollständige Reduktion der Protonephridien;
- zentraler Körperbereich ohne epithelial ausgekleidetes Intestinum, sondern erfüllt mit einem verdauenden Gewebe aus untereinander stark verzahnten Darmzellen mit Tendenz zur Syncytienbildung.

Nemertodermatida Steinböck, 1931
(Autapomorphie 4):
- Statocyste mit 2 Statolithenbildungszellen und 2 Statolithen.

Acoela Uljanin, 1870
(Autapomorphie-Block 5):
- Hauptwurzeln der epidermalen lokomotorischen Cilien mit 2 in Höhe des Knickes abzweigenden Lateralwurzeln, die zu den Hauptwurzelspitzen benachbarter Cilien ziehen;
- monociliäre epidermale Collar-Receptoren mit spezifischen „Schwalbennest"-ähnlichen Differenzierungen im Wurzelbereich;
- monociliärer epidermaler Receptor-Typus mit spezifischer, im Querschnitt U-förmiger und sich proximad erweiternder Vertikalwurzel;

- Statocyste besteht konstant aus 3 Zellen: zwei Wandzellen und eine Statolithenbildungszelle, diese mit Tubularkörper; Kerne dieser 3 Zellen stets in identischer Lage;
- vollständige Reduktion von Drüsen (Darmdrüsen) im zentralen verdauenden Körperbereich;
- Spermien biciliär;
- während der Spermiogenese stets vollständige Inkorporation beider Axonemata in die Spermienzelle;
- spezialisierte Spiral-Duett-Furchung.

Rhabditophora Ehlers, 1984
(Autapomorphie-Block 6):
- Lamellen-Rhabditen: komplexe Drüsengranula mit spezifischen konzentrischen Schichten aus basischen Proteinen;
- 2-Drüsen-Kleborgan (mit den 3 Zelltypen: epidermale Ankerzelle, Haftorgandrüse 1, Haftorgandrüse 2);
- Terminalzellen der Protonephridien multiciliär, d.h., wenigstens 4 Cilien pro Terminalzelle;
- ? spezialisierter Pharynx vom Simplex-Typus mit Nervenring („Pharynx simplex coronatus") (u.U. nur Autapomorphie der Macrostomida);
- ? subepidermal gelegene rhabdomerische Photoreceptoren (u.U. nur eine Autapomorphie der Trepaxonemata).

Macrostomida von Graff, 1882 (Synonym: Opisthandropora Bresslau, 1928–33)
Das Taxon **Haplopharyngida** (Autapomorphie: kraniale rüsselartige Integumenteinstülpung) bildet nur ein Teiltaxon der Macrostomida; die Schwestergruppe der Haplopharyngida könnte ein Taxon darstellen, das alle übrigen Macrostomida – die Macrostomida s. str. sensu Karling (1974) – oder nur eine Teilgruppe dieser Macrostomida s. str. umfaßt.
(Autapomorphie-Block 7):
- 2-Drüsen-Kleborgan mit spezialisierter Ankerzelle: alle Drüsenausführgänge innerhalb eines gemeinsamen Mikrovillikranzes;
- Nervensystem mit kräftiger postpharyngealer (postoraler) „Kommissur";
- ausdifferenzierte Spermien aciliär.

Trepaxonemata Ehlers, 1984
(Autapomorphie-Block 8):
- Spermien biciliär;
- Cilien der Spermien mit komplizierter zentraler Achse im Axonem (sog. 9 + „1" Muster);
- ? Pharynx compositus (stärker muskuläre Pharynges sind u.U. mehrfach konvergent bei verschiedenen Teiltaxa der Trepaxonemata evoluiert worden, vgl. Kap. 3.8.1.3).

Polycladida Lang, 1881 (Synonyme: Microcoela Oersted, 1843; Cryptocoela Oersted, 1844)
(Autapomorphie-Block 9):
- spezifischer Pharynx vom Plicatus-Typus: Krausenpharynx;
- Intestinum mit zahlreichen lateralen Divertikeln;
- weibliche Gonade stark follikulär;
- spezifische Uterus-Bildungen im weiblichen Genitalgang;

- vollständige Resorption bestimmter Blastomeren (Makromeren 4 A–4 D und Mikromeren 4 a–4 c);
- ? Spezifische, rein epidermale Photoreceptor-Zellen mit lamellenartig abgeflachten Cilien und Pigmentgranula (u. U. nur eine Autapomorphie für ein Teiltaxon der Polycladida).

Neoophora Westblad, 1948

(Autapomorphie-Block 10):

- Gliederung des Ovars in Germar- und Vitellarbereiche;
- Eibildung ektolecithal.

Lecithoepitheliata Reisinger, 1924 (Synonyme: Prorhynchida Diesing, 1862; Perilecithophora de Beauchamp, 1961)

Die Stellung der Lecithoepitheliata im System der Plathelminthes ist noch nicht gut begründet, d. h. die Schwestergruppe zu diesem Taxon läßt sich noch nicht sicher benennen. Aufgrund des Besitzes biciliärer Spermien vom 9 + „1" Muster gehören die Lecithoepitheliata dem Taxon Trepaxonemata an; die Struktur der weiblichen Gonade (s. u.) spricht für eine Einordnung in das Taxon Neoophora; die muskulösen Pharynges der Lecithoepitheliata unterscheiden sich grundlegend vom Pharynx bulbosus (s. u.) der Rhabdocoela und von den Pharynges bei den Prolecithophora, eine Synapomorphie mit einem dieser beiden Taxa besteht in diesem Merkmal offenbar nicht.

(Autapomorphie-Block 11 der Lecithoepitheliata):

- vollständige Reduktion des 2-Drüsen-Kleborgans;
- spezifische Struktur der weiblichen Gonade: Umhüllung der Germocyten durch Vitellocyten.

Taxon N. N. 1 (bestehend aus den Prolecithophora sowie den Seriata + Rhabdocoela = N. N. 2)

Wie bei den Lecithoepitheliata fehlen auch über die Prolecithophora noch eingehende EM-Untersuchungen, die stammesgeschichtlichen Beziehungen der genannten Teiltaxa zueinander lassen sich noch nicht ausreichend begründen, von einer Benennung des Taxons N. N. 1 wird somit abgesehen.

(Mögliche Synapomorphien der Prolecithophora mit einem Taxon bestehend aus den Seriata + Rhabdocoela, d. h. möglicher Autapomorphie-Block 12 des Taxons N. N. 1):

- weibliche Gonade in Form eines Germovitellars, d. h. räumliche Trennung der die Germocyten und die Vitellocyten bereitenden Gonadenabschnitte;
- Ovidukt mit „Schalen"-Drüsen (Synonym: Mehlissche Drüse);
- Vitellocyten mit spezifischen Schalensubstanztröpfchen;
- Cilien der epidermalen Collar-Receptoren von konstant 8 Mikrovillistäben umgeben.

Prolecithophora Karling, 1940 (Synonyme: Holocoela v. Graff, 1904–08; Cumulata Reisinger, 1924)

(Autapomorphie-Block 13):

- stark modifizierte Spermien mit spezialisierten Mitochondrienderivaten in Form umfangreicher Membranauffaltungen;
- ausdifferenzierte Spermien aciliär;
- vollständige Reduktion des 2-Drüsen-Kleborgans.

Taxon N. N. 2 (bestehend aus den Seriata und den Rhabdocoela)

Von einer Benennung dieses Taxons wird aus folgenden Gründen abgesehen: die Stellung der Prolecithophora (s. o.) im System ist noch nicht eindeutig zu bestimmen, d. h., es ist nicht auszuschließen, daß die Prolecithophora und nicht die Seriata die Schwestergruppe der Rhabdocoela bilden; der Nachweis der Monophylie der Seriata (s. u.) muß durch weitere Untersuchungen stärker als bisher abgesichert werden.

(Mögliche Synapomorphie der Seriata mit den Rhabdocoela, d. h. mögliche Autapomorphie 14 des Taxons N. N. 2):

- monociliäre Collar-Receptoren tiefer in den Körper eingesenkt, d. h., Basalkörper der Cilien intra- bis subepidermal gelegen; ringförmige wurzelartige Differenzierung in Höhe der Basalkörper.

Seriata Bresslau, 1928–33 (Synonym: Metamerata Reisinger, 1924)

Die Seriata werden hier im bisherigen Umfang beibehalten; künftige Untersuchungen müssen klären, ob sich die einzelnen monophyletischen Teiltaxa (cf. SOPOTT-EHLERS 1985 a; SCHOCKAERT 1985) auch tatsächlich auf eine nur ihnen gemeinsame Stammart zurückführen lassen.

(Autapomorphie-Block 15):

- spezifischer Pharynx vom Plicatus-Typus: Pharynx tubiformis;
- Gonaden (Hoden, Vitellarien, z. T. auch Germarien) stark follikulär.

Proseriata Meixner, 1938 (Synonym: Protricladida de Beauchamp, 1961)

Die hierher gestellten Arten lassen sich nach SOPOTT-EHLERS (1984 b, 1985 a) zwei monophyletischen Teiltaxa zuordnen: den Lithophora (Autapomorphien: Statocyste, Mantelzelle der rhabdomerischen Photoreceptoren pigmentfrei) und den Unguiphora (Autapomorphien: spezifische Collar-Receptoren, mehr als ein Paar Germarien, spezifische Hartstruktur am männlichen Organ). Die früher den Proseriata zugeordneten Bothrioplanida gehören diesen beiden Teiltaxa sicher nicht an.

(Autapomorphie-Block 16):

- Kranialwurzeln der epidermalen Cilien konvergieren und enden gemeinsam am kranialen, häufig ausbuchtenden Rand der Epidermiszellen;
- vollständiger Mangel an Lamellen-Rhabditen;
- 2-Zellen-Cyrtocyte: Reuse des Protonephridiums aus Stäben der Terminal- und der angrenzenden Kanal-Zelle aufgebaut.

Tricladida Lang, 1881 (Synonym: Euseriata Westblad, 1952)

(Autapomorphie-Block 17):

- Intestinum primär 3-schenklig;
- die beiden Germarien konstant am Beginn der Germovitellodukte, d. h. nahe dem Cerebrum gelegen;
- während der Embryonalentwicklung Ausbildung eines transitorisch angelegten Embryonalpharynx;
- ? mehr als 1 Paar Nephridialpori (u. U. bei einem Teiltaxon der Tricladida).

Rhabdocoela Ehrenberg, 1831 (Synonyme: Lecithophora von Graff, 1905; Bulbosa Meixner, 1924; Neorhabdocoela Meixner, 1938)

(Autapomorphie 18):

- Pharynx vom Bulbosus-Typus: unspezialisierter Pharynx rosulatus mit Abschluß gegenüber angrenzenden Körperbereichen durch ein deutliches Septum, primär mit innerer Pharynxringmuskulatur, Pharyntasche verkürzt.

„Typhloplanoida" von Graff, 1905

Die „Typhloplanoida" bilden vermutlich kein monophyletisches Taxon, sondern eine paraphyletische Ansammlung von in bestimmten Merkmalen relativ ursprünglichen Rhabdocoela, zumindest läßt sich keine Autapomorphie für alle „Typhloplanoida" nachweisen.

Die Schwestergruppe der monophyletischen **Kalyptorhynchia** (Autapomorphien: kranialer Rüssel; während der Spermiogenese vollständige Inkorporation beider Axonemata in die Spermienzelle) dürfte ein Teiltaxon der „Typhloplanoida" darstellen, dieses Adelphotaxon ist aber noch unbekannt.

Doliopharyngiophora Ehlers, 1984

(Autapomorphie-Block 19):

- spezialisierter Pharynx vom Bulbosus-Typus: Pharynx doliiformis: stets am Körpervorderende gelegen mit terminaler bis subterminaler Ausmündung, Kerne des inneren Pharynxepithels proximad verschoben („Kropfbildung"), Pharynxepithel vollständig cilienfrei;
- vollständige Reduktion des 2-Drüsen-Kleborgans.

„Dalyellioida" von Graff, 1882

Bei den „Dalyellioida" handelt es sich vermutlich nicht um eine monophyletische, sondern um eine paraphyletische Gruppe relativ ursprünglicher Doliopharyngiophora; eine Autapomorphie für die „Dalyellioida" ist nicht bekannt.

Die Monophylie eines Taxons **Temnocephalida** ist fraglich, die hierher gestellten Arten zeigen zudem aufgrund bestimmter Organisationsmerkmale (so der spezifischen Durchgliederung des männlichen Begattungsorganes mit stachelartigen Hartstrukturen) engste verwandtschaftliche Beziehungen zu Arten der Dalyelliidae (cf. LUTHER 1955) und dürften diesem Teiltaxon der „Dalyellioida" angehören.

Die **Udonellida,** häufiger zu den Monogenea gestellt, werden hier provisorisch bei den „Dalyellioida" eingereiht; die genaue systematische Stellung der Udonellida ist noch unbekannt, sie bilden zwar ein Teiltaxon der Doliopharyngiophora, vermutlich aber nicht der Neodermata (s. u.). Eine – häufig postulierte – Zugehörigkeit zum Taxon Monogenea und damit auch zum Taxon Neodermata bestünde nur, wenn sich zeigen ließe, daß bei den Udonellida folgende Merkmale vorliegen: Verlust der Epidermis(-Zellen), u. U. noch während der Embryonalzeit; sekundärer Mangel von Marginal- oder Kaudalhäkchen; sekundärer Mangel von 4 rhabdomerischen Photoreceptoren. Ich halte die Udonellida jedoch für ein unabhängig von den Neodermata evoluiertes Taxon, die Schwestergruppe der Udonellida dürfte innerhalb der „Dalyellioida" zu finden sein.

Die Schwestergruppe der nachfolgend angeführten Neodermata bildet vermutlich eine marine Teilgruppe der „Dalyellioida" ohne Lamellen-Rhabditen, vielleicht das Taxon **Fecampiidae,** das wie die Neodermata ein freischwimmendes Jugend-(Larval-) Stadium besitzt und lokomotorische Epidermiscilien mit nur einer einzigen Cilienwurzel, der Kranialwurzel.

Neodermata Ehlers, 1984

(Autapomorphie-Block 20):

- Eliminierung (durch Abwurf) der bewimperten zellulären Epidermis nach Abschluß einer freischwimmenden Jugend- (Larval-)Phase;
- Substituierung dieser Epidermis durch die Neodermis (diese besteht stets aus einem peripheren Syncytium, in das jedes subepithelial liegende Perikaryon mehrere bis zahlreiche cytoplasmatische Ausläufer entsendet);

- epidermale lokomotorische Cilien mit nur einer, der kranialen oder rostralen, Wurzel am Basalkörper, keine Vertikal- oder Kaudalwurzel (u. U. Autapomorphie eines aus den Neodermata und den Fecampiidae (s. o.) bestehenden Taxons);
- epitheliale Receptoren mit spezifischen ring- bis spiralförmigen „Collar"-Strukturen im distalen Receptorfortsatz;
- Reuse des Protonephridiums mit einer doppelten Stabreihe (Stäbe von der Terminal- und der angrenzenden Kanalzelle ausgebildet);
- während der Spermiogenese stets vollständige Inkorporation beider ciliärer Axonemata in die Spermienzelle;
- Parasit (oder Kommensale) in einem wirbellosen Wirt, vielleicht in einem Krebs (u. U. Autapomorphie eines aus den Neodermata und den Fecampiidae (s. o.) bestehenden Taxons).

Trematoda Rudolphi, 1808 (Synonym: Malacobothridia Stunkard, 1962)
(Autapomorphie-Block 21):
- die bei den Jugendstadien (Larven) vorhandenen bewimperten Epidermiszellen (mit intraepithelialen Kernen) stets voneinander isoliert durch cytoplasmatische Bereiche der späteren definitiven Körperbedeckung, der Neodermis;
- männliches Begattungsorgan in Form eines Cirrus;
- wirbelloser Wirt ein Mollusk (1-Wirt-Zyklus).

Aspidobothrii Burmeister, 1856 (Synonyme: Aspidocotylea Monticelli, 1892; Aspidogastrea Faust u. Tang, 1936; Aspidobothria Hyman, 1951; Aspidobothrea Stunkard, 1962)

Diesem Taxon gehören von den derzeit hierher gestellten Arten folgende Species vermutlich nicht an: *Taeniocotyle (Macraspis) elegans; Multicalyx cristata; Stichocotyle nephros* und *Rugogaster hydrolagi.*
(Autapomorphie-Block 22):
- Larve (Cotylocidium) mit ventrokaudalem Saugnapf, der sich beim Adultus zu einem umfangreichen alveolenreichen Haftapparat auswächst;
- bewimperte Epidermis beim Cotylocidium stark reliktär (nur wenige bewimperte Epidermiszellen vorhanden);
- Neodermis stets mit spezialisierten Mikrovilli (bereits beim Cotylocidium) in Form von Mikrotuberkeln;
- Ovidukte durch Septen untergliedert.

Digenea von Beneden, 1858 (Synonyme: Malacobothrii Burmeister, 1856; Distoma Leuckart, 1856; Malacotylea Monticelli, 1892)
(Autapomorphie-Block 23):
- vegetative Vermehrung im Molluskenwirt; dabei
- Evolution von der Redie vorgeschalteten Entwicklungsstadien ohne Verdauungssystem (Miracidium, das Stadium einer Sporocyste wurde u. U. erst später bei einem Teiltaxon der Digenea evoluiert), Verlagerung des Wechsels Epidermis–Neodermis auf das frühe Entwicklungsstadium;
- bewimperte Epidermiszellen bilden bei diesem Entwicklungsstadium, dem Miracidium, regelmäßig angeordnete Querreihen;
- Wirtswechsel: Einbeziehen eines gnathostomen Wirbeltieres in den Lebenszyklus (obligatorischer 2-Wirte-Zyklus);
- Evolution von der Redie nachgeschalteter Stadien (das jetzige Adultstadium und das Stadium einer weiteren „Schwimmlarve", d. h. der Cercarie mit Schwanzbildung und

-verlust) im Zusammenhang mit dem Übergang auf ein Wirbeltier als (End-)Wirt, Verlagerung der sexuellen Fortpflanzung auf das Endstadium in diesem Wirt;
- diese der Redie nachgeschalteten Stadien mit Mund- und Bauchsaugnapf (u. U. gehört ein Bauchsaugnapf nicht zu den Grundmustermerkmalen der Digenea);
- bei diesen nachgeschalteten Stadien primär 3-schenkliger Darmtrakt;
- ? Differenzierung von Actin-Stacheln in der Neodermis (u. U. nur eine Autapomorphie für ein Teiltaxon der Digenea).

Cercomeromorphae Bychowsky, 1937
(Autapomorphie 24):
- Hinterende des bewimperten Jugendstadiums (der Larve) und auch älterer Entwicklungsstadien mit spezifischen sichelförmigen Marginal- oder Kaudalhäkchen, primär vermutlich 16 Häkchen vorhanden.

Monogenea von Beneden, 1858 (Synonyme: Pectobothrii Burmeister, 1856; Polystomea Leuckart, 1856; Ectoparasitica Lang, 1888; Heterocotylea Monticelli, 1892; Monogenetica Haswell, 1893; Heterocotylida Lahille, 1918; Monogenoidea Bychowsky, 1937; Pectobothridia Stunkard, 1962)
(Autapomorphie-Block 25):
- bewimperte Epidermiszellen (primär ca. 60 Zellen) beim Jugendstadium (dem Oncomiracidium) primär auf 3 Komplexe im vorderen, mittleren und kaudalen Körperbereich aufgeteilt;
- 4 (2 Paar) primär pigmentierte rhabdomerische Photoreceptoren;
- Einbezug eines gnathostomen Wirbeltieres in den Lebenszyklus (u. U. bereits in der Stammlinie der Cercomeromorphae), Besiedlung dieses Wirbeltieres als Ektoparasit, Verlust des ursprünglichen wirbellosen Wirtes der Neodermata bzw. der Cercomeromorphae.

Cestoda Gegenbaur, 1859
(Autapomorphie-Block 26):
- bewimperte Epidermis der Jugendstadien (Larven) ausnahmslos syncytial (aber mit intraepithelial gelegenen Kernen);
- nur (noch) 10 Kaudalhäkchen existent;
- vollständige Reduktion des entodermalen Verdauungssystems (höchstens ein kranialer Praepharynx existent);
- sekundäre Differenzierung eines retikulären Protonephridialsystems;
- männliches Begattungsorgan in Form eines Cirrus;
- Einbezug eines Wirbeltieres in den Lebenszyklus und damit Entstehung eines 2-Wirte-Zyklus (u. U. bereits Autapomorphie der Cercomeromorphae), Besiedlung des Wirbeltieres als Endoparasit.

Gyrocotylidea Poche, 1926
(Autapomorphie-Block 27):
- kaudal eine tunnelartige Invagination der Körperoberfläche, die sich zu einem rosettenartigen Haftapparat auswächst;
- Ausbildung eines apicalen Proboscis (sofern nicht vollständig homolog einem reliktären Praepharynx);
- ? Neodermis mit aus konzentrischen Schichten aufgebauten Stacheln (u. U. nur eine Autapomorphie für ein Teiltaxon der Gyrocotylidea);
- ? sekundärer Mangel eines wirbellosen Wirtes (sofern die Gyrocotylidea nur einen

1-Wirt-Zyklus besitzen sollten) und endoparasitische Besiedlung eines Wirbeltieres (sofern nicht schon in der Stammlinie der Cestoda (s. o.) erfolgt).

Nephroposticophora Ehlers, 1984
(Autapomorphie-Block 28):
- nach kaudal verlagerte Ausmündung des Protonephridialsystems im Zusammenhang mit der Differenzierung des retikulären Systems und einer als Exkretionsblase bezeichneten kaudalen Einsenkung;
- ? Einbeziehung eines gnathostomen Wirbeltieres in den Lebenszyklus, d. h. Entstehung eines obligatorischen 2-Wirte-Zyklus (wahrscheinlich eine Autapomorphie der Cestoda, u. U. auch der Cercomeromorphae).

Amphilinidea Poche, 1922 (Synonym: Amphilinoidea Dubinina, 1974)
(Autapomorphie-Block 29):
- extrem blattartiger Habitus des Adultus;
- Vorderende des Adultus mit spezifischem Apicalorgan.

Cestoidea Rudolphi, 1808
(Autapomorphie-Block 30):
- Verringerung der Zahl der Kaudalhäkchen auf (nur noch) 6;
- Larve (Oncosphaera) noch ohne Nervensystem und ohne epitheliale Sinneszellen;
- Neodermis mit spezialisierten Mikrovilli in Form von Mikrotrichen (ausgenommen die „ancestralen" Körperbereiche früher Entwicklungsstadien, insbesondere die Kaudalbereiche mit den Marginalhäkchen);
- Spermien ohne Mitochondrien (während der Spermiogenese werden keine Mitochondrien in die sich ausdifferenzierenden männlichen Geschlechtszellen weitergegeben).

Caryophyllidea von Beneden (in Olsson 1893)
(Autapomorphie-Block 31):
- Spermien monociliär;
- während der Spermiogenese wird das ciliäre Axonem nicht in die Spermienzelle inkorporiert;
- intranukleares Glykogen in den Vitellocyten;
- ? primärer wirbelloser Wirt (im 2-Wirte-Zyklus) ein Annelide (statt eines Krebses).

Eucestoda Southwell, 1930
(Autapomorphie-Block 32):
- syncytiale, primär bewimperte Epidermis („Embryophore", „inner envelope" etc.) der Oncosphaera-Larve (sofern Epidermis noch bewimpert, auch Coracidium genannt) mit strukturierten Protein-Einlagerungen, die bei Eucestoda mit einem terrestrischen Lebenszyklus (und aciliärer Embryophore) sehr mächtig differenziert sind;
- vollständige Eliminierung der 6 Kaudalhäkchen im Metacestoid-Stadium;
- obligatorisch mit mehreren Gonaden- und Genitalstruktur-Sätzen pro Individuum;
- Kopfbereich (Scolex) primär mit Bothrien.

4.2.4. Schlußbemerkungen und Ausblick

Das System der Plathelminthes in der hier vorgelegten Form versucht, den von der phylogenetischen Systematik erhobenen Ansprüchen so weit wie möglich gerecht zu werden.

Natürlich kann dieses System der Plathelminthen nicht voll befriedigen; in bestimmten Bereichen besteht noch eine erhebliche Unvollkommenheit. Ich möchte in diesem Zusammenhang nur folgende Punkte ansprechen: (a) Die Analyse der stammesgeschichtlichen Beziehungen der Monophyla Lecithoepitheliata und Prolecithophora zu anderen Teiltaxa gelingt derzeit nicht überzeugend; (b) die Monophylie der supraspezifischen Taxa Neoophora oder Seriata (und auch des Teiltaxons Proseriata) scheint noch nicht befriedigend belegt; (c) die systematische Stellung verschiedener rangniedriger Taxa wie der Haplopharyngida, Udonellida oder verschiedener, bisher zu den Aspidobothrii gestellter Arten läßt sich nicht angeben; (d) bestimmte, bisher zumeist im Rang von „Ordnungen“ geführte Gruppen, d.h., die „Typhloplanoida“ und die „Dalyellioida“, repräsentieren wahrscheinlich nur paraphyletische Gruppierungen, ihre (Unter-) Gliederung in monophyletische Taxa scheint eine der dringendsten Aufgaben zukünftiger Untersuchungen zu sein; denn nur dann dürfte es gelingen, die Schwestergruppen anderer, bisher ebenfalls als ranghohe Einheiten geführter Taxa (Kalyptorhynchia, „Temnocephalida“) sowie die Schwestergruppe der parasitischen Neodermata zu benennen.

Die Unvollkommenheit des vorliegenden Systems ergibt sich ausschließlich aus dem derzeitig (noch) bestehenden Mangel von klar interpretierbaren Merkmalen, insbesondere bei noch wenig untersuchten Taxa.

Das Ziel dieser Arbeit war nicht, in jedem einzelnen zur Entscheidung anstehenden Fall die Favorisierung einer bestimmten Verwandtschaftshypothese anzustreben, sondern auch die Argumentationsweise der phylogenetischen Systematik exemplarisch am Beispiel der Plathelminthen vorzuführen. Die nicht befriedigend zu lösenden Probleme mögen einen Anreiz für zukünftige gezielte Untersuchungen bieten.

Auch die scheinbar „sicheren“ Aut- oder Synapomorphien bedürfen dabei ständiger Überprüfungen.

Der entscheidende Vorteil eines konsequent phylogenetischen Systems gegenüber anderen Systematisierungen oder Klassifikationsbestrebungen liegt ja auch darin begründet, daß die vorgetragenen Verwandtschaftshypothesen nicht auf subjektiver Einschätzung beruhen wie all die früheren, bereits von Ax (1984) entschieden zurückgewiesenen Theorien (Planula-Acoel-Theorie, Ciliaten-Acoel-Theorie, Enterocoel-Archicoelomaten-Theorie), oder sich auf andere, empirisch nicht belegbare Hypothesen stützen (Bilaterogastraea-Hypothese, Parenchymula- oder Phagocytella-Hypothese).

Die auf der Basis der Prinzipien und Methoden der konsequent phylogenetischen Systematik postulierten Ergebnisse in Form von Verwandtschaftshypothesen werden vielmehr durch neue Erkenntnisse in jedem einzelnen zur Entscheidung anstehenden Fall weiter gefestigt oder aber abgeschwächt bzw. ganz in Frage gestellt, d.h. die Verwandtschaftshypothesen sind jederzeit auf ihre Kompatibilität mit neuen Merkmals-Befunden hin zu überprüfen.

Das vorliegende phylogenetische System der Plathelminthen weist gegenüber herkömmlichen, insbesondere im deutschen Sprachraum weiter verbreiteten Systemen oder Klassifikationen vor allem folgende Unterschiede auf:

(a) Ein monophyletisches Taxon „Turbellaria" existiert nicht. Die „Klasse" „Turbellaria" wird ausschließlich über Symplesiomorphien (freilebend, bewimperte Epidermis) begründet, es gibt keine einzige Autapomorphie für die „Turbellaria", d. h., **die „Turbellaria" repräsentieren eine paraphyletische Gruppe.**

(b) Auch ein Monophylum „Archoophora" existiert nicht; die zur Begründung dieser aus den Catenulida, Nemertodermatida, Acoela, Macrostomida und Polycladida bestehenden Gruppierung herangezogenen Merkmale (homocelluläre Gonade, entolecithale Eier) sind Symplesiomorphien; **die „Archoophora" bilden ebenfalls eine paraphyletische Gruppe** (vgl. Abb. 18).

(c) Die Monogenea stehen nicht mit den Digenea (oder den Aspidobothrii), sondern mit den Cestoda in einem Schwestergruppen-Verhältnis. Mit dem Namen Trematoda wird ein monophyletisches Taxon bezeichnet, dem nur die Digenea und die Aspidobothrii angehören.

(d) Die „Cestodaria", bestehend aus den Gyrocotylidea und den Amphilinidea (sowie in einigen Darstellungen auch den Caryophyllidea), bilden ebenfalls eine paraphyletische Gruppe; die Merkmale „nur ein Satz Gonaden pro Individuum" und – bei den Gyrocotylidea und Amphilinidea – „Larve mit 10 Haken" sind Symplesiomorphien.

(e) Das Taxon Gnathostomulida gehört nicht dem Taxon Plathelminthes an, sondern bildet die Schwestergruppe der Plathelminthes (cf. Ax 1984, 1985).

(f) Auch die Xenoturbellida gehören nicht zu den Plathelminthen (cf. auch Ax 1961, 1963). Eigene, noch unpublizierte elektronenmikroskopische Untersuchungen an *Xenoturbella bocki* erbrachten keinerlei Hinweise auf irgendwelche als Synapomorphien mit den Plathelminthes (oder einem Plathelminthen-Teiltaxon) interpretierbaren Merkmale; die Verwandtschaftsbeziehungen der Xenoturbellida zu anderen Bilateria werden in einer separaten Publikation diskutiert.

(g) Ebenso repräsentieren die Mesozoa (oder nur die Orthonectiden bzw. die Dicyemiden) kein Teiltaxon der Plathelminthes. Es existieren auch hier keinerlei Synapomorphien zwischen irgendeiner Mesozoen-Art und einer Species bzw. einem Monophylum der Plathelminthes.

Die öfters vorgetragene Behauptung, die Mesozoa besäßen „Beziehungen" zu den Digenea oder seien „stark degenerierte Abkömmlinge" dieses Taxons oder ganz allgemein der parasitischen Plathelminthen, ließe sich z. B. dann belegen, wenn bei den Mesozoa Spermien mit dem apomorphen 9 + „1"-Muster, aber nicht mit dem 9 + 2-Tubuli-Muster im Axonem gefunden würden.

5. Zusammenfassung

Auf der Grundlage der Prinzipien und Methoden der konsequent phylogenetischen Systematik sensu HENNIG wird der Versuch unternommen, ein phylogenetisches System der Plathelminthen zu begründen.

Zur Analyse der stammesgeschichtlichen Beziehungen werden vor allem licht- und elektronenmikroskopisch erkennbare morphologische Merkmale herangezogen, daneben – soweit verfügbar – in geringem Umfange auch andere Merkmale wie z.B. Parasit-Wirt-Beziehungen.

Die hier diskutierten Merkmale sind neu oder sind der Literatur entnommen. Sofern es sich um bisher noch nicht bekannte, zumeist elektronenmikroskopische Befunde handelt, werden sie hier vorgestellt; zudem wurde versucht, alle bis Mitte 1984 publizierten und mir zugänglichen Ergebnisse anderer Autoren über Plathelminthen-Merkmale bei den Diskussionen mit zu berücksichtigen.

Für die Beurteilung verwandtschaftlicher Beziehungen erwiesen sich folgende Merkmale als besonders aufschlußreich: Bildung und Organisation der äußeren Körperbedeckung, Struktur epidermaler Cilien und epithelialer Mikrovilli, spezifischer Drüsenzellen und -organe, sensorischer Einrichtungen wie ciliärer Receptoren des Körperepithels, Photoreceptoren und Statocysten, des Protonephridialsystems, des Verdauungssystems, der Zahl und Lage der Gonade, Gliederung der weiblichen Gonade, Struktur der weiblichen Geschlechtszellen, der männlichen Gameten und des männlichen Begattungsorganes; bei parasitischen Taxa zudem: Ausbildung spezifischer Verankerungsstrukturen, vegetative Vermehrung mit Differenzierung phänotypisch unterschiedlicher Entwicklungsstadien, Wirt-Parasit-Beziehungen.

Die stammesgeschichtlichen Beziehungen zwischen einzelnen Plathelminthen-Taxa sind in einem Verwandtschaftsdiagramm (Abb. 18 auf Seite 168) dargestellt und auch in einer hierarchischen Niederschrift (Seite 11) wiedergegeben.

Folgende Ergebnisse der Analyse seien hervorgehoben:

(a) Für das Taxon Plathelminthes läßt sich eine Fülle von Grundmustermerkmalen bestimmen.

(b) Die bekannten Plathelminthengruppen Catenulida, Nemertodermatida, Acoela, Macrostomida, Polycladida, Prolecithophora, Digenea, Monogenea, Gyrocotylidea, Amphilinidea und Cestoidea, vielleicht auch die Lecithoepitheliata und Seriata, bilden Monophyla, ebenso die Aspidobothrii s. str. Dagegen dürften die „Typhloplanoida" (mit dem monophyletischen Teiltaxon Kalyptorhynchia) und die „Dalyellioida" paraphyletische Gruppen darstellen, sie werden zunächst als Provisorien beibehalten, da die Auflösung dieser Gruppen in monophyletische Teiltaxa noch nicht gelingt.

(c) Die phylogenetischen Beziehungen der genannten Plathelminthen-Teiltaxa zueinander lassen sich in vielen Fällen befriedigend begründen, in Teilbereichen bleibt das vorgelegte System jedoch unvollkommen, dies gilt für die Stellung der Lecithoepitheliata, der Prolecithophora und auch der Seriata und natürlich die Teiltaxa der paraphyletischen Gruppen.

(d) Als entscheidende Fortschritte zu einem besseren Verständnis der Phylogenie der Plathelminthen werden folgende Erkenntnisse empfunden:

- Die klassischen Parasiten (Trematoda, Monogenea, Cestoda) sind auf eine nur ihnen gemeinsame Stammart zurückzuführen und bilden ein Monophylum, Neodermata genannt; innerhalb der Neodermata bilden die Trematoda (Aspidobothrii + Digenea) und die Cercomeromorphae (Monogenea + Cestoda) ranggleiche Schwestergruppen (Adelphotaxa).
- Die Polycladida bilden die Schwestergruppe der Neoophora, d.h. aller Plathelminthen mit ektolecithaler Eibildung.
- Nicht die Acoela (oder die Nemertodermatida), sondern die Catenulida bilden die Schwestergruppe aller übrigen Plathelminthen.
- Ein Monophylum „Turbellaria“ existiert nicht, ebensowenig ein Taxon „Archoophora“ oder ein Taxon „Cestodaria“.

Literatur

Adams, P. J. M. and Tyler, S. (1980): Hopping locomotion in a nematode: functional anatomy of the caudal gland apparatus of *Theristus caudasaliens* sp. n. J. Morph. *164:* 265–285.

Afzelius, B. (1959): Electron microscopy of the sperm tail. Results obtained with a fixative. J. Biophys. Biochem. Cytol *5:* 269–278.

– (1966): Anatomy of the cell. Univ. of Chicago Press, Chicago.

– (1969): Ultrastructure of cilia and flagella. In: Handbook of molecular cytology (ed. A. Lima-de-Faria), Vol. *15,* North-Holland Publ. Co., Amsterdam: 1219–1242.

Allison, F. R. (1979): Sensory receptors on the rosette of *Gyrocotyle rugosa.* New Zealand J. Zool. *6:* 652–653.

– (1980): Sensory receptors of the rosette organ of *Gyrocotyle rugosa.* Int. J. Parasit. *10:* 341–353.

Allison, V. F., Ubelaker, J. E. and Martin, J. H. (1972): Comparative study of the fine morphology of sensory receptors in *Aspidogaster conchicola* and *Cotylaspis insignis.* 30th Ann. Proc. Electron. Microscop. Soc. Am. Los Angeles: 150–151.

Amin, O. H. (1978): On the crustacean hosts of larval acanthocephalan and cestode parasites in southwestern Lake Michigan. J. Parasitol *64:* 842–845.

Anderson, D. T. (1977): The embryonic and larval development of the turbellarian *Notoplana australis* (Schmarda, 1859) (Polycladida: Leptoplanidae). Austr. J. Mar. Freshwater Res. *28:* 303–310.

Antonius, A. (1970): Sense organs in marine Acoela. Am. Zool. *10:* 550.

Apelt, G. (1969): Fortpflanzungsbiologie, Entwicklungszyklen und vergleichende Frühentwicklung acoeler Turbellarien. Mar. Biol. *4:* 267–325.

Appy, R. G. and Anderson, R. C. (1981): The parasites of lampreys. In: M. W. Hardisty and J. C. Potter (eds.) The biology of lampreys, Vol. *3,* Acad. Press, London: 1–42.

Ax, P. (1956 a): Monographie der Otoplanidae (Turbellaria). Morphologie und Systematik. Akad. d. Wiss. u. d. Lit. Mainz, Abhandl. d. Math.-naturw. Kl. Jhg. *1955,* Nr. *13:* 499–796.

– (1956 b): Die Gnathostomulida, eine rätselhafte Wurmgruppe aus dem Meeressand. Akad. Wiss. Lit. Mainz, Math.-naturw. Kl. Jhg. *1956,* Nr. *8:* 531–562.

– (1958): Vervielfachung des männlichen Kopulationsapparates bei Turbellarien. Verh. Dt. Zool. Ges. Graz *1957:* 227–249.

– (1961): Verwandtschaftsbeziehungen und Phylogenie der Turbellarien. Ergebnisse d. Biol. *24:* 1–68.

– (1963): Relationships and phylogeny of the Turbellaria. In: E. C. Dougherty (ed.) The lower Metazoa, Univ. Calif. Press Berkeley, Calif.: Vol. *14:* 191–224.

– (1964): Das Hautgeißelepithel der Gnathostomulida. Verh. Dt. Zool. Ges. München *1963:* 452–461.

– (1965): Zur Morphologie und Systematik der Gnathostomulida. Untersuchungen an *Gnathostomula paradoxa* Ax. Z. zool. Syst. Evolut.-forsch. *3:* 259–276.

– (1966): Die Bedeutung der interstitiellen Sandfauna für allgemeine Probleme der Systematik, Ökologie und Biologie. Veröff. Inst. Meeresforsch. Bremerhaven, Sdbd. *2:* 15–65.

– (1984): Das phylogenetische System. Systematisierung der lebenden Natur aufgrund ihrer Phylogenese. G. Fischer, Stuttgart, New York. 349 pp.

– (1985): The position of the Gnathostomulida and Plathelminthes in the phylogenetic system of the Bilateria. In: S. Conway Morris, J. D. George, R. Gibson and H. M. Platt (eds.) The origins and relationships of lower Invertebrates, University Press, Oxford (im Druck).

Ax, P. und Ax, R. (1967): Turbellaria Proseriata von der Pazifikküste der USA (Washington). I. Otoplanidae. Z. Morph. Tiere *61:* 215–254.

– (1974): Interstitielle Fauna von Galapagos VII. Nematoplanidae, Polystyliphoridae, Coelogynoporidae (Turbellaria, Proseriata). Mikrofauna Meeresboden *29:* 1–28.

Ax, P. und Apelt, G. (1969): Organisation und Fortpflanzung von *Archaphanostoma agile* (Turbellaria, Acoela). Verh. Dt. Zool. Ges. *1968* Innsbruck: 339–343.

– (1970): Organisation und Fortpflanzung von *Archaphanostoma agile* (Turbellaria – Acoela). Inst. f. wissenschaftl. Film Göttingen, Film C 930.

Ax, P. und Borkott, H. (1969): Organisation und Fortpflanzung von *Macrostomum romanicum* (Turbellaria, Macrostomida). Verh. Dt. Zool. Ges. *1968* Innsbruck: 344–347.

– (1970): Organisation und Fortpflanzung von *Macrostomum salinum* (Turbellaria – Macrostomida). Inst. f. wissenschaftl. Film Göttingen, Wiss. Film Nr. C 947: 1–12.

Ax, P. und Dörjes, J. (1966): *Oligochoerus limnophilus* nov. spec., ein kaspisches Faunenelement als erster Süßwasservertreter der Turbellaria Acoela in Flüssen Mitteleuropas. Int. Rev. ges. Hydrobiol. *51:* 14–44.

Ax, P. und Heller, R. (1970): Neue Neorhabdocoela (Turbellaria) vom Sandstrand der Nordsee-Insel Sylt. Mikrofauna Meeresboden *2:* 1–46.

Ax, P. und Schulz, E. (1959): Ungeschlechtliche Fortpflanzung durch Paratomie bei acoelen Turbellarien. Biol. Zentralblatt *78:* 613–622.

Baccetti, B. and Afzelius, B. A. (1976): The biology of the sperm cell. S. Karger, Basel. 254 pp.

Baer, J. G. et Euzet, L. (1961): Classe des Monogènes. In: P.-P. Grassé (ed.) Traité de Zoologie, Vol. *4, 1:* 243–325, Masson, Paris.

Baer, J. et Joyeux, Ch. (1961): Classe des Trématodes. In: P.-P. Grassé (ed.) Traité de Zoologie, Vol. *4, 1:* 561–692, Masson, Paris.

Baguñà, J. (1974): A demonstration of a peripheral and a gastrodermal nervous plexus in planarians. Zool. Anz. *193:* 240–244.

– (1976): Mitosis in the intact and regenerating planarian *Dugesia mediterranea* n. sp. II. Mitotic studies during regeneration and a possible mechanism of blastema formation. J. Exp. Zool. *195:* 65–80.

– (1981): Planarian neoblasts. Nature (Lond.) *290:* 14–15.

Baguñà, J. and Ballaster, R. (1978): The nervous system in planarians: peripheral and gastrodermal plexuses, pharynx innervation, and the relationship between central nervous system structure and the acoelomate organization. J. Morph. *155:* 237–252.

Baguñà, J. and Romero, R. (1981): Quantitative analysis of cell types during growth, degrowth and regeneration in the planarians *Dugesia mediterranea* and *Dugesia tigrina.* Hydrobiologia *84:* 181–194.

Bailey, H. H. and Tomkins, S. J. (1971): Ultrastructure of the integument of *Aspidogaster conchicola.* J. Parasit. *57:* 848–854.

Bakke, T. A. (1982): The morphology and taxonomy of *Leucochloridium* (L.) *variae* McIntosh (Digenea, Leucochloridiidae) from the nearctic as revealed by light and scanning electron microscopy. Zool. Scripta *11:* 87–100.

Bakke, T. A. and Lieu, L. (1978): The tegumental surface of *Phyllodistomum conostomum* (Olsson, 1876) (Digenea), revealed by scanning electron microscopy. Int. J. Parasitol. *8:* 155–161.

Bakker, K. E. and Diegenbach, P. C. (1973): The ultrastructure of spermatozoa of *Aspidogaster conchicola* Baer, 1826 (Aspidogastridae, Trematoda). Netherl. J. Zool. *23:* 345–346.

– (1974): The structure of the opisthaptor of *Aspidogaster conchicola* Baer, 1826 (Aspidogastridae, Trematoda). Netherl. J. Zool. *24:* 162–170.

Ball, S. C. (1916): The development of *Paravortex gemellipara* (*Graffilla gemellipara* Linton). J. Morph. *27:* 453–557.

Ballarin, L. and Galleni, L. (1984): Larval development in *Echinoplana celerrima* (Turbellaria: Polycladida). Trans. Am. Microsc. Soc. *103:* 31–37.

Baron, P. J. (1968): On the histology and ultrastructure of *Cysticercus longicollis,* the cysticercus of *Taenia crassiceps* Zeder, 1800 (Cestoda: Cyclophyllidea). Parasitology *58:* 497–513.

Barrett, N. J. and Smyth, J. D. (1983): Observations on the structure and ultrastructure of sperm development in *Echinococcus multilocularis,* both in vitro and in vivo. Parasitology *87:* LI.

Basch, P. F. and DiConza, J. J. (1974): The miracidium – sporocyst transition in *Schistosoma mansoni:* surface changes in vitro with ultrastructural correlation. J. Parasitol. *60:* 935–941.

Bazitov, A. A. (1976): The status of Caryophyllidea in the system of Platyhelminthes. Zool. Zh. *55:* 1779–1787 (in russisch).

– (1981): Caryophyllidea; their origin and position in the phylum of Platyhelminthes. Zurn. obsc. biol. *42:* 920–927 (in russisch).

Bazitov, A. A. and Ljapkalo, E. W. (1981): Embryogenesis of *Amphilina japonica* (Amphilinoidea). 2. Formation of ten-hooked embryo. Zool. Zh. *60:* 805–816 (in russisch).

Beauchamp, P. de (1961): Classe des Turbellariés: Turbellaria (Ehrenberg, 1831). In: P.-P. Grassé (ed.) Traité de Zoologie, Vol. *4, 1:* 35–212, Masson, Paris.

Bedini, C., Ferrero, E. and Lanfranchi, A. (1973): The ultrastructure of ciliary sensory cells in two Turbellaria Acoela. Tissue Cell *5:* 359–372.

– (1975): Fine structural observations on the ciliary receptors in the epidermis of three otoplanid species (Turbellaria, Proseriata). Tissue Cell *7:* 253–266.

Bedini, C. and Papi, F. (1970): Peculiar patterns of microtubular organization in spermatozoa of lower Turbellaria. In: B. Baccetti (ed.) Comparative spermatology, Accad. Naz. dei Lincei Rome: 363–366.

– (1974): Fine structure of the turbellarian epidermis. In: N. W. Riser and M. P. Morse (eds.) Biology of the Turbellaria, McGraw-Hill Co. New York: 108–147.

Béguin, F. (1966): Etude au microscope électronique de la cuticule et de ses structures associées chez quelques cestodes. Essai d'histologie comparée. Z. Zellforsch. *72:* 30–46.

Beklemischev, V. N. (1960): Grundlagen der vergleichenden Anatomie der Wirbellosen. Band II: Organologie. Deutscher Verlag d. Wissenschaften, Berlin, 403 pp.

– (1963): On the relationship of the Turbellaria to other groups of the animal kingdom: In: E. C. Dougherty (ed.) The lower Metazoa, Univers. Calif. Press, Berkeley: 234–244.

Bellon-Humbert, C. (1983): *Fecampia erythrocephala* (Turbellaria), a parasite of the prawn *Palaemon serratus:* The adult phase. Aquaculture *31:* 117–140.

Benazzi, M. (1974): Fissioning in planarians from a genetic standpoint. In: N. W. Riser and M. P. Morse (eds.) Biology of the Turbellaria, McGraw-Hill Co., New York: 476–492.

Benazzi, M. and Benazzi-Lentati, G. (1976): Platyhelminthes. In: B. John et al. (eds.) Animal Cytogenetics, Vol. *1,* Borntraeger, Berlin-Stuttgart: 1–182.

Benazzi, M. and Gremigni, V. (1982): Developmental biology of triclad turbellarians (Planaria). In: F. W. Harrison and R. R. Cowden (eds.) Developmental biology of freshwater Invertebrates, Alan R. Liss Inc., New York: 151–211.

Benazzi Lentati, G. and Benazzi, M. (1981): Contrasting power of the factors for fission and sexuality in a polyploid planarian. Hydrobiologia *84:* 167–169.

Bennett, C. E. (1975 a): Surface features, sensory structures, and movement of the newly excysted juvenile *Fasciola hepatica.* J. Parasitol. *61:* 886–891.

– (1975 b): Scanning electron microscopy of *Fasciola hepatica* L. during growth and maturation in the mouse. J. Parasitol. *61:* 892–898.

– (1975 c): *Fasciola hepatica:* Development of caecal epithelium during migration in the mouse. Exp. Parasitol. *37:* 426–441.

– (1977): *Fasciola hepatica:* Development of excretory and parenchymal systems during migration in the mouse. Exp. Parasitol. *41:* 43–53.

Bennett, C. E. and Threadgold, L. T. (1973): Electron microscope studies of *Fasciola hepatica.* XIII. Fine structure of newly excysted juvenile. Exp. Parasitol. *34:* 85–99.

Beveridge, M. (1982): Taxonomy , environment and reproduction in freshwater triclads (Turbellaria: Tricladida). Int. J. Invertebr. Reprod. *5:* 107–113.

Bibby, M. C. and Rees, G. (1971): The ultrastructure of the epidermis and associated structures in the metacercaria, cercaria and sporocyst of *Diplostomum phoxini* (Faust, 1918). Z. Parasitenk. *37:* 169–186.

Bilques, F. M. and Freeman, R. S. (1969): Histogenesis of the rostellum of *Taenia crassiceps* (Zeder, 1800) (Cestoda), with special reference to hook development. Can. J. Zool. *47:* 251–261.

Bils, R. F. and Martin, W. E. (1966): Fine structure and development of the trematode integument. Trans. Amer. Micr. Soc. *85:* 78–88.

Biserova, N. M. and Kuperman, B. I. (1983): Morphological and functional differentiation of integument in the cestode *Acanthobothrium dujardini* (Tetraphyllidea). Parazitologiya *17:* 382–390 (in russisch).

Björkman, N. and Thorsell, W. (1963): On the fine morphology of the formation of egg-shell globules in the vitelline glands of the liver fluke (*Fasciola hepatica,* L.). Exp. Cell Res. *32:* 153–156.

Blankespoor, H. D., Wittrock, D. D., Aho, J. and Esch, G. W. (1982): Host-parasite interface of the fluke *Collyriclum faba* (Bremser in Schmalz, 1831) as revealed by light and electron microscopy. Z. Parasitenk. *68:* 191–199.

Bock, S. (1923): Eine neue marine Turbellariengattung aus Japan. Uppsala Univers. Årsskr. Mat. Nat. *1:* 1–55.

Bogitsh, B. J. (1975): Cytochemistry of gastrodermal autophagy following starvation in *Schistosoma mansoni.* J. Parasitol. *61:* 237–248.

Bogitsh, B. J. and Carter, O. St. (1982): Developmental biology of *Schistosoma mansoni,* with emphasis on the ultrastructure and enzyme histochemistry of intramolluscan stages. In: F. W. Harrison and R. R. Cowden (eds.) Developmental biology of freshwater Invertebrates, Alan R. Liss Co., New York: 221–248.

Bogomolov, S. J. (1949): Über den Furchungstyp der Rhabdocoela. Wiss. Schr. Leningrader Staatl. Univers., Ser. Biol. *20:* 128–142 (in russisch).

– (1960 a): Über die Furchung von *Macrostomum rossicum* Beklemischev, 1951 und deren Beziehung zur Furchung der Turbellaria Coelata und Acoela. Vt. sovesčanie embriologov SSSR: 23–24 (in russisch).

– (1960 b): Die Entwicklung der *Convoluta* im Zusammenhang mit der Morphologie der Strudelwürmer. Arb. Ges. Naturforsch. Kasaner Staatsunivers. *63:* 155–208 (in russisch).

Boguta, K. K. (1972): Early ontogenesis of *Anaperus biaculeatus* (Turbellaria Acoela). Zool. Zh. *51:* 332–340 (in russisch).

Boguta, K.K. (1978 a): Postembryonic development of the nervous system in *Dendrocoelum lacteum* (Turbellaria). Zool. Zh. *57:* 821–826 (in russisch).
– (1978 b): Morphodynamic processes in nervous system. Zh. Obshch. Biol *39:* 403–413 (in russisch).
Bondi, C. and Farnesi, R.M. (1976): Electron microscope studies of spermatogenesis in *Branchiobdella pentodonta* Whitman (Annelida, Oligochaeta). J. Morph. *148:* 65–88.
Bonsdorff, B. v. (1977): Diphyllobothriasis in man. Acad. Press, London, 189 pp.
Bonsdorff, C.-H. v., Forssten, T., Gustafsson, M.K.S. and Wikgren, B.-J. (1971): Cellular composition of plerocercoids of *Diphyllobothrium dendriticum* (Cestoda). Acta Zool. Fennica *132:* 1–25.
Bonsdorff, C.-H. v. and Telkkä, A. (1965): The spermatozoon flagella in *Diphyllobothrium latum* (fish tapeworm). Z. Zellforsch. *66:* 643–648.
– (1966): The flagellar structure of the flame cells in fish tapeworm *(Diphyllobothrium latum).* Z. Zellforsch. *70:* 169–179.
Borkott, H. (1970): Geschlechtliche Organisation, Fortpflanzungsverhalten und Ursachen der sexuellen Vermehrung von *Stenostomum sthenum* nov. spec. (Turbellaria, Catenulida). Z. Morph. Tiere *67:* 183–262.
Bowen, J.D. (1980): Phagocytosis in *Polycelis tenuis.* In: D.C.Smith and Y.Tiffon (eds.) Nutrition in the lower Metazoa, Pergamon Press, Oxford: 1–14.
– (1981): Techniques for demonstrating cell death. In: J.D.Bowen and R.A.Lockshin (eds.) Cell death in biology and pathology, Chapman and Hall, Andover: 379–444.
Bowen, J.D., d. Hollander, J.E. and Lewis, G.H.J. (1982): Cell death and acid phosphatase activity in the regenerating planarian *Polycelis tenuis* Jijima. Differentiation *21:* 160–167.
Bowen, J.D., Ryder, T.A. and Thompson, J.A. (1974): The fine structure of the planarian *Polycelis tenuis* Jijima. II. The intestine and gastrodermal phagocytosis. Protoplasma *79:* 1–17.
Boyer, B.C. (1971): Regulative development in a spiralian embryo as shown by cell deletion experiments on the acoel, *Childia.* J. Exp. Zool. *176:* 97–106.
– (1972): Ultrastructural studies of differentiation in the oocyte of the polyclad turbellarian, *Prosthoceraeus floridanus.* J. Morph. *136:* 273–295.
– (1981): Experimental evidence for the origins of mosaic development in the polyclad Turbellaria. Biol. Bull. *161:* 318.
Boyer, B.C. and Smith, G.W. (1982): Sperm morphology and development in two acoel turbellarians from the Philippines. Pacific Science *36:* 365–380.
Brandenburg, J. (1962): Elektronenmikroskopische Untersuchung des Terminalapparates von *Chaetonotus* sp. (Gastrotrichen) als ersten Beispiels einer Cyrtocyte bei Askhelminthen. Z. Zellforsch. *57:* 136–144.
– (1966): Die Reusenformen der Cyrtocyten. Eine Beschreibung von fünf weiteren Reusengeißelzellen und eine vergleichende Betrachtung. Zool. Beiträge, N.F., *12:* 345–417.
– (1970): Die Reusenzelle (Cyrtocyte) des *Dinophilus* (Archiannelida). Z. Morph. Tiere *68:* 83–92.
– (1975): The morphology of the protonephridia. Fortschritte der Zoologie *23:* 1–17.
Brandenburg, J. und Kümmel, G. (1961): Die Feinstruktur der Solenocyten. J. Ultrastr. Res. *5:* 437–452.
Braun, F. (1966): Beiträge zur mikroskopischen Anatomie und Fortpflanzungsbiologie von *Gyrodactylus wageneri* v. Nordmann, 1832. Z. f. Parasitenkd. *28:* 142–174.
Bresciani, J. (1973): The ultrastructure of the integument of the monogenean *Polystoma integerrimum* (Fröhlich 1791). Kgl. Vet.-og Landbohøjsk. Arsskr. *1973:* 14–27.
Bresciani, J. and Køie, M. (1970): On the ultrastructure of the epidermis of the adult female of *Kronborgia amphipodicola* Christensen and Kanneworff, 1964 (Turbellaria, Neorhabdocoela). Ophelia *8:* 209–230.
Bresslau, E. (1904): Beiträge zur Entwicklungsgeschichte der Turbellarien. I. Die Entwicklung der Rhabdocölen und Alloiocölen. Z. wiss. Zool. *76:* 213–332.
– (1909): Die Entwicklung der Acoelen. Verh. Dt. Zool. Ges. Frankfurt: 314–324.
– (1928–33): Turbellaria. In: Th.Krumbach (ed.) Handbuch der Zoologie, gegr. v. W.Kükenthal, Walter de Gruyter, Berlin, Vol. *II/1:* 52–304.
Brooker, B.E. (1972): The sense organs of trematode miracidia. In: E.U.Channing and C.A.Wright (eds.) Behavioural aspects of parasite transmission; Zoolog. J. Linnean Soc. *51*, Suppl. *1:* 171–180.
Brooks, D.R. (1982): Higher level classification of parasitic Platyhelminthes and fundamentals of cestode classification. In: D.F.Mettrick and S.S.Desser (eds.) Parasites – their world and ours, Elsevier Biomedical Press, Amsterdam: 189–193.
Brüggemann, J. (1984): Ultrastruktur und Differenzierung der prostatoiden Organe von *Polystyliphora filum* (Plathelminthes, Proseriata). Zoomorphology *104:* 86–95.

– (1985): Ultrastruktur und Bildungsweise penialer Hartstrukturen bei freilebenden Plathelminthen. Zoomorphology *105:* 143–189.

BRÜGGEMANN, J. und EHLERS, U. (1981): Ultrastruktur der Statocyste von *Ototyphlonemertes pallida* (Keferstein, 1862) (Nemertini). Zoomorphology *97:* 75–87.

BULLOCK, T.H. (1965): Platyhelminthes. In: T.H. Bullock and G.A. Horridge (eds.) Structure and function in the nervous systems of Invertebrates, Vol. *I*, W.H. Freeman and Co., San Francisco: 535–577.

BUNKE, D. (1972): Sklerotin-Komponenten in den Vitellocyten von *Microdalyellia fairchildi* (Turbellaria). Z. Zellforsch. *135:* 383–398.

– (1981): Ultrastruktur-Untersuchungen an Vitellocyten von *Microdalyellia fairchildi* (Turbellaria, Neorhabdocoela). Zoomorphology *99:* 71–86.

– (1982): Ultrastruktur-Untersuchungen zur Eischalenbildung bei *Microdalyellia fairchildi* (Turbellaria). Zoomorphology *101:* 61–70.

BURT, M.D.B. and FLEMING, L.C. (1978): Phylogenetic clues in the ultrastructure of Turbellaria and Cestoda tegument. Parasitology *77:* XXX–XXXI.

BURT, M.D.B., JARECKA, L. and MACKINNON, B.M. (1983): Developmental morphology of *Haplobothrium globuliforme* (Cestoda) procercoids from *Macrocyclops* sp. using electron microscopy. Parasitology *87:* LII.

BURT, M.D.B., MACKINNON, B.M. and JARECKA, L. (1984): *Haplobothrium globuliforme:* plerocercoid ultrastructure reflects adult function. Parasitology *89:* LXVIII.

BURTON, P.R. (1966 a): A comparative electron microscopic study of cytoplasmic microtubules and axial unit tubules in a spermatozoon and a protozoan. J. Morph. *120:* 397–424.

– (1966 b): Substructure of certain cytoplasmic microtubules: an electron microscopic study. Science *154:* 903–905.

– (1966 c): The ultrastructure of the integument of the frog bladder fluke, *Gorgoderina* sp. J. Parasit. *52:* 926–934.

– (1967 a): Fine structure of the reproductive system of a frog lung fluke. I. Mehlis'gland and associated ducts. J. Parasit. *53:* 540–555.

– (1967 b): Fine structure of the reproductive system of a frog lung fluke. II. Penetration of the ovum by a spermatozoon. J. Parasit. *53:* 994–999.

– (1967 c): Fine structure of the unique central region of the axial unit of lung-fluke spermatozoa. J. Ultrastr. Res. *19:* 166–172.

– (1968): Effects of various treatments on microtubules and axial units of lung-fluke spermatozoa. Z. Zellforsch. *87:* 226–248.

– (1970): Electron microscopic and optical diffraction studies of platyhelminth sperm. J. Cell. Biol. *47:* 241 a.

– (1972): Fine structure of the reproductive system of a frog lung fluke. III. The spermatozoon and its differentiation. J. Parasitol. *58:* 68–83.

– (1973): Some structural and cytochemical observations on the axial filament complex of lung-fluke spermatozoa. J. Morph. *140:* 185–196.

BURTON, P.R. and SILVEIRA, M. (1971): Electron microscopic and optical diffraction studies of negatively stained axial units of certain platyhelminth sperm. J. Ultrastruct. Res. *36:* 757–767.

BYCHOWSKY, B.E. (1937): Ontogenese und phylogenetische Beziehungen der parasitischen Plathelminthen. Bull. Acad. Sci. U.R.S.S. (Izv. Akad. Nauk SSSR), Cl. sci. math. nat., Sér. Biol.: 1353–1383 (in russ. mit dt. Zusammenfassung).

– (1957): Monogenetic Trematodes. Their systematics and phylogeny. Akad. Nauk USSR. 509 pp. (engl. transl. by A.I.B.S., Wash., D.C., W.J. Hargis (ed.) 1961. VIMS Transl. Ser. No. 1).

CABLE, R.M. (1965): „Thereby hangs a tail". J. Parasit. *51:* 3–12.

– (1971): Parthenogenesis in parasitic helminths. Am. Zool. *11:* 267–272.

– (1974): Phylogeny and taxonomy of trematodes with reference to marine species. In: W.B. Vernberg (ed.) Symbiosis in the Sea., Belle W. Baruch Library in Marine Science, Vol. *2:* 173–193.

– (1982): Phylogeny and taxonomy of the malacobothrean flukes. In: D.F. Mettrick and S.S. Desser (eds.) Parasites – their world and ours. Elsevier Biomedical Press, Amsterdam: 194–197.

CAMATINI, M., FRANCHI, E. and de CURTIS, J. (1979): The Z-line in Myriapoda muscles. In: M. Camatini (ed.) Myriapod biology, Acad. Press, London: 157–167.

CANNON, L.R.G. (1982): Endosymbiotic Umagillids (Turbellaria) from holothurians of the Great Barrier Reef. Zool. Scr. *11:* 173–188.

CANTELL, C.-E., FRANZÉN, A. and SEUSENBAUGH, T. (1982): Ultrastructure of multiciliated collar cells in the pilidium larva of *Lineus bilineatus* (Nemertini). Zoomorphology *101:* 1–15.

CARDELL, R. R. (1962): Observations on the ultrastructure of the body of the cercaria of *Himasthla quissetensis* (Miller and Northupp, 1926). Trans. Am. Microsc. Soc. *81:* 124–131.
CAULFIELD, J. P., KORMAN, G., BUTTERWORTH, A. E., HOGAN, M. and DAVID, J. R. (1980 a): The adherence of human neutrophils and eosinophils to schistosomula: evidence for membrane fusion between cells and parasites. J. Cell Biol. *86:* 46–63.
– (1980 b): Partial and complete detachment of neutrophils and eosinophils from schistosomula: evidence for the establishment of continuity between a fused and normal parasite membrane. J. Cell Biol. *86:* 64–76.
CAULLERY, M. et MESNIL, F. (1903): Recherches sur les „*Fecampia*" Giard, Turbellariés Rhabdocèles, parasites internes des Crustacés. Ann. Fac. Sci. Marseille *13:* 131–167.
CHANDEBOIS, R. (1976): Histogenesis and morphogenesis in planarian regeneration. In: A. Wolsky (ed.) Monographs in Developmental Biology, Vol. *11,* S. Karger, Basel: 1–182.
CHAPPELL, L. H. (1980): Physiology of parasites. Blackie, Glasgow and London, 230 pp.
CHEW, M. W. K. (1983): *Taenia crassiceps:* ultrastructural observations on the oncosphere and associated structures. J. Helminthol. *57:* 101–113.
CHIA, F.-S. and BICKELL, L. R. (1978): Mechanisms of larval attachment and the induction of settlement and metamorphosis in Coelenterates: a review. In: F.-S. Chia and M. E. Rice (eds.) Settlement and metamorphosis of marine invertebrate larvae, Elsevier, New York: 1–12.
CHIA, F.-S. and BURKE, R. D. (1978): Echinoderm metamorphosis: fate of larval structures. In: F.-S. Chia and M. E. Rice (eds.) Settlement and metamorphosis of marine invertebrate larvae, Elsevier, New York: 219–234.
CHIA, F.-S. and CRAWFORD, B. (1977): Comparative fine structural studies of planulae and primary polyps of identical age of the sea pen *Ptilosarcus gurneyi.* J. Morph. *151:* 131–158.
CHIA, F.-S. and KOSS, R. (1979): Fine structural studies of the nervous system and the apical organ in the planula larva of the sea anemone *Anthopleura elegantissima.* J. Morph. *160:* 275–298.
CHIEN, P. and KOOPOWITZ, H. (1972): The ultrastructure of neuromuscular systems in *Notoplana acticola,* a free-living polyclad flatworm. Z. Zellforsch. *133:* 277–288.
– (1977): Ultrastructure of nerve plexus in flatworms. III. The infra-epithelial nervous system. Cell Tiss. Res. *176:* 335–347.
CHING, H. L. (1982): Description of germinal sacs of a gymnophallid trematode, *Cercaria margaritensis* sp. n., in the extrapallial fluid of subtidal snails (*Margarites* spp.) in British Columbia. Can. J. Zool. *60:* 516–520.
CHRISTENSEN, A. M. and KANNEWORFF, B. (1964): *Kronborgia amphipodicola* gen. et sp. nov., a dioecious turbellarian parasitizing ampeliscid amphipods. Ophelia *1:* 147–166.
– (1965): Life history and biology of *Kronborgia amphipodicola* Christensen and Kanneworff (Turbellaria, Neorhabdocoela). Ophelia *2:* 237–251.
CHRISTENSEN, A. M. and HURLEY, A. C. (1977): *Fecampia balanicola* sp. nov. (Turbellaria, Rhabdocoela), a parasite of Californian barnacles. Acta Zool. Fennica *154:* 119–128.
CLARK, R. B. (1980): Natur und Entstehungen der metameren Segmentierung. Zool. Jb. Anat. *103:* 169–195.
CLARK, W. C. (1974): Interpretation of the life history pattern in the Digenea. Int. J. Parasitol. *4:* 115–123.
CLÉMENT, P. (1980): Phylogenetic relationship of rotifers, as derived from photoreceptor morphology and other ultrastructural analyses. Hydrobiologia *73:* 93–117.
CLÉMENT, P. et FOURNIER, A. (1981): Un appareil excréteur primitif: les protonéphridies (Plathelminthes et Némathelminthes). Bull. Soc. Zool. France *106:* 55–67.
COHEN, C., REINHARDT, B., CASTELLANI, L., NORTON, P. and STIREWALT, M. (1982): Schistosome surface spines are „crystals" of actin. J. Cell Biol *95:* 987–988.
COIL, W. H. (1977 a): The penetration of *Fascioloides magna* miracidia into the snail host *Fossaria bulimoides.* Z. Parasitenk. *52:* 53–59.
– (1977 b): The penetration of *Fasciola hepatica* miracidia into the snail host *Fossaria bulimoides.* Z. Parasitenk. *54:* 229–232.
– (1979): Studies on the embryogenesis of the tapeworm *Cittotaenia variabilis* (Stiles, 1895) using transmission and scanning electron microscopy. Z. Parasitenk. *59:* 151–159.
– (1981): Miracidial penetration in *Fascioloides magna* (Trematoda). Z. Parasitenk. *65:* 299–307.
– (1984 a): Studies on the development of *Dioecocestus acotylus* (Cestoda) with emphasis on the scanning electron microscopy of embryogenesis. Proc. Helminthol. Soc. Wash. *51:* 113–120.
– (1984 b): SEM of tapeworm flame cells. Proc. Helminthol. Soc. Wash. *51:* 174–175.
COLLIN, W. (1968): Electron microscope studies of the muscle and hook systems of hatched oncospheres of *Hymenolepis citelli* McLeod, 1933 (Cestoda: Cyclophyllidea). J. Parasitol. *54:* 74–88.

COMBES, C. (1981): Invasion strategies in parasites of amphibious hosts. In: Biology of monogeneans (Workshop EMOP 3). Parasitology *82:* 63–64.
CONE, D.K. (1979): Development of the haptor of *Urocleidus adspectus* Mueller, 1936 (Monogenea: Ancyrocephalinae). Can. J. Zool. *57:* 1896–1904.
CONN, D.B., ETGES, F.J. and SIDNER, R.A. (1984): Fine structure of the gravid paruterine organ and embryonic envelopes of *Mesocestoides lineatus* (Cestoda). J. Parasitol. *70:* 68–77.
CONWAY MORRIS, S. (1985): Non-skeletalized lower invertebrate fossils: a review. In: S.Conway Morris, J.D.George, R.Gibson and H.M.Platt (eds.) The origins and relationships of lower invertebrates, University Press, Oxford (im Druck).
COOMANS, A. (1981): Phylogenetic implications of the photoreceptor structure. Atti Convegni Lincei *49:* 23–68.
COOPER, N.B., ALLISON, V.F. and UBELAKER, J.E. (1975): The fine structure of the cysticercoid of *Hymenolepis diminuta.* III. The scolex. Z. Parasitenk. *46:* 229–239.
CORT, W.W., AMEEL, D.J. and VAN DER WOUDE, A. (1954): Germinal development in the sporocysts and rediae of the digenetic trematodes. Exp. Parasitol. *3:* 185–225.
COSTELLO, D.P. (1973): A new theory on the mechanics of ciliary and flagellar motility. I. Supporting observations. Biol. Bull. *145:* 279–291.
COSTELLO, D.P. and HENLEY, C. (1976): Spiralian development: a perspective. Am. Zool. *16:* 277–291.
COSTELLO, D.P., HENLEY, C. and AULT, C.R. (1969): Microtubules in spermatozoa of *Childia* (Turbellaria, Acoela) revealed by negative staining. Science *163:* 678–679.
COWARD, S.J. (1974): Chromatoid bodies in somatic cells of the planarian: observations on their behavior during mitosis. Anat. Rec. *180:* 533–545.
– (1979): On the occurrence and significance of annulate lamellae in gastrodermal cells of regenerating planarians. Cell Biol. Internat. Reports *3:* 101–106.
CREZÉE, M. (1975): Monograph of the Solenofilomorphidae (Turbellaria, Acoela). Int. Rev. ges. Hydrobiol. *60:* 769–845.
CREZÉE, M. and TYLER, S. (1976): *Hesiolicium* gen. n. (Turbellaria Acoela) and observations on its ultrastructure. Zool. Scr. *5:* 207–216.
CURTIS, S.K., COWDEN, R.R., MOORE, J.D. and ROBERTSON, J.L. (1983): Histochemical and ultrastructural features of the epidermis of the land planarian *Bipalium adventitium.* J. Morph. *175:* 171–194.
CZUBAJ, A. (1979): Ultrastructural distribution of AChE in *Catenula leptocephala* (Nuttycombe, 1956). Histochemistry *61:* 189–198.
DADDOW, L.Y.M. and JAMIESON, B.G.M. (1983): An ultrastructural study of spermiogenesis in *Neochasmus* sp. (Cryptogonimidae: Digenea: Trematoda). Aust. J. Zool. *31:* 1–14.
DAHM, A.G. (1951): On *Bothrioplana semperi* M. Braun (Turbellaria Alloeocoela Cyclocoela). Ark. Zool. *1:* 503–510.
DAVIES, C. (1978): The ultrastructure of the tegument and the digestive caeca of in vitro cultured metacercariae of *Fasciola hepatica.* Int. J. Parasit. *8:* 197–206.
– (1979): The forebody glands and surface features of the metacercariae and adults of *Microphallus similis.* Int. J. Parasitol. *9:* 553–564.
– (1980): A comparative ultrastructural study of in vivo and in vitro derived adults of *Microphallus similis.* Int. J. Parasitol. *10:* 217–226.
DAVIS, R.E. and ROBERTS, L.S. (1983a): Platyhelminthes – Eucestoda. In: K.G.Adiyodi and R.G. Adiyodi (eds.) Reproductive biology of Invertebrates, Vol. *1:* Oogenesis, oviposition, and oosorption. J. Wiley a. Sons Ltd., Chicester: 109–133.
– (1983b): Platyhelminthes – Eucestoda. In: K.G.Adiyodi and R.G.Adiyodi (eds.) Reproductive biology of Invertebrates, Vol. *2:* Spermatogenesis and sperm function. J. Wiley and Sons Ltd., Chicester: 131–149.
DAWES, B. (1968): The Trematoda, with special reference to British and other European forms. University Press, Cambridge, 664 pp.
DETERS, D.L. and NOLLEN, P.M. (1976): The presence of oocytes in the testes of *Schistosoma haematobium.* J. Parasit. *62:* 324–325.
DIENSKE, H. (1968): A survey of the metazoan parasites of the rabbit-fish, *Chimaera monstrosa* L. (Holocephali). Netherlands J. Sea Res. *4:* 32–58.
DIKE, S.C. (1967): Ultrastructure of the ceca of the digenetic trematodes *Gorgodera amplicava* and *Haematoloechus medioplexus.* J. Parasit. *53:* 1173–1185.
DOE, D.A. (1977): Fine structure of „cuticular“ structures in Platyhelminthes. Am. Zool. *17:* 970.
– (1981): Comparative ultrastructure of the pharynx simplex in Turbellaria. Zoomorphology *97:* 133–193.

Doe, D.A. (1982): Ultrastructure of copulatory organs in Turbellaria. I. *Macrostomum* sp. and *Microstomum* sp. (Macrostomida). Zoomorphology *101:* 39–59.
Doe, D.A. and Rieger, R.M. (1977): A new species of the genus *Retronectes* (Turbellaria, Catenulida) from the coast of North Carolina U.S.A. Mikrofauna Meeresboden *66:* 1–10.
Dönges, J. (1980): Parasitologie. G.Thieme Verlag, Stuttgart, 325 pp.
Dönges, J. und Harder, W. (1966): *Nesolecithus africanus* n. sp. (Cestodaria, Amphilinidea) aus dem Coelom von *Gymnarchus niloticus* Cuvier 1829 (Teleostei). Z. Parasitenk. *28:* 125–141.
Dörjes, J. (1966): *Paratomella unichaeta* nov. gen. nov. spec., Vertreter einer neuen Familie der Turbellaria Acoela mit asexueller Fortpflanzung durch Paratomie. Veröff. Inst. Meeresforsch. Bremerhaven, Sonderbd. *2:* 187–200.
– (1968): Die Acoela (Turbellaria) der deutschen Nordseeküste und ein neues System der Ordnung. Z. zool. Syst. Evolut.-forsch. *6:* 56–452.
Domenici, L., Galleni, L. and Gremigni, V. (1975): Electron microscopical and cytochemical study of eggshell globules in *Notoplana alcinoi* (Turbellaria, Polycladida). J. Submicr. Cytol. *7:* 239–247.
Domenici, L. and Gremigni, V. (1974): Electron microscopical and cytochemical study of vitelline cells in the fresh-water triclad *Dugesia lugubris* s.l. II. Origin and distribution of reserve materials. Cell Tiss. Res. *152:* 219–228.
– (1977): Fine structure and functional role of the coverings of the eggs in *Mesostoma ehrenbergii* (Focke) (Turbellaria, Neorhabdocoela). Zoomorphologie *88:* 247–257.
Dorey, A.E. (1965): The organization and replacement of the epidermis in acoelous turbellarians. Quart. J. micr. Sci. *106:* 147–172.
Douglas, L.T. (1963): The development of organ systems in Nematotaeniid Cestodes. III. Gametogenesis and embryonic development in *Baerietta diana* and *Distoichometra kozloffi*. J. Parasitol. *49:* 530–558.
Drobysheva, J.M. (1979): New data on the morphology of *Convoluta convoluta* (Turbellaria, Acoela). Proc. Zool. Inst. Ac. Sci. USSR *84:* 3–6 (in russisch).
– (1983): Autoradiographic study of the digestive parenchyma in *Convoluta convoluta* (Turbellaria, Acoela). Tsitologiya *25:* 1270–1277 (in russisch).
Dubinina, M.N. (1960): The morphology of the Amphilinida (Cestodaria) in relation to their systematic position in the Platyhelminthes. C. R. Acad. Sci. U.R.S.S. *135:* 501–504 (in russisch).
– (1971): Le developpement postembryonnaire de l'*Amphilina foliacea* (Rud.) et la place des Cestodaria dans la classification des Plathelminthes. Rapp. Premier Multicoll. Parasit. Europ., NAUKA, Leningrad: 1–20.
– (1974): The development of *Amphilina foliacea* (Rud.) at all stages of its life cycle and the position of Amphilinida in the system of Plathelminthes. Parazitologia (Nauka) *26:* 9–38 (in russisch).
– (1982): Parasitische Würmer der Klasse Amphilinida (Plathelminthes). Arbeiten Zool. Inst. Akad. Nauk. USSR. *100:* 1–143 (in russisch).
Dubois, G. (1970): Les Monogènes: classe autonome ou sous-classe de Trématodes? Ann. Parasitol. (Paris) *45:* 247–250.
Duma, A. and Moraczewski, J. (1980): Ultracytochemistry of cyclic 3′,5′-nucleotide phosphodiesterase activity in the planarian *Dugesia lugubris* (O.Schmidt). Histochemistry *66:* 211–220.
Dunn, T.S., Nizami, W.A. and Hanna, R.E.B. (1984): Ultrastructural and histochemical studies on the lymph system in three species of amphistome (Trematoda: Digenea) from the Indian water buffalo, *Bubalus bubalis.* Parasitology *89:* LI.
Eakin, R.M. (1982): Continuity and diversity in photoreceptors. In: J.A.Westfall (ed.) Visual cells in evolution, Raven Press, New York: 91–105.
Eakin, R.M. and Brandenburger, J.L. (1981): Fine structure of the eyes of *Pseudoceros canadensis* (Turbellaria, Polycladida). Zoomorphology *98:* 1–16.
Ebrahimzadeh, A. (1977): Beiträge zur Mikromorphologie der Miracidien von *Schistosoma mansoni.* I. Feinstruktur des Tegumentes und dessen „Begleitorganellen". Z. Parasitenk. *54:* 257–267.
Ebrahimzadeh, A. und Kraft, M. (1971): Ultrastrukturelle Untersuchungen zur Anatomie der Cercarien von *Schistosoma mansoni.* II. Das Exkretionssystem. Z. Parasitenk. *36:* 265–290.
Edwards, H.H., Nollen, P.M. and Nadakavukaren, M.J. (1977): Scanning and transmission electron microscopy of oral sucker papillae of *Philophthalmus megalurus.* Int. J. Parasit. *7:* 429–437.
Eguileor, M. de and Valvassori, R. (1975): Fine structure of flatworm muscles: *Dugesia tigrina* (Giard) and *Dugesia lugubris* (Schmidt). Monit. Zool. Ital. (N.S.) *9:* 37–50.
Ehlers, B. (1977): „Trematoden-artige" Epidermisstrukturen bei einem freilebenden proseriaten Strudelwurm (Turbellaria Proseriata). Acta Zool. Fennica *154:* 129–136.
Ehlers, B. und Ehlers, U. (1973): Interstitielle Fauna von Galapagos. II. Gnathostomulida. Mikrofauna Meeresboden *22:* 1–27.

– (1977 b): Die Feinstruktur eines ciliären Lamellarkörpers bei *Parotoplanina geminoducta* Ax (Turbellaria, Proseriata). Zoomorphologie *87:* 65–72.
– (1977 c): Ultrastruktur pericerebraler Cilienaggregate bei *Dicoelandropora atriopapillata* Ax und *Notocaryoplanella glandulosa* Ax (Turbellaria, Proseriata). Zoomorphologie *88:* 163–174.
– (1980): Struktur und Differenzierung penialer Hartgebilde von *Carenscoilia bidentata* Sopott (Turbellaria, Proseriata). Zoomorphologie *95:* 159–167.
EHLERS, U. (1972): Systematisch-phylogenetische Untersuchungen an der Familie Solenopharyngidae (Turbellaria, Neorhabdocoela). Mikrofauna Meeresboden *11:* 1–78.
– (1973): Zur Populationsstruktur interstitieller Typhloplanoida und Dalyellioida (Turbellaria, Neorhabdocoela). Untersuchungen an einem mittellotischen Sandstrand der Nordseeinsel Sylt. Mikrofauna Meeresboden *19:* 1–105.
– (1974): Interstitielle Typhloplanoida (Turbellaria) aus dem Litoral der Nordseeinsel Sylt. Mikrofauna Meeresboden *49:* 1–102.
– (1977): Vergleichende Untersuchungen über Collar-Rezeptoren bei Turbellarien. Acta Zool. Fennica *154:* 137–148.
– (1979): *Drepanilla limophila* gen. n., sp. n. (Turbellaria, Dalyellioida) aus dem H_2S-Horizont des marinen Sandlückensystems. Zool. Scr. *8:* 19–24.
– (1981): Fine structure of the giant aflagellate spermatozoon in *Pseudostomum quadrioculatum* (Leuckart) (Platyhelminthes, Prolecithophora). Hydrobiologia *84:* 287–300.
– (1984 a): Phylogenetisches System der Plathelminthes. Verh. naturwiss. Ver. Hamburg (N.F.) *27:* 291–294.
– (1984 b): Das phylogenetische System der Plathelminthes. Habilitationsschrift Universität Göttingen.
– (1985 a): Phylogenetic relationships within the Plathelminthes. In: S. Conway Morris, J. D. George, R. Gibson and H. M. Platt (eds.) The origins and relationships of lower invertebrates, University Press, Oxford (im Druck).
– (1985 b): Comments on a phylogenetic system for the Plathelminthes. Hydrobiologia (im Druck).
EHLERS, U. und DÖRJES, J. (1979): Interstitielle Fauna von Galapagos XXIII. Acoela (Turbellaria). Mikrofauna Meeresboden *72:* 1–75.
EHLERS, U. and EHLERS, B. (1977 a): Monociliary receptors in interstitial Proseriata and Neorhabdocoela (Turbellaria, Neoophora). Zoomorphologie *86:* 197–222.
– (1978): Paddle cilia and discocilia – genuine structures? Observations on cilia of sensory cells in marine Turbellaria. Cell Tiss. Res. *192:* 489–501.
– (1981): Interstitielle Fauna von Galapagos. XXVII. Byrsophlebidae, Promesostomidae Brinkmanniellinae, Kytorhynchidae (Turbellaria, Typhloplanoida). Mikrofauna Meeresboden *83:* 1–35.
EKLU-NATEY, D. T., SWIDERSKI, Z., HUGGEL, H. and STRIEBEL, H. P. (1982): *Schistosoma haematobium:* eggshell formation. Electr. Micr. *1982,* Vol. *3:* 605–606.
EL-NAGGAR, M. N. and KEARN, G. C. (1980): Ultrastructural observations on the anterior adhesive apparatus in the monogeneans *Dactylogyrus amphibothrium* Wagener, 1857 and *D. hemiamphibothrium* Ergeus, 1956. Z. Parasitenk. *61:* 223–241.
– (1983 a): Glands associated with the anterior adhesive areas and body margins in the skin-parasitic monogenean *Entobdella solea.* Int. J. Parasitol. *13:* 67–81.
– (1983 b): The tegument of the monogenean gill parasites *Dactylogyrus amphibothrium* and *D. hemiamphibothrium.* Int. J. Parasit. *13:* 579–592.
ENGELKIRK, P. G. and WILLIAMS, J. F. (1982): *Taenia taeniaeformis* (Cestoda) in the rat: ultrastructure of the host-parasite interface on days 1 to 7 postinfection. J. Parasit. *68:* 620–633.
– (1983): *Taenia taeniaformis* (Cestoda) in the rat: ultrastructure of the host-parasite interface on days 8 to 22 postinfection. J. Parasitol. *69:* 828–837.
ERASMUS, D. A. (1967): The host-parasite interface of *Cyathocotyle bushiensis* Khan, 1962 (Trematoda: Strigeoidea). II. Electron microscope studies of the integument. J. Parasit. *53:* 703–714.
– (1972): The biology of trematodes. Edward Arnold Lt., London, 312 pp.
– (1973): A comparative study of the reproductive system of mature, immature and „unisexual" female *Schistosoma mansoni.* Parasitology *67:* 165–183.
– (1975): *Schistosoma mansoni:* development of the vitelline cell, its role in drug sequestration, and changes induced by Astiban. Exp. Parasitol. *38:* 240–256.
– (1977): The host-parasite interface of Trematodes. Advanc. Parasitol. *15:* 201–242.
ERASMUS, D. A. and POPIEL, J. (1980): *Schistosoma mansoni:* drug induced changes in the cell population of the vitelline gland. Exp. Parasitol. *50:* 171–187.
ERASMUS, D. A., POPIEL, J. and SHAW, J. R. (1982): A comparative study of the vitelline cell in *Schistosoma mansoni, S. haematobium, S. japonicum* and *S. mattheei.* Parasitology *84:* 283–287.

ERWIN, B.E. and HALTON, D.W. (1983): Fine structural observations on spermiogenesis in a progenetic trematode, *Bucephaloides gracilescens.* Int. J. Parasit. *13:* 413–426.

EUZET, L. et GABRION, Cl. (1976): Mise en évidence d'un gradient de différenciation du tégument chez la larve de deux Cestodes Cyclophyllides. C. R. Hebd. Séanc. Acad. Sci., Sér. D. *283:* 367–370.

EUZET, L. et MOKHTAR-MAAMOURI, F. (1975): Développement embryonnaire de trois cestodes du genre *Acanthobothrium* (Tetraphyllidea, Onchobothriidae). Ann. Parasit. (Paris) *50:* 675–690.

– (1976): Développement embryonnaire de deux Phyllobothriidae (Cestoda: Tetraphyllidea). Ann. Parasit. (Paris) *51:* 309–327.

EUZET, L., SWIDERSKI, Z. et MOKHTAR-MAAMOURI, F. (1981): Ultrastructure comparée du spermatozoide des cestodes. Relations avec la phylogénèse. Ann. Parasit. (Paris) *56:* 247–259.

FAIRWEATHER, J. and THREADGOLD, L.T. (1981 a): *Hymenolepis nana:* the fine structure of the embryonic envelopes. Parasitol. *82:* 429–443.

– (1981 b): *Hymenolepis nana:* the fine structure of the penetration gland, and nerve cells within the oncosphere. Parasitol. *82:* 445–458.

– (1983): *Hymenolepis nana:* the fine structure of the adult nervous system. Parasitology *86:* 89–103.

FARNESI, R.M., MARINELLI, M., TEI, S. and VAGNETTI, D. (1977): Ultrastructural research on spermatogenesis in *Dugesia lugubris* s.l. Riv. Biol. *70:* 113–136.

FARNESI, R.M. and TEI, S. (1980): *Dugesia lugubris* s.l. auricles: research into the ultrastructure and on the functinal efficiency. Riv. Biol. *73:* 65–77.

FAUBEL, A. (1974): Macrostomida (Turbellaria) von einem Sandstrand der Nordseeinsel Sylt. Mikrofauna Meeresboden *45:* 1–32.

– (1976): Interstitielle Acoela (Turbellaria) aus dem Litoral der nordfriesischen Inseln Sylt und Amrum (Nordsee). Mitt. Hamburg. Zool. Mus. Inst. *73:* 17–56.

FAUBEL, A. and DÖRJES, J. (1978): *Flagellophora apelti* gen. n. sp. n.: a remarcable representative of the order Nemertodermatida (Turbellaria: Archoophora). Senckenbergiana marit. *10:* 1–13.

FEATHERSTON, D.W. (1971): *Taenia hydatigena.* III. Light and electron microscope study of spermatogenesis. Z. Parasitenk. *37:* 148–168.

FERRAGUTI, M. and LANZAVECCHIA, G. (1977): Comparative electron microscopic studies of muscle and sperm cells in *Branchiobdella pentodonta* Whitman and *Bythonomus lemani* Grube (Annelida Clitellata). Zoomorphologie *88:* 19–36.

FERRERO, E. (1973): A fine structural analysis of the statocyst in Turbellaria Acoela. Zool. Scr. *2:* 5–16.

FOURNIER, A. (1976): Le tégument d'*Euzetrema knoepffleri*, monogène parasite d'amphibien: ultrastructure et évolution au cours du cycle biologique. Ann. Parasit. (Paris) *51:* 15–26.

– (1978): *Euzetrema knoepffleri:* evidence for a synchronous cycle of the gastrodermal activity and an „apocrine-like" release of the residues of digestion. Parasitology *77:* 19–26.

– (1979): Evolution du tégument des *Polystoma* (Monogènes Polystomatidae) au cours du cycle. Z. Parasitenk. *59:* 169–185.

– (1981): Sensor and effectors: Ultrastructure of some sense organs. In: Biology of monogeneans (Workshop 4, EMOP 3), Parasitology *82:* 61–63.

– (1984): Photoreceptors and photosensitivity in Platyhelminthes. In: M.A. Ali (ed.) Photoreception and vision in Invertebrates, Plenum Press, New York: 217–239.

FOURNIER, A. and COMBES, Cl. (1978): Structure of photoreceptors of *Polystoma integerrimum* (Platyhelminths, Monogenea). Zoomorphologie *91:* 147–155.

FRANQUINET, R. (1976): Etude comparative de l'évolution des cellules de planaires d'eau douce *Polycelis tenuis* (Jijima) dans des fragments dissociés en culture in vitro aspects ultrastructuraux incorporations de leucine et 'uridine tritée. J. Embryol. exp. Morph. *36:* 41–54.

FRANQUINET, R. et LENDER, Th. (1972): Quelques aspects ultrastructuraux de la spermiogenèse chez *Polycelis tenuis* et *Polycelis nigra* (Planaires). Z. Mikrosk.-anat. Forsch., Leipzig *86:* 481–495.

– (1973): Etude ultrastructurale des testicules de *Polycelis tenuis* et *Polycelis nigra* (Planaires). Evolution des cellules germinales mâles avant la spermiogenèse. Z. mikrosk.-anat. Forsch., Leipzig *87:* 4–22.

FRANZÉN, Å. (1977): Sperm structure with regard to fertilization biology and phylogenetics. Verh. Dt. Zool. Ges. *1977:* 123–138.

– (1982): Ultrastructure of the biflagellate spermatozoon of *Tomopteris helgolandica* Greef, 1879 (Annelida, Polychaeta). Gamete Research *6:* 29–37.

FREDERICKSEN, D.W. (1978): The fine structure and phylogenetic position of the cotylocidium larva of *Cotylogaster occidentalis* Nickerson 1902 (Trematoda: Aspidogastridae). J. Parasitol. *64:* 961–976.

– (1980): Development of *Cotylogaster occidentalis* Nickerson, 1902 (Trematoda: Aspidogastridae) with observations on the growth of the ventral adhesive disc in *Aspidogaster conchicola* v. Baer, 1827. J. Parasitol. *66:* 973–984.

FREEMAN, R. S. (1973): Ontogeny of cestodes and its bearing on their phylogeny and systematics. Adv. Parasitol. *11:* 481–557.

FRITZ, P. and THOMAS, M.B. (1976): Epidermal morphology of the larva of *Stylochus zebra.* J. Elisha Mitchell Sci. Soc. *92:* 64–65.

FUHRMANN, O. (1928–30): Zweite Klasse des Cladus Plathelminthes: Trematoda. In: T. Krumbach und W. Kükenthal (eds.) Handbuch der Zoologie Vol. *II/1,* W. de Gruyter, Berlin: 1–140.

– (1930–31): Dritte Klasse des Cladus Plathelminthes: Cestoidea. In: W. Kükenthal und T. Krumbach (eds.) Handbuch der Zoologie, Vol. *II/1,* W. de Gruyter, Berlin: 141–416.

FUJINO, T. and ISHII, Y. (1982): Ultrastructural studies on spermatogenesis in a parthenogenetic type of *Paragonimus westermani* (Kerbert 1878) proposed as *P. pulmonalis* (Baelz 1880). J. Parasitol. *68:* 433–441.

FUJINO, T., ISHII, Y. and CHOI, D.W. (1979): The ultrastructural characterization of the tegument of *Clonorchis sinensis* (Cobbold, 1875) cercaria. Z. Parasitenk. *60:* 65–76.

FUJINO, T., ISHII, Y. and MORI, T. (1977): Ultrastructural studies on the spermatozoa and spermatogenesis in *Paragonimus* and *Eurytrema* (Trematoda: Digenea). Jap. J. Parasitol. *26:* 240–255.

FUKUDA, K., HAMAJIMA, F. and ICHIKI, Y. (1983): Ultrastructural study on the vitelline cells of the lung fluke, *Paragonimus ohirai.* Jap. J. Parasitol. *32:* 439–450 (in japanisch).

FURUKAWA, T., MIYAZATO, T., OKAMOTO, K. and NAKAI, Y. (1977): The fine structure of the hatched oncospheres of *Hymenolepis nana.* Jap. J. Parasitol. *26:* 49–62.

GABRION, Cl. (1981): Recherches sur l'oncosphere des Cestodes: Origine et formation de la calotte recouvrant les crochets. Z. Parasitenk. *65:* 191–205.

– (1982): Origine du tégument définitif chez les cestodes Cyclophyllides. Bull. Soc. Zool. France *107:* 565–569.

GABRION, C. et EUZET-SICARD, S. (1979): Etude du tégument et des récepteurs sensoriels du scolex d'un plérocercoide de cestode Tetraphyllidea à l'aide de la microscopie électronique. Ann. Parasit. (Paris) *54:* 573–583.

GAINO, E., BURLANDO, B., ZUNINO, L., PANSINI, M. and BUFFA, P. (1984): Origin of male gametes from choanocytes in *Spongia officinalis* (Porifera, Demospongiae). Int. J. Invertebr. Reproduct. Developm. *7:* 83–93.

GALLAGHER, S.S.E. and THREADGOLD, L.T. (1967): Electron-microscope studies of *Fasciola hepatica.* II. The interrelationship of the parenchyma with other organ systems. Parasitology *57:* 627–632.

GERLACH, S.A. (1977): Means of meiofauna dispersal. Mikrofauna Meeresboden *61:* 89–103.

GIBSON, D.I. (1978): Some comments on the evolution of the Digenea. Parasitology *77:* XXXI.

– (1981): Evolution of digeneans. In: Evolution of helminths (Workshop 13, EMOP 3). Parasitology *82:* 161–163.

– (1983): Some comments on the systematics of the Aspidogastrea. Parasitology *87:* XIII.

GIBSON, D.I. and CHINABUT, S. (1984): *Rohdella siamensis* gen. et sp. nov. (Aspidogastridea: Rohdellinae subfam. nov.) from freshwater fishes in Thailand, with a reorganization of the classification of the subclass Aspidogastrea. Parasitology *88:* 383–393.

GIBSON, D.I. and VALTONEN, E.T. (1983): Two interesting records of tapeworms from Finnish waters. Aquilo Ser. Zool. *22:* 45–49.

GIESA, S. (1966): Die Embryonalentwicklung von *Monocelis fusca* Oersted (Turbellaria, Proseriata). Z. Morph. Ökol. Tiere *57:* 137–230.

GIESA, S. und AX, P. (1965): Die Gastrulation der Proseriata als ein ursprünglicher Entwicklungsmodus der Turbellaria Neoophora. Verh. Dt. Zool. Ges. Kiel *1964:* 109–122.

GINECINSKAJA, T.A. (1971): Wege der Entstehung des Lebenszyklus der Trematoden. Parasitol. Schriftenreihe *21:* 11–16.

GRAEBER, K. und STORCH, V. (1979): Elektronenmikroskopische und morphometrische Untersuchungen am Integument von Cestoda und Trematoda (Plathelminthes). Zool. Anz. *202:* 331–347.

GRAEBNER, I. (1968): Erste Befunde über die Feinstruktur der Exkretionszellen der Gnathostomulidae (*Gnathostomula paradoxa,* Ax 1956 und *Austrognathia riedli,* Sterrer 1965). Mikroskopie *23:* 277–292.

GRAMMELTVEDT, A.-F. (1973): Differentiation of the tegument and associated structures in *Diphyllobothrium dendriticum* Nitsch (1824) (Cestoda: Pseudophyllidea). An electron microscopical study. Int. J. Parasit. *3:* 321–327.

GRANATH, Jr., W.O., LEWIS, J.C. and ESCH, G.W. (1983): An ultrastructural examination of the scolex and tegument of *Bothriocephalus acheilognathi* (Cestoda: Pseudophyllidea). Trans. Am. Microsc. Soc. *102:* 240–250.

GRANT, W.C., HARKEMA, R. and MUSE, H.E. (1976): Ultrastructure of *Pharyngostomoides procyonis*

Harkema 1942 (Diplostomatidae). I. Observations on the male reproductive system. J. Parasitol. *62:* 39–49.
GRANT, W.C., HARKEMA, R. and MUSE, H.E. (1977): Ultrastructure of *Pharyngostomoides procyonis* Harkema 1942 (Diplostomatidae). II. The female reproductive system. J. Parasitol. *63:* 1019–1030.
GRASSO, M. (1974): Some aspects of sexuality and agamy in planarians. Boll. Zool. *41:* 379–393.
GREMIGNI, V. (1974): The origin and cytodifferentiation of germ cells in the planarians. Boll. Zool. *41:* 359–377.
– (1976): Genesis and structure of the so-called „Balbiani Body“ or „Yolk Nucleus“ in the oocyte of *Dugesia dorotocephala* (Turbellaria, Tricladida). J. Morph. *149:* 265–278.
– (1979): An ultrastructural approach to planarian taxonomy. Syst. Zool. *28:* 345–355.
– (1981): The problem of cell totipotency, dedifferentiation and transdifferentiation in Turbellaria. Hydrobiologia *84:* 171–179.
– (1983): Platyhelminthes – Turbellaria. In: K.G. Adiyodi and R.G. Adiyodi (eds.) Reproductive biology of Invertebrates, Vol. *1:* Oogenesis, oviposition, and oosorption, J. Wiley and Sons Ltd., Chicester: 67–107.
GREMIGNI, V. and DOMENICI, L. (1974): Electron microscopical and cytochemical study of vitelline cells in the fresh water triclad *Dugesia lugubris* s.l. I. Origin and morphogenesis of cocoon-shell globules. Cell Tiss. Res. *150:* 261–270.
– (1975): Genesis, composition, and fate of cortical granules in the eggs of *Polycelis nigra* (Turbellaria, Tricladida). J. Ultrastr. Res. *50:* 277–283.
– (1977): On the role of specialized, peripheral cells during embryonic development of subitaneous eggs in the turbellarian *Mesostoma ehrenbergii* (Focke): an ultrastructural and autoradiographic investigation. Acta Embryol. Experim. *2:* 251–265.
GREMIGNI, V. and MICELI, C. (1980): Cytophotometric evidence for cell „transdifferentiation“ in planarian regeneration. Wilh. Roux's Arch. *188:* 107–113.
GREMIGNI, V., MICELI, C. and PUCCINELLI, J. (1980 a): On the role of germ cells in planarian regeneration. I. A karyological investigation. J. Embryol. exp. Morph. *55:* 53–63.
GREMIGNI, V., MICELI, C. and PICANO, E. (1980 b): On the role of germ cells in planarian regeneration. II. Cytophotometric analysis of the nuclear Feulgen-DNA content in cells of regenerated somatic tissues. J. Embryol. exp. Morph. *55:* 65–76.
GREMIGNI, V. and NIGRO, M. (1983): An ultrastructural study of oogenesis in a marine triclad. Tissue Cell *15:* 405–415.
– (1984): Ultrastructural study of oogenesis in *Monocelis lineata* (Turbellaria, Proseriata). Int. J. Invertebrate Reprod. Developm. *7:* 105–118.
GREMIGNI, V., NIGRO, M. and PUCCINELLI, J. (1982): Evidence of male germ cell redifferentiation into female germ cells in planarian regeneration. J. Embryol. exp. Morph. *70:* 29–36.
GRESSON, R.A.R. (1962): Spermatogenesis of a cestode. Nature (Lond.) *194:* 397–398.
GRESSON, R.A.R. and PERRY, M.M. (1961): Electron microscope studies of spermateleosis in *Fasciola hepatica* L. Exp. Cell Res. *22:* 1–8.
GUILFORD, H.G. (1958): Observations on the development of the miracidium and the germ cell cycle in *Heronimus chelydrae* MacCallum (Trematoda). J. Parasit. *44:* 64–74.
– (1961): Gametogenesis, egg-capsule formation, and early miracidial development in the digenetic trematode *Halipegus eccentricus* Thomas. J. Parasitol. *47:* 757–764.
GURAYA, S.S. (1982): Recent progress in the structure, origin, composition, and function of cortical granules in animal egg. Int. Rev. Cytol. *78:* 257–360.
GUSSEV, A.V. (1978): Some controversial problems in classification of Monogeneans. Folia Parasitol. (Praha) *25:* 323–331.
GUSTAFSSON, M.K.S. (1973): The histology of the neck region of plerocercoids of *Triaenophorus nodulosus* (Cestoda, Pseudophyllidea). Acta Zool. Fennica *138:* 1–16.
– (1976 a): Basic cell types in *Echinococcus granulosus* (Cestoda, Cyclophyllidea). Acta Zool. Fennica *146:* 1–16.
– (1976 b): Studies on cytodifferentiation in the neck region of *Diphyllobothrium dendriticum* Nitzsch, 1824 (Cestoda, Pseudophyllidea). Z. Parasitenk. *50:* 323–329.
– (1977): Aspects of the cytology and histogenesis in cestodes with special reference to the genus *Diphyllobothrium.* Acad. Dissertation Åbo Akad, Finland: 73 pp.
HALLEZ, P. (1909): Biologie, organisation, histologie et embryologie d'un Rhabdocoele parasite du *Cardium edule* L., *Paravortex cardii* n. sp. Arch. Zool. exp. gén., Sér. *4, 9:* 429–544.
HALTON, D.W. (1972): Ultrastructure of the alimentary tract of *Aspidogaster conchicola* (Trematoda: Aspidogastrea). J. Parasit. *58:* 455–467.

– (1975): Intracellular digestion and cellular defecation in a monogenean, *Diclidophora merlangi.* Parasitology *70:* 331–340.
– (1982 a): Morphology and ultrastructure of parasitic helminths. In: D. F. Mettrick and S. S. Desser (eds.) Parasites – their world and ours, Elsevier Biomedical Press, Amsterdam: 60–69.
– (1982 b): An unusual organization to the gut of a digenetic trematode, *Fellodistomum fellis.* Parasitology *85:* 53–60.
HALTON, D. W., DERMOTT, E. and MORRIS, G. P. (1968): Electron microscope studies of *Diclidophora merlangi* (Monogenea: Polyopisthocotylea). I. Ultrastructure of the cecal epithelium. J. Parasitol *54:* 909–916.
HALTON, D. W. and HARDCASTLE, A. (1976): Spermatogenesis in a monogenean, *Diclidophora merlangi.* Int. J. Parasitol. *6:* 43–53.
– (1977): Ultrastructure of the male accessory ducts and prostate gland of *Diclidophora merlangi* (Monogenoidea). Int. J. Parasitol. *7:* 393–401.
HALTON, D. W. and LYNESS, R. A. W. (1971): Ultrastructure of the tegument and associated structures of *Aspidogaster conchicola* (Trematoda: Aspidogastrea). J. Parasitol. *57:* 1198–1210.
HALTON, D. W. and MCCRAE, J. M. (1983): Morphogenesis of the tegument and gut of *Fellodistomum fellis* (Trematoda). Parasitology *87:* LVII–LVIII.
HALTON, D. W. and MORRIS, G. P. (1969): Occurrence of cholinesterase and ciliated sensory structures in a fish gill-fluke, *Diclidophora merlangi* (Trematoda: Monogenea). Z. Parasitenk. *33:* 21–30.
– (1975): Ultrastructure of the anterior alimentary tract of a monogenean, *Diclidophora merlangi.* Int. J. Parasitol. *5:* 407–419.
HALTON, D. W., MORRIS, G. P. and HARDCASTLE, A. (1974): Gland cells associated with the alimentary tract of a monogenean, *Diclidophora merlangi.* Int. J. Parasitol. *4:* 589–599.
HALTON, D. W. and STRANOCK, S. D. (1976 a): The fine structure and histochemistry of caecal epithelium of *Calicotyle kröyeri* (Monogenea: Monopisthocotylea). Int. J. Parasitol. *6:* 253–263.
– (1976 b): Ultrastructure of the foregut and associated glands of *Calicotyle kröyeri* (Monogenea: Monopisthocotylea). Int. J. Parasitol. *6:* 517–526.
HALTON, D. W., STRANOCK, S. D. and HARDCASTLE, A. (1974): Vitelline cell development in monogenean parasites. Z. Parasitenk. *45:* 45–61.
– (1976): Fine structural observations on oocyte development in monogeneans. Parasitology *73:* 13–23.
HANNA, R. E. B. (1976): *Fasciola hepatica:* a light and electron autoradiographic study of shell-protein and glycogen synthesis by vitelline follicles in tissue. Exp. Parasitol. *39:* 18–28.
HARRIS, K. R., CHENG, Th. C. and CALI, A. (1974): An electron microscope study of the tegument of the metacercaria and adult of *Leucochloridiomorpha constantiae* (Trematoda: Brachylaemidae). Parasitology *68:* 57–67.
HARRIS, P. D. (1983): The morphology and life-cycle of the oviparous *Oögyrodactylus farlowellae* gen. et sp. nov. (Monogenea, Gyrodactylidae). Parasitology *87:* 405–420.
– (1984): Asexual and sexual reproduction in the viviparous monogenean *Gyrodactylus.* Parasitology *89:* XVII.
HATHAWAY, R. P. (1972): The fine structure of the cecal epithelium of the trematode *Aspidogaster conchicola* von Baer, 1827. Proceed. Helminthol. Soc. Washington *39:* 101–107.
HAUSMANN, K. (1981): Zur Struktur der Solenocyten (Cyrtocyten) von *Anaitides mucosa* (Annelida, Polychaeta). Helgoländer Meeresunters. *34:* 485–489.
HAY, E. D. and COWARD, S. J. (1975). Fine structure studies on the planarian, *Dugesia.* I. Nature of the „neoblast" and other cell types in noninjured worms. J. Ultrastr. Res. *50:* 1–21.
HAYUNGA, E. G. and MACKIEWICZ, J. S. (1975): An electron microscope study of the tegument of *Hunterella nodulosa* Mackiewicz and McCrae, 1962 (Cestoidea: Caryophyllidea). Int. J. Parasitol. *5:* 309–319.
HEIN, W. (1904): Beiträge zur Kenntnis von *Amphilina foliacea.* Z. wiss. Zool. *76:* 400–443.
HEITKAMP, U. (1972): Die Mechanismen der Subitan- und Dauereibildung bei *Mesostoma lingua* (Abildgaard, 1789) (Turbellaria, Neorhabdocoela). Z. Morph. Tiere *71:* 203–289.
HENDELBERG, J. (1965): On different types of spermatozoa in Polycladida, Turbellaria. Ark. f. Zool. *18:* 267–304.
– (1969): On the development of different types of spermatozoa from spermatids with two flagella in the Turbellaria with remarks on the ultrastructure of the flagella. Zool. Bidr. Uppsala *38:* 1–50.
– (1970): On the number and ultrastructure of the flagella of flatworm spermatozoa. In: B. Baccetti (ed.) Comparative spermatology, Accad. Naz. dei Lincei: 367–374.
– (1974): Spermiogenesis, sperm morphology, and biology of fertilization in the Turbellaria. In: N. W. Riser and M. P. Morse (eds.) Biology of the Turbellaria. McGraw-Hill Co., New York: 148–164.

HENDELBERG, J. (1975): Functional aspects of flatworm sperm morphology. In: B.A. Afzelius (ed.) The functional anatomy of the spermatozoa, Pergamon Press, Oxford: 299–309.
– (1976): Granules of glycogen beta-particle type demonstrated in epidermal ciliary rootlets of acoelous turbellarians. J. Ultrastr. Res. *54:* 491.
– (1977 a): Comparative morphology of turbellarian spermatozoa studied by electron microscopy. Acta Zool. Fennica *154:* 149–162.
– (1977 b): Ultrastructure of the cytoplasmic region in spermatozoa of *Cryptocelides* (Polycladida, Turbellaria). Zoon *5:* 107–114.
– (1981): The system of epidermal ciliary rootlets in Turbellaria. Hydrobiologia *84:* 240.
– (1983 a): Trends in the evolution of flatworm spermatozoa. In: J. André (ed.) The sperm cell, Martinus Nijhoff Publ., The Hague: 450–453.
– (1983 b): Platyhelminthes – Turbellaria. In: K.G. Adiyodi and R.G. Adiyodi (eds.) Reproductive biology of Invertebrates, Vol. *2:* Spermatogenesis and sperm function. J. Wiley and Sons Ltd., Chicester: 75–104.
HENDELBERG, J. and HEDLUND, K.-O. (1974): On the morphology of the epidermal ciliary rootlet system of the acoelous turbellarian *Childia groenlandica.* Zoon *2:* 13–24.
HENDELBERG, J. and HELLMÉN, E. (1978): Electron microscope studies of the effects of amylase digestion on granules occurring in basal bodies and ciliary rootlets. J. Ultrastr. Res. *63:* 106–107.
HENDRIX, S.S. and SHORT, R.B. (1972): The juvenile of *Lophotaspis interiora* Ward and Hopkins, 1931 (Trematoda: Aspidobothria). J. Parasitol. *58:* 63–67.
HENLEY, C. (1968): Refractile bodies in the developing and mature spermatozoa of *Childia groenlandica* (Turbellaria: Acoela) and their possible significance. Biol. Bull. *134:* 382–397.
– (1974): Platyhelminthes (Turbellaria). In: A.C. Giese and J.S. Pears (eds.) Reproduction of marine invertebrates, Vol. *1,* Acad. Press, New York, 267–343.
HENLEY, C. and COSTELLO, D.P. (1969): Microtubules in spermatozoa of some turbellarian flatworms. Biol. Bull. *137:* 403.
HENLEY, C., COSTELLO, D.P., THOMAS, M.B. and NEWTON, W.D. (1969 a): The „9 + 1" pattern of microtubules in spermatozoa of certain Turbellaria. Biol. Bull. *137:* 385–386.
– (1969 b): The „9 + 1" pattern of microtubules in spermatozoa of *Mesostoma* (Platyhelminthes, Turbellaria). Proceed. Nat. Acad. Sci. *64:* 849–856.
HENNIG, W. (1950): Grundzüge einer Theorie der phylogenetischen Systematik. Deutscher Zentralverlag, Berlin. 370 pp.
– (1957): Systematik und Phylogenese. Bericht Hundertjahrfeier Deutsch. Ent. Ges. Berlin *1956:* 50–71.
– (1980): Taschenbuch der Speziellen Zoologie, Teil *1:* Wirbellose I (ausgenommen Gliedertiere). H. Deutsch, Thun u. Frankfurt/M., 392 pp.
– (1982): Phylogenetische Systematik (Herausgegeben von Wolfgang Hennig). Pareys Studientexte *34,* P. Parey, Berlin u. Hamburg, 246 pp.
– (1984): Aufgaben und Probleme stammesgeschichtlicher Forschung (Herausgegeben von Wolfgang Hennig). Pareys Studientexte *35,* P. Parey, Berlin u. Hamburg, 65 pp.
HERMANS, C.O. (1983): The duo-gland adhesive system. Oceanogr. Mar. Biol. Ann. Rev. *21:* 283–339.
HERNANDEZ-NICAISE, M.-L. (1984): Ctenophora. In: J. Bereiter-Hahn, A.G. Matoltsy und K.S. Richards (eds.) Biology of the integument, Vol. *1.* Springer, Berlin, Heidelberg, New York, Tokyo: 96–111.
HERSHENOV, B.R., TULLOCH, G.S. and JOHNSON, A.D. (1966): The fine structure of trematode sperm-tails. Trans. Am. Microsc. Soc. *85:* 480–483.
HESS, E. (1980): Ultrastructural study of the tetrathyridium of *Mesocestoides corti* Hoeppli, 1925: tegument and parenchyma. Z. Parasitenk. *61:* 135–159.
– (1981): Ultrastructural study of the tetrathyridium of *Mesocestoides corti* Hoeppli, 1925 (Cestoda): pool of germinative cells and suckers. Revue Suisse Zool. *88:* 661–674.
HICKMAN, V.V. and OLSEN, A.M. (1955): A new turbellarian parasitic in the sea-star, *Coscinasterias calamaria* (Gray). Pap. Proc. Roy. Soc. Tasmania *89:* 55–63.
HOCKLEY, D.J. (1973): Ultrastructure of the tegument of *Schistosoma.* Adv. Parasitol. *11:* 233–305.
HOCKLEY, D.J., MCLAREN, D.J., WARD, B.J. and NERMUT, M.V. (1975): A freeze-fracture study of the tegumental membrane of *Schistosoma mansoni* (Platyhelminthes: Trematoda). Tissue Cell *7:* 485–496.
HOFSTEN, N. v. (1907): Studien über Turbellarien aus dem Berner Oberland. Z. wiss. Zool. *85:* 391–654.
HOLMES, S.D. and FAIRWEATHER, J. (1982): *Hymenolepis diminuta:* the mechanism of egg hatching. Parasitology *85:* 237–250.
HOLT, P.A. and METTRICK, D.F. (1975): Ultrastructural studies of the epidermis and gastrodermis of *Syndesmis franciscana* (Turb.: Rhabdocoela). Can. J. Zool. *53:* 536–549.
HOOLE, D. and MITCHELL, J.B. (1981): Ultrastructural observations on the sensory papillae of juvenile and adult *Gorgoderina vitelliloba* (Trematoda: Gorgoderidae). Int. J. Parasitol. *11:* 411–417.

– (1983 a): *Gorgoderina vitelliloba:* an ultrastructural study on the development of the tegument from the metacercaria to the adult fluke. Parasitology *86:* 323–333.
– (1983 b): Development of the alimentary tract of *Gorgoderina vitelliloba* during migration in *Rana temporaria.* Int. J. Parasitol. *13:* 455–462.
HORI, I. (1978): Possible role of rhabdite-forming cells in cellular succession of the planarian epidermis. J. Electron Microsc. *27:* 89–102.
– (1979 a): Regeneration of the epidermis and basement membrane of the planarian *Dugesia japonica* after total-body X-irradiation. Radiation Res. *77:* 521–533.
– (1979 b): Structure and regeneration of the planarian basal lamina: an ultrastructural study. Tissue Cell *11:* 611–621.
– (1983 a): Differentiation of myoblasts in the regenerating planarian *Dugesia japonica.* Cell Differentiation *13:* 155–163.
– (1983 b): Cytological studies on rhabdite formation in the planarian differentiating cells. J. Submicrosc. Cytol. *15:* 483–494.
– (1983 c): Ultrastructural variation of rough endoplasmic reticulum-relation to the types of planarian regenerative cells. J. Submicrosc. Cytol. *15:* 975–989.
HOWELLS, R.E. (1969): Observations on the nephridial system of the cestode *Moniezia expansa* (Rud., 1805). Parasitology *59:* 449–459.
HUGHES, D.L. (1977): Preface. Adv. Parasitol. *15:* VII–X.
HYMAN, L.H. (1951): The Invertebrates. Platyhelminthes and Rhynchocoela. McGraw-Hill Book Co., New York, 550 pp.
– (1960): New and known umagillid rhabdocoels from echinoderms. Amer. Mus. Novit. *1984:* 1–14.
IHA, R.K. and SMYTH, J.D. (1969): *Echinococcus granulosus:* ultrastructure of microtriches. Exp. Parasitol. *25:* 232–244.
IP, H.S. and DESSER, S.S. (1984): A picornavirus-like pathogen of *Cotylogaster occidentalis* (Trematoda: Aspidogastrea), an intestinal parasite of freshwater mollusks. J. Invertebr. Pathology *43:* 197–206.
IRIE, Y., BASCH, P.F. and BASCH, N. (1983): Reproductive ultrastructure of adult *Schistosoma mansoni* grown in vitro. J. Parasitol. *69:* 559–566.
IRWIN, S.W.B. (1978): Ultrastructure of the vitelline follicles of *Gorgoderina vitelliloba* (Trematoda: Gorgoderidae). Parasitology *77:* XXVII.
IRWIN, S.W.B. and MAGUIRE, J.G. (1979): Ultrastructure of the vitelline follicles of *Gorgoderina vitelliloba* (Trematoda: Gorgoderidae). Int. J. Parasitol. *9:* 47–53.
IRWIN, S.W.B. and THREADGOLD, L.T. (1970): Electron-microscope studies on *Fasciola hepatica.* VIII. The development of the vitelline cells. Exp. Parasitol. *28:* 399–411.
– (1972): Electron microscope studies of *Fasciola hepatica.* X. Egg formation. Exp. Parasitol. *31:* 321–331.
ISHIDA, S., GOTOH, T. and TESHIROGI, W. (1981): Oogenesis and egg-shell formation in Polyclads. Rep. Fukawa Mar. Biol. Lab. *9:* 32–48.
ISHII, S. (1980 a): The ultrastructure of the protonephridial flame cell of the freshwater planarian *Bdellocephala brunnea.* Cell Tiss. Res. *206:* 441–449.
– (1980 b): The ultrastructure of the protonephridial tubules of the freshwater planarian *Bdellocephala brunnea.* Cell Tiss. Res. *206:* 451–458.
IVANOV, A.V. (1952 a): Bau von *Udonella caligorum* Johnston, 1835, und Stellung der Udonellidae im System der Plathelminthes. Parasitolog. Sammelband Zool. Inst. Akad. Wiss. USSR: 112–163 (in russisch).
– (1952 b): Darmlose Turbellarien (Acoela) vom südlichen Ufer Sachalins. Arb. Zool. Inst. Leningr., Akad. Wiss. USSR *12:* 40–132 (in russisch).
IVANOV, A. und MAMKAEV, Yn. (1973): Die Strudelwürmer (Turbellaria) – ihr Ursprung und ihre Evolution. Akad. Nauka SSSR, Leningrad, 221 pp. (In russisch).
IVANOV, V.P., MAMKAEV, Yn.V. and PEVZNER, R.A. (1972): Electron microscopic study of the statocyst of *Convoluta convoluta,* a Turbellaria of the order Acoela. Zh. Evol. Biokhim. Fiziol. *8:* 189–193. (In russisch).
IVANOVA-KASAS, O.M. (1959): Entstehung und Evolution der Spiralfurchung. Naturwiss. Beiträge (Berlin) *12:* 1267–1279.
– (1981): Phylogenetic significance of spiral cleavage. Biol. Morya *5:* 3–14 (engl. Übersetzung: Sov. J. Mar. Biol. *7:* 275–283, 1982).
IYGIS, V. (1978): On some morphobiological peculiarities of *Dioecocestus asper* (Cestoda: Acoleidae) and on the origin of dioecy in cestodes. Eesti Nsv. Tead. Akad. Toim. Biol. *27:* 118–124.
JÄGERSTEN, G. (1941): Zur Kenntnis von *Glanduloderma myzostomatis* n. gen. n. sp., einer eigentümlichen, in Myzostomiden schmarotzenden Turbellarienform. Ark. Zool. *33 A:* 1–24.

JÄGERSTEN, G. (1972): Evolution of the Metazoan life cycle. A comprehensive theory. Acad. Press, London, 282 pp.
JAMES, B.L., BOWERS, E.A. and RICHARDS, J.G. (1966): The ultrastructure of the daughter sporocyste of *Cercaria bucephalopsis haimaena* Lacaze-Duthiers, 1854 (Digenea: Bucephalidae) from the edible cockle, *Cardium edule* L. Parasitology *56:* 753–762.
JAMIESON, B.G.M. (1981 a): The ultrastructure of the Oligochaeta. Acad. Press, London, 462 pp.
– (1981 b): Ultrastructure of spermatogenesis in *Phreodrilus* (Phreodrilidae, Oligochaeta, Annelida). J. Zool., Lond. *194:* 393–408.
– (1983): Spermatozoal ultrastructure: evolution and congruence with a holomorphological phylogeny of the Oligochaeta (Annelida). Zool. Scr. *12:* 107–114.
JAMIESON, B.G.M. and DADDOW, L. (1979): An ultrastructural study of microtubules and the acrosome in spermiogenesis of Tubificidae (Oligochaeta). J. Ultrastr. Res. *67:* 209–224.
– (1982): The ultrastructure of the spermatozoon of *Neochasmus* sp. (Cryptogonimidae, Digenea, Trematoda) and its phylogenetic significance. Int. J. Parasitol. *12:* 547–559.
JARECKA, L. (1975): Ontogeny and evolution of Cestodes. Acta Parasit. Polon. *23:* 93–114.
JARECKA, L., MICHAJILOW, W. and BURT, M.D.B. (1981): Comparative ultrastructure of cestode larvae and Janicki's cercomer theory. Acta Parasit. Polon. *28:* 65–72.
JENNINGS, J.B. (1974): Digestive physiology of the Turbellaria. In: N.W. Riser and M.P. Morse (eds.) Biology of the Turbellaria. McGraw-Hill Co., New York: 173–197.
– (1980): Nutrition in symbiotic Turbellaria. In: D.C. Smith and Y. Tiffon (eds.) Nutrition in the lower Metazoa. Pergamon Press, Oxford: 45–56.
JEONG, K.-H., RIM, H.-J., YANG, H.-Y., KIM, W.-K. and KIM, Ch.-W. (1976): A morphological study on spermatogenesis in the liver fluke, *Clonorchis sinensis.* Korean J. Parasitol. *14:* 123–132.
JEONG, K.-H., RIM, H.-J., KIM, W.-K., KIM, Ch.-W. and YANG, H.-Y. (1980 a): A study on the fine structure of *Clonorchis sinensis,* a liver fluke. II. The alimentary tract and the excretory system. Korean J. Parasitol. *18:* 81–91.
JEONG, K.-H., RIM, H.-J., KIM, Ch.-W. (1980 b): A study on the fine structure of *Clonorchis sinensis,* a liver fluke. III. The prostate gland. Korean J. Parasitol. *18:* 93–97.
JESPERSEN, A. and LÜTZEN, J. (1972): *Triloborhynchus psilastericola* n. sp., a parasitic turbellarian (Fam. Pterastericolidae) from the starfish *Psilaster andromeda* (Müller and Troschel). Z. Morph. Tiere *71:* 290–298.
JEUNIAUX, Ch. (1982): La chitine dans le règne animal. Bull. Soc. Zool. France *107:* 363–386.
JONES, H.-D. (1978): Observations on the locomotion of two British terrestrial planarians (Platyhelminthes, Tricladida). J. Zool, Lond. *186:* 407–416.
JOYEUX, Ch. et BAER, J.G. (1961): Classe des Cestodes. In: P.-P. Grassé (ed.) Traité de Zoologie, Vol. *4/1,* Masson, Paris: 347–560.
JUSTINE, J.-L. (1983): A new look at Monogenea and Digenea spermatozoa. In: J. André (ed.) The sperm cell. Martinus Nijhoff Publ., The Hagúe: 454–457.
JUSTINE, J.-L. et MATTEI, X. (1981): Etude ultrastructurale du flagelle spermatique des Schistosomes (Trematoda: Digenea). J. Ultrastr. Res. *76:* 89–95.
– (1982 a): Etude ultrastructurale de la spermiogenèse et du spermatozoide d'un Plathelminthe: *Gonapodasmius* (Trematoda: Didymozoidae). J. Ultrastr. Res. *79:* 350–365.
– (1982 b): Présence de spermatozoides a un seul axonème dans trois familles de monogènes Monopisthocotylea: Ancyrocephalidae, Diplectanidae et Monocotylidae. Ann. Parasitol (Paris) *57:* 419–420.
– (1982 c): Réinvestigation de l'ultrastructure du spermatozoide d'*Haematoloechus* (Trematoda: Haematoloechidae). J. Ultrastr. Res. *81:* 322–332.
– (1983 a): Etude ultrastructurale comparée de la spermiogenèse des Monogènes. I. *Megalocotyle* (Monopisthocotylea Capsalidae). J. Ultrastr. Res. *82:* 296–30.
– (1983 b): A spermatozoon with two 9 + 0 axonemes in a parasitic flatworm, *Didymozoon* (Digenea: Didymozoidae). J. Submicrosc. Cytol. *15:* 1101–1105.
– (1983 c): Comparative ultrastructural study of spermiogenesis in monogeneans (flatworms). 2. *Heterocotyle* (Monopisthocotylea, Monocotylidae). J. Ultrastr. Res. *84:* 213–223.
– (1983 d): Comparative ultrastructural study of spermiogenesis in monogeneans (flatworms). 3. Two species of *Amphibdelloides* (Monopisthocotylea, Amphibdellatidae). J. Ultrastr. Res. *84:* 224–237.
– (1984 a): Ultrastructure du spermatozoide du monogène *Hexostoma* (Polyopisthocotylea, Hexostomatidae). Ann. Parasitol. Hum. Comp. *59:* 227–229.
– (1984 b): Atypical spermiogenesis in a parasitic flatworm, *Didymozoon* (Trematoda: Digenea: Didymozoidae). J. Ultrastr. Res. *86:* 106–111.
– (1984 c): Ultrastructural observations on the spermatozoon, oocyte, and fertilization process in

Gonapodasmius, a gonochoristic trematode (Trematoda: Digenea: Didymozoidae). Acta Zoologica (Stockh.) *65:* 171–177.

KANNEWORFF, B. and CHRISTENSEN, A. M. (1966): *Kronborgia caridicola* sp. nov., an endoparasitic turbellarian from North Atlantic shrimps. Ophelia *3:* 65–80.

KARLING, T.G. (1940): Zur Morphologie und Systematik der Alloeocoela Cumulata und Rhabdocoela Lecithophora (Turbellaria). Acta Zool. Fennica *26:* 1–260.

– (1956): *Alexlutheria acrosiphoniae* n. gen. n. sp., ein bemerkenswerter mariner Vertreter der Familie Dalyelliidae (Turbellaria). Ark. f. Zool. *10:* 331–345.

– (1962): Marine Turbellaria from the Pacific Coast of North America. I. Plagiostomidae. Ark. f. Zool. *15:* 113–141.

– (1965): *Haplopharynx rostratus* Meixner (Turbellaria) mit den Nemertinen verglichen. Z. zool. Syst. Evolut.-forsch. *3:* 1–18.

– (1966): On the defecation apparatus in the genus *Archimonocelis* (Turbellaria, Monocelididae). Sarsia *24:* 37–44.

– (1967): Zur Frage von dem systematischen Wert der Kategorien Archoophora und Neoophora (Turbellaria). Comment. Biol. Soc. Scient. Fenn. *30:* 1–11.

– (1968): On the genus *Gnosonesima* Reisinger (Turbellaria). Sarsia *33:* 81–108.

– (1974): On the anatomy and affinities of the turbellarian orders. In: N. W. Riser and M. P. Morse (eds.) Biology of the Turbellaria, McGraw-Hill Co. New York: 1–16.

KATO, K. (1940): On the development of some Japanese polyclads. Japan. J. Zool. *8:* 537–573.

– (1943 a): A new polyclad with anus. Bull. Biogeograph. Soc. Japan *13:* 47–53.

– (1943 b): Polyclads with an anus. Botany and Zoology, Tokyo *11:* 345–346.

– (1957): Platyhelminthes (Class Turbellaria) In: M. Kumé and K. Dan (eds.) Invertebrate Embryology, NOLIT Publ. House, Belgrad: 87–100 (engl. Übersetzung 1968: 125–143).

KAYTON, R. J. (1983): Histochemical and X-ray elemental analysis of the sclerites of *Gyrodactylus* spp. (Platyhelminthes: Monogenoidea) from the Utah chub, *Gila atraria* (Girard). J. Parasitol. *69:* 862–865.

KEARN, G.C. (1963): The egg, oncomiracidium and larval development of *Entobdella soleae,* a monogenean skin parasite of the common sole. Parasitology *53:* 435–447.

– (1965): The biology of *Leptocotyle minor,* a skin parasite of the dogfish, *Scyliorhinus canicula.* Parasitology *55:* 473–480.

– (1967): The life-cycles and larval development of some acanthocotylids (Monogenea) from Plymouth rays. Parasitology *57:* 157–167.

– (1978): Eyes with, and without, pigment shields in the oncomiracidium of the monogenean parasite *Diplozoon paradoxum.* Z. Parasitenk. *57:* 35–47.

– (1981): Behaviour of oncomiracidia. In: Biology of Monogeneans (Workshop 4, EMOP 3). Parasitology *82:* 57–59.

– (1984): A possible ciliary photoreceptor in a juvenile polyopisthocotylean monogenean, *Sphyranura* sp. Int. J. Parasitol. *14:* 357–361.

KECHEMIR, N. (1978): Evolution ultrastructurale du tégument d'*Halipegus ovocaudatus* Vulpian, 1858, au cours de son cycle biologique. Z. Parasitenk. *57:* 17–33.

KEENAN, C. L., COSS, R. and KOOPOWITZ, H. (1981): Cytoarchitecture of primitive brains: Golgi studies in flatworms. J. Comp. Neurol. *188:* 647–678.

KELBETZ, S. (1962): Zum Feinbau der Rhabditen. Die Naturwissenschaften *49:* 548.

KELLER, J. (1894): Die ungeschlechtliche Fortpflanzung der Süßwasserturbellarien. Jena Z. Naturw. *28:* 370–407.

KELSOE, G.H., UBELAKER, J.E. and ALLISON, V.F. (1977): The fine structure of spermatogenesis in *Hymenolepis diminuta* (Cestoda) with a description of the mature spermatozoon. Z. Parasitenk. *54:* 175–187.

KEPNER, Wm. A. and CARTER, J. S. (1930): *Catenula virginia* n. sp. Zool. Anz. *91:* 300–305.

KHALIL, G. M. and CABLE, R. M. (1968): Germinal development in *Philophthalmus megalurus* (Cort, 1914) (Trematoda: Digenea). Z. Parasitenk. *31:* 211–231.

KINGSTON, N., DILLON, W. A. and HARGIS, W. I. Jr. (1969): Studies on larval Monogenea of fishes from the Chesapeake Bay area. Part I. J. Parasitol. *55:* 544–558.

KINNAMON, J. C. and WESTFALL, J. A. (1982): Types of neurons and synaptic connections at hypostome-tentacle junctions in *Hydra.* J. Morph. *173:* 119–128.

– (1984): High voltage electron stereomicroscopy of the cilium-stereociliary complex of perioral sensory cells in *Hydra.* Tissue Cell *16:* 345–353.

KITAJIMA, E. W., PARAENSE, W. L. and CORREA, L. R. (1976): The fine structure of *Schistosoma mansoni* sperm (Trematoda: Digenea). J. Parasit. *62:* 215–221.

KLIMA, J. (1961): Elektronenmikroskopische Studien über die Feinstruktur der Tricladen (Turbellarien). Protoplasma, Wien *54:* 101–162.

– (1967): Zur Feinstruktur des acoelen Süßwasser-Turbellars *Oligochoerus limnophilus* (Ax und Dörjes). Ber. Nat.-Med. Ver. Innsbruck *55:* 107–124.

KLUGE, A.G. (1984): The relevance of parsimony to phylogenetic inference. In: T.Duncan and T.F.Stuessy (eds.) Cladistics: perspectives on the reconstruction of evolutionary history. Columbia University Press, New York: 24–38.

KØIE, M. (1971): On the histochemistry and ultrastructure of the tegument and associated structures of the cercaria of *Zoogonoides viviparus* in the first intermediate host. Ophelia *9:* 165–206.

– (1977): Stereoscan studies of cercariae, metacercariae and adults of *Cryptocotyle lingua* (Creplin 1825) Fischoeder 1903 (Trematoda: Heterophyidae). J. Parasitol. *63:* 835–839.

– (1982): The redia, cercaria and early stages of *Aporocotyle simplex* Odhner, 1900 (Sanguinicolidae) – a digenetic trematode which has a polychaete annelid as the only intermediate host. Ophelia *21:* 115–145.

KØIE, M. and BRESCIANI, J. (1973): On the ultrastructure of the larva of *Kronborgia amphipodicola* Christensen and Kanneworff, 1964 (Turbellaria, Neorhabdocoela) Ophelia *12:* 171–203.

KØIE, M., CHRISTENSEN, N.Ø. and NANSEN, P. (1976): Stereoscan studies of eggs, free-swimming and penetrating miracidia and early sporocysts of *Fasciola hepatica.* Z. Parasitenk. *51:* 79–90.

KØIE, M. and FRANDSEN, F. (1976): Stereoscan observations of the miracidium and early sporocyst of *Schistosoma mansoni.* Z. Parasitenk. *50:* 335–344.

KOHLER, H.-J. (1979): Ontogeny of mesoderm in Plathelminthes. Fortschritte in der Zool. Syst. u. Evolut.-forsch. *1:* 150–152.

KOMSCHLIES, K.L. and VANDE VUSSE, F.J. (1980a): Three new species of *Syndesmis* Silliman 1881 (Turbellaria: Umagillidae) from Philippine sea urchins. J. Parasitol. *66:* 659–663.

– (1980b): *Syndesmis compacta* sp. n. and redescription of *S. glandulosa* Hyman 1960 (Turbellaria: Umagillidae) from Philippine sea urchins. J. Parasitol. *66:* 664–666.

KOOPOWITZ, H. (1982): Free-living Platyhelminthes. In: G.A.B.Shelton (ed.) Electrical conduction and behaviour in „simple" invertebrates, Clarendon Press, Oxford: 359–392.

KOOPOWITZ, H. and CHIEN, P. (1974): Ultrastructure of the nerve plexus in flatworms. I. Peripheral organization. Cell. Tiss. Res. *155:* 337–351.

KOOPOWITZ, H. and KEENAN, L. (1982): The primitive brains of Platyhelminthes. Trends in NeuroSciences TINS *5:* 77–79.

KORSCHELT, E. und HEIDER, K. (1936): Vergleichende Entwicklungsgeschichte der Tiere, Vol. *1,* G.Fischer, Jena.

KOTIKOVA, E.A. (1981): Morphological pecularities of the development of the nervous system in Müllers larva (Polycladida) Biol. Morya *1981, 6:* 30–36 (in russisch).

– (1983): The nervous system of *Acerotisa* sp. (Polycladida, Cotylea, Turbellaria). Zool. Zh. *62:* 1148–1154 (in russisch).

KOZLOFF, E.N. (1965): *Desmote inops* sp. n. and *Fallacohospes inchoatus* gen. and sp. n., Umagillid rhabdocoels from the intestine of the crinoid *Florometra serratissima* (A.H.Clark). J. Parasitol. *51:* 305–312.

KRAEMER, L.R. (1983): Ontogenetic aspects of biflagellate sperm in *Corbicula fluminea* (Müller) (Bivalvia: Sphaeriacea). Transact. Am. Micr. Soc. *102:* 88.

KRISTENSEN, R.M. and NØRREVANG, A. (1977): On the fine structure of *Rastrognathia macrostoma* gen. et sp. n. placed in Rastrognathiidae fam. n. (Gnathostomulida). Zool. Scr. *6:* 27–41.

– (1978): On the fine structure of *Valvognathia pogonostoma* gen. et sp. n. (Gnathostomulida, Onychognathiidae) with special reference to the jaw apparatus. Zool. Scr. *7:* 179–186.

KRITSKY, D.C. (1976): Observations on the ultrastructure of spermatozoa and spermiogenesis in the monogenean, *Gyrodactylus eucaliae* Ikezaki et Hoffman, 1957. Proceed. Inst. Biol. Pedolog. Vladivostok *34:* 70–74.

– (1978): The cephalic glands and associated structures in *Gyrodactylus eucaliae* Ikezaki and Hoffman, 1957 (Monogenea: Gyrodactylidae). Proc. Helminthol. Soc. Wash. *45:* 37–49.

KRITSKY, D.C. and KRUIDEMIER, F.J. (1976): Fine structure and development of the body wall in the monogenean, *Gyrodactylus eucaliae* Ikezaki and Hoffman, 1957. Proceed. Helminthol. Soc. Washington *43:* 47–58.

KRITSKY, D.C. and THATCHER, V.E. (1974): Monogenetic trematodes (Monopisthocotylea: Dactylogyridae) from fresh-water fishes of Columbia, South America. J. Helminthol. *48: 59–66.*

– (1976): New monogenetic trematodes from fresh-water fishes of Western Columbia with the proposal of *Anacanthoroides* gen. n. (Dactylogyridae) Proc. Helminth. Soc. Washington *43:* 129–134.

KRITSKY, D.C., THATCHER, V.E. and KAYTON, R.J. (1979): Neotropical Monogenoidea. 2. The Anacanthorinae Price, 1967, with the proposal of four new species of *Anacanthorus* Mizelle and Price 1965, from Amazonian fishes. Acta Amazonica *9:* 355–361.

KUBO, M. and ISHIKAWA, M. (1981): Acrosome and flagellum in the turbellarians spermiogenesis. Developm. Growth and Different. *23:* 443.

KUBO-IRIE, M. and ISHIKAWA, M. (1983): Spermiogenesis in the flatworm, *Notoplana japonica*, with special attention to the organization of an acrosome and flagella. Develop. Growth and Different. *25:* 143–152.

KÜMMEL, G. (1958): Das Terminalorgan der Protonephridien, Feinstruktur und Deutung der Funktion. Z. Naturforschg. *13b:* 677–679.

– (1959): Feinstruktur der Wimperflamme in den Protonephridien. Protoplasma *51:* 371–376.

– (1962): Zwei neue Formen von Cyrtocyten. Vergleich der bisher bekannten Cyrtocyten und Ergänzung des Begriffs „Zelltyp". Z. Zellforsch. *57:* 172–201.

– (1964): Die Feinstruktur der Terminalzellen (Cyrtocyten) an den Protonephridien der Priapuliden. Z. Zellforsch. *62:* 468–484.

– (1977): Der gegenwärtige Stand der Forschung zur Funktionsmorphologie exkretorischer Systeme. Versuch einer vergleichenden Darstellung. Verh. Dt. Zool. Ges. *1977:* 154–174.

KÜMMEL, G. und BRANDENBURG, J. (1961): Die Reusengeißelzellen (Cyrtocyten). Z. Naturforschg. *16b:* 692–697.

KUPERMAN, B.I. and DAVYDOV, V.G. (1982a): The fine structure of glands in oncospheres, procercoids and plerocercoids of Pseudophyllidea (Cestoidea). Int. J. Parasitol. *12:* 135–144.

– (1982b): The fine structure of frontal glands in adult cestodes. Int. J. Parasitol. *12:* 285–293.

LACALLI, T.C. (1982): The nervous system and ciliary band of Müller's larva. Proc. R. Soc. Lond. B. *217:* 37–58.

– (1983): The brain and central nervous system of Müller's larva. Can. J. Zool. *61:* 39–51.

– (1984): Structure and organization of the nervous system in the trochophore larva of *Spirobranchus*. Phil. Trans. R. Soc. Lond. B *306:* 79–135.

LAMBERT, A. (1977): Développement larvaire et post-larvaire d'*Ergenstrema mugilis* Paperna, 1964 (Monogène, Ancyrocephalidae) parasite de *Liza ramada* (Risso, 1826) (Téléostéen, Mugilidae). Z. Parasitenk. *52:* 229–240.

– (1980a): Oncomiracidiums et phylogenèse des Monogenea (Plathelminthes). 1 re partie: développement post-larvaire. Ann. Parasit. (Paris) *55:* 165–198.

– (1980b): Oncomiracidiums et phylogenèse des Monogenea (Plathelminthes). 2 me partie: Structures argyrophiles des oncomiracidiums et phylogenèse des Monogenea. Ann. Parasitol. (Paris) *55:* 281–325.

– (1981): Sensors and effectors in the behaviour of oncomiracidia: ciliated epidermis and sensilla. In: Biology of Monogeneans (Workshop 4, EMOP 3). Parasitology *82:* 59–60.

LAMBERT, A. et DENIS, A. (1982): Etude de l'oncomiracidium de *Diplozoon nipponicum*. Ann. Parasitol. (Paris) *57:* 533–542.

LAMMERT, V. (1985): The fine structure of gnathostomulid protonephridia and their comparison within Bilateria. Zoomorphology (im Druck).

LAND, J. van d. (1967): Remarks on the subclass Udonellida (Monogenea), with description of a new species. Zool. Mededel. Leiden *42:* 67–81.

LAND, J. van d. and DIENSKE, H. (1968): Two new species of *Gyrocotyle* (Monogenea) from Chimaerids (Holocephali). Zool. Mededel. Leiden *43:* 97–105.

LAND, J. van d. and TEMPLEMAN, W. (1968): Two new species of *Gyrocotyle* (Monogenea) from *Hydrolagus affinis* (Brito Capello) (Holocephali). J. Fish. Res. Bd. Canada *25:* 2365–2385.

LANFRANCHI, A. (1978): Morphology and taxonomy of two new otoplanids (Turbellaria, Proseriata) from the Ligurian Sea. Zool. Scr. *7:* 249–254.

LANFRANCHI, A., BEDINI, C. and FERRERO, E. (1981): The ultrastructure of the eyes in larval and adult polyclads (Turbellaria). Hydrobiologia *84:* 267–275.

LANG, A. (1884): Die Polycladen (Seeplanarien) des Golfes von Neapel und der angrenzenden Meeresabschnitte. Fauna u. Flora d. Golfes von Neapel *11:* W. Engelmann, Leipzig, 668 pp.

LANZAVACCHIA, G. (1977): Morphological modulations in helical muscles (Aschelminthes and Annelida). Int. Rev. Cytol. *51:* 133–186.

– (1981): Evolution of muscle fibers in lower Metazoa. Atti dei Convegni Lincei *49:* 11–22.

LARKMAN, A. (1980): Ultrastructural aspects of gametogenesis in *Actinia equina* L. In: P. Tardent and R. Tardent (eds.) Developmental and Cellular Biology of Coelenterates, Elsevier, North-Holland, Amsterdam: 61–66.

– (1981): An ultrastructural investigation of the early stages of oocyte differentiation in *Actinia fragacea* (Cnidaria; Anthozoa). Int. J. Invertebr. Reproduct. *4:* 147–167.

LARKMAN, A. (1983): An ultrastructural study of oocyte growth within the entoderm and entry into the mesoglea in *Actinia fragacea* (Cnidaria, Anthozoa). J. Morph. *178:* 155–177.

LECLUYSE, E.L. and DENTLER, W.L. (1984): Asymmetrical microtubule capping structures in frog palate cilia. J. Ultrastr. Res. *86:* 75–85.

LEBSKY, V.K. (1974): The fine structure of the *Eulalia viridis* protonephridium. Tsitologiya Leningr. *16:* 685–689 (in russisch).

LE MOIGNE, A. (1969): Etude du développement et de la régénération embryonnaires de *Polycelis nigra* (Ehr.) et *Polycelis tenuis* (Iijima) Turbellariés Triclades. Ann. Embryol. Morph. *2:* 51–69.

LENDER, Th. (1980): Endocrinologie des planaires. Bull. Soc. Zool. France *105:* 173–191.

LENTZ, Th.L. (1967): Rhabdite formation in planaires: the role of microtubules. J. Ultrastr. Res. *17:* 114–126.

LEPORI, N.G. and PALA, M. (1982): Fissioning in Planarians. 1. Karyological analysis of fissiparous strains of *Dugesia gonocephala* s.l. (Turbellaria Tricladida) collected in Sardinia, in order to determine the factors responsible for fissioning. Monit. Zool. Ital. *16:* 105–131.

LETHBRIDGE, R.C. (1980): The biology of the oncosphere of Cyclophyllidean cestodes. Helminthol. Abstracts, Ser. A, *49:* 59–72.

LEUCKART, R. (1879–86): Die Parasiten des Menschen und die von ihnen herrührenden Krankheiten, 2. Aufl., C.F. Winter'sche Verlagshandlung, Leipzig.

LITTLE, C. (1983): The colonisation of land: origins and adaptations of terrestrial animals. Cambridge University Press, Cambridge, 290 pp.

LLEWELLYN, J. (1963): Larvae and larval development of monogeneans. Adv. Parasitol. *1:* 287–326.

– (1965): The evolution of parasitic platyhelminths. In: A.E.R. Taylor (ed.) Evolution of parasites. Symp. British Soc. Parasit. *3:* 47–78.

– (1968): Larvae and larval development of monogeneans. Adv. Parasit. *6:* 373–383.

– (1970): Taxonomy, genetics and evolution of parasites. – Monogenea, J. Parasitol. *56,* Sect. II. pt. 3: 493–504.

– (1981 a): Evolution of viviparity and invasion by adults. In: Biology of Monogeneans (Workshop 4, EMOP 3). Parasitology *82:* 64–66.

– (1981 b): Evolution of Monogeneans. In: Evolution of helminths (Workshop 13, EMOP 3). Parasitology *82:* 165–167.

LOEHR, K.A. and MEAD, R.W. (1979): A maceration technique for the study of cytological development in *Hymenolepis citelli.* J. Parasit. *65:* 886–889.

LÖNNBERG, E. (1897): Beiträge zur Phylogenie der parasitischen Plathelminthen. Centralbl. Bakteriol. Parasitenkd. Infektionskr. 1, Abt., *21:* 674–684, 725–731.

LUMSDEN, R.D. (1965 a): Macromolecular structure of glycogen in some Cyclophyllidean and Trypanorhynch Cestodes. J. Parasitol. *51:* 501–515.

– (1965 b): Microtubules in the peripheral cytoplasm of cestode spermatozoa. J. Parasit. *51:* 929–931.

– (1975): The tapeworm tegument: a modelsystem for studies on membrane structure and function in host-parasite relationships. Trans. Am. Micr. Soc. *94:* 501–507.

LUMSDEN, R.D. and BYRAM, J. (1967): The ultrastructure of cestode muscle. J. Parasit. *53:* 326–342.

LUMSDEN, R.D. and FOOR, W.E. (1968): Electron microscopy of schistosome cercarial muscle. J. Parasit. *54:* 780–794.

LUMSDEN, R.D., OAKS, J.A. and MUELLER, J.F. (1974): Brush border development in the tegument of the tapeworm, *Spirometra mansonoides.* J. Parasitol. *60:* 209–226.

LUMSDEN, R.D. and SPECIAN, R. (1980): The morphology, histology, and fine structure of the adult stage of the cyclophyllidean tapeworm *Hymenolepis diminuta.* In: H.P. Arai (ed.) Biology of the tapeworm *Hymenolepis diminuta.* Acad. Press, New York: 157–280.

LUPO, S., MANN, M., SMITH, J. and THOMAS, M.B. (1975): Spermiogenesis in *Stylochus zebra* (Turbellaria, Polycladida). J. Elisha Mitchell Sci. Soc. *91:* 75–76.

LUTHER, A. (1905): Zur Kenntnis der Gattung *Macrostoma.* Festschr. f. Palmén, Helsingfors, *5:* 1–61.

– (1912): Studien über acöle Turbellarien aus dem finnischen Meerbusen. Acta Soc. pro Fauna Flora Fennica *36:* 1–60.

– (1955): Die Dalyelliiden (Turbellaria Neorhabdocoela). Acta Zool. Fennica *87:* 1–337.

LYNCH, J.E. (1945): Redescription of the species of *Gyrocotyle* from the ratfish, *Hydrolagus colliei* (Lay and Bennet), with notes on the morphology and taxonomy of the genus. J. Parasit. *31:* 418–446.

LYONS, K.M. (1966): The chemical nature and evolutionary significance of monogenean attachment sclerites. Parasitology *56:* 63–100.

– (1969 a): The fine structure of the body wall of *Gyrocotyle urna.* Z. Parasitenk. *33:* 95–109.

– (1969 b): Sense organs of monogenean skin parasites ending in a typical cilium. Parasitology *59:* 611–623.
– (1970): Fine structure of the outer epidermis of the viviparous monogenean *Gyrodactylus* sp. from the skin of *Gasterosteus aculeatus.* J. Parasitol. *56:* 1110–1117.
– (1972): Sense organs of monogeneans. In: E. U. Channing and C. A. Wright (eds.) Behavioural aspects of parasite transmission. Zool. J. Linn. Soc. *51,* Suppl. *1:* 181–199.
– (1973 a): Epidermal fine structure and development in the oncomiracidium larva of *Entobdella soleae* (Monogenea). Parasitology *66:* 321–333.
– (1973 b): The epidermis and sense organs of the Monogenea and some related groups. Adv. Parasitol. *11:* 193–232.
– (1973 c): Evolutionary implications of collar cell ectoderm in a coral planula. Nature (Lond.) *245:* 50–51.
– (1973 d): Collar cells in planula and adult tentacle ectoderm of the solitary coral *Balanophyllia regia* (Anthozoa Eupsammiidae). Z. Zellforsch. *145:* 57–74.
– (1977): Epidermal adaptations of parasitic Platyhelminths. Symp. zool. Soc. Lond. *39:* 97–144.
MacDonald, S. and Caley, J. (1975): Sexual reproduction in the monogenean *Diclidophora merlangi:* tissue penetration by sperms. Z. Parasitenk. *45:* 323–334.
Mackiewicz, J. S. (1968): Vitellogenesis and eggshell formation in *Caryophyllaeus laticeps* (Pallas) and *Caryophyllaeides fennica* (Schneider) (Cestoidea: Caryophyllaeides). Z. Parasitenk. *30:* 18–32.
– (1972): Parasitological review: Caryophyllidea (Cestoidea): a review. Exp. Parasitol. *31:* 417–512.
– (1981): Caryophyllidea (Cestoidea): Evolution and classification. Adv. Parasitol. *19:* 139–206.
– (1982 a): Caryophyllidea (Cestoidea): perspectives. Parasitology *84:* 397–417.
– (1982 b): Parasitic platyhelminth evolution and systematics: perspectives and advances since ICOPA IV, 1978. In: D. F. Mettrick and S. S. Desser (eds.) Parasites – their world and ours. Elsevier Biomedical Press, Amsterdam: 179–188.
MacKinnon, B. M. and Burt, M. D. B. (1983): Polymorphism of microtriches in the cysticercoid of *Ophryocotyle insignis* Lonnberg, 1890 from the limpet *Patella vulgata.* Can. J. Zool. *61:* 1062–1070.
– (1984 a): The development of the tegument and cercomer of the polycephalic larvae (cercoscolices) of *Paricterotaenia paradoxa* (Rudolphi; 1802) (Cestoda: Dilepididae) at the ultrastructural level. Parasitology *88:* 117–130.
– (1984 b): The comparative ultrastructure of spermatozoa from *Bothrimonus sturionis* Duv. 1842 (Pseudophyllidea), *Pseudanthobothrium hanseni* Baer, 1956 (Tetraphyllidea), and *Monoecocestus americanus* Stiles, 1895 (Cyclophyllidea). Can. J. Zool. *62:* 1059–1066.
MacKinnon, B. M., Burt, M. D. B. and Pike, A. W. (1981): Ultrastructure of the epidermis of adult and embryonic *Paravortex* species (Turbellaria, Eulecithophora). Hydrobiologia *84:* 241–252.
MacKinnon, B. M., Jarecka, L. and Burt, M. D. B. (1983): Ultrastructure of the spermatozoa of *Haplobothrium globuliforme* (Cestoda: Haplobothriidae) from the bowfin, *Amia calva.* Parasitology *87:* LI.
MacRae, E. K. (1963): Observations on the fine structure of pharyngeal muscle in the planarian *Dugesia tigrina.* J. Cell. Biol. *18:* 651–662.
– (1965): The fine structure of muscle in a marine tubellarian. Z. Zellforsch. *68:* 348–362.
Mainitz, M. (1977): The fine structure of the stylet apparatus in Gnathostomulida Scleroperalia and its relationship to turbellarian stylets. Acta Zool. Fennica *154:* 163–174.
– (1979): The fine structure of gnathostomulid reproductive organs. I. New characters in the male copulatory organ of Scleroperalia. Zoomorphologie *92:* 241–272.
Malmberg, G. (1971): On the procercoid protonephridial systems of three *Diphyllobothrium* species (Cestoda, Pseudophyllidea) and Janicki's cercomer theory. Zool. Scr. *1:* 43–56.
– (1974): On the larval protonephridial system of *Gyrocotyle* and the evolution of Cercomeromorphae (Platyhelminthes). Zool. Scr. *3:* 65–81.
– (1978): Further studies on the evolution of the Cercomeromorphae. Fourth Intern. Congr. Parasitol., Sect. A., *1978:* 79.
– (1979): Ontogeny and fine structure as a basis for a discussion on the relationship Cestoda – Monogenea (Platyhelminthes). Zool. Scr. *8:* 315.
– (1981): Neoteny or not in the Cercomeromorpheans. In: Evolution of helminths (Workshop 13, EMOP 3). Parasitology *82:* 164–165.
– (1982): On evolutionary processes in Monogenea, though basically from a less traditionally viewpoint. In: D. F. Mettrick and S. S. Desser (eds.) Parasites – their world and ours, Elsevier Biomedical Press, Amsterdam: 198–202.
Mamkaev, Y. V. (1967): Essays on the morphology in acoelous Turbellaria. Trudy Zool. Inst. Leningr. *44:* 26–108 (in russisch).

Mamkaev, Y.V. (1979): On histological organization of the turbellarian digestive system. Proceed. Zool. Inst. Acad. Sci. USSR *84:* 13–24 (in russisch).
Mamkaev, Y.V. and Kotikova, E.A. (1972): On the morphological characters of nervous system in Acoela. Zool. Zh. *51:* 477–489 (in russisch).
Mamkaev, Y.V. and Markosova, T.G. (1979): Electron microscope study of the parenchyma in Acoela. Proceed. Zool. Inst. Acad. Sci USSR *84:* 7–12 (in russisch).
Mamkaev, Y.V. and Seravin, L.N. (1963): Feeding habits of the acoelous turbellaria *Convoluta convoluta* (Abildgaard). Zool. Zh. *42:* 197–205 (in russisch).
Mañe-Garzon, F. (1960): *Didymorchis haswelli* n. sp., un nuevo Temnocephalida de la cavidad branquial de *Parastacus saffordi* Faxon. Anal. Mus. Hist. Nat. Montevideo, Sér. *2a, 7:* 1–8.
Marcus, E. (1945 a): Sôbre Catenulida Brasileiros. Bol. Fac. Fil. Ciênc. Letr. Univ. Sao Paulo, Zool. *10:* 3–133.
– (1945 b): Sôbre microturbelários do Brasil. Com. Zool. Mis. Hist. Nat., Montevideo *25:* 1–74.
– (1950): Turbellaria Brasileiros (8). Bol. Fac. Fil. Ciênc. Letr. Univ. Sao Paulo, Zool. *15:* 5–191.
Marinelli, M. and Vagnetti, D. (1977): Ultrastructural research on *Dugesia lugubris* s. l. male copulatory complex. Riv. Biol. *70:* 207–223.
Martelly, J., Rey, Ch. and LeMoigne, A. (1981): Planarian regeneration: DNA metabolism in adults. Int. J. Invertebr. Reprod. *4:* 107–121.
Martens, E.E. (1984): Ultrastructure of the spines in the copulatory organ of some Monocelididae (Turbellaria, Proseriata). Zoomorphology *104:* 261–265.
Martens, E.E. and Schockaert, E.R. (1981): Observations on the ultrastructure of the copulatory organ of *Archilopsis unipunctata* (Fabricius, 1826) (Proseriata, Monocelididae). Hydrobiologia *84:* 277–285.
Martin, G.G. (1978 a): The duo-gland adhesive system of the archiannelids *Protodrilus* and *Saccocirrus* and the turbellarian *Monocelis.* Zoomorphologie *91:* 63–75.
– (1978 b): A new function for rhabdites: mucus production for ciliary gliding. Zoomorphology *91:* 235–248.
– (1978 c): Ciliary gliding in lower invertebrates. Zoomorphologie *91:* 249–261.
Martin, J.H., Willis, J.M., Allison, V.F. and Ubelaker, J.E. (1971): Observations on the tegument of *Aspidogaster conchicola* by transmission and scanning electron microscopy. Am. Zool. *11:* 695.
Matricon-Gondran, M. (1969): Etude ultrastructurale du syncytium tégumentaire et de son évolution chez des trématodes digénétiques larvaires. C. R. Hebd. Séanc. Acad. Sci. Paris, Sér. D, *269:* 2384–2387.
– (1971 a): Etude ultrastructurale des récepteurs sensoriels tégumentaires de quelques trématodes digénétiques larvaires. Z. Parasitenk. *35:* 318–333.
– (1971 b): Origine et différenciation du tégument d'un trématode digénétique: étude ultrastructurale chez *Cercaria pectinata* (larve de *Bacciger bacciger,* Fellodistomatidés). Z. Zellforsch. *120:* 488–524.
Mattiesen, E. (1904): Ein Beitrag zur Embryologie der Süßwasserdendrocölen. Z. wiss. Zool. *77:* 274–361.
McCullough, J.S. and Fairweather, J. (1983): A SEM study of the cestodes *Trilocularia acanthiaevulgaris, Phyllobothrium squali* and *Gilquinia squali* from the spiny dogfish. Z. Parasitenk. *69:* 655–665.
McKanna, J.A. (1968 a): Fine structure of the protonephridial system in *Planaria.* I. Flame cells. Z. Zellforsch. *92:* 509–523.
– (1968 b): Fine structure of the protonephridial system in *Planaria.* II. Ductules, collecting ducts, and osmoregulatory cells. Z. Zellforsch. *92:* 524–535.
McKerr, G. and Allen, J.M. (1983): Structural organization of proboscide muscle in *Grillotia erinaceus* (Cestoda: Trypanorhyncha). Parasitology *87:* XXXIV.
Mehlhorn, H., Becker, B., Andrews, P. and Thomas, H. (1981): On the nature of the proglottids of cestodes: a light and electron microscopic study on *Taenia, Hymenolepis,* and *Echinococcus.* Z. Parasitenk. *65:* 243–259.
Mehlhorn, H., Eckert, J. and Thompson, R.C.I.A. (1983): Proliferation and metastases formation of larval *Echinococcus multiocularis.* II. Ultrastructural investigation. Z. Parasitenk. *69:* 749–763.
Mehlhorn, H. und Piekarski, G. (1981): Grundriß der Parasitenkunde. G. Fischer Verlag, Stuttgart: 268 pp.
Meixner, J. (1924): Über das Ovarium von *Microstomum lineare* (Müll.) und die Abscheidungsfolge des Schalen- und Dottermaterials bei rhabdocoelen Turbellarien. Zool. Anz. *58:* 195–213.
– (1938): Turbellaria (Strudelwürmer) I. (Allgemeiner Teil). Tierwelt Nord- u. Ostsee *33,* Teil *IVb:* 1–146.
Meuleman, E.A. and Holzmann, P.J. (1975): The development of the primitive epithelium and the tegument in the cercaria of *Schistosoma mansoni.* Z. Parasitenk. *45:* 307–318.
Meuleman, E.A., Holzmann, P.J. and Peet, R.C. (1980): The development of daughter sporocysts inside the mother sporocyst of *Schistosoma mansoni* with special reference to the ultrastructure of the body wall. Z. Parasitenk. *61:* 201–212.

MEULEMAN, E.A., LYARUU, D.M., KHAN, M.A., HOLZMANN, P.J. and SMINIA, T. (1978): Ultrastructural changes in the body wall of *Schistosoma mansoni* during the transformation of the miracidium into the mother sporocyst in the snail host *Biomphalaria pfeifferi.* Z. Parasitenk. *56:* 227–242.
MINELLI, A. (1981): Of locomotion in terrestrial planarians. Boll. Zool. *48:* 41–50.
MINICHEV, Y.S. and PUGOVKIN, A.P. (1979): Nervous system of the polyclad flatworm *Notoplana atomata* (O.F.Müller). Cah. Biol. Mar. *20:* 181–188.
MIZELLE, J.D. and PRICE, C.E. (1965): Studies on monogenetic trematodes. XXVIII. Gill parasites of the piranha with proposal of *Anacanthorus* gen. n. J. Parasitol. *51:* 30–36.
MOCZOŃ, T. (1971): Histochemical study of the development of embryonic hooks in *Hymenolepis diminuta* (Cestoda). Acta Parasit. Polonica *19:* 269–274.
MOHANDAS, A. (1975): Further studies on the sporocyst capable of producing miracidia. J. Helminthol. *49:* 167–171.
– (1983): Platyhelminthes – Trematoda. In: K.G.Adiyodi and R.G.Adiyodi (eds.) Reproductive biology of Invertebrates, Vol. *2:* Spermatogenesis and sperm function. J. Wiley and Sons Ltd., Chicester: 105–129.
MOHANDAS, A. and NADAKAL, A.M. (1970): Anomalous development of miracidia in sporocysts. Zool. Anz. *184:* 233–239.
MOKHTAR-MAAMOURI, F. (1979): Etude en microscopie électronique de la spermiogénèse et du spermatozoide de *Phyllobothrium gracile* Weld, 1855 (Cestoda, Tetraphyllidea, Phyllobothriidae). Z. Parasitenk. *59:* 245–258.
– (1980): Particularités des processus de la fécondation chez *Acanthobothrium filicolle* Zschokke, 1888 (Cestoda: Tetraphyllidea, Onchobothriidae). Archs. Inst. Pasteur (Tunis) *57:* 191–205.
– (1982): Etude ultrastructurale de la spermiogénèse de *Acanthobothrium filicolle* var. *filicolle* Zschokke, 1888. Ann. Parasitol. (Paris) *57:* 429–442.
MOKHTAR-MAAMOURI, F. et SWIDERSKI, Z. (1975): Etude en microscopie électronique de la spermatogénèse de deux cestodes *Acanthobothrium filicolle benedinii* Loennberg, 1889 et *Onchobothrium uncinatum* (Rud., 1819) (Tetraphyllidea, Onchobothriidae). Z. Parasitenk. *47:* 269–281.
– (1976 a): Vitellogénèse chez *Echeneibothrium beauchampi* Euzet, 1959 (Cestoda: Tetraphyllidea, Phyllobothriidae). Z. Parasitenk. *50:* 293–302.
– (1976 b): Ultrastructure du spermatozoide d'un cestode Tetraphyllidea Phyllobothriidae: *Echeneibothrium beauchampi* Euzet, 1959. Ann. Parasit. (Paris) *51:* 673–674.
MOORE, J. (1981): Asexual reproduction and environmental predictability in cestodes (Cyclophyllidea: Taeniidae). Evolution *35:* 723–741.
MORACZEWSKI, J. (1977): Asexual reproduction and regeneration of *Catenula* (Turbellaria, Archoophora). Zoomorphologie *88:* 65–80.
– (1981): Fine structure of some Catenulida (Turbellaria, Archoophora). Zool. Polon. *28:* 367–415.
MORACZEWSKI, J. and CZUBAJ, A. (1974): Muscle ultrastructure in *Catenula lemnae* (Dug.) (Turbellaria, Archoophora). J. Submicr. Cytol *6:* 29–38.
MORACZEWSKI, J., CZUBAJ, A. and BAKOUSKA, J. (1977 a): Organization and ultrastructure of the nervous system in Catenulida (Turbellaria). Zoomorphologie *87:* 87–95.
MORACZEWSKI, J., CZUBAJ, A. and KWIATKOWSKA, J. (1977 b): Localization of neurosecretion in the nervous system of Catenulida (Turbellaria). Zoomorphologie *87:* 97–102.
MORAWSKA, E., MORACZEWSKI, J., MALCZEWSKA, M. and DUMA, A. (1981): Adenylate cyclase in regenerating tissues of the planarian *Dugesia lugubris* (O.Schmidt). Hydrobiologia *84:* 209–212.
MORITA, M. (1965): Electron microscopic studies on *Planaria.* I. Fine structure of muscle fiber in the head of the planarian *Dugesia dorotocephala.* J. Ultrastr. Res. *13:* 383–395.
MORITA, M. and BEST, J.B. (1965): Electron microscopic studies on *Planaria.* II. Fine structure of the neurosecretory system in the planarian *Dugesia dorotocephala.* J. Ultrastr. Res. *13:* 396–408.
– (1974): Electron microscopic studies of planarian regeneration. II. Changes in epidermis during regeneration. J. Exp. Zool. *187:* 345–373.
– (1984 a): Electron microscopic studies of planarian regeneration. III. Degeneration and differentiation of muscles. J. Exp. Zool. *229:* 413–424.
– (1984 b): Electron microscopic studies of planarian regeneration. IV. Cell division of neoblasts in *Dugesia dorotocephala.* J. Exp. Zool. *229:* 425–436.
MORITA, M., BEST, J.B. and NOEL, J. (1969): Electron microscopic studies of planarian regeneration. I. Fine structure of neoblasts in *Dugesia dorotocephala.* J. Ultrastr. Res. *27:* 7–23.
MORSETH, D.J. (1965): Ultrastructure of developing taeniid embryophores and associated structures. Exp. Parasitol. *16:* 207–216.
– (1966): The fine structure of the tegument of adult *Echinococcus granulosus, Taenia hydatigena,* and *Taenia pisiformis.* J. Parasitol. *52:* 1074–1085.

Morseth, D. J. (1967): Fine structure of the hydatid cyst and protoscolex of *Echinococcus granulosus.* J. Parasitol. *53:* 312–325.
– (1969): Spermtail fine structure of *Echinococcus granulosus* and *Dicrocoelium dendriticum.* Exp. Parasitol. *24:* 47–53.
Mount, P. M. (1970): Histogenesis of the rostellar hooks of *Taenia crassiceps* (Zeder, 1800) (Cestoda). J. Parasitenk. *56:* 947–961.
Motomura, J. (1929): On the early development of monozoic cestode, *Archigetes appendiculatus,* including the oogenesis and fertilization. Annot. Zool. Jap. *12:* 109–129.
Nadakavukaren, M. J. and Nollen, P. M. (1975): A scanning electron microscopic investigation of the outer surfaces of *Gorgoderina attenuata.* Int. J. Parasitol. *5:* 591–595.
Narasimhulu, S. V. and Madhavi, R. (1980): A new aspidogastrid trematode *Lobatostoma hanumanthai* n. sp. from a marine fish in the Bay of Bengal. J. Helminthol. *54:* 233–239.
Nasir, P. and Diaz, M. T. (1968): Studies on freshwater larval trematodes. XVII. The life cycle of *Echinochasmus zubedakhaname* sp. n. Z. Parasitenk. *30:* 126–133.
Nasonov, N. (1927): Über eine neue Familie Multipeniatidae (Alloeocoela) aus dem Japanischen Meer mit einem aberranten Bau der Fortpflanzungsorgane. Bull. Acad. Sci. URSS. *1927:* 865–874.
Newton, W. D. (1980): Ultrastructural analysis of the motile apparatus of the aflagellate spermatozoon of *Macrostomum tubum.* J. Ultrastr. Res. *73:* 318–330.
Nichols, K. C. (1975 a): Observations on lesser-known flatworms: *Temnocephala.* Int. J. Parasitol. *5:* 245–252.
– (1975 b): Observations on lesser-known flatworms: *Udonella.* Int. J. Parasitol. *5:* 475–482.
Nieland, M. L. (1968): Electron microscope observations on the egg of *Taenia taeniaeformis.* J. Parasitenk. *54:* 957–969.
Nieuwkoop, P. D. and Sutasurya, L. A. (1981): Primordial germ cells in the Invertebrates. From epigenesis to preformation. Cambridge University Press, Cambridge: 258 pp.
Nørrevang, A. and Wingstrand, K. G. (1970): On the occurrence and structure of choanocyte-like cells in some echinoderms. Acta Zool. *51:* 249–270.
Novak, M. and Dowsett, J. A. (1983): Scanning electron microscopy of the metacestode of *Taenia crassiceps.* Int. J. Parasitol. *13:* 383–388.
Nuttman, C. J. (1971): The fine structure of ciliated nerve endings in the cercaria of *Schistosoma mansoni.* J. Parasitenk. *57:* 855–859.
– (1974): The fine structure and organization of the tail musculature of the cercaria of *Schistosoma mansoni.* Parasitology *68:* 147–154.
Nuttycombe, J. W. (1956): The *Catenula* of the Eastern United States. The Amer. Midland Naturalist *55:* 419–433.
Oakley, H. A. (1982): Meiosis in *Mesostoma ehrenbergii ehrenbergii* (Turbellaria Rhabdocoela). II. Synaptonemal complexes, chromosome pairing and disjunction in achiasmate oogenesis. Chromosoma (Berl.) *87:* 133–147.
Odening, K. (1974): Verwandtschaft, System und zyklo-ontogenestische Besonderheiten der Trematoden. Zool. Jb. Syst. *101:* 345–396.
– (1984): Stamm Plathelminthes, Plattwürmer. In: H.-E. Gruner (ed.) Lehrbuch der Speziellen Zoologie, begründet von A. Kaestner, Band *1,* Teil 2 (4. Aufl.). VEB G. Fischer, Jena und G. Fischer, Stuttgart: 341–442.
Ogawa, K. and Egusa, S. (1978): Two new species of the genus *Tetraonchus* (Monogenea: Tetraonchidae) from cultured *Oncorhynchus mason.* Bull. Jap. Soc. Sci. Fish. *44:* 305–312.
– (1981): The systematic position of the genus *Anoplodiscus* (Monogenea: Anoplodiscidae). Syst. Parasitol. *2:* 253–260.
Ogbe, M. G. (1982): Scanning electron microscopy of tegumental surfaces of adult and developing *Schistosoma margrebowiei* le Roux, 1933. Int. J. Parasitol. *12:* 191–198.
Ogren, R. E. (1958): The hexacanth embryo of a dilepidid tapeworm. I. The development of hooks and contractile parenchyma. J. Parasitol. *44:* 477–483.
Oliver, G. (1976): Etude de *Diplectanum aequus* (Wagener, 1857) Diesing 1858 (Monogenea, Monopisthocotylea, Diplectanidae) au microscope électronique á balayage. Z. Parasitenk. *51:* 91–98.
Oliver, G., Bourgat, R., Monahid, A. and Tonassem, R. (1984): Recherches sur les ultrastructures superficielles de Trématodes parasites d'Amphibiens. Z. Parasitenk. *70:* 499–508.
Olson, G. E. and Rattner, J. B. (1975): Observation on the substructure of ciliary rootlets. J. Ultrastr. Res. *51:* 409–417.
Oschman, J. L. (1966): Development of the symbiosis of *Convoluta roscoffensis* Graff and *Platymonas* sp. J. Phycol. *2:* 105–111.

Ott, J., Rieger, G., Rieger, R. and Enders, F. (1982): New mouthless interstitial worms from the sulfide system: symbiosis with prokaryotes. Marine Ecology *3:* 313–333.

Overstreet, R.M. and Perry, H.M. (1972): A new microphallid trematode from the blue crab in the northern Gulf of Mexico. Trans. Am. Micr. Soc. *91:* 436–440.

Palladini, G., Medolago-Albani, L., Margotto, V., Conforti, A. and Carolei, A. (1979): The pigmentary system of *Planaria.* I. Morphology. Cell Tiss. Res. *199:* 197–202.

Palmberg, I. and Reuter, M. (1983): Asexual reproduction in *Microstomum lineare* (Turbellaria). I. An autoradiographic and ultrastructural study. Int. J. Invertebr. Reprod. *6:* 197–206.

Palmberg, I., Reuter, M. and Wikgren, M. (1980): Ultrastructure of epidermal eyespots of *Microstomum lineare* (Turbellaria, Macrostomida). Cell Tiss. Res. *210:* 21–32.

Pan, S.Ch.-T. (1980): The fine structure of the miracidium of *Schistosoma mansoni.* J. Invertebrate Pathol. *36:* 307–372.

Papi, Fl. (1953): Beiträge zur Kenntnis der Macrostomiden (Turbellarien). Acta Zool. Fennica *78:* 1–32.

Pastisson, Cl. (1977): L'ultrastructure des cellules séminales de la sangsue *Hirudo medicinalis* au cours de leur différenciation. Ann. Sci. Nat. Zool. Biol. Animal. *18:* 339–388.

Pedersen, K.J. (1961 a): Studies on the nature of planarian connective tissue. Z. Zellforsch. *53:* 569–608.

– (1961 b): Some observations on the fine structure of planarian protonephridia and gastrodermal phagocytes. Z. Zellforsch. *53:* 609–628.

– (1964): The cellular organization of *Convoluta convoluta,* an acoel turbellarien: a cytological, histochemical and fine structural study. Z. Zellforsch. *64:* 655–687.

– (1965): Cytological and cytochemical observations on the mucous gland cells of an acoel turbellarien, *Convoluta convoluta.* Ann. N.Y. Acad. Sci. *118:* 930–965.

– (1966): The organization of the connective tissue of *Discocelides langi,* (Turbellaria, Polycladida). Z. Zellforsch. *71:* 94–117.

– (1972): Studies on regeneration blastemas of the planarian *Dugesia tigrina* with special reference to differentiation of the muscle-connective tissue filament system. Wilh. Roux' Arch. *169:* 134–169.

– (1983): Fine structural observations on the turbellarians *Stenostomum* sp. and *Microstomum lineare* with special reference to the extracellular matrix and connective tissue systems. Acta Zool. (Stockh.) *64:* 177–190.

Pemerl, S.J. (1965): Ultrastructure of the protonephridium of the trochophore larva of *Serpula vermicularis* (Annelida, Polychaeta). Am. Zool. *5:* 666–667.

Pence, D.B. (1967): The fine structure and histochemistry of the infective eggs of *Dipylidium caninum.* J. Parasit. *53:* 1041–1054.

– (1970): Electron microscope and histochemical studies on the eggs of *Hymenolepis diminuta.* J. Parasitol. *56:* 84–97.

Pieper, M.B. (1953): The life history and germ cell cycle of *Spirorchis artericola* (Ward, 1921). J. Parasitol. *39:* 310–325.

Pike, A.W. and Burt, M.D.B. (1981): *Paravortex karlingi* sp. nov. from *Cerastoderma edule* L., in Britain. Hydrobiologia *84:* 23–30.

Pond, G.G. and Cable, R.M. (1966): Fine structure of photoreceptors in three types of ocellate cercariae. J. Parasitol. *52:* 483–493.

Popiel, I. (1978): The ultrastructure of the daughter sporocyst of *Cercaria littorinae saxatilis* V.Popiel, 1976 (Digenea: Microphallidae). Z. Parasitenk. *56:* 167–173.

Popiel, I. and Erasmus, D.A. (1981): *Schistosoma mansoni:* niridazole-induced damage to the vitelline gland. Exp. Parasitol. *52:* 35–48.

Popiel, I. and James, B.L. (1978 a): Variations in the ultrastructure of the daughter sporocyst of *Microphallus pygmaeus* (Levinsen, 1881) (Digenea: Microphallidae) in chemically defined media. Parasitology *76:* 349–358.

– (1978 b): The ultrastructure of the tegument of the daughter sporocyst of *Microphallus similis* (Jäg., 1900) (Digenea: Microphallidae). Parasitology *76:* 359–367.

Price, C.E. (1967 a): The phylum Platyhelminthes: a revised classification. Riv. Parasitol. *28:* 249–260.

– (1967 b): Two new subfamilies of monogenetic trematodes. Quart. J. Fla. Acad. Sc. *29:* 199–201.

Provasoli, L., Yamasu, T. and Manton, J. (1968): Experiments on the resynthesis of symbiosis in *Convoluta roscoffensis* with different flagellate cultures. J. mar. biol. Ass. U.K. *48:* 465–479.

Pullen, E.W. (1957): A histologic study of *Stenostomum virginianum.* J. Morph. *101:* 579–621.

Race, G.J., Larsh, J.E., Esch, G.W. and Martin, J.H. (1965): A study of the larval stage of *Multiceps serialis* by electron microscopy. J. Parasitol. *51:* 364–369.

Ramalingam, K. (1973): Chemical nature of monogenean sclerites. I. Stabilization of clamp-protein by formation of dityrosine. Parasitology *66:* 1–7.

READER, T. A. J. (1975): Ultrastructural, histochemical and cytochemical observations on the body wall of the daughter sporocyst of *Cercaria helvetica* XII. (Dubois, 1927). Z. Parasitenk. *45:* 243–261.
REED, Ch. G. and CLONEY, R. A. (1982): The larval morphology of the marine bryozoan *Bowerbankia gracilis* (Ctenostomata: Vesicularioidea). Zoomorphology *100:* 23–54.
REES, F. G. (1967): The histochemistry of the cystogenous gland cells and cyst wall of *Parorchis acanthus* Nicoll, and some details of the morphology and fine structure of the cercaria. Parasitology *57:* 87–110.
– (1974): The ultrastructure of the body wall and associated structures of the cercaria of *Cryptocotyle lingua* (Creplin) (Digenea: Heterophidae) from *Littorina littorea* (L.). Z. Parasitenk. *44:* 239–265.
– (1975 a): Studies on the pigmented and unpigmented photoreceptors of the cercaria of *Cryptocotyle lingua* (Creplin) from *Littorina littorea* (L.). Proc. R. Soc. Lond. B. *188:* 121–138.
– (1975 b): The arrangement and ultrastructure of the musculature, nerves and epidermis, in the tail of the cercaria of *Cryptocotyle lingua* (Creplin) from *Littorina littorea* (L.). Proc. R. Soc. Lond. B. *190:* 165–186.
– (1977): The development of the tail and the excretory system in the cercaria of *Cryptocotyle lingua* (Creplin) (Digenea: Heterophyidae) from *Littorina littorea* (L.). Proc. R. Soc. Lond. B. *195:* 425–452.
– (1978): The ultrastructure, development and mode of operation of the ventrogenital complex of *Cryptocotyle lingua* (Creplin) (Digenea: Heterophyidae). Proc. R. Soc. Lond. B. *200:* 245–267.
– (1979 a): The morphology and ultrastructure of the female reproduction ducts in the metacercaria and adult of *Cryptocotyle lingua* (Creplin) (Digenea: Heterophyidae). Z. Parasitenk. *60:* 157–176.
– (1979 b): The ultrastructure of the spermatozoon and spermiogenesis in *Cryptocotyle lingua* (Digenea: Heterophyidae). Int. J. Parasitol. *9:* 405–419.
– (1981): The ultrastructure of the epidermis of the redia of *Parorchis acanthus* Nicoll (Digenea: Philophthalmidae). Z. Parasitenk. *65:* 19–30.
– (1983 a): The ultrastructure of the fore-gut of the redia of *Parorchis acanthus* (Nicoll (Digenea: Philophthalmidae) from the digestive gland of *Nucella lapillus* L. Parasitology *87:* 151–158.
– (1983 b): The ultrastructure of the intestine of the redia of *Parorchis acanthus* Nicoll (Digenea: Philophthalmidae) from the digestive gland of *Nucella lapillus* L. Parasitology *87:* 159–166.
REES, F. G. and DAY, M. F. (1976): The origin and development of the epidermis and associated structures in the cercaria of *Cryptocotyle lingua* (Creplin) (Digenea: Heterophyidae) from *Littorina littorea* (L.). Proc. R. Soc. Lond. B. *192:* 299–321.
REGER, J. F. (1976): Studies on the fine structure of the cercarial tail muscle of *Schistosoma* sp. (Trematoda). J. Ultrastr. Res. *57:* 77–86.
REISINGER, E. (1924): Die Gattung *Rhynchoscolex.* Z. Morph. Ökol. Tiere *1:* 1–37.
– (1964): Zur Feinstruktur des paranephridialen Plexus und der Cyrtocyte von *Codonocephalus* (Trematoda Digenea: Strigeidae). Zool. Anz. *172:* 16–22.
– (1968): *Xenoprorhynchus,* ein Modellfall für progressiven Funktionswechsel. Z. Zool. Syst. Evolut.-forsch. *6:* 1–55.
– (1969): Ultrastrukturforschung und Evolution. Phys.-Med. Ges. Würzburg *77:* 1–43.
– (1970): Zur Problematik der Evolution der Coelomaten. Z. zool. Syst. Evolut.-forsch. *8:* 81–109.
– (1972): Die Evolution des Orthogons der Spiralier und das Archicölomatenproblem. Z. zool. Syst. Evolut.-forsch. *10:* 1–43.
– (1976): Zur Evolution des stomatogastrischen Nervensystems bei den Plathelminthen. Z. zool. Syst. Evolut.-forsch. *14:* 241–253.
REISINGER, E., CICHOCKI, J., ERLACH, R. und SZYSKOWITZ, T. (1974 a): Ontogenetische Studien an Turbellarien: ein Beitrag zur Evolution der Dotterverarbeitung im ektolecithalen Ei. 1. Teil. Z. zool. Syst. Evolut.-forsch. *12:* 161–195.
– (1974 b): Ontogenetische Studien an Turbellarien: ein Beitrag zur Evolution der Dotterverarbeitung im ektolecithalen Ei. II. Teil. Z. zool. Syst. Evolut.-forsch. *12:* 241–278.
REISINGER, E. und GRAACK, B. (1962): Untersuchungen an *Codonocephalus* (Trematoda Digenea: Strigeidae), Nervensystem und paranephridialer Plexus. Z. Parasitenk. *22:* 1–42.
REISINGER, E. und KELBETZ, S. (1964): Feinbau und Entladungsmechanismus der Rhabditen. Z. wiss. Mikr. mikr. Technik *65:* 472–508.
REUTER, M. (1975): Ultrastructure of the epithelium and the sensory receptors in the body wall, the proboscis and the pharynx of *Gyratrix hermaphroditus* (Turbellaria, Rhabdocoela). Zool. Scr. *4:* 191–204.
– (1978): Scanning and transmission electron microscopic observations on surface structures of three turbellarian species. Zool. Scr. *7:* 5–11.
– (1981): The nervous system of *Microstomum lineare* (Turbellaria, Macrostomida). II. The ultrastructure of synapses and neurosecretory release sites. Cell Tiss. Res. *218:* 375–387.

REUTER, M. and LINDROOS, P. (1979a): The ultrastructure of the nervous system of *Gyratrix hermaphroditus* (Turbellaria, Rhabdocoela) I. The brain. Acta Zool. (Stockh.) *60:* 139–152.
– (1979b): The ultrastructure of the nervous system of *Gyratrix hermaphroditus* (Turbellaria, Rhabdocoela). II. The peripheral nervous system and the synapses. Acta Zool. (Stockh.) *60:* 153–161.
REUTER, M. and PALMBERG, I. (1983): Asexual reproduction in *Microstomum lineare* (Turbellaria). II. The nervous system in the division zone. Int. J. Invertebr. Reprod. *6:* 207–217.
REUTER, M., WIKGREN, M. and PALMBERG, I. (1980): The nervous system of *Microstomum lineare* (Turbellaria, Macrostomida). I. A fluorescence and electron microscopic study. Cell Tiss. Res. *211:* 31–40.
RICHARDS, K.S. and ARME, C. (1981a): Observations on the microtriches and stages in their development and emergence in *Caryophyllaeus laticeps* (Caryophyllidea: Cestoda). Int. J. Parasitol. *11:* 369–375.
– (1981b): The ultrastructure of the scolex-neck syncytium, neck cells and frontal gland cells of *Caryophyllaeus laticeps* (Caryophyllidea: Cestoda). Parasitology *83:* 447–487.
– (1982a): Sensory receptors in the scolex-neck region of *Caryophyllaeus laticeps* (Caryophyllidea: Cestoda). J. Parasitol. *68:* 416–423.
– (1982b): The microarchitecture of the structured bodies in the tegument of *Caryophyllaeus laticeps* (Caryophyllidea: Cestoda). J. Parasitol. *68:* 425–432.
– (1984): Maturation of the scolex syncytium in the metacestode of *Hymenolepis diminuta*, with special reference to microthrix formation. Parasitology *88:* 341–349.
RIEDL, R. (1960): Über einige nordatlantische und mediterrane *Nemertoderma*-Funde. Zool. Anz. *165:* 232–248.
RIEGER, R.M. (1974): A new group of Turbellaria – Typhloplanoida with a proboscis and its relationship to Kalyptorhynchia. In: N.W. Riser and M.P. Morse (eds.) Biology of the Turbellaria, McGraw-Hill Co., New York: 23–62.
– (1976): Monociliated epidermal cells in Gastrotricha: significance for concepts of early metazoan evolution. Z. zool. Syst. Evolut.-forsch. *14:* 198–226.
– (1978): Multiple ciliary structures in developing spermatozoa of marine Catenulida (Turbellaria). Zoomorphologie *89:* 229–236.
– (1980): A new group of interstitial worms, Lobatocerebridae nov. fam. (Annelida) and its significance for metazoan phylogeny. Zoomorphologie *95:* 41–84.
– (1981a): Morphology of the Turbellaria at the ultrastructural level. Hydrobiologia *84:* 213–229.
– (1981b): Fine structure of the body wall, nervous system, and digestive tract in the Lobatocerebridae Rieger and the organization of the gliointerstitial system in Annelida. J. Morph. *167:* 139–165.
– (1984): Evolution of the cuticle in the lower Eumetazoa. In: J. Bereiter-Hahn, A.G. Maltoltsy and K.S. Richards (eds.) Biology of the integument, Vol. *1.* Springer, Berlin, Heidelberg, New York, Tokyo: 389–399.
RIEGER, R.M. and DOE, D.A. (1975): The proboscis armature of Turbellaria – Kalyptorhynchia, a derivative of the basement lamina? Zool. Scr. *4:* 25–32.
RIEGER, R.M. and MAINITZ, M. (1977): Comparative fine structural study of the body wall in Gnathostomulids and their phylogenetic position between Platyhelminthes and Aschelminthes. Z. zool. Syst. Evolut.-forsch. *15:* 9–35.
RIEGER, R.M. and STERRER, W. (1975): New spicular skeletons in Turbellaria, and the occurrence of spicules in marine meiofauna. Part I. Z. zool. Syst. Evolut.-forsch. *13:* 207–248.
RIEGER, R.M. and TYLER, S. (1974): A new glandular sensory organ in interstitial Macrostomida. I. Ultrastructure. Mikrofauna Meeresboden *42:* 1–41.
– (1979): The homology theorem in ultrastructural research. Am. Zool. *19:* 655–664.
ROBERTS, J.E. (1983): Studies on the development of the female reproductive system in *Schistosoma mansoni.* Parasitology *87:* LVIII–LIX.
ROBINSON, J.M. and BOGITSH, B.J. (1978): A morphological and cytochemical study of sperm development in *Hymenolepis diminuta.* Z. Parasitenk. *56:* 81–92.
ROBINSON, R.D. and HALTON, D.W. (1982): Fine structural observations on spermatogenesis in *Corrigia vitta* (Trematoda: Dicrocoeliidae). Z. Parasitenk. *68:* 53–72.
– (1983): Functional morphology of the tegument of *Corrigia vitta* (Trematoda: Dicrocoeliidae). Z. Parasitenk. *69:* 319–333.
ROBINSON, G. and THREADGOLD, L.T. (1975): Electron microscope studies of *Fasciola hepatica.* XII. The fine structure of the gastrodermis. Exp. Parasitol. *37:* 20–36.
ROEMER, A. van de and HAAS, W. (1984): Fine structure of a lens-covered photoreceptor in the cercaria of *Trichobilharzia ocellata.* Z. Parasitenk. *70:* 391–394.
ROHDE, K. (1970a): The ultrastructure of the protonephridial system of the adult and the free larva of *Multicotyle purvisi.* J. Parasitol. *56,* Sec. II, I: p. 289.

ROHDE, K. (1970 b): Ultrastructure of the flame cells of *Multicotyle purvisi* Dawes. Naturwissenschaften *57:* 398.
– (1971 a): Untersuchungen an *Multicotyle purvisi* Dawes, 1941 (Trematoda: Aspidogastrea) I. Entwicklung und Morphologie. Zool. Jb. Anat. 88: 138–187.
– (1971 b): Untersuchungen an *Multicotyle purvisi* Dawes, 1941 (Trematoda: Aspidogastrea). IV. Ultrastruktur des Integumentes der geschlechtsreifen Form und der freien Larve. Zool. Jb. Anat. *88:* 365–386.
– (1971 c): Untersuchungen an *Multicotyle purvisi* Dawes, 1941 (Trematoda: Aspidogastrea). VI. Ultrastruktur des Spermatozoons. Zool. Jb. Anat. *88:* 399–405.
– (1971 d): Phylogenetic origin of trematodes. Parasitol. Schriftenreihe *21:* 17–27.
– (1971 e): Untersuchungen an *Multicotyle purvisi* Dawes, 1941 (Trematoda: Aspidogastrea). VIII. Elektronenmikroskopischer Bau des Exkretionssystems. Int. J. Parasitol. *1:* 275–286.
– (1972 a): The Aspidogastrea, especially *Multicotyle purvisi* Dawes, 1941. Adv. Parasitol. *10:* 77–151.
– (1972 b): Ultrastructure of the nerves and sense receptors of *Polystomoides renschi* Rohde and *P. malayi* Rohde (Monogenea: Polystomatidae). Z. Parasitenk. *40:* 307–320.
– (1973 a): Ultrastructure of the protonephridial system of *Polystomoides malayi* Rohde and *P. renschi* Rohde (Monogenea: Polystomatidae). Int. J. Parasitol. *3:* 329–333.
– (1973 b): Structure and development of *Lobatostoma manteri* sp. nov. (Trematoda: Aspidogastrea) from the Great Barrier Reef Australia. Parasitology *66:* 63–83.
– (1973 c): Ultrastructure of the caecum of *Polystomoides malayi* Rohde and *P. renschi* Rohde (Monogenea: Polystomatidae). Int. J. Parasitol. *3:* 461–466.
– (1975): Fine structure of the Monogenea, especially *Polystomoides* Ward. Adv. Parasitol. *13:* 1–33.
– (1980): The ultrastructure of *Gotocotyla secunda* and *Hexostoma euthynni.* Angew. Parasitol. *21:* 32–48.
– (1982 a): The flame cells of a monogenean and an aspidogastrean not composed of two interdigitating cells. Zool. Anz. *209:* 311–314.
– (1982 b): Ecology of marine parasites. Univers. Queensland Press, St. Lucia, London, New York: 245 pp.
ROHDE, K. and GEORGI, M. (1983): Structure and development of *Austramphilina elongata* Johnston, 1931 (Cestodaria: Amphilinidea). Int. J. Parasit. *13:* 273–287.
ROSARIO, B. (1964): An electron microscopic study of spermiogenesis in cestodes. J. Ultrastr. Res. *11:* 412–427.
RUPPERT, E. E. (1978): A review of metamorphosis of turbellarian larvae. In: Chia and Rice (eds.) Settlement and metamorphosis of marine invertebrate larvae, Elsevier/North-Holland Biomedical Press, Amsterdam: 65–81.
RUPPERT, E. E. and CARLE, K. J. (1983): Morphology of metazoan circulatory systems. Zoomorphology *103:* 193–208.
RUPPERT, E. E. and RICE, M. E. (1983): Structure, ultrastructure, and function of the terminal organ of a pelagosphera larva (Sipuncula). Zoomorphology *102:* 143–163.
RUPPERT, E. E. and SCHREINER, S. P. (1980): Ultrastructure and potential significance of cerebral light-refracting bodies of *Stenostomum virginianum* (Turbellaria, Catenulida). Zoomorphology *96:* 21–31.
RUSSELL-SMITH, S. M. C. and WELLS, P. D. (1982): Ultrastructural changes in the tegument of *Diplostomum spathaceum* during development from metacercaria to adult. Parasitology *84:* XLII–XLIII.
RYBICKA, K. (1966): Embryogenesis in Cestodes. Adv. Parasitol. *4:* 107–186.
– (1972): Ultrastructure of embryonic envelopes and their differentiation in *Hymenolepis diminuta* (Cestoda). J. Parasitol. *58:* 849–863.
– (1973 a): Ultrastructure of the embryonic syncytial epithelium in a cestode *Hymenolepis diminuta.* Parasitology *66:* 9–18.
– (1973 b): Ultrastructure of macromeres in the cleavage of *Hymenolepis diminuta* (Cestoda). Trans. Am. Micros. Soc. *92:* 241–255.
SAETHER, O. A. (1983): The canalized evolutionary potential: inconsistencies in phylogenetic reasoning. Syst. Zool. *32:* 343–359.
SAKAMOTO, T. (1981): Electron microscopical observations on the egg of *Echinococcus multilocularis.* Mem. Fac. Agr. Kagoshima Univ. *17:* 165–174.
SAKAMOTO, T. and SUGIMURA, M. (1969): Studies on *Echinococcus* XXI. Electron microscopical observations on general structure of larval tissue of multilocular *Echinococcus.* Jap. J. Vet. Res. *17:* 67–80.
– (1970): Studies on Echinococcosis XXIII. Electron microscopical observations on histogenesis of larval *Echinococcus multilocularis.* Jap. J. Vet. Res. *18:* 131–144 (in japanisch).
SALVINI-PLAWEN, L. von (1978): On the origin and evolution of the lower Metazoa. Z. zool. Syst. Evolut.-forsch. *16:* 40–88.

– (1980a): Phylogenetischer Status und Bedeutung der mesenchymaten Bilateria. Zool. Jb. Anat. *103:* 354–373.
– (1980b): Was ist eine Trochophora? Eine Analyse der Larventypen mariner Protostomier. Zool. Jb. Anat. *103:* 389–423.
– (1981): On the origin and evolution of the Mollusca. Atti dei Convegni Lincei *49:* 235–293.
– (1982a): A paedomorphic origin of the oligomerous animals? Zool. Scr. *11:* 77–81.
– (1982b): On the polyphyletic origin of photoreceptors. In: J.A. Westfall (ed.) Visual cells in evolution. Raven Press, New York: 137–154.
SANDEMAN, J.M. and BURT, M.D.B. (1972): Biology of *Bothrimonus (=Diplocotyle)* (Pseudophyllidea: Cestoda): ecology, life cycle, and evolution: a review and synthesis. J. Fish. Res. Board. Can. *29:* 1381–1395.
SARNAT, H.B. (1984): Muscle histochemistry of the planarian *Dugesia tigrina* (Turbellaria: Tricladida): implications in the evolution of muscle. Trans. Am. Microsc. Soc. *103:* 284–294.
SATO, M., OH, M. and SAKODA, K. (1967): Electron microscopic study of spermatogenesis in the lung fluke *(Paragonimus miyazakii).* Z. Zellforsch. *77:* 232–243.
SAUZIN, M.-J. (1967): Etude ultrastructurale de la différenciation du néoblaste au cours de la régénération de la Planaire *Dugesia gonocephala.* I. Différenciation en cellule nerveuse. Bull. Soc. Zool. France *92:* 313–318.
SAUZIN-MONNOT, M.-J. (1973): Etude ultrastructurale des néoblastes de *Dendrocoelum lacteum* au cours de la régénération. J. Ultrastr. Res. *45:* 206–222.
SCHÄLLER, G. (1960): Beitrag zum Problem der Keimzellenbildung bei Trematodenlarven. Z. Parasitenk. *20:* 146–151.
SCHAUINSLAND, H. (1886): Die embryonale Entwicklung der Bothriocephalen. Jenaische Z. Naturwiss. *19:* 520–572.
SCHELL, S.C. (1982): Trematoda. In: S.P. Parker (ed.) Synopsis and classification of living organisms, Vol. *1,* McGraw-Hill, New York: 740–807.
SCHILT, J. (1976): Aspect ultrastructural de l'ovovitelloducte de *Dugesia lugubris* O. Schmidt (Turbellaria, Triclade). Bull. Soc. Zool. France *101:* 527–533.
– (1978): Structure de l'extrémité céphalique de l'ovovitelloducte de *Dugesia lugubris* O. Schmidt (Turbellarie, Triclade). Bull. Soc. Zool. France *103:* 107–111.
SCHMIDT, G.A. (1966): Evolutionäre Ontogenie der Tiere. Akademie-Verlag. Berlin.
SCHMIDT, G.D. and ROBERTS, L.S. (1981): Foundations of parasitology, 2nd. edition, C. v. Mosby Co., Saint Louis, 795 pp.
SCHMIDT, H. und ZISSLER, D. (1979): Die Spermien der Anthozoen und ihre phylogenetische Bedeutung. Zoologica *44:* 1–97.
SCHOCKAERT, E.R. (1985): Phylogenetic relationships within the Seriata: an alternative. Hydrobiologia (im Druck).
SCHOCKAERT, E.R. and BEDINI, C. (1977): Observations on the ultrastructure of the proboscis epithelia in *Polycystis naegelii* Kölliker (Turbellaria Eukalyptorhynchia) and some associated structures. Acta Zool. Fennica *154:* 175–191.
SEILERN-ASPANG, F. (1957): Die Entwicklung von *Macrostomum appendiculatum* (Fabricius). Zool. Jb. Anat. *76:* 311–330.
SEKUTOWICZ, St. (1934): Untersuchungen zur Entwicklung und Biologie von *Caryophyllaeus laticeps* (Pall). Mém. Acad. Polon. Sci. Lettr. Sér. B, Sci. Nat. *6:* 11–26.
SELF, J.T., PETERS, L.E. and DAVIS, C.E. (1963): The egg, miracidium, and adult of *Nematobothrium texomensis* (Trematoda: Digenea). J. Parsitenk. *49:* 731–736.
SENFT, A.W., PHILPOTT, D.E. and PELOFSKY, A.H. (1961): Electron microscope observations of the integument, flame cells, and gut of *Schistosoma mansoni.* J. Parasitol. *47:* 217–229.
SHAPIRO, J.E., HERSHENOV, B.R. and TULLOCH, G.S. (1961): The fine structure of *Haematoloechus* spermatozoan tail. J. Biophys. Biochem. Cytol. *9:* 211–217.
SHAW, M.K. (1979a): The ultrastructure of the clamp wall of the monogenean gill parasite *Gastrocotyle trachuri.* Z. Parasitenk. *58:* 243–258.
– (1979b): The ultrastructure of the clamp sclerites in *Gastrocotyle trachuri* and other clamp-bearing monogeneans. Z. Parasitenk. *59:* 43–51.
– (1980): The ultrastructure of the epidermis of *Diplectanum aequans* (Monogenea). Parasitology *80:* 9–21.
– (1981): The ultrastructure of the pseudohaptoral squamodiscs of *Diplectanum aequans* (Monogenea). Parasitology *82:* 231–240.
– (1982): The fine structure of the brain of *Gastrocotyle trachuri* (Monogenea: Platyhelminthes). Cell Tiss. Res. *226:* 449–460.

Shaw, M.K. and Erasmus, D.A. (1982): *Schistosoma mansoni:* the presence and ultrastructure of vitelline cells in adult males. J. Helminthol. *56:* 51–53.
Shirasawa, Y. and Makino, N. (1981): Light and electron microscopic studies on the normal and the regenerating photoreceptor of a land planarian *(Bipalium fuscatum).* Bull. Tokyo Med. Coll. *7:* 35–50.
– (1982): The effect of light and darkness on the regenerating eyes of a land planarian (*Bipalium* sp. type III). Bull. Tokyo Med. Coll. *8:* 75–87.
Short, R.B. (1983): Presidental address. J. Parasitol. *69:* 3–22.
Siewing, R. (1969): Lehrbuch der vergleichenden Entwicklungsgeschichte der Tiere. P. Parey, Hamburg u. Berlin: 531 pp.
– (1976): Probleme und neuere Erkenntnisse in der Großsystematik der Wirbellosen. Verh. Dt. Zool. Ges. *1976:* 59–83.
– (1980 a): Körpergliederung und phylogenetisches System. Zool. Jb. Anat. *103:* 196–210.
– (1980 b): Das Archicoelomatenkonzept. Zool. Jb. Anat. *103:* 439–482.
– (1981): Problems and results of research on the phylogenetic origin of Coelomata. Atti dei Convegni Lincei *49:* 123–160.
Silk, M.H. and Spence, J.M. (1969): Ultrastructural studies of the blood fluke – *Schistosoma mansoni.* II. The musculature. S. Afri. J. med. Sci. *34:* 11–20.
Silveira, M. (1968): Action de la pepsine sur un flagelle du type „9 + 1". Experientia *24:* 1243–1245.
– (1969): Ultrastructural studies on a „nine plus one" flagellum. J. Ultrastr. Res. *26:* 274–288.
– (1970): Characterization of an unusual nucleus by electron microscopy. J. Submicr. Cytol. *2:* 13–24.
– (1972): Association of polysaccharide material with certain flagellar and ciliary structures in turbellarian flatworms. Rev. de Micr. Electr. (Mêridia) *1* (Abstr.): 96.
– (1973): Intraaxonemal glycogen in „9 + 1" flagella of flatworms. J. Ultrastr. Res. *44:* 253–264.
– (1975): The fine structure of 9 + 1 flagella in turbellarian flatworms. In: B.A. Afzelius (ed.) The functional anatomy of the spermatozoon, Pergamon Press, Oxford: 289–298.
Silveira, M. and Corinna, A. (1976): Fine structural observations on the protonephridium of the terrestrial triclad *Geoplana pasipha.* Cell Tiss. Res. *168:* 455–463.
Silveira, M. and Porter, K.R. (1964): The spermatozoids of flatworms and their microtubular systems. Protoplasma *59:* 240–265.
Simmons, J.E. (1974): *Gyrocotyle:* a century – old enigma. In: W.B. Vernberg (ed.) Symbiosis in the Sea. Belle W. Baruch Libr. Sci., Vol. *2:* 195–218.
Skaer, R.J. (1965): The origin and continuous replacement of epidermal cells in the planarian *Polycelis tenuis* (Iijima). J. Embryol. exp. Morph. *13:* 129–139.
Slais, J. (1973): Functional morphology of cestode larvae. Adv. Parasitol. *11:* 395–480.
Slais, J., Serbus, C. and Schramlova, J. (1971): The microscopical anatomy of the bladder wall of *Cysticercus bovis* at the electron microscope level. Z. Parasitenk. *36:* 304–320.
Smith III, J.P.S. (1981): Fine – structural observations on the central parenchyma in *Convoluta* sp. Hydrobiologia *84:* 259–265.
Smith III, J.P.S. and Tyler, S. (1983): Fine structure of the frontal organ in *Diopisthoporus* sp. (Turbellaria Acoela). Am. Zool. *23:* 1023.
– (1985): The acoel turbellarians: kingpins of metazoan evolution or a specialized offshoot? In: S. Conway Morris, J.D. George, R. Gibson and H.M. Platt (eds.) The origins and relationships of lower Invertebrates. Oxford University Press, Oxford (im Druck).
Smith III, J.P.S., Tyler, S. and Rieger, R.M. (1985): Is the Platyhelminthes polyphyletic? Hydrobiologia (im Druck).
Smith III, J., Tyler, S., Thomas, M.B. and Rieger, R.M. (1982): The morphology of Turbellarian rhabdites: phylogenetic implications. Trans. Am. Microsc. Soc. *101:* 209–228.
Smyth, J.D. (1976, reprinted 1979, 1981): Introduction to animal parasitology, 2nd. edition. Hodder and Stoughton, London, 466 pp.
Smyth, J.D. and Clegg, J.A. (1959): Egg-shell formation in trematodes and cestodes. Exp. Parasitol. *8:* 286–323.
Smyth, J.D. and Halton, D.W. (1983): The physiology of trematodes, 2nd. edition. Cambridge University Press, Cambridge, 446 pp.
So, F.W. and Wittrock, D.D. (1982): Ultrastructure of the metacercarial cyst of *Ornithodiplostomum ptychocheilus* (Trematoda: Diplostomatidae) from the brains of fathead minnows. Trans. Am. Micr. Soc. *101:* 181–185.
Solon, M.H. and Koopowitz, H. (1982): Multimodal interneurons in the polyclad flatworm, *Alloeoplana californica.* J. Comp. Physiol. *147:* 171–178.

Soltynska, M.S., Mroczka, B. and Moraczewski, J. (1976): Ultrastructure of epidermis in Turbellaria from the family Catenulida (Archoophora). J. Submicr. Cytol. *8:* 293–301.

Sopott-Ehlers, B. (1979): Ultrastruktur der Haftapparate von *Nematoplana coelogynoporoides* (Turbellaria, Proseriata). Helgoländer wiss. Meeresunters. *32:* 365–373.

– (1982): Ultrastruktur potentiell photoreceptorischer Zellen unterschiedlicher Organisation bei einem Proseriat (Plathelminthes). Zoomorphology *101:* 165–175.

– (1984 a): Feinstruktur pigmentierter und unpigmentierter Photoreceptoren bei Proseriata (Plathelminthes). Zool. Scr. *13:* 9–17.

– (1984 b): Epidermale Collar-Receptoren der Nematoplanidae und Polystyliphoridae (Plathelminthes, Unguiphora). Zoomorphology *104:* 226–230.

– (1985 a): The phylogenetic relationships within the Seriata (Plathelminthes). In: S. Conway Morris, J. D. George, R. Gibson and H. M. Platt (eds.) The origins and relationships of lower Invertebrates. Oxford University Press, Oxford (im Druck).

– (1985 b): Fine-structural characteristics of female and male germ cells in Proseriata Otoplanidae (Plathelminthes). Hydrobiologia (im Druck).

Sopott-Ehlers, B. und Schmidt, P. (1974): Interstitielle Fauna von Galapagos XII. *Myozona* Marcus (Turbellaria, Macrostomida). Mikrofauna Meeresboden *46:* 1–19.

– (1975): Interstitielle Fauna von Galapagos XIV. Polycladida (Turbellaria). Mikrofauna Meeresboden *54:* 1–32.

Southgate, V. R. (1970): Observations on the epidermis of the miracidium and on the formation of the tegument of the sporocyst of *Fasciola hepatica.* Parasitology *61:* 177–190.

Spengel, J. W. (1905): Die Monozootie der Cestoden. Z. wiss. Zool. *82:* 252–287.

Spiegelman, M. and Dudley, P. L. (1973): Morphological stages of regeneration in the planarian *Dugesia tigrina:* a light and electron microscopic study. J. Morph. *139:* 155–184.

Starck, D. und Siewing, R. (1980): Zur Diskussion der Begriffe Mesenchym und Mesoderm. Zool. Jb. Anat. *103:* 374–388.

Steinböck, O. (1931): Ergebnisse einer von E. Reisinger und O. Steinböck mit Hilfe des Rask-Ørsted Fonds durchgeführten Reise in Grönland 1926. 2. *Nemertoderma bathycola* nov. gen. nov. spec., eine einzigartige Turbellarie aus der Tiefe der Diskobay; nebst einem Beitrag zur Kenntnis des Nemertinenepithels. Vidensk. Medd. fra Dansk. naturh. Foren. *90:* 47–84.

– (1938): Über die Stellung der Gattung *Nemertoderma* Steinböck im System der Turbellarien. Acta Soc. Fauna Flora Fennica *62:* 1–26.

– (1966): Die Hofsteniiden (Turbellaria Acoela). Grundsätzliches zur Evolution der Turbellarien. Z. zool. Syst. Evolut.-forsch. *4:* 58–195.

Stéphan-Dubois, F. et Gusse, M. (1974): Origine et différenciation des cellules vitellines lors de la régénération saisonnière des vitellogènes, chez la planaire *Dendrocoelum lacteum.* Wilh. Roux'Arch. Dev. Biol. *174:* 181–194.

Stern, C. (1925): Die Mitose der Epidermiskerne von *Stenostomum.* Z. Zellforsch. *2:* 121–128.

Sterrer, W. (1972): Systematics and evolution within the Gnathostomulida. Syst. Zool. *21:* 151–173.

Sterrer, W. and Rieger, R. (1974): Retronectidae – a new cosmopolitan marine family of Catenulida (Turbellaria). In: N. W. Riser and M. P. Morse (eds.) Biology of the Turbellaria, McGraw-Hill Co., New York: 63–92.

Stricker, S. A. and Cloney, R. A. (1983): The ultrastructure of venom-producing cells in *Paranemertes peregrina* (Nemertea, Hoplonemertea). J. Morph. *177:* 89–107.

Stricker, S. A. and Reed, C. G. (1981): Larval morphology of the nemertean *Carcinonemertes epialti* (Nemertea: Hoplonemertea). J. Morph. *169:* 61–70.

Strong, P. A. and Bogitsh, B. J. (1973): Ultrastructure of the lymph system of the trematode *Megalodiscus temperatus.* Trans. Am. Microsc. Soc. *92:* 570–578.

Stunkard, H. W. (1963): Systematics, taxonomy, and nomenclature of the Trematoda. Quart. Rev. Biol. *38:* 221–233.

– (1967): Platyhelminthic parasites of invertebrates. J. Parasitol. *53:* 673–682.

– (1970): Trematode parasites of insular and relict vertebrates. J. Parasitol. *56:* 1041–1054.

– (1975): Life-histories and systematics of parasitic flatworms. Syst. Zool. *24:* 378–385.

Sugino, H., Okuno, Y., Ono, T. and Sakuma, E. (1969): Studies on the regeneration of epidermis in freshwater planarian, *Dugesia japonica.* Mem. Osaka Kyoiku Univ., Ser. III, Vol. *18:* 29–41.

Sulgostowska, T. (1978): Histology and histogenesis of the reproductive system of the Cestodes: hermaphroditic, with the tendency to dioecism and dioecions. 4. Internat. Congr. Parasitol. *1978* Warschau, B: 34–35.

SUN, C. N. (1972): The fine structure of sperm tail of cotton rat tapeworm *Hymenolepis diminuta.* Cytobiol. *6:* 382–386.
SUN, C. N., CHENG CHEW, S. B. and WHITE, H. J. (1979): The fine structure of smooth muscle in *Bipalium kewense* Mosely, its possible relation to evolution of skeletal muscle. Cytologia *44:* 181–190.
SURFACE, F. M. (1908): The early development of a polyclad, *Planocera inquilina* Wh. Proc. Acad. Natur. Sc. *59:* 514–559.
SWEDMARK, B. (1964): The interstitial fauna of marine sand. Biol. Rev. *39:* 1–42.
SWEETING, R. (1976): An experimental demonstration of the life cycle of a diplostomulum from *Lampetra fluviatilis* Linnaeus, 1758. Z. Parasitenk. *49:* 233–242.
SWIDERSKI, Z. (1968): The fine structure of the spermatozoon of sheep tapeworm, *Moniezia expansa* (Rud., 1810) (Cyclophyllidea, Anoplocephalidae). Zool. Polon. *18:* 475–486.
– (1970): An electron microscope study of spermatogenesis in cyclophyllidean Cestodes with emphasis on the comparison of fine structure of mature spermatozoa. J. Parasitol. *56, II:* 337.
– (1972): La structure fine de l'oncosphère du cestode *Catenotaenia pusilla* (Goeze, 1782) (Cyclophyllidea, Catenotaeniidae) La Cellule *69:* 207–237.
– (1973): Electron microscopy and histochemistry of oncospheral hook formation by the cestode *Catenotaenia pusilla.* Int. J. Parasit. *3:* 27–33.
– (1976 a): Fine structure of the spermatozoon of *Lacistorhynchus tenuis* (Cestoda, Trypanorhyncha). Proc. 6th. Europ. Congr. Electr. Microsc. Jerusalem: 309–310.
– (1976 b): Fertilization in the cestode *Hymenolepis diminuta* (Cyclophyllidea, Hymenolepidae). Proc. 6th Europ. Electr. Micros. Jerusalem: 311–312.
– (1976 c): Oncospheral hook morphogenesis in the Davaineid cestode *Inermicapsifer madegascariensis* (Devaine, 1870) Baer, 1956. Int. J. Parasitol. *6:* 495–504.
– (1981): Reproductive and developmental biology of the Cestodes. In: W. H. Clark, Jr. and T. S. Adams (eds.) Advances in Invertebrate Reproduction. Elsevier/North-Holland, New York, Amsterdam, Oxford: 365–366.
– (1982): *Echinococcus granulosus:* embryonic envelope formation. Proceed. 10th Intern. Congr. Microsc. Hamburg *1982,* Vol. *3:* 513–514.
– (1983): *Echinococcus granulosus:* hook-muscle systems and cellular organisation of infective oncospheres. Int. J. Parasitol. *13:* 289–299.
SWIDERSKI, Z. and EKLU-NATEY, R. D. (1978): Fine structure of the spermatozoon of *Protocephalus longicollis* (Cestode: Proteocephalidae) Proc. 9th Int. Congr. Electr. Microsc. Toronto *2:* 572–573.
SWIDERSKI, Z. and EKLU-NATEY, D. T. (1980): *Schistosoma haematobium:* ultrastructure of the parenchyma and the germinative cells in the miracidium. Electron Microscopy *2:* 214–215.
SWIDERSKI, Z., EKLU-NATEY, D. T., MOCZON, T., HUGGEL, H. and SUBILIA, L. (1982): Embryogenesis in *Schistosoma haematobium:* egg envelope formation. Proceed. 10th Intern. Congr. Elect. Microsc. Hamburg *1982,* Vol. *3:* 607–608.
SWIDERSKI, Z., EKLU-NATEY, R. D., SUBILIA, L. and HUGGEL, H. (1978): Fine structure of the vitelline cells in the cestode *Proteocephalus longicollis* (Proteocephalidae). Proceed. 9th Int. Congr. Electr. Micr. Toronto *2:* 442–443.
SWIDERSKI, Z., EUZET, L. et SCHÖNENBERGER, N. (1975): Ultrastructures du système néphridien des cestodes cyclophyllides *Catenotaenia pusilla* (Goeze, 1782), *Hymenolepis diminuta* (Rudolphi, 1819) et *Inermicepsifer madagascariensis* (Davaine, 1870) Baer, 1956. La Cellule *71:* 7–18.
SWIDERSKI, Z., HUGGEL, H. and SCHÖNENBERGER, N. (1970 a): The role of the vitelline cell in the capsule formation during embryogeneses in *Hymenolepis diminuta* (Cestoda). C. R. 7° Congr. intern. Microsc. Elect. Grenoble *3:* 669–670.
– (1970 b): Comparative fine structure of vitelline cells in Cyclophyllidean Cestodes. C. R. 7° Congr. intern. Microsc. Electr. Grenoble *3:* 825–826.
SWIDERSKI, Z. and MACKIEWICZ, J. S. (1976 a): Electron microscope study of vitellogenesis in *Glaridacris catostomi* (Cestoidea: Caryophyllidea). Int. J. Parasitol. *6:* 61–73.
– (1976 b): Fine structure of the spermatozoon of *Glaridacris catostomi* (Cestoidea: Caryophyllidea). Proc. 6th Europ. Congr. Electr. Microsc. Jerusalem *1976:* 307–308.
SWIDERSKI, Z. et MOKHTAR, F. (1974): Etude de la vitellogénèse de *Bothriocephalus clavibothrium* Ariola, 1899 (Cestoda, Pseudophyllidea). Z. Parasitenk. *43:* 135–149.
SWIDERSKI, Z. et MOKHTAR-MAAMOURI, F. (1980): Etude de la spermatogénèse de *Bothriocephalus clavibothrium* Ariola, 1899 (Cestoda: Pseudophyllidea). Archs. Inst. Pasteur Tunis *57:* 323–347.
SWIDERSKI, Z., MOSER, P. and EKLU-NATEY, D. T. (1980): The fine structure of protective envelopes of the egg of *Schistosoma mansoni.* Electron Microsc. 2 (Proceed. 7th Europ. Congr. Electr. Microsc. The Hague): 218–219.

SWIDERSKI, Z. and SUBILIA, L. (1978): Electron microscopy of embryonic envelope formation by the cestode *Proteocephalus longicollis* (Zeder, 1800) (Proteocephalidea). Proc. 9th Intern. Congr. Electr. Microsc. Toronto *2:* 444–445.

TAMM, S.L. (1982): Ctenophora. In: G.A.B. Shelton (ed.) Electrical conduction and behaviour in „simple" invertebrates. Clarendon Press, Oxford: 266–358.

TAYLOR, D.L. (1971): On the symbiosis between *Amphidinium klebsii* (Dinophyceae) and *Amphiscolops langerhansi* (Turbellaria: Acoela). J. mar. biol. Ass. U.K. *51:* 301–313.

TESHIROGI, W., ISHIDA, S. and JATANI, K. (1981): On the early development of some Japanese polyclads. Rep. Fukawa Mar. Biol. Lab. *9:* 2–31.

TEUCHERT, G. (1967): Zum Protonephridialsystem mariner Gastrotrichen der Ordnung Macrodasyoidea. Marine Biology *1:* 110–112.

– (1968): Zur Fortpflanzung und Entwicklung der Macrodasyoidea (Gastrotricha). Z. Morph. Tiere *63:* 343–418.

– (1973): Die Feinstruktur des Protonephridialsystems von *Turbanella cornuta* Remane, einem marinen Gastrotrich der Ordnung Macrodasyoidea. Z. Zellforsch. *136:* 277–289.

– (1977): The ultrastructure of the marine gastrotrich *Turbanella cornuta* Remane (Macrodasyoidea) and its functional and phylogenetical importance. Zoomorphologie *88:* 189–246.

THOMAS, VI, L.P. (1983): Fine structure of the tentacles and associated microanatomy of *Haplobothrium globuliforme* (Cestoda: Pseudophyllidea). J. Parasitol. *69:* 719–730.

THOMAS, M.B. (1975): The structure of the 9 + 1 axonemal core as revealed by treatment with trypsin. J. Ultrastr. Res. *52:* 409–422.

THOMAS, M.B. and HENLEY, C. (1971): Substructure of the cortical singlet microtubules in spermatozoa of *Macrostomum* (Platyhelminthes, Turbellaria) as revealed by negative staining. Biol. Bull. *141:* 592–601.

THOMPSON, M. and HALTON, D.W. (1982): The surface morphology of a gasterostome trematode, *Bucephaloides gracilescens.* Parasitol. *84:* LXXII.

THOMPSON, R.C.A., HAYTON, A.R. and JUE SUE, L.P. (1980): An ultrastructural study of the microtriches of adult *Proteocephalus tidswelli* (Cestoda: Proteocephalidea). Z. Parasitenk. *64:* 95–111.

THREADGOLD, L.T. (1975 a): *Fasciola hepatica:* the ultrastructure of the epithelium of the seminal vesicle, the ejaculatory duct and the cirrus. Parasitology *71:* 437–443.

– (1975 b): Electron microscope studies of *Fasciola hepatica.* III. Fine structure of the prostate gland. Exp. Parasitol. *37:* 117–124.

– (1982): *Fasciola hepatica:* stereological analysis of vitelline cell development. Exp. Parasitol. *54:* 352–365.

– (1984): Parasitic Platyhelminths. In: J. Bereiter-Hahn, A.G. Matoltsy and K.S. Richards (eds.) Biology of the Integument, Vol. *1.* Springer, Berlin, Heidelberg, New York, Tokyo: 132–191.

THULIN, J. (1980): Scanning electron microscope observations of *Aporocotyle simplex* Odhner, 1900 (Digenea: Sanguinicolidae) Z. Parasitenk. *63:* 27–32.

– (1982): Structure and function of the female reproductive ducts of the fish blood-fluke *Aporocotyle simplex* Odhner, 1900 (Digenea: Sanguinicolidae) Sarsia *67:* 227–248.

TIMOFEEV, V.A. and KUPERMAN, B.J. (1967): Ultrastructure of the external integument of the coracidium of *Triaenophorus nodulosus* (Pall.). Parazitologiya *1:* 124–129.

TIMOFEEVA, T.A. (1975): On the evolution and phylogeny of Aspidogastrids. Parazitologiya (Leningrad) *9:* 105–111 (in russisch).

TINSLEY, R.C. (1973): Ultrastructural studies on the form and function of the gastrodermis of *Protopolystoma xenopi* (Monogenoidea: Polypisthocotylea). Biol. Bull. *144:* 541–555.

– (1983 a): Ovoviviparity in platyhelminth life-cycles. Parasitology *86:* 161–196.

– (1983 b): Ecological and phylogenetic specificity amongst polystomatid monogeneans. Parasitology *87:* XI–XII.

TONGU, Y., SAKUMOTO, D., SUGURI, S., ITANO, K., INATOMI, S. and KAMACHI, S. (1970): The ultrastructure of helminth. 5. *Cercaria longissima.* Jap. J. Parasitol. *19:* 128–135.

TORII, M. (1983): The fine structure of the sensory cells of the plerocercoid of *Spirometra erinacei.* Jap. J. Parasit. *32:* 109–124.

TRUEMAN, E.R. (1975): The locomotion of soft-bodied animals. Edward Arnold Ltd. London: 200 pp.

TULLOCH, G.S. and HERSHENOV, B.R. (1967): Fine structure of platyhelminth sperm tails. Nature (Lond.) *213:* 299–300.

TURBEVILLE, J.M. and RUPPERT, E.E. (1983): Epidermal muscles and peristaltic burrowing in *Carinoma tremaphoros* (Nemertini): correlates of effective burrowing without segmentation. Zoomorphology *103:* 103–120.

Tuzet, O. et Ktari, M.-H. (1971 a): Recherches sur l'ultrastructure du spermatozoide de quelques monogènes. Bull. Soc. Zool. France *96:* 535–540.
– (1971 b): La spermiogenèse et la structure du spermatozoide de *Microcotyle mormyri* Lorenz, 1878 (Monogenea). C. R. Acad. Sc. Paris *272, Sér. D:* 2702–2705.
Tyler, S. (1973): An adhesive function for modified cilia in an interstitial turbellarian. Acta Zool. *54:* 139–151.
– (1976): Comparative ultrastructure of adhesive systems in the Turbellaria. Zoomorphologie *84:* 1–76.
– (1977): Ultrastructure and systematics: an example from turbellarian adhesive organs. Mikrofauna Meeresboden *61:* 271–286.
– (1979): Distinctive features of cilia in metazoans and their significance for systematics. Tissue Cell *11:* 385–400.
– (1981): Development of cilia in embryos of the turbellarian *Macrostomum.* Hydrobiologia *84:* 231–239.
– (1983): Functional anatomy of turbellarian epidermis at the ultrastructural level. Trans. Am. Microsc. Soc. *102:* 87–88.
– (1984 a): Ciliogenesis in embryos of the acoel turbellarian *Archaphanostoma.* Trans. Am. Microsc. Soc. *103:* 1–15.
– (1984 b): Turbellarian Platyhelminths. In: J. Bereiter-Hahn, A. G. Motoltsy and K. S. Richards (eds.) Biology of the Integument, Vol. *1.* Springer, Berlin, Heidelberg, New York, Tokyo: 112–131.
Tyler, S. and Melanson, L. (1979): Cytochemistry of adhesive organs in lower metazoans. Am. Zool. *19:* 985.
Tyler, S. and Rieger, G. E. (1980): Adhesive organs of the Gastrotricha. I. Duo-gland organs. Zoomorphologie *95:* 1–15.
Tyler, S. and Rieger, R. M. (1975): Uniflagellate spermatozoa in *Nemertoderma* (Turbellaria) and their phylogenetic significance. Science *188:* 730–732.
– (1977): Ultrastructural evidence for the systematic position of the Nemertodermatida (Turbellaria). Acta Zool. Fennica *154:* 193–207.
Ubelaker, J. E. (1980): Structure and ultrastructure of the larvae and metacestodes of *Hymenolepis diminuta.* In: H. P. Arai (ed.) Biology of the tapeworm *Hymenolepis diminuta.* Acad. Press, New York: 59–156.
Valkanov, A. (1938): Cytologische Untersuchungen über die Rhabdocoelen. Jb. Univ. Sofia, phys.-nath. Fak. *34:* 321–402.
Vanfleteren, J. R. (1982): A monophyletic line of evolution? Ciliary induced photoreceptor membranes. In: J. A. Westfall (ed.) Visual cells in evolution., Raven Press, New York: 107–136.
Van Name, W. G. (1899–1900): The maturation, fertilization and early development of the planarians. Transact. Connecticut Acad. *10:* 291–300.
Verheyen, A., Vanparijs, O., Borgers, M. and Thienpont, D. (1978): Scanning electron microscopic observations of *Cysticercus fasciolaris* (= *Taenia taeniaeformis*) after treatment of mice with mebendazole. J. Parasitol. *64:* 411–425.
Vik, R. (1981): Evolution in Cestodes. In: Evolution of Helminths (Workshop 13, EMOP 3). Parasitology *82:* 163–164.
Wardle, R. A. and McLeod, J. A. (1952): The zoology of tapeworms. Univ. Minnesota Press, Minneapolis, 780 pp.
Wardle, R. A., McLeod, J. A. and Radinovsky, S. (1974): Advances in the zoology of tapeworms, 1950–1970. Univers. Minnesota Press, Minneapolis, 274 pp.
Watrous, L. E. and Wheeler, Q. D. (1981): The out-group comparison method of character analysis. Syst. Zool. *30:* 1–11.
Webb, R. A. (1977): The organization and fine structure of the muscles of the scolex of the cysticercoid of *Hymenolepis microstoma.* J. Morph. *154:* 339–356.
Webb, R. A. and Davey, K. G. (1974): Ciliated sensory receptors of the unactivated metacestode of *Hymenolepis microstoma.* Tissue Cell *6:* 587–598.
– (1975): Ultrastructural changes in an unciliated sensory receptor during activation of the metacestode of *Hymenolepis microstoma.* Tissue Cell *7:* 519–524.
Wessing, A. and Polenz, A. (1974): Structure, development and function of the protonephridium in trochophores of *Pomatoceros triqueter* (Annelida, Polychaeta, Sedentaria). Cell Tiss. Res. *156:* 21–33.
Westblad, E. (1930): *Anoplodiera voluta* and *Wahlia macrostylifera,* zwei neue parasitische Turbellarien aus *Stichopus tremulus.* Z. Morph. Ökol. Tiere *19:* 397–426.
– (1937): Die Turbellarien-Gattung *Nemertoderma* Steinböck. Acta Soc. Fauna Flora Fennica *60:* 45–89.
– (1940): Studien über skandinavische Turbellaria Acoela I. Ark. Zool. *32 A:* 1–28.

– (1950): On *Meara stichopi* (Bock) Westblad, a new representative of Turbellaria Archoophora. Ark. Zool. *1:* 43–57.
– (1954): Some Hydroidea and Turbellaria from Western Norway (with description of three new species of Turbellaria). Univ. Bergen Arbok 1954, Naturvit. rekke *10:* 1–22.
WESTHEIDE, W. (1978): Ultrastructure of the genital organs in interstitial polychaetes. I. Structure, development, and function of the copulatory stylets in *Microphthalmus* cf. *listensis.* Zoomorphologie *91:* 101–118.
– (1984): The concept of reproduction in polychaetes with small body size: adaptations in interstitial species. In: A. Fischer und H. D. Pfannenstiel (eds.) Polychaete Reproduction. Fortschritte der Zoologie *29:* 265–287.
WETZEL, B.K. (1962): Contributions to the cytology of *Dugesia tigrina* (Turbellaria) protonephridia. Proceed. 5th Intern. Congr. Elect. Microsc., Philad. *2:* Q–10.
WHITFIELD, P.J. (1981): The nutrition of larval digeneans and their hosts. In: Parasitic infection and host nutrition (Workshop 2, EMOP 3). Parasitology *82:* 36–38.
WHITFIELD, P.J., ANDERSON, R.M. and MOLONEY, N.A. (1975): The attachment of cercariae of an ectoparasitic digenean, *Transversotrema patialensis,* to the fish host: behavioural and ultrastructural aspects. Parasitology *70:* 311–329.
WHITFIELD, P.J. and EVANS, N.A. (1983): Parthenogenesis and asexual multiplication among parasitic Platyhelminths. Parasitology *86:* 121–160.
WIKEL, S.K. and BOGITSH, B.J. (1974): *Schistosoma mansoni:* penetration apparatus and epidermis of the miracidium. Exp. Parasitol. *36:* 342–354.
WIKGREN, B.-J.P. and GUSTAFSSON, M.K.S. (1971): Cell proliferation and histogenesis in diphyllobothriid tapeworms (Cestoda). Acta Acad. Abo. Ser. B. *31:* 1–10.
WILEY, E.O. (1981): Phylogenetics. The theory and practice of phylogenetic systematics. Wiley – Interscience, New York, 439 pp.
WILLIAMS, H.H. and BRAY, R.A. (1984): *Chimaerocestos prudhoei* gen. et sp. nov., representing a new family of Tetraphyllideans and the first record of strobilate tapeworms from a holocephalan. Parasitology *88:* 105–116.
WILLIAMS, J.B. (1975): Studies on the epidermis of *Temnocephala.* I. Ultrastructure of the epidermis of *Temnocephala novae-zealandiae.* Aust. J. Zool. *23:* 321–331.
– (1977): Studies on the epidermis of *Temnocephala.* II. Epidermal sensory receptors of *Temnocephala novae-zealandiae.* Aust. J. Zool. *25:* 187–191.
– (1980 a): Studies on the epidermis of *Temnocephala.* V. Further observations on the ultrastructure of the epidermis of *Temnocephala novae-zealandiae,* including notes on the glycocalyx. Aust. J. Zool. *28:* 43–57.
– (1980 b): Morphology of a species of *Temnocephala* (Platyhelminthes) ectocommensal on the isopod *Phreatvicopsis terricola.* J. Nat. Hist. *14:* 183–200.
– (1981 a): Classification of the Temnocephaloidea (Platyhelminthes). J. Nat. Hist. *15:* 277–299.
– (1981 b): The protonephridial system of *Temnocephala novaezealandiae:* structure of the flame cells and main vessels. Aust. J. Zool. *29:* 131–146.
– (1983): The genital system of *Temnocephala.* I. Ultrastructural features of the differentiating spermatid of *Temnocephala novaezealandiae,* indicating notes on a possible correlation between cellular autophagy and mitochondrial function. Aust. J. Zool. *31:* 317–331.
– (1984): The genital system of *Temnocephala.* II. Further observations on the spermatogenesis of *Temnocephala novaezealandiae,* with particular reference to the mitochondria. Aust. J. Zool. *32:* 447–461.
WILSON, R.A. (1969 a): The fine structure of the protonephridial system in the miracidium of *Fasciola hepatica.* Parasitology *59:* 461–467.
– (1969 b): Fine structure of the tegument of the miracidium of *Fasciola hepatica* L. J. Parasitol. *55:* 124–133.
– (1969 c): Fine structure and organization of the musculature in the miracidium of *Fasciola hepatica.* J. Parasitol. *55:* 1153–1161.
WILSON, R.A., PULLIN, R. and DENISON, J. (1971): An investigation of the mechanism of infection by digenetic trematodes: the penetration of the miracidium of *Fasciola hepatica* into its snail host *Lymnaea truncatula.* Parasitology *63:* 491–506.
WILSON, R.A. and WEBSTER, L.A. (1974): Protonephridia. Biol. Rev. *49:* 127–160.
WISSOCQ, J.-C. et MALECHA, J. (1975): Etude des spermatozoides d'hirudinees à l'aide de la technique de coloration negative. J. Ultrastr. Res. *52:* 340–361.
WITTROCK, D.D. (1982): Structure and origin of the eggshell of *Quinqueserialis quinqueserialis* (Trematoda: Notocotylidae). Z. Parasitenk. *67:* 37–44.

Woude, van d. (1954): Germ cell cycle of *Megalodiscus temperatur* (Stafford, 1905) Harwood, 1932 (Paramphistomidae: Trematoda). Am. Midl. Nat. *51:* 172–202.

Xylander, W. (1984): A presumptive ciliary photoreceptor in larval *Gyrocotyle urna* Grube and Wagener (Cestoda). Zoomorphology *104:* 21–25.

Yamane, Y. (1968): On the fine structure of *Diphyllobothrium crinacei* with special reference to the tegument. Yonago Acta Medica *12:* 169–181.

Young, J.O. (1976): A new genus in the order Catenulida Meixner, 1924 (Platyhelminthes: Turbellaria) from Kenya, East Africa. Zool. Anz. *196:* 189–195.

Yoshida, M. (1979): Extraocular photoreception. In: H. Autrum (ed.) Handbook of Sensory Physiology *VII/6A,* Springer, Berlin: 581–640.

Abkürzungen in den Abbildungen und Tafeln

ac	Acetabulum
arst	äußerer Reusenstab
ast	Actinstachel
az	Ankerzelle
bk	Basalkörper
bl	Basallamina
cciw	caudale Cilienwurzel
ce	Gehirn
cean	Gehirnanlagen
cen	Centriol
chem	Chemoreceptor
ci	Cilium
ciw	Cilienwurzel
cm	corticale Mikrotubuli
cr	Collar-Receptor
dag	Drüsenausführgang
dg	Drüsengranula
dic	Divertikel des Reusenlumens
dl	Darmlumen
due	Ductus ejaculatorius
dvm	Dorsoventralmuskulatur
ep	Epidermis
ept	epidermale Textur
epz	Epidermiszelle
er	endoplasmatisches Reticulum
fd	Frontalorgandrüsen
gd	Germiduct
ge	Germarium
ger	Germocyte (Ovocyte)
gl	Glycocalyx
gly	Glykogen
go	Golgi-Apparat
gp	Genitalporus
ha	Haftorgan
ha_1	Haftorgandrüse Typ 1
ha_2	Haftorgandrüse Typ 2
has_1	Haftorgandrüsensekret Typ 1
has_2	Haftorgandrüsensekret Typ 2
i	Intestinum
ic	Intercellularraum
icm	intercelluläre Matrix
ics	intracelluläre Ciliarstruktur
il	innere Leptotrichien
irst	innerer Reusenstab
ko	Kornsekret
kz	Kanalzelle
l	Lipide
la	Lamellarkörper
lciw	laterale Cilienwurzel
lit	lithosomale Struktur
lm	Längsmuskulatur
m	Muskulatur
mi	Mikrotuberkel
mik	Mikrotrichen
mit	Mitochondrium
mo	Mundöffnung
mt	Mikrotubulus
mv	Mikrovillus
n	Nucleus
na	Nahrungseinschluß
nd, neod	Neodermis
nep	Nephridialporus
nt	Nucleus der Terminalzelle
nuc	Nucleolus
nv	Nerv
ot	Ootyp
pa	„parenchymatische“ Zelle
ph	Pharynx
phd	Pharynxdrüse
pho	Photoreceptor
phz	Pharynxzelle
pnep	Protonephridium
rciw	rostrale Cilienwurzel
rh	Lamellen-Rhabdit
rm	Ringmuskulatur
rn	Rhamnit (Rhabdoid)
rnz	Rhamnitenbildungszelle
ro	Rostellum
rs	Receptaculum seminis
rst	Reusenstab
ru	Rüssel
rw	Ringwurzel
rz	Receptorzelle
sch	Schwanz
schp	Schwanzplatte
schv	Schalenvesikel
sp	Spermium
sph	Sphinkter
st	Statocyste
staz	Stammzelle
stk	Statocystenkapsel
stl	Statolith
stlz	Statholithenbildungszelle
stz	Statocystenzelle
sy	Syncytium
tb	Tubularstruktur
te	Hoden
tf	Tonofilamente
tz	Terminalzelle
ur	„Ultrarhabdit“ (Epitheliosom)
ut	Uterus
vd	Vitelloduct
vi	Vitellarium
vit	Vitellocyte
vk	Vakuole
vks	ventrale Kriechsohle

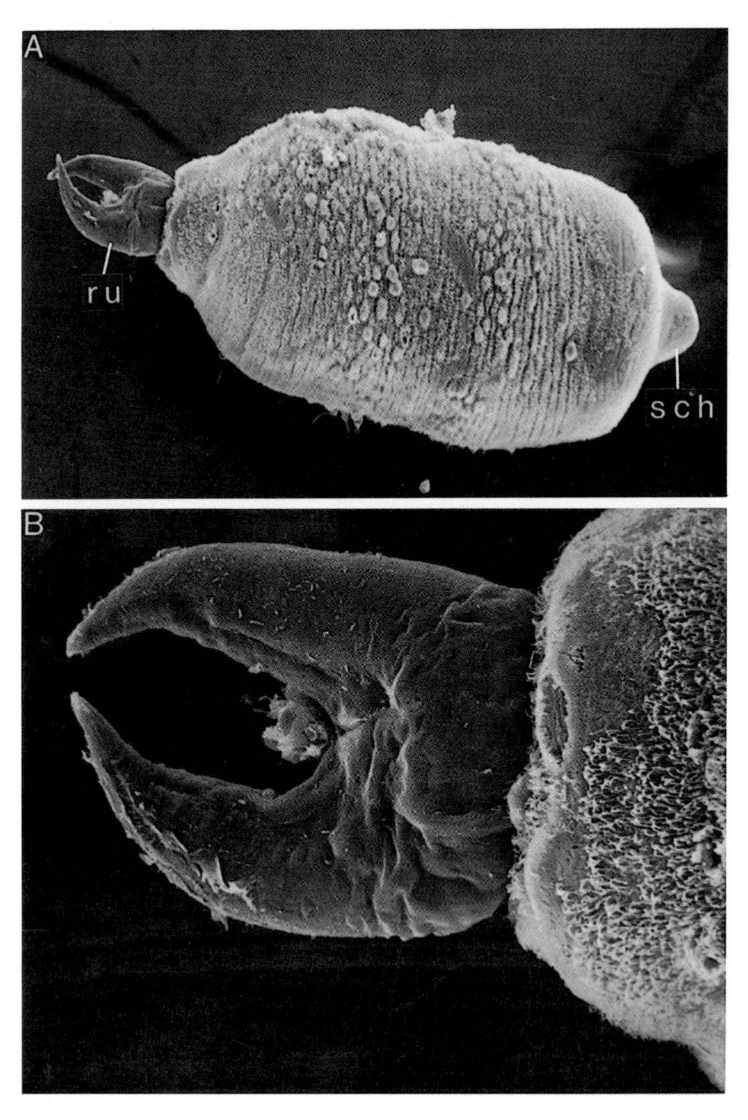

Tafel 1. *Schizochilus caecus* („Typhloplanoida" Kalyptorhynchia). REM-Aufnahmen: A. Totalansicht mit Rüssel und kaudalem Schwänzchen. × 180. B. Spaltrüssel. × 840.

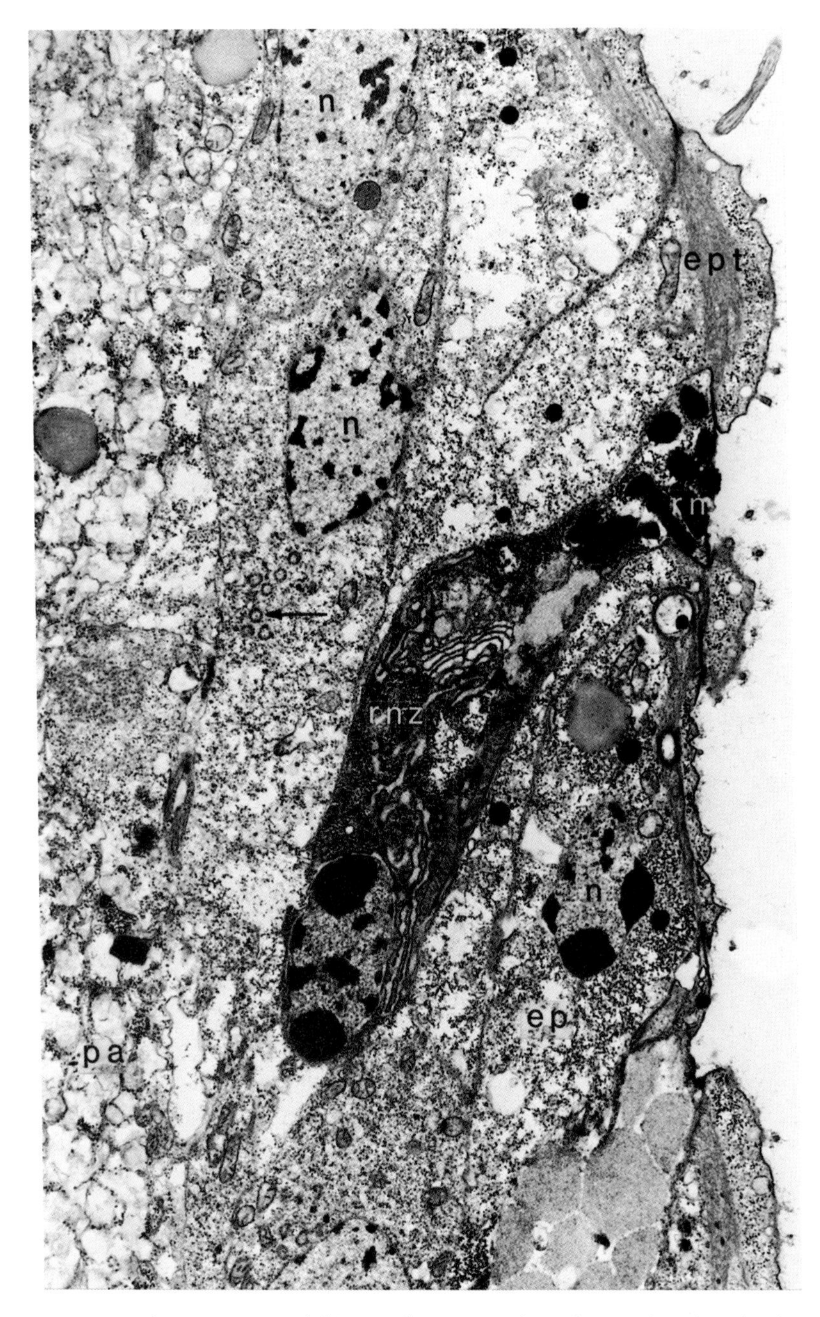

Tafel 2. *Retronectes* cf. *sterreri* (Catenulida). Peripherer Körperbereich mit schwach multiciliären Epidermiszellen (mit fibrillärer epidermaler Textur) und mit Rhamnitenbildungszelle. Der Pfeil verweist auf eine Ansammlung von Centriolen in einer prospektiven Epidermiszelle. Keine Basallamina und kein geschlossener Hautmuskelschlauch zwischen Epidermis- und „parenchymatischen" Zellen. Querschnitt. × 10 000.

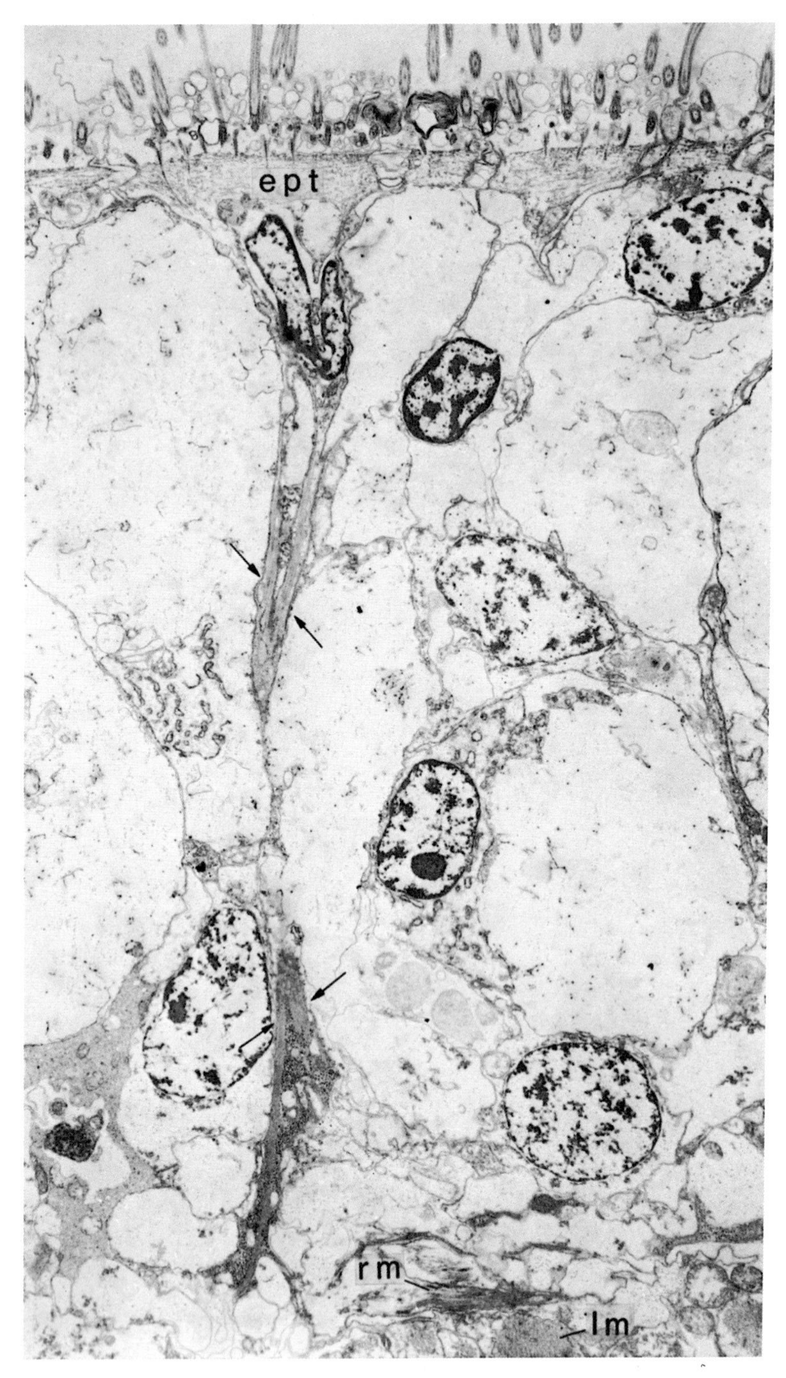

Tafel 3. *Nemertoderma* cf. *bathycola* (Nemertodermatida). Stärker multiciliäre Epidermiszellen (mit fibrillärer epidermaler Textur, aus der einzelne Fibrillenbündel (Pfeile) einwärts bis zur Basis der Epidermis ziehen). Basal: lockere Muskulatur des Hautmuskelschlauches; keine Basallamina ausdifferenziert. Querschnitt. × 5600.

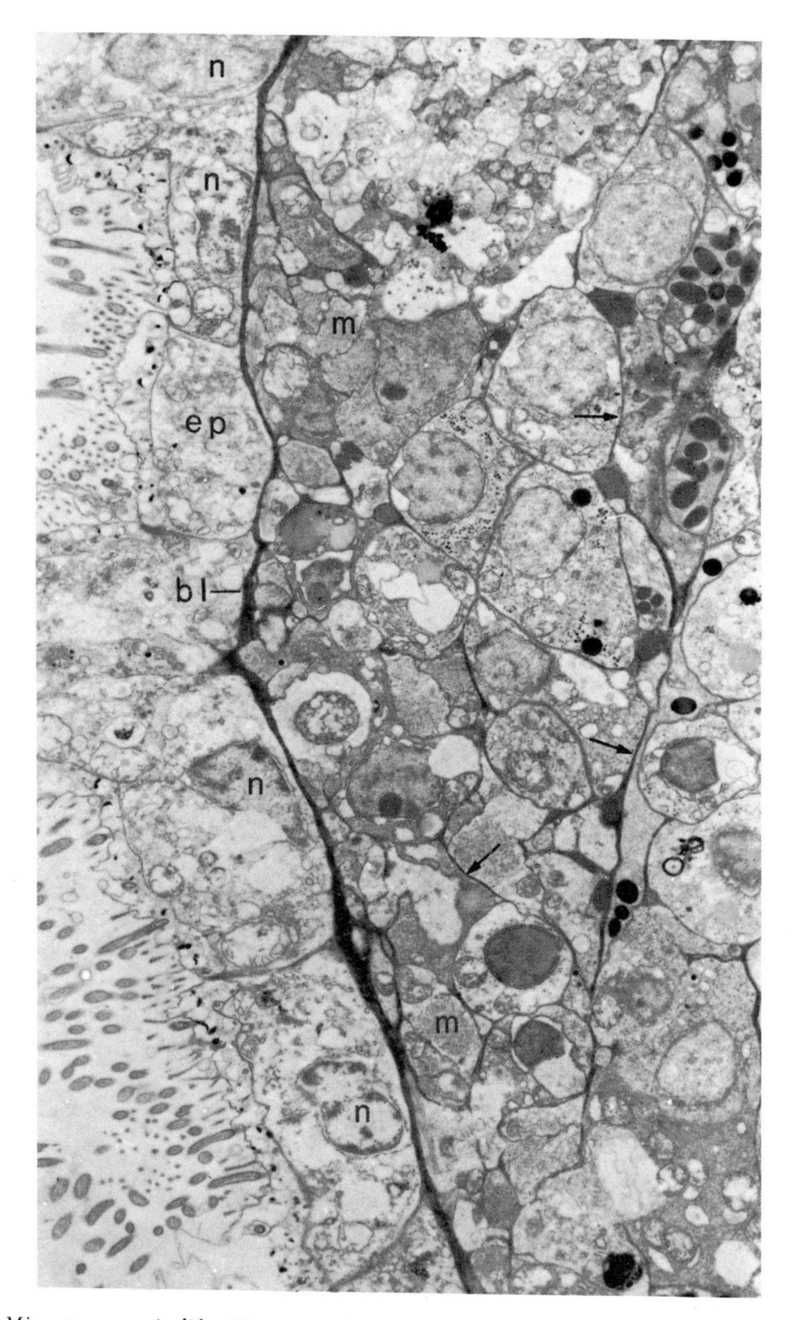

Tafel 4. *Microstomum spiculifer* (Macrostomida). Zwischen Epidermiszellen (mit feiner epidermaler Textur) und Hautmuskelschlauch eine Basallamina, die sich einwärts als alle Zellen (Muskelzellen, Drüsenzellen, Nervenzellen, Stammzellen) umhüllende intercelluläre Matrix (Pfeile) fortsetzt. Querschnitt. × 6400.

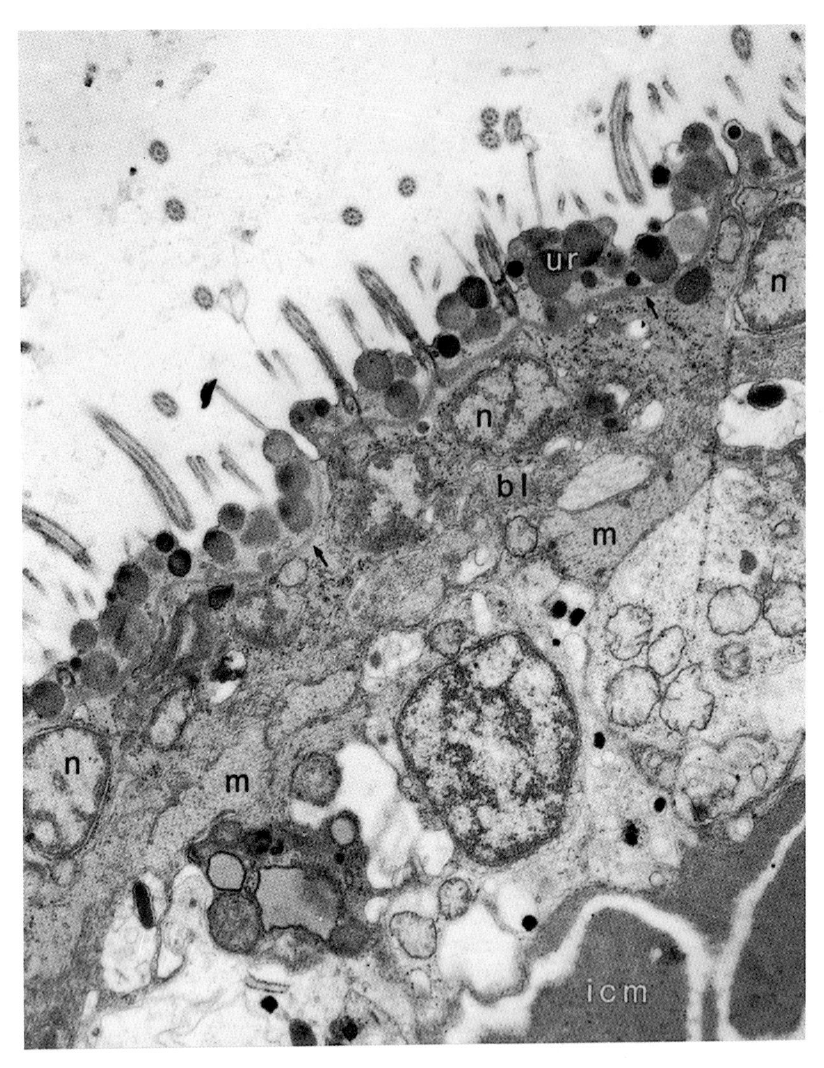

Tafel 5. *Myozona purpurea* (Macrostomida). Zwischen Epidermiszellen (die Pfeile verweisen auf die feine epidermale Textur) und Hautmuskelschlauch breitere fibrilläre Basallamina. Querschnitt. × 14 000.

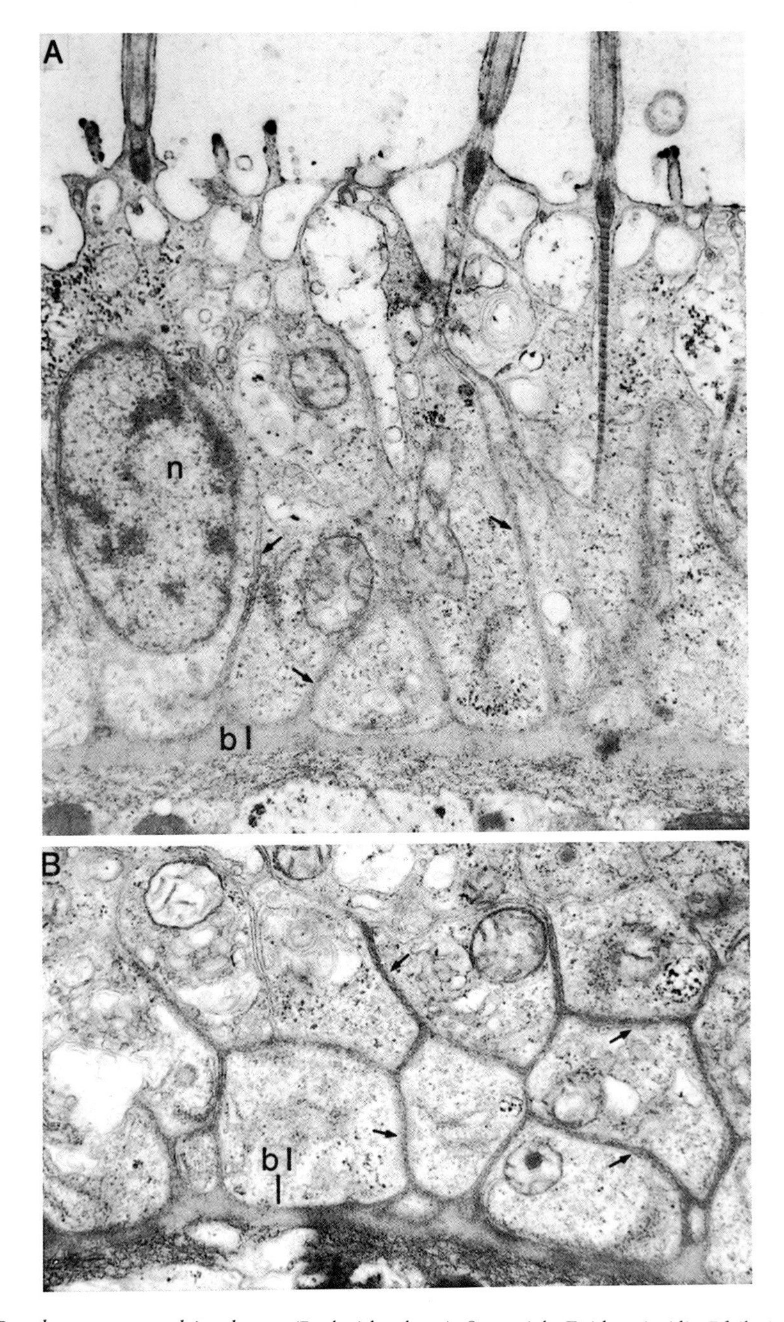

Tafel 6. *Pseudostomum quadrioculatum* (Prolecithophora). Syncytiale Epidermis (die Pfeile in A und B verweisen auf die vielen Einfältelungen der proximalen Syncytium-Membran). Der periphere feingranuläre Bereich der 2-schichtigen Basallamina setzt sich in diese Einfältelungen fort. Querschnitt. A. × 19 600; B. × 16 000.

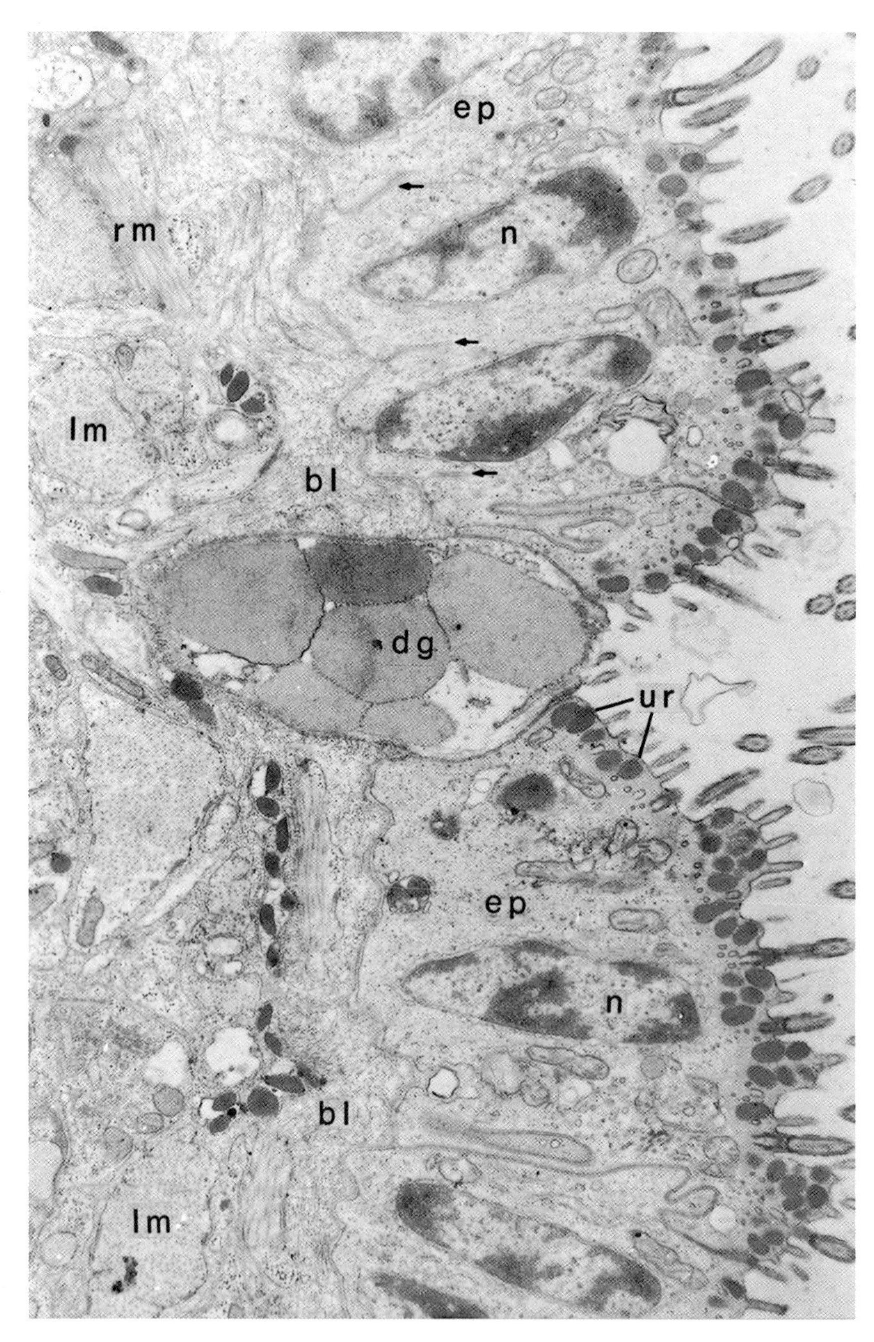

Tafel 7. *Coelogynopora axi* (Proseriata). Zwischen Epidermiszellen und Hautmuskelschlauch breite fibrilläre Basallamina und EM-dunkle Granula in Zellfortsätzen von Pigmentzellen. In der Bildhälfte oberhalb des Drüsenausführganges mehrere Einfältelungen (Pfeile) der proximalen Epidermiszellmembran. Querschnitt. × 13 200.

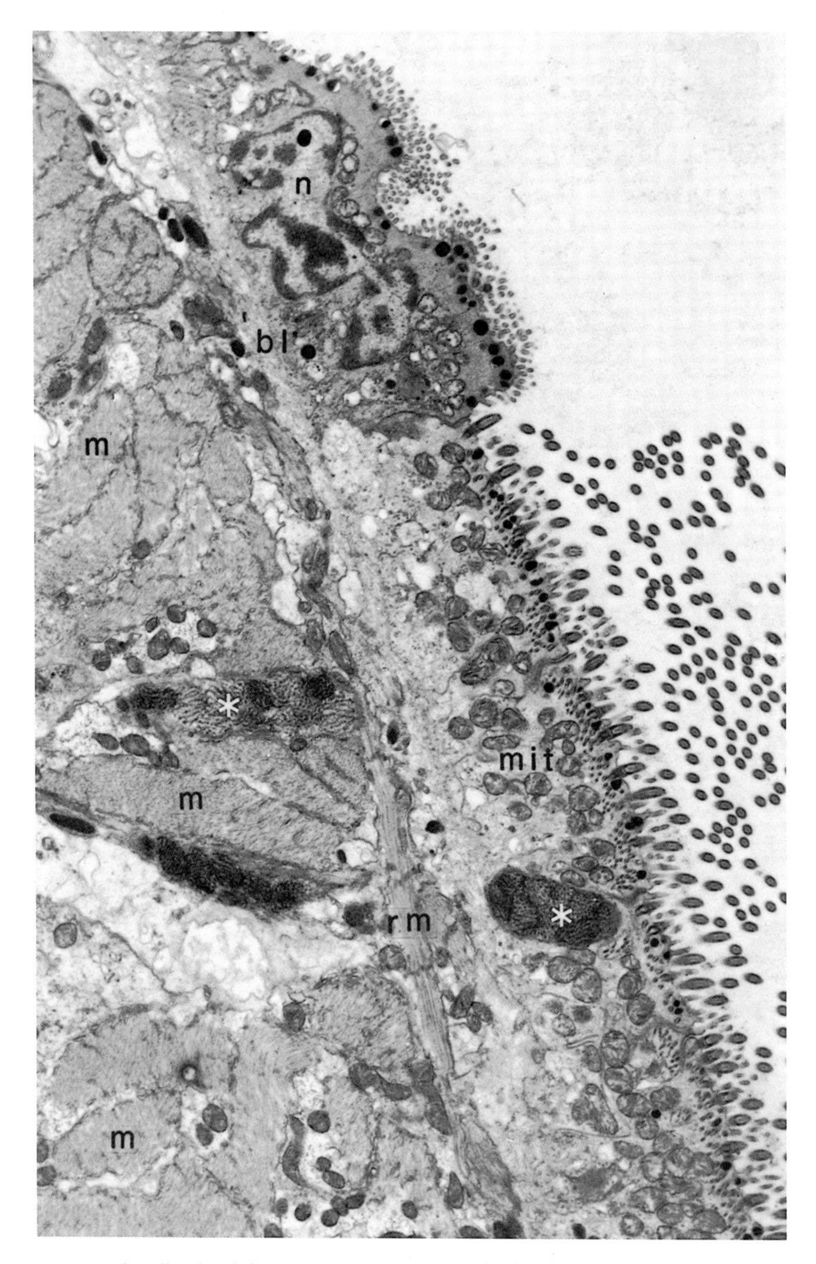

Tafel 8. *Notocaryoplanella glandulosa* (Proseriata). Bereich der bewimperten ventralen „Kriechsohle“ (mit zahlreichen Cilien und Mitochondrien und subepithelial angeordneten Zellkernen, die Sterne verweisen auf Ausführgänge von Drüsenzellen mit einem spezifisch strukturierten Sekret); Hautmuskelschlauch mit stärkerer Längs- und Diagonalmuskulatur, Ringmuskulatur mit Querstreifung. Am oberen Bildrand unbewimperte, ventrolateral gelegene Epidermiszelle mit intraepithelialem Zellkern. Querschnitt. × 8700.

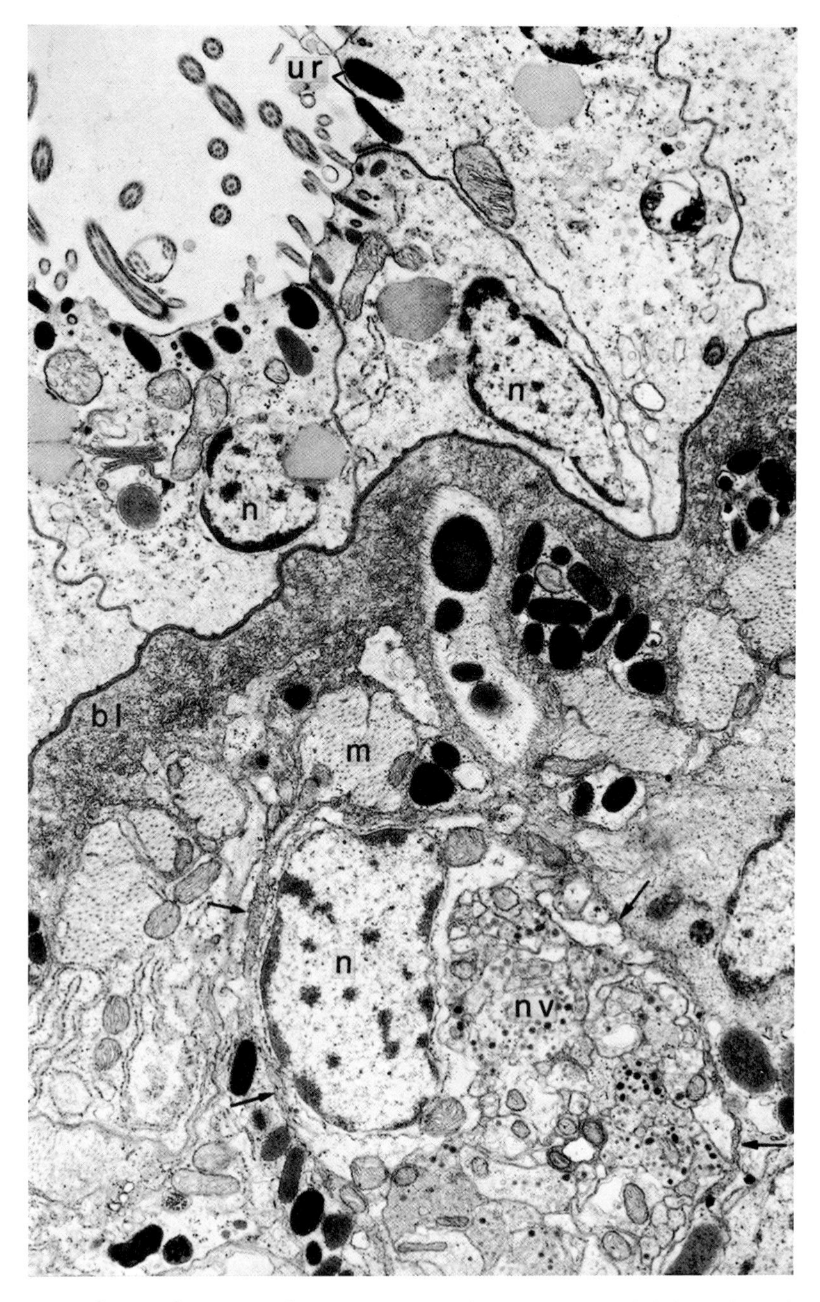

Tafel 9. *Nematoplana coelogynoporoides* (Proseriata). Epidermis (mit Ultrarhabditen, die Golgi-Apparaten entstammen). Proximal der breiten Basallamina und des Hautmuskelschlauches ein Längsstrang des submuskulären Nervensystems, eingehüllt von fibrillärer intercellulärer Matrix (Pfeile). Querschnitt. × 13 300.

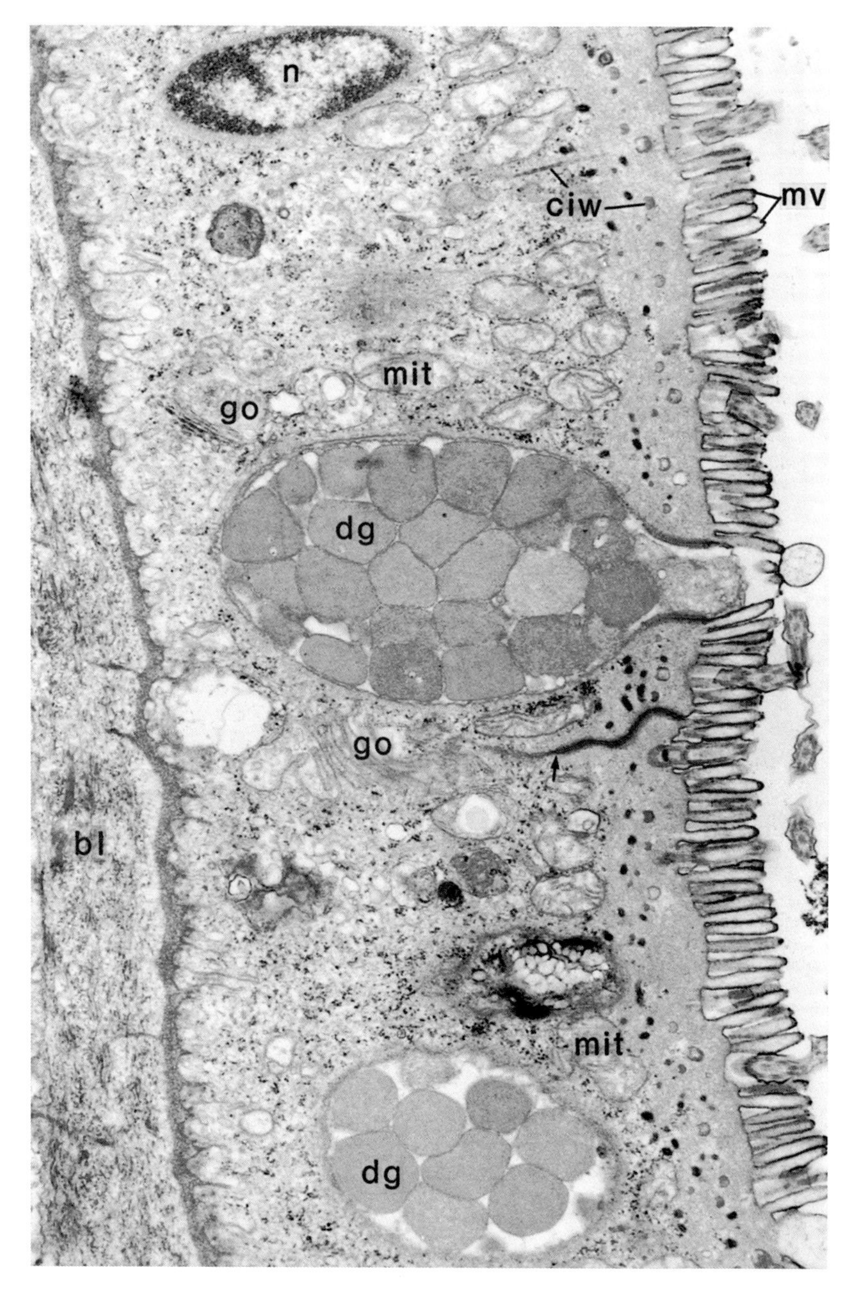

Tafel 10. *Marirhynchus longasaeta* („Typhloplanoida" Kalyptorhynchia). Epidermis mit dichtstehenden Mikrovilli, Zellgrenzen (Pfeile) nur in Höhe der peripheren epidermalen Textur und der darunter liegenden Mitochondrien. Breite 2-schichtige Basallamina. Querschnitt. × 17 300. (EM-Aufnahme von Dr. J. BRÜGGEMANN).

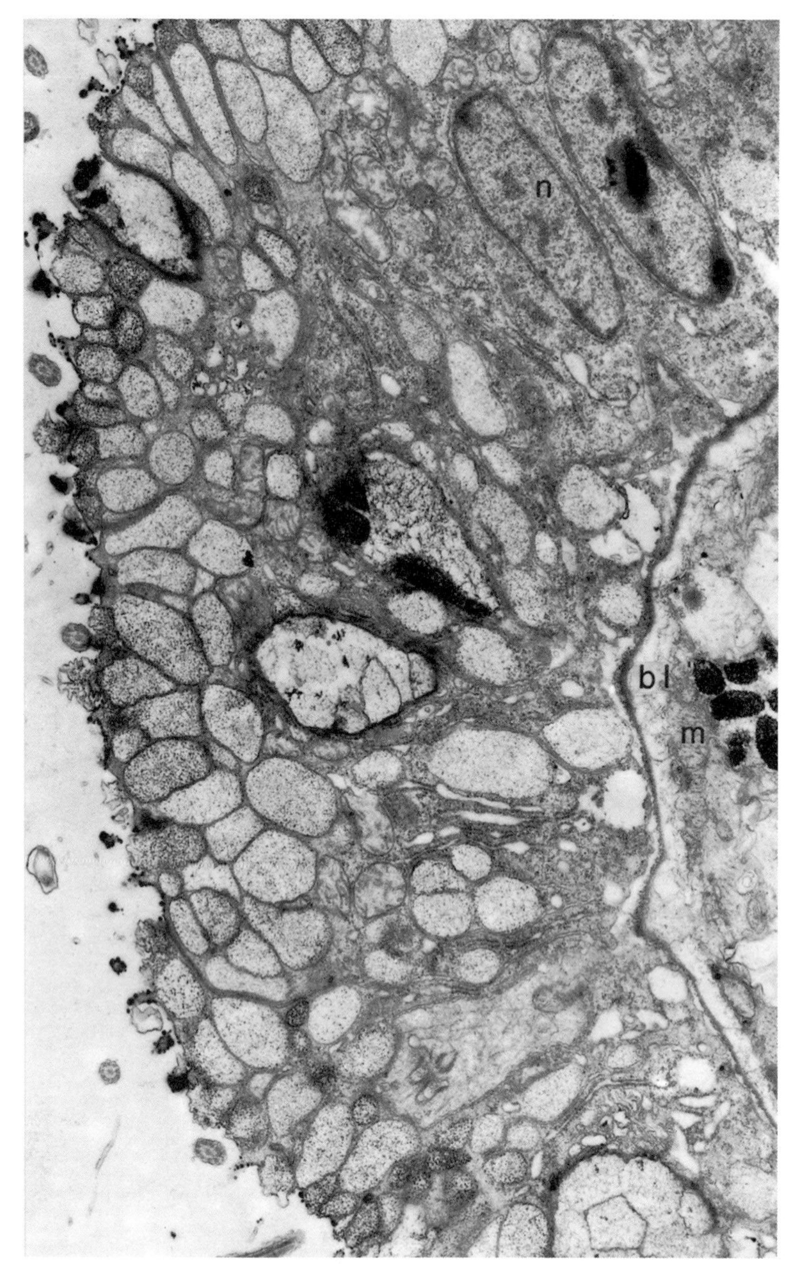

Tafel 11. *Provortex tubiferus* („Dalyellioida"). Weitgehendst syncytiale drüsige Epidermis mit intraepithelialen Kernen. Basallamina 2-schichtig. Querschnitt. × 14 500.

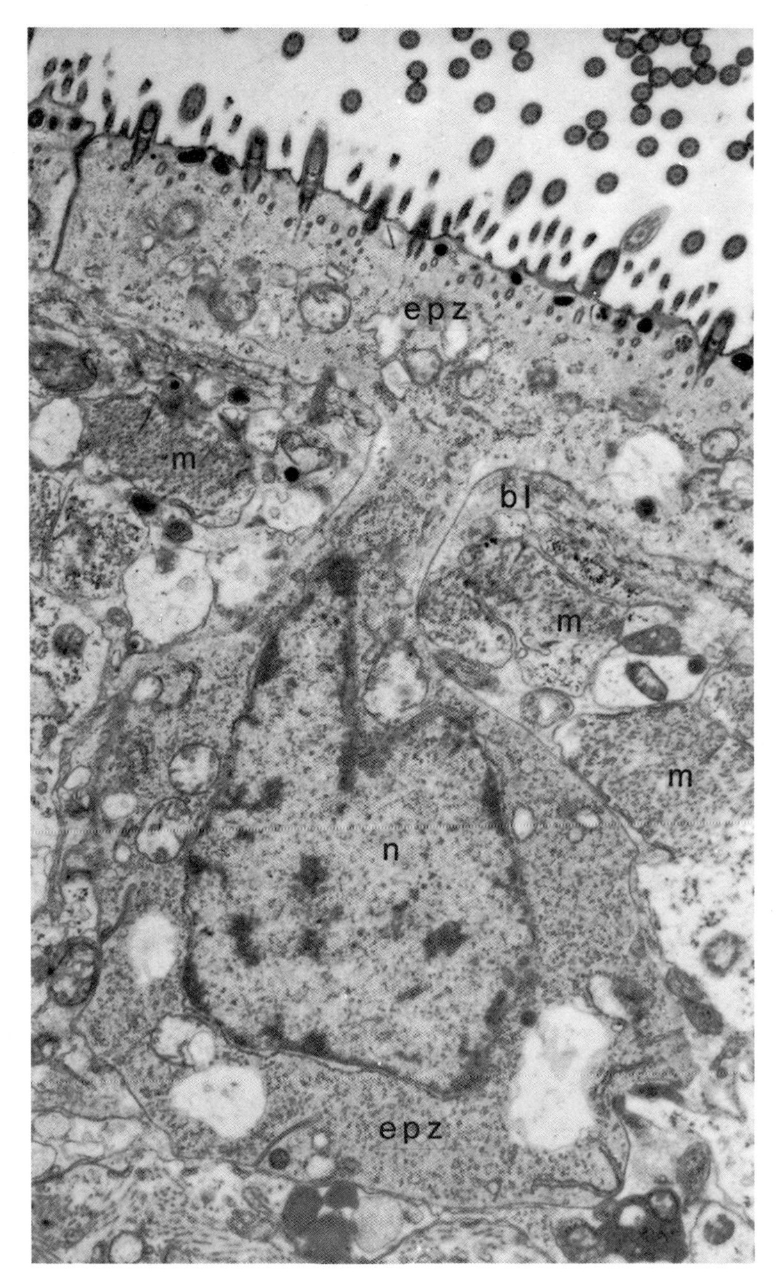

Tafel 12. *Monocelis fusca* (Proseriata). Epidermiszelle mit peripherer Textur und basal des Hautmuskelschlauches gelegenem Zellkern. Querschnitt. × 15 900.

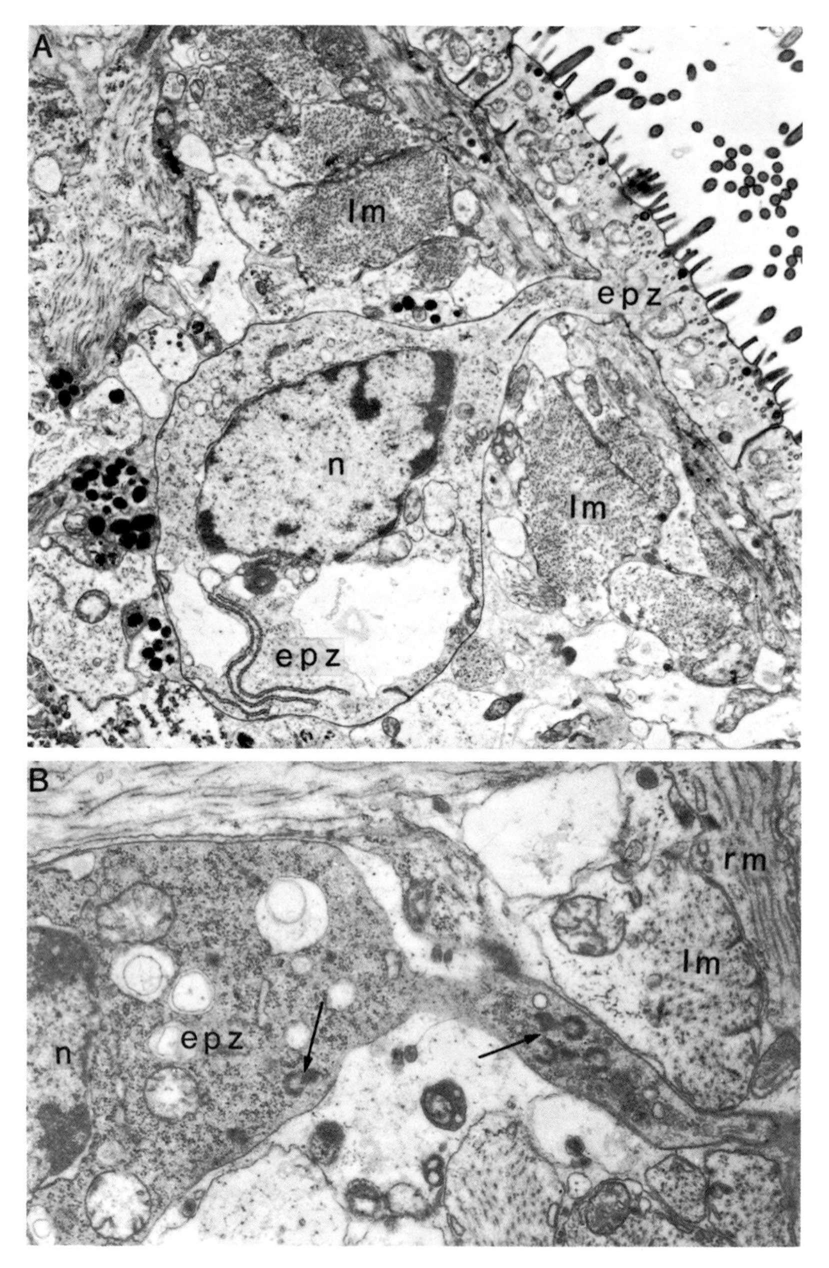

Tafel 13. *Monocelis fusca* (Proseriata). A. Epidermiszelle mit tief im Körper lokalisiertem Zellkern. B. Sich zu einer Epidermiszelle differenzierende Stammzelle; die an Ribosomen reiche Zelle entsendet einen cytoplasmatischen Fortsatz, der Centriole (Pfeile) aufweist, durch den Hautmuskelschlauch in Richtung Epidermis. Querschnitte. A. × 8300; B. × 16400.

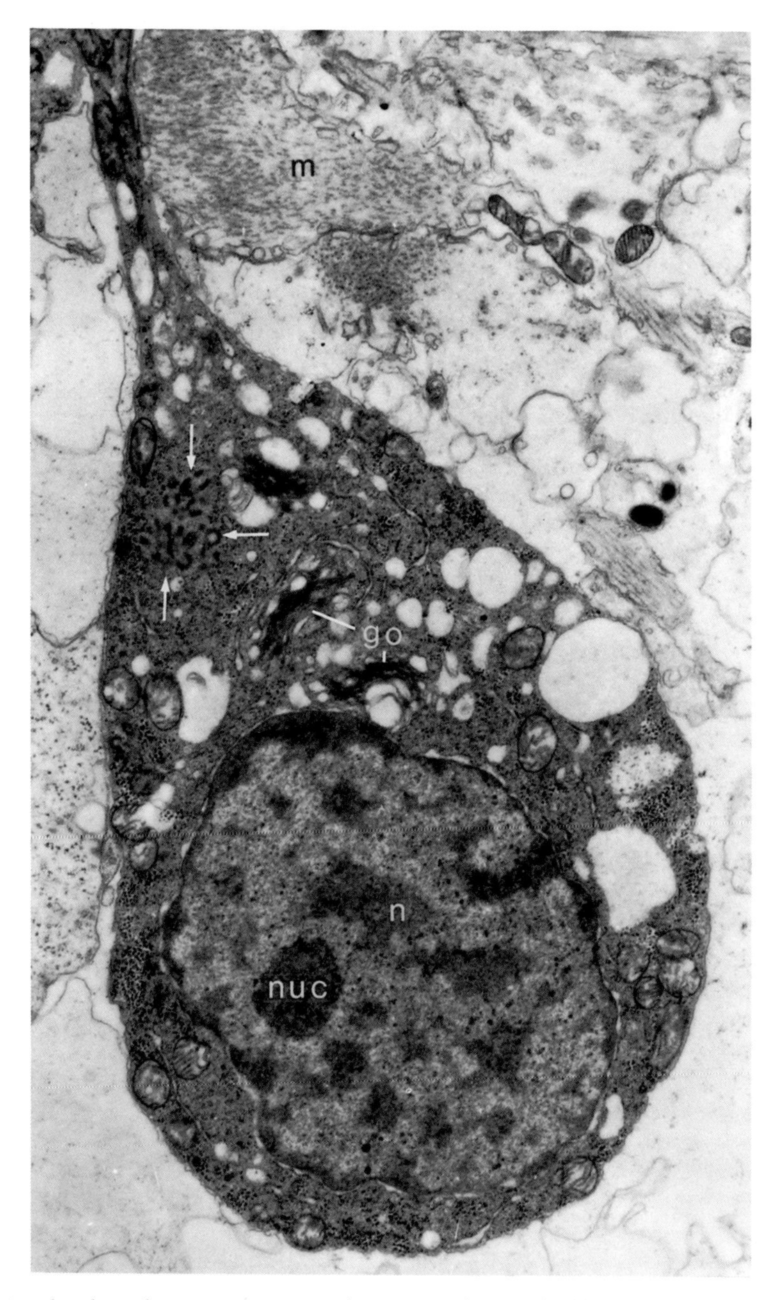

Tafel 14. *Otoplanidia endocystis* (Proseriata). Ribosomenreiche (EM-dunkle) Stammzelle („Neoblast"), die sich zu einer Epidermiszelle differenziert, entsendet einen cytoplasmatischen Fortsatz in Richtung Epidermis. Die Pfeile verweisen auf einen Komplex von Centriolen in der Stammzelle. Querschnitt. × 16 000.

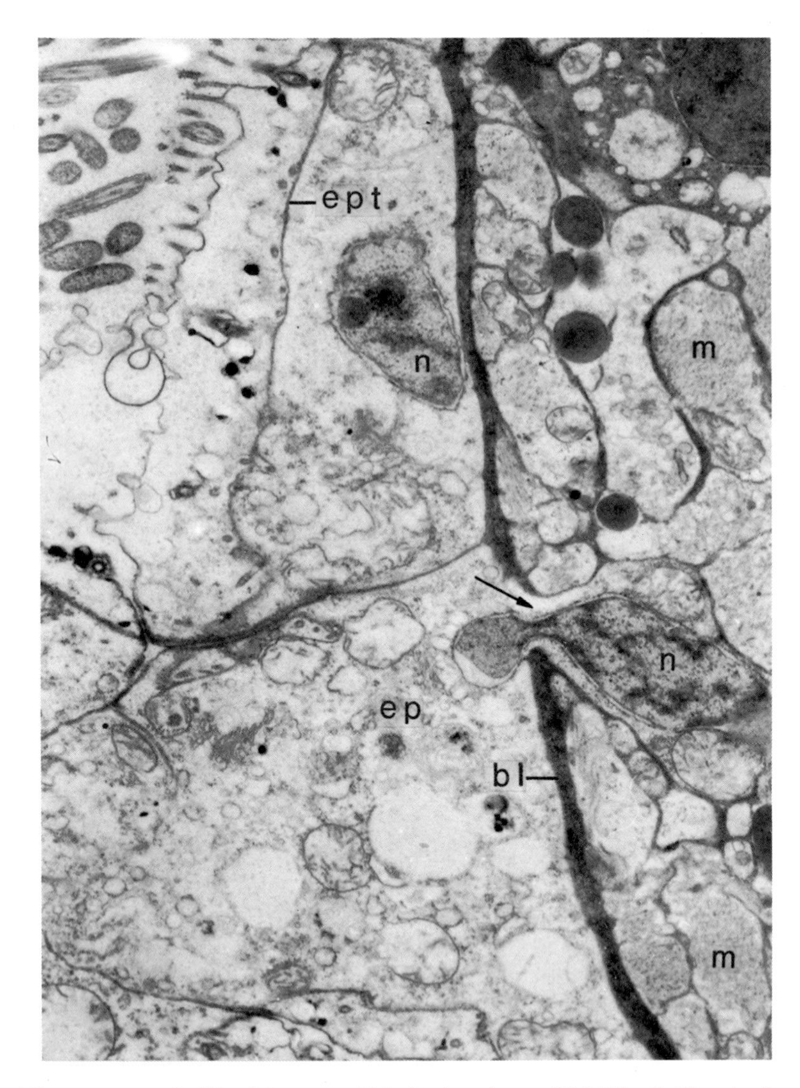

Tafel 15. *Microstomum spiculifer* (Macrostomida). In der oberen Bildhälfte Epidermiszelle mit intraepithelialem Zellkern und epidermaler Textur; in der unteren Bildhälfte Epidermiszelle mit noch unvollständiger epidermaler Textur und mit die Basallamina penetrierendem Zellkern (Pfeil). Querschnitt. × 11 300.

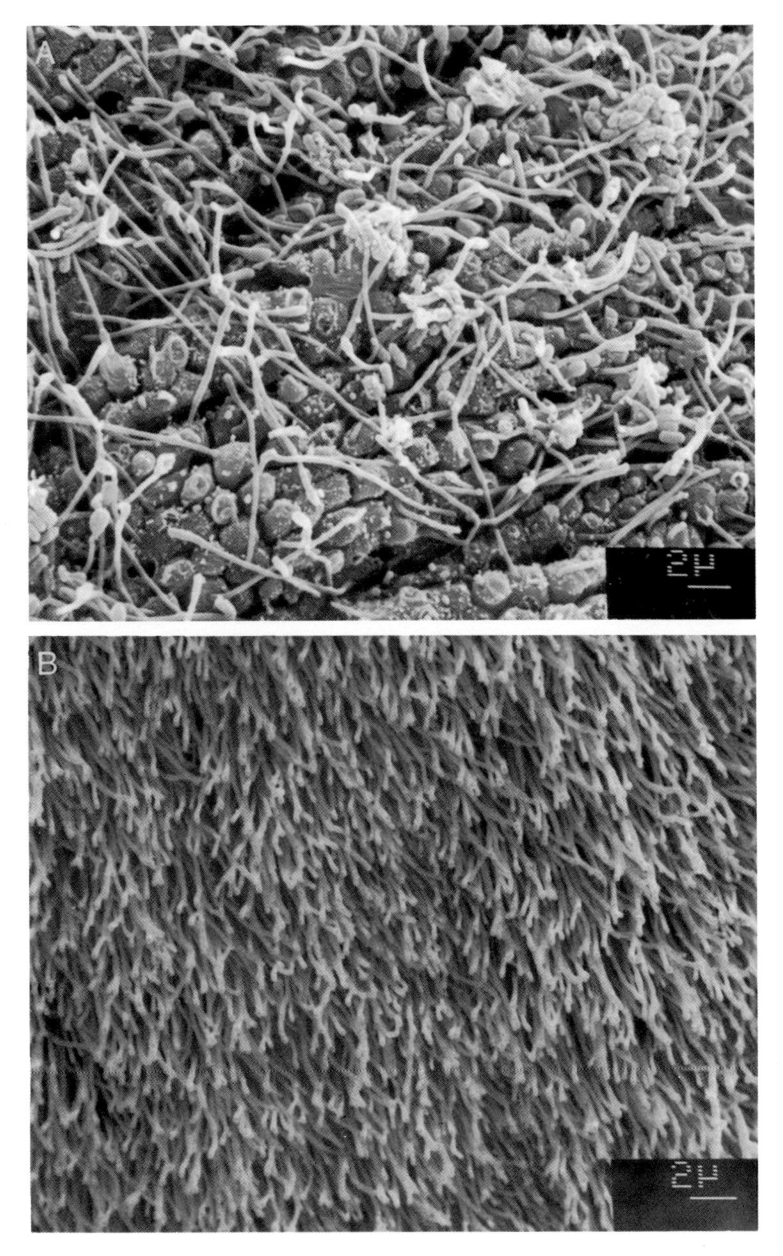

Tafel 16. A. *Gnathostomula paradoxa* (Gnathostomulida) und B. *Anaperus tvaerminnensis* (Euplathelminthes: Acoela). REM-Aufnahmen der Epidermis. Starke Zunahme der Ciliendichte bei einer multiciliären Epidermis (in B) gegenüber einer monociliären Epidermis (in A). A. × 3000; B. × 3200.

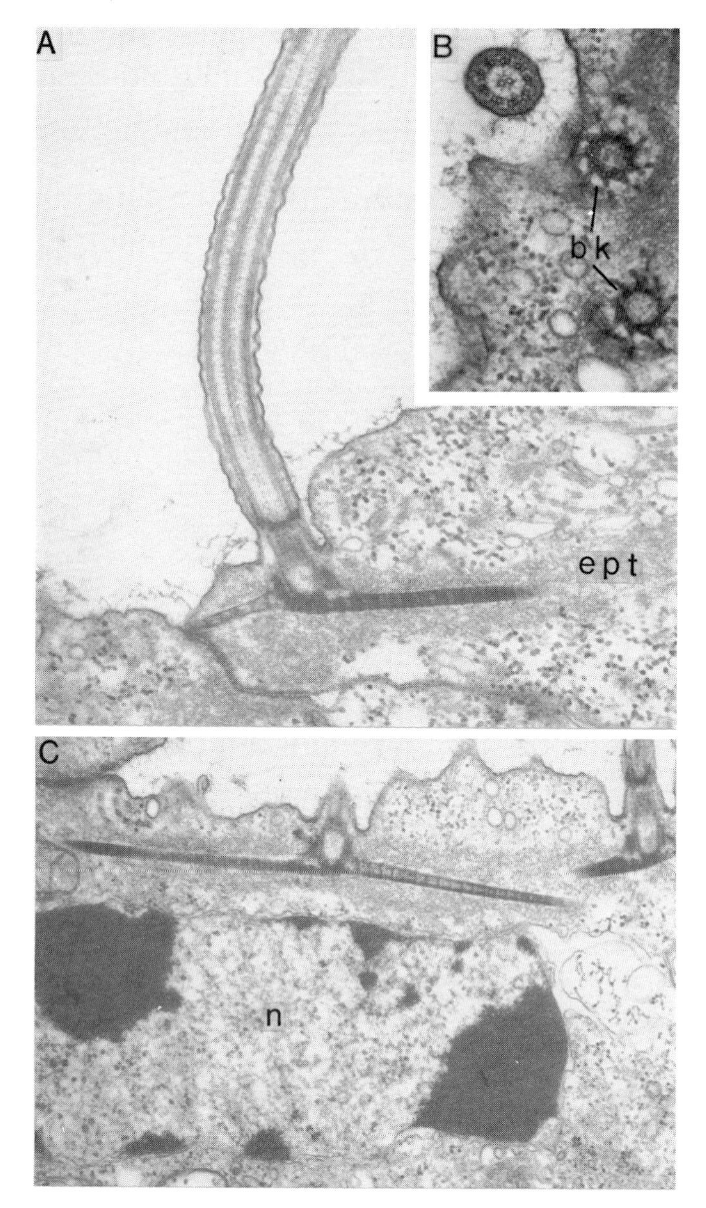

Tafel 17. *Retronectes* cf. *sterreri* (Catenulida). Epidermale lokomotorische Cilien: Basalkörper in eine Vertiefung der Zelle eingesenkt und mit radiären Speichen (B), zwei horizontal verlaufende Wurzeln in Höhe der epidermalen Textur (A und C). A und C. Längsschnitte, B. Tangentialschnitt. A. × 32 000; B. × 37 700; C. × 26 300.

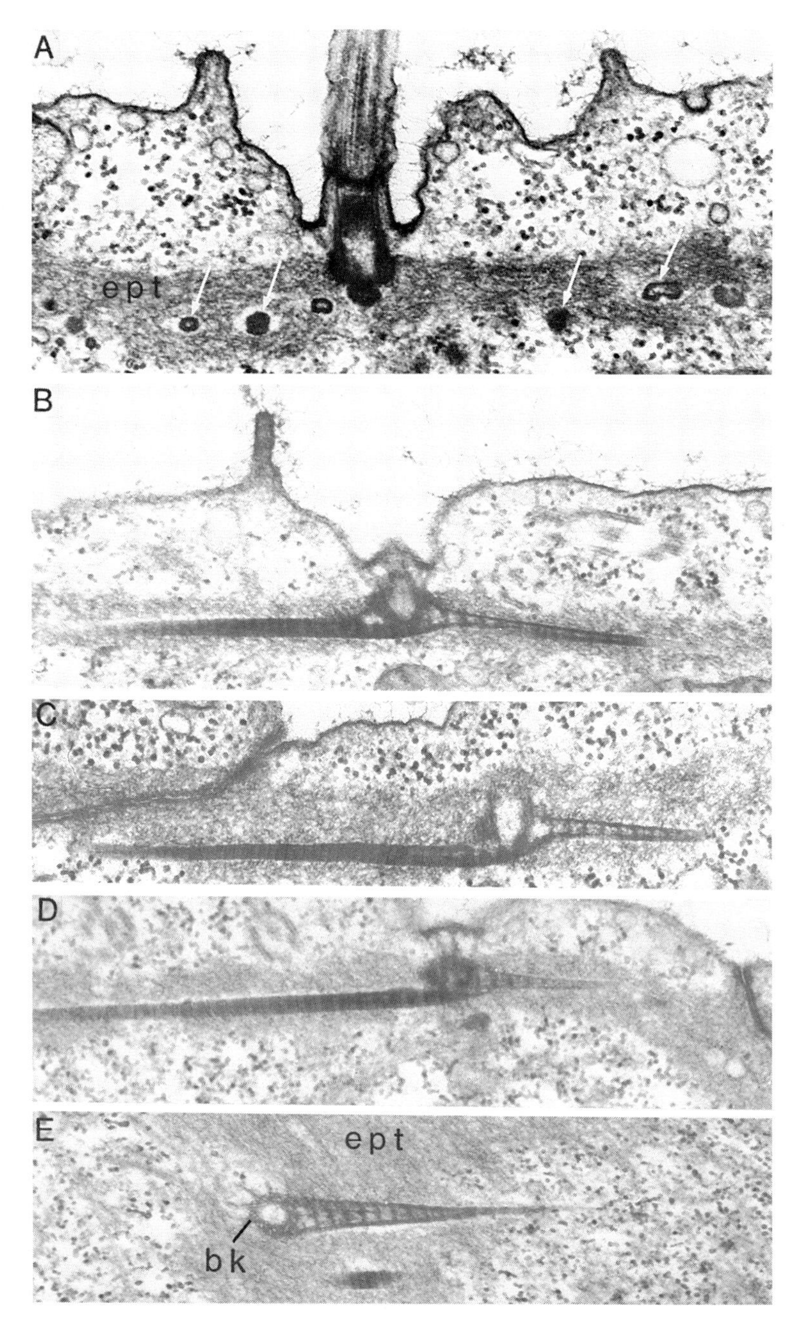

Tafel 18. *Retronectes* cf. *sterreri* (Catenulida). Epidermale lokomotorische Cilien: An den in eine Vertiefung der Zelle eingesenkten Basalkörpern setzt die Rostralwurzel lateral an (in B–E nach rechts weisend), die Kaudalwurzel (in B–D nach links weisend) inseriert an der Unterseite der Basalkörper. Die Pfeile in A verweisen auf die beiden Wurzeltypen: Rostralwurzel tubulär mit EM-hellem Zylinder, Kaudalwurzel massiv EM-dunkel. A. Querschnitt, B–E. Längsschnitte. A. × 37 700; B. × 33 000; C. × 42 800; D. × 31 500; E. × 31 300.

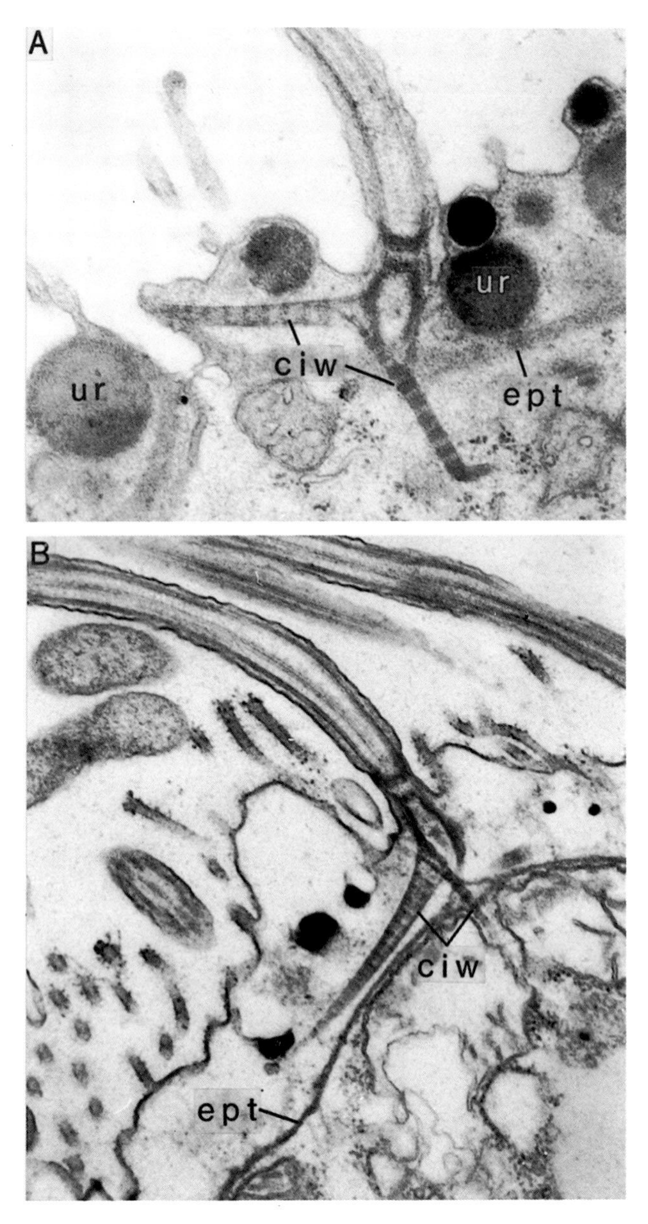

Tafel 19. A. *Myozona purpurea* und B. *Microstomum spiculifer* (Macrostomida). Epidermale lokomotorische Cilien mit tubulärer (hellerer) Rostralwurzel (in A und B nach links weisend und lateral am Basalkörper ansetzend) und massiver (dunklerer) Kaudal- bzw. Vertikalwurzel (in A und B die epidermale Textur penetrierend). A und B. Längsschnitte. A. × 49 500; B. × 27 700.

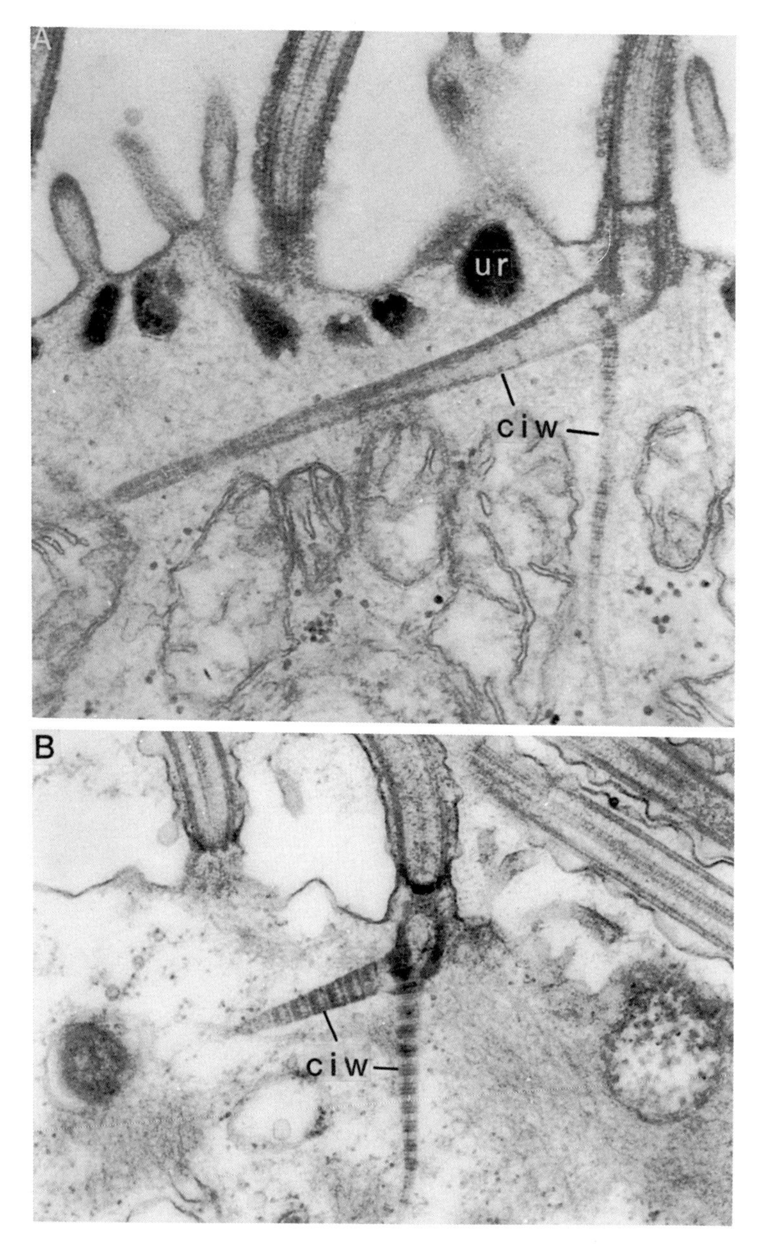

Tafel 20. A. *Carenscoilia bidentata* (Proseriata) und B. *Litucivis serpens* („Typhloplanoida"). Epidermale lokomotorische Cilien mit tubulärer (hellerer) Rostralwurzel (in A und B nach links weisend) und massiver (dunklerer) Vertikalwurzel. A und B. Längsschnitte. A. × 46 700; B. × 39 300.

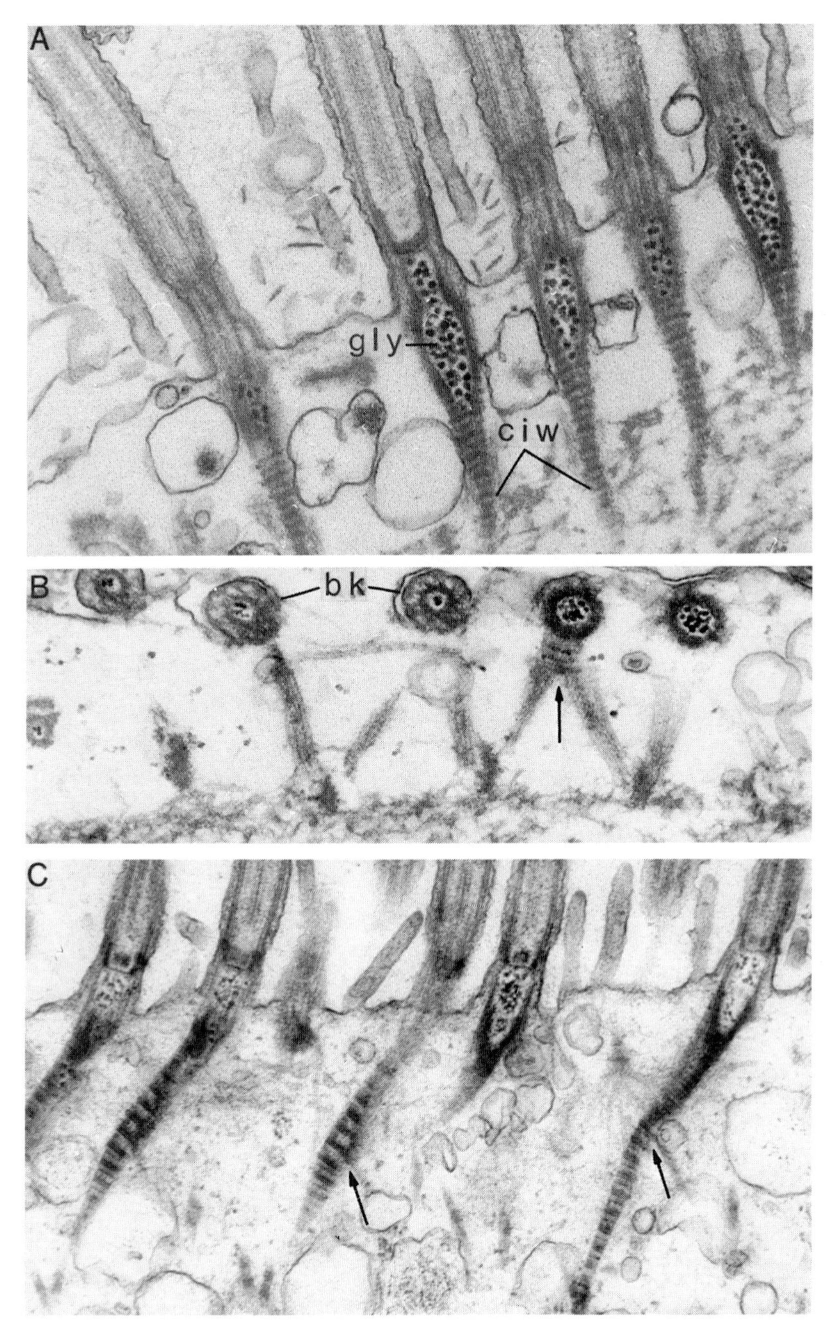

Tafel 21. A. + B. *Nemertoderma* cf. *bathycola* (Nemertodermatida) und C. *Anaperus tvaerminnensis* (Acoela). Epidermale lokomotorische Cilien: Basalkörper (mit Glykogenansammlungen) mit abknickender Hauptwurzel (bei den Acoela inserieren in Höhe des Knickes (Pfeil in C) zusätzlich Lateralwurzeln) und seitlich-kaudal ansetzender Nebenwurzel (Pfeil in B), die sich in zwei Fortsätze aufspaltet. A. Querschnitt; B. Horizontalschnitt; C. Längsschnitt. A. × 44 000; B. × 35 700; C. × 32 400.

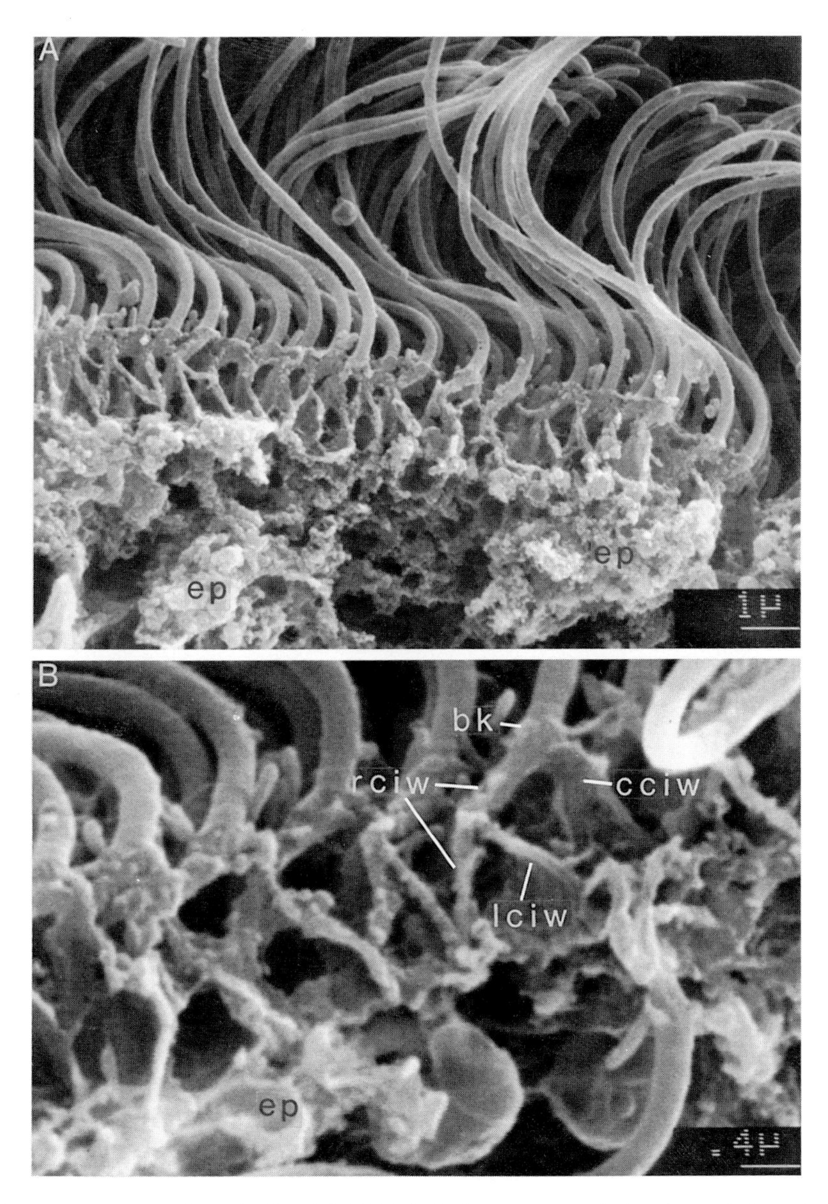

Tafel 22. *Anaperus tvaerminnensis* (Acoela). REM-Aufnahmen einer aufgebrochenen Epidermiszelle, die Bruchstelle verläuft exakt in Höhe der miteinander verknüpften Wurzeln benachbarter Cilien. Basalkörper der Cilien (in B) mit abknickender Hauptwurzel (rciw), Lateralwurzeln (lciw) und kaudaler Nebenwurzel (cciw). A. × 8500; B. × 21250.

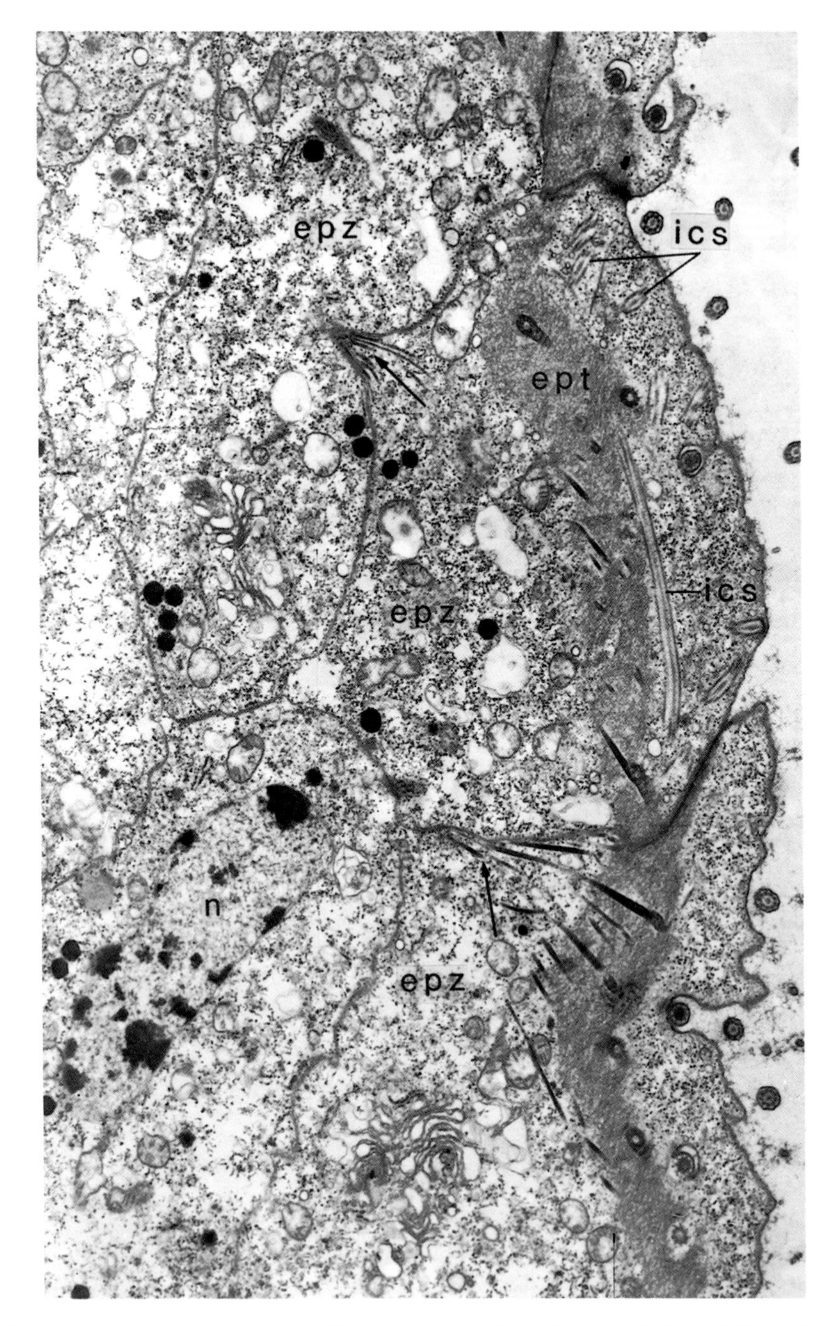

Tafel 23. *Retronectes* cf. *sterreri* (Catenulida). Epidermiszellen mit intracellulären Ciliarstrukturen; die Kaudalwurzeln lokomotorischer Cilien konvergieren jeweils in einer Ausbuchtung (Pfeile) der Epidermiszellen. Schräger Horizontalschnitt. × 14 900.

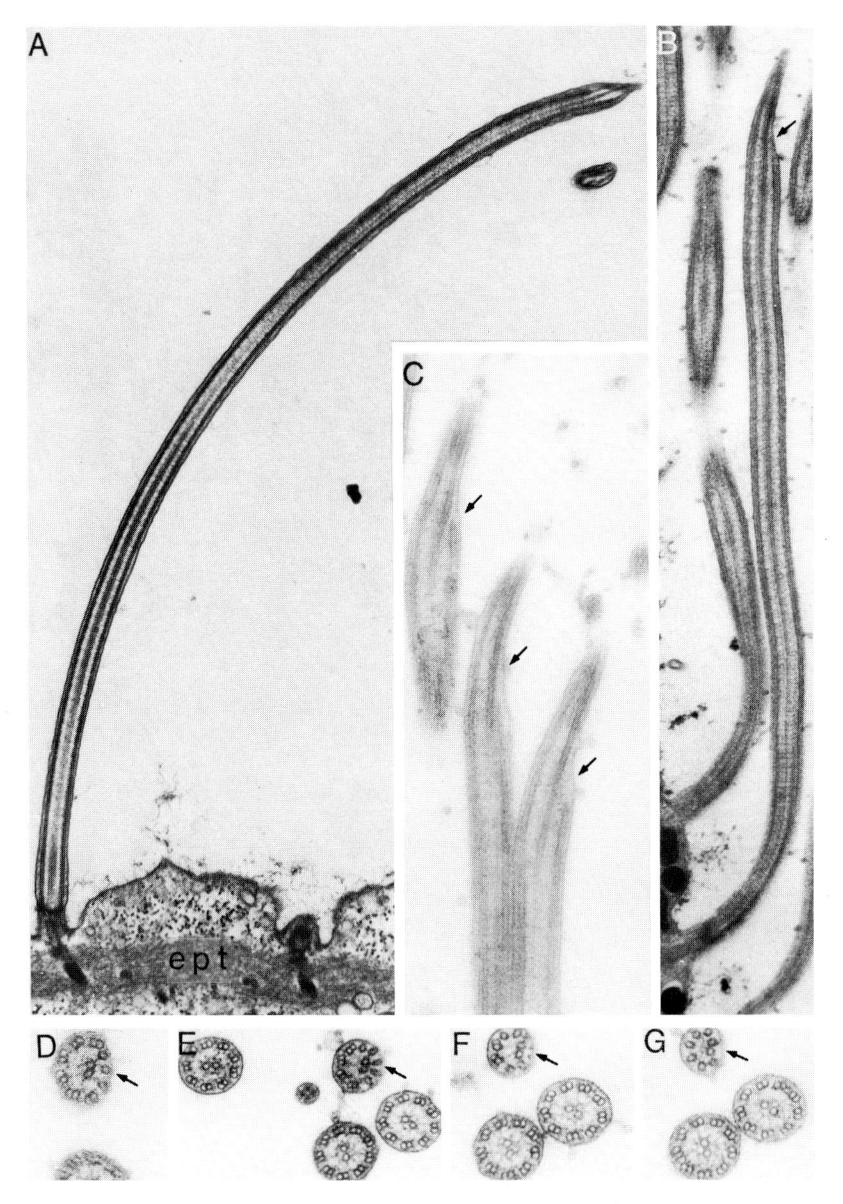

Tafel 24. A. *Retronectes* cf. *sterreri* und B–G. *Catenula lemnae* (Catenulida). Cilienspitzen mit terminaler Verschmälerung durch Ausfall bestimmter Tubuli (Pfeile) im Axonem. Zur näheren Erläuterung vgl. Text und Abb. 6. A–C. Cilienlängsschnitte; D–G. Cilienquerschnitte. A. × 16 700; B. × 27 200; C. × 38 800; D. × 48 000; E. × 41 100; F. × 46 500; G. × 44 400.

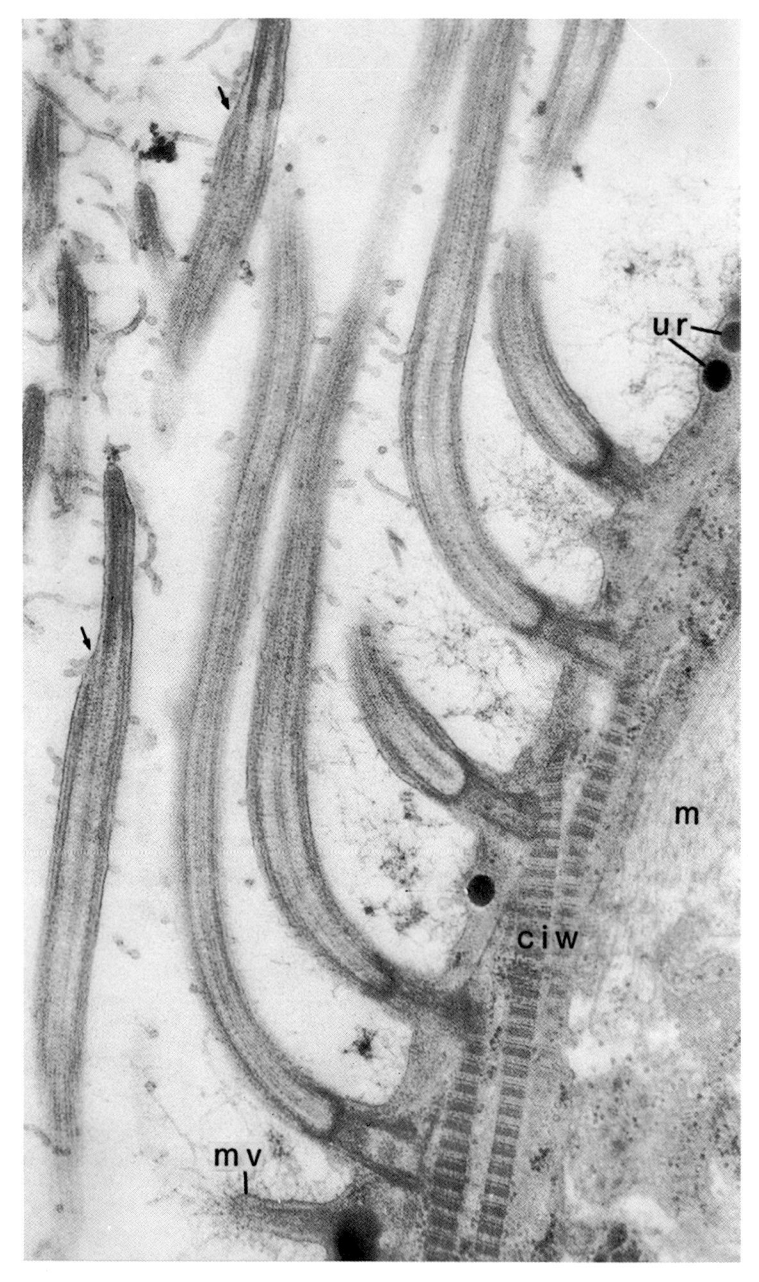

Tafel 25. *Catenula lemnae* (Catenulida). Cilien aus dem Pharynx-Bereich mit terminaler Verschmälerung (Pfeile) im Axonem und langer Kaudalwurzel am Basalkörper. Längsschnitt. × 38 400.

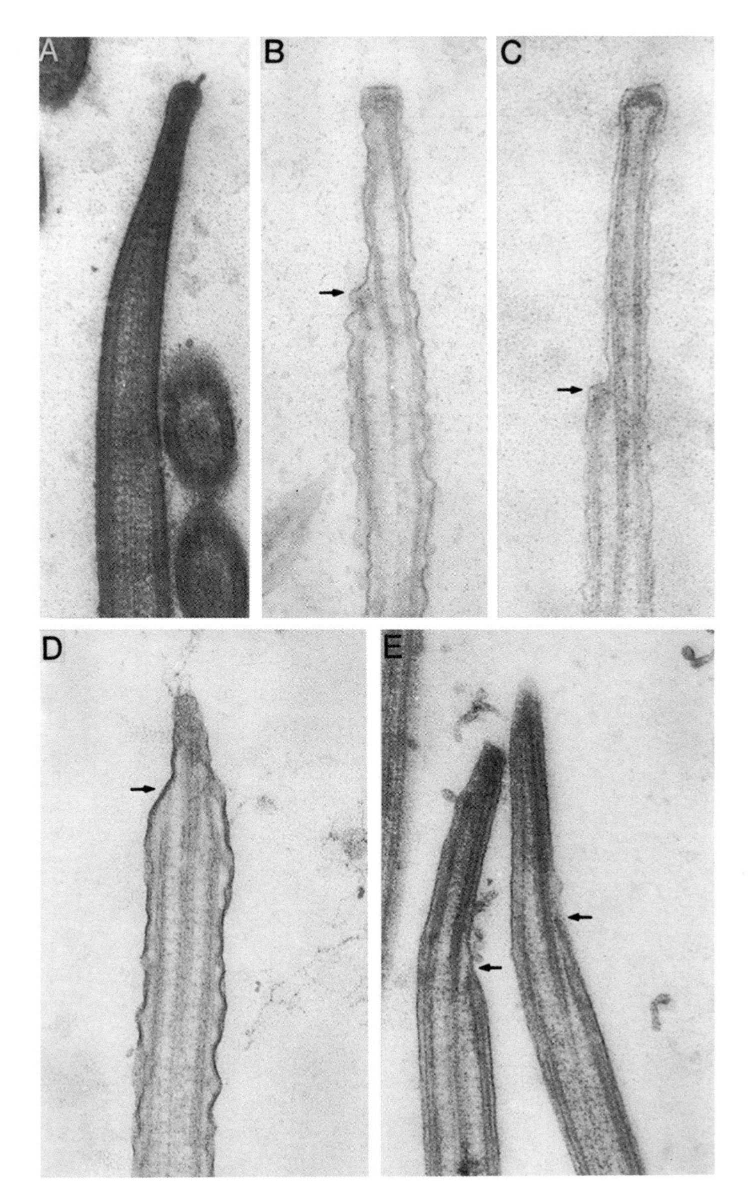

Tafel 26. Cilienspitzen verschiedener Plathelminthen-Taxa: A. *Monocelis fusca* (Proseriata); B. + C. *Oligofilomorpha interstitiophilum* (Acoela); D. *Retronectes* cf. *sterreri* (Catenulida) E. *Catenula lemnae* (Catenulida). Die Pfeile in B–E verweisen auf die durch Ausfall bestimmter Tubuli bewirkten Verschmälerungen des Axonems. Zur Erläuterung vgl. Text und Abb. 6. Cilienlängsschnitte: A. × 50 900; B. × 45 100; C. × 50 000; D. × 46 500; E. × 49 500.

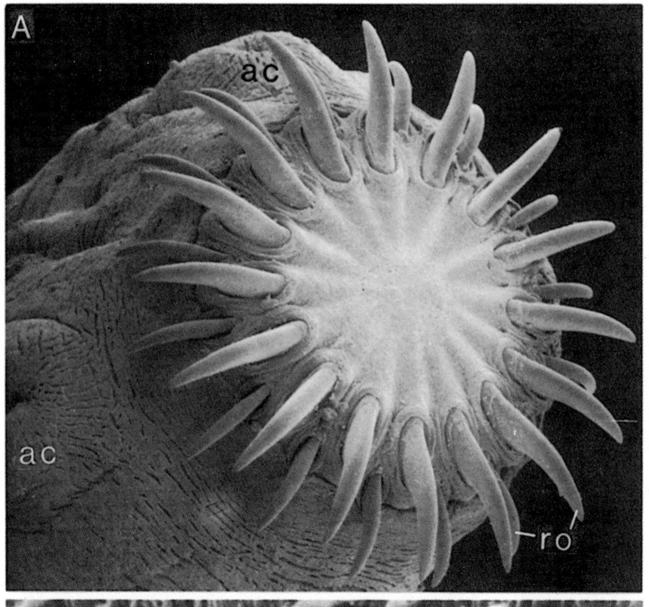

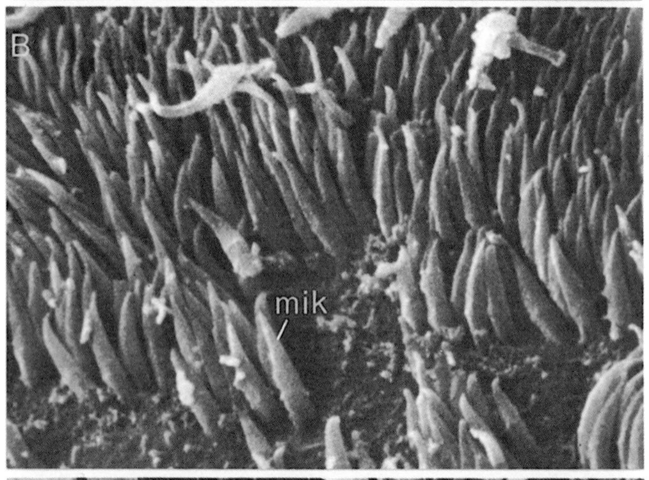

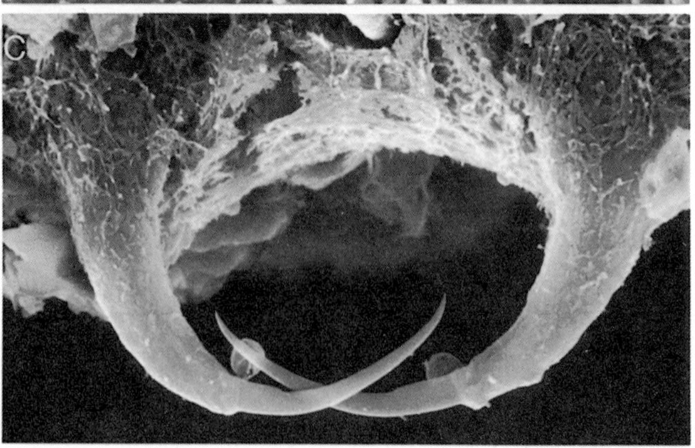

Tafel 27. A. und B. *Taenia taeniaeformis* (Eucestoda), C. *Dactylogyrus* spec. (Monogenea). REM-Aufnahmen, in A eines Scolex mit Rostellum in Form eines doppelten Kranzes von Häkchen und mit Acetabula (Saugnäpfe), in B eines Proglottids mit partiell herausgebrochenen Mikrotrichen und in C Teil des kaudalen Opisthaptors mit den aus der Neodermis vorragenden Spitzen der beiden kräftigen Mittelhaken.
A. × 80; B. × 8000; C. × 800.

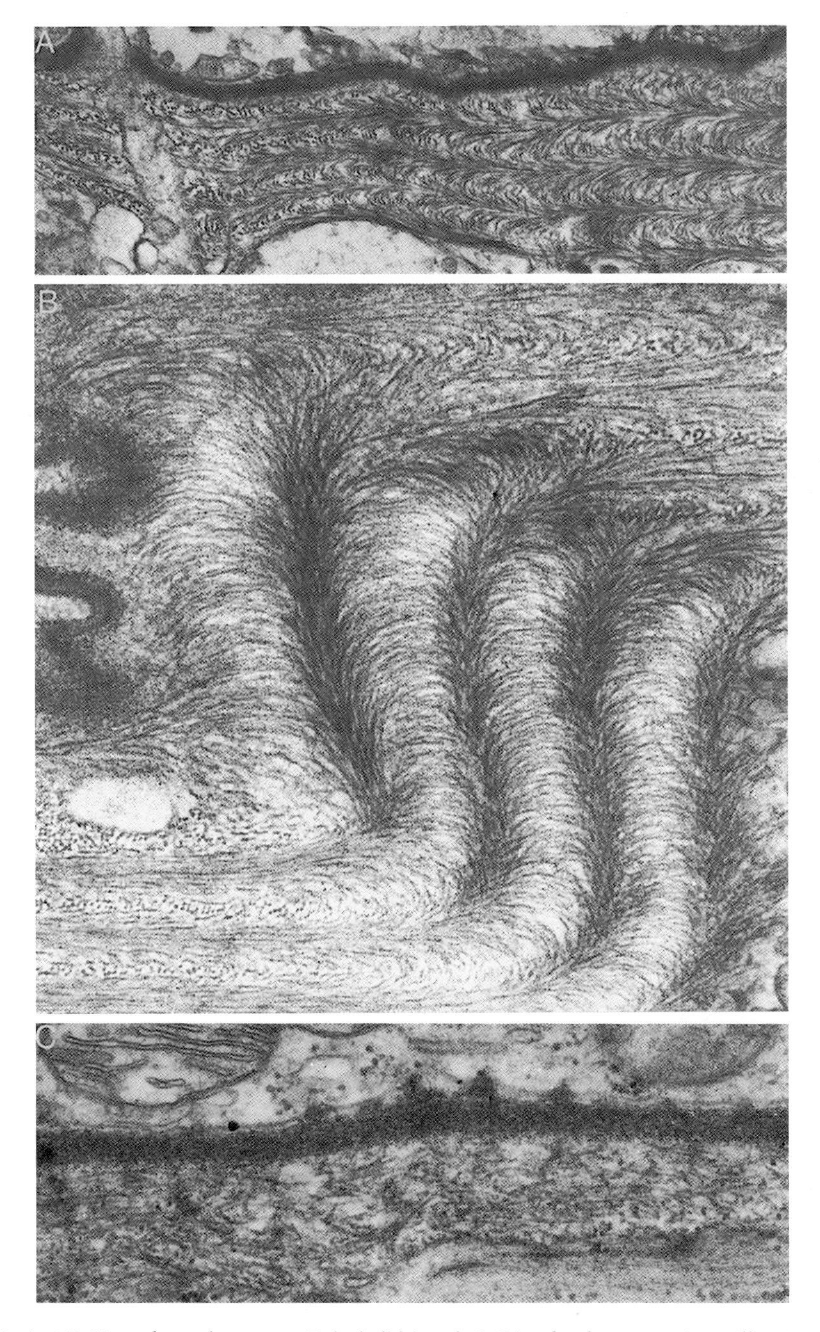

Tafel 28. A. + B. *Notoplana* cf. *atomata* (Polycladida) und C. *Dicoelandropora atriopapillata* (Proseriata). Basallamina 2-schichtig: peripher schmal und granulär (EM-dunkler), basal breiter und fibrillär, Fibrillen bei stärkerer Mächtigkeit der Basallamina (in A und B) strukturell geordnet. Querschnitt. A. × 28 800; B. × 42 100; C. × 48 500.

Tafel 29. A. und B. *Fasciola hepatica* (Digenea). REM-Aufnahmen. Actin-Stacheln in der Neodermis aus verschiedenen Körperbereichen eines Adultus; der distale Rand eines jeden Stachels ist sägeblattartig gezähnt, die Oberfläche der Neodermis in B zudem schuppenartig strukturiert. A. × 60; B. × 580.

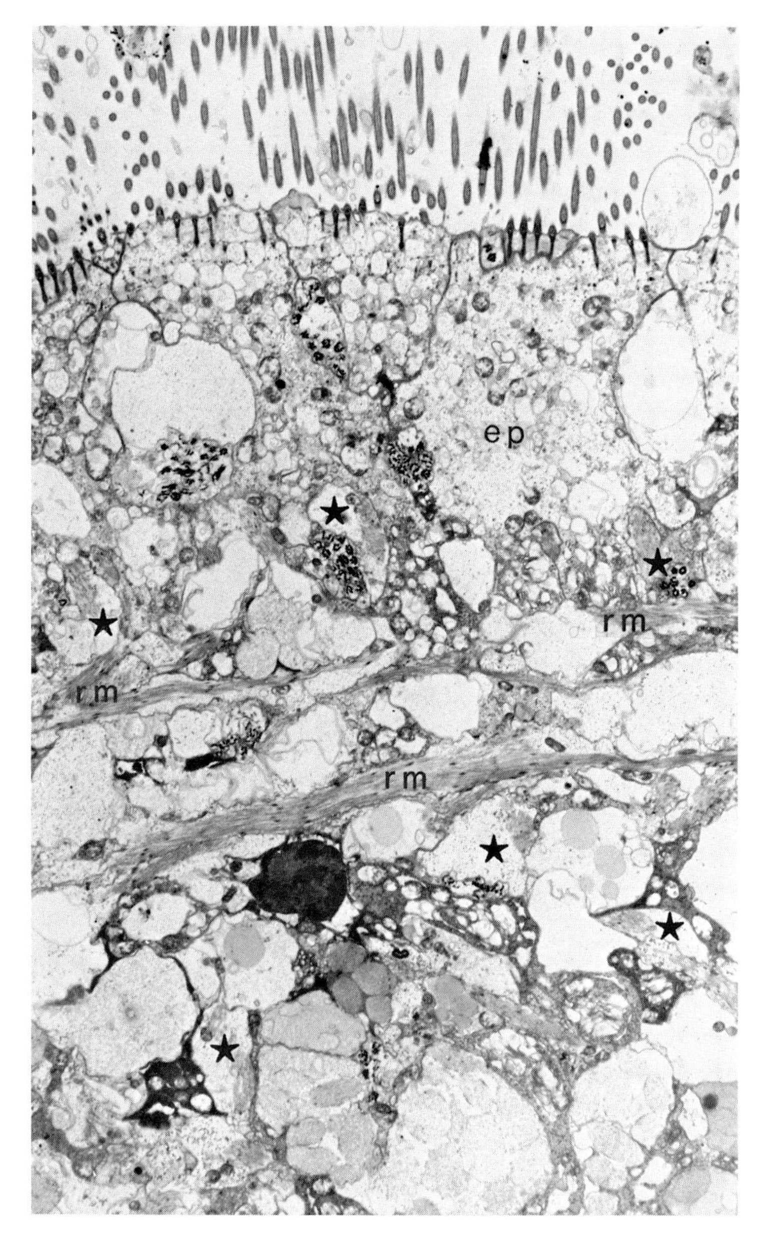

Tafel 30. *Anaperus tvaerminnensis* (Acoela). Peripherer Körperbereich mit drüsenreicher Epidermis und spezifisch angeordneter Muskulatur: mehrschichtige Ringmuskulatur, Längsmuskulatur sowohl proximal (Sterne) der Ringmuskulatur wie auch distal (Sterne) der Ringmuskulatur zwischen den Epidermiszellen. × 6200.

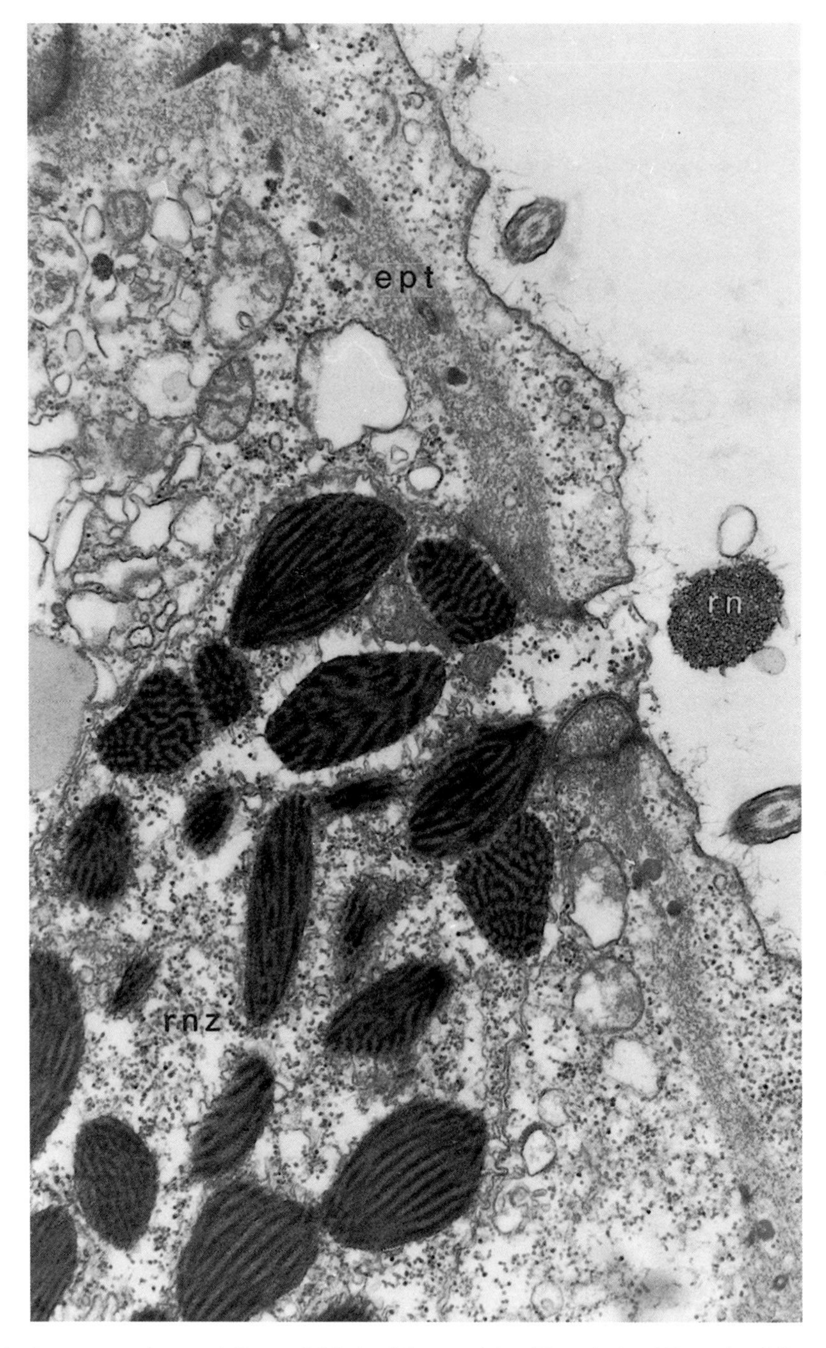

Tafel 31. *Retronectes* cf. *sterreri* (Catenulida). Ausführgang (ohne Textur) einer Rhamnitendrüsenzelle mit Drüsengranula, ausgetretene Rhamniten werden amorph. Querschnitt. × 27 500.

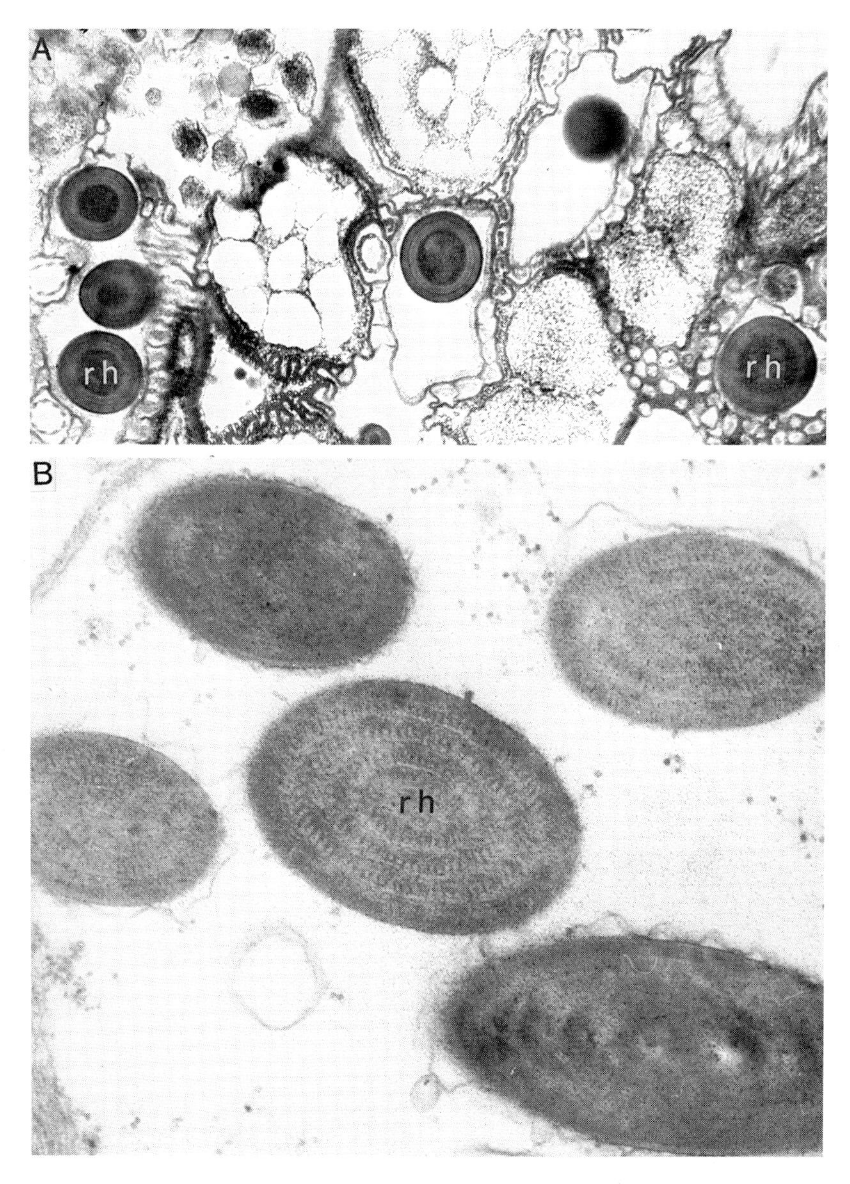

Tafel 32. A. *Haplopharynx rostratus* und B. *Paromalostomum fusculum* (Macrostomida). Lamellen-Rhabditen, in A im Rüssel von *Haplopharynx*. Querschnitte. A. × 21 500; B. × 37 700.

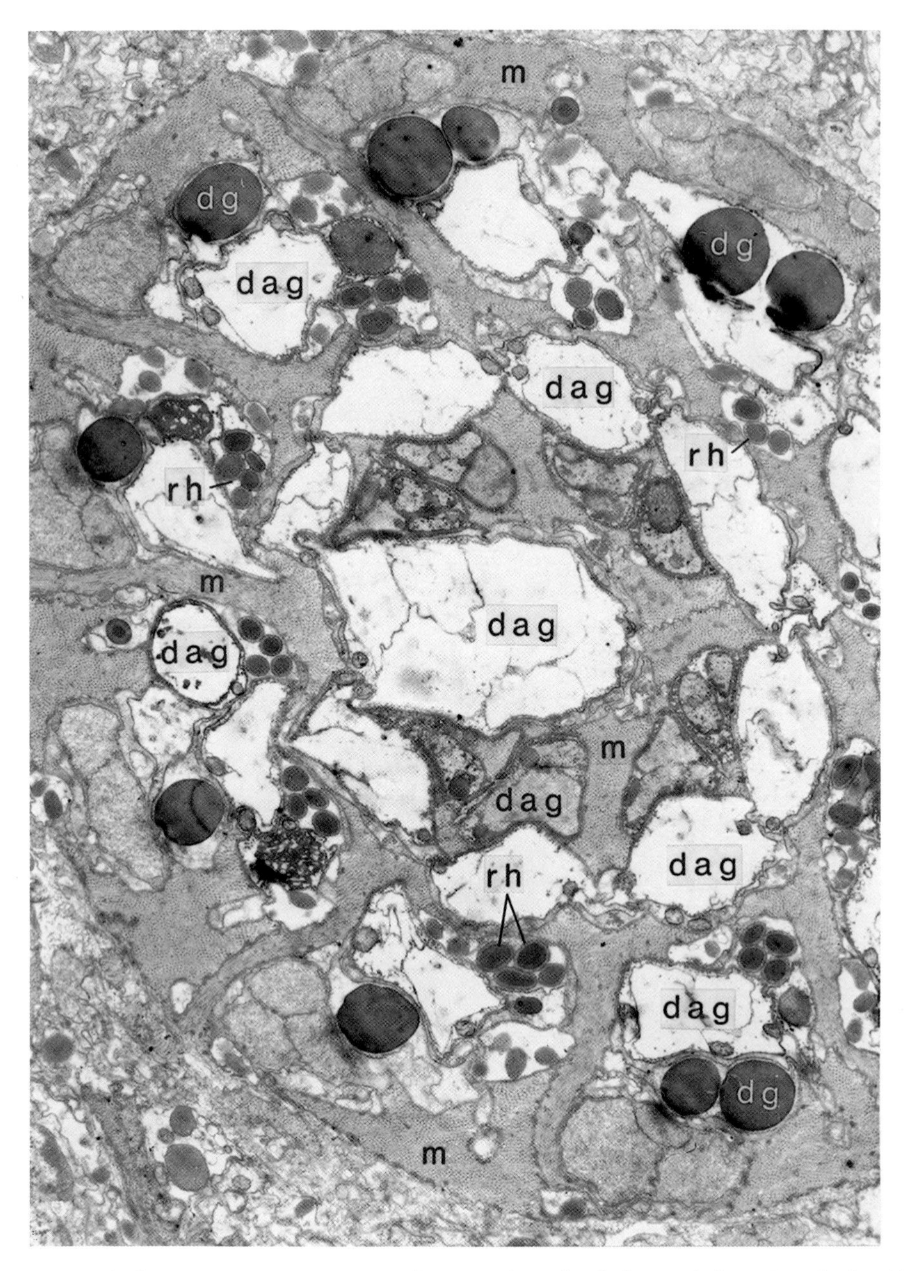

Tafel 33. *Haplopharynx rostratus* (Macrostomida). Querschnitt durch den muskulösen Rüssel mit zahlreichen, konzentrisch angeordneten Drüsenausführgängen, u.a. mit einem Ring von Ausführgängen mit Lamellen-Rhabditen. × 9000.

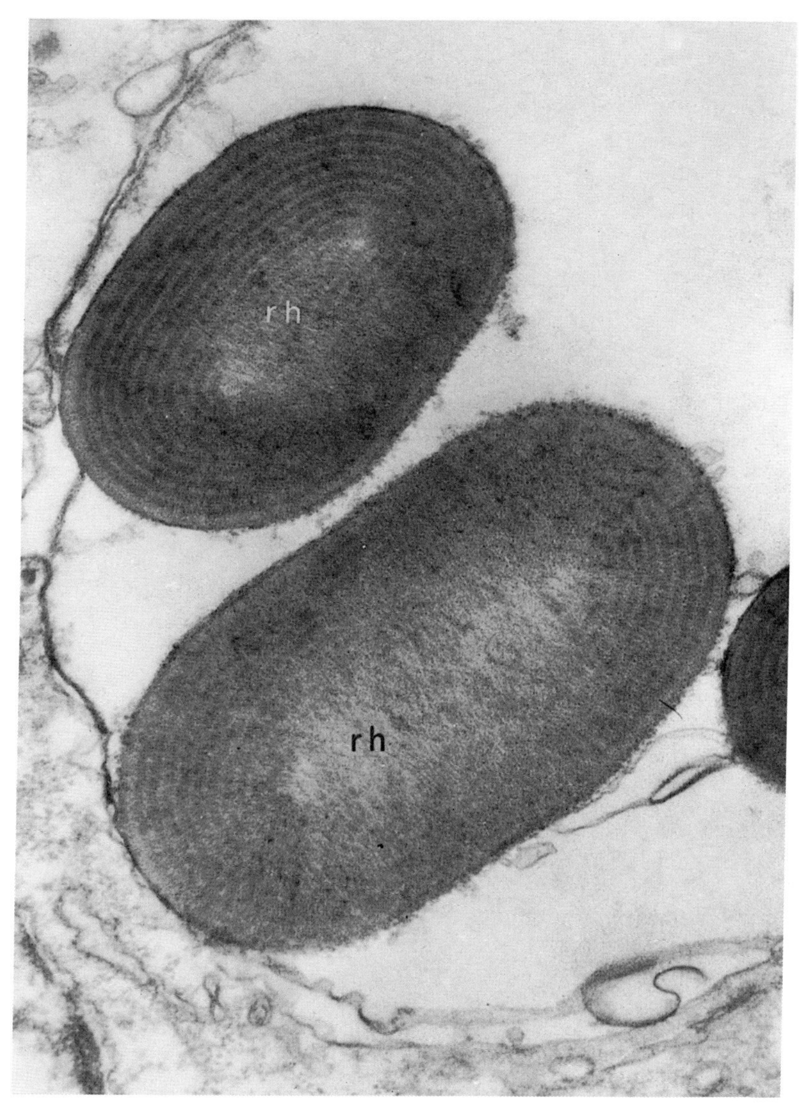

Tafel 34. *Notoplana* cf. *atomata* (Polycladida). Zwei Lamellen-Rhabditen mit vielen fein gestreiften und konzentrisch angeordneten Lamellen. Querschnitt. × 43 200.

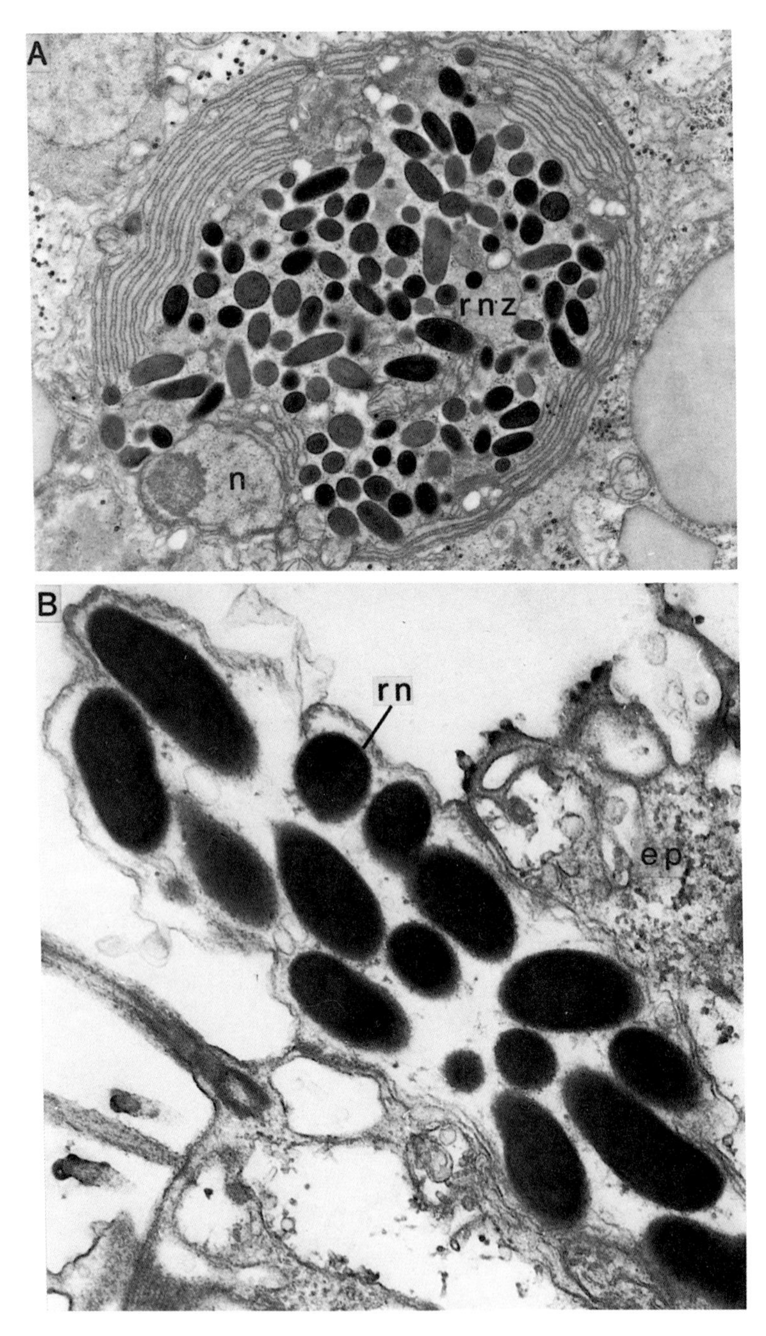

Tafel 35. *Pseudostomum quadrioculatum* (Prolecithophora). A. Rhamnitenbildungszelle mit Drüsengranula in unterschiedlichen Differenzierungsstadien; in B. Drüsenausführgang mit ausdifferenzierten, EM-dunklen und homogenen Granula. Querschnitte. A. × 9600; B. × 31 800.

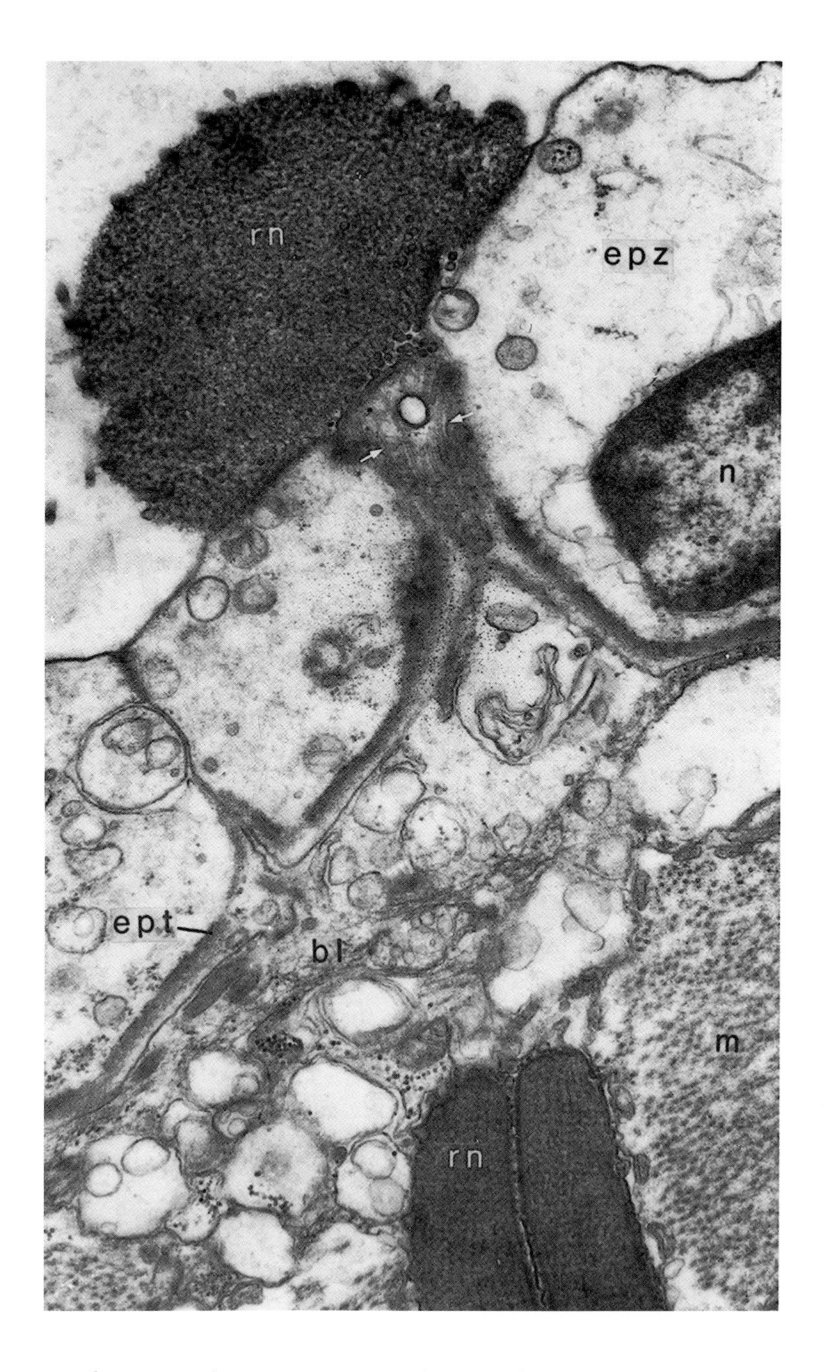

Tafel 36. *Parotoplana geminoducta* (Proseriata). Durch eine Epidermiszelle (mit basaler epidermaler Textur) durchtretender Ausführgang einer Rhamnitendrüsenzelle mit Mikrotubuli (Pfeile), zwei Rhamniten (unterer Bildrand) und ausgetretener Rhamnit (oberer Bildrand). Querschnitt. × 31 800.

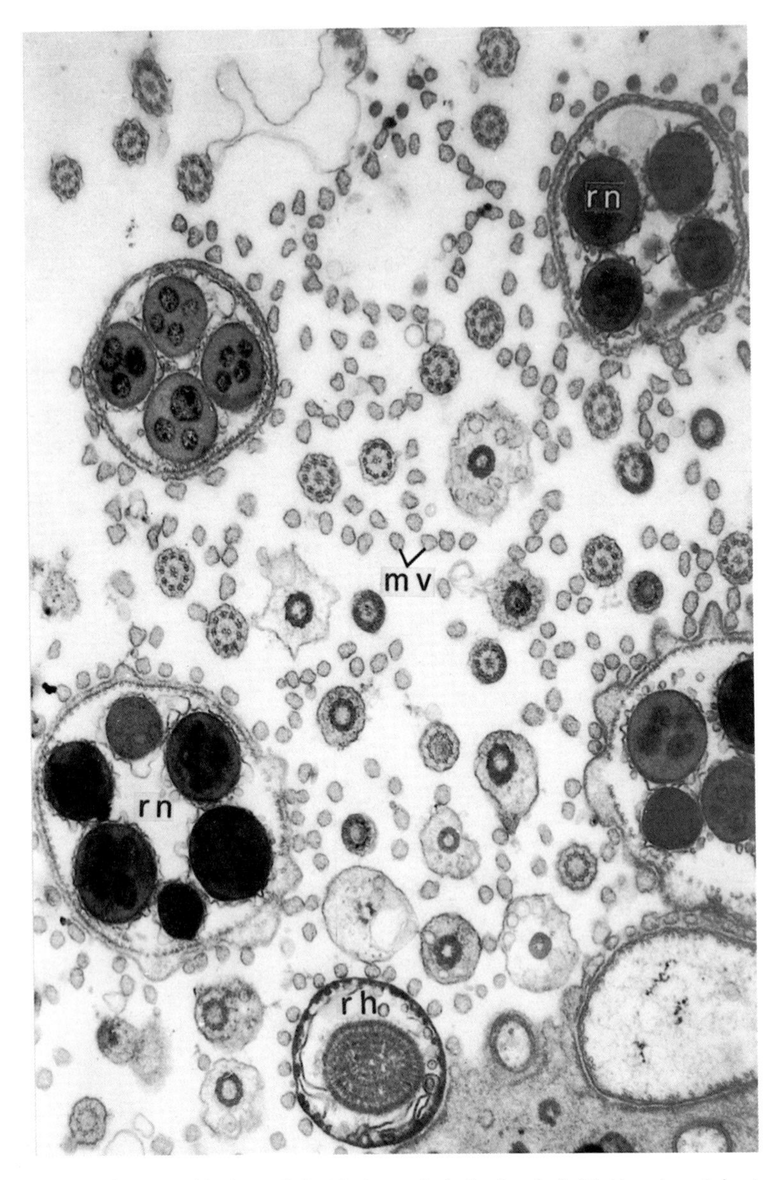

Tafel 37. *Listea simplex* („Typhloplanoida"). Horizontalschnitt durch die Epidermisperipherie mit quergeschnittenen Drüsenausführgängen, zumeist mit strukturierten Rhamniten oder Lamellen-Rhabditen (unterer Bildrand). × 22 500.

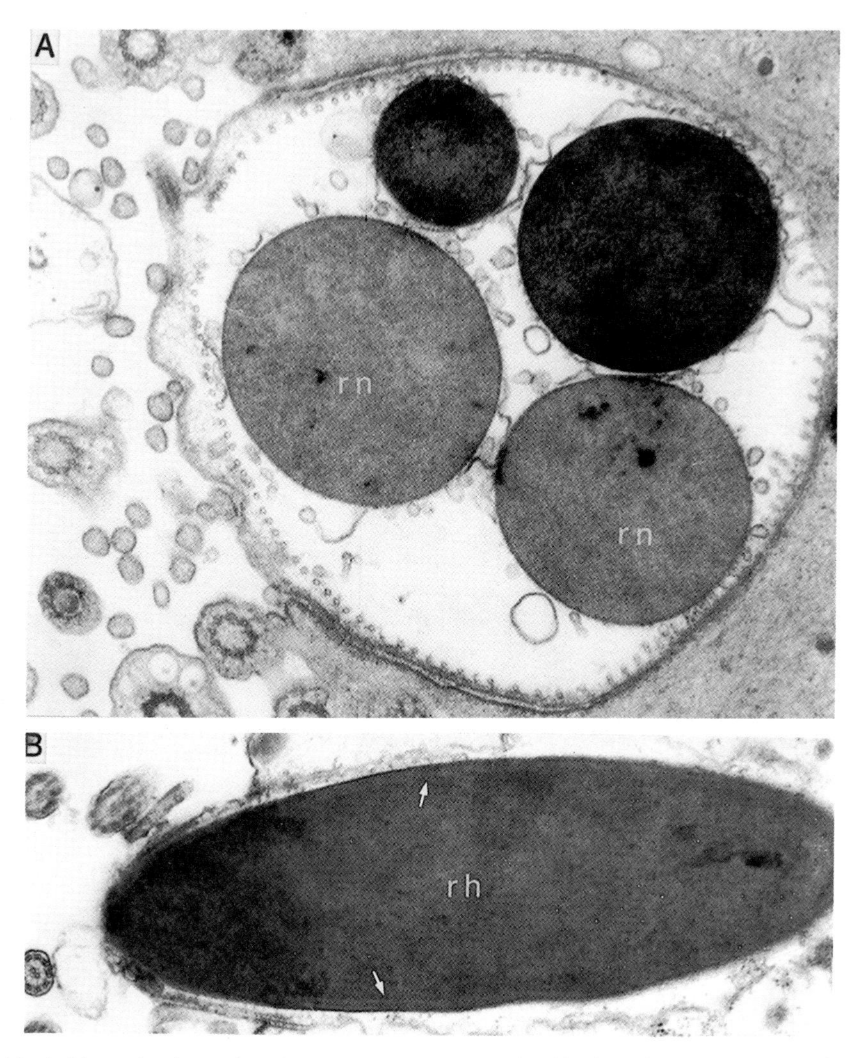

Tafel 38. A. *Listea simplex* und B. *Promesostoma meixneri* („Typhloplanoida"). In A. quergeschnittener, von Mikrotubuli gesäumter Drüsenausführgang mit 4 Rhamnitengranula, in B. ein schräg geschnittenes Granulum mit Cortex (Pfeile). A. × 37 300; B. × 28 300.

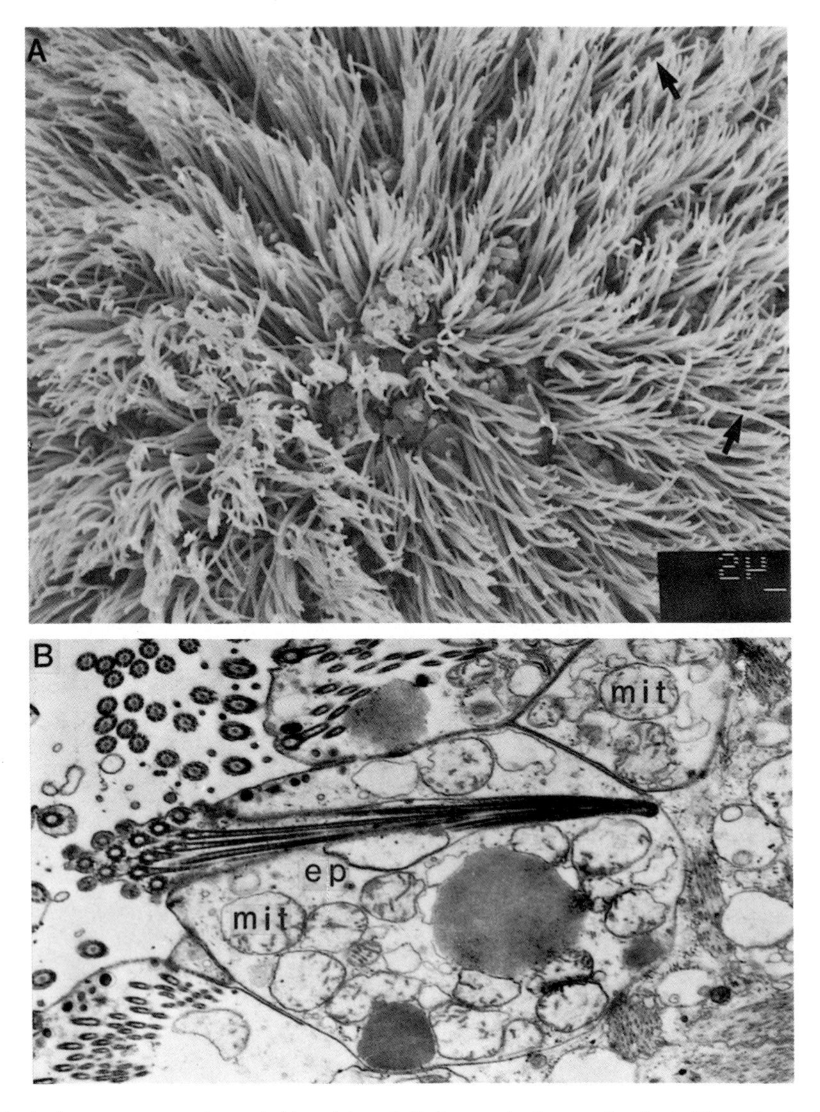

Tafel 39. A. *Anaperus tvaerminnensis* (Acoela) und B. *Parotoplanina geminoducta* (Proseriata). A. REM-Aufsicht auf das Vorderende, zwischen den epidermalen lokomotorischen Cilien die aus den Frontaldrüsen ausgetretenen Drüsengranula und längere Cilien von epidermalen Receptoren (Pfeile). B. Horizontalschnitt durch eine bewimperte Epidermiszelle mit konvergierenden Horizontal-(= Rostral-)Cilienwurzeln. A. × 1500; B. × 18 300.

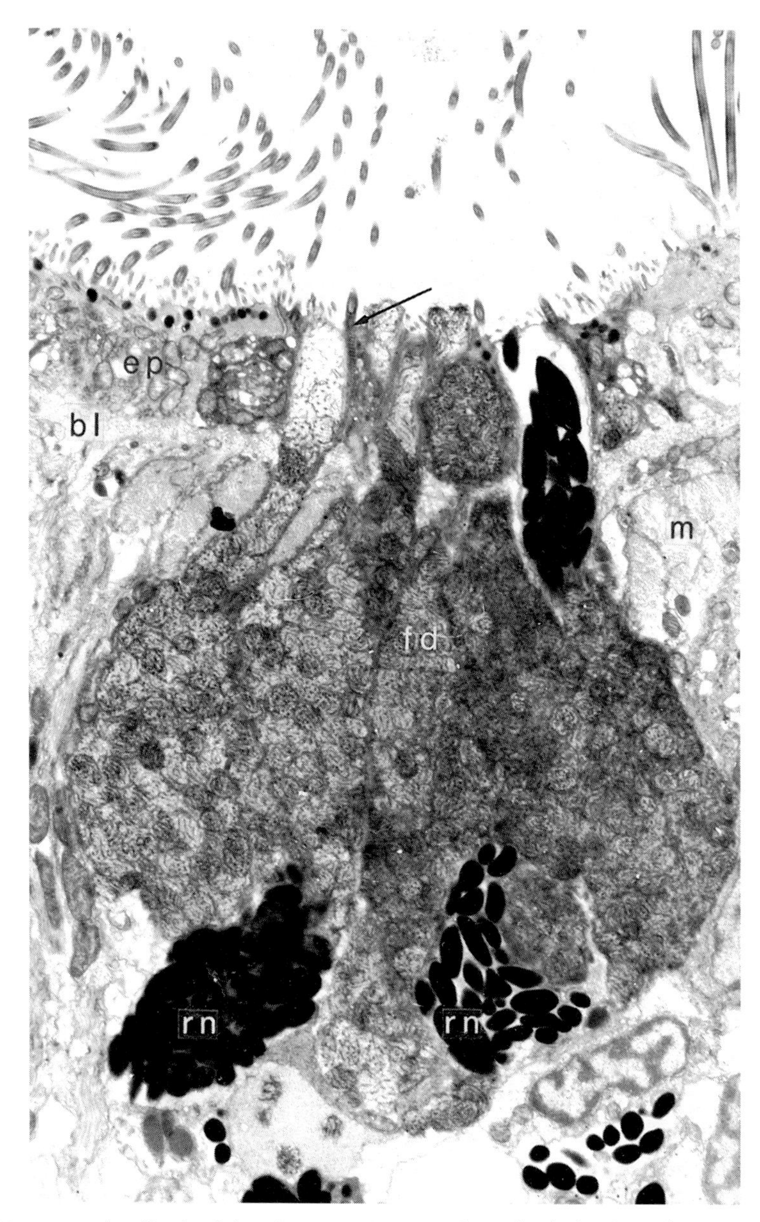

Tafel 40. *Notocaryoplanella glandulosa* (Proseriata). Längsschnitt durch das Frontalorgan: Ausführgänge von Frontaldrüsen mit spezifisch strukturiertem Sekret und von Rhamnitendrüsen. Der Pfeil verweist auf einen ciliären Receptor. × 7900.

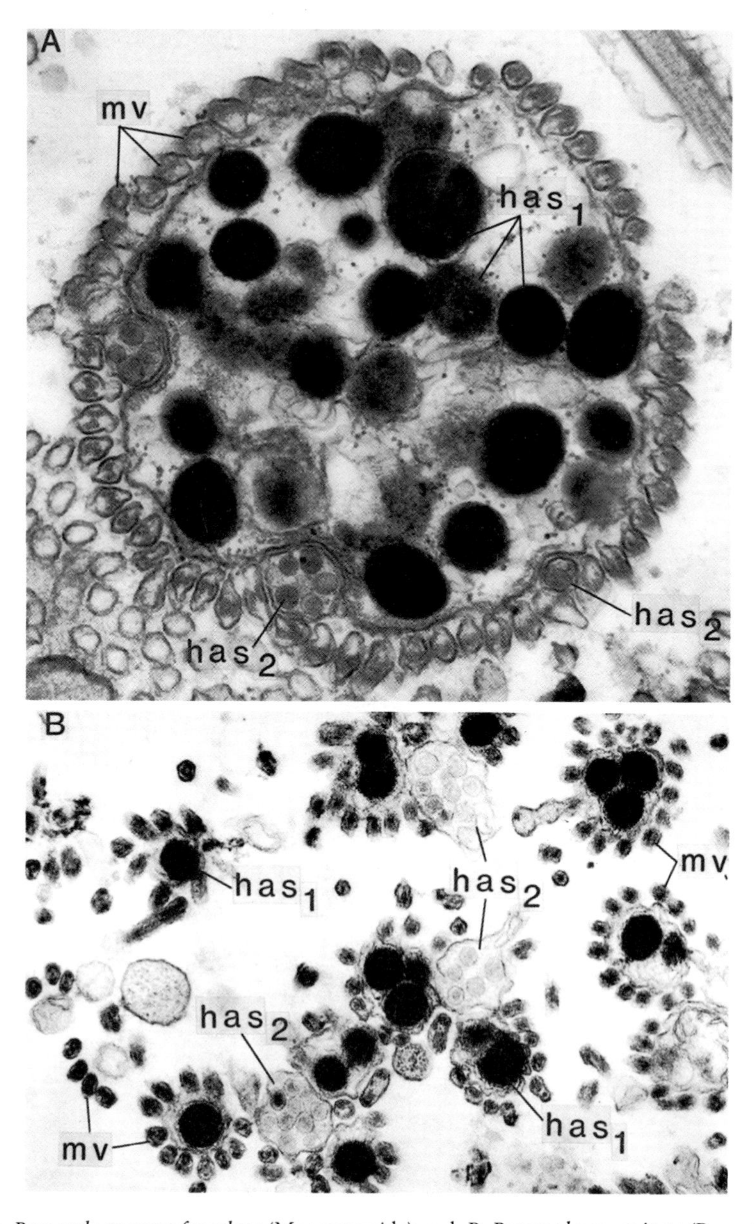

Tafel 41. A. *Paromalostomum fusculum* (Macrostomida) und B. *Parotoplana capitata* (Proseriata). Querschnitte durch den peripheren Bereich von 2-Zellen-Kleborganen. In A alle Ausführgänge der beiden Drüsentypen innerhalb eines einzigen Mikrovillikranzes. In B Mikrovilli um jeden einzelnen Ausführgang des Drüsentyps 1, Ausführgänge des Drüsentyps 2 ohne Mikrovilli. A. × 15 400; B. × 25 900.

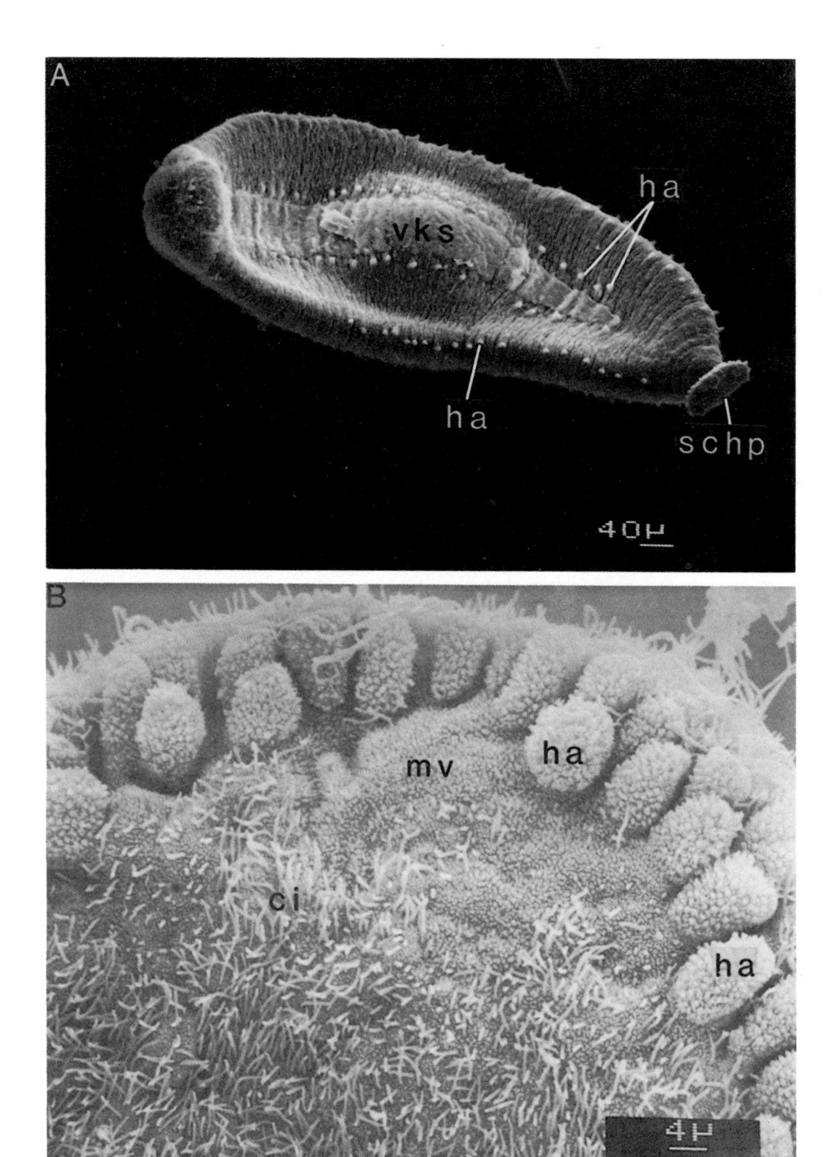

Tafel 42. A. *Parotoplana capitata* und B. *Coelogynopora axi* (Proseriata). In A Totalaufsicht von ventral mit dem zentralen Längsband der „Kriechsohle" zwischen zwei bilateral symmetrischen (den ventralen und ventrolateralen) Längsreihen von Kleborganen, weitere Kleborgane am Rand der Schwanzplatte; in B Ventralaufsicht auf das Hinterende mit prominenten Kleborganen (einzeln stehende Ankerzellen, jeweils mit Mikrovilli). REM-Aufnahmen. A. × 120; B. × 1300.

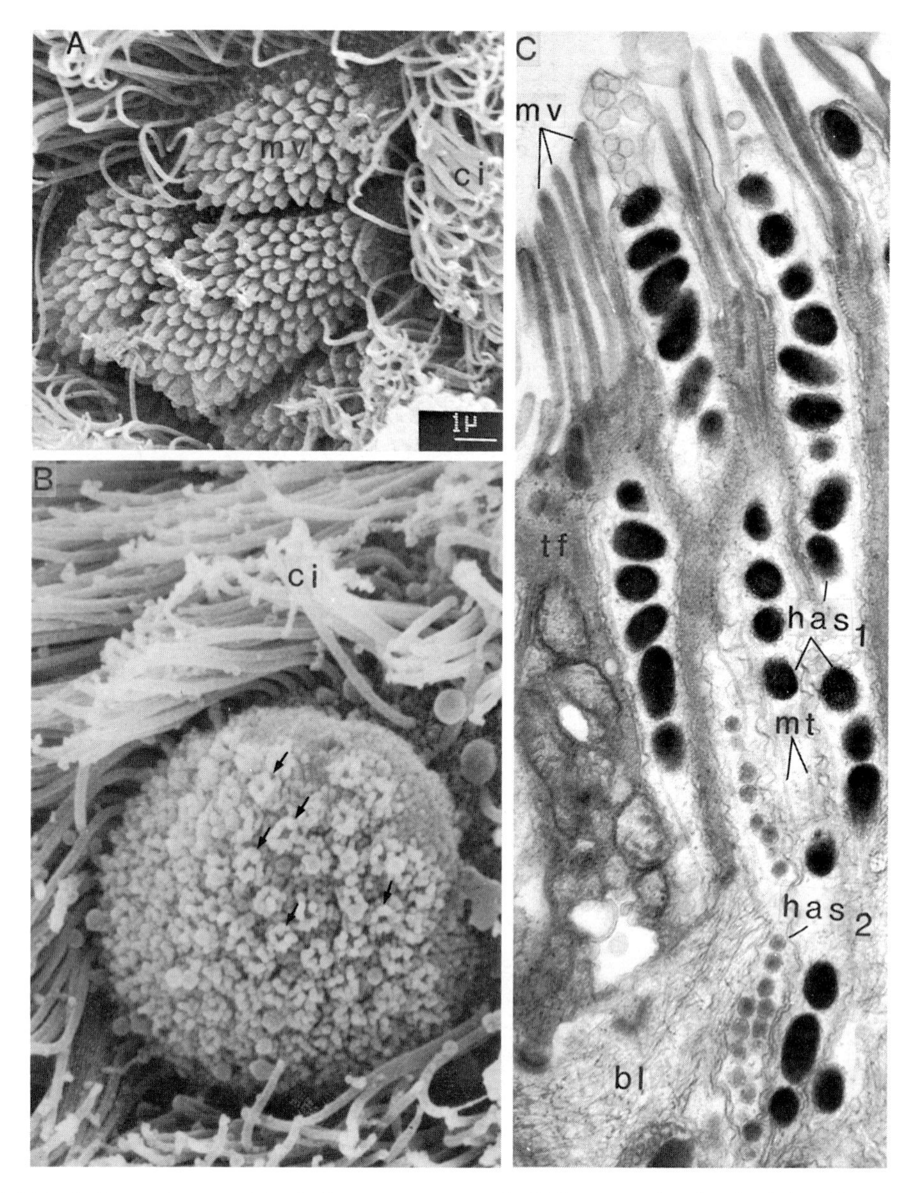

Tafel 43. A. *Invenusta paracnida*, B. *Invenusta aestus* und C. *Notocaryoplanella glandulosa* (Proseriata). 2-Drüsen-Kleborgane. A. und B. REM-Aufnahmen je einer Ankerzelle mit langen prominenten Mikrovilli (in A) bzw. sehr kurzen Mikrovilli (Pfeile in B) um einzelne Ausführgänge vom Drüsentyp 1. In C Längsschnitt durch eine Ankerzelle mit durch Tonofilamente verstärkten Mikrovilli und Ausführgängen von Drüsenzellen des Typus 1 und 2. A. × 6000; B × 7000; C. × 15 600.

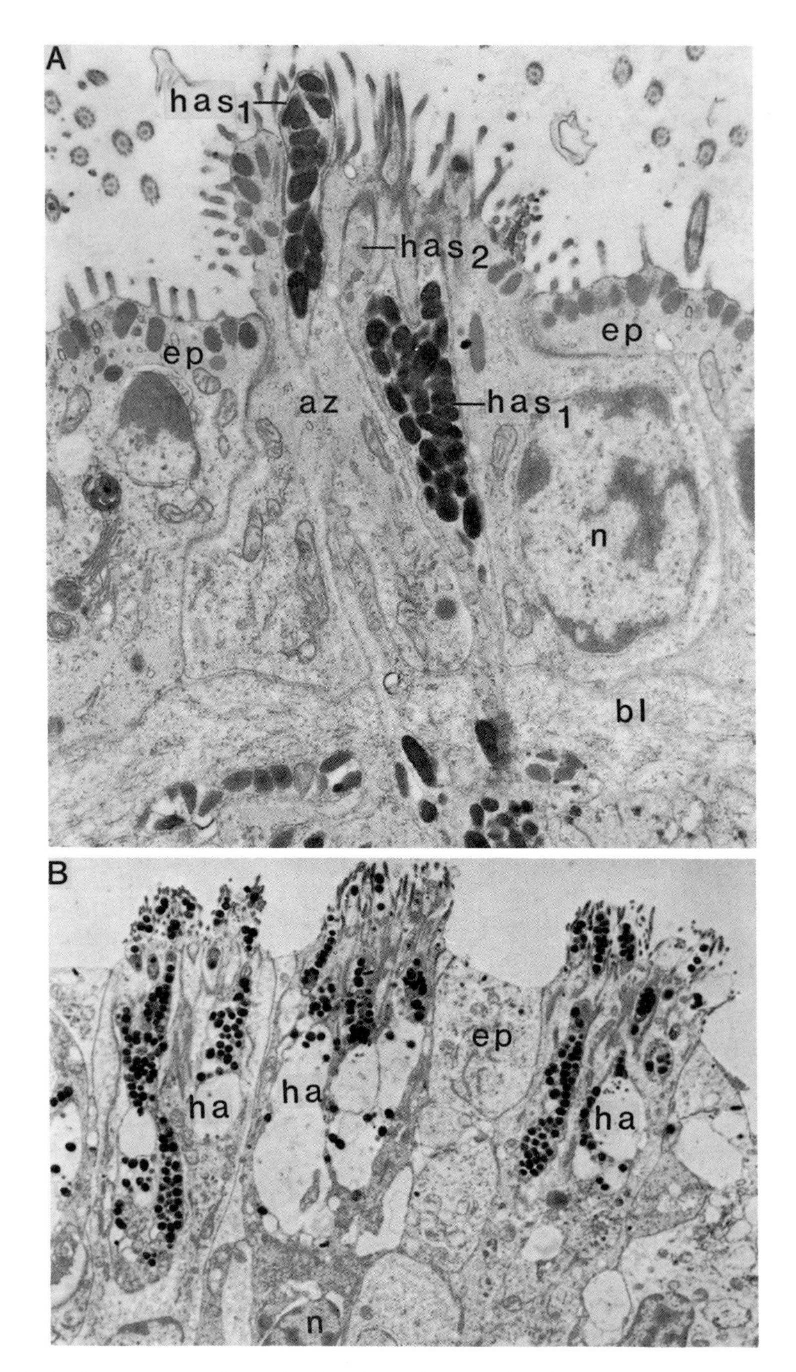

Tafel 44. A. *Coelogynopora axi* und B. *Praebursoplana steinboecki* (Proseriata). 2-Drüsen-Kleborgane. A. Epidermale Ankerzelle mit intraepithelialem Zellkern und die Zelle penetrierenden Ausführgängen der beiden Drüsentypen. In B mehrere benachbarte Ankerzellen. A. × 16 500; B. × 6400.

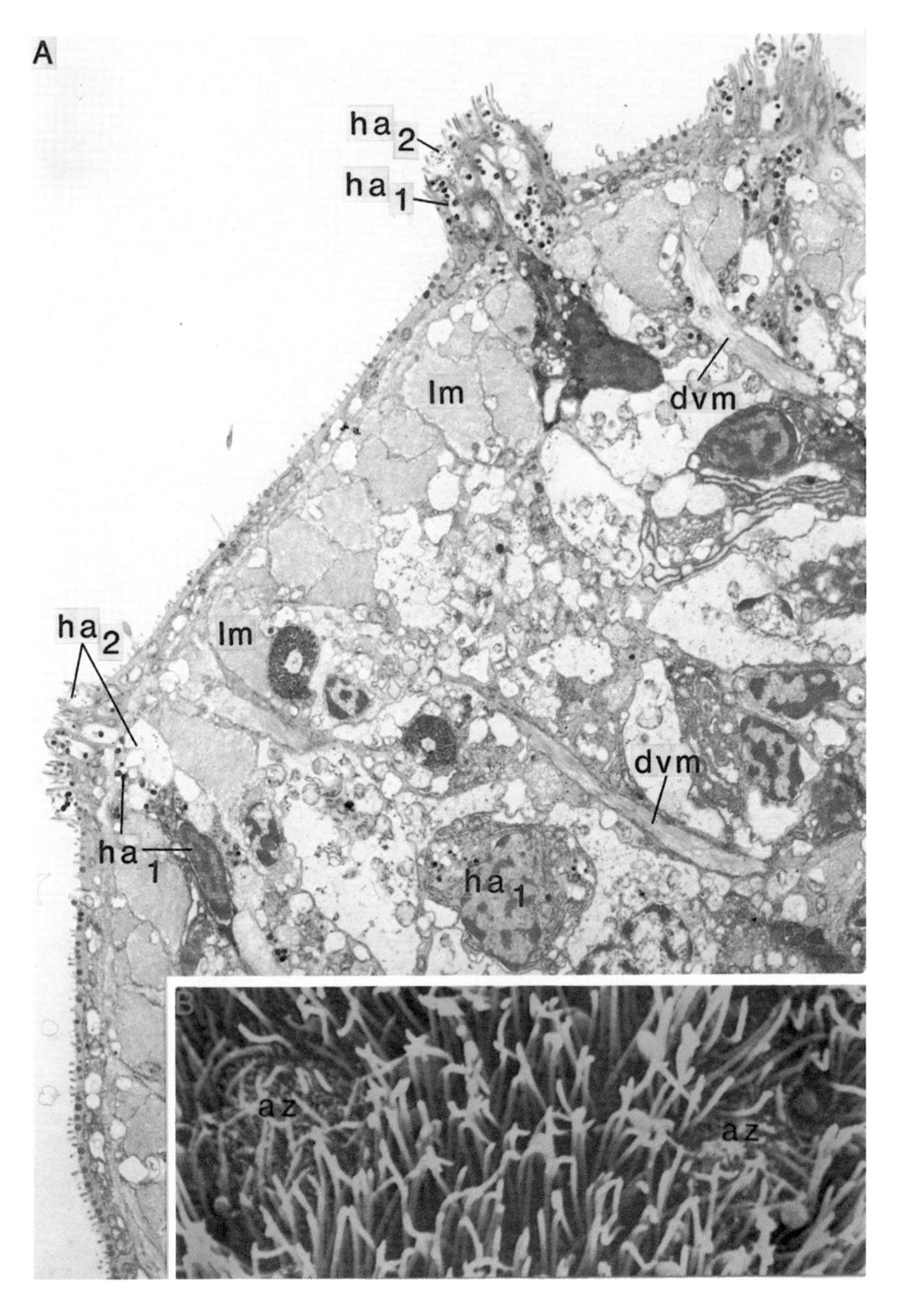

Tafel 45. *Petaliella spiracauda* („Typhloplanoida"). Peripherer Körperbereich mit mehreren 2-Drüsen-Kleborganen. Vorragende epidermale Ankerzellen mit vielen Mikrovilli (A und B); Klebdrüsen mit tiefer im Körper liegenden Perikarien (in A). Querschnitt (A) und REM-Aufsicht (in B). A. × 4000; B. × 11 500.

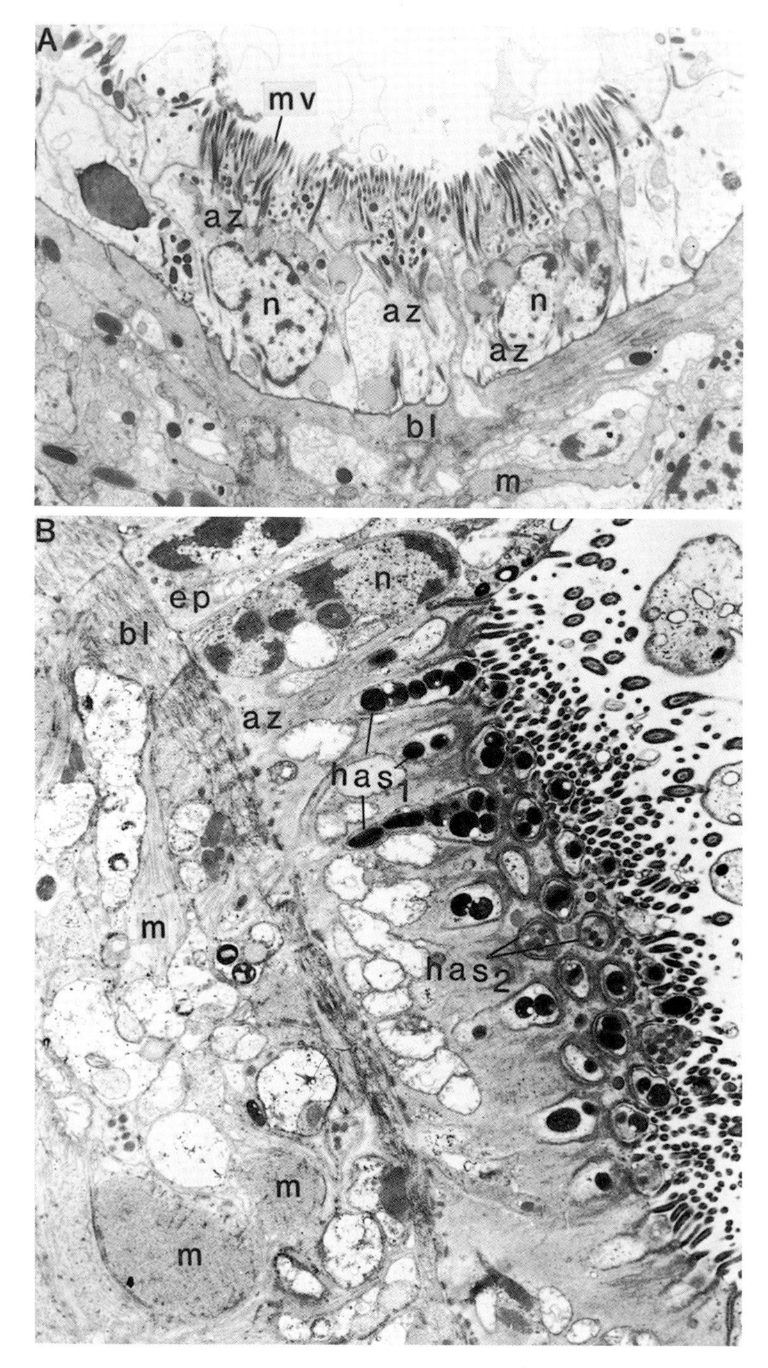

Tafel 46. A. *Nematoplana coelogynoporoides* und B. *Carenscoilia bidentata* (Proseriata). Peripherer Körperbereich mit nicht vorragenden 2-Drüsen-Kleborganen. In A mit mehreren Ankerzellen, in B eine großflächige Ankerzelle mit lateral (oberer Bildrand) gelegenem Zellkern und vielen penetrierenden Drüsenausführgängen. Querschnitte. A. × 5900; B. × 10 600.

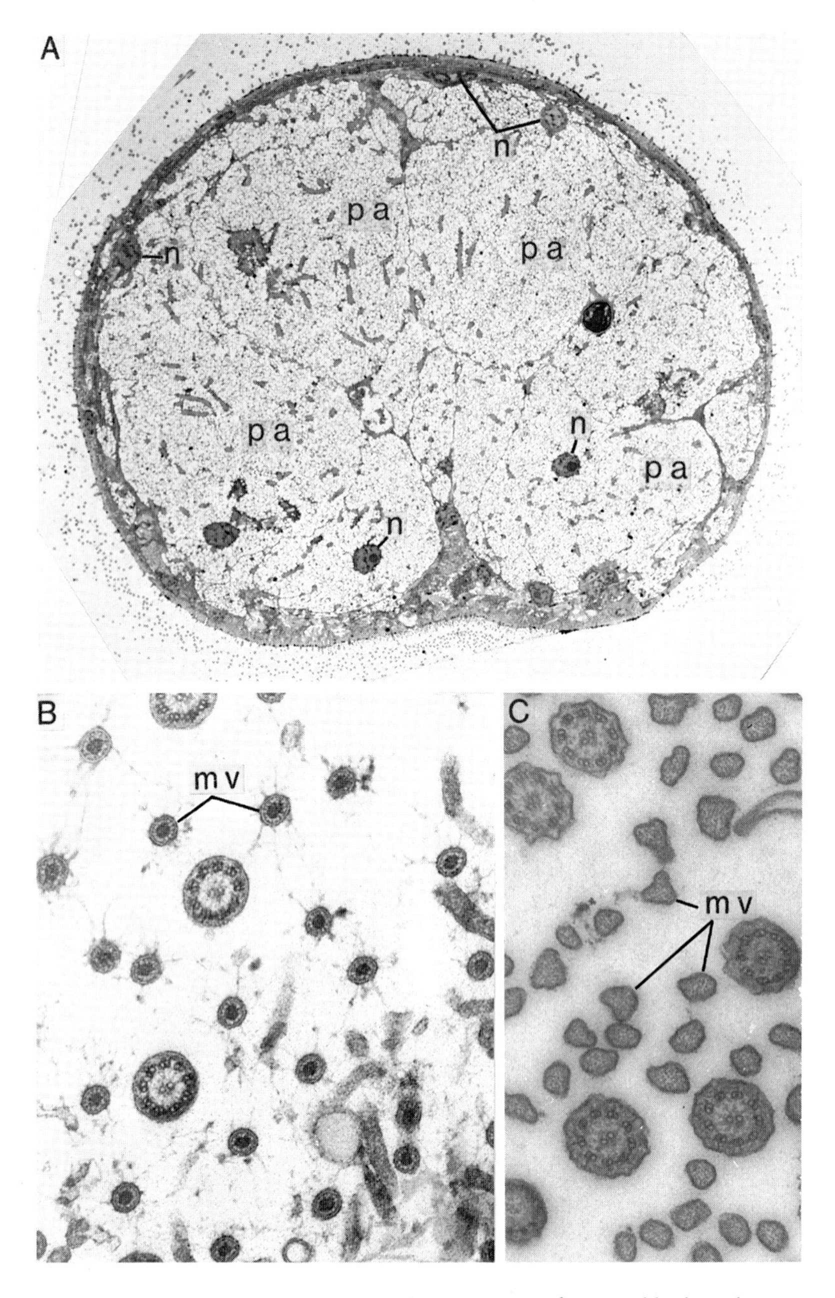

Tafel 47. A. + B. *Catenula lemnae* (Catenulida) und C. *Listea simplex* („Typhloplanoida"). In A Körperquerschnitt kurz vor dem Pharynx mit den großen, schaumig strukturierten „parenchymatischen" Zellen. Epidermale Mikrovilli bei den Catenulida (in B) mit zentralen Fibrillen, bei den Euplathelminthen (in C) mit verteilten Fibrillen. A. × 1700; B. × 40 000; C. × 41 600.

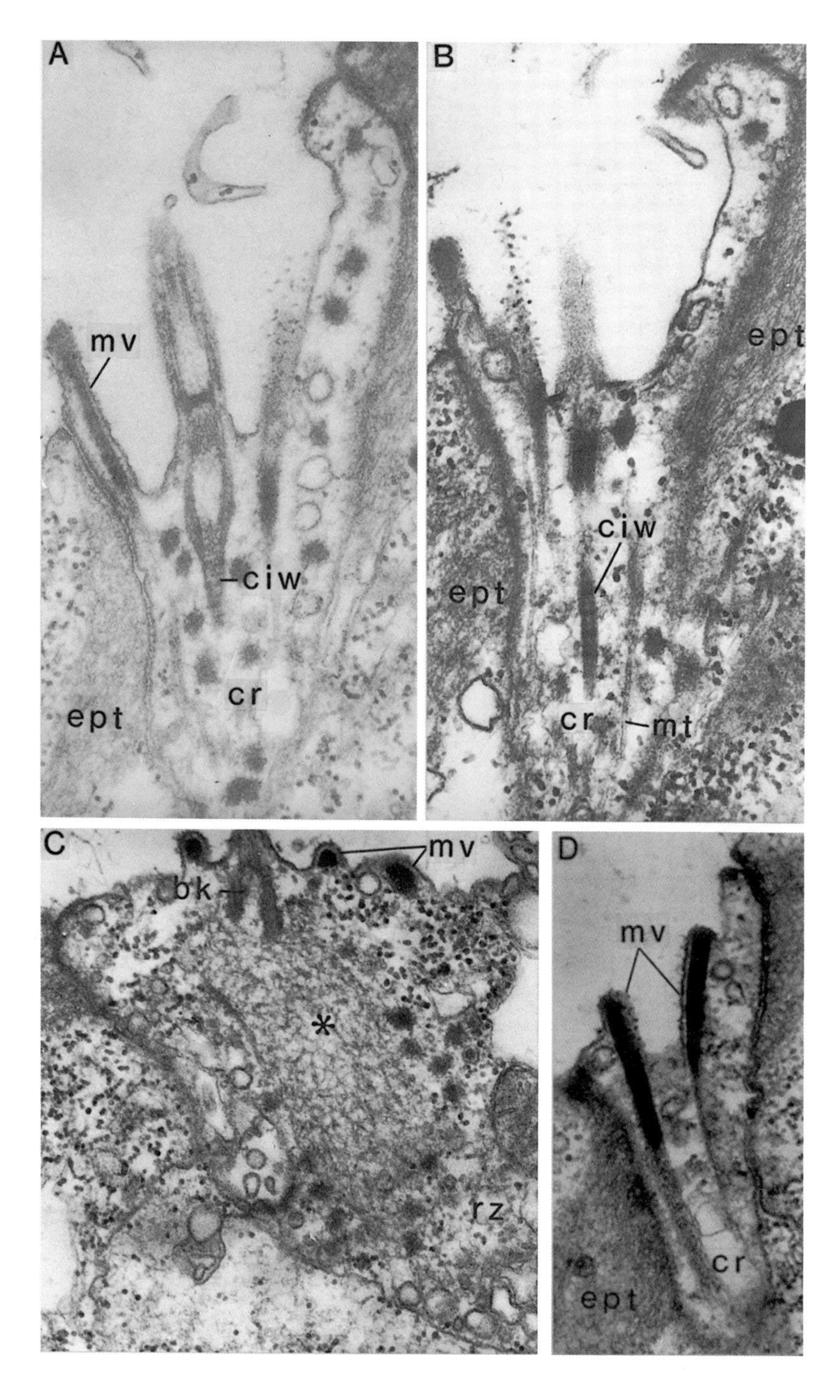

Tafel 48. *Retronectes* cf. *sterreri* (Catenulida). Längsschnitte epidermaler ciliärer Receptoren. In A, B und D monociliärer Collar-Receptor, Basalkörper des Ciliums (mit Cilienwurzel) eingesenkt und von durch Fibrillen verstärkten längeren Mikrovilli umgeben. In C monociliärer Receptor, nicht eingesenkt und mit nur kurzen Mikrovilli, Basalkörper ohne Wurzel, aber mit angrenzendem Fibrillarkörper (Stern). A. × 37000; B. × 37000; C. × 32000; D. × 33000.

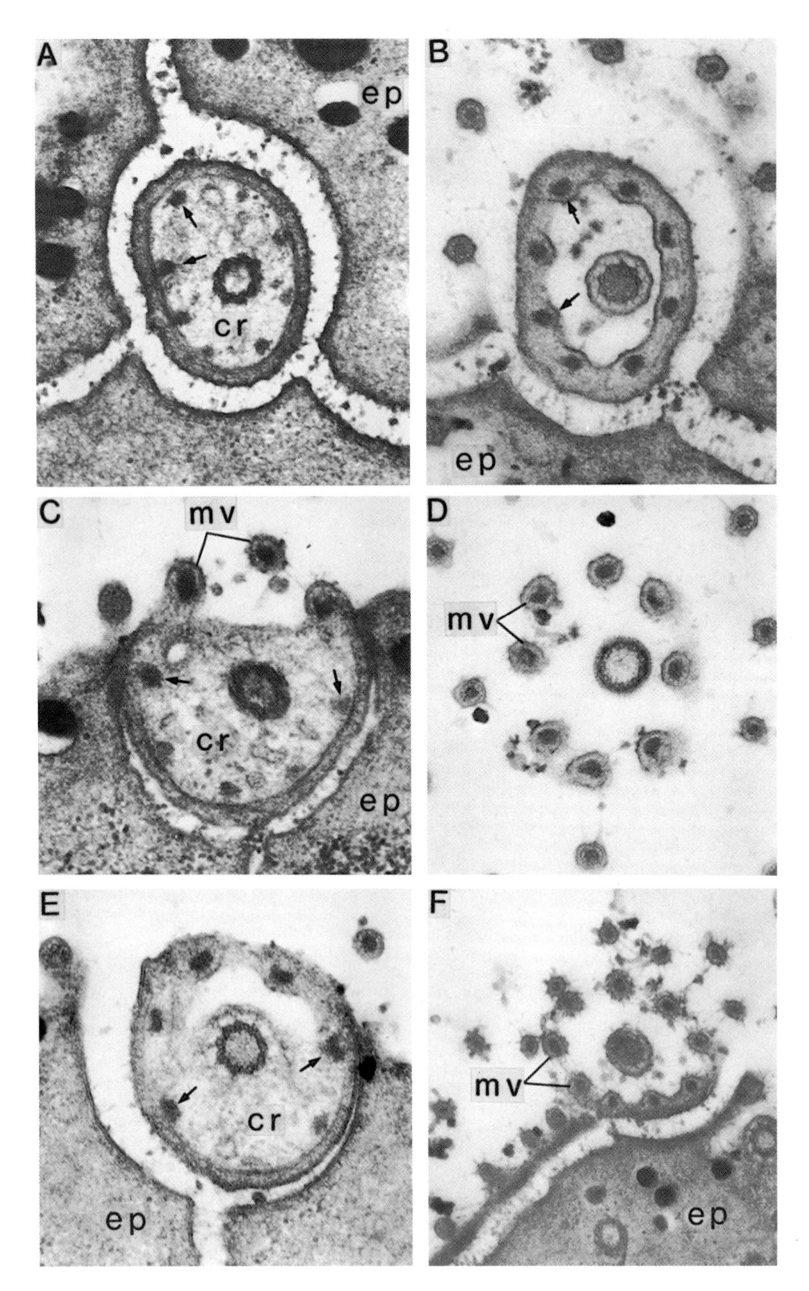

Tafel 49. *Catenula lemnae* (Catenulida). Querschnitte durch epidermale Collar-Receptoren. Cilium von 8 Mikrovilli (in A–D), 7 Mikrovilli (in E) oder 9 Mikrovilli (in F) umgeben (die Pfeile verweisen auf die in den Receptor einziehenden fibrillären Versteifungen der Mikrovilli). A. × 32 900; B. × 33 300; C. × 39 000; D. × 32 000; E. × 37 600; F. × 28 000.

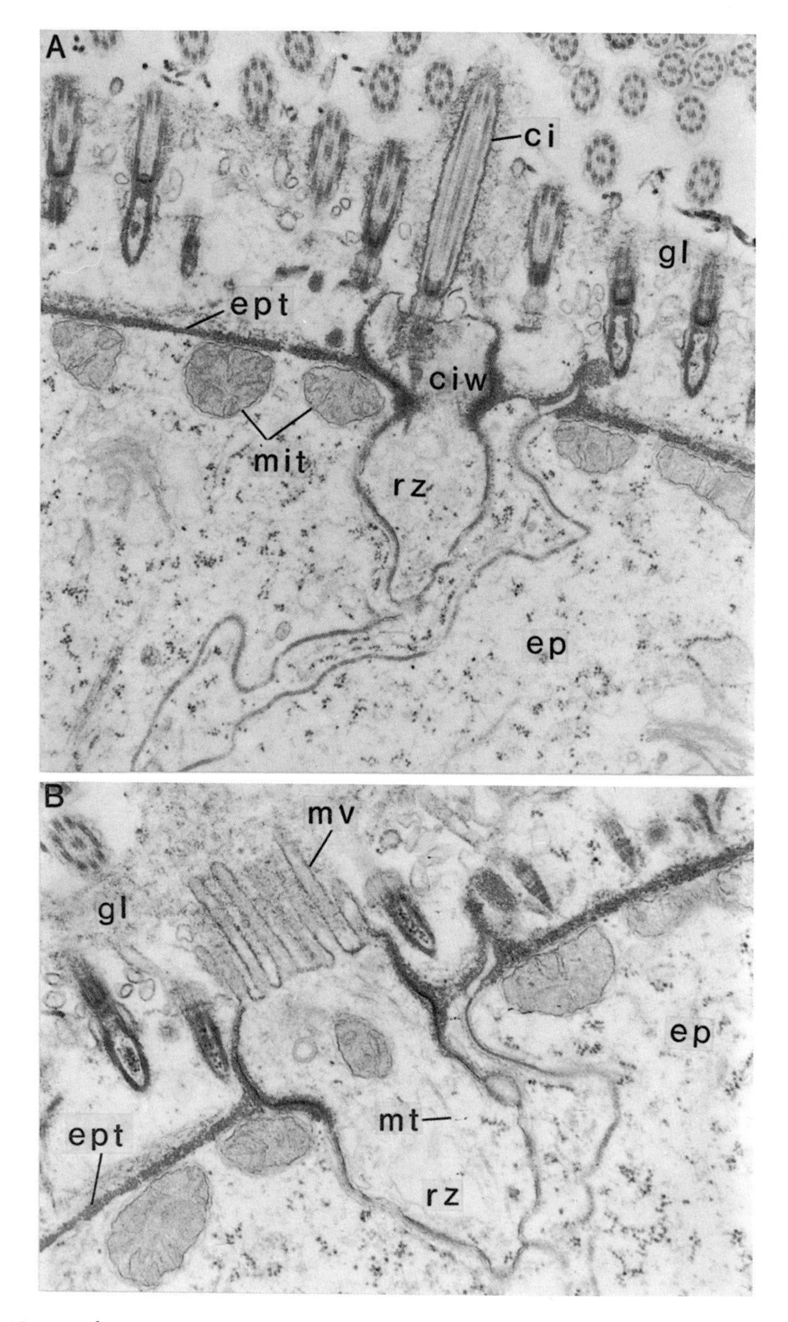

Tafel 50. *Nemertoderma* sp. B. (Nemertodermatida). Querschnitte durch die Epidermis (Epidermiszellen mit Textur). Monociliärer Receptor mit modifizierter Cilienwurzel (in A) und vielen, das Cilium umgebenden Mikrovilli (in B). A. × 17 400; B. × 20 300.

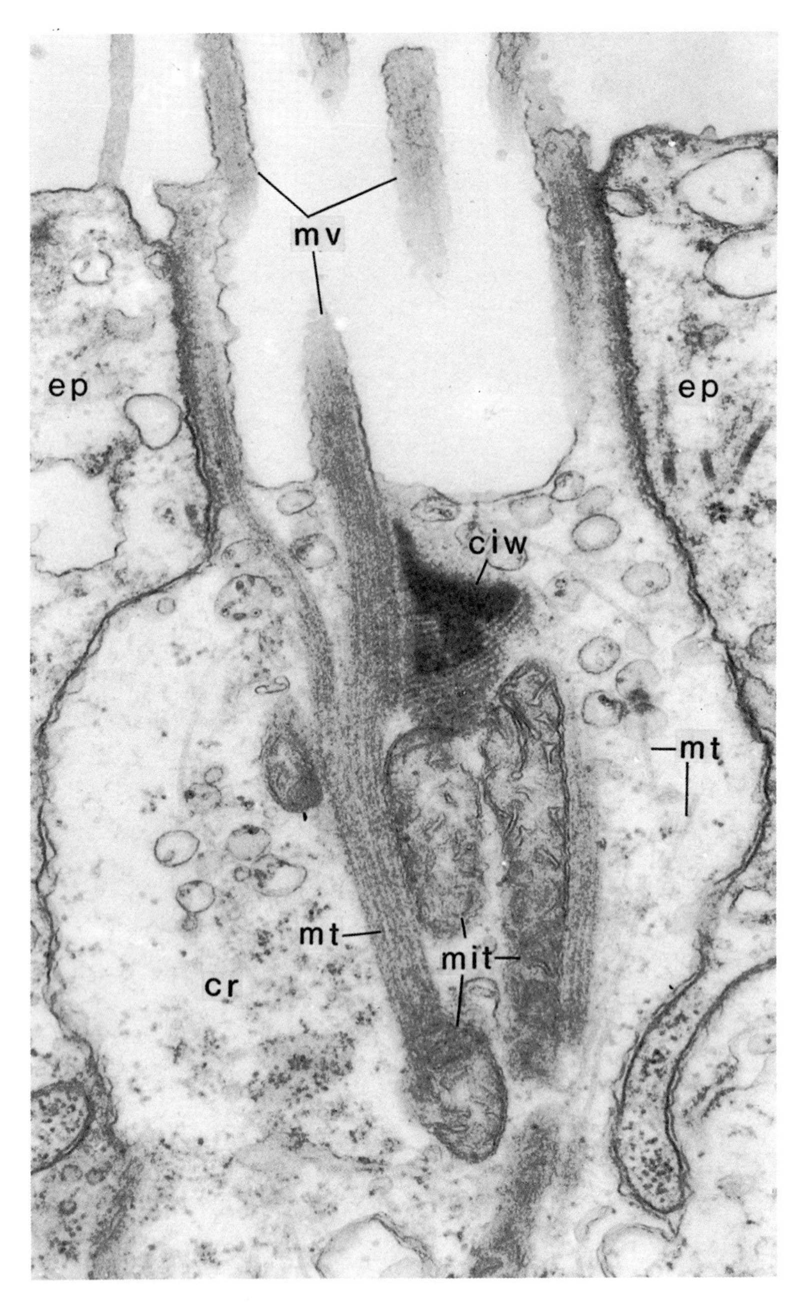

Tafel 51. *Mecynostomum auritum* (Acoela). Längsschnitt durch einen eingesenkten epidermalen Collar-Receptor: breite Mikrovilli durch Filamente und Mikrotubuli verstärkt; proximalwärts konvergieren die Fortsätze dieser Verstärkungen; lange Mitochondrien entlang der Fortsätze; Cilienwurzel des Receptors komplex. × 44 600.

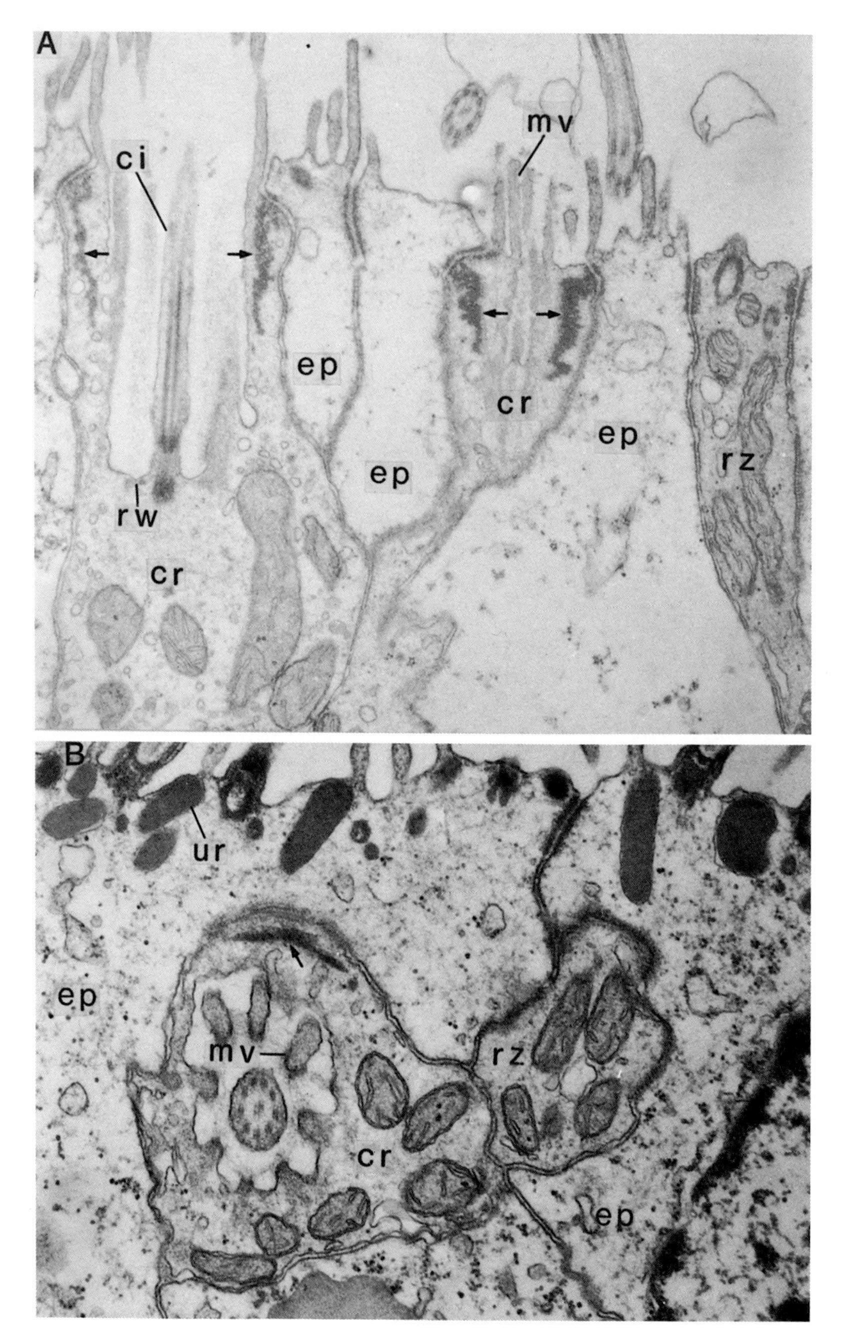

Tafel 52. *Nematoplana coelogynoporoides* (Proseriata). In A und B eingesenkter Collar-Receptor mit 8 verstärkten Mikrovilli und basaler Ringwurzel, ferner in A (Bildmitte) nicht eingesenkter Collar-Receptor und in A und B (jeweils rechte Bildhälfte) nicht eingesenkter monociliärer Receptor. Die Pfeile in A und B verweisen auf die distale EM-dunkle Manschette in den Collar-Receptoren. A. Längsschnitt; B. Schräger Querschnitt. A. × 18 800; B. × 28 500.

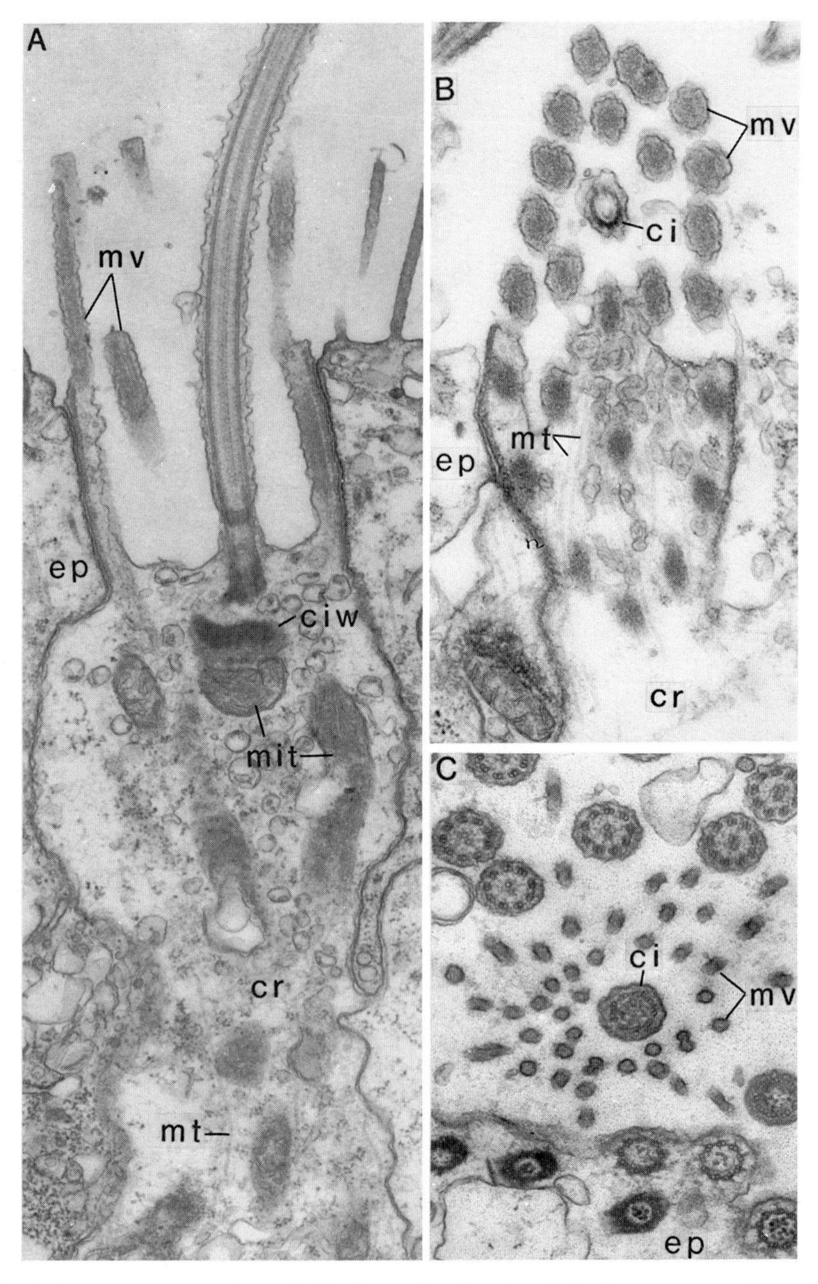

Tafel 53. A. *Mecynostomum auritum,* B. *Haplogonaria syltensis* und C. *Anaperus tvaerminnensis* (Acoela). In A Längsschnitt eines eingesenkten Collar-Receptors mit komplexer Cilienwurzel und den breiten verstärkten Mikrovilli. In B Schrägschnitt durch den distalen Bereich eines Collar-Receptors mit zahlreichen breiten verstärkten Mikrovilli. In C Horizontalschnitt mit den unmodifizierten Mikrovilli der Epidermiszellen. A. × 22 900; B. × 27 500; C. × 32 000.

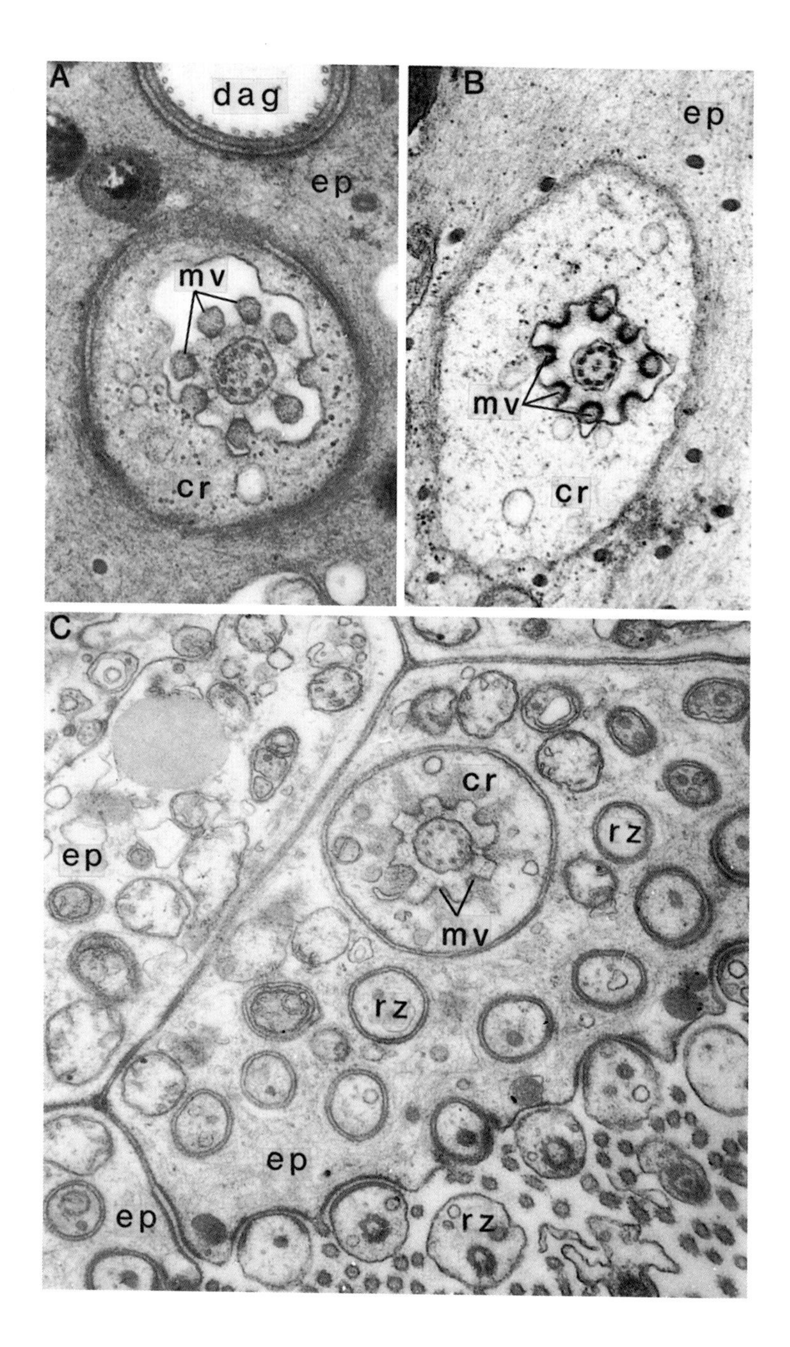

Tafel 54. A. *Listea simplex* und B. *Promesostoma meixneri* („Typhloplanoida"); C. *Monocelis fusca* (Proseriata). Querschnitte durch monociliäre eingesenkte Collar-Receptoren. Um das Cilium der eine Epidermiszelle penetrierenden Receptoren jeweils konstant 8 Mikrovilli, durch Filamente verstärkt. A. × 32 800; B. × 26 000; C. × 27 300.

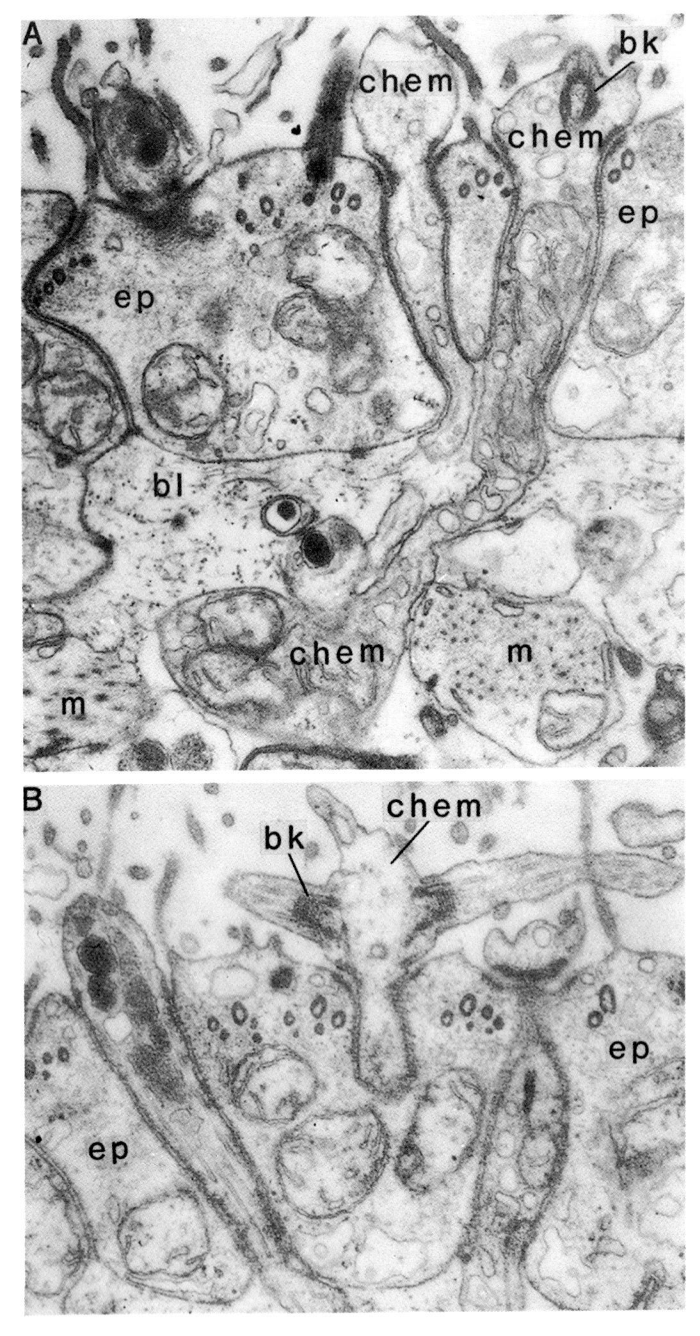

Tafel 55. *Monocelis fusca* (Proseriata). Querschnitt durch die Epidermis mit Längsschnitten spezifischer Receptoren (Chemoreceptoren) mit mehreren modifizierten Ciliarstrukturen. A. × 27 800; B. × 29 400.

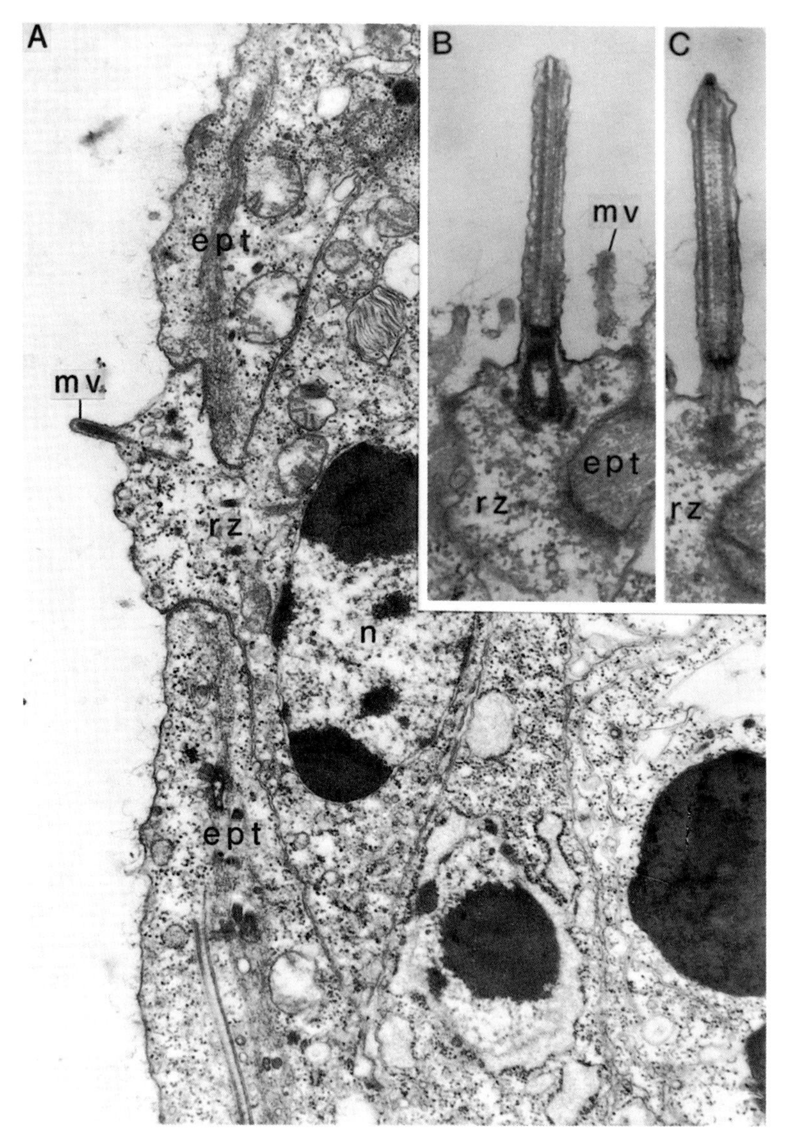

Tafel 56. *Retronectes* cf. *sterreri* (Catenulida). In A in der Epidermis liegende monociliäre Receptor-Zelle mit Zellkern; keine Textur in der Receptor-Zelle. In B und C monociliärer Receptor mit kurzem Cilium ohne Cilienwurzel und ohne modifizierte Mikrovilli. A. × 20 100; B. × 26 600; C. × 26 500.

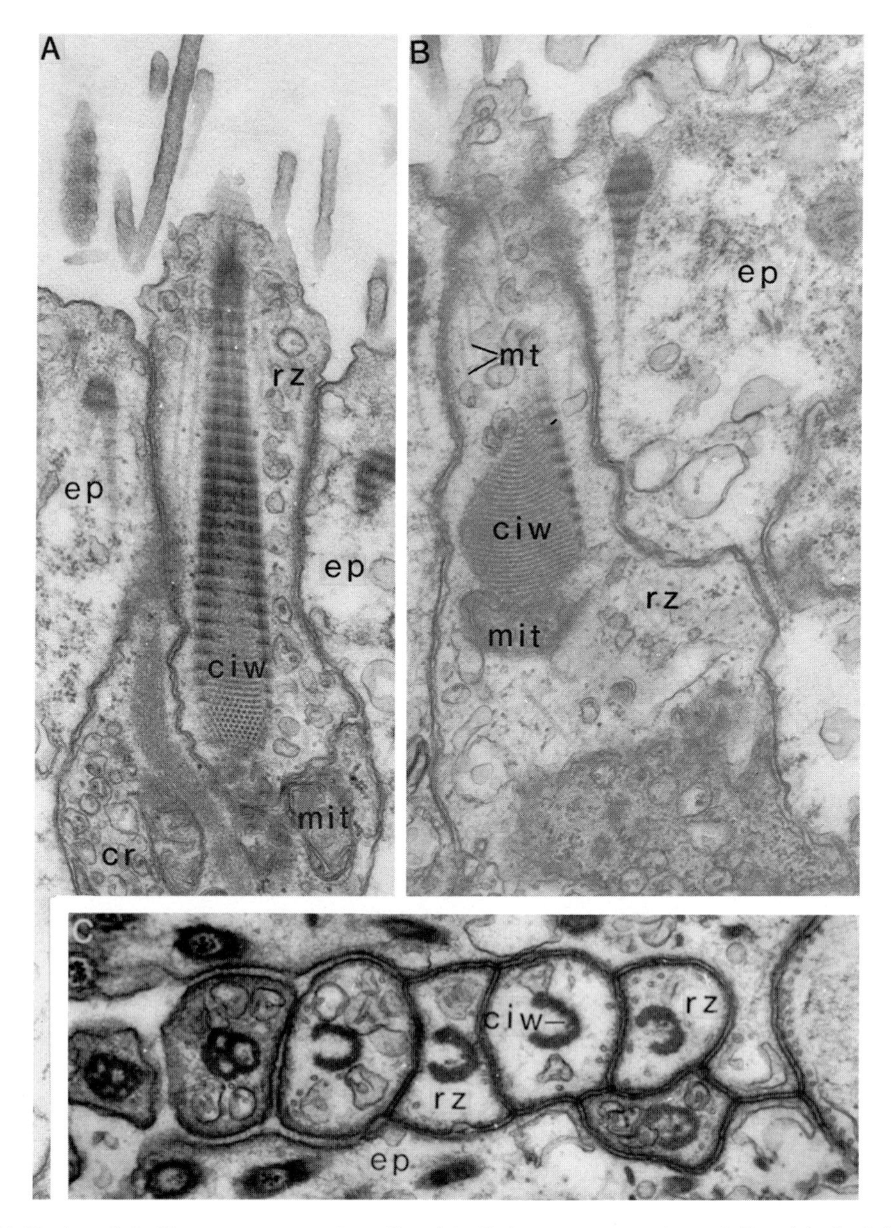

Tafel 57. A. und B. *Mecynostomum auritum* (Acoela). C. *Anaperus tvaerminnensis* (Acoela). A–C. Monociliäre epidermale Receptoren mit langer komplexer Cilienwurzel (in A und B im Längsschnitt, im Querschnitt (in C) rinnen- bis U-förmige Gestalt dieser Cilienwurzeln und intercelluläre Lage der Receptoren zu erkennen); in A zusätzlich basal angeschnittener monociliärer Collar-Receptor mit den aus den Mikrovilli sich basalwärts fortsetzenden Verstärkungen. A. × 28 600; B. × 28 500; C. × 32 100.

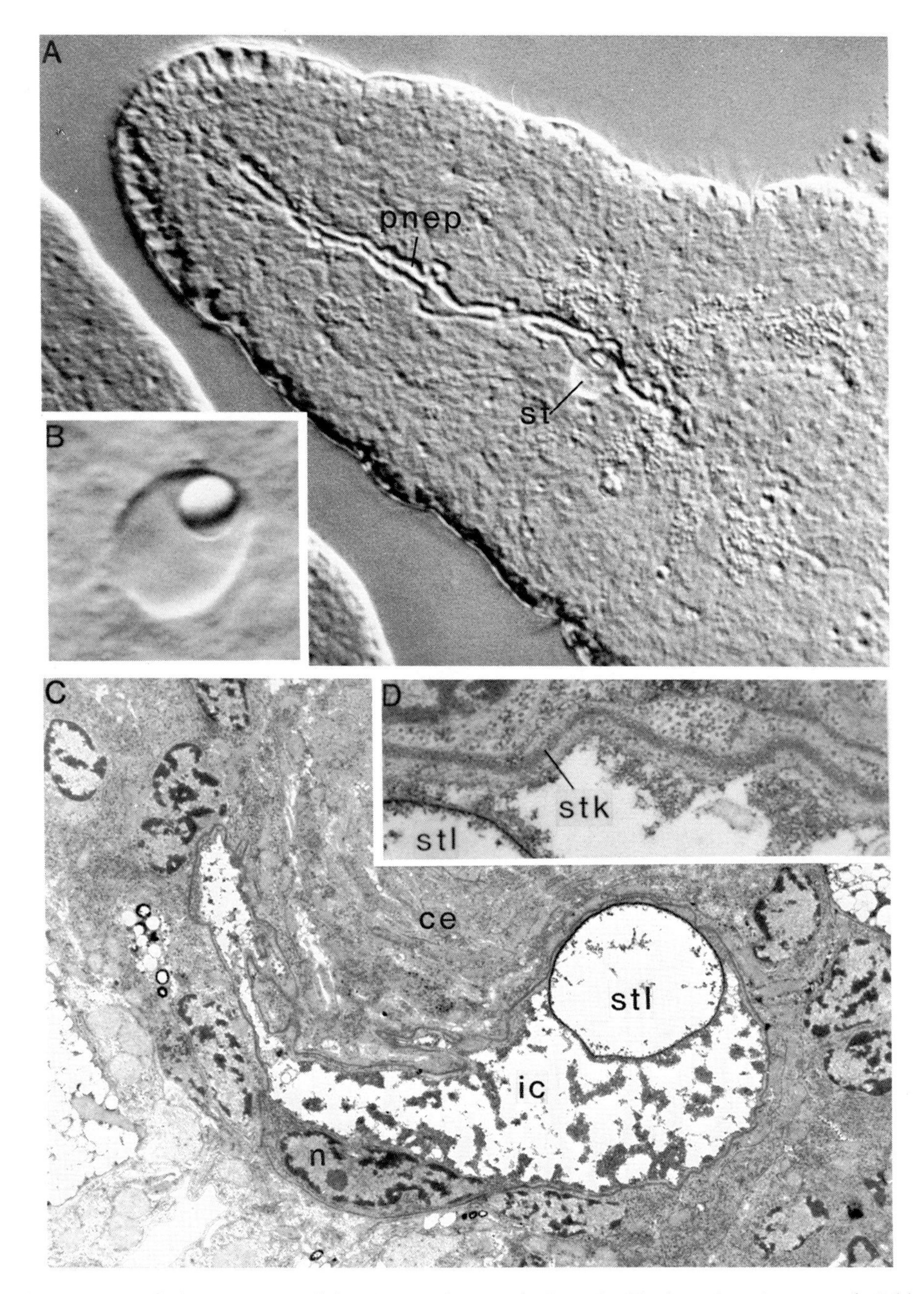

Tafel 58. *Catenula lemnae* (Catenulida). A. Interferenzaufnahme des Vorderendes mit vor- und rücklaufendem Ast des unpaaren Protonephridiums und mit der Statocyste. B. Statocyste mit dem Statolithenbläschen. C und D. Breitgedrückte, durch das Cerebrum überdeckte Statocyste im Querschnitt mit dem Statolithen, dem Intercellularraum, einem Kern einer Statocystenzelle und der feinen Statocystenkapselwandung (in D). C. × 8300; D. × 31600.

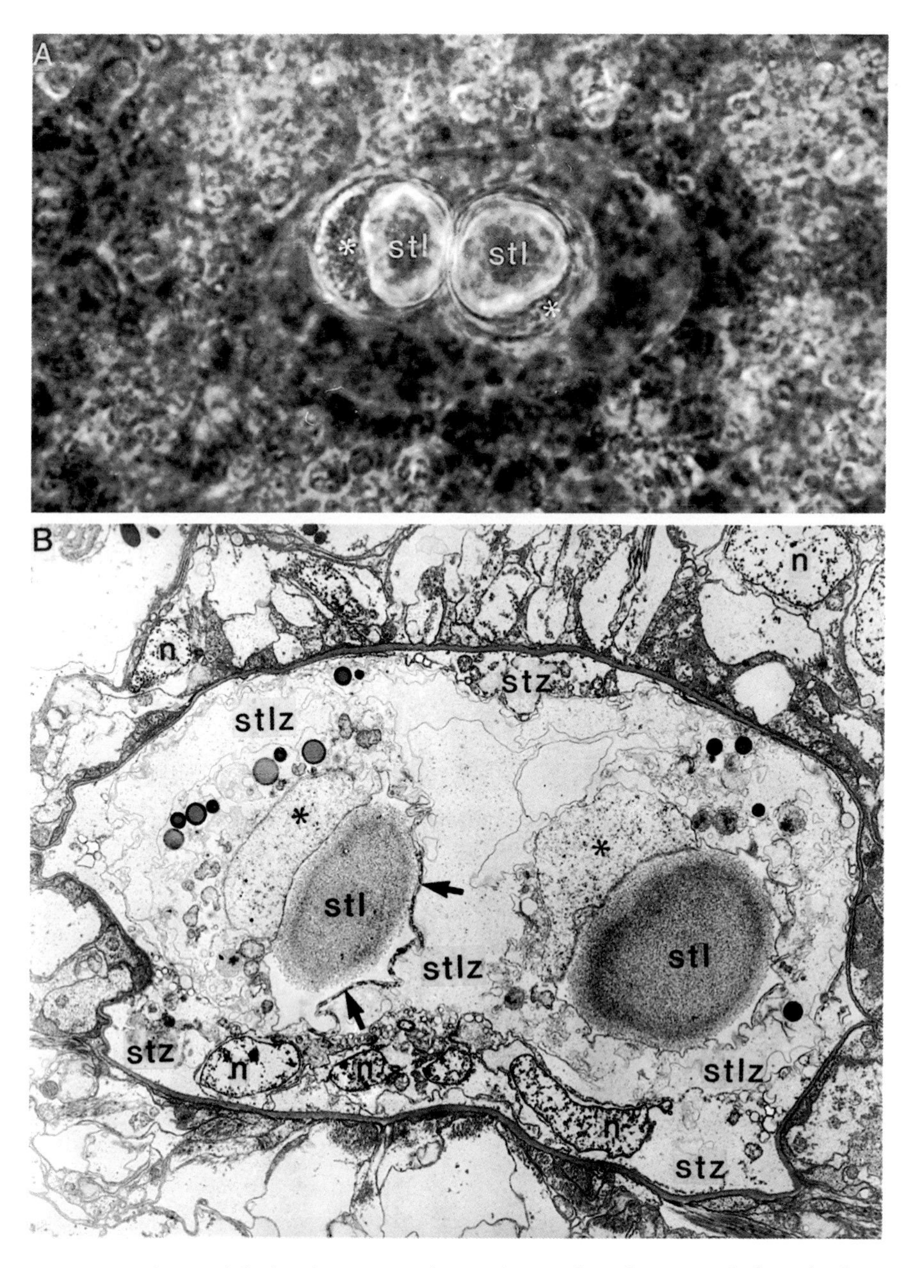

Tafel 59. *Nemertoderma* cf. *bathycola* (Nemertodermatida). A Phasenkontrastaufnahme der Statocyste mit den beiden Statolithen, die Sterne markieren die Lage der Kerne der Statolithenbildungszellen. B Querschnitt durch die Statocyste mit den beiden Statolithen, den Statolithenzellen mit ihren Kernen (Sterne) und EM-dunklen Einlagerungen, der dorsalen und den ventralen Statocystenzellen, letztere mit ihren Kernen. Die Pfeile in B verweisen auf Membranverzahnungen zwischen der Vakuole mit dem Statolithen und der umgebenden Statolithen-(Bildungs-)Zelle. B. × 3800.

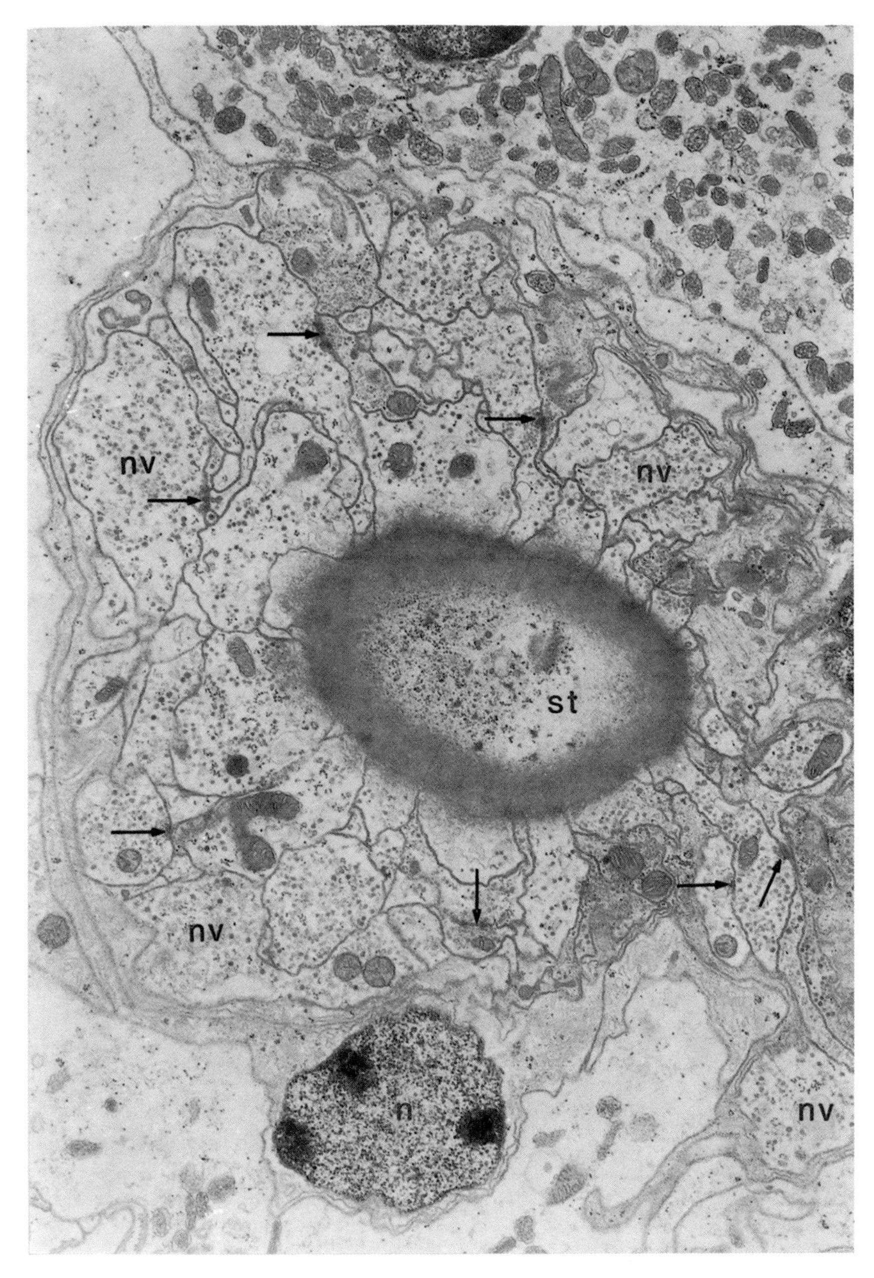

Tafel 60. *Nemertoderma* sp. B. (Nemertodermatida). Peripherer (kranialer) Anschnitt der Statocyste, eingebettet in die Nervenzellen des Cerebrums (die Pfeile verweisen auf synaptische Kontakte zwischen Nervenzellfortsätzen). × 8900.

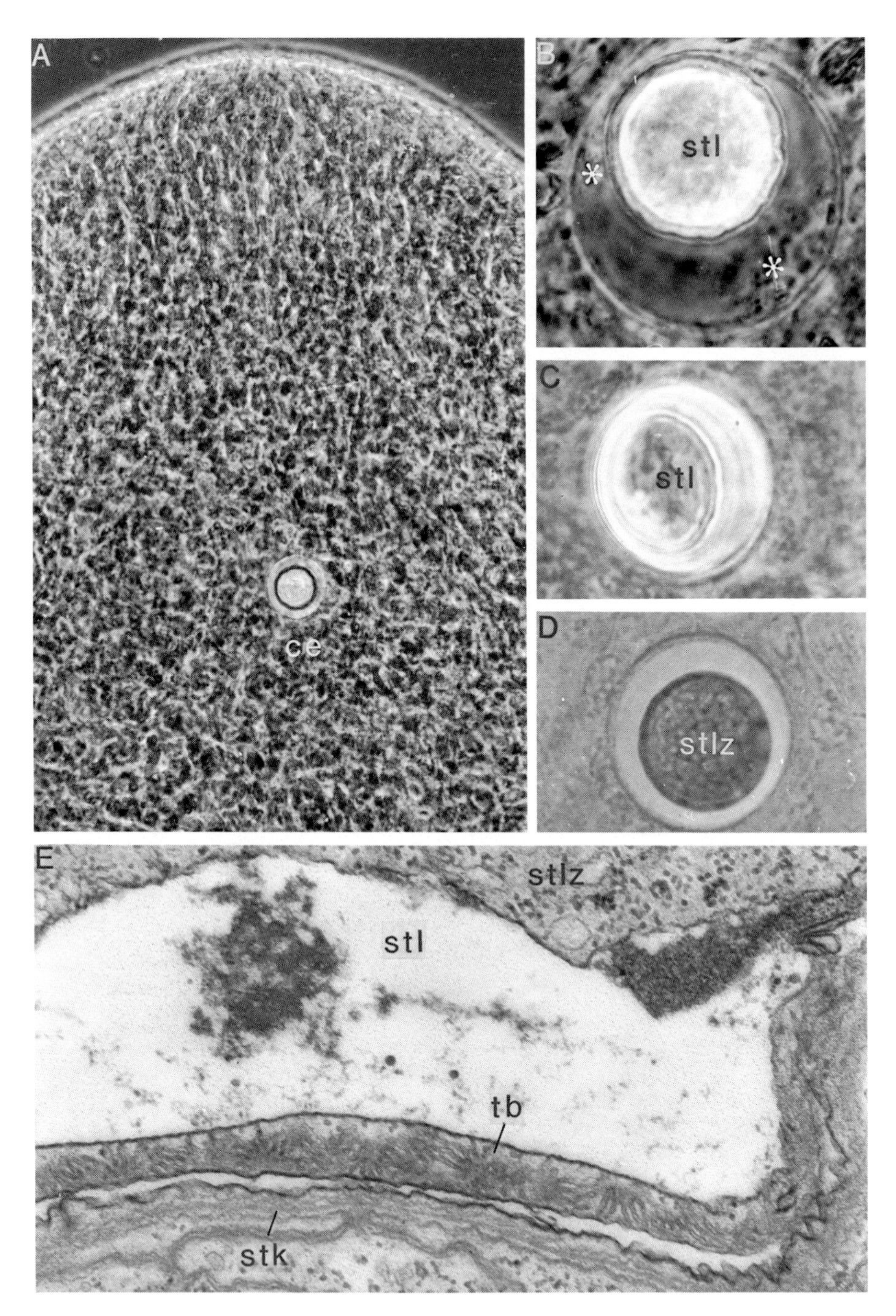

Tafel 61. Statocyste der Acoela: A + B. *Anaperus tvaerminnensis* (Phasenkontrast); C + D. *Haplogonaria syltensis* (Hellfeld); E. *Mecynostomum auritum*. In A Vorderende mit Statocyste und Cerebrum, in B Statocyste mit unpaarem Statolithen und den Kernbereichen (Sterne) der beiden Statocystenzellen. In C und D Statolith um 90° bzw. 180° gedreht, in D auf die Statolithenbildungszelle fokussiert. In E Ausschnitt aus der Statocyste mit der den Statolithen enthaltenden Vakuole, dem ventralen Tubularkörper und der feinen intercellulären Statocystenkapselwandung, × 45 200.

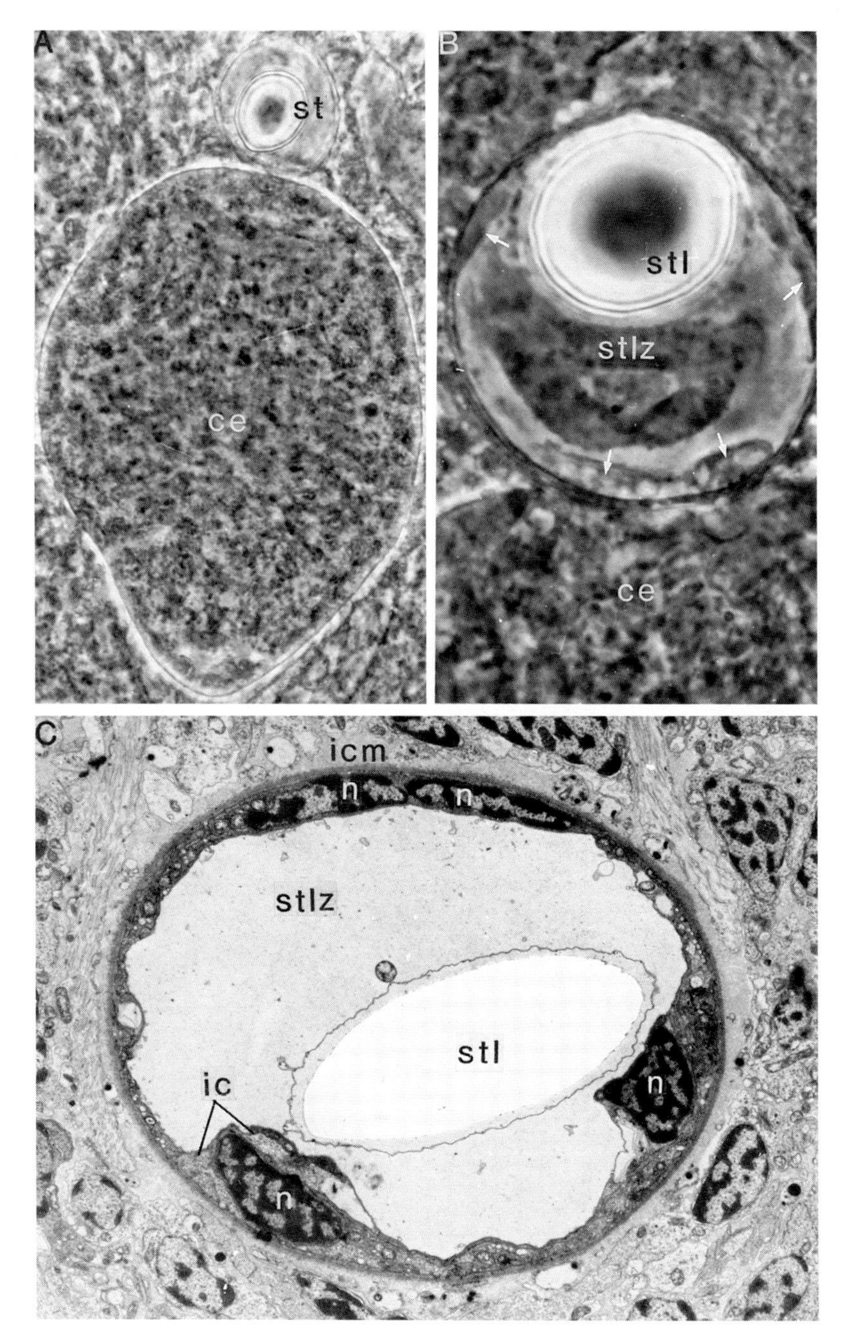

Tafel 62. A + B. *Coelogynopora axi* und C. *Invenusta paracnida* (Proseriata). In A mit Statocyste und Cerebrum, in B Statocyste mit Statolith, Statolithenbildungszelle und mehreren Statocystenzellen (Pfeile). In C Statocyste mit Statolith, Statolithenbildungszelle, Kernen von Statocystenzellen und Intercellularraum. A + B Phasenkontrast; C Querschnitt × 5500.

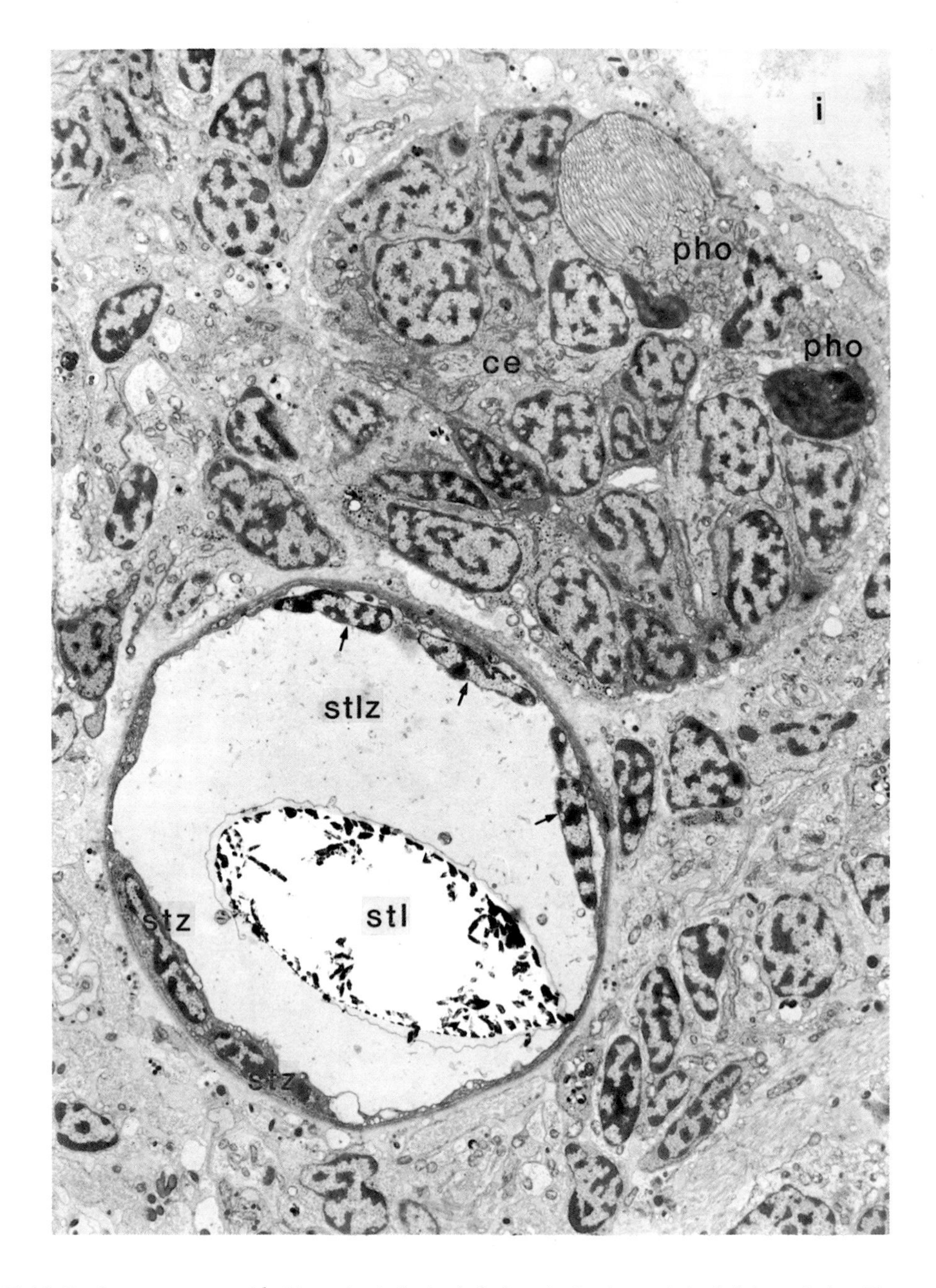

Tafel 63. *Invenusta paracnida* (Proseriata). Sagittalschnitt mit Cerebrum (mit rhabdomerischen Photorezeptoren) und mit Statocyste (mit Statolith, dem gelappten Kern der Statolithenbildungszelle (Pfeile) und Kernen von Statocystenzellen). × 4400.

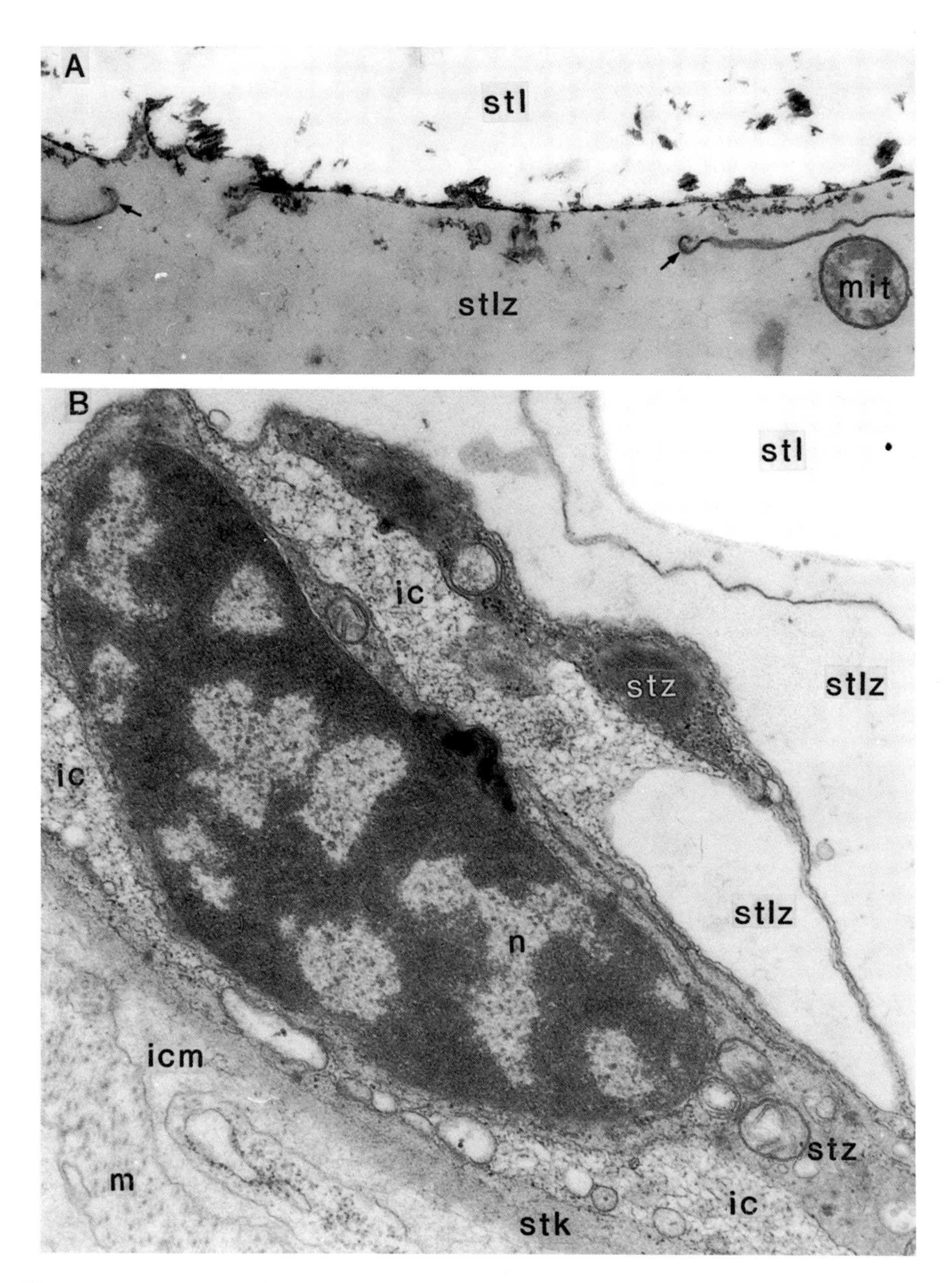

Tafel 64. *Invenusta paracnida* (Proseriata). Ausschnitte aus der Statocyste, in A Membran der den Statolithen enthaltenden Vakuole unterbrochen (Pfeile), in B ventrolateraler Statocystenbereich mit Kernen der „Nebensteinchen"-Zellen, umgeben vom Intercellularraum, sowie Teile der Statocystenkapsel und der angrenzenden intercellulären Matrix. A. × 24900; B. × 20200.

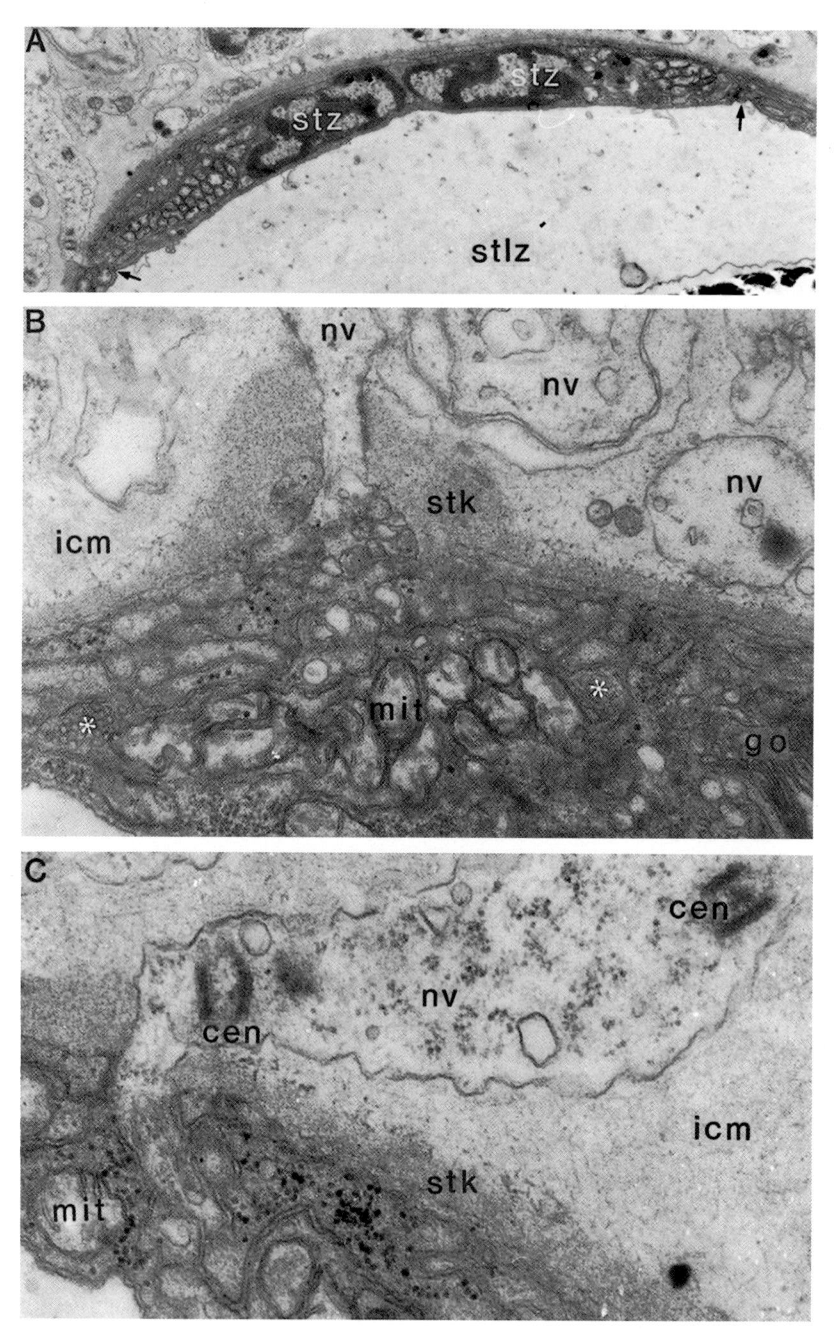

Tafel 65. *Invenusta paracnida* (Proseriata). Ausschnitte aus der Statocyste. In A dorsaler Bereich mit den beiden Statocystenzellen, die Pfeile markieren die Eintrittsstellen von Nervenzellen; in B und C die Eintrittsstellen von Nervenzellen, diese in C mit Centriolen, die Sterne in B markieren mutmaßliche synaptische Bereiche. Statocystenkapselwandung und angrenzende intercelluläre Matrix. A. × 8400; B. × 28 800; C. × 41 600.

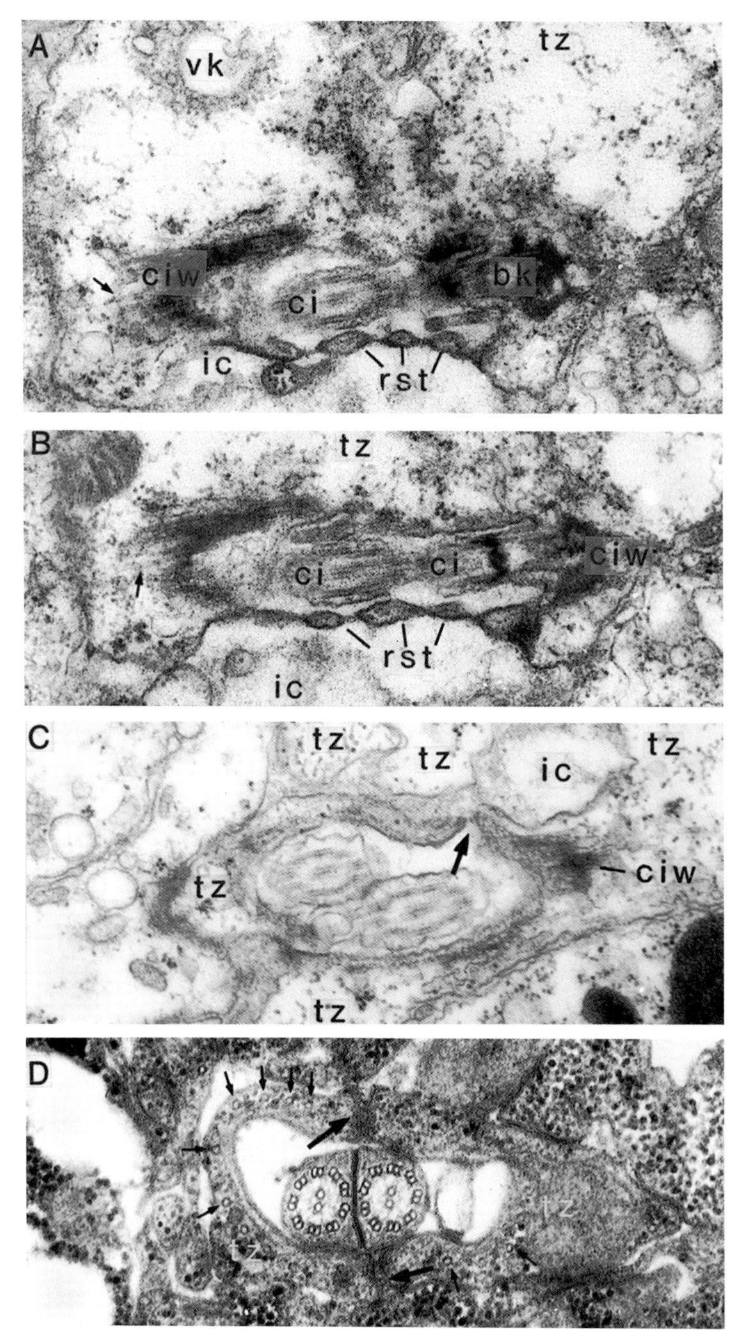

Tafel 66. A.–C. *Retronectes* cf. *sterreri* und D. *Catenula lemnae* (Catenulida). Protonephridium. A und B. Querschnitte durch den Proximalbereich der Terminalzelle mit den beiden Cilien und mit angeschnittener Reuse. Die Pfeile in A und B verweisen auf Mikrotubuli neben den Cilienwurzeln. C und D. Distale Abschnitte der Terminalzelle nahe der angrenzenden Kanalzelle; die Terminalzelle ist hier jeweils zu zwei U-förmigen, einander zugewandten Längssäulen ausgezogen. Die dicken Pfeile in C und D verweisen auf den Zellspalt zwischen diesen U-förmigen Zellbereichen, die dünnen Pfeile in D auf Mikrotubuli. A. × 27 400; B. × 27 900; C. × 27 300; D. × 50 700.

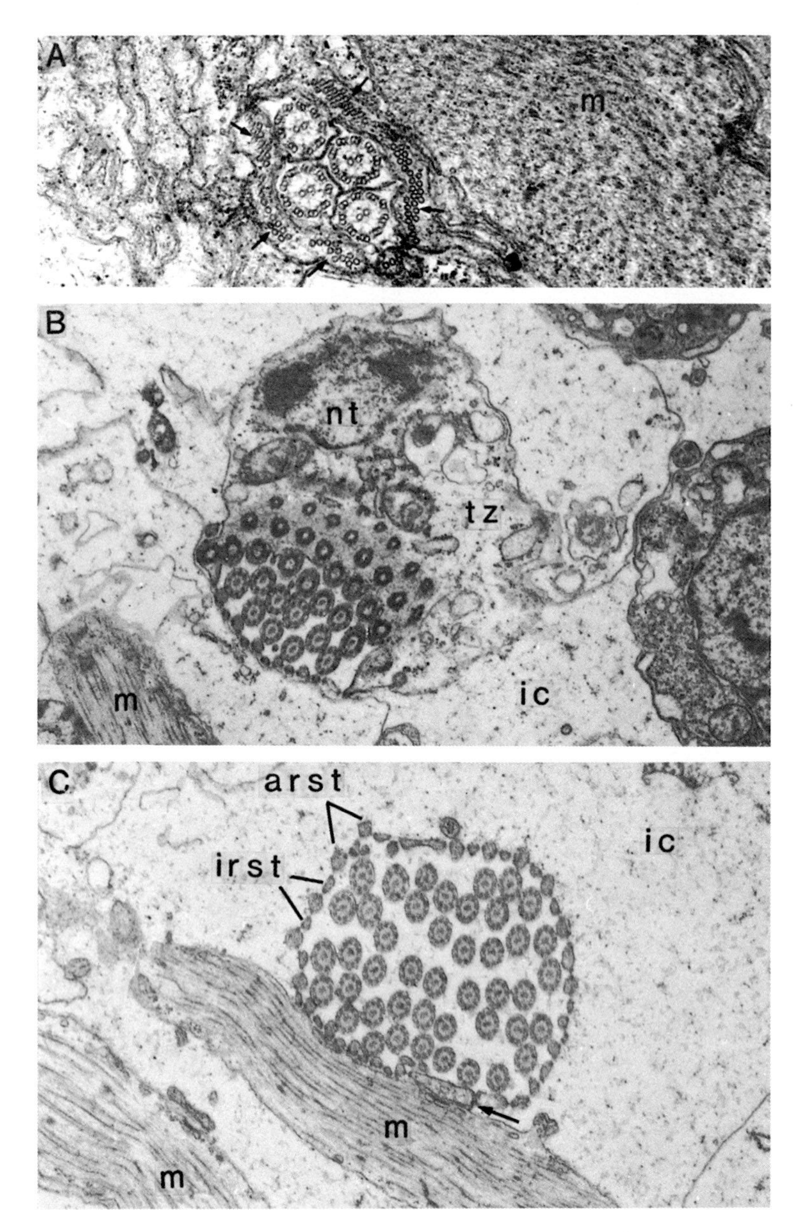

Tafel 67. A. *Macrostomum rostratum* (Macrostomida). B. und C. *Monocelis fusca* (Proseriata). Protonephridium. A. Querschnitt durch eine Kanalzelle mit 4 Cilien im Kanallumen und mit Mikrotubuli im Cytoplasma (Pfeile). B. Schrägschnitt durch die Terminalzelle mit Kern und Beginn der Reuse; in C Querschnitt durch die Reuse mit inneren und äußeren Reusenstäben, der Pfeil in C verweist auf den Zellspalt zwischen den beiden, von der Kanalzelle stammenden Cytoplasmapfeilern. A. × 36 000; B. × 16 200; C. × 15 400.

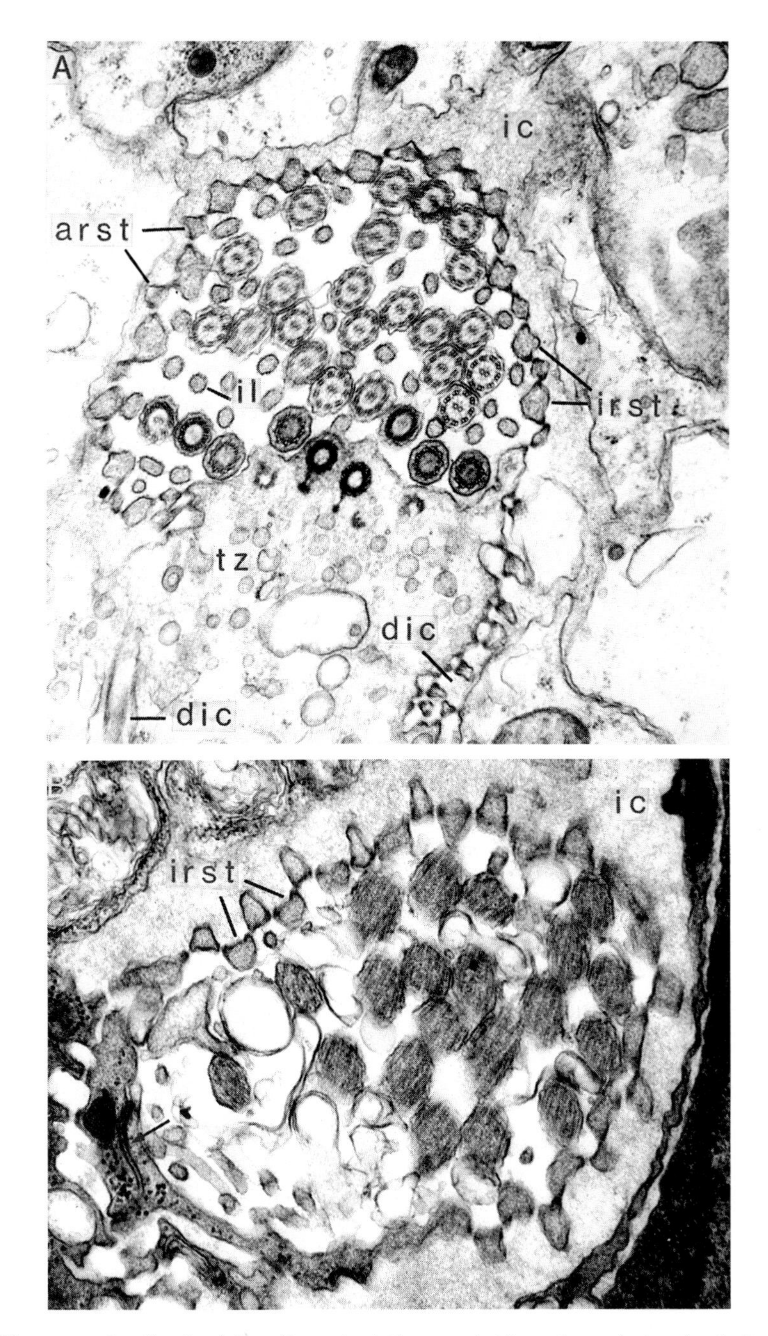

Tafel 68. *Notocaryoplanella glandulosa* (Proseriata). Protonephridium. Querschnitte durch die Reuse. In A proximaler Bereich mit Terminalzelle und Reusendivertikel; in B mehr distaler Bereich mit den beiden, durch Desmosomen (Pfeil) verbundenen cytoplasmatischen Fortsätzen der Kanalzelle. A. × 27 200; B. × 31 000.

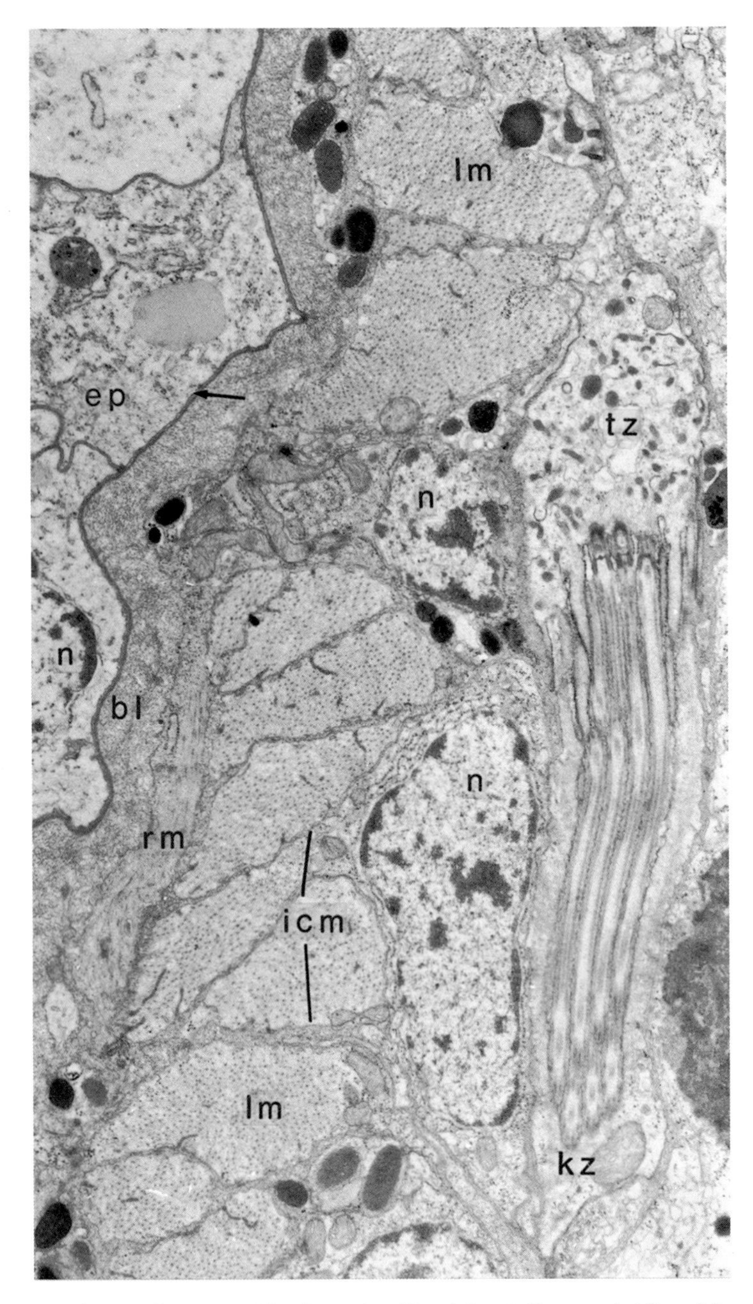

Tafel 69. *Nematoplana coelogynoporoides* (Proseriata Unguiphora). Protonephridium. Längsschnitt nahe der Körperperipherie. Terminalzelle mit EM-dunklen Einschlüssen, Kanalzelle ohne diese Einschlüsse. Subepidermale Basallamina 2-schichtig: distal feiner EM-dunkler Saum (Pfeil), proximal breiter fibrillärer Bereich mit Fortsetzungen in Form einer intercellulären Matrix zwischen den Muskelzellen. × 13 800.

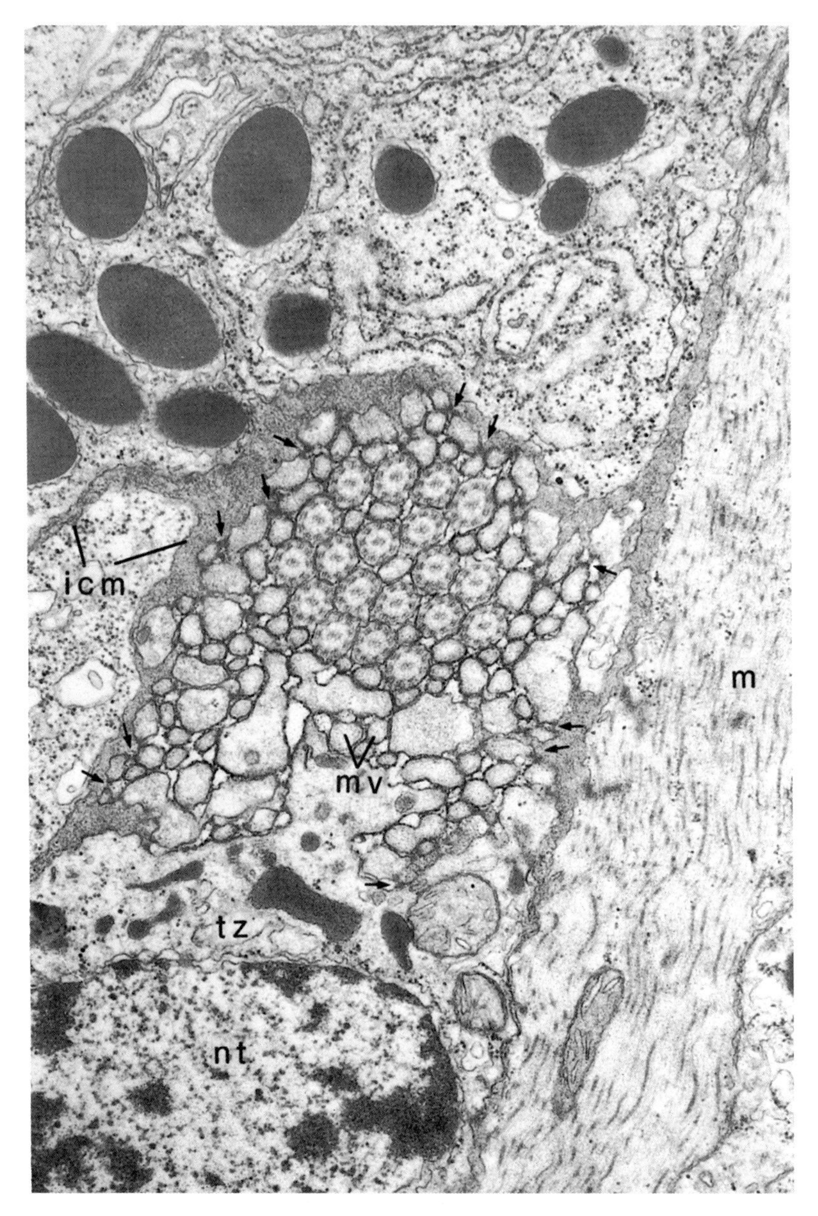

Tafel 70. *Nematoplana coelogynoporoides* (Proseriata Unguiphora). Protonephridium. Querschnitt durch den proximalen Bereich der Reuse: Terminalzelle mit EM-dunklen Einschlüssen, „Lumen" der Reuse mit Cilien und mikrovilliartigen Cytoplasmafortsätzen, zwischen den peripheren Mikrovilli (den Reusenstäben) ein feines Diaphragma ausgespannt (Pfeile). × 28 000.

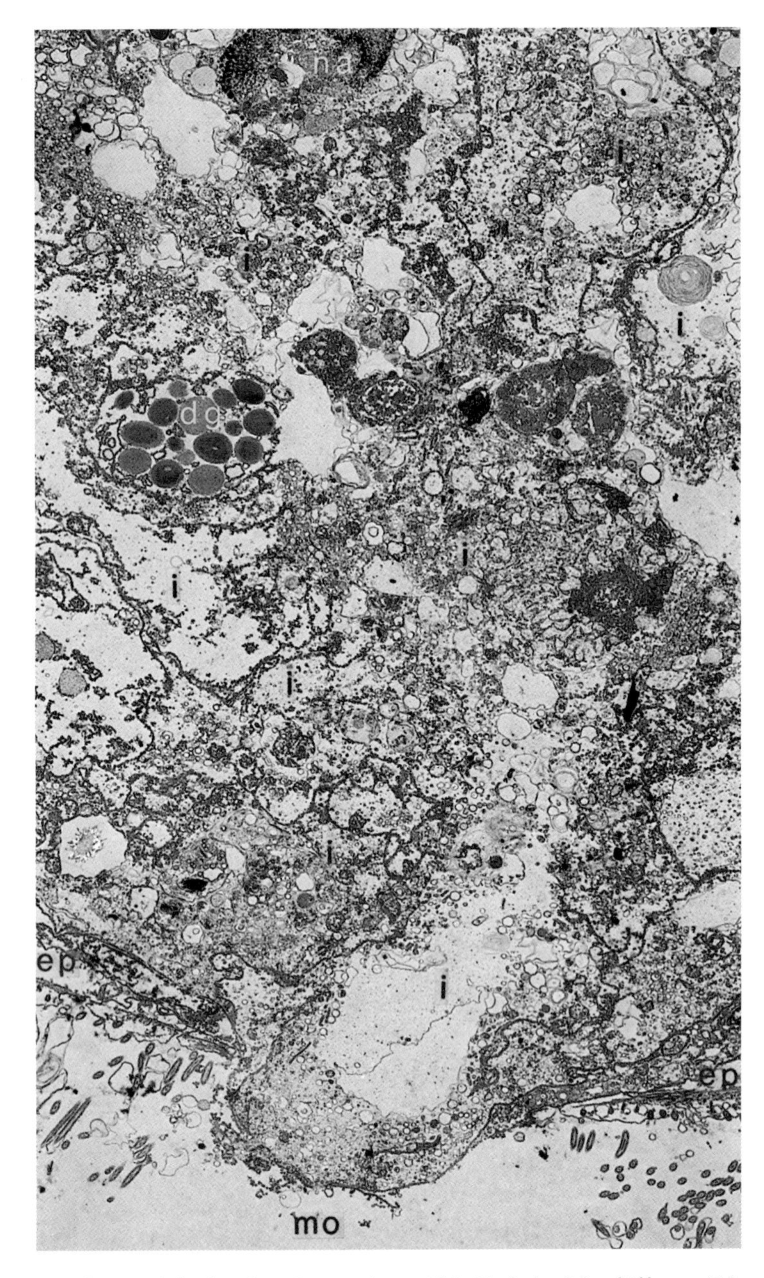

Tafel 71. *Nemertoderma* cf. *bathycola* (Nemertodermatida). Einfache Mundöffnung (Mundporus) mit vorbuchtendem Darmgewebe. Körperquerschnitt. × 3600.

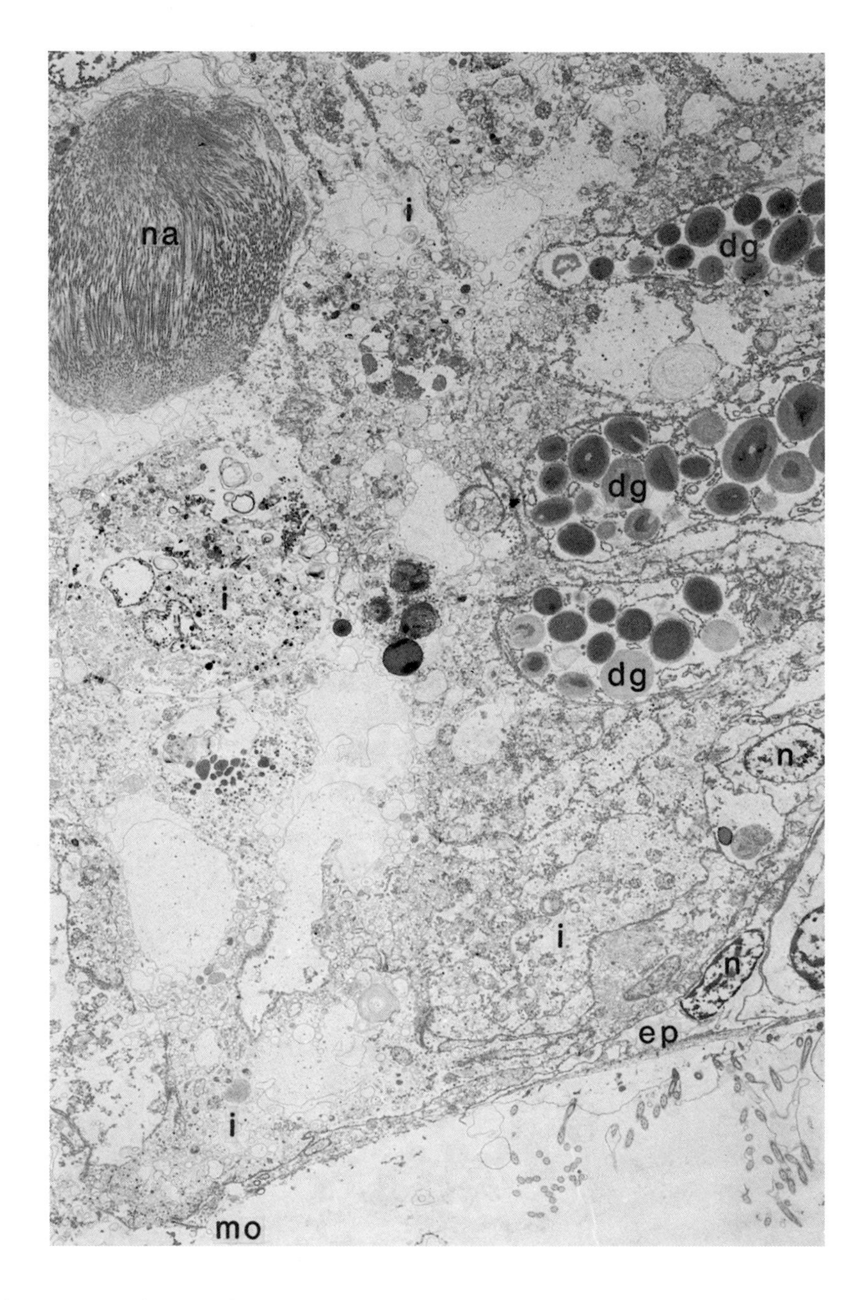

Tafel 72. *Nemertoderma* cf. *bathycola* (Nemertodermatida). Mundöffnung sowie Darmgewebe mit Drüsenzellen und Nahrungseinschluß. Körperquerschnitt. × 3600.

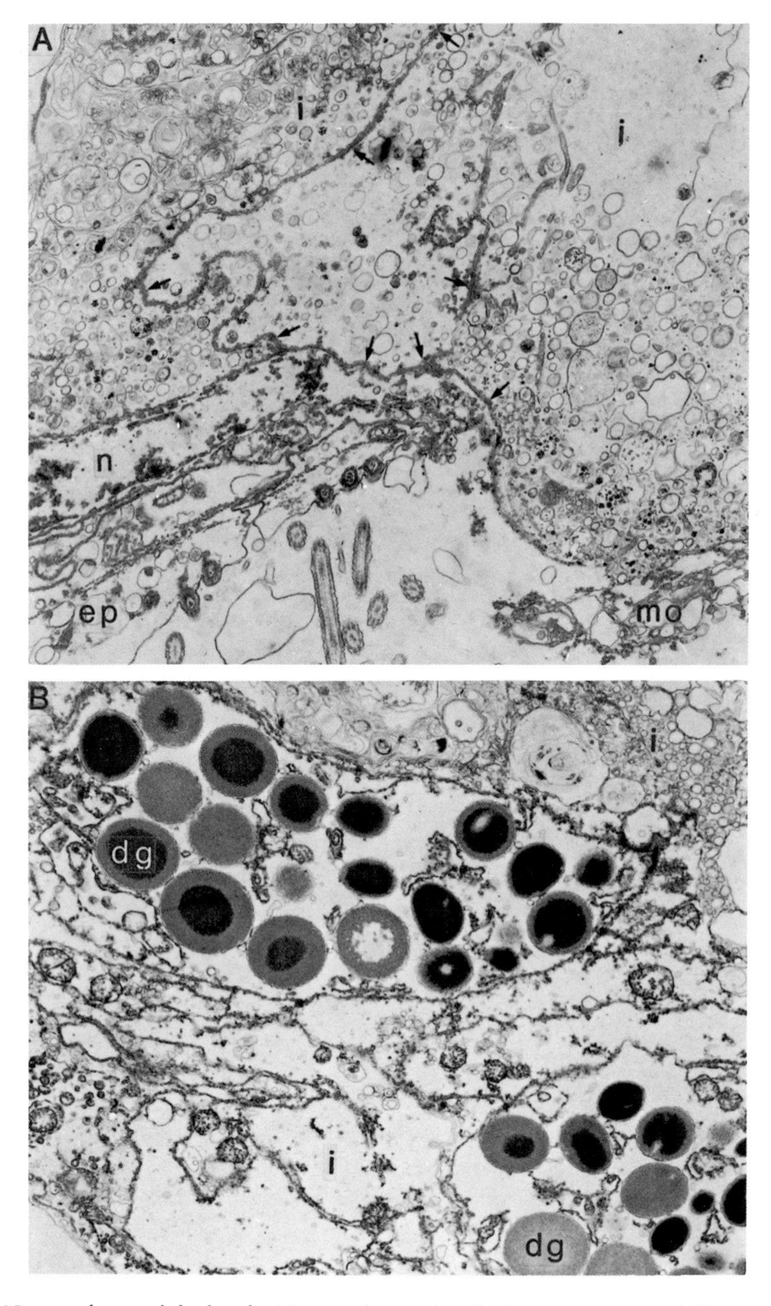

Tafel 73. *Nemertoderma* cf. *bathycola* (Nemertodermatida). Verdauungssystem. In A Körperquerschnitt mit Mundöffnung, die Pfeile verweisen auf Desmosomenverbindungen zwischen Darmzellen nahe der Mundöffnung; in B Drüsenzellen im Darmgewebe mit charakteristischen Drüsengranula. A. × 11 000; B. × 5300.

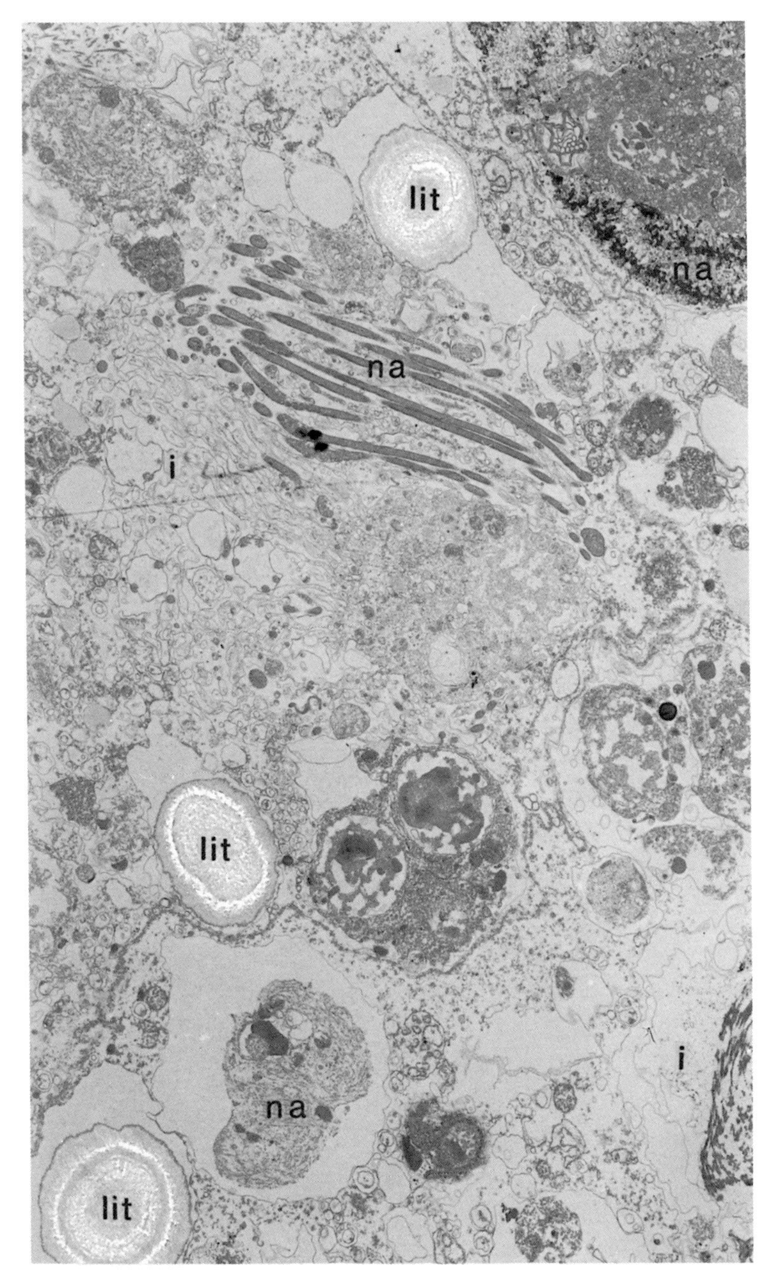

Tafel 74. *Nemertoderma* cf. *bathycola* (Nemertodermatida). Intestinum ohne Darm-„lumen“, mit Nahrungseinschlüssen und mit lithosomalen Strukturen. × 5600.

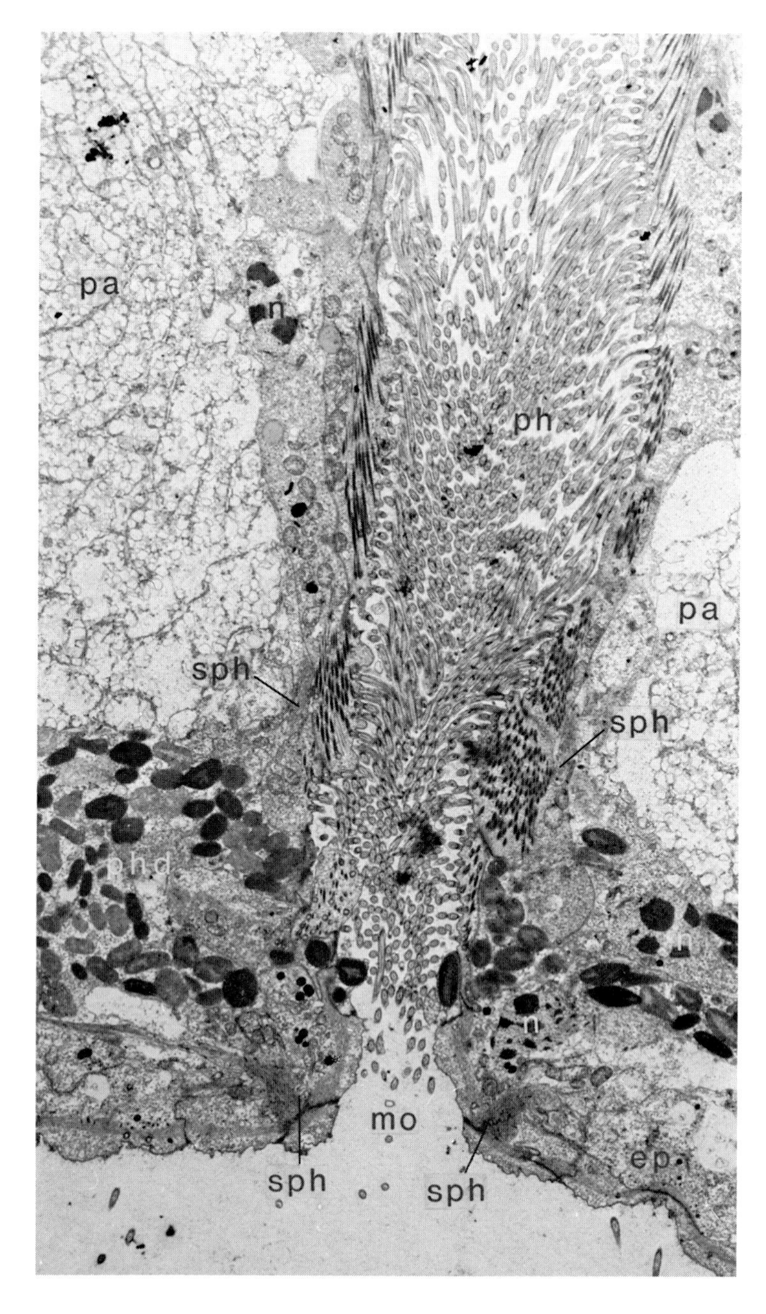

Tafel 75. *Retronectes* cf. *sterreri* (Catenulida). Pharynx simplex mit Mundöffnung, Pharynxdrüsen und 2 Muskelsphinktern. Körperquerschnitt. × 4400.

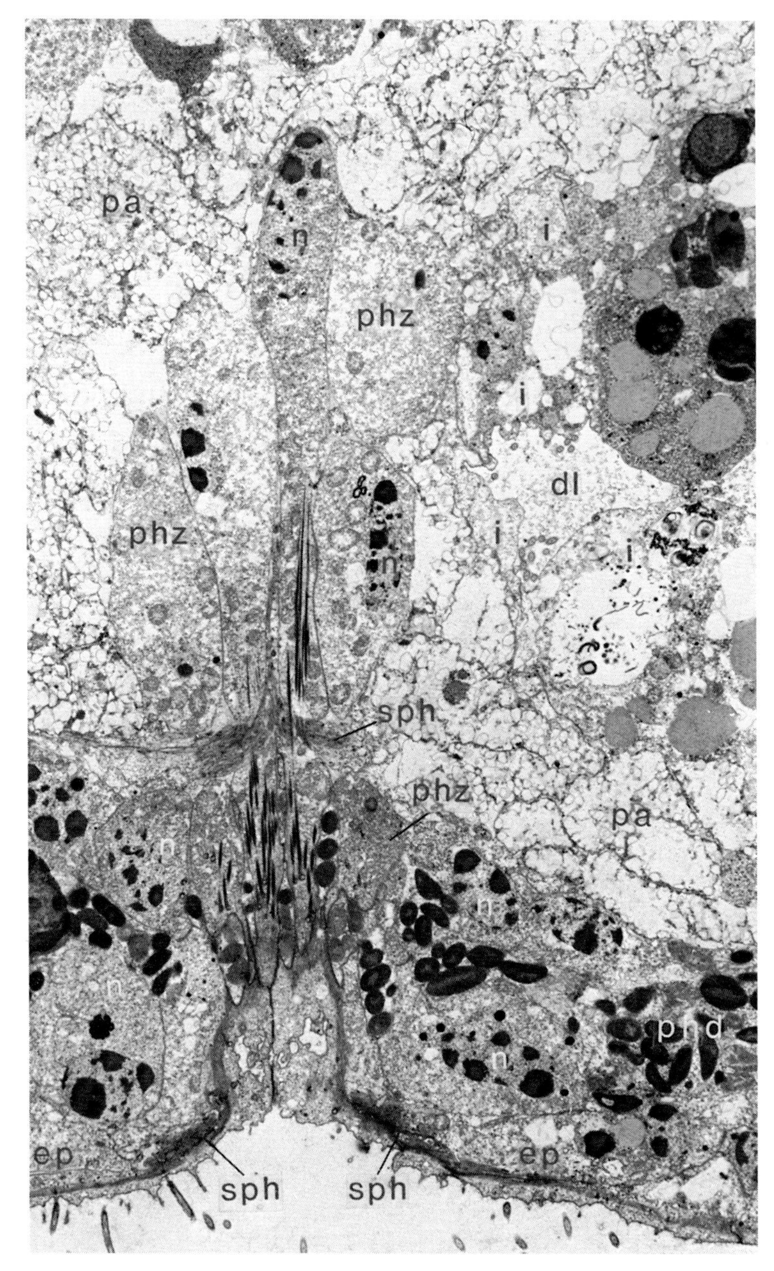

Tafel 76. *Retronectes* cf. *sterreri* (Catenulida). Pharynx simplex, tangential angeschnitten, mit Pharynxdrüsen und beiden Muskelsphinktern. Intestinum mit Darmlumen zwischen den Darmzellen. Körperquerschnitt. × 4300.

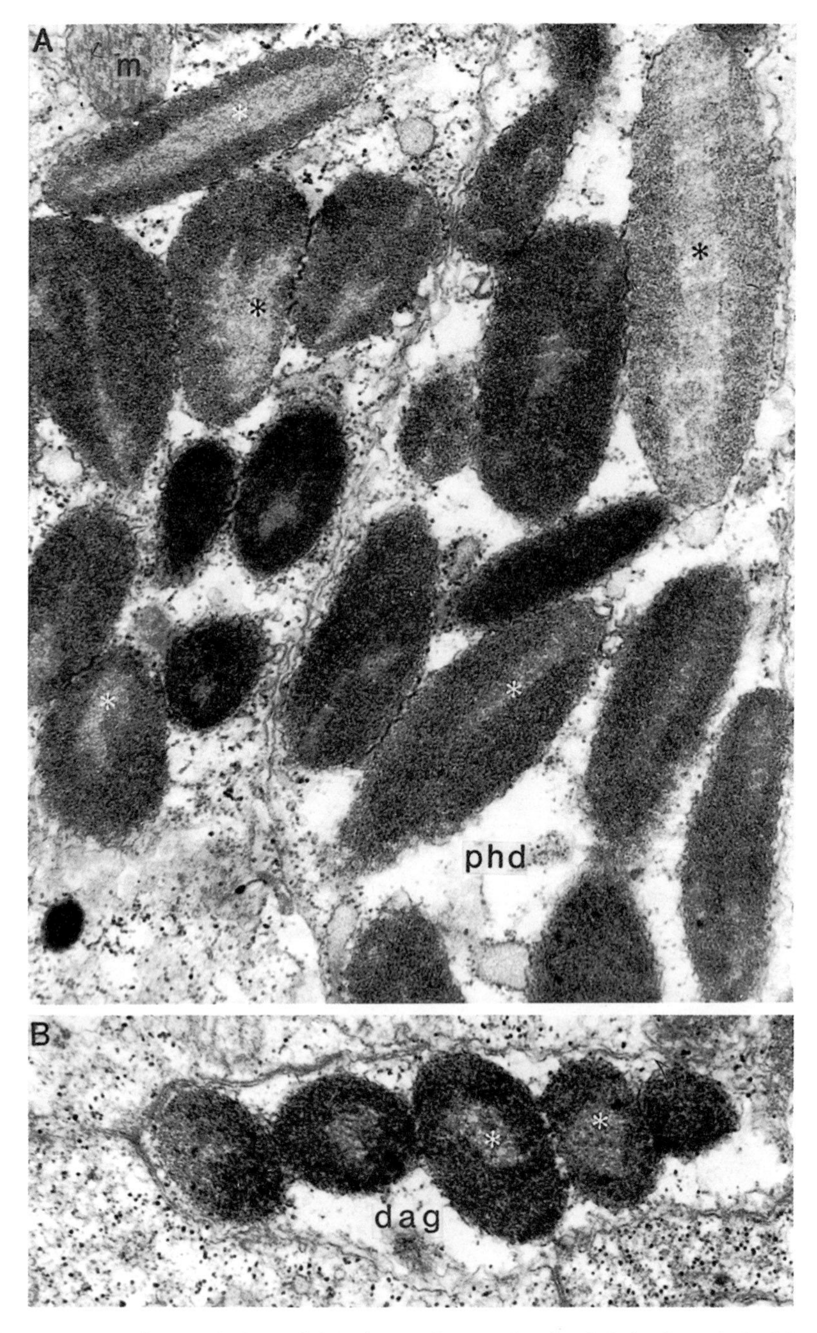

Tafel 77. *Retronectes* cf. *sterreri* (Catenulida). Pharynxdrüsen: charakteristische Granula im Längsschnitt (A) und im Querschnitt (B); die Sterne markieren den EM-hellen Zentralbereich der Granula. A. × 28 300; B. × 26 200.

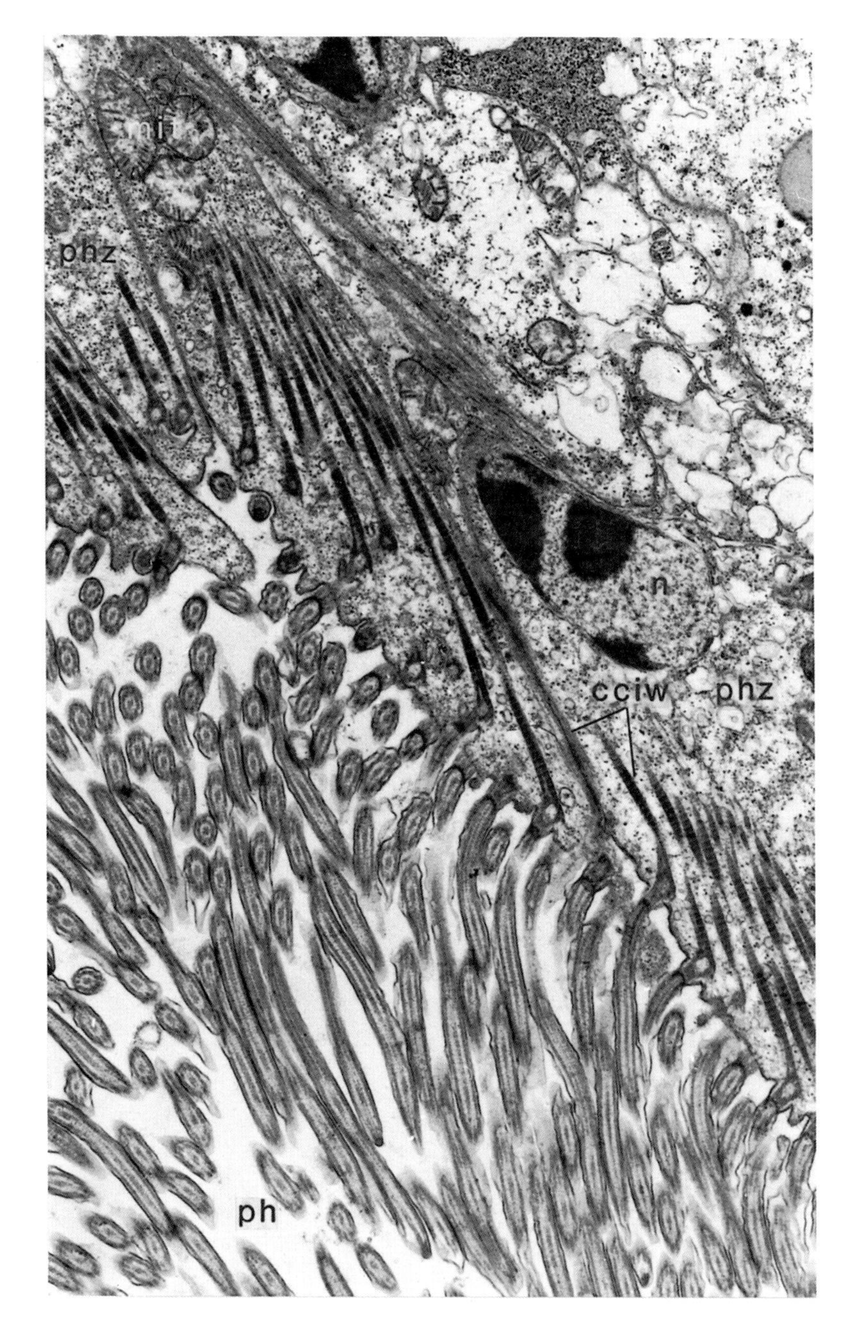

Tafel 78. *Retronectes* cf. *sterreri* (Catenulida). Ausschnitt aus dem Pharynx simplex: Pharynxzellen mit dicht stehenden Cilien und langen kaudalen (= Richtung Intestinum weisenden) Cilienwurzeln. × 16 600.

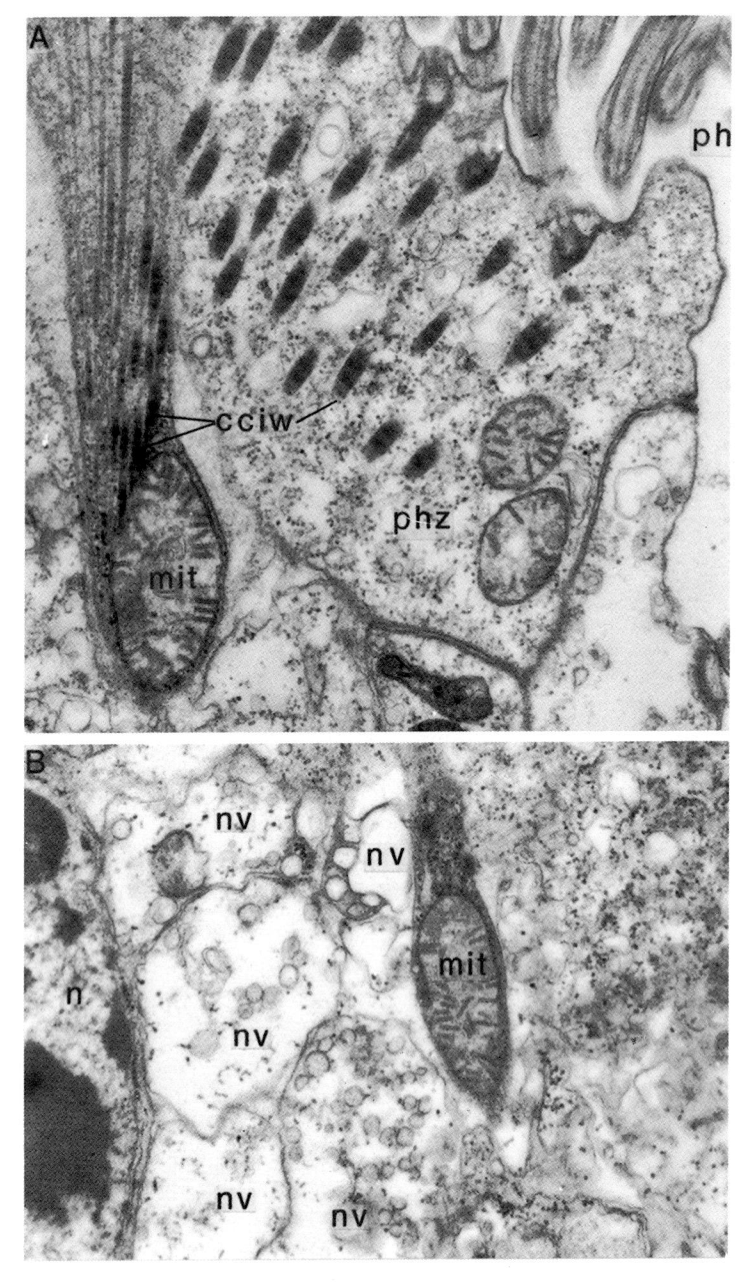

Tafel 79. *Retronectes* cf. *sterreri* (Catenulida). Pharynx simplex: kaudale Cilienwurzeln einer Pharynxzelle konvergieren in einem von Nervenzellfortsätzen (in B) umgebenden Zellausläufer mit einem prominenten Mitochondrium. A. × 28 000; B. × 27 200.

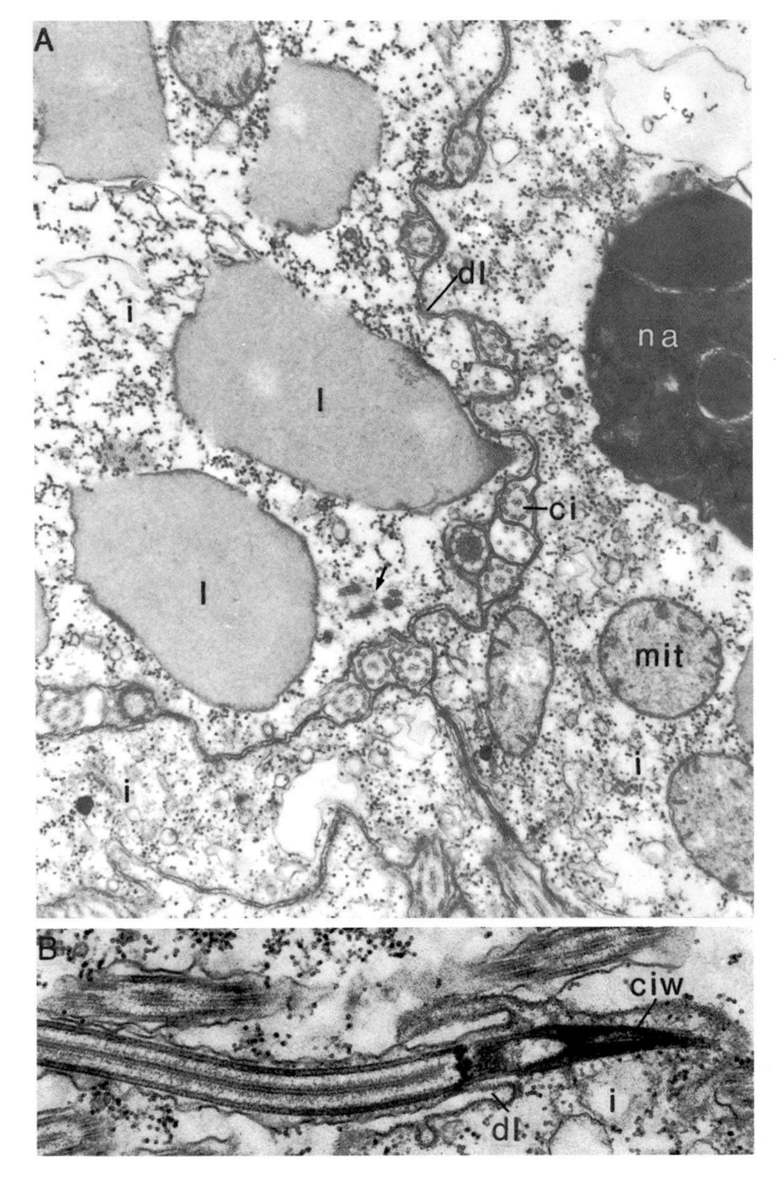

Tafel 80. *Retronectes* cf. *sterreri* (Catenulida). Intestinum: bewimperte Darmzellen mit Nahrungseinschlüssen und Speicherstoffen (in A), Cilien der Darmzellen mit kurzer Vertikalwurzel (in B). A. × 20 800; B. × 31 500.

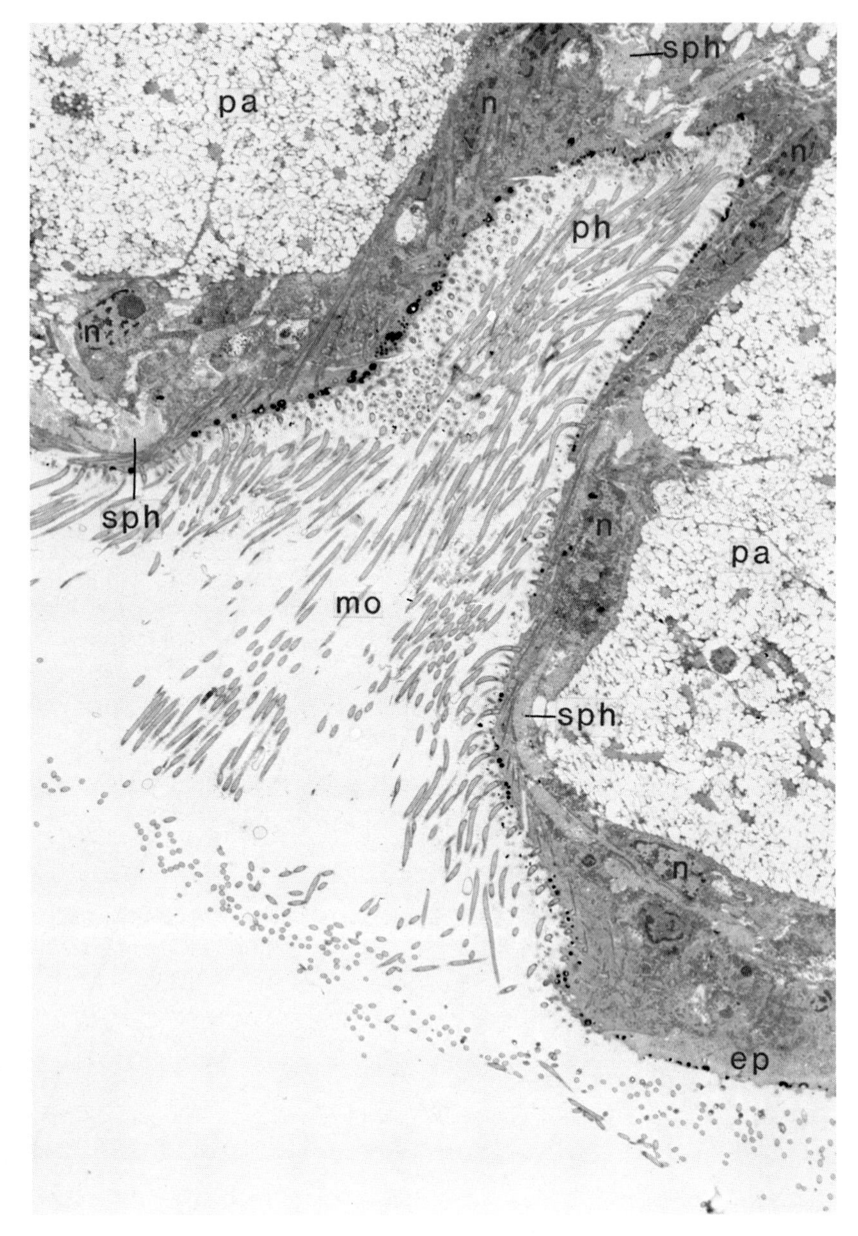

Tafel 81. *Catenula lemnae* (Catenulida). Pharynx simplex mit Mundöffnung, dicht bewimperten Pharynxzellen und zwei Muskelsphinktern (der distale ist weit geöffnet). × 4200.

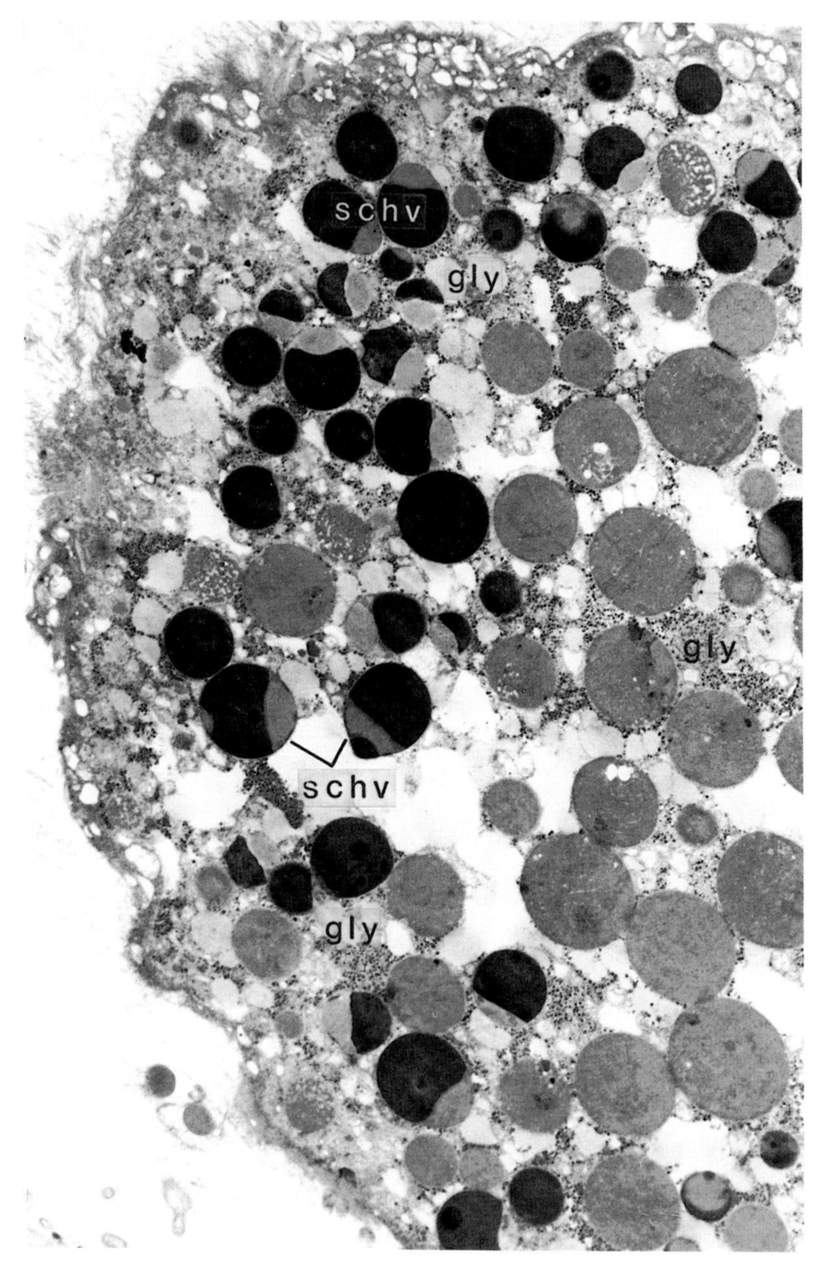

Tafel 82. *Paromalostomum fusculum* (Macrostomida). Ausschnitt aus einer Oocyte mit Reservestoffen und Eischalenvesikeln. × 6000.

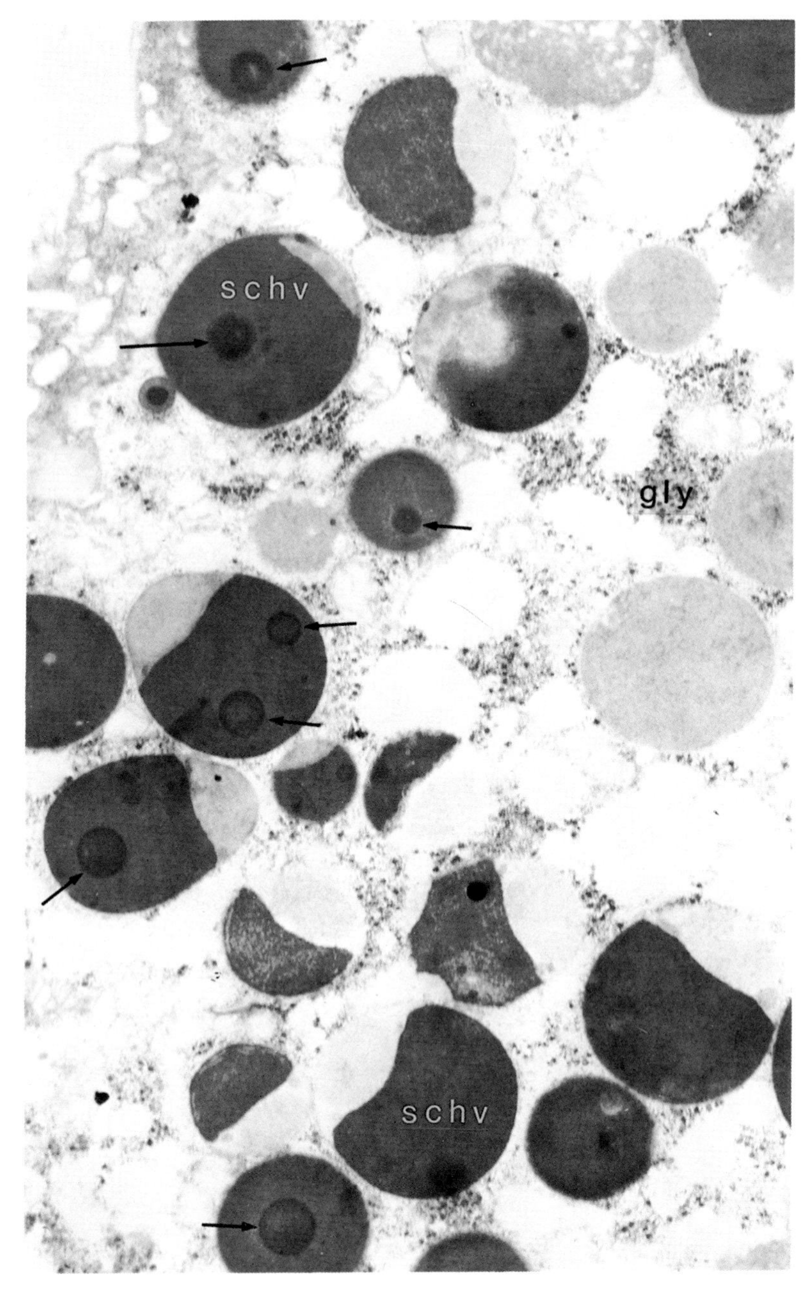

Tafel 83. *Paromalostomum fusculum* (Macrostomida). Ausschnitt aus einer Oocyte mit Reservestoffen und spezifisch strukturierten Eischalenvesikeln, die Pfeile verweisen auf (polyphenolhaltige) EM-dunkle Kompartimente. × 15 800.

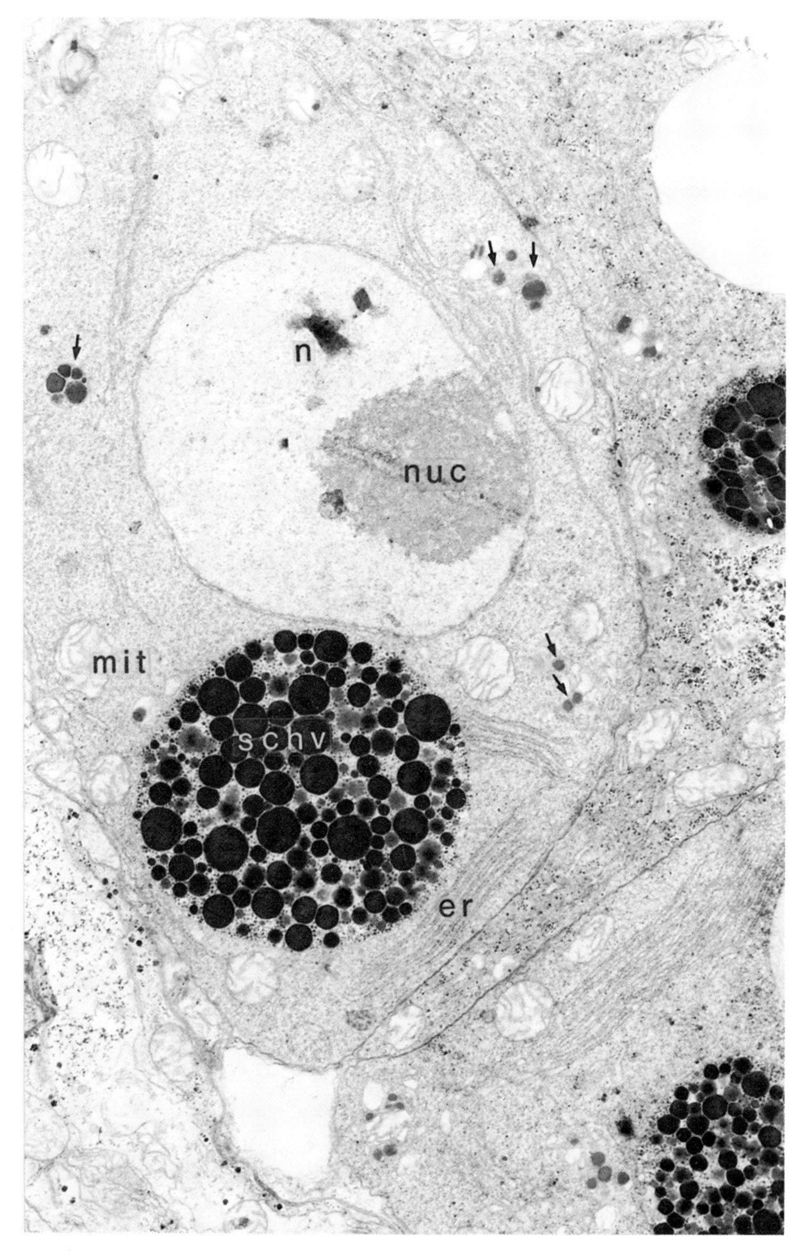

Tafel 84. *Pseudostomum quadrioculatum* (Prolecithophora). Vitellocyte mit Kern und Nucleolus, ER und verschiedenen Stadien der Schalensubstanzbildung (Pfeile). × 15 200.

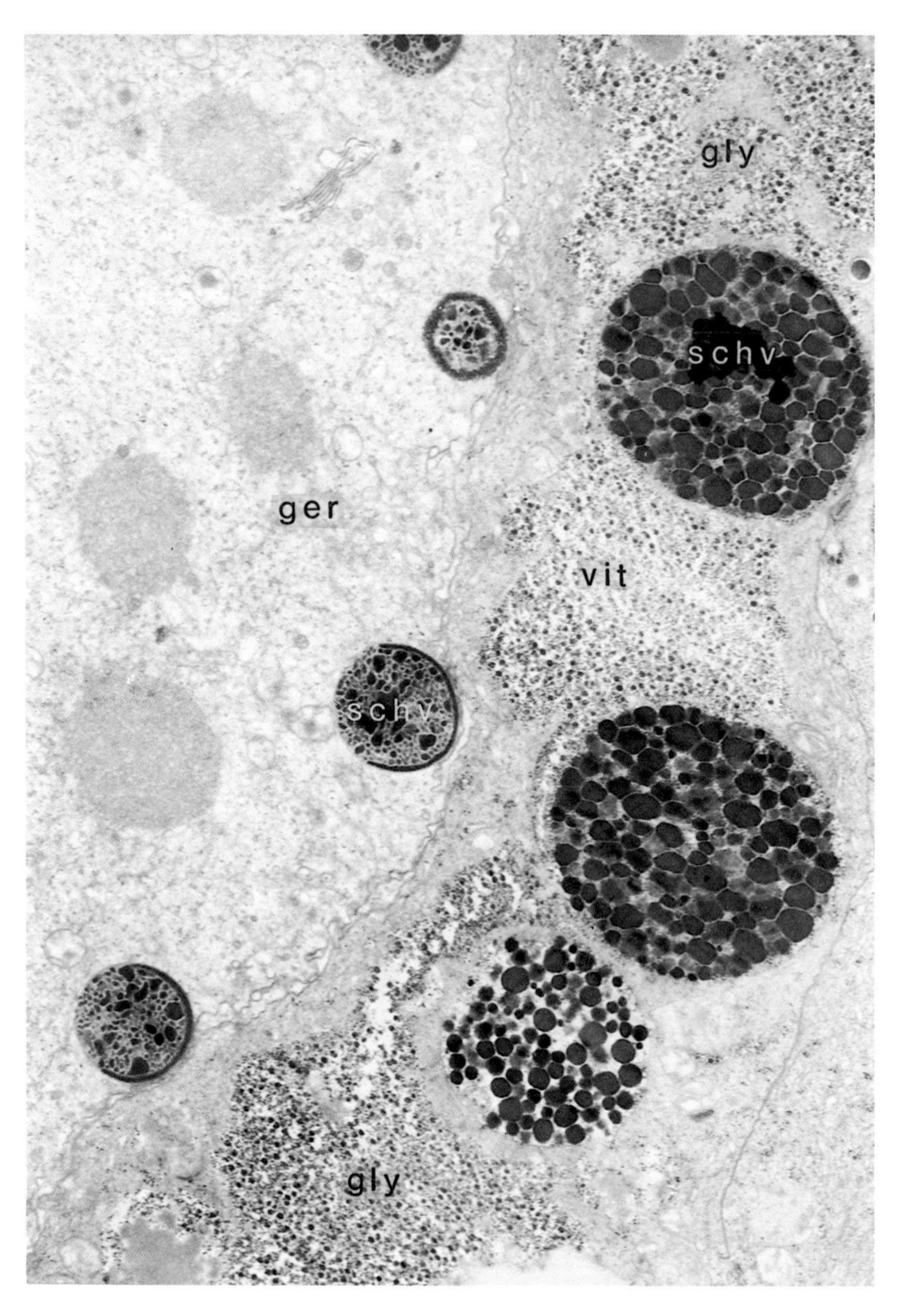

Tafel 85. *Pseudostomum quadrioculatum* (Prolecithophora). Rechts reife Vitellocyte mit Glykogen und großen Schalenvesikeln, links Germocyte (Ovocyte) ohne Glykogen und mit „reliktären" kleinen Schalenvesikeln. × 17 400.

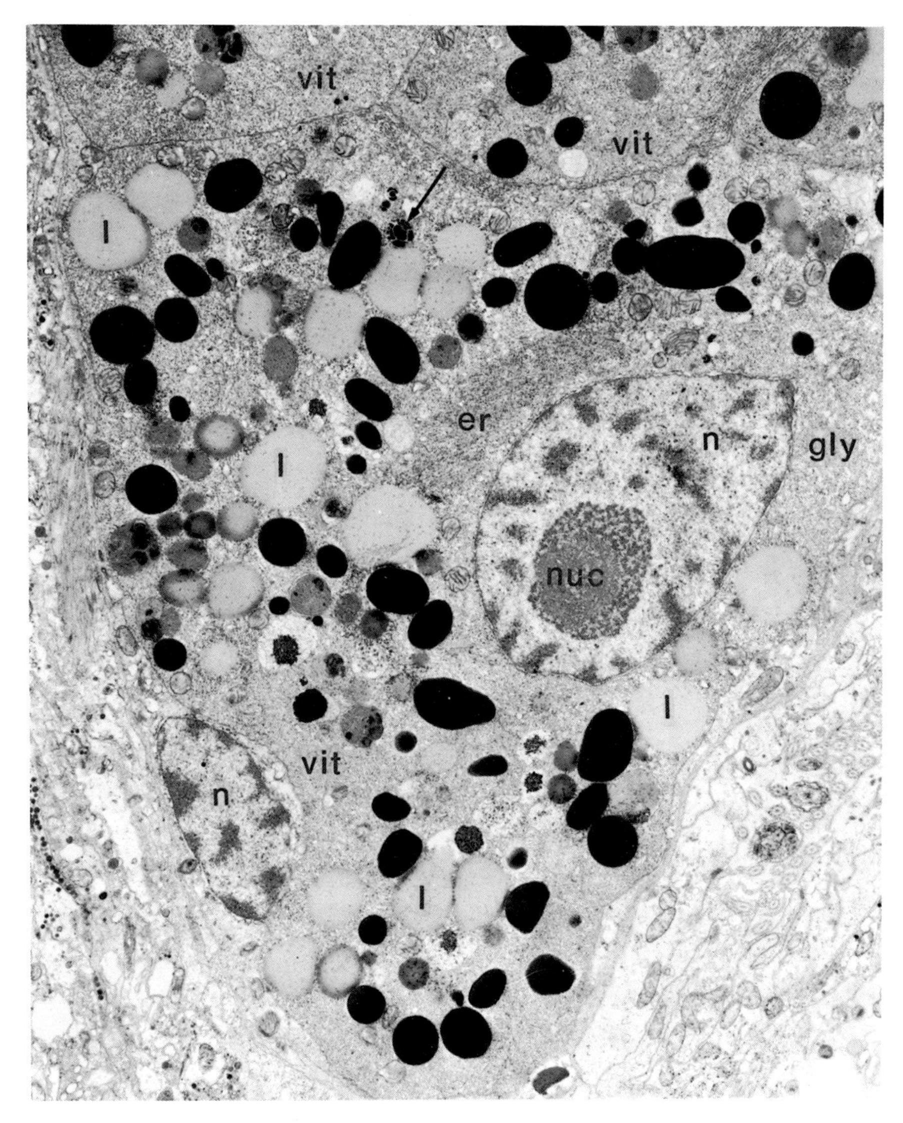

Tafel 86. *Notocaryoplanella glandulosa* (Proseriata). Ausschnitt aus einem Vitellarfollikel mit Vitellocyten: Kern und Nucleolus, ER, Reservestoffe in Form von Lipiden und Glykogen, der Pfeil verweist auf in Bildung begriffene Schalensubstanz. × 7100.

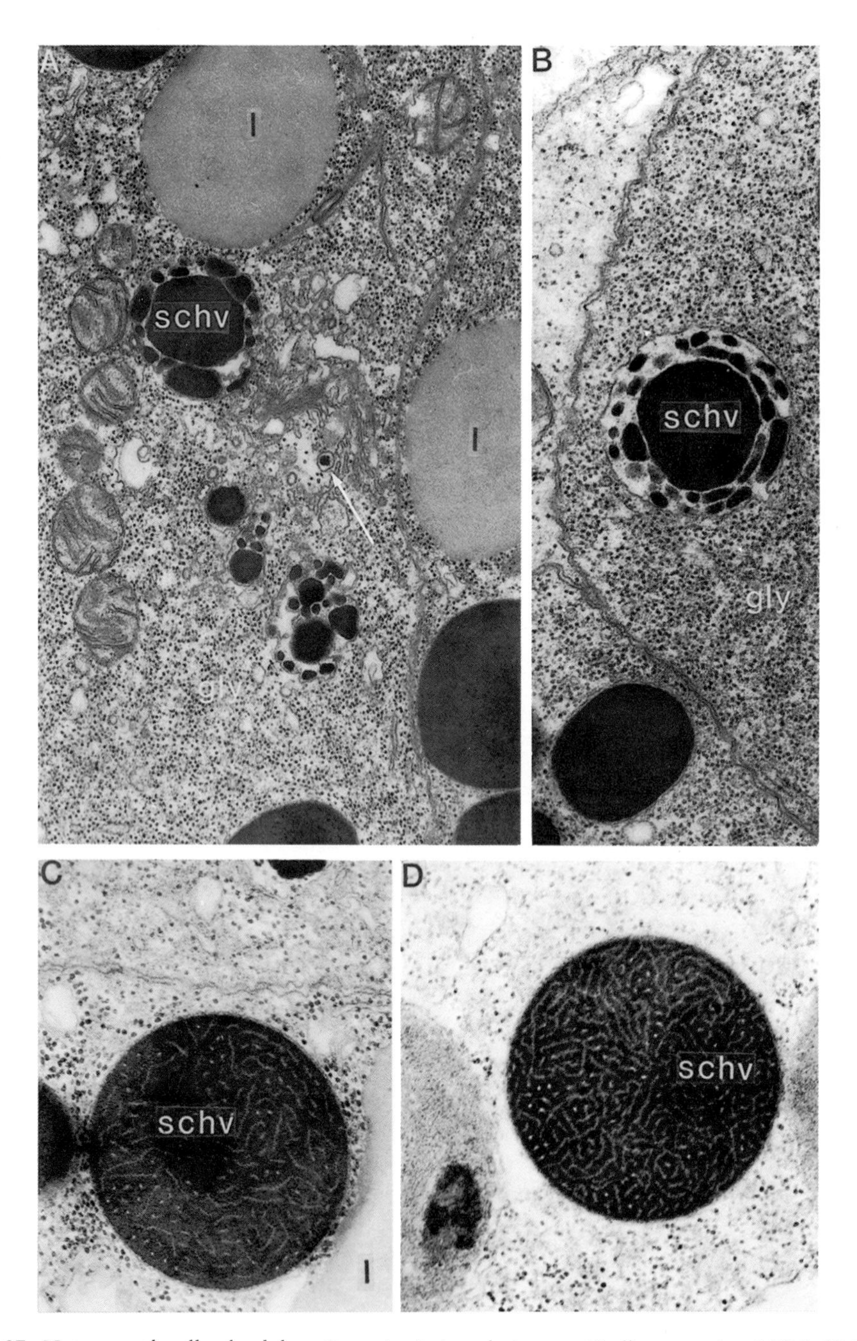

Tafel 87. *Notocaryoplanella glandulosa* (Proseriata). Ausschnitte aus Vitellocyten mit reichlich Glykogen und Lipiden und mit Schalenvesikeln unterschiedlicher Reife (in A und B, der Pfeil in A verweist auf ein frühes Differenzierungsstadium) sowie abweichender Struktur (C und D). A. × 23 000; B. × 28 400; C. × 36 200; D. × 35 400.

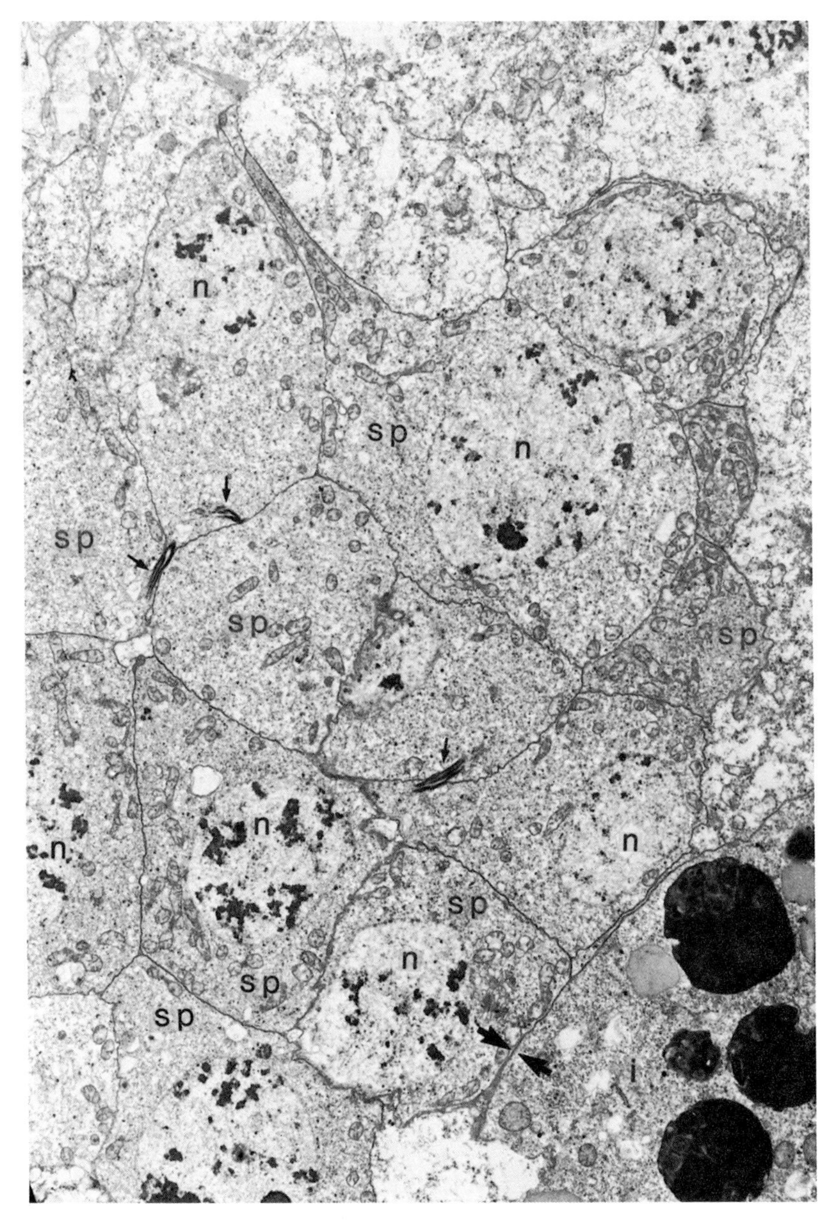

Tafel 88. *Retronectes* cf. *sterreri* (Catenulida). Testis. Zusammenhängender Komplex wenig differenzierter Zellen („Spermatiden") unmittelbar neben dem Intestinum (dicke Pfeile), die dünnen Pfeile verweisen auf ciliäre Differenzierungen in den Zellen. × 6400.

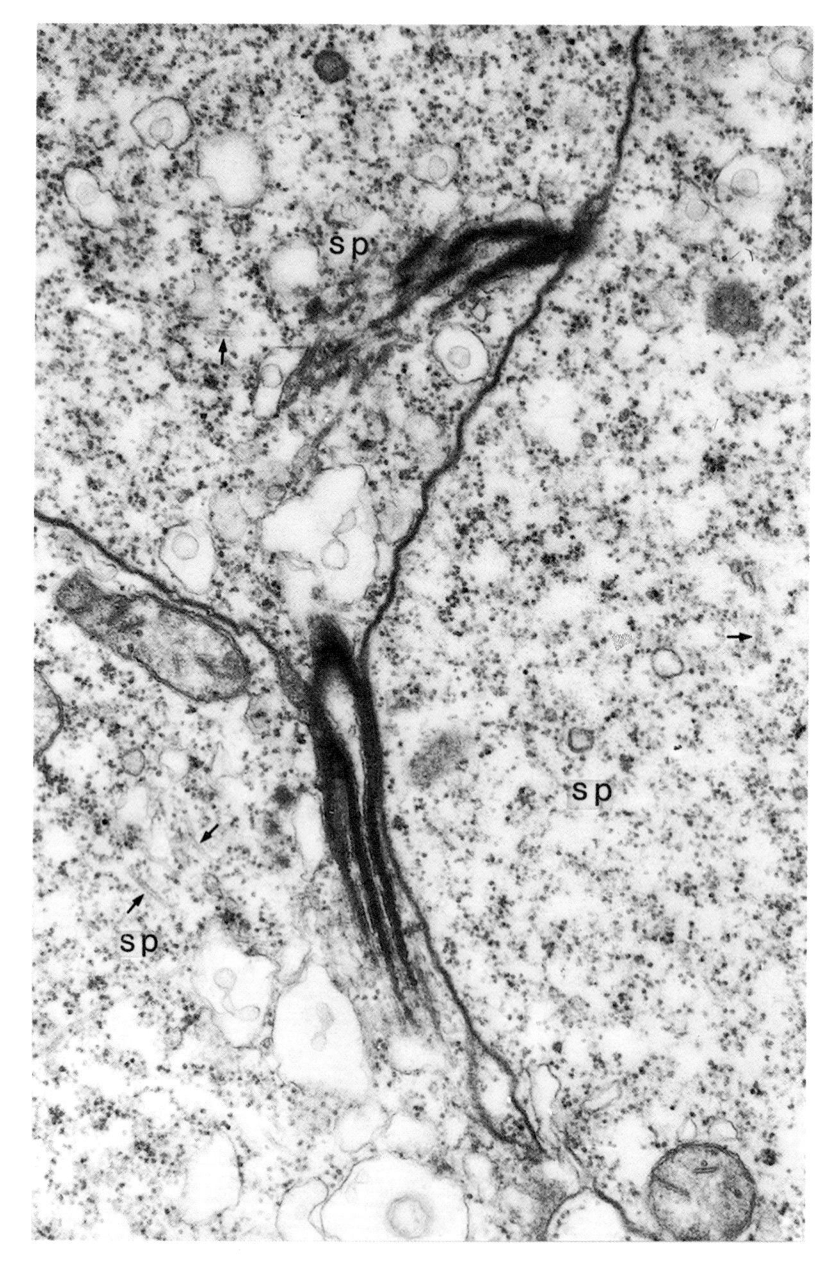

Tafel 89. *Retronectes* cf. *sterreri* (Catenulida). Testis. Frühstadium der Spermiogenese mit den ciliären Differenzierungen (pro Zelle nur eine ciliäre Struktur), die Pfeile verweisen auf Mikrotubuli in den Zellen. × 33700.

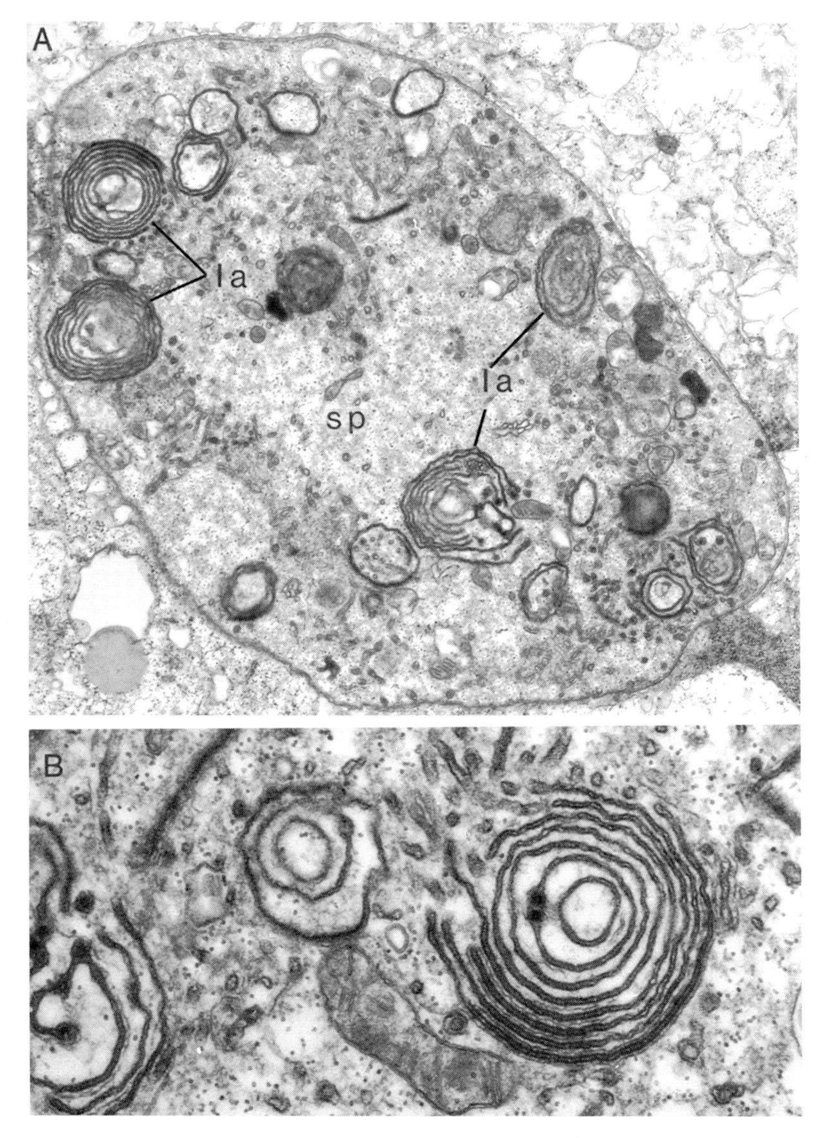

Tafel 90. *Retronectes* cf. *sterreri* (Catenulida). In A männliche Geschlechtszelle (ohne Zellkern) mit charakteristischen Lamellarkörpern, in B ein Lamellarkörper (ohne Centriol oder Basalkörper). A. × 15 400; B. × 32 000.

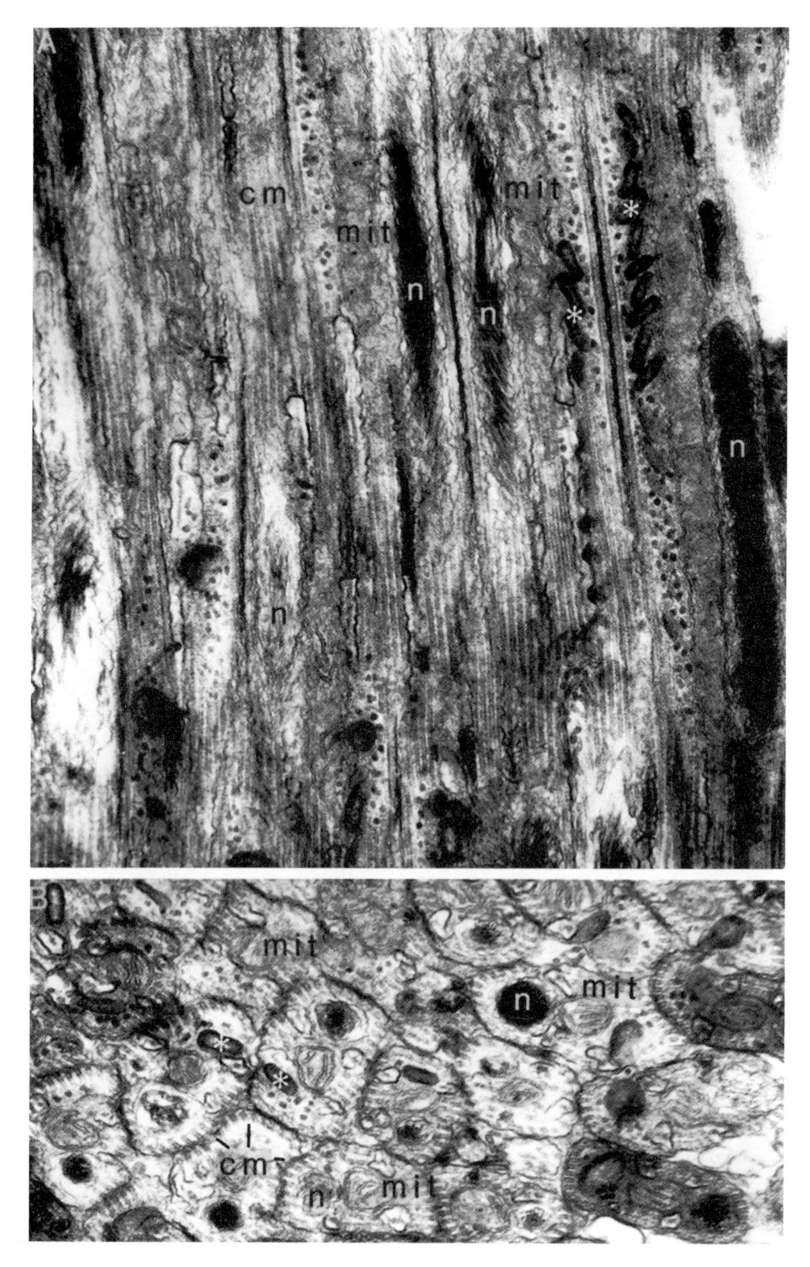

Tafel 91. *Myozona purpurea* (Macrostomida). Aciliäre Spermatozoen im Längsschnitt (in A) bzw. im Querschnitt (in B) mit langem Kern, langem Mitochondrium, corticalen Mikrotubuli und EM-dunklen Granula (Sterne). A. 33 400; B. × 33 000.

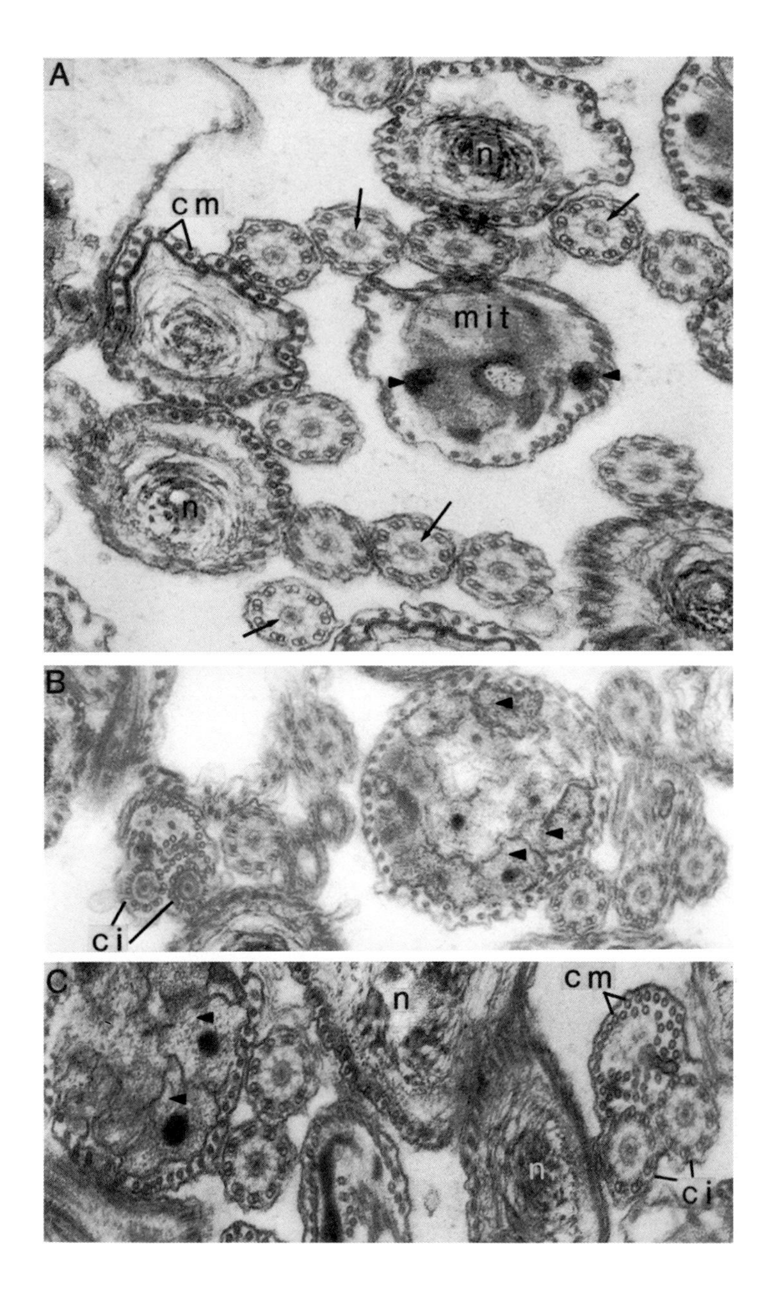

Tafel 92. *Notocaryoplanella glandulosa* (Proseriata). Spermatozoen im Querschnitt mit langem Kern, Einzelmitochondrien, corticalen Mikrotubuli, EM-dunklen Granula unterschiedlicher Struktur (Dreiecke) sowie 2 Cilien vom 9 + „1" Muster (Pfeile). A. × 54 500; B. × 41 900; C. × 54 300.

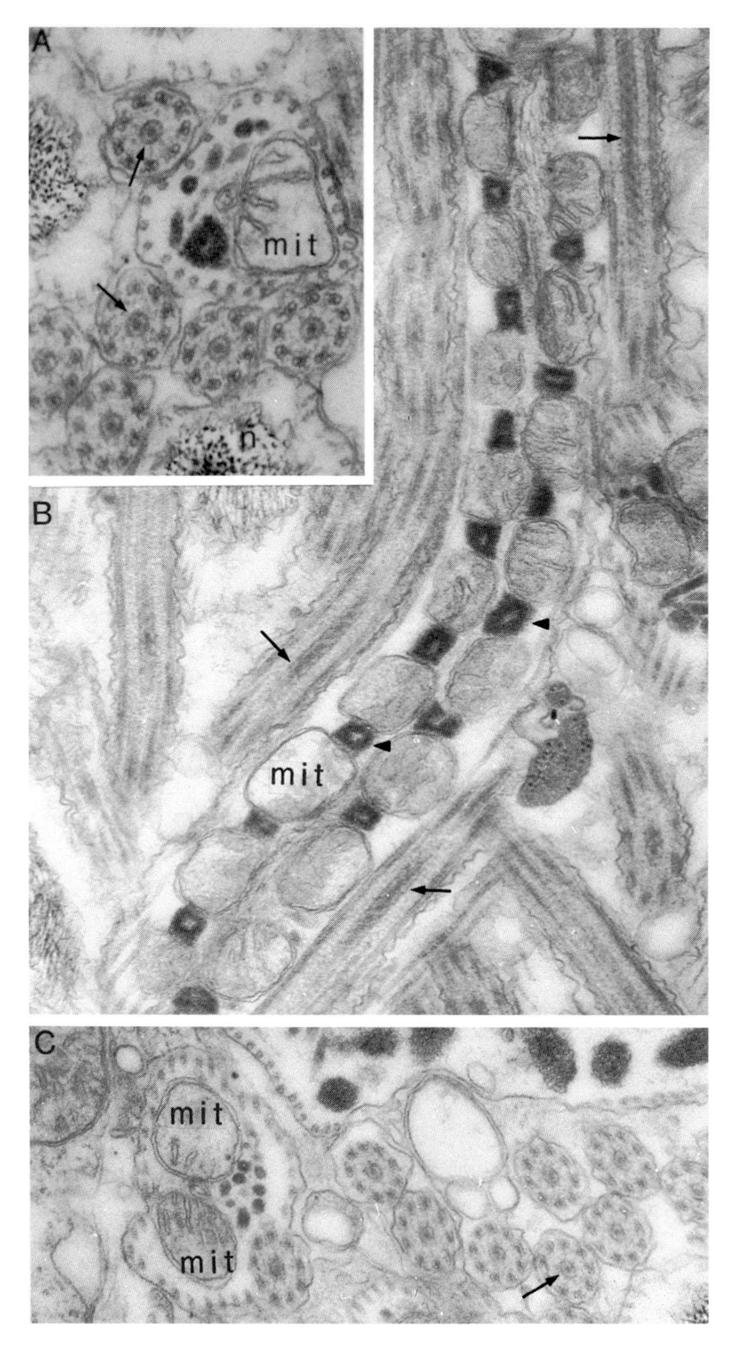

Tafel 93. *Kataplana mesopharynx* (Proseriata). Spermatozoen im Längsschnitt (in B) sowie in Querschnitten (in A und C) mit u. a. Einzelmitochondrien, EM-dunklen Granula (Dreiecke) sowie jeweils 2 Cilien vom 9 + „1“ Muster (Pfeile in A und C), zentrale Achse der Cilien im Längsschnitt mit sichtbarer Doppel-Helix (Pfeile in B). A. × 51700; B. × 32700; C. × 32700.

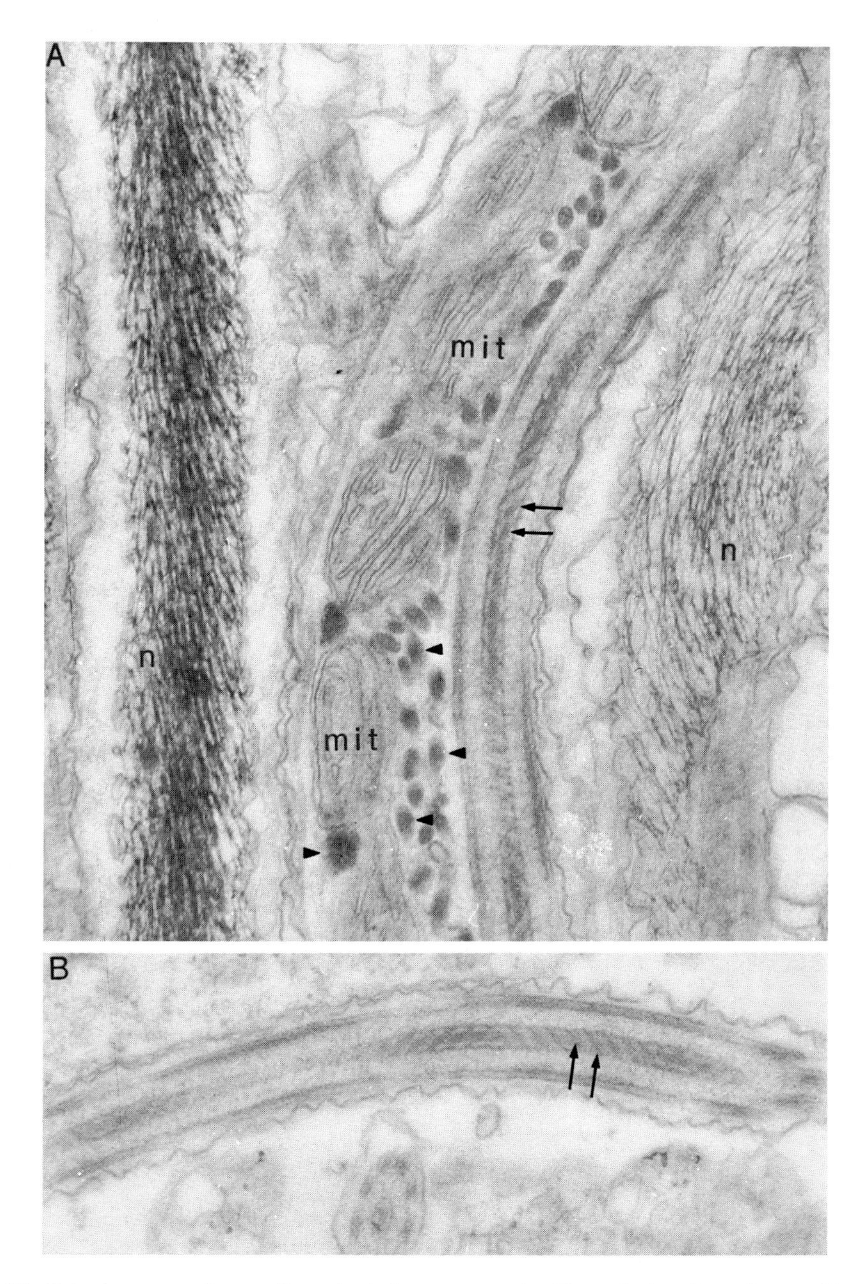

Tafel 94. *Kataplana mesopharynx* (Proseriata). Spermatozoen im Längsschnitt mit u.a. langem Kern, Einzelmitochondrien, EM-dunklen Granula unterschiedlicher Struktur (Dreiecke) sowie den beiden Cilien vom 9+„1" Muster, in der centralen Achse der Cilien jeweils eine Doppel-Helix (Pfeile in A und B). A. × 51700; B. × 48200.

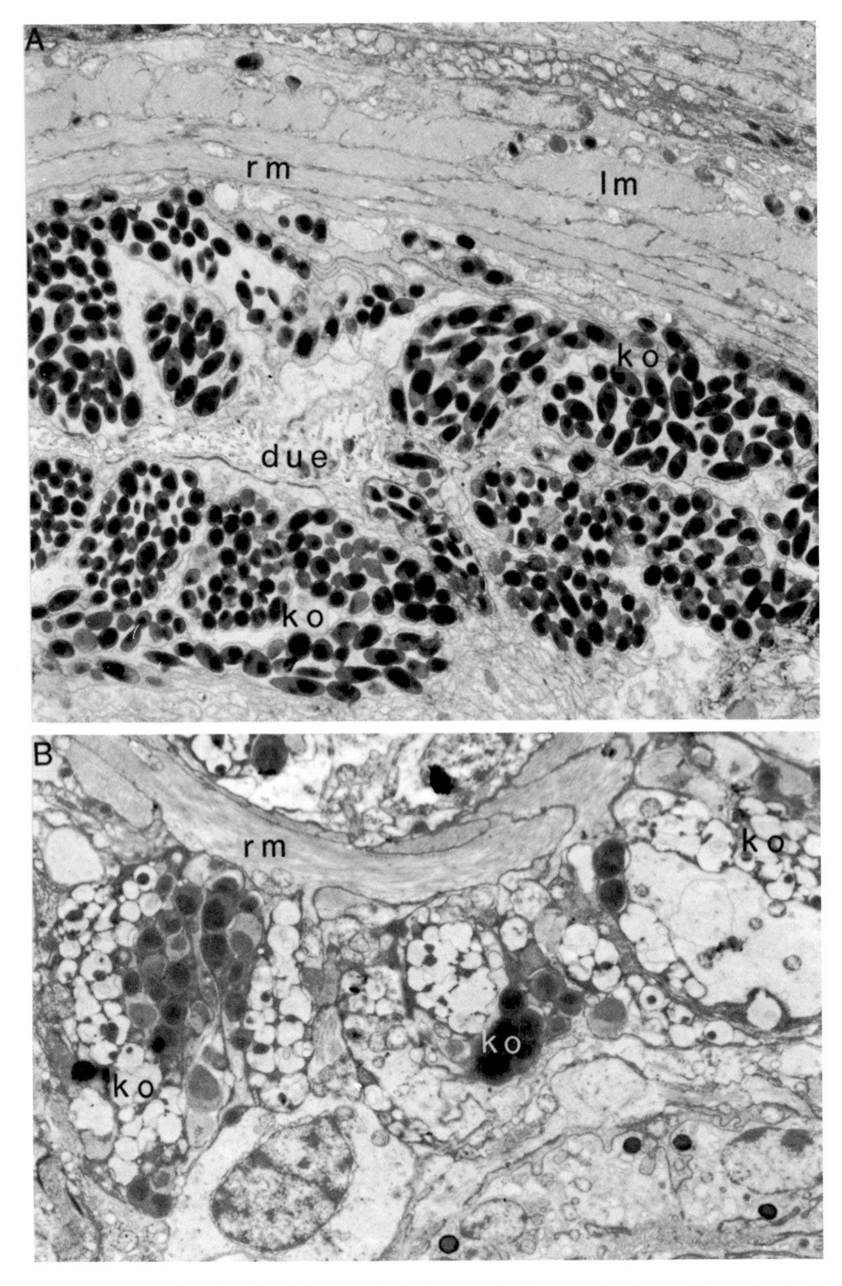

Tafel 95. A. *Notocaryoplanella glandulosa* und B. *Parotoplanina geminoducta* (Proseriata). Kornsekret im männlichen Organ. A. × 5600; B. × 5500.

Register der Tiernamen

Kursive Seitenzahlen verweisen auf Abbildungen oder Fototafeln